The World Atlas of Whisky

ICHIRO'S
CHOICE
1976
Bottled
CHICHIBU
Distillery
KAWASAKI
SINGLE GRAIN WHISKY
KAWASAKI
Cask Strength
Non chill-filtered Non coloured
Bottling # 73 / 432
700 ml

세상 모든 위스키

월드 아틀라스 오브 위스키

데이브 브룸 지음 정미나 옮김

2ND EDITION

Ultimate BOOK

미호

일러두기

— 브랜드, 제품명 등은 외래어 표기법을 따르되 널리 쓰이는 표현을 우선했습니다.
— 각 지역 지도 내 지명, 증류소명은 정확한 표기를 위해 영문을 그대로 실었습니다.
— 2014년에 출간된 도서의 원문을 그대로 살렸으므로 현 시점의 정보와 차이가 있을 수 있습니다.

First published in Great Britain in 2010
Under the title The World Atlas of Whisky
By Mitchell Beazley a division of Octopus Publishing Group Ltd
Carmelite House, 50 Victoria Embankment
London EC4Y 0DZ

Contents

목차

Foreword

서문

데이브 브룸의 『월드 아틀라스 오브 위스키』 개정판에 온 것을 환영한다. 초판 출간 이후로 개정판의 필요성이 갈수록 높아지던 차였다. 현재는 그야말로 위스키 르네상스 시대를 맞고 있다. 내가 처음 이 책이 나올 때 썼던 아래 서문은 여전히 무색하지 않다. 이 책은 위스키 경험을 최고로 끌어올려 줄 훌륭한 길잡이다.

위스키를 포괄적으로 다룬 책이 필요한 시대가 있다면 바로 지금이다. 그만큼 근래 들어 위스키의 세계가 그 어느 시대보다 역동성을 띠어가고 있다. 이런 역동성의 원동력은 뭘까? 먼저 한창 확산 중인 위스키 붐이 하나의 이유다. 전 세계적으로 위스키의 품질, 개성, 가치에 눈뜨기 시작하는 사람들이 늘어나고 있다. 최근에 특히 버번위스키를 위시한 위스키들의 가격과 가치가 높아지고 있음에도 위스키는 다른 증류주가 무너뜨릴 수 없는 아성을 지키고 있다. 위스키 업계는 늘어나는 수요에 부응해 생산량을 늘리며 생산능력을 증대시키고 있을 뿐만 아니라 새로운 증류소도 세우고 있다.

또 하나의 이유는 신흥의 장인급 위스키 증류 업체들의 세계적 확산이다. 스코틀랜드, 아일랜드, 미국(주로 켄터키주와 테네시주), 캐나다가 위스키 생산을 거의 독점하던 시대는 지나갔다. 그 한 예가 일본이다. 일본의 증류 업체들은 스카치위스키 못지않은 품질의 위스키를 생산하며 기존 생산국들에 필적하는 주목과 존중을 받을 만한 자격을 증명해 보였다.

그 외에도 얘길 하자면 많다! 스카치위스키의 선택 폭이 그 어느 때보다 다양해졌다. 증류소 소유자만이 아니라 독립 병입자에 이르기까지도 스카치위스키 생산자의 수가 늘어나 사실상 수백 곳에 이를 정도다. 게다가 지난 10~20년 사이에 증류와 숙성 기술이 향상된 덕분에 위스키의 품질이 전례 없는 수준으로 높아졌다.

더군다나 현재 유럽 전역과 미국 곳곳, 그리고 그 외에 여러 지역에서 새로운 소규모 수제 증류소들이 위스키를 생산 중이다. 미국에서만 지난 15년 사이에 신흥 수제 위스키 증류소가 400개 넘게 생겼다. 이 정도면 기존의 버번위스키 증류소 수보다 4배 가까이 늘어난 것이며, 이들 신설 증류소들의 성장률도 갈수록 높아지고 있다.

이런 현상이 위스키 애호가인 당신에게 어떤 의미를 가질까? 앞으로 새로운 위스키들이 쏟아져 나올 테니 기대해도 된다는 의미다. 그것도 기존 증류소들만이 아니라 현재 세계 곳곳에 점점이 퍼져 앞으로도 쭉 확산 추세를 이어갈 듯한 신흥 수제 증류소들에 이르기까지 기대를 걸 대상의 폭도 넓어졌다.

따라서 『월드 아틀라스 오브 위스키』는 이 시점에서 우리에게 필요한 책이다. 개인적으로 내가 느끼는 이 책의 매력은 포괄성이다. 이 책에서는 위스키란 어떤 술이고, 위스키가 곡물에서부터 병에 담기기까지 어떤 과정을 거치며, 위스키별로 맛이 저마다 다른 이유가 뭔지를 명확히 짚어준다. 위스키를 음미하는 가장 좋은 방법을 일러주고, 신제품들에 대해 시음 노트까지 곁들인 간략한 정보를 알려주며 길잡이가 되어주기도 한다. 본문과 함께 멋진 사진들까지 수록되어 때때로 숨이 멎을 듯한 감동에 젖어들게도 한다. 여러 곳의 위스키 증류소와 증류국으로 여행을 떠날 만한 여유가 없는 이들에게 정말 유익한 책이다.

이 책의 가장 유용하고 혁신적인 구성요소를 꼽으라면, 위스키의 풍미 특징을 알려주는 '플레이버 캠프(Flavor Camp)'가 아닐까 싶다. 나는 위스키에 대한 설명을 꼼꼼한 시음 노트로 알려주는 것을 즐기는 편인데, 플레이버 캠프는 해당 위스키의 전반적 풍미 프로필을 파악하려 할 때 아주 유익한 정보다. 이 책은 위스키 애호가들 누구에게나 유용한 길잡이이지만, 이제 막 위스키의 세계에 들어와 뭘 골라야 할지 몰라 쩔쩔매며 다소 위압감을 느끼고 주눅 든 초짜들에게 특히 더 도움이 되리라고 생각한다.

무엇보다도 『월드 아틀라스 오브 위스키』는 지금 추세의 포인트를 잘 포착하고 있다. 데이브 브룸은 이런 일을 아주 포괄적 방식으로 해낼 수 있는 몇 안 되는 위스키 전문 작가다. 그는 위스키 부문의 독립 저술가를 통틀어 세계적으로 가장 높이 평가받는 인물에 들기도 한다. 나는 특히 데이브의 흡인력 있는 글 솜씨와 생생하게 와닿는 시음 노트에 마음이 끌린다. 책장을 펼쳐 위스키 여정의 어디로 떠나든 내용이 알찰 뿐만 아니라 읽는 재미까지 있는 책을 써준 데이브에게 고마운 마음을 전한다. 잔을 들어 건배를 보낸다!

존 한셀(John Hansell)
〈위스키 애드버킷(Whisky Advocate)〉의 발행자 겸 편집장

왼쪽 진실의 곡물. 보리에서부터 생이 시작되는 싱글몰트위스키.

오른쪽 이 모든 잔마다 이야기를 담고 있다. 위스키는 모든 스피릿(증류주)을 통틀어 가장 복잡 미묘한 술이다.

Introduction

들어가며

『월드 아틀라스 오브 위스키』가 처음 출간된 지 이제 5년밖에 되지 않았다니, 또 위스키의 지도가 대폭 바뀌어 개정이 필요해졌다니, 정말 믿기지가 않는다. 사실 위스키는 스피릿 중에서도 보수성과 전통성의 전형이 아니던가? 과거엔 정말 그랬다. 흥미롭지 않았다. 위스키는 한 번 마셔 보라고 사람들을 설득하기 위해 시대에 잘 맞지 않는 옷을 차려 입거나 하는 일이 없었다. 늘 제자리에만 머물렀다. 변함없이, 고집스럽게.(스코틀랜드 방언으론 이런 고집스러움을 'thrawn'이라고들 말한다.) 사람들이 자신의 기호에 따라 위스키를 찾아왔지 위스키가 제 발로 사람들을 찾아가며 스스로의 위신을 떨어뜨리지 않았다. 그것이 우리가 들어왔던 이야기다.

사실 위스키는 예전부터 쭉 부단한 변화의 흐름을 탔다. 15세기와 16세기에 연금술사들의 증류기에서 흘러나오기 시작했던 순간부터 내내 변화무쌍하게 탈바꿈해 왔다. 풍미를 가미하는가 하면, 롱 드링크(하이볼 글라스나 콜린스 글라스 등에 담겨 제공되는, 용량이 크고 오래 마실 수 있는 칵테일—옮긴이)와 쇼트 드링크(용량이 150ml 미만인 칵테일—옮긴이)로 마시고, 비숙성 위스키와 오크 통 숙성 위스키 등으로 스타일이 다양해지고, 수요, 기후, 전쟁, 정치, 경제 상황에 따라 경계선을 뛰어넘거나 모습을 계속 바꾸기도 했다. 이 새로운 개정판이 필요해진 이유는 이런 변화의 흐름이 과거의 어느 때보다 가속화되고 있는 현재의 추세에 발맞추기 위해서이다.

우리는 현재 흥미롭게 전개되는 위스키 세계를 맞이하고 있다. 기존의 위스키

심장부인 스코틀랜드를 비롯해 아일랜드, 미국, 캐나다, 일본은 유례없는 수준의 성황을 누리고 있다. 다섯 국가 모두 신흥 증류소들이 더 체계성을 갖추면서 문을 열었고 그중 상당수가 급성장 중인 수제 증류 운동에 동참하고 있기도 하다.

게다가 이제는 위스키 제조가 전 세계에 뿌리를 내렸다. 독일어를 쓰는 유럽 지역만 따져도 증류소가 150개에 이른다고 한다. 잉글랜드는 5개, 프랑스는 20개 이상, 북유럽도 20개가 넘는다. 호주에서도 붐이 일고 있다. 남미 지역이 위스키 여정에 막 발을 내디뎠고, 이는 아시아 지역도 마찬가지다. 생산국이 널리 확산되는 것만이 아니라, 기술 역시 확산되어가고 있다. 여러 면에서 이런 위스키는 새로운 위스키에 든다. 위스키 지도에 포함시켜야 마땅하다.

지금의 이런 현상을 이끈 계기가 뭘까? 위스키의 역사와 기원만이 아니라 풍미와 가능성에 대해서까지 관심을 갖는 새로운 세대의 애주가들이 부상했기 때문이다. 과거엔 없었던, 애주가들의 이런 열린 태도가 신구를 막론한 여러 증류소의 접근법에도 그대로 반영되고 있다.

단, 이 대목에서는 주의점을 상기하며 진정할 필요도 있다. 관련 수치 통계에 들떠서 흥분하기도 쉽고 이제는 증류소를 창업하기도 더 쉬워졌지만, 위스키도 여타의 분야와 다를 바 없이 사이클을 탄다. 유행이 왔다 갔다 한다는 뜻이다. 증류소를 운영하며 살아남으려면, 그리고 성공을 거두길 바란다면, 먼저 깨달아야 할 것이 있다. 위스키는 장기적 사업이다.(말이 나와서 말이지만, 이 일을 시작하려는 이들 중에는 위스키도 하나의 사업이라는 점부터 깨달아야 하는 경우도 많다.) 또한 위스키는 수많은 선택지를 놓고 경쟁을 벌여야 하는 분야다.

요즘의 위스키 애호가들은 럼, 진, 테킬라, 수제 맥주, 와인도 즐겨 마신다.(아무리 그래도 부디 하룻밤에 이 술들을 다 섞어 마시는 일은 없기를.) 이렇게 다양한 주류를 즐기는 요즘의 애주가들은 남녀를 막론하고 수제 증류의 진가를 알아볼 만큼 수준이 높은 데다, 늘어난 선택의 폭을 잘 활용해 좋은 브랜드를 가려낼 줄도 안다.

그렇다면 새로운 위스키로 성공하려면 어떻게 해야 할까? 너무 약은 수를 쓰는 식으로는 안 된다. 그래봐야 소비자들이 영리해서 안 통하니, 진정성을 갖는 것이 비결이다.

위스키는 진전이 더디다. 해당 장소의 특징과 장인정신, 그리고 원료를 선정해 마법처럼 정수를 뽑아내기 위한 끊임없는 정진이 모여 완성된다. 입안에 한 모금 머금는 순간 감각에 일어나는 느낌을 잠시 생각해 보도록 자극하는 능력에서도 더디다. 그와 동시에, 빠르게 진전되기도 한다.

이 책을 쓰게 된 한 가지 동기는 갈수록 뒤죽박죽 혼란스러워지는 이 세계에서 기준틀을 마련해 주고 싶어서였다. 풍미가 뭘까? 풍미라는 건 뭘 말하는 걸까? 풍미는 어디에서 나오는 걸까? 그런 풍미는 누가 만들어낼까?

부디 이 책이 여러분의 여정에서 중간 기착지가 되어주길 바란다. 이 책은 여러분, 위스키 애호가를 위한 책이다. 새로운 증류소들의 성공과 이 새로운 위스키 세계의 성공은 바로 여러분의 손에 쥐어져 있다.

How this book works

일러두기

이 책에 실린 유용한 정보가 아주 광범위하다는 점을 감안해, 독자들이 여러 위스키 생산국, 생산지역, 증류소와 관련된 모든 내용을 최대한 활용할 수 있도록 다양한 문자적 · 시각적 편의 도구를 마련해 두었다. 지도, 총평을 더한 시음 노트, 개별 증류소별 구체적 정보 등의 편의 도구를 다음의 지침을 참고해 잘 활용해 보기 바란다.

지도

주요 범례 각 증류소의 위치를 여러 방법으로 표시해 두었다. 동명의 증류소들이 아주 인접지에 위치해 있을 경우 증류소 이름만 표시했다.(예: 라가불린.) 지면 공간과 축척 상 여유가 있을 경우엔 가장 인접한 지역을 하얀색 점과 함께 표시해 넣었다. 규모나 장소가 중요할 경우, 지명을 해당 증류소 이름 다음에 쉼표를 찍고 표시했다.(예: 짐 빔, 클레몬트.)

고도/지형 표시의 범례 모든 지도에 적용되는 사항으로, 축척 상 지형을 확실히 나타낼 수 있는 경우에 한 해 표시해 넣었다.

지역 증류소들은 각 국가별로 지역에 따라 정리해 놓았다. 단, 미국의 경우 켄터키주와 테네시주를 미국의 그 외 지역 증류소들과 별도로 정리했다. 이렇게 한 이유는 두 주의 위스키 생산방법이 다른 곳과 확연히 달라 미국 내에서도 독자적 하위 범주로 분류되기 때문이다.

증류소 이 책의 본문에서 거론되는 모든 증류소는 지도에 표시되어 있다. 본문에서는 언급되지 않았더라도 유럽의 신흥 위스키 생산자들이나 미국의 수제 증류소들 같은 주목할 만한 그 외의 증류소 다수도 지도에는 표시해 넣었다.

그레인위스키 증류소, 몰트 제조소 및 그 외의 위스키 관련 표시 사항들 가능하고 유용할 경우, 명시된 증류소의 유형을 구체적으로 나타내고 다수의 몰트 제조소도 표시해 넣었다.

증류소별 소개

구체적 관련 사항 증류소별 소개 꼭지마다 가장 인접한 마을과 도시, 그리고 가능할 경우 관련 웹사이트를 실었다. 1곳 이상의 증류소를 같이 다룬 경우엔 증류소 이름을 두껍게 표기해 구분했다.

증류소 방문 글을 쓸 당시 기준으로, 방문이 개방된 증류소의 경우엔 자세한 내용을 실었다. 증류소를 방문해 볼 생각이라면 어떤 경우든 미리 연락을 해서 현 시점의 오픈 정보를 자세히 확인해 보는 것이 최상책이다. 특별히 투어를 예약했거나 계획 중이라면 구불구불한 도로, 도로를 가로지르는 양 등을 만날 경우까지 감안해 시간을 넉넉히 잡아야 한다.

희귀한 몰트위스키에 대한 정보원 사람들에게 방문을 개방하지 않지만 해당 증류소의 주류를 시중에서 구입할 수 있는 경우가 있다. 이런 증류소들의 경우, 더 많은 정보를 알기 위한 가장 좋은 방법은 위스키 전문 매장에 문의하거나, 위스키 전문 웹사이트를 참고하는 것이다.

일시 중단 증류소 생산이 중단되었지만 언젠가는 생산이 재개될 가능성이 있는 증류소들을 말한다. 이 글을 쓰는 현재 기준(2014)으로, 이렇게 가동이 일시 중단된 증류소들에 대한 정보를 최대한 정확하게 실었다.

신규/예정 전 세계에서 새로 문을 연 신규 증류소와 현재 건축 중인 개업 예정 증류소도 소개했다. 이 책의 목표는 가능한 포괄적인 정보를 다루는 데 있지만 신규 증류소들 가운데 미처 못 실은 곳들도 있음을 미리 밝힌다.

시음 노트

선별 각 증류소의 전반적 제품군을 가장 잘 설명해 줄 만한 위스키를 선별해 시음했고, 가능한 경우엔 갓 만들어진 스피릿, 어린 스피릿, 십대 스피릿, 고령의 스피릿 등을 비교해 살폈다.

배열 순서 시음 위스키는 각 나라별로 비교가 용이하도록 유사한 방식으로 배치했다. 즉, 숙성 연수순으로 나열하거나, 한 증류소에 1개 이상의 브랜드가 있는 경우 브랜드의 알파벳순으로 나열했다.

숙성 연수 보통 위스키의 명칭에는 숙성 연수가 표시되지만, '숙성 연수 미표기'의 NAS(no age statement) 위스키도 있다.

독립 병입 브랜드 가능한 한 해당 증류소에서 직접 출시한 위스키를 시음했으나, 더러 그러기가 불가능한 경우엔 독립 병입자의 샘플을 시음하기도 했다.

캐스크 샘플(*Cask Sample*) 가능한 병입 상품을 시음했으나, 더러 그러기가 불가능할 땐 해당 증류소의 호의로 제공받은 캐스크(오크 통) 샘플을 시음했고, 그럴 경우 이 문구를 표시해 두었다.

알코올 함량/프루프 모든 위스키의 강도는 알코올 함량(ABV, alcohol by volume, 예: 40%)으로 표시했으나, 미국 위스키의 경우에만 미국 프루프(proof) 단위도 병기했다.

일본 특별 병입 제품인 경우 위스키가 숙성에 들어간 해와 시리즈명을 표기하고, 종종 캐스크 번호도 넣었다.

플레이버 캠프(*Flavour Camp*) 시음 노트에서 다룬 위스키들은 증류기에서 갓 뽑아낸 뉴메이크(new make)와 캐스크 샘플을 제외하고, 모두 플레이버 캠프를 넣었다. 플레이버 캠프에 대한 자세한 설명은 26~27쪽을 참조 바란다. 324~326쪽에는 모든 위스키를 플레이버 캠프별로 포괄적으로 정리한 목록도 마련해 두었다. 어느 한 특정 위스키 스타일을 좋아한다면 이 플레이버 캠프가 맛을 봐볼 만한 다른 위스키들로는 또 뭐가 있을지 감을 잡는 데 유용할 것이다. 비교적 어린 위스키들은 대체로 아직 진화 중인 만큼 숙성되어감에 따라 플레이버 캠프도 바뀐다. 따라서 여기에서의 분류는 집필 당시의 상태에 따른 평가임을 감안해 주기 바란다.

차기 시음 후보감 당신이 맛보고 싶어 할 만한 또 다른 위스키를 빠르게 교차 참조해 보도록 마련한 코너다. 모든 시음 노트에 표기했으나, 뉴메이크와 캐스크 샘플(대체로 생산 중에 있는 미완성 상품이거나 시중에서 살 수 없는 '스냅샷'격의 위스키), 그리고 블렌디드 위스키와 그레인위스키는 예외로 했다.

위스키 용어

용어 풀이 위스키와 관련해서는 재미있는 용어들이 많고 그 중엔 지역별로 다른 용어를 쓰는 경우도 많다. 잘 모르는 용어가 나올 땐 327~328쪽의 용어 풀이를 참고하기 바란다.

Whisky/Whiskey 아일랜드와 미국을 제외한 전 세계에서 법적으로 인정된 위스키의 스펠링이 'whisky'이므로 이 책에서는 전반적으로 이 스펠링으로 표기하되, 두 예외국의 경우에만 'whiskey'로 표기했다.

What is whisky?

위스키란 뭘까?

이 책은 일종의 지도다. 다시 말해 해당 증류소가 어디에 자리 잡고 있는지를 파악하기 편리하게 해준다. 하지만 물리적 위치는 위스키의 이야기에서 작은 한 요소에 불과하다. 이 위스키 지도에서는 해당 증류소의 주변 환경과 그 인근의 풍토도 알려주려 한다. 위스키 자체에 대해서는 시시콜콜한 것까지 너무 많이 알려주진 않을 생각이다.

이 위스키 지도가 쓸모 있게 활용되도록 풍미의 지도도 함께 만들어야 했다. 다시 말해, 어떤 위스키들이 비슷한 특색을 띠고 있고, 또 어떤 위스키들이 서로 다른 개성을 지니고 있으며, 어떤 위스키들이 그 지역의 보편적 스타일에 대한 일반적 통념에 도전장을 내밀고 있는지를 지도처럼 정리해 놓았다. 이런 지도를 따라가다 보면 어느새 해당 증류소와 그 증류소의 위치 자체가 풍미 창조의 주역이 되는 위스키의 세계를 제대로 이해하게 된다. 이를테면 스코틀랜드의(혹은 켄터키주의) 각 증류소가 인접 증류소와 사실상 똑같은 방식으로 운영되는데도 저마다 해당 위치 특유의 스피릿을 빚어내는 이유에 눈뜨게 된다.

이 책에서는 위스키의 핵심을 발견하기 위한 탐색의 첫발로, 우선 위스키의 4가지 대표적 스타일인 싱글몰트위스키, 그레인위스키, 전통적인 아이리시 포트 스틸 위스키, 버번위스키의 공통적인 제조법을 개략적으로 설명하며 증류 기술자(디스틸러)가 그 증류소만의 개성을 만들어낼 수 있게 해주는 주된 결정 사항들을 살펴보려 한다.

각 증류소의 이야기가 저마다의 목소리를 더하며 위스키 지도가 만들어졌기에 위스키의 역사는 따로 떼어 이야기할 수 없다. 한편 풍미를 통해, 위스키가 오랜 시간에 걸쳐 어떻게 변했는지를 이해할 수 있기도 하다. 예를 들어 19세기의 스코틀랜드에서는 특정 풍미 스타일을 만들어낸 첫 계기가 피트(peat)의 사용 같은 위치적 요소였을 테지만, 19세기가 깊어져 가는 사이에는 시장의 수요와 블렌딩 기술의 발달이 생산 위스키의 풍미에 영향을 미쳤다. 이런 관점에서 싱글몰트 스카치위스키를 살펴보면 알 수 있듯, 위스키의 맛은 지역별 스타일이 두드러지기보다 일련의 풍미 시기(Flavour Ages)를 거치며 점진적으로 변했다. 간단히 말해 묵직한 스타일에서 가벼운 스타일로 바뀌어왔다.

따라서 각각의 증류소를 한 브랜드의 생산자로서만이 아니라 독자적 얘깃거리를 가진 살아 있는 개체로서도 살펴보려 한다. 그리고 그런 이야기를 만들어내고 있는 장본인들이 그 이야기를 직접 들려줄 기회도 마련해 두었다. 각 증류소의 독자성을 살펴보기 위해 스피릿 자체를 그 탄생 시점부터 쭉 시음해 보는 측면도 중요하게 다루었다. 이 위스키 지도가 위스키의 세계로의 안내를 목표로 삼고 있다면 그 출발점은 위스키의 탄생 시점이 되어야 마땅하다. 증류소 고유의 개성과 오크의 복잡 미묘한 상호작용으로 탄생하는 과정은 건너뛴 채 그 결과물만을 살펴봐서는 해당 증류소에 대해 제대로 얘기할 수 없다.

뉴메이크를 맛보고 나서 더 오래 숙성된 위스키를 맛보면, 그 증류소에서 만들어낸 풍미가 어떤 식으로 진화해 가는지 파악해 볼 수 있다. 풋과일의 풍미가 여물며 드라이해지기도 하고, 풀 풍미가 건초 느낌을 띠어가는가 하면, 유황 내음이 차츰 가라앉으며 깔끔해지고, 오크의 영향으로 특정 풍미가 생겨나기도 하는 것이 느껴진다.

숙성 위스키들은 플레이버 캠프로 분류했는데(증류소에 따라 생산 위스키가 숙성되어 가며 하나 이상의 캠프를 차지하게 되는 경우도 더러 있다), 이 분류를 참고하면 위스키들의 유사점과 차이점을 쉽게 알아볼 수 있을 뿐만 아니라 위스키라는 거대한 미로를 헤쳐가는 데 유용한 또 다른 방법이 될 수도 있다. 위스키 제조는 자신만의 차별성을 부각시키고 싶어 하는 이들이 주도하는, 살아서 진화하는 창조 예술이며, 이런 다양한 개성들이 바로 우리 지도의 중간 기착지들이다.

지속성과 일관성 고급 위스키 제조를 상징하는 2개의 대명사.

A whisky world

위스키 세계

위스키란 뭘까? 초판에서는 곡물을 당화시켜 맥주로 발효시킨 다음 증류한 후 그 증류 원액을 숙성시켜 만든 스피릿이라고 말했다. 그건 그때나 지금이나 똑같다. 하지만 현재는 이 단순한 원칙의 변형이 유례없는 수준에 이르렀다. 이제는 전 세계 곳곳의 증류 기술자들이 똑같은 의문을 던지고 있다. '전수받은 방식대로 꼭 따라야 할 이유가 어딨어?'

새로운 증류 기술자들과 이야기를 나누는 일은 언제나 흥미진진하다. 어떤 계기로 증류 일을 시작했는지 물으면 많은 이들이 싱글몰트 스카치위스키나 버번위스키에 푹 빠져서라고 대답한다.(애석하게도 블렌디드 스카치위스키에 빠져서 일을 시작하게 되었다는 사람은 1명도 못 만났다.) 거의 예외 없이 이런 말도 덧붙인다. "그래도 저만의 뭔가를 만들고 싶어요." 말하자면 이런 식의 태도다. 기존의 제품과 똑같은 걸 만들어서 뭐해? 글렌피딕(Glenfiddich)이나 잭 다니엘(Jack Daniel)의 위스키와 제대로 경쟁할 만한 품질의 위스키를 만들 순 없을까? 그럴 수 없다면 다른 기회로는 뭐가 있을까? 혹시 곡물에서 그 기회를 찾을 수 있지 않을까? 가령, 요즘엔 호밀이 더 이상 캐나다나 켄터키주의 특산물이 아니잖아. 덴마크, 오스트리아, 잉글랜드, 네덜란드, 호주에서도 호밀을 구할 수 있어. 어디 호밀뿐이야? 밀을 원료로 쓰는 위스키는 어떨까? 아니면 귀리, 스펠트밀, 퀴노아는? 보리를 원료로 쓸 거라면 맥주 양조자들처럼 보리를 다양한 방식으로 볶아 사용하지 말란 법도 없잖아? 건조용 연료로 피트 말고 여러 가지 목재를 사용해 보는 건 어떨까? 쐐기풀이나 양의 똥은?

다양한 곡물과 훈연 방식을 활용할 거라면 그런 다양한 곡물과 훈연을 여러 가지로 조합해 보는 것도 안 될 건 없지 않을까? 에일 효모나 와인 효모 등등 시도해 볼 만한 효모가 여러 가지 있는데 증류 기술자들이 통상적으로 쓰는 효모에만 집착할 필요가 없지 않을까? 발효의 온도를 조절하는 건 어떨까? 왜 스카치위스키의 단식 증류기(포트 스틸pot still)나 버번의 연속 증류기(column still)/더블러(doubler)만 고집해야 하지? 목 부분에 판이 내장된 코냑 스틸은

어떨까?

오늘날의 신흥 위스키 생산 업체는 1920년대와 1930년대 일본의 증류 업체와 똑같은 문제에 직면해 있다. 위스키의 제조 방법만이 아니라 자신들의 위스키를 일본스럽게 만드는 방법까지 고민했던 당시의 일본과 같은 상황이다. 그리고 그 답을 마케팅 매뉴얼이 아니라 가슴과 머리에서 찾아낸다. 그래서인지 이런 신흥 업체들이 '위스키란 뭘까?'라는 의문에 내놓는 답들은 흥미진진할뿐더러, 대체로 감동적이기까지 하다. 전통에 제대로 도전장을 내미는 이런 이들이 위스키의 영역을 점점 넓혀가고 있다.

그렇다. 이제는 스카치 싱글몰트, 버번, 아이리시 싱글 포트 스틸, 캐나다 라이 위스키의 영역이 생겨났을 뿐만 아니라 스웨덴, 대만, 호주, 네덜란드, 미국의 수제 위스키를 위시한 그 외의 여러 영역도 생겨났다. 그렇다면 구 생산국들이 걱정해야 할 만한 상황일까? 아직은 아니지만, 의식은 해야 한다. 실제로 의식하고 있냐고? 아마 아닐 것이다.

그렇다고 증류소를 열기가 쉽다는 얘기는 아니다. 여기까지 듣고 당신도 증류소를 열어볼까, 하는 생각을 했다면 스코틀랜드 파이프 소재 다프트밀 증류소(Daftmill Distillery)의 프랜시스 커스버트(Francis Cuthbert)의 충고에 잠깐 귀를 기울여보길. "시작하기 전에 필요한 자금을 모두 마련해 두세요. 재고 위스키의 숙성 비용이 증류소 건설비보다 10배는 더 들어갈 테니 각오하시고요. 카페라도 열어 이 비용을 벌충하면 될 것 같다고요? 그러면 카페나 차리고 위스키는 잊어버리세요."

일단 증류소를 열었다면 그다음은 어떨까? 프랑스 브르타뉴의 글랑 아르 모르(Glann ar Mor)와 아일레이 섬 가트브렉(Gartbreck)의 소유자 장 도네이(Jean Donnay)의 말을 들어보자. "증류는 생각보다 훨씬 더 복잡한 일이에요. 이것저것 읽고 여기저기로 증류소를 찾아다니고 이런저런 질문을 던지다 보면 답을 찾은 것 같다 싶다가도 더 알듯 말듯 하고 복잡해져요. 제가 늘 했던 생각이지만 연금술과 연관이 있어서인지, 증류도 연금술처럼 설명할 수 없는 수수께끼 같다니까요. 지금은 그런 생각이 더 강해졌어요. 증류는 생각보다 더 까다로워요. 매일매일이 달라, 날마다 다른 뭔가를 배우죠. 설령 제가 200년 동안 증류 일을 해왔더라도 여전히 매일 새로운 뭔가를 배울게 될 걸요."

신구 세대를 떠나 증류 기술자라면 누구나 이 말에 공감할 것이다. 통달의 경지에 이르는 사람은 없다. 끊임없이 질문을 던지고 자신의 일에 겸허한 자세를 갖는 한, 끝도 없이 새로운 발견을 이어갈 뿐이다.

위스키란 뭘까? 당신이 위스키이길 원하는 무엇이든 위스키다.

잠재성을 품고 있는 들판 스페이사이드는 지금도 여전히 스코틀랜드의 대표적인 몰트 보리 생산지에 든다.

Malt production

몰트위스키의 제조

세계의 싱글몰트위스키 증류소들은 똑같은 제조 공정으로 위스키를 제조하지만, 보통은 증류소별로 제조 공정의 실행 방식에서 독자적 선택을 한다. 각 증류소 특유의 이런 독자적 방식이 바로 각각의 싱글몰트에 그 증류소의 개성, 즉 DNA를 부여해 준다. 증류소에서 제조 공정 내내 내리는 여러 가지 결정 가운데 주된 결정 사항은 다음의 도표와 같다.

1 보리

스코틀랜드의 모든 몰트위스키는 몰트(발아된 보리)와 효모를 원료로 쓴다. 증류 기술자는 스코틀랜드 보리의 사용을 선호하지만 법적으로 꼭 그래야 할 의무는 없다. 대다수 증류 기술자들은 보리의 품종이 풍미에 영향을 미치지 않는다고 믿지만, 개중엔 골든 프라미스(Golden Promise)라는 품종이 색다른 마우스필(mouthfeel, 입안에서 느껴지는 질감)을 부여해 준다고 느끼는 증류 기술자도 있다.

물

위스키를 만들기 위해서는 깨끗하고 차가운 물이 많이 필요하다. 그래서 언제든 쓸 수 있는 수원(水源)을 찾는 일이 아주 중요하다. 증류 기술자들은 대부분 샘물을 쓰지만 호수 물이나, 심지어 상수도 물을 사용하기도 한다. 물은 발효 효율성에 미미한 영향을 미칠 수는 있지만 위스키의 최종 풍미에 크게 기여하는 결정적 요소는 아닌 것으로 여겨지고 있다.

2 몰팅(몰트 제조)

보리의 낟알은 작은 전분 뭉치와 같다. 굳이 따지자면 몰팅은 보리를 속이는 것이나 다름없다. 보리를 물에 담가 차갑고 축축한 환경의 발아 조건을 만들어주면서 보리가 이제 싹을 틔울 시기가 되었다고 생각하게끔 유도하는 것이다. 효소가 활성화되면 보리의 전분이 당분으로 변환된다. 바로 이 당분이 증류 기술자에게 필요한 성분이고, 이 당분을 이용하기 위해서는 보리를 건조시켜 발아를 중단시켜야 한다. 그리고 이때 첫 번째 결정을 내려야 한다.

3 건조의 선택지 1

뜨거운 열로 건조시킬 경우, 발아는 중단되지만 풍미가 부여되진 않는다.

3 건조의 선택지 2: 피트 처리

피트를 태워 건조시키면 최종 스피릿에 훈연 향(스모키함)이 부여된다. 피트는 반탄화(半炭化)된 식물로, 태우면 그윽한 향의 연기가 피어난다. 이때 연기 속의 기름(페놀)이 보리의 표면에 들러붙는다. 본토 지역 위스키는 대체로 훈연 향이 적게 함유되어 있으나, 전통적으로 가정에서나 위스키 제조에서 피트를 연료로 써온 섬 지역 위스키들은 훈연 향이 뚜렷한 편이다.

냉각 여과?

위스키가 탁해지는 것은 막아주지만 마우스필을 줄일 소지도 있다.

캐러멜 첨가?

스피릿 캐러멜을 첨가하면 위스키의 표준적인 색을 내는 데 유용하다.

알코올 강도?

법적으로, 위스키는 알코올 함량이 최소 40%는 되어야 한다.

병입

위스키가 병에 담아도 될 적기에 이르더라도 아직 몇 가지의 최종 결정 사항이 남아 있다.

숙성: 시간

위스키가 통에서 보내는 시간이 길수록 스피릿에 미치는 오크의 영향도 커진다. 종국엔 위스키를 압도해, 어느 증류소의 위스키인지 가려내기가 불가능해질 정도까지 개성을 묻어버리고 만다. 기운 생생한 캐스크가 여러 번 재사용된 캐스크보다 이런 효과를 더 빨리 일으킨다. 병의 숙성 연수 표기는 블렌딩된 위스키 중 가장 어린 위스키가 오크 통에 얼마나 오래 담겨 있었는지 만을 알려줄 뿐이다. 연수가 오래되었다고 해서 무조건 다 뛰어난 위스키는 아니다.

8 숙성

뉴메이크 스피릿은 알코올 함량을 63.5%로 낮춘 다음 숙성을 위해 오크 캐스크에 담는다. 이때 캐스크는 이전에 버번이나 셰리를 담았던 통을 쓰는 것이 보통이다. 캐스크 안에서는 다음의 3가지 작용이 일어난다.

1. 제거: 캐스크는 갓 만들어진 스피릿의 공격적인 성질을 제거해 준다.
2. 첨가: 캐스크의 풍미 성분이 스피릿으로 우려 나온다.
3. 상호작용: 캐스크에서 나온 풍미와 스피릿이 서로 섞이며 복잡 미묘함이 더해진다.

캐스크 타입 1: 버번을 담았던 통

미국산 오크로 만들어져, 바닐라, 크렘 브륄레, 소나무, 유칼립투스, 향신료, 코코넛이 연상되는 향의 성분이 많다.

캐스크 타입 2: 셰리를 담았던 통

유럽산 오크로 만들어져, 건과일, 정향, 향(香), 호두의 향을 부여해 준다. 빛깔이 더 진하고 타닌의 함량이 더 높다.

캐스크 타입 3: 리필

위스키 증류 기술자들은 캐스크를 여러 번 재사용할 수 있는데, 재사용 횟수가 높을수록 오크가 위스키에 미치는 영향이 그만큼 낮아진다. 이렇게 위스키를 담았던 적이 있는 '리필(refill)' 캐스크는 개성을 드러내는 중요한 요소다.

숙성: 캐스크 타입 4: 캐스크 피니싱

증류 기술자는 '캐스크 피니싱(cask fiinshing)'이라는 추가 숙성 방법을 활용해 위스키의 풍미에 마지막 반전을 부여하기도 한다. 이를테면 (보통 버번을 담았던 캐스크나 리필 캐스크에서) 숙성이 된 위스키를, 셰리, 포트, 마데이라, 와인 등을 담았던 캐스크로 옮겨 단기간 동안 2차 숙성을 시켜 그 캐스크의 특색을 어느 정도 스며들게 하는 식이다.

분쇄
몰트를 증류소로 옮겨 그리스트(grist)라는 거친 가루로 분쇄한다.

5

매싱(당화)
그리스트는 매시툰(mash tun, 당화조)이라는 커다란 통에 넣어 온수(섭씨 63.5도/화씨 146.3도)를 섞어준다. 온수가 그리스트에 닿자마자 전분에서 당분으로의 변환 과정이 일어난다. 일명 워트(wort, 당화액)라는 이름의 이 달달한 술은 매시툰 바닥에 뚫린 구멍에 걸러 배출시킨다. 당분을 최대한 많이 뽑아내기 위해 이 과정을 2번 더 반복한다. 마지막 회차에서 걸러진 '물'은 다음 매싱의 첫 번째 물로 쓰기 위해 따로 보관해 둔다.

매싱 선택지 1: 맑은 워트
증류 기술자가 워트를 매시툰에서 천천히 펌핑해 빼내면 일명 맑은 워트를 얻게 된다. 이 맑은 워트는 대체로 곡물의 특성이 별로 없는 스피릿이 된다.

매싱 선택지 2: 탁한 워트
증류 기술자가 드라이(단맛이 없는 상태)하고 풍미 그윽하며 곡물 특성이 살아 있는 몰트위스키를 만들고 싶을 때는, 펌핑 속도를 빠르게 해 매시툰에서 고형물을 뽑아낸다.

발효
워트를 식혔다가 워시백(washback)이라는 발효조에 펌프로 채워 넣는다. 이 발효조의 소재는 나무도 괜찮고 스테인리스스틸도 괜찮다. 발효조에 효모를 첨가하면 발효가 개시된다.

발효 선택지 1: 단기 발효
발효가 일어나면 효모가 당분을 먹고 그 당분을 알코올로 변환시킨다. 이 변환 과정은 48시간 후 완료된다. '단기 발효' 선택지를 택하면 최종 증류액에서 몰트의 특성이 더 두드러진다.

발효 선택지 2: 장기 발효
장기 발효(55시간 이상)를 택할 경우엔 에스테르화가 일어나 더 가볍고 더 복잡 미묘하며 과일 향 있는 풍미가 생긴다.

효모
스카치위스키 업계에서는 동종의 효모를 쓰기 때문에 효모가 풍미에 영향을 미치는 요소로 통하지 않는다. 하지만 일본의 증류 기술자들은 몰트위스키에 원하는 풍미를 만들어내기 위해 여러 품종의 효모를 쓴다.

구리
구리는 위스키의 풍미를 만드는 데 굉장히 중요한 역할을 한다. 구리는 무거운 성분을 붙잡는 성질이 있기 때문에 증류 기술자들은 알코올 증기와 구리 사이의 '대화'를 늘리거나 제한해서 원하는 특색을 만들어낼 수 있다.

7

증류 A
워시는 알코올 함량이 8%다. 이 워시를 구리 단식 증류기에서 2회 증류한다. 1차 증류기인 '워시 스틸'에서 알코올 함량이 23%인 '로우 와인'을 뽑고, 이 증류액을 2차 증류기인 '스피릿 스틸'에서 다시 증류하는 식이다. 2차 증류에서는 증류액을 초류**, 중류, 후류**의 3종류로 분류해 중류만을 숙성 용도로 보관한다.

증류 선택지 1: 긴 대화
알코올 증기와 구리 사이의 대화가 길어질수록 최종 증류액이 더 가벼워지는 편이다. 증류기가 길수록 가벼운 스타일의 위스키가 제조되는 경향이 있다. 증류기의 가동 속도를 늦출수록 알코올 증기와 구리의 대화가 길어지기도 한다.

증류 선택지 2: 짧은 대화
반대로 대화가 짧을수록 최종 증류액이 더 무거워진다. 이는 비교적 증류기가 짧거나 증류 속도가 빨라도 마찬가지다.

증류 B: 응축
알코올 증기가 차가운 물이 담긴 응축(condensing) 시스템을 통과하면서 다시 액체로 변하는 과정. 증류 기술자는 이때 또 한 번 풍미에 영향을 미칠 만한 선택을 내리게 된다.

응축 선택지 1: 셸 앤드 튜브(Shell & tube)
원통형 동체(shell) 내부에 차가운 물이 통과하는 작은 구리 관들이 채워진 응축기다. 알코올 증기가 이 차가운 관들에 부딪치며 다시 액체로 변한다. 이런 셸 앤드 튜브식 응축기는 구리와의 접촉 영역이 넓어 스피릿을 더 가볍게 해준다.

응축 선택지 2: 웜텁(Worm Tubs)
전통적인 응축 방식으로, 차가운 물이 담긴 큰 통 안에 나선 형태의 길쭉한 구리 관 하나가 잠겨 있는 형태를 하고 있다. 웜텁은 구리의 역할이 상대적으로 낮아 더 묵직한 스피릿을 만들어내는 편이다.

증류 C: 컷 포인트(Cut Points)
2차 증류를 거친 후 응축된 스피릿이 스피릿 세이프(spirit safe)에 이르면 증류 담당자는 이 스피릿을 초류, 중류, 후류의 셋으로 분류해야 한다. 증류 담당자가 초류와 후류를 잘라내는 시점도 풍미에 영향을 미치는 요소다.

컷 포인트 선택지 1: 이르게
스피릿은 증류가 되는 사이에 향도 변한다. 초반엔 가볍고 섬세한 향을 띤다. 향기로운 위스키를 만들고 싶다면 일찍 잘라낸다.

컷 포인트의 선택지 2: 늦게
증류가 계속 이어지면 향이 풍부해지면서, 훈연 향도 생겨난다. 묵직한 위스키를 만들고 싶어 할 경우엔 늦게 잘라낸다.

Grain production

그레인위스키의 제조

그레인위스키는 위스키의 한 스타일로 제대로 취급 못 받기 일쑤인데다 병입되어 상품으로 출시되는 경우마저 드물지만, 스코틀랜드에서 생산되는 위스키의 대부분을 차지하며, 블렌디드 위스키에서 지극히 중요한 역할을 담당한다. 다음의 도표가 생생히 보여주고 있듯, 그레인위스키의 생산은 여타 종류의 위스키에 못지않게 복잡하다.

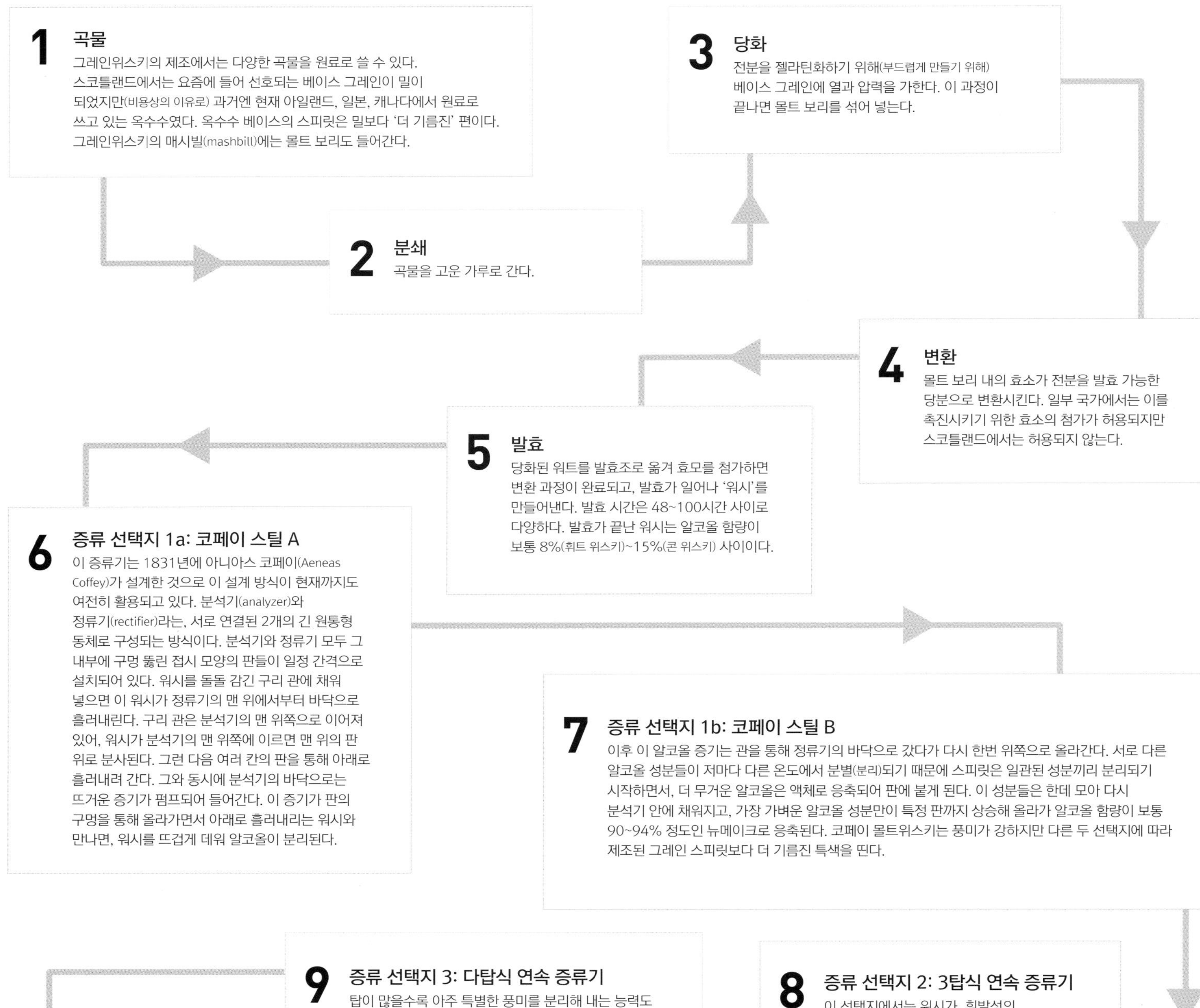

Single pot still irish whiskey

싱글 포트 스틸 아이리시 위스키

다음은 싱글 포트 스틸 아이리시 위스키의 제조 과정이다. 주로 IDL(Irish Distillers Limited)의 미들턴 증류소에서 제임슨(Jameson), 파워스(Powers), 스폿(Spot) 시리즈, 레드브레스트(Redbreast) 등의 브랜드 제품에 이 방식을 이용하고 있다. 현재는 부시밀스(Bushmills)와 쿨리(Cooley) 둘 다 스코틀랜드의 싱글몰트위스키 제조에 비슷한 공정을 쓰고 있지만 부시밀스는 3차 증류라는 복잡한 방식을 이용한다.(더 자세한 설명은 200~201쪽 참조) 게다가 쿨리는 2차 증류 방식의 브랜드 코네마라(Connemara)의 제조에서 강하게 피트 처리한 보리를 원료로 쓴다. IDL과 쿨리에서는 그레인위스키도 생산한다.

Kentucky & Tennessee production

켄터키 위스키와
테네시 위스키의 제조

버번위스키 증류 기술자들 역시 독자적 스타일을 탄생시키는 과정에서 많은 결정 사항에 직면한다. 비교적 소수에 불과하지만 일부 증류소에서는 원료 곡물의 구성 비율(매시빌), 효모의 종류, 사워매시(sour mash)의 사용량, 증류 알코올 강도, 통입시의 알코올 강도, 통을 보관하는 숙성고의 위치를 신중히 결정하는 식으로 개성을 표출해 아주 다양한 스타일과 브랜드를 만들어내고 있다.

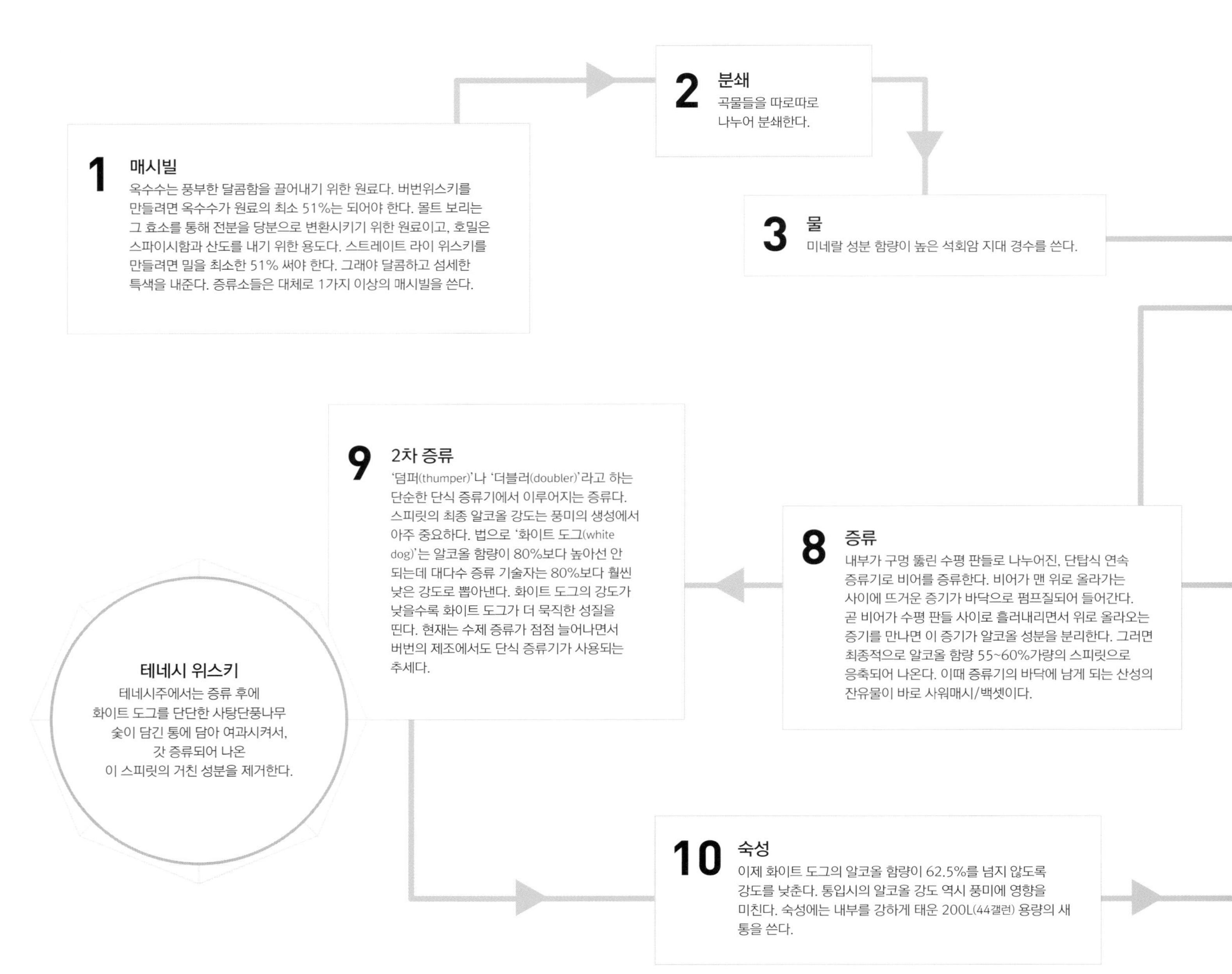

4 당화

A 옥수수와 물을 섞어 끓어오르기 직전까지 가열한 다음 압력을 가해 익히거나 뚜껑을 덮지 않은 상태에서 익혀 전분을 젤라틴화시킨다.

B 호밀과 밀은 높은 열에서 덩어리지기 쉬워, 온도가 77℃(171℉)까지 떨어지면 그때 넣는다. 익힌 다음엔 63.5℃(146℉)까지 한 번 더 식힌다.

C 그리고 이때 몰트 보리를 섞어 넣어 전분을 발효 가능한 당분으로 변환시킨다. 그다음엔 발효가 일어나기 전에 2가지 재료를 더 넣어줘야 한다.

5 사워매시 / 백셋(backset) / 셋백(setback)

사워매시는 증류를 다 마치고 남은 찌꺼기인 산성 액체를 말하며, 발효 공정에서 발효조에 같이 넣어주면 발효의 수소이온 농도를 조절하고 세균 감염을 막아 준다. 사워매시의 사용량은 매시의 당분 비율에 영향을 미쳐, 더 산뜻한 풍미의 버번을 만들기 위해서는 사워매시를 덜 사용하는 것이 보통이다. 모든 버번에는 예외 없이 사워매시가 첨가된다.

6 효모

모든 증류소가 한 종이나 여러 종의 고유 효모를 가지고 있다. 효모의 특성이 최종 스피릿의 풍미에 중요한 영향을 미쳐 특정 착향 성분(다시 말해, 풍미를 내주는 성분)를 촉진시켜 주는 만큼, 이런 효모들을 조심에 조심을 기해 지킨다.

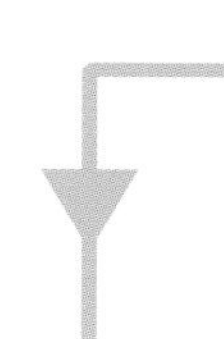

7 발효

대체로 최대 3일에 걸쳐 이루어지며 발효가 끝나면 알코올함량 약 5~6%의 비어(beer)가 만들어진다.

11 숙성고 보관

숙성고 보관은 스피릿의 특색에 추가적 영향을 미친다. 숙성고의 온도가 뜨거울수록 스피릿과 오크 사이의 상호작용이 더 강렬해진다. 반대로, 주변이 서늘할수록 이런 상호작용이 더뎌진다. 다시 말해 숙성고의 위치, 층수, 건축 소재(벽돌, 철제, 목재)가 풍미의 생성에서 중요한 요소라는 얘기다. 숙성고 내에서의 통의 위치 역시 영향을 미친다. 일부 증류 기술자는 숙성이 고르게 이루어지도록 통을 회전시키는가 하면, 통들을 여러 숙성고에 '분산시켜 놓거나, 특정 브랜드를 위해 별도의 숙성고나 숙성고 내의 별도 층을 따로 할애하기도 한다. 법에 따라 숙성 기간은 최소 2년은 되어야 한다.

잭 다니엘에서 링컨 카운티 프로세스(Lincoln County Process) 공정을 시작하기 위해 숯을 제작하는 모습.

Terroir

테루아

테루아가 지역성의 개념으로 통합된 것은, 위스키가 스코틀랜드 각지에서 제조되고 있는 점을 설명하기 위한 방법의 일환이었다. 다만 이 갸륵한 목표의 문제점이라면, 허점이 많았다는 것이다. 우선, 당시에 지역의 경계는 지리적이라기보다 아니라 정치적이었다. 지역들이 너무 방대하기도 했다. 글래스고 외곽에서부터 오크니 제도에 이르는 하이랜드에서 제조되는 위스키가 모두 맛이 똑같다고 볼 수 있을까? 더프타운 마을에서 나는 모든 위스키가 똑같은 맛이 날까? 아니다. 윌리엄 그랜트(William Grant)가 이 마을에 소유하고 있는 세 증류소의 위스키가 다 맛이 똑같을까? 아니다.

위스키는 개성이 생명이다. 단일성(singularity)이 중요하다. 지역성이란 것이 사실상 정치적 · 경제적 영역과도 엉킨 개념이라면, 테루아를 중요하게 여길 필요가 없을까? 아니다. 엉켜 있는 테루아의 개념을 정리해 더 깊이 파헤쳐 봐야 한다.

테루아는 토양학, 지리학, 응용토양학, 미생물학, 일사(日射), 기상학 등등 여러 분야를 아우르는 개념이다. 테루아의 관건은 장소에 있다. 그것이 포도나무든 개별 증류소 부지이든 간에 뭔가의 근원지인 지상의 특정 지점을 중요시한다. 다시 더프타운을 예로 들자면, 글렌피딕, 더 발베니, 키닌비 모두 자신들만의 테루아를 갖고 있고, 그것은 몰트락, 글렌둘란도 마찬가지다. 숲에도 테루아가 존재한다. 스위스의 오크와 스페인의 오크는 서로 다른 풍미를 품고 있다. 그늘진 비탈의 나무들은 햇빛이 잘 드는 비탈의 나무들과 풍미가 다르다.

애주가의 경우 주위 환경을 의식적으로 더 깊이 헤아리다 보면 위스키를 더 깊이 있게 음미하게 된다. 아일레이 섬을 예로 들어보자. 이곳의 위스키라고 해서 꼭 이 섬 특유의 향이 스며 나오는 건 아니지만 마음을 열고 아일레이 섬에 대해 더 깊이 헤아려 보면 특유의 향을 감별해 낼 수 있다. 깊이 음미해 보면 브룩라디에는 달콤한 메도스위트 꽃향기가, 쿨일라에는 바람 부는 해변과 해초로 뒤덮인 마키어 만이, 킬호만에는 굴을 절인 소금물이, 부나하벤에는 초목 우거진 삼림의 느낌이

아래 스코틀랜드의 흙과 스코틀랜드의 위스키를 이어주는 가장 뚜렷한 연결고리는 피트의 사용이다.

아일레이 섬의 라가불린은 스피릿에 그 주변 환경을 증류해 담아내는 듯한 증류소다.

배어 있다. 아드벡의 미네랄 특색이 바다의 소금물에 씻긴 젖은 바위와 흙을 연상시킨다면 라프로익은 역청과 말린 해초를 떠오르게 하고, 라가불린에서는 머틀과 바닷가 바위 사이의 작은 물웅덩이가, 보모어에서는 여러 가지 꽃과 소금이 아른거린다. 게다가 아일레이 섬 위스키의 훈연 향 역시 이 섬의 기후와 지질 때문에 색다른 특색을 띤다. 이것이 테루아다. 서로 연결되어 있고 겹치고 공통된 듯한 느낌을 일으키는, 문화적 테루아도 존재한다.

일본의 위스키가 '일본스러운' 이유는 단지 기후, 오크, 효모 때문만이 아니다. 일본 문화의 미학이 음식, 예술, 꽃꽂이, 시에 영향을 미치듯 위스키에도 영향을 미쳐 그 근간을 이루어 주기 때문이기도 하다. 이 책의 집필을 통해 탐색의 열정을 펼치는 증류 기술자들을 많이 만나봤는데 모두들 하나같이 '자신들의 위스키가 그 근원지를 반영해 주길 바란다'는 말을 했다. 자신들이 지키고 있는 그 들판과 흙과 작물, 그 지역의 대기와 바람과 비의 영향, 과거가 그 안에 깃들길 바랐다.

이쯤에서 프랑스 도멘 데 오트 글라세(Domaine des Hautes Glaces)의 프레드 레볼(Fred Revol)의 말을 들어보자. "테루아는 불간섭주의로 잘못 해석되어, 토양이 모든 특성을 부여해 주고 사람은 무관한 존재인 것처럼 여기기 십상인데 그렇지가 않아요. 토양과 고도만이 아니라 양조 방식과 노하우도 연관이 있어요. 테루아는 어느 시점에 어느 장소에 있음으로써 생겨나는 것입니다." 코펜하겐 노마(Noma) 레스토랑의 르네 레드제피(Rene Redzepi)는 자신의 접근법이 "시간과 장소, 계절과 위치해 있는 곳에 대한 기본적 이해"에 바탕을 두고 있다는 점을 명확히 밝힌 바 있다. 이런 접근법이 모든 위스키에 적용되어야 한다. 증류에 주의 깊은 자세로 임하는 사람들이 더 좋은 제품을 만들어내기 마련이다. 그리고 위스키는 단순한 제품 이상이다. 시간과 장소, 그리고 그 위스키를 만들어낸 사람이 한데 깃들어 있는 증류액이다. 그것이 바로 테루아다.

JACK DANIEL DISTILLERY
LEM MOTLOW PROP. INC.
LYNCHBURG TENN.
RC-53 96 | 16
WHISKEY C.DSP TENN. 1

Flavor

풍미

그렇다면 한데 깃들어지는 이런 테루아를 느끼려면 어떻게 해야 할까? 풍미가 답이다. 잔 안으로 코를 가져다 대고 숨을 들이쉬면 된다. 위스키의 향을 맡을 때마다 어떤 이미지가 아른거리며, 후각적 환각이 그 위스키의 특색을 가늠할 단서를 보여준다. 이런 이미지는, 말하자면 그 자체로 지도가 되어 증류, 오크, 시간에 대해 일러준다. 향수 제조업체 지보단(Givaudan)의 향기 전문가 로만 카이저(Roman Kaiser) 박사가 『전 세계의 의미 있는 향기들(Meaningful Scents Around The World)』에서 썼듯 후각은 다른 생명체들을 느끼게 해준다.

우리는 냄새를 맡으며 살아간다. 냄새는 우리에게 세상을 이해시켜 주는 도우미지만 우리는 그 사실을 의식하지 못하는 채로 지낸다. 카이저 박사의 주장에 따르면, 18세기와 19세기에는 철학자와 과학자 들이 시각은 우월한 감각이지만 후각은 "야만성, 심지어 광기와도 이어진 원시적이고 흉포한 능력"이라는 주장을 내세워 작정하고 후각을 천대했다고 한다. 우리는 나이를 먹어가면서 의식적으로 냄새 맡기를 망각한 채 살게 된다. 꽃 냄새가 어떤지 뻔히 아는데 수선화와 프리지어의 향을 구별해서 뭐 하냐는 식이 된다. 그런데 한 잔의 위스키에 집중하는 순간 머릿속에 유년기 시절의 숱한 이미지들이 떠오른다. 우리는 삶의 어느 순간순간 냄새를 맡기 위해 일부러 숨을 들이쉬기도 한다.

풍미(내가 여기에서 말하는 풍미는 향과 맛을 뜻한다)는, 궁극적으로 말해 우리가 여러 위스키를 분간하는 방법이다. 경우에 따라 포장을 보고 혹하거나, 가격에 끌리거나(혹은 흥미가 식거나), 생산지에 미혹될 수도 있지만, 우리가 위스키를 사는 주된 이유는 그 풍미를 좋아하기 때문이다. 풍미는 우리의 흥미를 끌고, 감동을 주고, 뭔가를 떠오르게 한다.

그런데 그렇게 떠오르는 이미지들이 뭘 의미할까? 바닐라, 크렘 브륄레, 코코넛(1970년대의 선탠오일), 소나무의 향은 그 위스키가 미국산 오크 통에서 숙성되었음을 알려주는 것이다. 건과일과 정향의 이미지가 떠오른다면? 셰리를 담았던 통에서 숙성되었다는 암시로 보면 된다. 초록색 풀과 꽃이 흐드러진 봄철의 초원이 떠오른다면 느리게 오래 증류되면서 증기가 구리에게 말을 걸 여유가 많았으리라고 보면 된다. 향에서 구운 고기가 연상된다면? 아마도 웜텁의 사용으로 대화 시간이 짧았을 것이다. 강렬하면서도 정돈된 향이라면? 일본산 위스키일지 모른다.

버번 잔을 들어 맛을 보자. 어느 순간 갑자기 더 스파이시해지거나 혀 안쪽에서 더 신맛이 돌지 않는가? 바로 호밀의 기운이다. 스파이시할수록 매시빌에 호밀이 더 많이 들어갔을 가능성이 높다. 아이리시 위스키에서 오일리함이 느껴진다면? 비몰트 보리의 존재감이다. 테네시산 위스키에서 그을음 향이 돈다면? 차콜 멜로잉(charcaol mellowing)**의 효과다. 이런 풍미들 모두 자연적인 풍미다. 증류 과정 중에 생기거나, 오크 통 속에서 증류기와 오크가 서로 긴 교류를 나누면서 생겨난 풍미다. 장기 숙성된 위스키에서는 가죽 같은 '불쾌한 냄새'가 진하게 나는 경우도 있다.

풍미가 잘 분간되지 않는가? 눈을 감고 그 위스키에서 어떤 계절이 연상되는지 생각해 봐라. 향을 맡다 보면 어느 순간 퍼뜩 집중력이 자극될 뿐만 아니라 그 위스키를 즐길 가장 좋은 방법에 대해서도 감이 잡히게 된다. 봄 같은 느낌의 위스키를 맛보고 싶은가? 식사 전에, 얼음을 채워 차갑게 마셔봐라. 가을이 생각나는 진한 풍미를 맛보고 싶은가? 식사 후에 천천히 음미해 봐라.

위스키만큼 풍미가 복합적으로 어우러진 스피릿은 없다. 위스키만큼 은은한 향에서부터 묵직한 피트 향에 이르기까지 향기의 스펙트럼이 넓은 스피릿도 없다. 위스키를 하나의 브랜드로 보지 말고, 풍미의 패키지로 봐라. 풍미를 이해하면 위스키를 이해하게 된다. 자, 그러면 이제부터 탐색에 나서보자.

왼쪽 위스키 안에는 향신료에서부터 과일, 꿀, 훈연, 견과류에 이르는 다채로운 향이 담겨 있다. 이런 다채로운 향은 현실 세계에 머물게도 하고 기억을 소환시키기도 한다.

후각 환각 위스키의 개성은 향을 맡는 사람의 마음에 떠오르는 이미지를 통해 표현된다.

How to taste

시음 방법

우리는 누구나 맛을 볼 줄 안다. 내가 여러분 앞에 음식 한 접시를 놓아준다면 여러분에게는 즉각적인 견해가 생기기 마련이다. 하지만 내가 위스키 한 잔을 앞에 놓아준다면 대부분의 사람들은 그 향과 맛을 묘사할 말을 쉽게 떠올리지 못할 것이다. 왜일까? 위스키의 맛을 볼 줄 몰라서가 아니다. 단지 일부러 시간을 내서 위스키의 언어를 설명해 보고, 위스키를 쉽게 이해해 보려 한 적이 없기 때문이다.

위스키는 현재 20년 전의 와인과 같은 상황에 놓여 있다. 내심 맛을 음미해 보고 싶어도 막상 구매하려면 자신이 원하는 스타일을 무슨 말로 표현해야 할지 막막해진다. 말이라는 게 도움이 되는 게 아니라 오히려 방해가 된다. 몰트위스키를 '이해하려면' 비밀결사의 일원이 되어 암호를 받기라도 해야 할 것 같은 기분이 들기도 한다. 막 위스키에 입문한 사람들은 주눅이 들게 된다. 그렇다면 어떤 말을 써야 할지 헤매지도, 너무 복잡한 전문적 사항의 수렁에 빠져 쩔쩔매지도 않으면서 잘 말하려면 어떻게 해야 할까? 단순하게 생각해라. 꼭 새로운 표현법을 배워야 하는 건 아니다. 비교적 단순한 말들로 풍미를 표현해 보기 시작하면 된다. 그 풍미의 계열과 느낌을.

이 책의 모든 항목에는 샘플로 선별한 위스키의 시음 노트를 함께 실으며 이 위스키들을 플레이버 캠프로 분류해 놓았다. 이 플레이버 캠프를 참고하면 비슷한 종류의 위스키들을 비교·대조해 볼 수도 있고 증류 기술자가 숙성 방식을 통해서나 사용하는 오크 통의 종류를 바꿈으로써(혹은 이 둘 중 한 방법을 활용함으로써) 플레이버 캠프를 변환시킬 수 있다는 점도 느껴볼 수 있다. 같은 플레이버 캠프에 드는 위스키들 중에서 이미 친숙한 위스키와 처음 알게 된 위스키를 골라 비교 시음해 보길 권한다. 어떤 점이 비슷하고 어떤 점이 다른지 찬찬히 음미해 봐라. 멋부린 표현을 써서 일을 너무 복잡하게 만들 필요는 없다. 과일 향이나 훈연 향이 난다거나 가볍다는 식의 단순한 말로 표현하면 된다. 그런 다음 또 다른 위스키를 찾아 계속 표현을 해보고 또 해보면 된다!

오른쪽 증류 기술자들이 위스키의 숙성 상태를 확인하는 수단은 자신의 코다.
아래 위스키의 평가에서는 적절한 잔의 사용이 중요하다.

2006
BLADNOCH
DISTILLERY
2002
BLADNOCH
DISTILLERY
1 2 9
BLADNOCH

Flavour camps

플레이버 캠프

시음의 과정은 단순하다. 먼저 노징 글라스(nosing glass)에 위스키를 조금 따른다. 이때는 꼭 위스키의 색을 살펴보되, 더 중요한 것은 잔 안으로 코를 집어넣고 냄새를 맡는 일이다. 어떤 향이 맡아지는가? 어떤 이미지가 떠오르는가? 다음의 플레이버 캠프 중 어디에 해당되는가? 이번엔 시음을 해본다. 코로 이미 맡아본 향이 감지될 테지만 그 위스키가 입안에서 어떻게 전개되는지에 집중해라. 느낌이 어떤가? 무게감이 있으면서 혀를 덮는 느낌인가? 입안을 가득 메우는 풍부한 질감이 있으면서 가벼운가? 달콤하거나, 드라이하거나, 산뜻한가? 이런 느낌들은 기승전결이 있는 음악이나 이야기처럼 전개되기 마련이다. 이번엔 물을 조금만 섞은 다음 한 번 더 똑같이 해봐라.

이 병들에 담긴 위스키는 일본의 야마자키 증류소에서 증류된 것들로, 저마다 독자적이고 독특한 개성을 띠고 있다. 이런 위스키들을 플레이버 캠프로 묶어 구분하면 더 편해진다.

향기로움과 꽃 풍미

이런 류의 위스키에서 느껴지는 향은 막 잘라낸 꽃, 과실의 꽃, 베어낸 풀, 풋과일(사과, 배, 멜론)을 연상시킨다. 입안으로 가볍게 와닿으면서 살짝 달콤하고 대개 산뜻한 신맛이 난다. 아페리티프로 마시기에 이상적이며, 화이트 와인처럼 냉장고에 잠깐 넣어뒀다 와인 잔에 따라 차갑게 내가도 괜찮다.

몰트 풍미와 드라이함

이런 류의 위스키는 향이 비교적 드라이한 편이다. 파삭하고 때때로 흙먼지의 느낌이 돌기도 하는 비스킷 향이 있으며, 밀가루, 콘프레이크나 오트밀, 견과류가 연상되는 향도 난다. 입안에서도 드라이하게 느껴지지만 보통은 달콤한 오크 풍미로 밸런스가 잡혀 있다. 이런 위스키 역시 아페리티프로 잘 맞는다. 아침 식사에 곁들여 마시기에도 좋다.

과일 풍미와 스파이시함

여기에서 얘기하는 과일 풍미는 복숭아, 살구 같은 잘 익은 과수를 말하며, 망고 같은 이국산 과일을 가리킬 수도 있다. 이런 류의 위스키에서는 미국산 오크의 바닐라, 코코넛, 커스터드 계열 향이 나타난다. 피니시(여운)에서 스파이시함이 감돌고 대체로 달콤한 편이며, 시나몬이나 육두구 같은 맛이 난다. 비교적 무게감이 있는 편으로, 언제 어느 때나 기분 좋게 즐길 수 있는 팔방미인이다.

풍부함과 무난함

과일 풍미가 있긴 하지만 건포도, 무화과, 대추야자, 설타나 같은 건과일류이다. 셰리를 담았던 유럽산 오크 통을 사용한 흔적이 드러나기도 한다. 살짝 더 드라이한 느낌이 있다면, 오크 통에서 입혀진 타닌의 기운이다. 깊이 있는 풍미를 띠며, 경우에 따라 달콤하기도 하고 미티(meaty)한 맛이 느껴지기도 한다. 식후에 마시기에 그만이다.

스모키함과 피트 풍미

몰트를 건조시킬 때 태운 피트의 연기에서 입혀진 훈연 향이 있다. 그을음에서부터 랍생 수총(연기 맛이 나는 차 종류—옮긴이), 타르, 훈제 청어, 훈제 베이컨, 히스 태우는 냄새, 장작 연기에 이르는 온갖 다양한 향을 띤다. 대체로 질감이 살짝 오일리한 편인데, 피트 풍미가 있는 위스키는 반드시 달콤함과 밸런스를 이뤄야 한다. 피트 풍미를 띠는 어린 위스키는 아페리티프로 맛보며 미각을 깨우기에 제격이다. 소다수와 섞어서 마셔보기도 권한다. 풍미가 풍부한 오래된 위스키라면 저녁 늦은 시간에 잘 맞는다.

켄터키 및 테네시 위스키와 캐나다 위스키

부드러운 옥수수 풍미

원료로 쓰이는 주곡물인 옥수수의 기운을 받아 입안에 머금으면 달콤한 향과 기름진 질감, 버터와 주스 같은 특색을 발산한다.

달콤한 밀 풍미

밀은 버번 증류 기술자들이 종종 호밀 대신 사용하는 재료로, 버번의 풍미에 은은하고 부드러운 단맛을 더해준다.

풍부함과 오크 풍미

버번은 무조건 새 오크 통에 담아 숙성시켜야 하기에, 코코넛, 소나무, 체리, 단맛의 향신료 향과 더불어 바닐라 향이 두드러지는 풍부한 향을 띤다. 오크 통에서 배어 나오는 이런 풍부한 풍미는 숙성 기간이 길수록 점점 더 강해져, 담배와 가죽 같은 풍미가 생겨나기도 한다.

스파이시한 호밀 풍미

호밀은 짙은 향을 띠면서, 살짝 향기롭고 때로는 약한 흙먼지 느낌이 나기도 한다. 갓 구운 호밀빵 비슷한 향도 난다. 이런 호밀 풍미는 기름진 옥수수 맛이 존재감을 내보이고 난 이후에 드러난다. 알싸한 새콤함이 미각을 깨워주기도 한다.

The single malt whisky flavour map

싱글몰트위스키 풍미 지도

플레이버 맵(Flavour Map)™은 시중에 출시되는 싱글몰트 스카치위스키의 많은 종류에 당황하는 소비자들을 돕기 위해 착안된 것이다. 모든 위스키는 저마다 독자적인 개성을 띤다. 따라서 지역적 특징으로는 풍미를 확실히 구분할 수 없다. 소매상이나 바(bar)에 의존할 수도 없다. 둘 다 위스키를 알파벳순이나 지역별로 정리하는 경향이 있어서 별 도움이 안 된다. 그렇다면 누구나 공감할 만한 말로 개성을 표현할 방법은 없을까?

나는 직업상 사람들(소비자, 바텐더, 소매상 등)에게 위스키의 시음 요령을 알려주는 일도 하는데, 예전에 그런 일을 하면서 깨달은 게 있었다. 슬그머니 복잡한 표현을 쓰게 되기가 십상이었고, 풍미를 간단하게 설명하려 해봐도 오히려 그게 훨씬 더 어려웠다.

어느 날, 나는 사람들이 찬찬히 따져본 후 선택을 내리도록 도와줄 간단한 풍미 표현 방식에 대한 이런 고민을 놓고 디아지오의 마스터 블렌더 짐 베버리지(Jim Beveridge)와 상의를 하게 되었다. 그는 내 얘길 듣더니 종이에 2개의 선을 그어 보이며 말했다. "이게 우리 연구실에서 사용하는 방법인데요, 이런 식으로 해보면 블렌디드 위스키의 다양한 구성 성분을 짜는 데 유용해요. 조니 워커와 다른 블렌디드 위스키들을 비교해 보기에도 좋고요." 나중에 알게 되었지만 이것은 위스키 블렌더들 사이에서만이 아니라 스피릿 업계와 향수 업계 전반에서도 두루 활용하는 방식이다. 이후에 짐, 그의 동료 모린 로빈슨(Maureen Robinson), 나 이렇게 3명이 한자리에 앉아 머리를 맞대고 소비자 친화형 블렌더 차트를 만들게 되었다.

오른쪽이 바로 그 차트다. 이 플레이버 맵™은 사용하기가 간단하다. 수직축은 '섬세한' 풍미에서부터 시작해 풍미가 복합적인 위스키일수록 이 축의 더 위쪽에 자리한다. 훈연 향이 조금이라도 감지되는 위스키는 축의 중앙을 가로지르고, 훈연 향이 강할수록 더 위쪽에 놓인다.

수평축은 '가벼운' 풍미에서부터 '풍부한' 풍미로 이어진다. 가장 가볍고 가장 향기로운 풍미에서 시작해 중앙 부분으로 갈수록 풀, 몰트, 부드러운 과일, 꿀의 풍미를 띤다. 또 중앙 지점부터 '풍부한' 풍미 쪽으로 갈수록, 풍미에서 오크의 기운이 점점 두드러져 초반엔 미국산 오크의 바닐라와 스파이시함이, 그 뒤로는 셰리를 담았던 통의 건과일 풍미가 주된 특징으로 나타난다.

여기에서는 미리 강조해 둘 중요한 점이 있다. 이 풍미 지도는 어떤 위스키가 어떤 위스키보다 더 뛰어나다는 식의 평가가 아니다. 단순히 주된 풍미 특징을 알려줄 뿐이다. 이 풍미 지도상의 어느 위치에 있든 다른 위스키보다 품질이 더 뛰어나거나 떨어지는 것은 아니다. 이 풍미 지도는 싱글몰트위스키를 분류하는 포괄적 도구다. 시중 판매 위스키를 전부 다 표시할 수는 없었지만 이 중 여러 위스키를 이 책에서 곧 만나보게 될 것이다.

우리는 새로운 제품과 스타일의 변화를 고려해 플레이버 맵™을 계속 검토하고 있다. 부디 이 풍미 지도를 통해 여러 위스키 사이의 유사점과 차이를 알게 되길 바란다. 피트 풍미를 좋아하지 않는다면 훈연 향에서 너무 위쪽에 위치한 위스키는 조심하는 것이 좋다. 좋아하는 브랜드가 있다면 이 풍미 지도를 보며 새로운 탐구를 벌여볼 만한 또 다른 위스키를 찾아볼 수도 있다. 이렇게 저렇게 활용하며 이 지도의 묘미를 느껴보길 바란다.

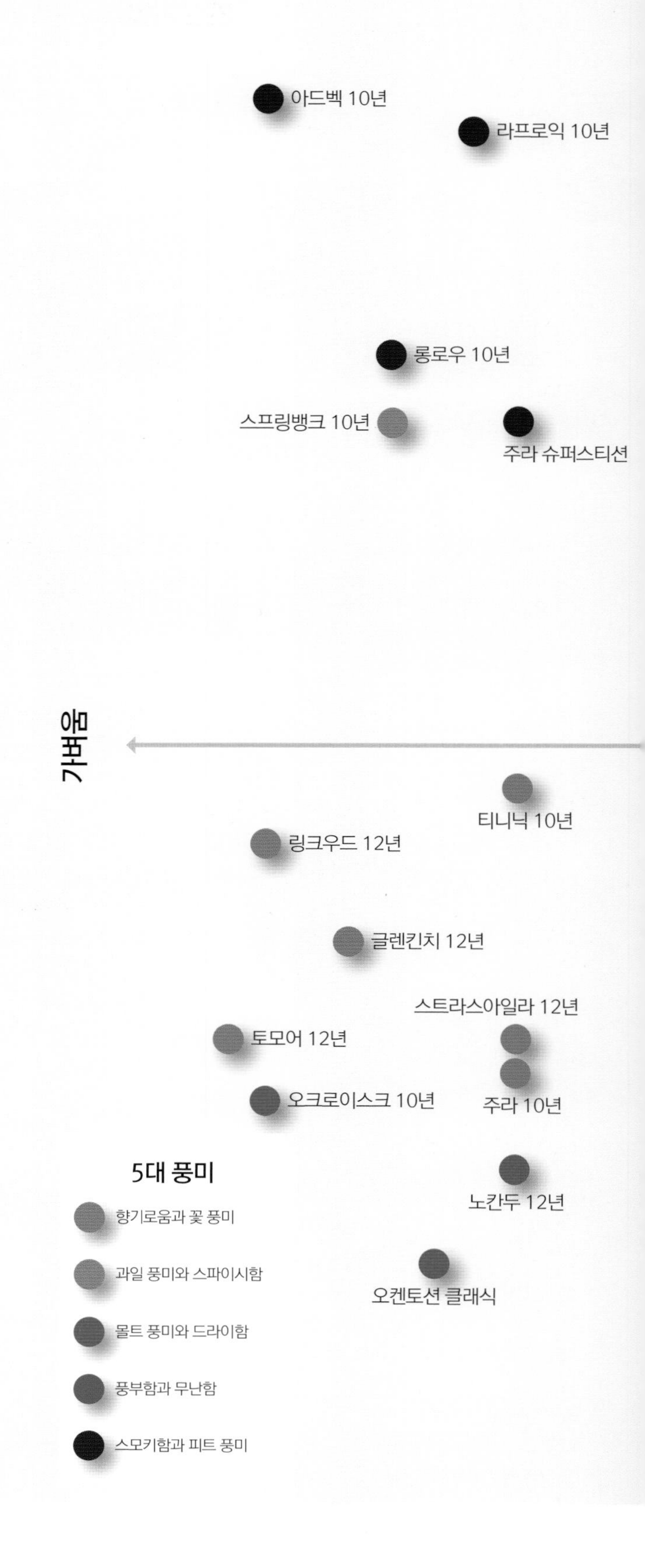

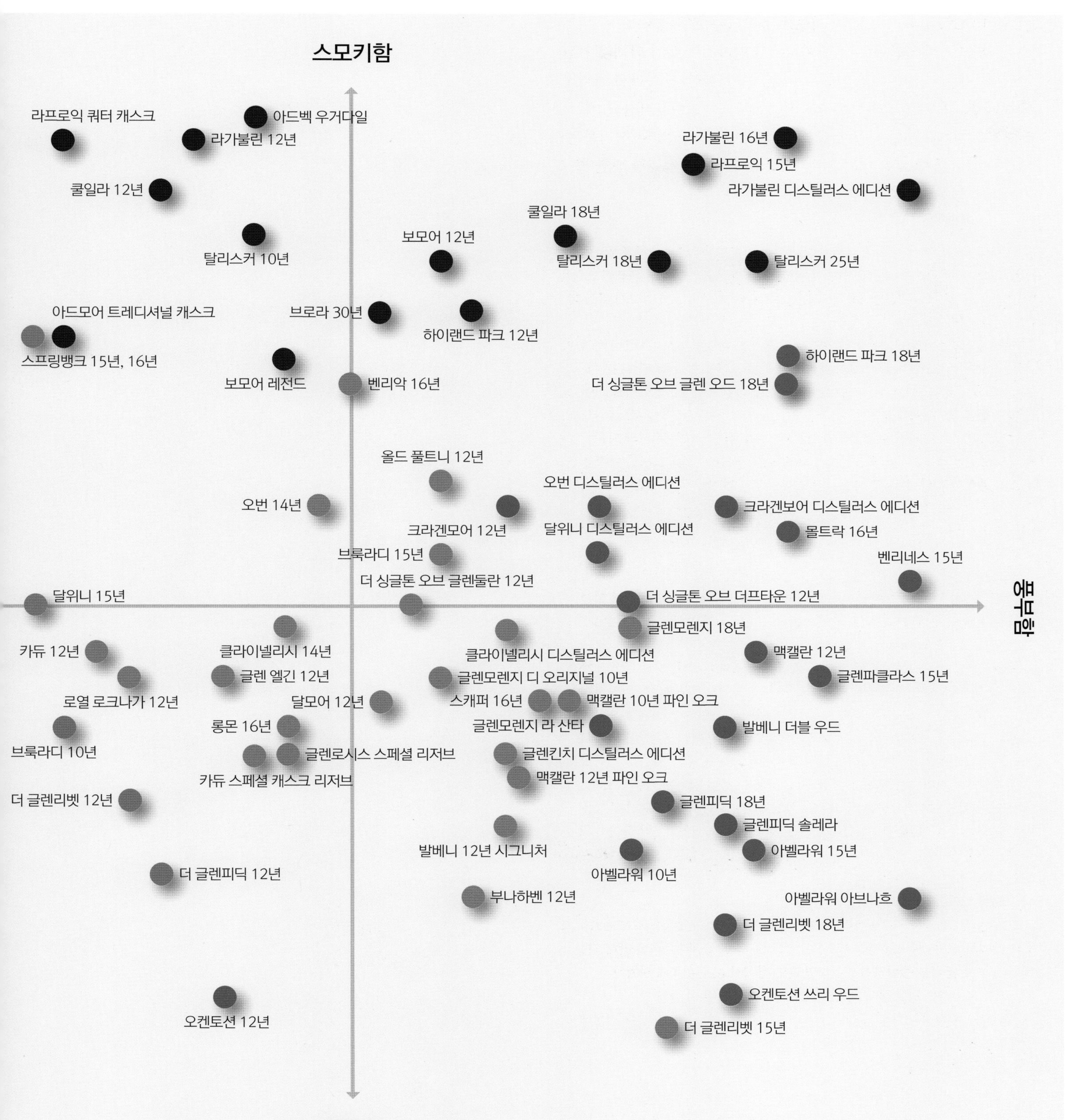
스모키함
섬세함
풍부함
라프로익 쿼터 캐스크
아드벡 우거다일
라가불린 12년
라가불린 16년
라프로익 15년
라가불린 디스틸러스 에디션
쿨일라 12년
쿨일라 18년
보모어 12년
탈리스커 10년
탈리스커 18년
탈리스커 25년
아드모어 트레디셔널 캐스크
브로라 30년
하이랜드 파크 12년
스프링뱅크 15년, 16년
보모어 레전드
벤리악 16년
하이랜드 파크 18년
더 싱글톤 오브 글렌 오드 18년
올드 풀트니 12년
오번 디스틸러스 에디션
오번 14년
크라겐보어 디스틸러스 에디션
크라겐모어 12년
달위니 디스틸러스 에디션
몰트락 16년
브룩라디 15년
벤리네스 15년
더 싱글톤 오브 글렌둘란 12년
달위니 15년
더 싱글톤 오브 더프타운 12년
글렌모렌지 18년
카듀 12년
클라이넬리시 14년
클라이넬리시 디스틸러스 에디션
맥캘란 12년
글렌 엘긴 12년
글렌모렌지 디 오리지널 10년
글렌파클라스 15년
로열 로크나가 12년
달모어 12년
스캐퍼 16년
맥캘란 10년 파인 오크
롱몬 16년
글렌모렌지 라 산타
발베니 더블 우드
브룩라디 10년
글렌로시스 스페셜 리저브
글렌킨치 디스틸러스 에디션
카듀 스페셜 캐스크 리저브
맥캘란 12년 파인 오크
더 글렌리벳 12년
글렌피딕 18년
글렌피딕 솔레라
발베니 12년 시그니처
아벨라워 15년
더 글렌피딕 12년
아벨라워 10년
부나하벤 12년
아벨라워 아브나흐
더 글렌리벳 18년
오켄토션 쓰리 우드
오켄토션 12년
더 글렌리벳 15년

Scotland

스코틀랜드

스코틀랜드는 위스키 세계의 지배자다. 스카치는 하나의 위스키 스타일일 뿐만 아니라 한 나라의 상징이기도 하다. 하지만 스코틀랜드는 우회해서 다닐 수밖에 없는 지리를 가진 나라다. 다리를 건너는 게 아니라 빙 돌아가고, 섬들은 비행편이 아닌 배편으로 이동하고, 외진 구릉 지대를 가려면 도로가 없어서 걸어 들어가야 한다. 풍토는 종잡을 수 없지만, 위스키를 공유 자산으로 가진 땅이다. 스코틀랜드는 아주 모순적이기도 하다. 1919년에 비평가 G. 그레고리 스미스(G. Gregory Smith)는 스코틀랜드 문학(더 나아가 스코틀랜드의 심리 역시도)이 '지그재그로 왔다 갔다 하는 듯한 모순들'이 특징이라고 주장하며 이런 모순을 '칼레도니아(스코틀랜드의 옛 이름)인 특유의 이중성(Caledonian antisyzygy)'이라고 칭한 바 있다.

이전 쪽 비밀스럽고 쓸쓸해 보여도, 이곳은 위스키 제조의 두 요소인 피트와 물을 품고 있다.

스코틀랜드의 위스키는 그 땅의 향을 증류해 담아낸다. 가시금작화의 코코넛 향, 금작화와 뜨거운 모래사장에 흩어진 젖은 해초의 완두콩 껍질 냄새, 야생 체리 꽃의 섬세한 향. 히스(헤더)의 알싸한 향, 늪도금양, 베어낸 풀에서 풍기는 오일리함. 훈연장, 해변의 모닥불, 굴 껍데기, 소금물 등등 피트의 오만가지 향. 차와 커피, 셰리, 건포도, 커민, 시나몬, 육두구 등의 이국적 향. 이 모든 향이 생겨나는 기반에는 화학적 역할이 있지만 문화적 역할도 적지 않다.

모든 몰트위스키 증류소에서 하는 작업은 다 똑같다. 몰트를 만들고 분쇄해 당화와 발효를 시킨 후, 2회(때로는 3회) 증류를 거친 다음 오크 통에 숙성을 시킨다. 지금 이 글을 쓰고 있는 현재, 이런 일을 하고 있는 증류소가 112곳에 이르며, 이곳에서 115종 이상의 제품이 만들어지고 있다.

'싱글몰트위스키'의 정의에서 가장 중요한 단어는 싱글이다. 한 증류소가 인접 증류소와 똑같은 작업을 하는데도 다른 결과물을 만들어내는 이유가 뭘까? 뒤에서 뉴 스피릿부터 차근차근 살펴보며, 몇 가지 단서를 알아보도록 하자. 최종 제품만 봐서는 위스키를 온전히 이해할 수 없다. 그 최종 제품은 12년이나 그 이상의 세월 동안 스피릿, 오크, 공기 사이에 오간 상호작용의 이야기가 담긴 것이나 다름없다. 싱글몰트위스키 저마다의 독특함을 찾고 싶다면 근원으로 거슬러 가야 한다. 스피릿 세이프로 흘러 들어가고 위스키 메이커의 정신에서 흘러나온, 지혜의 샘으로 거슬러 가야 한다. 그것은 그레인위스키도 마찬가지다. 각 위스키의 DNA를 이해하려 해야만 이 풍미 여정을 계속 이어갈 수 있다.

절대적인 답을 기대하지도, 수치와 차트에 의존하지도 마라. 위스키 저마다의 유일함은 숙성고의 미기후(微氣候, 특히 주변 다른 지역과는 다른, 특정 좁은 지역의 기후—옮긴이)가 될 수도 있고, 숙성고의 유형, 당화실의 기압, 증류기의 모양과 크기, 발효의 특성이 될 수도 있다. 물론 앞으로 환류(reflux), 정화 장치, 워트 농도, 설정 온도, 산화 등의 증류 상식에 대해 얘기할 테지만, 모든 증류 기술자가 결국엔 공감하듯 증류소는 아무리 많은 지식을 쌓아도 자신의 식대로 한다. 증류 기술자들은 일하는 곳이 섬이든, 목초지든, 산 위든 간에 어깨를 으쓱하며 이런 식으로 말한다. "풍미가 어디서 나오냐고요? 솔직히 말해, 저도 몰라요. 장소와 연관된 뭔가가 그 관건이죠." 이것이 스코틀랜드다.

야생의 아름다움을 간직하고 있는 이 외진 스코틀랜드의 풍경 속에는 수많은 위스키의 비밀이 감추어져 있다.

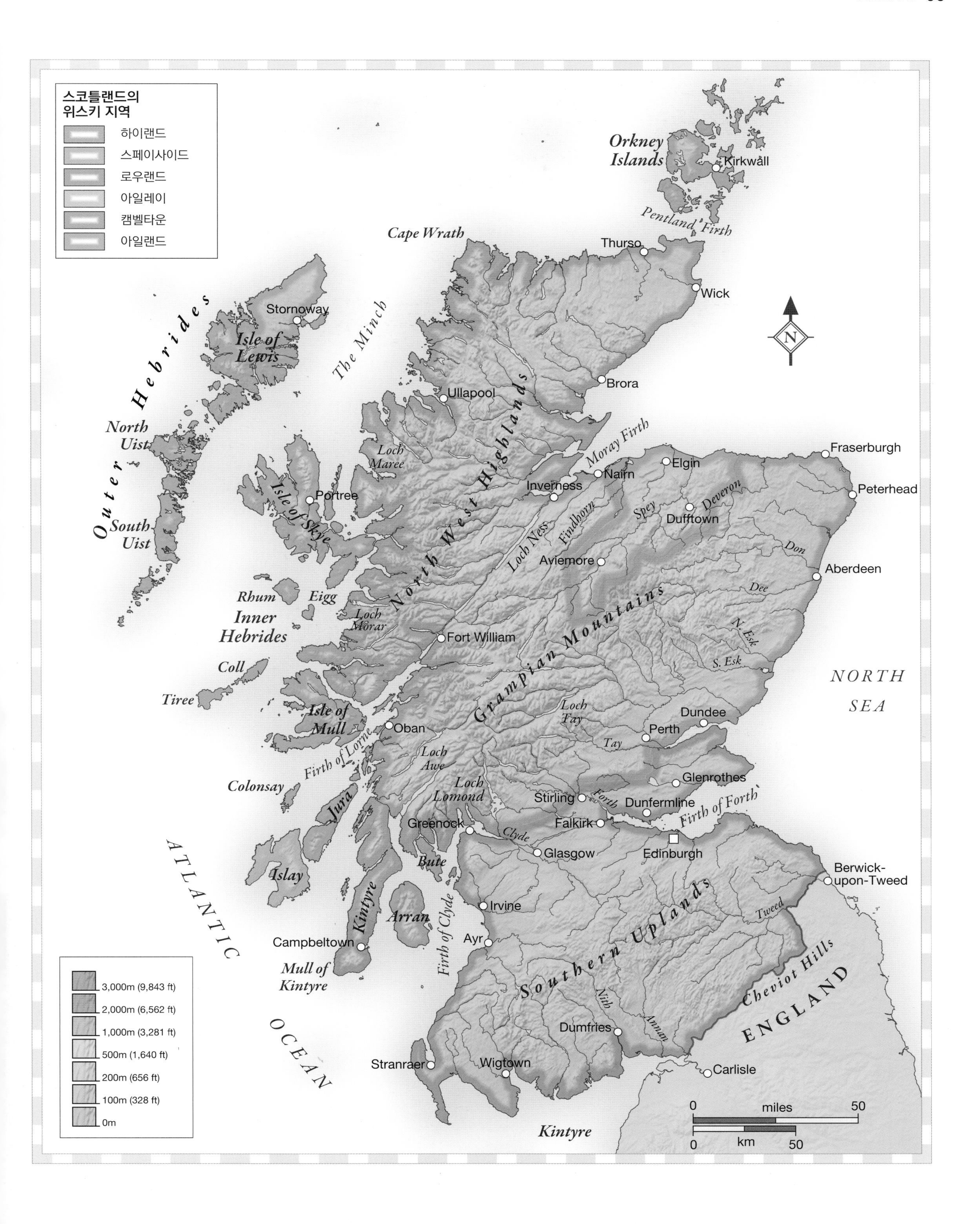
스코틀랜드의
위스키 지역
하이랜드
스페이사이드
로우랜드
아일레이
캠벨타운
아일랜드
Orkney Islands
Kirkwall
Pentland Firth
Cape Wrath
Thurso
Wick
Outer Hebrides
Stornoway
Isle of Lewis
The Minch
Brora
Ullapool
North Uist
Loch Maree
North West Highlands
Moray Firth
Fraserburgh
Elgin
Nairn
Inverness
Peterhead
Isle of Skye
Portree
Deveron
Spey
Dufftown
Findhorn
South Uist
Loch Ness
Don
Aviemore
Aberdeen
Rhum
Eigg
Inner Hebrides
Dee
Loch Morar
Grampian Mountains
N. Esk
Fort William
S. Esk
Coll
NORTH SEA
Tiree
Loch Tay
Dundee
Isle of Mull
Oban
Perth
Tay
Firth of Lorne
Loch Awe
Glenrothes
Colonsay
Loch Lomond
Stirling
Forth
Dunfermline
Jura
Firth of Forth
Greenock
Falkirk
Clyde
Glasgow
Edinburgh
ATLANTIC OCEAN
Islay
Bute
Berwick-upon-Tweed
Southern Uplands
Irvine
Tweed
Kintyre
Arran
Firth of Clyde
Campbeltown
Ayr
Cheviot Hills
Mull of Kintyre
Nith
ENGLAND
Annan
Dumfries
Stranraer
Wigtown
Carlisle
Kintyre
0 miles 50
0 km 50
3,000m (9,843 ft)
2,000m (6,562 ft)
1,000m (3,281 ft)
500m (1,640 ft)
200m (656 ft)
100m (328 ft)
0m

Speyside

스페이사이드

스페이사이드는 무엇을 가리킬까? 법적 경계지이긴 하지만 그런 경계지가 알려주는 것이라곤 무엇이(혹은 어디가) 스페이사이드에 속하지 않는지일 뿐이다. 스페이사이드는 예전부터 몰트위스키 생산의 심장부였고 그런 이유로 이곳의 제품이 모두 한 그룹에 드는 것처럼 생각하기 쉽다. 하지만 그렇지 않다. 스페이사이드의 풍경이 획일적이지 않은 것처럼 스페이사이드의 스타일도 하나만이 아니다.

난공불락의 벽처럼 보이는 이 산맥이 밀조자들에게는 안전한 피난처였고, 밀주 거래 업자들에게는 비밀 통행로였다.

브레이스와 글렌리벳의 거친 땅과 레이치 오모레이의 비옥한 평지를 동등하게 볼 수 있을까? 벤 리네스 주변에 몰려 있는 증류소들과 키스나 더프타운의 증류소들의 경우엔 어떨까? 나아가 자칭 위스키 제조의 수도라고 자부하는 더프타운의 위스키들 사이에 공통점이 있을까?

옆 지도에서 보면 지리적으로 근접해 있는 '군집' 증류소들이 곳곳에 보이지만, 이런 근접 증류소들 사이에도 저마다 다른 개성의 탐색이 이루어지고 있다. 스페이사이드는 자신만의 스타일을 찾고 새로운 아이디어를 시험하면서도, 여전히 전통을 지키는 곳이다. 현대적 태도와 바로 옆 증류소라도 미기후가 다르다는 신념을 중시한다.

스트라스스페이(Strathspey, 과거에 이곳 거주민들이 불렀던 명칭)에서는 1781년의 가내 증류 금지, 1783년의 하이랜드 라인(Highland Line) 아래 지역으로의 수출 금지, 교구별 증류기의 대수와 크기 제한으로 인해 한때 사실상 합법적 증류가 불가능해졌다. 불법으로 위스키를 제조하는 비용이 훨씬 싸게 들었다. 하지만 또 한편으론 로우랜드에서의 수요가 점점 늘어나면서 그 지역 자체 생산 위스키의 질이 형편없어졌다. 결국 18세기 말과 19세기 초에 밀주가 성행하다, 1816년에 법이 바뀌고 뒤이어 1823년엔 제한까지 풀리자 그제부터야 상업적 증류가 촉진되었다.

이 일이 스페이사이드의 위스키 풍미에 어떤 영향을 미쳤을까? 잘 살펴보면 1823년부터 두 방향에서의 견인력이 작용해 위스키가 구식 스타일과 신식 스타일로 갈렸다. 즉 소형 증류기로 뽑아낸 묵직한 풍미의 제품과 대형 증류기에서 만들어낼 수 있는 가벼운 풍미로 양분되었다. 그리고 19세기 말에 이르면서부터는 이런 양분된 스타일이 블렌더들이 원하는 바이기도 했다. 일부 독창적인 증류 기술자들이 이렇게 가벼운 풍미로 전환한 것은 어쩌면 일종의 정신적 반응으로서의 해방 욕구 표출이었을 수도 있지만, 또 다른 증류 기술자들은 여전히 전통을 고수했다. 그에 따라 밝은 풍미와 어두운 풍미, 햇볕이 비치는 인상의 향기로운 몰트와 눅눅하고 어둑어둑한 은신처 느낌이 풍기는 흙 내음의 몰트가 서로 대비를 이루게 되었다. 스페이사이드의 위스키에서는 지금도 여전히 이 두 가지 특색을 모두 느낄 수 있다.

스페이사이드의 한 증류 기술자가 여러 선택지를 놓고 고심하며 벤 리네스 산맥을 건너다 보다 토머스 하디의 『귀향(The Return of The Native)』 속 글과 비슷한 결론에 이르렀을지도 모를 일이다. "가시나무 밑둥에 기대어 (중략) 선사시대부터 지금껏 이 주변과 땅 아래의 모든 것이 하늘의 별처럼 변하지 않았음을 깨달으니 변해야 하는 게 아닐까 갈팡질팡하며 새로운 것에 대한 생각을 억누를 수 없어 괴롭던 마음이 안정되었다."

스페이사이드를 관통하는 키워드는 공통성이 아닌 다양성이다. 차차 알게 될 테지만, 지금까지 스페이사이드가 걸어온 여정은 이처럼 각 장소마다 특유의 개성을 발전시켜온 걸음걸음이었으며 그 결과로서 스코틀랜드의 몰트위스키 역시 같은 여정을 걸어왔다. 스페이사이드의 존재감은 스페이드사이드 자체가 아니라 증류소들에서 나온다.

산, 평지, 강이 어우러진 땅. 스페이사이드는 그 위스키의 풍미만큼이나 다채로운 곳이다.

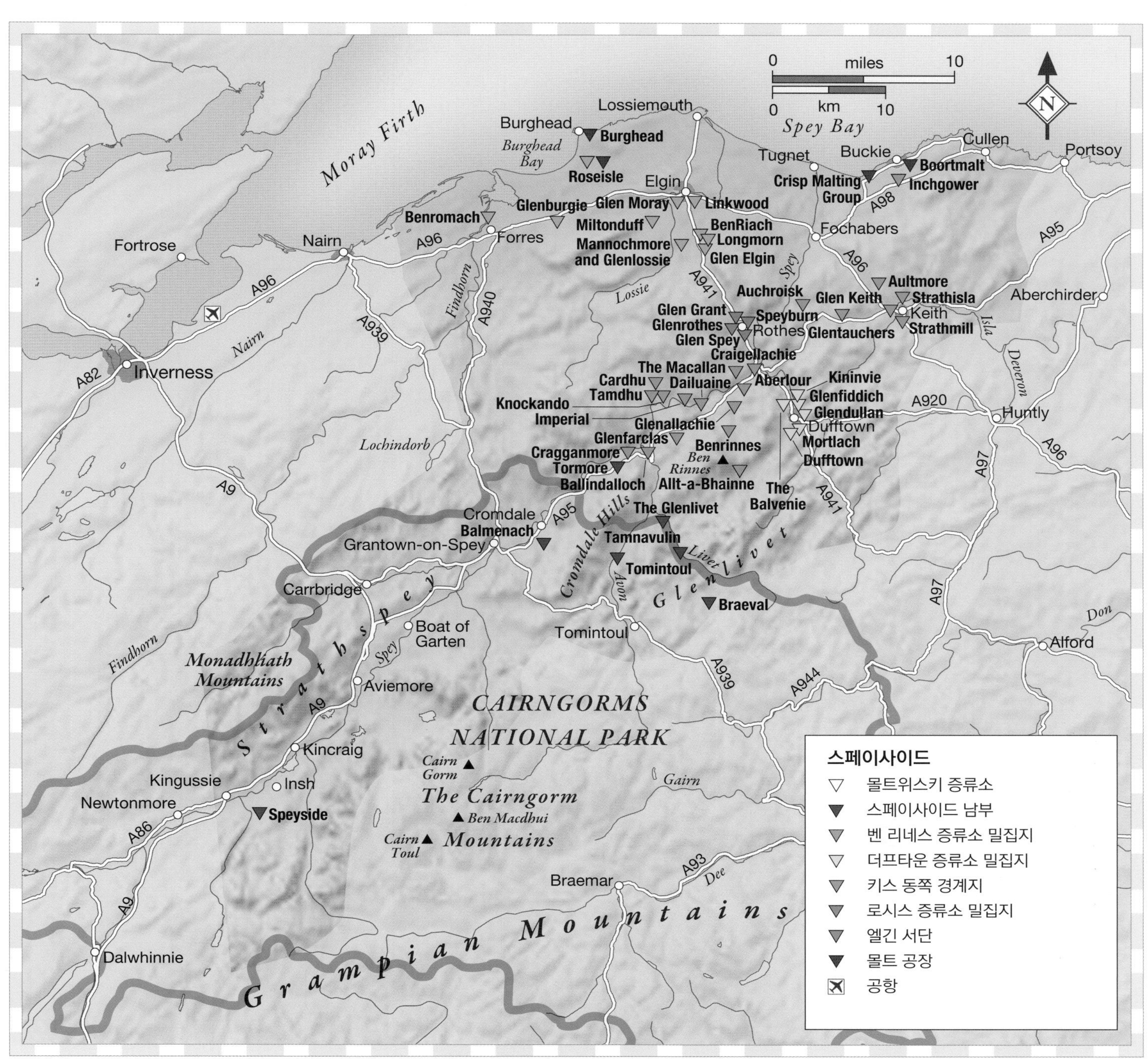

0
miles
10
0
km
10
N
Spey Bay
Moray Firth
Lossiemouth
Burghead
Burghead Bay
Burghead
Roseisle
Elgin
Tugnet
Buckie
Cullen
Portsoy
Boortmalt
Crisp Malting Group
Inchgower
A98
Glenburgie
Glen Moray
Linkwood
Benromach
Miltonduff
BenRiach
Longmorn
Glen Elgin
Mannochmore and Glenlossie
Fochabers
Fortrose
Nairn
A96
Forres
Spey
A95
A96
Aultmore
Strathisla
Keith
Strathmill
Glentauchers
Glen Keith
Auchroisk
Aberchirder
Lossie
A941
Findhorn
A940
A939
Nairn
A96
A82
Inverness
Glen Grant
Glenrothes
Speyburn
Rothes
Glen Spey
Craigellachie
The Macallan
Aberlour
Cardhu
Tamdhu
Dailuaine
Kininvie
Glenfiddich
Glendullan
Dufftown
Mortlach
Dufftown
Knockando
Imperial
Glenallachie
Glenfarclas
Benrinnes
Ben Rinnes
Cragganmore
Tormore
Ballindalloch
Allt-a-Bhainne
The Balvenie
A920
Huntly
Isla
Deveron
A96
A97
A941
Lochindorb
A9
Cromdale
Balmenach
A95
The Glenlivet
Tamnavulin
Tomintoul
Livet
Glenlivet
Cromdale Hills
Grantown-on-Spey
Carrbridge
Avon
Braeval
Tomintoul
A97
Don
Alford
Boat of Garten
Spey
Strathspey
Findhorn
Monadhliath Mountains
Aviemore
A9
A939
A944
CAIRNGORMS NATIONAL PARK
Kincraig
Cairn Gorm
Kingussie
Insh
Newtonmore
Speyside
The Cairngorm Mountains
Ben Macdhui
Cairn Toul
Gairn
A86
Braemar
A93
Dee
A9
Grampian Mountains
Dalwhinnie
스페이사이드
몰트위스키 증류소
스페이사이드 남부
벤 리네스 증류소 밀집지
더프타운 증류소 밀집지
키스 동쪽 경계지
로시스 증류소 밀집지
엘긴 서단
몰트 공장
공항

Southern Speyside

우리의 여정은 여기, 스페이사이드 남부 지역에서부터 시작된다. 이곳은 한때 밀조자들과 밀주 거래 업자들의 아지트였고, 현대 스카치위스키 산업이 탄생한 곳이기도 하다. 이곳에서는 플레이버 맵의 전 영역을 아우르는 다양한 스타일을 만나볼 수 있다. 피트 풍미마저도. 스페이사이드는 하나의 스타일로 통합되어 있기보다 싱글몰트 스카치위스키의 표본이다.

스페이사이드 남부의 토민툴을 휘돌아 흐르는 에이번 강.

Speyside

스페이사이드

애비모어(Aviemore)

스페이사이드에 가장 최근에 들어선 신생 증류소가 이 지역명을 증류소 이름으로 삼는다는 것이 뻔뻔하게 느껴질지 모르지만 증류소 소유주의 입장에선 정당하게 주장할 만한 이유가 있다. 19세기 말에도 같은 마을인 킹유시에서 스페이사이드라는 지역명을 쓴 증류소가 있었다고. 다만, 이곳은 1911년까지 운영되다 폐업했다.

이 증류소는 첫 가동이 1991년으로, 조지 크리스티(George Christie)가 30년에 걸쳐 심혈을 기울여 설계하고 세웠다. 크리스티는 그 이전엔 클라크매넌셔의 그레인위스키 증류소 스트라스모어 증류소의 소유주였다.

스페이사이드는 위스키 제조에서 비교적 전통적 접근법을 취하고 있다. 역사 깊은 로크사이드 증류소에서 구해온 2개의 소형 증류기로 꿀 풍미의 가벼운 몰트위스키를 생산한다. "증류기가 너무 커서 윗부분을 잘라낸 다음 재용접해야 했어요." 전 증류소 책임자 앤디 샌드(Andy Shand)의 회고담이다.

이 소형의 증류기에서는 알코올 증기와 가벼운 스타일을 내주는 구리 사이의 대화가 비교적 짧아 대체로 묵직한 스피릿이 나온다. 그래서 샌드는 가벼운 뉴메이크를 뽑아내기 위해 살짝 손을 봐줘야 한다고 한다. "저희는 아주 전통적이에요. 발효를 60시간에 걸쳐 진행해 에스테르를 증가시키고, 증류 속도를 느리게 맞춰요. 다수의 대규모 업체에서는 더 많은 스피릿을 만들기 위해 전통을 따르지 않고 너무 빠른 속도로 증류하며 개성을 잃고 마는 함정에 빠지죠. 저희는 수작업도 하고 있어요. 요즘의 위스키 제조는 지나치게 위생적이고, 지나치게 산업화되어 있어요. 자신만의 방식대로 해볼 여지가 없어요."

스페이사이드 증류소는 비록 신생 증류소에 들지만, 직관에 의존하는 스페이사이드의 접근법으로 보자면 이 지역의 초창기 역사와 이어져 있다고 여겨도 무방하다. 건물을 직접 손으로 천천히 지었다는 점도 그렇고, 건물의 양식과 자재가 이 지역 풍토에 뿌리를 두고 있는 점도 그렇다. 스페이사이드 증류소는 수 세기 전부터 그 자리를 지켜온 듯한 인상을 주는데, 모르타르를 사용하지 않고 돌만 쌓아올려 만든 건식(乾式) 석벽 안에서 펼쳐지는 제조술과 태도가 그야말로 시대를 초월하고 있다는 점에서 보자면, 실제로 수 세기의 역사를 품고 있는 셈이다.

스페이사이드 증류소는 2013년에 대만의 후원을 받은 에든버러의 하베이 가문에게 인수되었다.

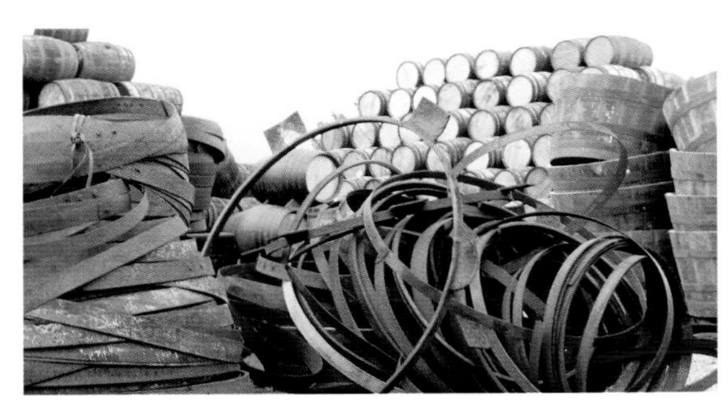

수선을 받기 위해 대기 중인 통들 스페이사이드 위스키의 미래 운명은 이 통들이 좌우한다.

스페이사이드 시음 노트

뉴메이크

향 아주 향기롭고 셔벗, 시큼한 플럼(서양 자두), 풋사과의 향이 강렬하다.
맛 향을 맡으며 예상한 그대로, 가볍고 달콤하다. 기포가 느껴지고, 뒤로 갈수록 그린멜론의 맛이 피어나 미각을 돋워준다.
피니시 가벼운 꽃 풍미.

3년 캐스크 샘플

향 황금빛을 띠고 있다. 견과류 향이 진하면서 흙내음이 살짝 감돈다. 토스트와 까맣게 그을린 오크의 향에 더해 말린 사과와 사과 주스, 삼베, 달콤한 다이제스티브 비스킷의 향이 풍긴다.
맛 갓 베어낸 생나무, 팬케이크 반죽 풍미에 몰트의 파삭한 느낌. 은은히 전해오는 과일 맛.
피니시 점점 부드러워지며 마무리된다.
총평 추가 숙성의 단계에 들어가 있으면서 풍미를 발산하기보다 빨아들이는 중이다.

12년 40%

향 옅은 밀짚 빛깔. 뚜렷한 흙내음. 밀기울, 제라늄 잎사귀 향. 좀 지나면, 달래나 수영(여귓과의 여러해살이풀—옮긴이) 류의 풀 향이 느껴진다.
맛 향에서 암시해 주는 것보다 더 스파이시하고 더 드라이하면서, 흙먼지 느낌이 다가온다.
피니시 가볍고 짧다.
총평 리필 캐스크가 아직 잠들어 있는 스피릿을 깨워내지 않았다.

플레이버 캠프 몰트 풍미와 드라이함
차기 시음 후보감 오크로이스크 10년

15년 43%

향 짙은 황금색. 약간의 달콤함, 코코넛 향과 더불어 사과껍질, 안젤리카(미나리과의 여러해살이풀), 살짝 달콤한 꽃의 향기가 피어난다.
맛 오크의 단맛이 진하다. 섬세한 과일 맛과 뜻밖의 꺾은 꽃 향. 오크의 영향으로 더 상큼한 구조가 생겨났다.
피니시 깔끔하고 달콤하다.
총평 뉴메이크와의 유사성이 뚜렷하다. 편안하고 이해심 있는 성격의 몰트위스키다.

플레이버 캠프 향기로움과 꽃 풍미
차기 시음 후보감 블라드녹 8년

Balmenach

발메낙

크롬데일(Cromdale) | www.interbevgroup.com/group-inver-house-distilleries.php#balmenach

스페이사이드 증류소가 역사 깊은 증류소의 모조품이라면, 이곳은 진품이다. 그렇다고 해서 그 점을 특별히 내세우지도 않는다. 크롬데일이라는 마을의 외곽에서 1.6킬로미터 정도 떨어진 곳에 자리 잡고 있어, 위치 자체가 증류소 유래의 단서를 제시해 주고 있다. 사실 이렇게 오래된 증류소들은 19세기 초에 불법 증류소로 우후죽순 생겨나 농장이나 깔끔한 보시(bothy, 농장 일꾼용 간이 숙소—옮긴이) 같이 사람의 발길이 닿지 않는 위치에 터를 잡았던 곳들이다.

크롬데일 구릉 지대 야생지에 인접한 발메낙은 옛날식 증류소의 전형이다.

18세기 말과 19세기 초, 소형 증류기를 통한 증류가 사실상 금지되었고 그로 인해 소득을 위스키에 의존하던 농촌 주민들이 졸지에 불법행위자 신세로 전락했다. 그래서 그 시절엔 위스키를 제조하려면 속임수가 필요했다. 크롬데일 구릉지대에 감추어진 이곳의 위치는 발메낙의 밀주를 제조하던 창업자 제임스 맥그리거(James MacGregor)에게 좋은 이점으로 작용했다.

스페이사이드 지역은 법적인 의미에서는 한 지역일지 몰라도 결코 단일 개체가 아니다. 오히려 옛것과 새것, 어둠과 밝음이 서로 대비를 이루는 곳이다. 소형 증류기, 목재 워시백과 웜텁을 갖춘 발메낙은 이런 대비에서 옛 스타일에 들며, 이런 옛 스타일의 제조 시설을 통해 위스키에 고유의 묵직하고 진중한 기운을 불어넣고 있다.

간단히 말해, '가벼움'은 증류기에서 구리와 많은 접촉을 갖는 과정을 통해 얻어진다. 증기와 구리 사이의 대화가 길어질수록 스피릿은 더 가벼워지고, 응축기 사용, 더 높은 증류 온도, 컷 포인트를 높게 잡는 것도 가벼운 특성의 생성에 도움이 된다. 구리 파이프가 수조(즉, '웜텁') 속에 잠겨 있는 방식의 옛날식 응축 기술을 활용하면 증기와 구리 사이의 대화가 더 줄어들어, 결국 더 묵직한 스타일이 나오고 뉴메이크에서 보통 유황 냄새가 난다. 유황 얘기가 나온 김에 짚고 넘어갈 대목이 있다. 유황은 이면의 감춰진 복합성을 엿보여 주는 성분이며, 숙성된 스피릿에는 들어 있지 않다.

"저희 발메낙, 아녹(anCnoc, 녹두Knockdhu), 올드 풀트니, 스페이번에서는 웜텁을 사용해요. 그래서 증류 과정 중에 구리와의 접촉이 많진 않지만 발효 중에 생긴 유황 성분을 지켜냅니다." 발메낙의 소유사인 인버하우스(Inver House)의 마스터 블렌더 스튜어트 하베이(Stuart Harvey)의 말이다. 이런 방식의 증류를 거치면 뉴메이크에서 익힌 채소 풍미, 미티함, 성냥불의 특성이 나타난다.

하베이의 설명을 이어서 들어보자. "유황 성분은 숙성 중에 통 내부의 그을려진 면과 상호작용해요. 이 과정에서 숙성 위스키 특유의 토피, 버터스카치 캔디 풍미가 생겨납니다. 일단 여러 유황의 다양한 성분이 숙성되고 나야 뉴메이크의 다른 특성들이 빛을 발할 수 있어요. 유황 성분이 묵직할수록 숙성에 더 오랜 시간이 걸리기도 합니다."

발메낙은 갓 증류되었을 땐 미티하고 숙성되면 풍부함과 묵직함을 띠는데, 이는 셰리를 담았던 통에서 장기간 숙성시키기에 이상적인 구조다. 하지만 안타깝게도 좀처럼 보기 힘들다. 인버하우스는 싱글몰트위스키에 관해서는 이 증류소의 제품 가능성을 묻어뒀지만, 이런 옛 방식의 풍미를 맛보고 싶다면 독립 병입 업자 제품들을 찾아보길 권한다.

발메낙 시음 노트

뉴메이크

향 고기와 가죽 같은 인상의 강하고 깊이 있는 향. 양고기 육수와 잘 익은 사과의 향. 전통적 방식인 웜텁의 영향으로 부여되는 특유의 기운과 깊이가 느껴진다. 그 기운이 숙성을 거치는 사이에도 그대로 남을 듯하다.

맛 이국적 단맛이 입안에서 아주 묵직하고 농후하게 퍼진다. 바로 이 단맛이 발메낙의 밸런스를 잡아준다. 셰리 캐스크에서 숙성되면서 미티함이 더해지고 리필 캐스크나 버번 캐스크에서 숙성되며 향기로움이 더욱 두드러지게 되는 발메낙에 밸런스를 잡아주는 것이 바로 이 단맛이다.

피니시 긴 여운이 이어지며 훈연 풍미가 살짝 감돈다.

1979 베리 브라더스 앤드 러드 병입

(2010년 병입) 56.3%

향 짙은 황금빛. 아주 달콤한 향과 함께 초콜릿, 토피, 카카오 크림 향이 강하게 느껴지다 오래 우린 아쌈 차의 향이 이어진다. 묵직하고 젖은 흙내음이 난다. 물을 섞으면 밀크초콜릿, 크리미 토피, 축축한 흙, 신발가게 향취가 느껴진다.

맛 첫맛에서 스파이시한 풍미가 강하다. 나뭇잎 타는 풍미가 있고 중간쯤에 졸인 과수 맛이 진하게 이어진다. 월넛 휩(walnut whip) 바닐라 초콜릿 맛도 난다. 물을 섞으면 풍미가 더 살아난다.

피니시 견고하고 긴 여운을 남기며 살짝 드라이해진다. 말린 사과 껍질 풍미가 나다 10분쯤 지나면 건조된 꿀의 풍미가 이어진다.

총평 미국산 오크 통 특유의 달콤함도 발메낙의 곰 같은 특색을 미처 가려주지 못한다.

플레이버 캠프 과일 풍미와 스파이시함
차기 시음 후보감 던스톤 28년, 올드 풀트니 30년

1993 고든 앤드 맥페일 병입 43%

향 옅은 황금빛. 아직 오크와의 상호작용이 초기 단계임을 암시해 주는, 마른 가죽/새 가죽 벨트 냄새. 하드 토피 캔디, 다이제스티브 비스킷, 막 니스칠 된 목재의 향. 물을 섞으면 피어나는 흙내음.

맛 향에서 암시되는 것보다 더 농후하다. 씹히는 듯한 질감. 희미한 곡물의 풍미가 느껴지다 그을음 연기, 너도밤나무 잎, 담뱃잎 풍미로 이어진다. 물을 희석하면 숨죽인 향이 살아나 깊이감이 더해진다.

피니시 오크 풍미.

총평 여전히 화합의 과정에 있으나 증류소의 개성이 살아 있다.

플레이버 캠프 과일 풍미와 스파이시함
차기 시음 후보감 더 글렌리벳 1972

Tamnavulin, Tormore

탐나불린 | 발린달록 | **토모어** | 크롬데일 | www.tormoredistillery.com

발메녹이 옛 방식으로 신뢰를 지켜왔다면 이번에 소개하는 두 증류소는 미국에서 스카치위스키에 대한 수요가 높아지던 시기인 1960년대에 스코틀랜드 곳곳에 세워진 증류소들 사이에 공통된 풍미가 있다고 주장할 만한 근거가 되어주는 곳이다. 2곳 모두 가벼우면서도 아주 몰티한 편인 위스키를 생산하고 있으며, 이는 그저 우연의 일치는 아닌 것으로 추정된다.

1965년에 리벳 강 연안에 세워진 탐나불린은 글렌리벳에 들어선 두 번째 합법적 증류소이자 현재까지 영업 중인 유일한 증류소이기도 하다. 이곳에서는 6대의 증류기로 기품 있으면서도 아주 단순한 뉴메이크를 생산하고 있으며, 이 뉴메이크는 이어서 오크 통에서 진화를 거치며 블렌더의 명령에 기꺼이 따르는 위스키의 모습을 보여준다. 본질적으로 말해, 탐나불린에서는 위스키보다는 캐스크가 중심 무대를 차지한다.

여기에는 나름의 위험이 있다. 오크라는 숲에서 자칫 탐나불린을 잃기 쉽다는 것. 화이트 앤드 맥케이(Whyte & Mackay)의 마스터 블렌더 리처드 패터슨(Richard Paterson)의 말을 들어보자. "옷을 너무 두껍게 입히지 않도록 조심해야 해요. 캐스크로 미국산 오크, 가벼운 셰리 오크, 심지어 기운 빠진 오크를 써도 괜찮지만 무거운 옷을 입히면 짓눌려 버린다는 점에 주의해야 해요." 탐나불린은 현재 디아지오의 소유다.

토모어 증류소는 시바스 브라더스(Chivas Brothers)의 계열사로, 역시 1960년대에 설립되었다. 발메녹에서 북서쪽으로 13km 거리에 위치하고 있어, 발메녹과 토모어는 서로 무척 다른 환경에 자리 잡고 있다. 발메녹이 크롬데일 황무지를 터전으로 삼고 있다면, 토모어는 대담하게 A96 도로 옆에 대규모로 터를 잡아 빅토리아조(1837~1901) 수치료(水治療) 호텔의 현대판 오마주 같은 분위기를 뿜고 있다.

토모어는 그 규모 자체가 설립 당시 블렌더들의 자신감을 그대로 보여주고 있으며, 8대의 증류기에서 예나 지금이나 1960년대 북미 시장이 요구했던 스타일인 가볍고 드라이한 풍미의 위스키를 생산하고 있다. 피트 처리를 하지 않는 몰트, 신속한 당화, 짧은 발효로 곡물의 향을 내고, 응축기 사용으로 더 가벼운 풍미를 끌어내지만 싱글몰트위스키로 내놓기엔 다소 융통성이 없게 보일 만한 특색을 띠고 있다.

탐나불린 시음 노트

뉴메이크

향 깔끔하고 드라이하며, 약간의 먼지 느낌이 밴 곡물의 향. 그라파를 연상시키는 향.
맛 제비꽃과 백합이 떠오르는 가벼운 풍미. 상큼하면서 아주 드라이하다.
피니시 견과류의 풍미가 짧게 남는다.

12년 40%

향 옅은 빛깔을 띠고 있다. 아주 가벼운 향. 구운 쌀과 옅은 바닐라 향이 살짝 나다가 펠트 직물 냄새로 이어진다.
맛 가볍고 드라이하다. 약간의 고무 느낌과 함께, 보리/몰트의 파삭함과 레몬 풍미가 다가온다.
피니시 빠르게 사라진다.
총평 뉴메이크와 직계적으로 이어져 있는 풍미. 가벼움이란 게 뭔지를 전형적으로 보여준다.

플레이버 캠프 **몰트 풍미와 드라이함**
차기 시음 후보감 노칸두 12년, 오켄토션 클래식

1973 캐스크 샘플

향 가장자리에 초록빛이 돈다. 깔끔하면서 셰리 느낌과 함께, 구운 견과류, 갈변된 바나나 껍질, 견과류의 향이 난다. 말린 꽃의 향도 가볍게 감돈다.
맛 달콤하면서 가벼운 바디감. 중간 맛으로 견과류 맛과 은은한 단맛이 느껴진다. 밸런스가 좋다.
피니시 깔끔하면서 중간 정도의 여운이 이어진다
총평 셰리 캐스크의 기운을 받아 몰트 풍미가 끌어올려지고 견과류 풍미와 단맛도 더해졌다.

1966 캐스크 샘플

향 적갈색 빛깔. 풍부하고 숙성된 풍미. 오래돼서 갈라진 가죽, 플럼, 프룬의 풍미와 더불어 달콤한 향이 진하다. 헤레스와 비슷한 느낌.
맛 기분 좋을 정도의 떫은 맛이 살짝 있고 브라질너트의 풍미가 느껴지며 중간 맛이 꽤 농후하다. 말린 허브의 풍미도 있다.
피니시 견과류 풍미.
총평 옷이 너무 두껍게 입혀진 듯한 감이 살짝 들 수도 있지만, 몰티한 위스키 제조에서의 오크의 필요성을 확실히 보여준다.

토모어 시음 노트

뉴메이크

향 스위트콘과 함께 가벼운 농가 마당의 느낌(소의 숨 냄새, 벼의 겉겨)이 감도는, 묵직한 향.
맛 아주 가벼운 과일 풍미가 깨끗한 단맛을 선사한다.
피니시 먼지 같은 향이 약간 풍기다가 가벼운 시트러스 풍미로 이어진다.

12년 40%

향 약간 거친 향이 돌다 오크 대팻밥 향이 살짝 난다. 드라이한 견과류 향.
맛 담뱃잎, 드라이한 향신료(고수 가루) 풍미와 허브/히더 향. 물을 섞으면 점점 버번과 비슷해진다.
피니시 상큼한 견과류 풍미.
총평 오크가 적극적으로 나서서 풍미를 크게 떠받쳐주고 있다.

플레이버 캠프 **과일 풍미와 스파이시함**
차기 시음 후보감 글렌 모레이 12년, 글렌 기리 12년

1996 고든 앤드 맥페일 병입 43%

향 옅은 빛깔. 가벼운 몰트 향과 야생 능금 향. 뒤이어 은은히 퍼지진 꽃 향기. 아주 견고한 구조감.
맛 애플 타르트, 가시금작화, 오렌지 꽃물의 풍미. 희석해서 맛봐도 풀의 풍미와 약간의 오일리함으로 여전히 싱싱한 풍미를 선사한다.
피니시 여운이 짧으면서 약간 쓴맛이 돈다.
총평 증류소의 자로 잰 듯한 정밀한 초점이 인상적이다.

플레이버 캠프 **향기로움과 꽃 풍미**
차기 시음 후보감 밀튼더프 18년, 하쿠슈 18년

Tomintoul, Braeval

토민톨, 브래발

토민톨 | 발린달록 | www.tomintouldistillery.co.uk | **브래발** | 발린달록

비교적 가벼운 스타일의 표본을 따르는, 1960년대 설립 증류소 짝꿍이 또 있다. 그중 한 곳인 토민톨은 1965년에 위스키 중개업체인 W. 앤드 S. 스트롱(W. & S. Strong)과 헤이그 앤드 맥레오드(Haig & MacLeod)가 에이번 강의 강둑에 터를 잡아 세운 곳이었고, 현재는 앵거스 던디(Angus Dundee)로 주인이 바뀌었다. 이 자리를 택한 것은 물 공급 때문이었을 것 같다. 주변에 증류소로 물을 대주는 수원지가 3곳이나 있으니 말이다. 아니면 원 소유주들이 이곳의 오랜 위스키 제조 역사를 활용하려 했을 수도 있다. 인근의 폭포 뒤에 숨겨진 동굴은 한때 불법 증류소의 보금자리이기도 했다.

토민톨의 제품명 '더 젠틀 드램(The Gentle Dram)'은 살짝 온화한 성질을 띠고 있음을 암시해 주는 절묘한 이름이지만 또 한편으론 몰트 풍미에게 손해를 끼치는 면도 있다. 이 위스키는 몰티하지만, 이런 '몰티함'도 희박한 정도에서부터 거의 얼얼할 만큼 진한 정도에 이르기까지 아주 다양하다. 토민톨은 그 중간쯤에 들며, 곡물 계열 풍미의 중간 맛에서는 따뜻한 매시툰 향취와 외양간의 소들에게서 풍기는 달콤한 숨 내음이 연상된다. 강렬한 풍미를 띠는 뉴메이크는, 소프트 프루트의 풍미가 곡물의 상큼함에 대조 효과를 내준다. 그만큼 기운 왕성한 캐스크에서의 장기 숙성을 감당해 낼 만한 힘이 있다. 비교적 오래 숙성되면 느긋한 숙성의 전형적 특징인, 매력적인 열대 과일의 풍미를 띤다.

토민톨은 현지의 피트를 사용해 스모키한 제품도 만들어내는데, 그런 점에서는 우리의 위스키 여정에서 피트 습지대의 위치가 특정 향을 끌어내는 데 얼마나 결정적인지 보여주는 첫 번째 사례인 셈이다. 본토의 피트는 그 구성 성분 때문에 섬에서 채취한 피트에서 내주는 히더나 해양, 타르의 느낌보다 장작 연기의 느낌에 더 가까운 스모키함을 부여한다.

스코틀랜드에서 가장 고도가 높은 증류소 부문에서 공동 1위인 브래발도 설립 배경이 불법 증류의 시대로 거슬러 올라가, 1973년에 글렌리벳의 외진 마을 브레이스(Braes)에 세워졌다. 플래건(포도주 등을 담는, 흔히 손잡이가 달린 큰 병—옮긴이) 모양의 계곡 지대에 숨은 듯 자리 잡은 이곳은, 래더 구릉지대와 접해 있고 진입로가 보켈 언덕으로 막혀 있다. 주변에는 오래된 실링(shieling, 오두막) 잔해와 계절에 따라 소떼가 대규모로 이동했던 흔적들이 산재해 있다. 참고로 'braes'는 고지대 목초지를 가리키는 방언이다. 이 계곡에서는 18세기에 이르러 사람들이 정착할 무렵부터 이미 위스키가 생산되고 있었지만 브레이스에 합법적 증류소가 처음 생긴 것은 1972년에 이르러서였다. 브래발 역시 '후기 스페이사이드'의 가벼운 스타일을 따르고 있다. 증류 과정에서 구리와의 접촉이 많은 편이지만 생산 제품은 포트 에일(pot ale, 증류를 마치고 나서 증류기에 남은 잔류물—옮긴이)이나 제라늄 향을 띠는 위스키치고 묵직함의 강도가 센 편이다.

토민톨 시음 노트

뉴메이크

향 가벼운 곡물, 오트밀, 달콤한 향이 깔려 있고, 매시툰의 풍미가 약하게 느껴진다. 달콤한 향이 입맛을 돋운다.
맛 풍미가 명확하고 기품 있으면서 달콤하며, 깔끔하고 푸릇푸릇한 특색이 그 중심을 잡고 있다. 아주 강렬하다.
피니시 몰트 풍미.

10년 40%

향 구릿빛. 상큼하고 살짝 몰티함. 헤이즐넛, 여러 가지 과일 껍질 향. 물을 섞으면 오벌틴 향이 풍긴다. 어린 느낌이다.
맛 달콤하면서 설타나, 감초의 풍미가 진하고 부드럽다.
피니시 농익고 달콤한 풍미.
총평 셰리의 영향을 받아 건과일의 부드러움이 배어나왔다.

플레이버 캠프 **몰트 풍미와 드라이함**
차기 시음 후보감 오켄토션 클래식

14년 캐러멜 무첨가, 냉각 여과 비 처리, 46%

향 옅은 밀짚색. 꽃 향(나팔수선화/프리지어)과 흰색 과일 계열의 신선한 풍미를 띤, 아주 가볍고 깔끔한 향. 미묘한 오크 향과 밀가루/막 구운 흰 빵의 냄새가 살짝 감돈다.
맛 바로 꽃 풍미가 느껴지면서 약간 배 주스 맛도 난다. 중간 맛에서는 녹인 버터의 풍미가 이어지며 10년 숙성 제품보다 더 묵직한 느낌을 일으키면서 점점 입안을 꽉 채운다.
피니시 달콤한 풍미가 오래 이어진다.
총평 토민톨의 비장의 개성이 차츰 드러나기 시작한다.

플레이버 캠프 **향기로움과 꽃 향**
차기 시음 후보감 링크우드 12년

33년 43%

향 시럽처럼 진하고 말린 열대과일 풍미가 강하며 살짝 밀랍 풍미가 돈다. 물을 섞으면, 호화로운 향이 오래 이어지며 그을린 오크의 향이 살짝 풍긴다.
맛 씹히는 듯한 질감과 함께 맛이 겹겹이 층을 이루어 다가온다. 터져나오는 온갖 과일 풍미가 아몬드 둘러진 마지팬 풍미를 선사한다. 물을 희석하면 오크 풍미가 크렘 앙글레즈와 프랑스풍 제과점 향기로 진전된다.
피니시 농익은 풍미가 오래 이어진다.
총평 오랜 숙성으로 부여되는 열대 과일 향의 전형적 표본.

플레이버 캠프 **과일 풍미와 스파이시함**
차기 시음 후보감 보모어 1965

브래발 시음 노트

뉴메이크

향 처음엔 에스테르 향이 돌고 그 뒤에서 마마이트 느낌의 향이 묵직하게 받쳐준다. 아주 잠깐 유황 냄새가 풍긴다.
맛 기분 좋은 무게감과 부드러운 맛이 느껴지다 뒤로 가면서 경쾌한 맛이 난다.
피니시 다크 그레인의 풍미.

8년 40%

향 견과류 향. 피스타치오와 가벼운 사과나무 향이 감돌고, 이제는 부드러워진 구운 곡물 향이 또 다른 풍미의 층을 이룬다. 클리어릭(뉴메이크)을 맛보며 예상할 법한 정도보다 더 가볍다.
맛 향기롭고 경쾌한 맛. 약간의 재스민, 라벤더 풍미와 섬세함.
피니시 깔끔하면서도 아주 단순하다.
총평 싱그러움이 더 진해졌다.

플레이버 캠프 **향기로움과 꽃 풍미**
차기 시음 후보감 토민톨 14년, 스페이번 10년

The Glenlivet

더 글렌리벳

발린달록 | www.glenlivet.com | 오픈 4월~10월, 월~일요일

일반적인 통념과는 달리, 대다수 사람들이 생각하는 합법적 위스키 증류 시대 이전에도 합법적으로 운영되는 증류소가 많았다. 하지만 우리가 알고 있는 오늘날의 스카치위스키 산업 출현의 신호탄을 쏘아 올린 것은 1823년의 소비세 법(Excise Act) 통과였다. 이 새로운 법규의 목표는, 자본이 하이랜드의 소규모 생산시설로 풀려 들어올 만한 조건을 촉진시켜 불법 증류를 근절시키는 것에 있었다.

한 가지 간과되고 있는 사실이지만, 이 법은 증류 기술자들의 선택지를 늘려주었고, 그 결과로 위스키의 풍미에 변화를 일으키기도 했다. 마이클 모스(Michael Moss)와 존 흄(John Hume)이 스카치위스키 산업의 역사에 대한 철저한 조사를 정리해 담은 글에는, 이 점을 지적한 인상적인 대목이 나온다. "1823년에 새로운 법규가 제정되면서 모든 증류소가 워시의 도수, 증류기의 크기와 설계, 위스키의 질과 풍미 등에 대한 작업 방식을 독자적으로 선택할 수 있게 되었다."

조지 스미스(George Smith)가 지주에게 새로 증류소 면허를 취득하라는 압력을 받았을 때도 머릿속 한 구석에서는 바로 그런 독자적 선택에 대한 구상이 있었다. 지주들이 더는 불법 증류를 눈감아주지 않을 거라는 근거를 들어 법의 변경 착수에 일조했던 고든 공작이 스미스의 지주였던 점을 감안하면, 이는 놀랄 일도 아니었다.

스미스는 1817년 이후부터 글렌리벳의 황무지 고지에 위치한 어퍼 드러민(Upper Drumin) 농장에서 밀주를 만들었다. 위치상 단속이 어려웠던 이 지대에는 스미스의 농장 외에도 여러 밀조장이 성행했다. 이웃 밀조자들은 그가 새롭게 법적 지위를 얻은 일에 분개했지만(스미스로서도 선택의 여지가 없어서 그렇게 했던 것뿐이지만) 어쨌든 그 이후로 그는 홍미로운 행보를 이어갔다.

그는 발메낙의 맥그리거 일가 사람들과 같은 경로를 취해 묵직한 풍미를 고수할 수도 있었다. 하지만 스미스와 그의 아들들은 예전의 불법적 방식에서만이 아니라 예전의 풍미로부터도 자유롭게 해방되었던 것 같다. 스미스는 가벼운 풍미로 옮겨가면서 새로운 스타일의 가능성을 포용했다. 이제는 보시도, 연기 가득한 동굴도 뒤로 한 채, 기술과 자본을 받아들였고 19세기 중반 무렵부터 최초로 브랜딩을 도입했다. 그의 위스키 스타일은 특정 풍미를 상징하는 약칭이 되었고, 어느새 다른 증류소들이 너도나도 위스키명에 이 지역명을 가져다 붙이자 스미스의 증류소는 소송을 통해 받아낸 판결로 정관사를 붙인 명칭 'The Glenlivet'을 쓸 수 있게 되었다.

스미스가 근처인 민모어에 더 큰 증류소를 세우면서 구(舊) 드럼인 증류소는 1858년에 문을 닫았고, 현재까지도 이곳 민모어를 터전으로 삼고 있다. 그 시대 이후로 규모가 대대적으로 확장되었고, 2009~20010년에는 역대 가장 과감한 개축이 이루어져 매시툰과, 8개의 목재 워시백을 새로 교체하고, 3쌍의 새 증류기가 추가 설치되었다.(이로써 증류기가 총 7쌍으로 늘어났다.) 새로운 증류기는 스미스의 1858년 당시 설계를 그대로 따라 허리 부분이 꽉 조이는 모양이었고 증류기의 추가 설치에 따라 이제는 연간 1,000만 리터(220만 갤런)를 생산할 수 있게 되었다. 다음은 더 글렌리벳의 마스터 디스틸러 알란 윈체스터(Alan Winchester)의 말이다. "새로 들인 브릭스(Briggs) 매시툰은 모니터와 진행 상황을 확인할 수 있는 유리창이 있어서 워트의 투명도를 점검하기에 좋아요. 저희는 워트가 조금이라도 탁해져서 묵직한 곡물 풍미가 생기는 건 바라지 않아요.

뛰어난 오크 통 관리는 더 글렌리벳이 세계에서 가장 많이 팔리는 싱글몰트위스키로 자리매김할 수 있었던 원동력이다.

이렇게 만들어낸 워트는 48시간 발효를 거친 후 저 증류기에서 구리와 접촉하며 과일, 꽃 계열 에스테르 풍미를 얻게 되고, 그런 다음엔 오크 통에서 에스테르화 과정을 추가로 더 거칩니다."

19세기의 기록에 따르면 스미스는 위스키에 파인애플 특색을 내는 것을 목표로 삼았다고 한다. 그리고 현재는 어릴 때의 은은한 꽃향기와 함께 사과 풍미가 더 글렌리벳의 결정적 특색인 것 같다. 하지만 더 글렌리벳의 본질은 특히 리필 캐스크에서 숙성되며 다져지는 섬세함에 있다.(14~15쪽 참조.)

더 글렌리벳의 숙성고는 공기가 서늘한 민모어의 고지대에 자리해 있어, 독자적 미기후(microclimate)를 갖추고 있다.

하지만 그에 못지않게 주목할 만한 점이 또 있으니, 새로운 증류소 건물의 디자인이다. 글렌리벳은 오랜 세월에 걸쳐 언덕에 산업 시설 같은 잿빛 건물로 자리해 왔으나 이제는 파노라마 창에 다듬은 돌로 꾸며졌다. 앞쪽으로는 벤 리네스를 마주하고 뒤쪽으로는 브레이스를 두르고 다시 풍경의 일부가 되었다.

더 글렌리벳 시음 노트

뉴메이크

향 중간 정도의 무게감. 꽃 향기, 약간의 바나나와 잘 익은 사과 향, 은은한 아이리스 향이 깔끔하게 어우러져 있다.
맛 부드럽고 은은한 과일 맛. 사과와 신선한 주키니 풍미.
피니시 상큼하고 깔끔하다.

12년 40%

향 옅은 황금색. 사과, 재스민 차의 향이 물씬하고 살짝 토피 향이 돌아 향기롭다.
맛 처음엔 섬세하다가 어느 순간 갑자기 경쾌한 초콜릿 맛이 다가온다. 사과 풍미에 이어 꽃, 메도스위트, 포치드 페어의 향이 훅 밀려든다.
피니시 깔끔하고 부드럽다.
총평 가벼우면서 향기롭다.

플레이버 캠프 향기로움과 꽃 풍미
차기 시음 후보감 글렌킨치 12년, 아녹 16년

15년 40%

향 구릿빛 도는 황금색. 샌달우드(백단), 로즈우드(자단), 심황, 소두구의 향으로 아주 스파이시하다. 장미 꽃잎 향기.
맛 첫맛으로 다가오는 사과 맛. 꽃 가게가 연상되는 풍미. 온화하고 가벼운 느낌에 오크의 기분 좋은 떫은 맛.
피니시 다시 되살아난 향신료 향. 시나몬과 생강 풍미.
총평 프랑스산 오크의 사용으로 스파이시함을 끌어올렸다.

플레이버 캠프 과일 풍미와 스파이시함
차기 시음 후보감 발블레어 1975, 글렌모렌지 18년

18년 40%

향 짙은 황금색. 구운 사과, 데메라라 설탕, 골동품 상점, 라일락의 향이 나고, 아니스 향도 가볍게 풍긴다.
맛 셰리 캐스크에서 더 오랜 숙성을 거쳐, 12년 숙성 제품보다 풍미가 더 풍부하다. 삼나무, 아몬드 꽃, 아몬티야도, 말린 오렌지 껍질의 풍미.
피니시 사과와 올스파이스 풍미.
총평 뉴메이크의 풍미가 되살아나면서 더 풍부해지고 더 진전되었다.

플레이버 캠프 풍부함과 무난함
차기 시음 후보감 오켄토션 21년

아카이브 21년 43%

향 이 제품에서는 사과 향이 말린 사과의 느낌을 띠면서 뒤로 살짝 물러나 있고, 또 다른 과일(복숭아, 익힌 플럼) 향이 송진 느낌의 이국적 오크 향과 함께 묻어나온다. 물을 섞으면 아몬드를 살짝 뿌린 파네토네와 비슷한 향이 난다.
맛 달콤한 맛과 더 글렌리벳의 전형적 풍미. 이제는 사과 풍미가 데메라라 설탕으로 진하게 익힌 맛이 난다. 물을 섞으면 사과류의 단맛과 함께 스파이시함이 드러난다.
피니시 길게 이어지는 생강 풍미.
총평 우아하고 숙성된 풍미를 띠면서도, 여전히 증류소의 개성을 발산하고 있다.

플레이버 캠프 과일 풍미와 스파이시함
차기 시음 후보감 클라이넬리시 14년, 발블레어 1975

The Ben Rinnes cluster

벤 리네스 증류소 밀집지

벤 리네스 산은 일명 스코틀랜드의 위스키 산으로 불린다. 심지어 정상에는 지형경(toposcope)도 설치되어, 그곳에서 보이는 모든 증류소가 표시되어 있다. 이 산맥의 그림자 아래에서는 전통적인 옛 스타일과 현대적인 가벼움의 미학 사이에서 겨뤄지는 개성 표출이 최고조로 펼쳐지고 있다. 묵직한 고기 풍미를 띠는 스타일의 증류소들과 꽃 풍미를 중시하는 증류소들이 함께 공존하고 있다.

카듀(뒤쪽 배경으로 보이는 곳)가 강변의 노칸두 건물을 내려다보고 있다.

Cragganmore, Ballindalloch

크라겐모어, 발린달록

발린달록 | www.discovering-distilleries.com/cragganmore | 오픈 4~10월, 개방일 및 자세한 사항은 웹사이트 참조

벤 리네스 산은 스페이사이드의 중심점이다. 케언곰 대산괴(大山塊)의 최북단 외좌층(外座層)으로, 이 지역의 중심부를 차지하고 있다. 그 정상에 오르면 일대의 풍경이 쫙 파악되어 남쪽으로 크롬데일과 글렌리벳, 북쪽으로 로시스와 엘긴, 동쪽으로 더프타운과 키스까지 훤히 보인다. 벤 리네스의 그늘 바로 아래 지역인 이곳 증류소 밀집지는 스페이사이드 위스키 스타일의 발전상을 보여주는 또 하나의 증거다.

1823년 이후 시대에 증류 기술자가 직면했던 문제 중 하나는 자신이 만든 제품을 시장에 내다 팔 방법이었다. 밀조 시대에는 산악 길이 확실한 장점이었을지 몰라도 새로운 시장과의 빈약한 교류는 대다수 신생 업체들에게 장애물이어서, 1860년대 무렵부터 여러 증류소들이 고전을 겪었다.

그러다 1869년에 스트라스스페이 철도의 건설로 더프타운과 보트 오브 가튼을 잇고, 퍼스와 그 중심 지대의 선로와 연결되는 철도 노선이 생기면서 운이 바뀌었다. 벤 리네스 밀집지 내에서 남들보다 앞서서 이런 이점을 활용한 증류 기술자는 존 스미스(John Smith)였다. 그는 1869년에 발린달록 역 옆에 크라겐모어 증류소를 세웠다.

존 스미스는 거구의 남자였는데 어떤 면에서는 그런 체격이 그의 진면목을 깎아내렸다. 사람들의 관심이 온통 몸집에만 쏠려 혁신적 증류 기술자로서의 천재성이 조명받지 못했다. 글렌리벳의 조지 스미스와 친척 사이였던 그는 그곳에서만이 아니라 달루안과 맥캘란에서도 책임자로 일하다 남쪽의 클라이데스데일(위쇼)로 갔다. 이후에 스페이사이드로 돌아와 잠깐동안 글렌파클라스를 임대해 쓰다 마침내 스페이 강 옆의 땅을 임대하게 되었다.

현재 이 증류소에서는 스미스가 위스키 제조에 취했던 접근법은 여전히 변함없이 이어지고 있다. 그가 이곳에 증류소를 세운 이유는 실용적인 차원이었지만, 깊이 살펴보면 증류 기술자로서의 뛰어난 창의성이 발휘된 부지 선정이기도 했다. 당시의 그는 다른 사람들이 쓰던 다양한 증류기를 이미 접해본 상태였다. 더 글렌리벳에서는 가벼운 풍미를, 글렌파클라스에서는 더 묵직한 풍미를 탐구했고, 클라이데스데일에서는 3차 증류의 세계를 체험했다. 이제는 자신만의 독자적인 위스키를 만들어볼 차례였다.

크라겐모어의 초반 공정은 꽤 통상적인 편으로, 가볍게 피트 처리를 한 몰트를 목재 워시백에서 장시간 발효시킨다. 하지만 스미스의 천재성이 가장 확실히 느껴지는 곳은 바로 증류장이다.

이곳의 워시 스틸은 라인 암(lyne arm)이 급격히 꺾인 각도로 웜텁으로 이어진다. 스피릿 스틸은 상단이 백조의 목 모양이 아니라 평평한 형태라 긴 라인 암이 측면에서 튀어나와 완만한 각도로 이어져 있다. 이런 증류 체계의 핵심은 환류에 있다.(14~15쪽 참조.)

스미스는 대체 어떤 스타일의 스피릿을 만들어내려 했던 걸까? 증류장을 보면 볼수록 혼란스럽고 모순적이라는 생각이 들어, 이런 의문을 갖지 않을 수가 없다. 대형의 워시 스틸은 환류가 많이 생긴다는 것이고 이는 곧 가벼운 스피릿이 만들어진다는 암시이지만, 라인 암이 아래쪽으로 급격히 꺾여 있다는 건 대화가 너무 길어지지 않도록 막는다는 얘기다. 또 라인 암이 차가운 웜텁으로 이어진다는 점은 최종 결과물이 묵직한 스타일로 나온다는 얘기다. 스피릿 스틸을

크라겐모어는 눈에 잘 띄지 않고 사람들의 발길이 잘 닿지 않는 곳에 자리하고 있지만 누구보다 먼저 철도의 이점을 활용했던 증류소 중 한곳이었다.

이 복합적 싱글몰트위스키는 통 속에서 서서히 진화를 거치며 풍미가 몇 겹 더 입혀진다.

발린달록: 지주의 위스키

맥퍼슨 그랜트(Macpherson-Grant) 가문은 1546년 이후로 쭉 발린달록 성에서 살았다. 애버딘 앵거스 품종의 소가 처음 사육된 곳이 바로 이 일가의 땅이었고 이들은 이곳 부지를 존 스미스에게 크라겐모어의 터전으로 임대해 주었다. 2014년에는 골프 코스 옆의 옛 농장이 증류소로 개조되었다. 다음은 가이 맥퍼슨 그랜트의 말이다. "수년 전부터 마음 한켠으로 생각만 하다가 증류소 설립이 분별 있는 선택이자 전통적인 하이랜드 토지를 다양화하는 방법으로도 좋겠다는 판단이 더 확실하게 섰어요."
증류소 설립시의 구상에서 염두에 두었던 것은 '싱글 에스테이트 싱글몰트' 위스키였다. 보리 재배, 증류, 숙성을 모두 그 토지에서 하고, 제조 과정에서 나온 찌꺼기는 소의 사료로 쓰려고 했다. 이때의 가장 흥미로운 결정은, '강한 식후 위스키'를 제조하기로 작정한 일이었다. 이런 스페이사이드의 옛 방식으로 거슬러 올라가려면 웜텁과 소형 증류기를 설치하고 퍼스트 필 배럴과 혹스헤드, 셰리를 담았던 리필 캐스크 등의 여러 종류의 오크 통을 갖추어 놓아야만 했고, 모든 제조 과정은 내공이 높은 노련한 찰리 스미스의 감독에 맡겨졌다.

보면 훨씬 더 혼란스러워진다. 이 스피릿 스틸에서는 알코올 증기가 평평한 상단에 부딪히며 환류되어 돌아가 끓어오르는 로우 와인에 섞인다. 라인 암이 증류기의 맨 위쪽에서 갈라져 나가는 구조라, 특정 풍미들만 생겨난다. 또 길쭉한 라인 암이 완만한 각도로 기울어져 내려간다는 건 구리와의 대화가 비교적 길게 이어진다는 얘기다. 여기까지만 보면 구리와의 대화를 늘리는 구조라는 결론이 내려지지만, 증류기의 크기가 작고 웜텁으로 이어진다는 점을 감안하면 그 결론에 모순점이 생긴다. 그렇다면 왜 이런 모순적인 설계를 했던 걸까? 스미스는 할 수 있는 한 복합적인 스피릿을 만들고 싶어 했던 것이다. 그래서 크라겐모어는 당혹감을 일으킬 수도 있지만 감동적이기도 하다. 스미스 같은 이들은 뭣도 모른 채 그냥 되는대로 비어를 가열했던 것이 아니라 혁신가이자 실험가이자 개척자였다. 현재, 크라겐모어에서는 유황 냄새/고기 느낌을 특색으로 띠는 뉴메이크를 1년 내내 만들고 있다. 뉴메이크의 이런 유황 냄새 이면으로는 복합적 숙성의 특색이 엿보인다. 온갖 가을 과일과 발린달록의 어두운 숲속 잎사귀들 사이로 순간순간 비쳐드는 석양 빛이 연상되는 그런 특색이.

크라겐모어 시음 노트

뉴메이크

향 농축된 향. 고기(양고기 육수), 유황 냄새가 느껴지고, 그 뒤로 달콤한 시트러스와 여러 과일의 풍미가 이어진다. 희미한 견과류 향.
맛 살짝 훈연 풍미가 돌다 고기/유황의 풍미가 풍기며 힘 있고 강한 인상을 띤다. 아주 농후하다. 걸쭉하고 오일리하며, 옛 스타일이다. 무게감과 부드러운 질감이 느껴진다.
피니시 검은색 과일과 유황의 풍미.

8년, 리필 우드 캐스크 샘플

향 응집된 과일 향. 약간의 구운 고기/오븐 팬 냄새. 민트, 낙엽, 이끼의 향이 강하고, 파인애플과 블랙베리의 향도 약간 감돈다. 물을 섞으면 유황 냄새가 풍긴다.
맛 농익은 맛과 부드러운 질감. 개성이 부각되어 있다. 복합적이면서 묵직하다. 과일 풍미가 주도하면서 오크 풍미가 그 뒤를 받쳐주고 있다.
피니시 향이 닫힌 듯 드러나지 않고 희미한 피트 풍미가 있다.
총평 숙성의 특색이 벌써 모습을 드러내고 있다.

12년 40%

향 농익은 여러 가지 가을 과일과 블랙커런트 향, 약간의 가죽 향, 묵직한 꿀 향이 복합적으로 어우러져 있다. 가벼운 훈연 향도 느껴진다.
맛 풀바디에 과일 풍미. 졸인 소프트 프루트 맛과 약간의 호두 맛. 깊은 맛이 느껴지고 질감이 부드럽다. 풍미가 열려 잠재된 특징이 드러나기 시작했다.
피니시 가벼운 훈연 향.
총평 유황 냄새가 완전히 사라지고, 미티함이 갖가지 과일의 풍부한 풍미와 조화를 이룬다.

플레이버 캠프 **풍부함과 무난함**
차기 시음 후보감 더 글렌드로낙 12년, 글렌고인 17년

더 디스틸러스 에디션, 포트 피니시 40%

향 농축된 과일, 야생 과일 잼의 향이 조화롭게 어우러져, 무난하고 달콤하며 풍부하다.
맛 감칠맛이 있고 살짝 기름지면서, 밑에서 미티한 풍미가 떠받쳐준다. 농후한 과일 풍미와 더불어 단맛이 아주 약하게 느껴진다. 물을 섞으면 복합적 풍미가 피어난다.
피니시 아주 가벼운 훈연 향.
총평 크라겐모어의 가을 특유의 특색들이 포트 같은 풍미와 자연스럽게 어우러져 있다.

플레이버 캠프 **풍부함과 무난함**
차기 시음 후보감 더 발베니 21년, 툴리바딘 포트 캐스크

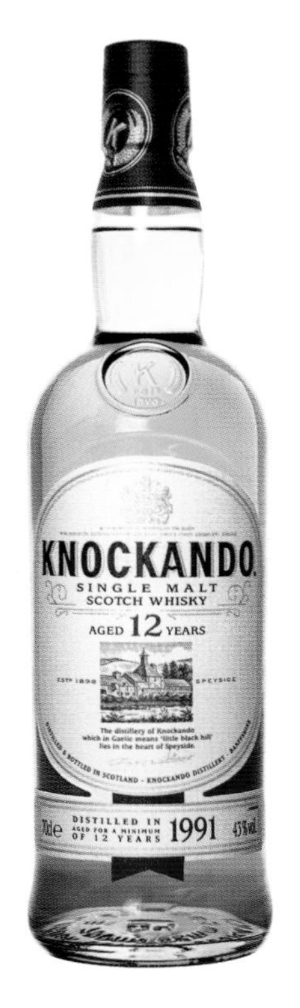

Knockando

노칸두

노칸두 | www.malts.com/index.php/en_gb/our-whiskies/knockando/introduction

노칸두는 크라겐모어와 극과 극의 대비를 이룬다. 크라겐모어가 잎이 우거진 골짜기에 감추어져 있는 반면 노칸두는 예전에 스트라스스페이 철로였다가 이제는 스페이사이드 웨이 하이킹 코스가 된 지대의 옆길에서 금발색 석재 건물을 보란 듯이 내보이고 있다. 건물 구조에는 가벼운 무게감에 햇빛 비쳐 드는 오후의 흙먼지를 연상시키는 특색의 이곳 몰트위스키를 그대로 반영하는 듯한 환상적 분위기가 깃들어 있다.

노칸두는 확실히 플레이버 캠프에서 가벼운 축에 든다. 사실, 1960년대에 등장한 최소한의 인원으로 증류소를 가동하는 방식의 선도자이기도 하다. 이 증류소에서는 탁한 위트와 짧은 발효로, 몰티함이 주된 특징인 뉴메이크를 만들어낸다.(14~15쪽 참조.) 그 결과 오크 접촉을 아주 가볍게만 거치게 해야 한다. 흙먼지 내음이 도는 그 풍미에 약간의 단맛을 내주는 정도면 충분하다.

최초의 소유주 존 톰슨(John Thompson)은 철도의 이점을 최대한 활용하기 위해 이 부지에 노칸두를 세웠다. 노칸두의 설립 당시인 1890년에는 블렌디드 위스키가 대세였고, 그에 따라 스타일의 결정을 블렌더들이 주도했다. 초창기의 증류 기술자들은 대체로 자신이 원하는 스타일대로 만들어 생산 위스키가 그 증류 기술자의 성격과 성향의 연장선이나 다름없었다면, 19세기 말에 이르러서는 냉철한 실리주의가 주도권을 잡게 되었다.

증류소들은 블렌더가 원하는 대로 제품을 생산했고, 블렌더들은 대중이 마시고 싶어 하는 스타일을 인식하고 있어야 했다. 스페이사이드에 19세기 마지막의 증류소 설립 열풍을 타고 이런 증류소들이 우후죽순 생겨난 사실 자체는 스카치위스키의 확장이 요구되었던 당시의 시대상을 보여주는 증거였다. 즉, 당시에는 블렌디드 위스키를 만들기 위한 풍미의 범위를 넓혀야 할 필요성이 대두되었다.

스페이 강의 강변에 자리잡은 노칸두의 옅은 색 건물들.

노칸두는 1904년에 길비스(Gilbey's)를 새 주인으로 맞았다. 런던 소재의 이 블렌디드 위스키 업체는 노칸두 외에도 스페이사이드에 여러 증류소를 소유하고 있었는데, 모두 풍미가 섬세한 편에 드는 곳들이었다. 노칸두는 그 이후 J&B 위스키의 핵심 원액으로 쓰이게 되었다. J&B 위스키는 비교적 가벼운 맛을 선호하던 미국 금주법 시대의 입맛에 맞추어 블렌딩된 제품으로, 당시의 출시 제품 중 가장 섬세한 스타일에 들었다.

노칸두 시음 노트

뉴메이크

향 매시 향과 깔끔한 헤이즐넛 향. 물을 섞으면 흙먼지 내음이 풍기고, 소파 솜과 펠트 직물 느낌이 돈다.
맛 가볍고 조밀한 구조감을 띠는 레몬 맛. 강한 흙먼지 내음이 풍기고 풍미가 단순하다.
피니시 짧고 드라이하다.

8년, 리필 우드 캐스크 샘플

향 뉴메이크의 특징이 여전히 남아 있어, 흙먼지 내음과 쥐 냄새가 느껴진다. 오래된 밀가루 냄새도 있고, 아주 드라이하다.
맛 위타빅스 시리얼 분말 맛. 단맛이 느껴지지만 꽁꽁 감춰져 있다. 상큼하면서 드라이하다.
피니시 몰트 풍미.
총평 드라이한 견과류 특색을 더 살리기 위해, 오크 통 숙성으로 가벼운 단맛을 끌어낼 필요가 있다.

12년 43%

향 가벼운 편이며 견과류 향이 더 진해졌다. 말린 밀짚 냄새(흙먼지 내음은 사라짐). 가벼우면서도 부드러운 바닐라 향에 이어 에스테르 향이 미미하게 느껴진다.
맛 솜처럼 가벼운 질감의 밀크 초콜릿과 레몬 풍미. 물을 섞으면 드라이한 몰트의 특색이 나타난다. 아주 가볍다.
피니시 짧고 드라이하다.
총평 오크 통에서 조금 더 숙성시키면서 중심이 좀 더 단단해졌다.

플레이버 캠프 몰트 풍미와 드라이함
차기 시음 후보감 탐나불린 12년

Tamdhu

탐듀

노칸두 | www.tamdhu.com

옛 철도 길을 따라 조금 가면 이웃 증류소와 비슷한 기원을 가진 탐듀가 나온다. 1896년에 블렌딩 업체들의 컨소시엄으로 설립되어 1년 후에 하이랜드 디스틸러스(현재의 에드링턴Edrington)에 인수된 이 증류소는 한창 전성기 때는 빅토리아조 말기의 전형이었고, 현재는 위스키의(그리고 증류소의) 역할이 변화하는 경우를 잘 보여주는 사례다.

당시에 증류소들은 농장을 개조하는 방식이 아닌 하나의 사업체로 설계되었다. 대규모 몰팅 제조 시설을 갖춘 자급자족형 구조를 취하며 상품과 폐기물을 운반하기 좋은 위치에 자리를 잡고, 증류소 부지에 많은 인력이 머물 주택을 제공하는 식이었다. 탐듀는 소유주들이 제품이 잘 팔릴 것을 알고 세운 곳이었다. 탐듀는 최근까지도 스코틀랜드에서 살라딘 박스(saladin box) 방식으로 몰트를 제조하는 마지막 증류소로 유명하다. 한때 하이랜드 파크에 피트 처리하지 않은 몰트를 대준 곳이기도 하다. 그렇다면 위스키는 어떨까? 1897년 이후로 거의 변화가 없었다. 이곳에서는 예전부터 줄곧 블렌디드 위스키에 맞춰 설계된 위스키를 생산해, 더 페이머스 그라우스(Famous Grouse), 커티 삭(Cutty Sark), 시중에서 찾기 힘든 명주 던힐(Dunhill) 등의 원액으로 공급했다. 하지만 블렌디드 위스키에서 이런 중요한 역할을 하는 증류소들 대다수가 그렇듯, 오히려 탐듀라는 이름은 널리 알려지지 못했다. 제품이 아무리 뛰어나도 싱글몰트의 최전선에서 활약하지 않으면 사람들의 눈에 띄지 않는다.

에드링턴은 2010년에 탐듀의 가동을 일시 중단했으나 2년 뒤, 이안 맥레오드(Ian MacLeod)가 발 빠르게 사들였다. 이후 탐듀는 전면적 변신이 이루어져, 워시백도, 숙성고도, 사람들도 새롭게 바뀌었고 덕분에 이제는 활력이 돌며 생기를 띠게 되었다.

탐듀의 개성을 더해주는 것으로 추정되는 목재 워시백.

탐듀는 증류기 6대 규모의 증류소다. 예전에만 해도 탐듀는 이따금씩 제품을 출시하며, 오크의 도움을 별로 받지 않는 고유의 가벼운 풍미로 다소 흥미를 일으키지 못하는 채로 유령 같은 존재에 머물렀다. 그런데 이제는 셰리 캐스크만 사용하는 식의 에드링턴의 현명한 말기 정책 덕분에, 이안 맥레오드가 출시하는 10년 숙성 제품은 아주 뛰어난 품질을 자랑한다. 오크의 영향으로 탐듀 특유의 향기로운 꿀사과 풍미에 송진과 가죽 계열의 깊이 있는 숙성 풍미가 더해져 있다. 셰리의 풍미가 있으나 향기롭고, 무게감이 있으나 미묘해 블렌더들이 왜 그토록 탐듀를 사랑하는지 비로소 이해된다.

탐듀 시음 노트

뉴메이크 69%

향 아주 달콤하면서, 백합 비슷한 향기와 더불어 딸기와 산딸기 향도 아주 살짝 풍긴다. 깔끔하고 부드러우며, 물을 섞으면 어린 대황(大黃)과 완두 꼬투리 냄새가 조금 난다.
맛 미약한 시트러스 풍미와 약간의 곡물 풍미가 돌면서 맛 역시 달콤하다. 무게감이 좋다.
피니시 깊이감이 있고 섬세한 꽃의 풍미가 기분을 돋워준다.

10년 40%

향 마르멜로, 사과, 밀랍, 초콜릿의 향과 더불어, 처음부터 셰리 오크 통의 영향이 뚜렷이 느껴진다. 물을 섞으면 다즐링 차와 건포도의 향이 약간 풍긴다.
맛 갖가지 달콤한 과일을 모아놓은 듯한 느낌이 들고 벚나무 풍미가 물씬하다. 단맛과 함께 기분 좋은 정도의 떫은 맛이 있다. 약간의 바나나 풍미와 겹겹이 층을 이룬 과일 풍미에서 비교적 어린 나이의 특색을 드러낸다.
피니시 가벼운 향신료 풍미.
총평 과일 풍미와 풍부한 풍미가 만나 스페이사이드의 옛 스타일을 훌륭하게 재현한다.

플레이버 캠프 풍부함과 무난함
차기 시음 후보감 벤로막, 글렌파클라스

18년 에드링턴 병입 43%

향 입안에 꽉 차는 무게감의 풀바디에 셰리 풍미도 더 강해졌고, 건포도 향이 진하다. 가벼운 위스키가 대부분 그렇듯 오크 통의 기운을 선뜻 받아들이고 있다.
맛 셰리의 특징이 전면으로 나서 있다. 아주 힘 있고, 밑으로 깔린 곡물 특유의 드라이함과 함께 건포도 맛이 난다.
피니시 깔끔하면서 갈수록 드라이해진다. 비스킷 같은 풍미.
총평 오크 숙성 풍미가 진하면서도, 증류소의 개성을 여전히 간직하고 있다.

플레이버 캠프 풍부함과 무난함
차기 시음 후보감 애런 1996

32년 캐스크 샘플

향 점차 잠재된 특징을 드러내기 시작했다. 견과류 향과 약간의 스모키함. 이전에는 느껴지지 않던 꿀 같은 향이 시나몬 향과 함께 모습을 드러냈다.
맛 아주 스파이시하면서, 베리류와 건과일의 풍미가 어우러진 농익은 풍미.
피니시 가볍고 깔끔하다.
총평 달콤하면서 밸런스가 잘 잡혀 있다. 서서히 진전된 숙성이 이 가벼운 스피릿에 이로운 영향을 미쳤다.

Cardhu

카듀

노칸두 | www.discovering-distilleries.com/cardhu | 연중 오픈. 자세한 사항은 웹사이트 참조

스코틀랜드 위스키 증류의 역사를 살펴볼 때 무척 중요함에도 생략하고 넘어가는 요소가 있다. 바로 여성들의 역할이다. 사람들은 불법 증류 기술자들에 대한 에드윈 랜시어(Edwin Landseer) 경의 낭만적인 묘사(하이랜드의 족장이 수사슴에 발을 올리고 헤더 지붕의 보시에서 느긋이 쉬고 있는)에 홀려 그의 옆에 있는 노파에 대해서는 잊어버리고 넘어가기 일쑤다. 그녀가 그의 아내이자 실질적 증류 기술자일 수 있는데도.

남편들이 들에 나가 짐승들을 돌보고 있을 때 여자들은 집에서 증류를 비롯해 끝도 없는 온갖 의무들을 이어가느라 쉴 새 없이 손을 놀렸을 것이다. 실제로 카듀가 그런 경우에 해당했다. 1811년에 스페이 강 위쪽의 마녹 힐(Mannoch Hill)을 카도우 농장(Cardow Farm)의 터로 삼았던 사람은 존 커밍이었을지 몰라도, 증거가 암시해 주듯 위스키를 증류한 장본인은 그의 아내, 헬렌이었다. 비록 그 시작이 불법 증류이긴 했지만 아무튼 사실은 사실이다.

카도우 농장은 글렌리벳의 더 남쪽에 자리한 밀조자들에게 초기 경고를 보내주는 기지 역할을 했다. 조지 스미스의 민모어가 처음 자리 잡았던 터에 서서 바라보면 앞쪽에 거대한 사발 모양의 땅이 펼쳐져 있다. 그곳의 한 언덕 위에 카듀 증류소가 있다. 전해오는 얘기에 따르면 세금 징수원이 카도우 농장에 당도하면 헬렌 커밍은 안으로 들어가 차와 스콘을 좀 먹으라고 권했단다. 그 틈에 깃대에 붉은 깃발을 올려 글렌리벳 밀조자들에게 경고를 보내려 했던 것이다.

하지만 1824년에 커밍 가문은 면허를 새로 취득했는데(그것도 가장 먼저 취득했던 것으로 추정된다) 그렇게 합법적으로 바뀐 뒤에도 증류소의 운영 방식에는 아무 변화가 없었다. 헬렌이 사망한 후엔, 며느리였던 엘리자베스가 증류소 운영을 도맡아 하며 증류소를 개축했고, 그 이후인 1893년엔 오랜 고객이던 존 워커 앤드 선즈(John Walker & Sons)에게 증류소를 팔았다.(그들 가족이 그대로 증류소를 운영한다는 조건 하의 매각이었다.) 카듀는 주인이 새로 바뀐 뒤에 다시 규모를 확장했지만, 1960년에도 또 한 번 규모를 확장해 총 4대였던 증류기에 2대를 더 추가 설치했다.

현재 카듀는 풀 내음과 뚜렷한 풍미를 띠며, 뉴메이크의 집중력이 뛰어나 만년의 나이에 이르면 오렌지와 초콜릿 계열의 풍미가 떠오른다. 다시 말해, 풍미가 가볍다는 얘기이고, 이는 증류소가 오래될수록 스타일이 더 묵직해지는 편이라는 허술한 이론을 거스르고 있다는 얘기다. "제가 아는 한, 풀 내음은 새롭게 생겨나는 풍미가 아닙니다." 디아지오의 마스터 디스틸러이자 블렌더인(또한 위스키계의 구루로도 통하는) 더글러스 머레이(Douglas Murray)의 말이다. 확실한 것은 그런 특성이 응축기에서 구리와의 접촉을 더 늘리는 등의 특정한 발효 및 증류 방식을 통해 과일 풍미를 제거하고 풀 계열 풍미를 늘림으로써 빚어지는 결과라는 점이다.

엘리자베스 커밍이 처음 설치한 카듀의 이 증류기들은 싱그러운 특색을 더 잘 끌어내준다.

조니 워커와 오랜 관계를 정립해온 곳인 카듀야말로 블렌디드 스카치위스키의 부상을 보여주는 이상적인 사례다.

하지만 위스키계 최초로 탐방 기행문을 남긴 위대한 기록가 알프레드 버나드(Alfred Barnard)는 1880년대 말에 이곳을 방문했다가 사뭇 달라진 뭔가를 발견했다. "커밍 부인의 그 유명한 음식 대접"을 즐기던 중 그 오래된 농장 증류소에 "무질서하게 흩어져 있는 원시적인" 건물들만이 아니라 헬렌이 새롭게 세운, "멋진 건물 1채"도 보게 된 것이다. 버나드는 카듀 위스키 자체에 대해서는 "농축미가 더없이 뛰어나고 풍미가 아주 풍부하게 표현되어 있어, 블렌딩의 목적에 감탄스러울 정도로 잘 부합한다"라고 논평했다. 다시 말해, 예전엔 옛 스타일의 기운 센 스페이사이드 위스키였다는 얘기다.

그렇다면 문제는 언제 더 가벼운 스타일로 바뀌었는가이다. 존 워커 앤드 선즈 소유 하의 20세기 전환기에 전반적으로 더 가벼운 특성으로 변경되었을 가능성이 있다. 아마 버나드가 방문했을 무렵에 일어나고 있었던 일이었을 것이다. 바로 이 시기에 헬렌은 자신이 쓰던 오래된 증류기, 제분기, 수차를 글렌피딕 증류소를 세우고 있던 윌리엄 그랜트에게 팔기도 했다. 글렌피딕의 증류기는 소형이고, 현재 카듀의 증류기는 대형이다. 따라서 그 무렵부터 더 가벼운 뉴메이크가 만들어지기 시작했으리고 추정된다. 여기까지는 그저 추측일 뿐이지만, 확실한 점도 있다. 벤 리네스를 중심지로 삼고 있는 구역에 한해서 볼 때, 카듀가 방향을 돌려 새로운 것을 포용하기 시작한 출발점이었다는 것이다.

카듀 시음 노트

뉴메이크

향 풋과일맛 알사탕, 젖은 풀, 울금 분말, 향제비꽃, 월계수의 향.
맛 가벼우면서 톡 쏘는 상쾌함이 있다. 흰 밀가루, 블루베리의 풍미가 조밀하다.
피니시 가벼운 시트러스 풍미.

8년, 리필 우드 캐스크 샘플

향 뉴메이크에 비해 부드러워졌다. 갓 베어낸 풀, 향 비누의 냄새와 함께 가벼운 곡물(밀가루)의 향이 올라온다. 제비꽃 향에 이어 귤 향이 따라온다.
맛 더 푸릇푸릇한 풀 풍미가 느껴지다 뒤이어 여러 가지의 가벼운 향기가 한꺼번에 밀려 올라온다.
피니시 시트러스 풍미가 여운으로까지 이어진다.
총평 이제 막 꽃을 피우는 단계다.

12년 40%

향 풀의 향이 건조한 뉘앙스를 띠어가고 있다.(오크의 돌봄을 받으며 생겨난 풍미로 추정.) 건초와 약간의 동유 냄새. 오렌지, 밀크 초콜릿, 딸기의 향이 한데 어우러져 있다. 물을 섞으면 가벼운 삼나무 향과 민트 향이 올라온다.
맛 중간급의 바디감. 풀의 풍미가 이제는 상큼함을 띠고, 오크와의 교류로 발현되어 가는 오렌지 풍미에 단맛이 부여되었다.
피니시 짧고 스파이시하며 초콜릿 풍미가 느껴진다.
총평 앞으로도 계속 진전이 이어지겠지만, 가벼운 스피릿 대다수가 그렇듯 비교적 이른 나이에 밸런스 잡힌 조화를 이루어냈다.

플레이버 캠프 향기로움과 꽃 풍미
차기 시음 후보감 스트라스아일라 12년

앰버 락 40%

향 이 증류소 특유의 시트러스 계열 향(달달한 오렌지/귤/레몬밤)이 싱그럽고 활기차고 깔끔하게 다가온다. 보리 엿 향에 가벼운 초콜릿 향이 섞여 있다. 물을 타면 산화의 느낌을 약간 띤다.
맛 처음엔 달달하면서 자기주장이 강하다가 중간 맛으로 신선한 오크, 레몬의 풍미와 와인 특유의 느낌이 따라오고, 이어서 과일 시럽 맛이 느껴진다. 뒤로 가면서 녹인 밀크초콜릿 맛도 난다.
피니시 아주 스파이시하고, 체리, 재거리(인도산 흑설탕) 풍미가 돈다. 달콤쌉쌀한(마멀레이드 잼에 들어 있는 껍질) 풍미가 남는다.
총평 증류소의 개성이 잘 드러나 있다. 아주 걸쭉하고 향신료 풍미가 더 진해졌다.

플레이버 캠프 과일 풍미와 스파이시함
차기 시음 후보감 오번 14년

18년 40%

향 헤이즐넛과 건포도 같은 과일과 견과류가 들어간 초콜릿 바의 향이 어느 정도 향기로운 느낌으로 진전되어 있다. 미미하게 오렌지맛 초콜릿 향도 감돈다. 특유의 개성이 담겨졌다.
맛 아주 농익고 부드러운 맛에 이어, 카듀 특유의 활기찬 특색이 전해온다. 물을 섞으면 특히 더 살아나는 새콤함과 레몬의 상큼함이 거의 유자 같은 느낌이다. 중반으로 가면서 캐러멜 토피의 맛이 깊어진다.
피니시 기분 좋은 떫은 맛과 살짝 오일리한 질감.
총평 증류소의 개성을 지키고 있지만 무게감과 풍부한 과즙의 느낌이 더해졌다.

플레이버 캠프 과일 풍미와 스파이시함
차기 시음 후보감 야마자키 12년

Glenfarclas

글렌파클라스

발린달록 | www.glenfarclas.co.uk | 연중 오픈 월~금요일. 자세한 사항은 웹사이트 참조

스페이사이드 전 지역이 묵직함과 가벼움, 옛것과 새것으로 양분되어 있지만 이런 양상이 가장 두드러지는 곳은 벤 리네스 산 그늘에 자리한 지대다. 카듀의 남쪽으로 4.8km쯤 떨어진 위치의 이곳 산기슭에, 글렌파클라스가 자리 잡고 있다. 글렌파클라스의 묵직한 단맛과 진중한 인상의 뉴메이크는 풍미만으로 단박에 감별된다.

글렌파클라스의 뉴메이크는 입안에 머금으면 과거가 그대로 담긴 인상을 준다. 지금까지 위스키가 상업적 필요성에 따라 이리저리 여러 방향으로 끌어당겨지는 사이에도 글렌파클라스는 그렇게 뿌리를 박은 채 꿋꿋이 자리를 지켰다. 스페이사이드에서 가장 큰 크기를 자랑하는 이곳의 증류기들을 훑어보면 수긍하게 될 테지만 이곳에도 비교적 가벼운 스타일의 위스키를 만드는 증류 시설이 있다. 어쨌든 이곳의 뉴메이크가 띠는 깊이감의 비결은 증류기 아래쪽의 가마에서 활활 태우는 불이다.

6대째 이 증류소를 소유하고 있는 조지 그랜트(George Grant)는 이렇게 말한다. "1981년에 증기 가열 방식을 시도해 봤지만 3주 만에 접고 바로 다시 직접 가열 방식으로 돌아갔어요. 증기 가열이 비용에서는 더 저렴할지 몰라도 여기에서는 밋밋한 스피릿이 만들어져서 맞지 않아요. 저희는 무게감이 있는 스피릿을 원하거든요. 50년 동안 숙성시킬 만한 그런 스피릿 말입니다."

이 증류소는 숙성 장소도 남다르다. 글렌파클라스의 모든 위스키는 '더니지(dunnage)' 방식의 숙성고(높이가 낮고 슬레이트 지붕, 흙바닥인)에서 숙성된다. 요즘엔 증류소들이 갓 뽑은 스피릿을 외부로 옮겨, 스코틀랜드의 여러 장소에 있는 팔레트나 창고시설에서 숙성시키는 추세다. 위스키의 개성이 작은 세부 요소들이 쌓이고 쌓인 결과물이라면 약간의 온도 변화조차 영향을 미칠 수 있지 않을까? 그랜트는 그렇다고 믿고 있다.

"팔레트 방식 숙성고의 내부는 위치별 온도의 차이가 큽니다. 사실상 깡통 헛간이나 다름없는 곳이고 그런 환경은 숙성 사이클에 영향을 미칠 수밖에 없어요. 여기에서 우리는 1년에 0.05%의 위스키를 공기 중으로 잃어요. 어떤 팔레트형 숙성고에서는 그 양이 최대 5%나 됩니다. 여기에선 위스키의 산화 속도가 느려 증발이 잘 일어나지 않아요." 벤 리네스 산기슭에 있는 이 지역 숙성고에서는 주변에서 불어대는 매서운 바람이 미기후로 간주된다. 장소의 특이성이 영향을 미치니 해당 구획의 땅을 잘 알고, 그 땅이 주는대로 받아들인다.

글렌파클라스에서는 오크 통 타입이 스타일에 크게 일조한다. 이곳에서는 호세 미구엘 마틴(Jose-Miguel Martin) 산의 퍼스트 필 셰리 캐스크를 주로 쓰고 퍼스트 필 버번 오크 통은 쓰지 않는다. 글렌파클라스 위스키에게는 셰리 캐스크가 필요할 뿐더러 오크의 기운을 흡수해 붙들어 두기 때문이다.

그랜트 가문은 스카치위스키계에서는 드물 만큼 오랜 세월 대대로 증류업을 이어오면서 이곳과 거의 심리적 유대를 갖고 있다. 그랜트의 말을 들어보자. "저희에겐 연속성이 있어요. 누구의 지시에 따라야 할 필요가 없어 저희 식대로 할 수도 있고 6대에 걸쳐 그렇게 증류소를 운영해 온 경험 덕분에 대다수 증류소보다 유리한 입장에 있기도 해요. 다른 사람들은 번 돈을 은행에 예금하거나 주식에

벤 리네스 산의 측면부에 위치한 이곳 글렌파클라스 부지에서는 18세기부터 쭉 위스키를 생산해왔다.

투자합니다. 저희는 둘 다 해요. 이번이 저희가 22번째로 맞는 불경기예요! 그 숱한 불경기의 고비를 넘으면서 자금 여력이 되는 만큼만 만들자는 교훈을 터득하게 되었죠."

그렇다면 이곳은 스페이사이드에 몇 곳 남지 않은, 유서 깊은 증류소 중 한 곳일까? 그랜트가 껄껄 웃으며 말했다. "저희는 저희 위스키를 부를 때 스페이사이드를 붙이지도 않아요. 그냥 하이랜드 몰트위스키라고 하죠. 이 '스페이사이드'란 지명도 최근 들어 생겨난 말이에요.(예전까지는 스트라스스페이와 글렌리벳 두 이름으로 불렸다.) 게다가 스페이사이드라고 하면 사람들이 구분하기가 혼란스러워요. 스페이 강이 워낙 길잖아요." 그는 잠시 말을 끊었다가 다시 말했다. "하긴, 명확히 구별하기 힘든 것으로 치자면 '하이랜드'가 더하긴 하네요. 어쨌든 저희는 그냥 글렌파클라스예요. 저한테 1791년도의 그림이 하나 있는데, 그 그림 속에도 이 터에 증류소가 있어요. 저희는 175년 동안 이 자리에서 합법적으로 증류를 해왔고 사람들은 글렌파클라스만 말해도 뭐하는 덴지 알아요."

글렌파클라스의 독자적 풍미 프로필에서는 셰리를 담았던 통이 주된 역할을 맡고 있다.

글렌파클라스 시음 노트

뉴메이크

향 풀바디에 묵직하고 과일 향이 있다. 진한 흙내음과 깊이감이 있고, 희미한 피트 훈연 향과 함께 강한 힘이 느껴진다.
맛 첫맛은 드라이하고 풍미가 아직 충분히 열리지 않았으며, 흙내음이 이어진다. 농익고 응축된 맛이고 옛 스타일을 띤다.
피니시 희미한 과일 풍미. 진중한 인상.

10년 40%

향 셰리(아몬티야도 파사다), 구운 아몬드, 밤의 향. 농익은 과일과 오디 향, 날카로운 스모키함이 느껴져 가을날의 모닥불이 연상된다. 단 향에 셰리 트라이플, 낙엽송의 향이 이어진다.
맛 깔끔하고 꽤 상큼하며 중간 맛에 기분 좋은 후끈함. 농익은 풍미가 입안을 꽉 채운다. 뉴메이크의 흙내음과 매력적인 탄내가 살아 있다. 물을 타면 단맛이 크게 끌어올려진다.
피니시 긴 여운, 기분 좋은 떫은 맛, 강한 힘.
총평 오크의 기운을 즉각 취했지만 보여줄 잠재력이 남아 있다.

플레이버 캠프 **풍부함과 무난함**
차기 시음 후보감 에드라두어 1997

15년 46%

향 호박색. 깊고 진한 대추야자와 건과일의 향. 어릴 때의 날카로움이 여전히 남아 있지만 복합적 풍미가 더 끌어올려졌다. 단맛이 강해지기 시작하면서 흙내음이 가벼워졌고, 밤 퓌레, 삼나무, 모닥불에 구운 헤이즐넛, 과일 케이크의 향이 돈다.
맛 입안을 조이는 떫은 맛이 있고, 풍미가 열리기보다는 부풀어 오르는 느낌이다. 글렌파클라스는 숙성될수록 무게감이 점점 더해간다. 오크 풍미가 있다. 10년 숙성 제품보다 떫은 맛이 세졌지만 스피릿이 워낙 강해서 그쯤은 대수롭지 않게 느껴진다.
피니시 강하고 길다.
총평 점점 힘이 강해지는 느낌이다.

플레이버 캠프 **풍부함과 무난함**
차기 시음 후보감 벤리네스 15년, 몰트락 16년

30년 43%

향 적갈색. 다크초콜릿과 에스프레소 향이 풍부하고 여전히 날카롭다. 이제는 건포도 향이 돌지만 당밀, 프룬, 오래된 가죽의 냄새도 난다. 마침내 뿌리덮개의 향취가 생겼다. 희미한 고기 풍미도 난다.
맛 우거진 숲이 연상되는 신비감을 일으키며 빽빽하고 어둑어둑한 분위기가 연상된다. 볼리바 시가와 달콤한 짙은 색 과일의 풍미에, 적당한 타닌이 느껴진다.
피니시 커피 풍미.
총평 오크의 기운이 강하게 느껴지긴 하지만, 기운 왕성한 오크 통에 담겨 30년이 지났는데도 여전히 증류소의 개성을 품고 있다.

플레이버 캠프 **풍부함과 무난함**
차기 시음 후보감 벤 네비스 25년

Dailuaine, Imperial

달루안, 임페리얼

달루안 | 아벨라워(Aberlour)

달루안은 스페이사이드에서 가장 눈에 띄는 외관의 증류소에 들지만 보면서도 그곳이 뭐 하는 곳인지 아는 사람은 드물다. 글렌파클라스에서 아벨라워 쪽으로 가다 보면 도로의 강변 쪽 숨겨진 계곡에서 증기 구름이 솟아오르는 것이 흔한 풍경인데, 이 증기가 피어오르는 진원지는 달루안의 다크 그레인 가공 공장(dark-grains plant)이다. 디아지오의 스페이사이드 중심부에서 나온 증류 찌꺼기와 폐물을 소의 사료로 가공 처리하는 공장이다.

달루안은 그 자체로 옛것과 새것이 흥미롭게 뒤섞여 있는 곳이다. 이 증류소는 1852년에 설립되어 1884년에 개축되었고 한때는 스페이사이드의 최대 몰트위스키 증류소로 군림했다. 또 이곳의 가마로 말하자면, 알프레드 버나드가 스코틀랜드에서 "가장 가파른 각도의" 지붕을 갖고 있어서 "풍미가 너무 두드러지지 않도록 코크스(석탄을 가공해 만드는 연료—옮긴이)를 사용하지 않고도 몰트에 섬세한 아로마가 입혀진다"고 평한 바 있다. 뿐만 아니라 스코틀랜드 증류소 최초의 파고다(가마 꿀뚝) 설치로 더욱더 정제된 풍미를 끌어내기도 했다. 이것은 달루안이 시장의 세기말적 요구에 발맞추기 위해 스모키함을 줄이려고 노력했다는 확실한 증거다. 그럼에도 달루안은 현재까지 여전히 묵직한 옛 스타일의 진영으로 분류된다. 그래도 단맛이 중심을 잡아주어 이 진영의 다른 멤버들보다 고기 풍미는 덜하다.

크라겐모어, 몰트락, 벤리네스 같은 다른 디아지오 산하의 증류 공장들이 웜텁에 힘입어(14~15쪽 참조) 이런 옛 스타일을 비교적 쉽게 만들어내는 반면, 달루안은 응축기에서 유황 냄새가 나는 뉴메이크를 얻기 위해 비전형적인 노력을 벌여야 한다. 앞에서 살펴봤듯, 유황 냄새는 구리와의 교류 부족으로 생겨나지만 응축기는 온통 금속으로 만들어져 있다. 그렇다면 이곳에서 내놓은 해결책은 뭐였을까? 스테인리스 스틸 응축기였다. 언제나 혁신의 선두에 서왔던 이 유서 깊은 증류소로선, 어둑어둑한 분위기를 띠는 옛 스타일 위스키 세계에 남아 있기 위해 그런 창의적 해법을 찾는 일이 지극히 당연스러운 일이었을 것이다.

한때 스페이사이드의 최대 증류소였던 달루안은 여전히 소고기 풍미의 힘 있고 강한 위스키를 만들고 있다.

달루안은 1897년 이후부터 그 계곡 지대에 이웃을 하나 두고 있었다. 비운의 임페리얼 증류소다. 임페리얼은 더없이 부드러운 풍미에 크림소다, 꽃 계열의 몰트 향으로 명성이 높음에도 불구하고 가동이 중간중간 끊기다, 1983년에는 끝내 문을 닫고 말았다. 최근 몇 년 사이에 증류장이 구리 도둑들의 표적이 되며 아주 많은 부품이 없어져서 시바스 브라더스가 생산을 재개하기로 결정했을 때 건물을 헐고 다시 짓는 일이 오히려 더 용이해졌지만 아직 이름은 정해지지 않았다. 앞으로 이 제국이 비운을 털고 반격을 할까? 부디 그러길 바란다.

달루안 시음 노트

뉴메이크

향 가벼운 몰트 향과 가죽 냄새. 약간의 곡물 향과 좀 숨겨져 있는 달달한 향.

맛 강하고 미티한 느낌이 있다. 브라운 그레이비 소스 맛. 달콤하고 걸쭉해, 거의 토피와 비슷한 느낌을 일으킨다. 묵직하다.

피니시 미미한 달콤함이 도는 여운이 길게 지속된다.

8년, 리필 우드 캐스크 샘플

향 미티함이 물러나고 달콤함이 지배적 풍미로 올라섰다. 가벼운 가죽 냄새, 검은색 과일과 오래된 사과의 향.

맛 플럼과 오디 풍미가 강하고 묵직하며 그 사이로 가죽의 느낌이 다가온다. 입안을 꽉 채우는 풍부한 풍미.

피니시 미티함이 이제야 모습을 드러낸다.

총평 묵직하고 풍부하면서 달콤한 스피릿이다. 힘이 넘친다.

SPEYSIDE
SINGLE MALT *SCOTCH WHISKY*
DAILUAINE
is the GAELIC for "the green vale". The *distillery*, established in 1852, lies in a hollow by the *CARRON BURN* in *BANFFSHIRE*. This *single Malt Scotch Whisky* has a *full bodied fruity* nose and a *smoky* finish. For more than a *hundred years* all *distillery supplies* were despatched by *rail*. The *steam locomotive* "DAILUAINE NO.1" was in use from 1939~1967 and is *preserved* on the *STRATHSPEY RAILWAY*.
AGED 16 YEARS
43% vol Distilled & Bottled in *SCOTLAND*. DAILUAINE DISTILLERY, Carron, Aberlour, Banffshire, *Scotland*. 70 cl

16년, 플로라 앤드 파우나 43%

향 붉은빛이 도는 호박색. 깊이 있고, 흙내음이 있는 셰리 향. 가볍고 경쾌한 유황 냄새가 코를 찌른다. 아주 농축된 향. 옛날식의 영국 마멀레이드. 미티함이 살짝 남아, 당밀, 럼주, 건포도, 정향의 향과 함께 어우러져 있다.

맛 아주 강하고 아주 달콤하다. PX/헤레스와 흡사한 맛. 호두와 밤 맛. 혀를 공격하는 듯한 느낌이 있다.

피니시 떫은 맛이 나다 서서히 단맛이 다가온다.

총평 이 야수 같은 성질을 길들이기 위해서는 셰리 캐스크가 필요하다. 오크의 보살핌에도 불구하고 증류소의 개성이 여전히 강하게 살아 있다.

플레이버 캠프 풍부함과 무난함
차기 시음 후보감 글렌파클라스 15년, 몰트락 16년

Benrinnes, Allt-a-Bhainne

벤리네스, 알타바인

벤리네스 | 아벨라워 | **알타바인** | 더프타운(Dufftown)

마침내 '벤 리네스 산' 주변의 탐색을 끝내고, 이제는 기슭 위로 올라가 볼 차례다. 이 화강암 노두(露頭) 지대는 봄이 오면 생기가 흘러넘치고, 산토끼, 흰 멧새, 뇌조, 사슴의 터전이 된다. 아래쪽으로는 피트층이 두껍게 형성되고 있고 정상 쪽에는 분홍빛 도는 화강암이 펼쳐져 있다. 초록빛 스페이 계곡에서 1.6km 정도밖에 떨어져 있지 않고 도시와 가까운데도 야생성을 품고 있다. 증류소 탐방기 저자 알프레드 버나드는 이곳의 위치에 대해 "여기처럼 별나고 적막한 곳은 또 없을 것 같다"라고 평했다.

'별남'은 벤리네스의 위스키 제조에 대한 접근법을 표현하기에 딱 들어맞는 말이다. 뉴메이크의 냄새를 맡아보면 스페이사이드의 가장 오래된 곳에 드는 여러 증류소를 특징짓는 특색들에 직면하게 된다. 유황 냄새와 고기 느낌이 어우러져 있고, 향기로움과 약간의 달콤함이 묘한 조화를 이룬다. 특히 미티한 느낌은 이곳의 결정적인 특징으로, 무두질한 가죽과 가마솥을 섞어놓은 듯한 야생적 인상이다.

이런 특성은 부분적 3차 증류를 통해 생겨난다. 이곳엔 각각 3대씩, 2쌍의 증류기가 설치되어 가동되고 있다. 먼저 워시 스틸에서 증류한 스피릿은 '초류'와 '후류'로 분류한다. 도수가 높은 초류는 리시버로 보내고, 도수가 더 약한 후류는 2차 증류기인 인터미디엇 스틸에서 이전 증류 작업에서 뽑아놓은 초류, 후류와 함께 재증류시킨다. 중류는 따로 모아, 워시 스틸에서 잘라낸 '초류', 그리고 이전 증류 작업의 스피릿 스틸에서 뽑아놓은 초류, 후류와 같이 섞는다. 증류장 바깥에 설치된 차가운 웜텁을 통한 응축은 구리와의 접촉을 줄여준다. 이러한 과정을 거치며 웜텁에서 유황이 생겨나고, 인터미디엇 스틸에서 미티한 풍미가 생긴다.

한편 산의 동쪽 측면부에 자리한 증류소 알타바인은 그보다 더 상극인 곳은 생각하기도 힘들 만큼, '벤리네스'와 큰 대비를 이룬다. 1975년에 세워진 이곳 알타바인에서는 라인 암이 위쪽으로 꺾여 올라가는 홀쭉한 형태의 증류기를 가동해, 소유사의 고유 스타일인 섬세한 위스키를 만들어내고 있다.

벤리네스 시음 노트

뉴메이크

향 여러 향이 응축되어 있다. 말발굽 접착제, 그레이비 소스, HP 소스/리 앤드 페린스 우스터 소스의 향과, 강한 고기 향.
맛 강하게 치고 들어온다. 묵직한 풀바디에 약간의 훈연 풍미. 기분 좋은 무게감. 드라이하면서 힘이 있다.
피니시 유황 내음.

8년, 리필 우드 캐스크 샘플

향 옥소 치킨 스톡, 스테이크 파이 그레이비 소스 향. 진한 흙내음과 뿌리내음.
맛 걸쭉하고 농축된 풍미에, 타마린드 비슷한 단맛이 중심을 잡아준다. 감초와 초콜릿 맛도 난다.
피니시 미티함/유황 내음.
총평 힘센 권투선수가 연상되며, 풍미가 열려 충분히 숙성되기까지 시간이 필요한 상태다.

15년, 플로라 앤드 파우나 43%

향 붉은빛이 도는 호박색. 고기 향. 하이랜드 당밀 토피 향이 나고, 옥소 치킨 스톡 같은 드라이한 고기 향이 살아 있다. 더 오래 숙성되는 사이에 말린 그물버섯으로 만든 리큐어의 향이 더해졌다. 물을 타면 경쾌한 느낌의 스모키한 헤더 향이 피어난다.
맛 기운차다. 구운 고기 풍미와 꽤 단단한 타닌 맛이 느껴진다. 여운이 길고 농익은 풍미가 나지만, 물을 타면 타닌의 떫은 맛과 더불어 이 스피릿 고유의 풍부함이 더 편안하게 다가온다. 가죽의 느낌이 미미하게 발현되어 있다.
피니시 쌉쌀한 초콜릿과 커피 풍미.
총평 이제는 숙성 단계로 들어서기 시작했다.

플레이버 캠프 풍부함과 무난함
차기 시음 후보감 글렌파클라스 21년, 맥캘란 18년 셰리

23년 58.8%

향 짙은 적갈색. 아르마냑과 비슷한 프룬 향에 이어, 비프 스테이크 향이 가볍게 풍긴다. 강건한 힘과 잔물결처럼 밀려오는 달콤함이 계속 교차된다. 베르가모트, 토마토 퓌레, 클루티 덤플링(건조 과일과 향신료가 들어간 스코틀랜드의 전통 푸딩—옮긴이) 향과 미미한 올스파이스 향, 그리고 숯 풍미를 입힌 소스, 토피 애플, 구운 밤, 커피의 향, 흙내음이 어우러져 있다.
맛 힘 있고 강하며 자기주장이 확실하지만 농축된 달콤함이 이어지면서 떫은 맛은 나지 않는다. 건포도(PX 셰리) 맛과 진한 대추야자 맛이 있다. 야생 짐승이 어느 정도 길들여진 느낌이다. 풍미가 혀로 서서히 번지는 사이에 부드러워진다. 물을 섞으면 떫은 맛이 덜해지고 살짝 스모키해진다. 모든 감각으로 소고기 풍미가 전해온다.
피니시 당밀 풍미.
총평 퍼스트 필 셰리 캐스크에 담겨 23년이 지났지만 벤리네스의 존재감이 여전히 살아 있다.

플레이버 캠프 풍부함과 무난함
차기 시음 후보감 맥캘란 25년, 벤 네비스 25년

알타바인 시음 노트

뉴메이크 피트 몰트

향 아주 가벼운 훈연 향이 가장 먼저 다가온다. 담백하면서 아주 깔끔하고, 살짝 풀 태운 연기 향이 퍼진다. 정원에서 피운 모닥불의 향도 있다.
맛 훈연 풍미가 최고조에 달해 있다. 장작 연기의 느낌이 돌면서 드라이하다.
피니시 점점 드라이해진다.

1991 62.3%

향 풀내음과 에스테르 향. 쿠퍼리지(통 제조 작업장) 냄새. 오크 향. 가볍고 깔끔하며, 아주 단순하다.
맛 향긋한 꽃 풍미. 막 불로 그을린 오크 통의 느낌이 물씬 난다. 미미한 보리 사탕 맛. 기품 있는 느낌의 에스테르 풍미.
피니시 깔끔하고 짧다.
총평 스페이사이드의 가벼운 풍미 진영의 고유 스타일이 강하다.

플레이버 캠프 향기로움과 꽃 풍미
차기 시음 후보감 글렌버기 12년, 글렌 그랜트 10년

버나드가 돌아다니기 겁내 했던, 벤리네스의 산비탈 고지대.

Aberlour, Glenallachie

아벨라워, 글렌알라키

아벨라워 | www.aberlour.com | 연중 오픈 4~10월은 매일, 11~3월은 월~금요일 | **글렌알라키** | 아벨라워

산을 등지고 스페이 강 쪽으로 발길을 옮기다 보면 아벨라워라는 마을이 나오고 이 마을에서 위스키 원정자가 처음 마주치게 되는 곳이 글렌알라키다. 위치상 도로에서 잘 보이지 않고 철도에서도 거리가 떨어져 있어 불법 증류소로 시작되었을 것으로 넘겨짚을 만하지만, 이곳은 벤 리네스 지대에서 현대에 세워진 증류소에 든다. 1967년에 찰스 맥킨레이(Charles Mackinlay)가 설립한 1960년대의 전형적 증류소로, 날로 커져가는 북미 시장에 내놓을 가벼운 스피릿을 생산하기 위해 특별히 문을 연 곳이었다. 그 특유의 몰티함은 잠재된 과일 향과 더불어 비교적 달콤한 편에 든다.

벤 리네스 증류소가 미티한 풍미의 스피릿을 만들어내는 이유 1가지는 산에서 웜텁으로 흘러들어 오는 물이 아주 차갑기 때문이다. 글렌알라키 또한 물을 산에서 끌어오지만 글렌알라키의 경우엔 차가운 물의 온도가 개성을 끌어내는 데 문제가 될 수 있다.

시바스 브라더스의 고유 스타일 중 과일 풍미가 더 많은 제품에 더 잘 맞지만, 아벨라워에서의 흥미로운 매력은 윈체스터의 커런트 잎 풍미로, 이 풍미가 숙성되면서 허브 향에 가까워진다. 그런가 하면 특유의 과일 풍미가 중간 맛에 부드러움을 더해주는 동시에 충분한 무게감을 부여해 스피릿이 셰리 캐스크에서 행복하게 머물게 해준다.

소유주인 시바스 브라더스에서 증류소 책임자로 있는 알란 윈체스터의 말을 들어보자. "이곳의 증류기는 가벼운 뉴메이크를 만들기 위해 제작된 것입니다.(14~15쪽 참조.) 하지만 처리 용수의 온도가 너무 차가울 경우 유황 냄새가 날 수 있어요. 그래서 물 온도를 조금 더 따뜻하게 맞추는 게 관건입니다."

벤 리네스 산은 이 아담한 마을 아벨라워에 이르면서부터 드디어 그 손아귀의 힘을 풀어준다. 하지만 증류소들이 위쪽 뒷골목에 잘 안 보이게 건물을 세우는 경향은 이 마을에서도 힘을 발휘하는 듯하다. 마을의 이름을 딴 증류소조차 대로에서 좀 멀리 떨어진 위치에 자리를 잡아, 빅토리아풍의 멋진 정문만 그 모습을 드러내고 있다.

아벨라워에는 1820년대 이후부터 쭉 합법적으로 운영되어온 증류소가 있다. 현지인 농부였던 존 그레이엄(John Graham)과 조지 그레이엄(George Graham)이 새로 면허를 취득하며 자신들의 운을 시험해 봤던 증류소다. 하지만 현재의 증류소 건물이 원래 1879년에 제임스 플레밍(James Fleming)이 세운 것이라 그가 설립자로 인정받고 있다. 다만, 1970년대에 유행에 따라 개방형 구조에 깔끔하고 효율적인 구조로 개축되어, 플레밍이 본다면 못 알아보지 않을까, 하는 생각도 든다.

그보다 더 궁금한 건, 플레밍이 이 증류소의 위스키를 알아볼 수 있을지의 여부다. 그가 증류소를 세웠던 시기는 풍미가 가벼워지기 시작하던 1880년대 무렵이었으니, 알아볼 가능성이 꽤 높다. 다음은 예전에 이곳의 책임자로 있었던 윈체스터의 말이다. "제가 뉴메이크에서 핵심으로 여기는 요소는 블랙베리와 약간의 풋사과 풍미예요. 곡물 풍미가 없도록 신경 쓰기도 하고요." 확실히 아벨라워는

동네 술집 '더 매시 툰(The Mash Tun)'은 스페이사이드 최고의 펍으로 꼽힌다.

잘 안 보이는 곳에 숨겨진 글렌알라키는 1960년대의 전형적인 증류소다.

아벨라워의 뉴메이크는 곡물보다 크리스털 몰트(로스팅을 거쳐서 색이 짙은 계열의 몰트—옮긴이)와 비슷한 풍미가 나는데, 바로 이 풍미가 토피 느낌을 발현시켜주는 것일 가능성이 있다. 또 벤 리네스 산 지대의 일부 위스키와 같은 소고기 느낌이 없지만 그렇다고 다른 곳의 위스키들만큼 가볍지도 않다. 오히려 그 부드러움이 묵직한 스타일과 섬세한 스타일의 사이에서 가교 역할을 해주는 듯하다. 윈체스터는 이런 말을 덧붙였다. "제가 정말 궁금한 건 글렌알라키와 아주 가까운데도 어떻게 그렇게 다를까, 하는 점입니다. 수수께끼지요."

아벨라워 시음 노트

뉴메이크

향 달콤한 블랙커런트 잎과 묵직한 꽃의 향기에 몰트 풍미가 어우러져 있고, 물을 섞으면 삼베 내음이 살짝 올라온다.
맛 시트러스 과육의 맛이 깔끔하고, 그 뒤로 사과 맛이 이어진다. 존재감이 있다.
피니시 허브 풍미.

10년 40%

향 구릿빛. 강렬한 크리스털 몰트 향. 과일 향과 무난한 오크 향. 물을 섞으면 향기로워진다.
맛 첫맛으로 피칸파이의 기분 좋은 견과류 맛이 난다. 풍부한 토피 맛에 이어, 뉴메이크에서 느껴졌던 그 향기로운 잎사귀 느낌이 다가온다.
피니시 아쌈 차와 박하 풍미.
총평 오크의 영향으로 무게감이 더해졌다.

플레이버 캠프 **풍부함과 무난함**
차기 시음 후보감 아드모어 1977, 맥더프 1984

12년, 비 냉각 여과 48%

향 마지팬, 검게 변한 바나나, 토피, 커런트 열매, 마라스키노 체리의 향이 물씬 나서 힘 있고 풍부하다. 물을 섞으면 향긋해지면서, 장미수와 약간의 나뭇잎 느낌이 더해진다.
맛 농익고 부드러운 맛. 높은 도수가 생기와 경쾌함을 더해주고, 가벼운 커민 풍미가 풍긴다. 풍미가 혀에 오래 남고, 물을 섞으면 농익은 과일 풍미를 끌어내 준다.
피니시 싱그러움과 과일 풍미.
총평 냉각 여과를 거치지 않은 제품이라 무게감과 강렬함이 더해져 있다.

플레이버 캠프 **과일 풍미와 스파이시함**
차기 시음 후보감 더 벤리악 12년, 글렌고인 15년

16년, 더블 캐스크 43%

향 미국산 오크 통과 리필 캐스크의 영향이 더해져, 곡물, 몰트, 발사 나무 목재, 리놀륨 향에 아벨라워 특유의 싱그러움이 발현되었다. 물을 타면 셰리 향이 살짝 더 생겨난다.
맛 입안에 머금자마자 스파이시함이 아주 생생하게 다가온다. 진정시키기 위해 물이 필요할 정도다. 향을 맡을 때보다 입안에서 훨씬 더 달콤하고 약간의 버터 풍미도 느껴진다.
피니시 여운이 기분 좋다.
총평 가벼우면서도 오크 풍미에서 미묘한 차이를 드러내는 아벨라워 특유의 흥미로운 조화가 발현되어 있다.

플레이버 캠프 **과일 풍미와 스파이시함**
차기 시음 후보감 인치머린, 글렌 모레이 16년

18년 43%

향 12년 숙성 제품과 비슷하지만 민트 초콜릿, 체스트넛 버섯, 광낸 오크의 향기가 더해졌다. 물을 섞으면 플럼 잼의 향이 생겨난다.
맛 강한 힘과 떫은 맛이 느껴지고, 아주 깊이 있는 플럼의 풍미가 전해온다.
피니시 길고 우아하다.
총평 풍부함과 깊이가 더해지면서 밸런스가 잘 잡혔다.

플레이버 캠프 **풍부함과 무난함**
차기 시음 후보감 더 글렌드로낙 12년, 던스톤 12년

아브나흐, 배치 45번 60.2%

향 알코올이 세게 치고 들어온 뒤에 당밀 비슷한 향이 얼얼하고 날카롭게 다가온다. 블랙체리 향이 향기롭고, 뜨겁게 달궈진 오토바이에서 올라오는 것과 비슷한 향도 있다.
맛 아주 힘차고 조밀하다. 셰리 풍미가 묵직하게 풍기면서, 검은색 과일류의 맛과 살짝 드라이해지는 곡물 풍미가 구조감을 더해준다. 물을 섞으면 더 부드럽고 더 감칠맛 있는 풍미가 발현된다.
피니시 힘 있고 대담하고 기운차다.
총평 셰리 풍미가 총력을 펼치며 블록버스터 시리즈처럼 여전히 진전 중이다.

플레이버 캠프 **풍부함과 무난함**
차기 시음 후보감 글렌파클라스 15년, 글렌고인 23년

글렌알라키 시음 노트

뉴메이크

향 가볍고 달콤한 향. 으깬 스위트콘 향. 향긋하면서 가벼운 특색을 띤다.
맛 깔끔하고 뚜렷한 맛. 부드럽고 달콤하다.
피니시 드라이하고 깔끔하다.

18년 숙성 57.1%

향 호박색. 깔끔한 느낌이며, 셰리 향과 더불어 불꽃 내음, 플럼 잼, 건포도, 약간의 치커리, 마멀레이드 향기가 어우러져 있다. 브라질너트 향취가 풍부하게 전해진다.
맛 농후하면서 살짝 드라이하고, 숙성 가죽의 느낌이 진하게 풍긴다. 견과류 맛. 물을 섞으면 가벼운 꽃 특색이 희미하게 나타난다.
피니시 길고 달콤하며, 밸런스가 잡혀 있다.
총평 오크가 풍미를 주도하고 있지만 세련미도 어느 정도 더해졌다.

플레이버 캠프 **풍부함과 무난함**
차기 시음 후보감 애런 1996, 더 글랜로시스 1991

The Macallan

더 맥캘란

크레이겔라키 | www.themacallan.com | 연중 오픈 부활절~9월은 월~토요일, 10월~부활절은 월~금요일

싱글몰트위스키의 상업화 초기에는, 명성 높은 다른 오크 통 숙성 스피릿과 비교해서 평가하는 경우가 흔했다. '이 위스키, 코냑 못지않게 좋은데'라는 식의 말들이 판매업자들 사이에서 자주 거론되었다. 맥캘란의 경우엔 여기에 '일등급'이라는 말이 덧붙여지곤 했는데, 그 품질에 걸맞은 표현이다. 맥캘란의 본사인, 귀족풍의 백색 건물 이스터 엘키스 하우스(Easter Elchies House)는 이 증류소 부지에 세련미와 대저택 같은 분위기를 부여하고 있기도 하다.

맥캘란의 위스키 제조 접근 방식은 이 증류소 밀집지에서도 더 오래된 증류소들과 직접적 연계성을 띠고 있어, 초창기의 증류소들(맥캘란 증류소의 설립 시기는 1824년)이 더 묵직한 위스키를 만드는 편이라는 이론에 힘을 실어주고 있다. 하지만 다른 증류소와 살짝 차별화를 두는 판매 방식을 이어왔던 점으로 미루어 보면, 맥캘란은 그런 이론에 별로 신경 쓰지 않는 것 같다.

옛 방식과의 연계성이 가장 확실하게 나타나는 곳은 증류장이다.(이 글을 쓰는 시점을 기준으로 말하자면 증류장들이라고 해야 맞는 말이겠다. 2008년에 또 한 곳의 증류장이 재가동되었으니까.) 증류장으로 들어가면 아주 소형의 스피릿 스틸들이 니벨룽겐 난쟁이족처럼 응축기 위로 웅크려 앉은 모양새를 이루고 있다.

이 증류소에서는 환류가 몹쓸 말로 통한다. 그만큼 본질을 지키는 스피릿의 생산에 중점을 두고 있다는 얘기다. 맥캘란이 걸어온 그 획기적 여정의 수많은 천재적 구상 중 하나인 뉴메이크는, 오일리하고 몰티하면서 깊이가 있는 데다 달콤하다. 자기 주장이 강하고, 막 증류를 마치고 나온 순간부터 거부하기 힘든 스피릿으로 거듭나리라는 감이 확실하게 든다.

맥캘란은 예전부터 쭉 셰리 캐스크와 동맹 관계를 이어왔기 때문에 무게감이 아주 중요하다. 셰리와의 상징적 관계성이 워낙 커서 소유주인 에드링턴은 헤레스에 있는 통 제조업체 테바사(Tevasa)에서 까다로운 사양에 따라 제작을 의뢰하고 있기도 하다.

위스키 메이커 밥 달가노(Bob Dalgarno)는 전통에 따라, 타닌 함량이 높고 정향과 말린 과일의 향기가 특징인 유럽산 오크(로부르 참나무)를, 바닐라와 코코넛 향기를 띠는 미국산 오크(화이트 오크)와 섞어 쓰면서 사뭇 다른 두 계열의 중요한 풍미를 얻으며, 두 풍미 사이에서도 아주 다양한 변형을 끌어내고 있다.

셰리 캐스크 숙성에서는 뉴메이크의 오일리함이 오크에서 풍미가 배어나오도록 촉진하는 역할을 하는 동시에 거친 타닌이 맛을 장악하지 못하게 막는 역할도 한다. 그래서 오래 숙성된 맥캘란은 떫은맛이 없고 부드럽다. 미국산 오크 숙성을 통해서는 곡물과 부드러운 과일의 향을 더 많이 끌어낸다.

내가 초판 집필 작업 중 달가노와 얘기를 나누었을 당시, 그는 품질의 균일성을 맞추기 위해 셰리 캐스크에서 12년 숙성된 여러 가지 위스키를 혼합 중이었는데, 그 각각의 위스키가 특색이 다 달랐다. 다양한 색깔과 풍미 사이의 상관관계에 대한 그의 깊은 이해는 맥캘란의 가장 최근 출시 제품인 1824 시리즈 4종에서 과일 풍미를 탄생시키기도 했다.

그것이 대다수 위스키 생산자들의 직면 문제, 즉 빠듯한 재고 문제에 대한 그의 해법이었다. 증류 업자들은 21세기 초반부에 예기치 못한 불시의 상황에서 스카치위스키의 급성장을 맞게 되었다. 당시는 1980년대의 재고 과잉 사태와 그 이후의 증류소 폐업 사태에 대한 쓰라린 기억 탓에 위스키 업계가 수십 년 동안 생산에 몸을 사리며 신중을 기하던 때였다. 그런 와중에서 시장이 폭발적 성장세를 타자 숙성 위스키의 재고가 부족할 수밖에 없었다. 그렇다면 여기에 대한 해결책으로 나온 게 뭐였을까? 숙성 연수 미표기(NAS, No Age Statement) 위스키였다. 그리고 그 덕분에 위스키 메이커에게 큰 제약인 숙성 연수 표기의 굴레에서 해방되어 풍미와 증류소 특유의 개성을 탐색할 수 있었다.

이때 달가노가 취한 대응법은 색깔을 특성의 지침으로 활용할 수 있을 만한 방법의 검토였다. 아이러니한 점은 새로운 제품이 기존 제품보다 생산비가 더 많이 든다는 점이다.

이제 맥캘란은 또다시 재고 부족 사태를 겪을 일은 없을 것이다. 항공기 격납고 크기의 거대한 숙성고가 지어졌고 규모를 크게 확장한 신설 증류소도 현재 건축 중에 있으니 말이다.

한편 더 맥캘란은 현재 세계에 양다리를 걸치고 있다. 다수의 사람들에게는 명품 위스키의 전형으로, 또 다른 이들에게는 현대적 해석으로 재현된 옛 스타일의 싱글몰트위스키로 두루두루 어필하고 있다.

더 맥캘란의 여러 숙성고에 감춰져 있는 셰리 오크 통들. 셰리를 담았던 이 통에 잠들어 있는 스피릿들은 위스키 메이커 밥 달가노의 손을 거쳐 그 이름도 유명한 이 증류소의 다수 제품 중 하나로 거듭나고 있다.

맥캘란 시음 노트

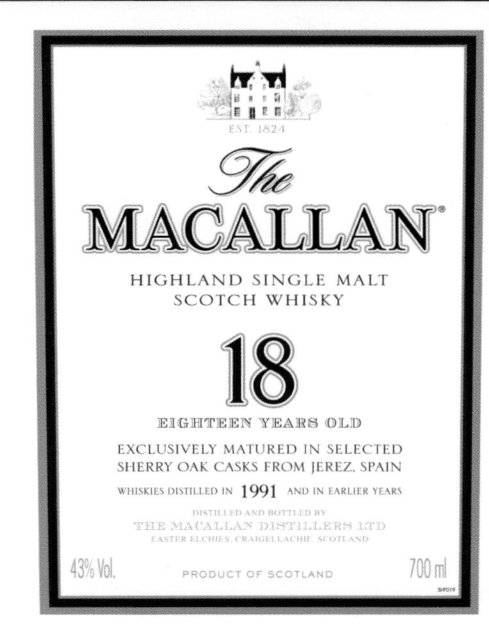

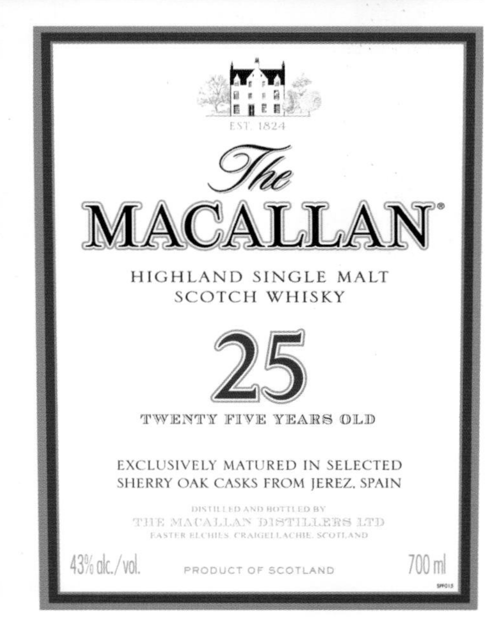

뉴메이크

향 깔끔하다. 약간의 풋과일 향. 아주 기름지고 오일리하면서, 몰트 향이 돌고 살짝 유황내음도 있다.
맛 기름지고 오일리한 질감이 혀를 덮는다. 묵직하다. 그린 올리브의 풍미. 굽히지 않는 단호한 성질을 지녔다.
피니시 풍부한 여운이 길게 이어진다.

골드 40%

향 따뜻한 느낌을 주며, 효모 특유의 싱싱한 향이 갓 구운 흰 빵, 아몬드 버터, 건초, 바닐라의 향기와 어우러져 있다.
맛 가볍고 '열린' 향 뒤로 맛의 깊이가 느껴지고, 걸쭉하면서 혀에 착 들러붙는 오일리한 질감이 있으며, 생동감 있는 레몬 풍미와 더불어 딱딱한 혼합과일 사탕 맛이 섞여 있다.
피니시 드라이하고 몰티하다.
총평 더 맥캘란에 입문하기에 부담없는 편이면서도 증류소의 개성이 충만하다.

플레이버 캠프 과일 풍미와 스파이시함
차기 시음 후보감 벤로막 10년

앰버 40%

향 베리류, 졸인 풋 플럼, 과일 시럽의 향기. 미미한 설타나 향이 느껴지다 연한 밀랍 향으로 이어진다.
맛 흙(축축한 모래) 풍미가 느껴지면서도 단맛이 나고, 반건조 과일과 약한 바닐라 맛이 함께 섞여 있다. 그 뒤로 섬세한 아몬드 향이 이어진다.
피니시 여운이 길게 이어지고 가벼운 몰트 풍미가 있다.
총평 감칠맛이 점차 고조되고 있다.

플레이버 캠프 과일 풍미와 스파이시함
차기 시음 후보감 더 글렌로시스 1994

15년, 파인 오크 43%

향 황금색. 오렌지 껍질과 농익은 멜론, 망고, 바닐라 깍지의 향. 뜨거운 톱밥, 헤이즐넛, 왁스광택제 향.
맛 견과류 맛이 나는 오크 풍미, 익힌 과수원 과일, 까맣게 변한 바나나의 맛. 캐러멜 토피, 고사리, 몰트, 다크초콜릿의 풍미.
피니시 복합적이면서 과일 풍미가 있다.
총평 증류소 개성과 '파인 오크(Fine Oak, 셰리 캐스크와 버번 캐스크를 혼용하여 사용하는 맥캘란의 제품명—옮긴이)' 캐스크 사이에 밸런스가 잘 잡혀 있다.

플레이버 캠프 과일 풍미와 스파이시함
차기 시음 후보감 글렌모렌지 18년, 글렌카담 15년

18년, 셰리 오크 43%

향 짙은 호박색. 과일 케이크, 플럼 푸딩, 유지방이 많고 촉촉한 케이크, 호두, 생강 쿠키의 향에 이어 약한 당밀과 건베리 향이 느껴진다.
맛 풍부한 맛이 입안을 가득 채운다. 씹히는 듯한 질감이 있고, 건포도와 무화과 맛이 난다. 아주 농익고 오일리하며 풍부한 풍미다.
피니시 복합적 풍미에 약한 탄내가 더해져 있다.
총평 증류소의 대담한 개성과 풍부한 오크 풍미 사이에 밸런스가 좋다.

플레이버 캠프 풍부함과 무난함
차기 시음 후보감 달모어 1981, 글렌파클라스 15년

시에나 43%

향 졸인 블랙체리, 붉은색 플럼, 블루베리 향기가 풍만하면서도 깨끗하고 싱그러운 느낌을 준다.
맛 흙내음과 걸쭉한 질감에, 양초 왁스, 송진, 올스파이스, 정향, 과일 껍질, 향긋한 과일의 풍미에 화가들의 팔레트 느낌이 한데 섞여 있다. 부드러운 타닌 맛.
피니시 긴 여운과 건포도 풍미.
총평 가을날의 시골집이 연상된다.

플레이버 캠프 풍부함과 무난함
차기 시음 후보감 야마자키 18년

25년, 셰리 오크 43%

향 짙은 호박색. 헤레스 브랜디의 느낌이 물씬 풍기면서 어두운 색의 달콤한 과일, 구운 아몬드, 말린 허브의 향이 올라온다. 설탕 절임 과일의 단 향이 돌아, 이제는 그 달콤함이 오크의 송진 풍미와 더불어 최대한 발현되어 있다.
맛 아주 달달하다. 이제는 레드와인의 느낌이 든다. 떫은 맛이 아주 좋고, 오디, 카시스, 훈연, 흙의 풍미에 이어 풍부한 건포도 맛이 치고 들어온다.
피니시 길고 풍부하다.
총평 셰리 오크 통이 이 스피릿의 오일리함과 어우러져 변주곡을 펼치고 있다.

플레이버 캠프 풍부함과 무난함
차기 시음 후보감 더 글렌드로낙 1989, 벤로막 1981

루비 43%

향 프룬에 말린 체리가 섞여 있고, 레드와인 바롤로와 비슷한 달달하고 기분 좋은 날카로움이 함께 느껴진다. 향이 강건하면서도 달콤하다. 초콜릿 입혀진 터키시 딜라이트가 연상된다.
맛 셰리 올로로소의 풍미가 아삼차 같은 타닌 맛과 함께 스쳐간다. 물을 곁들여 맛볼 만한 위스키다. 풍미가 풍부하다.
피니시 여운이 길고 깊다.
총평 고전적인 구조감과 향에, 와인 특유의 단맛이 더해져 있다.

플레이버 캠프 풍부함과 무난함
차기 시음 후보감 아벨라워 아브나흐

Craigellachie

크레이겔라키

크레이겔라키 | 스페이사이드 쿠퍼리지(Speyside Cooperage) | www.speysidecooperage.co.uk | 연중 오픈 월~금요일

옛것과 새것, 가벼운 풍미와 묵직한 풍미 사이에서의 분투를 이야기하다, 이 지역에서 마지막 소개할 멤버이자 스페이사이드 밀집지의 최대 증류소인 이곳에 이르면 '단호함'이라는 요소를 얘기하지 않을 수 없다. 크레이겔라키는 양면의 특징을 두루두루 보여준다. 철도 주변의 증류소이고 빅토리아조 말기에 설립되었지만, 비교적 옛 방식의 전통적인 위스키 제조 방식을 고수해 오기도 했다. 이 증류소는 1890년대에 블렌더들과 중개상들의 합작으로 세워진 증류소로, 이곳에 자리를 잡은 이유는 순전히 이 지역의 수송망 때문이었다. 이곳은 주요 철도 교차점이었고 1863년 무렵엔 스트라스스페이 철도로 더프타운, 키스, 엘긴, 로시스와 연결되어 있었다.

철도는 위스키를 다른 지역으로 실어다 주는 동시에 원료와 방문객을 데려오기도 했다. 중후한 크레이겔라키 호텔도 1893년에 철도역 인근 호텔로 세워진 곳이었다. 처음부터 크레이겔라키 증류소에 지분이 있었던 블렌더이자 화이트 호스 스카치위스키(White Horse Scotch Whisky)와 라가불린의 소유주였던 피터 맥키(Peter Mackie) 경은 1915년에 크레이겔라키의 지분을 완전히 사들였다. 이 증류소가 사업이 꾸준히 확대 · 확장되는 가운데도 고유의 독자성을 탄생시킨 것은 옛 특성을 보존해 온 덕분이다.

이곳의 뉴메이크에서는 우리의 스페이사이드 여정 내내 이어졌던 유황 향이 느껴진다. 하지만 다른 증류소에서 느껴졌던 미티한 풍미보다는 밀랍 같은 특성이 있다. 왁스 코팅된 과일 같달까? 그런 풍미가 코로 전해지다가 혀까지 덮어온다. 모든 면에서 볼 때 묵직한 위스키의 면모가 엿보이지만 또 다른 개성을 감추고 있는데 수줍다기보다 능청스럽다.

"저희는 몰팅 공정에서 유황 처리를 합니다." 현 소유주 존 듀어스 앤드 선즈(John Dewar & Sons)에서 어시스턴트 마스터 블렌더로 있는 키스 게데스(Keith Geddes)의 설명이다. 이런 유황 처리 이후에는, 환류를 허용하는 크레이겔라키의 대형 증류기에서 장시간의 증류를 통해 유황을 '아주 약간' 보강한 다음 그 증기를 웜텁으로 보낸다. (14~15쪽 참조.) "구리는 유황을 제거합니다. 그리고 크레이겔라키에선 웜텁을 써서 구리 접촉이 상대적으로 적은 편이죠. 저희의

마을 중심부에 위치한 크레이겔라키는 철도 인근에 자리잡고 있는 스페이사이드의 수많은 증류소 중 한 곳이다.

스페이사이드 쿠퍼리지

크레이겔라키 북쪽 언덕, 하이랜드 '소떼'가 모여있는 들판 옆쪽으로는 위스키 숙성용 오크 통이 피라미드형으로 한가득 쌓여있다. 이곳이 바로 스페이사이드 쿠퍼리지로, 이 부지에서 1947년부터 쭉 운영되고 있다. 프랑스의 통 제조업자 프랑수아 프레르(Francois Frères)가 현재의 소유주인 이곳에서는 수선하거나, 통 내부를 다시 숯처리 하거나, 새로 제작하고 있는 통의 수가 10만 개가 넘는다. 방문객 센터도 마련되어 있어 이곳에 오면, 여전히 모르는 사람이 많지만 그럼에도 여전히 중요한 통 제조 기술을 직접 보는 보기 드문 기회를 누릴 수 있다.

뉴메이크에는 예외 없이 유황 특성이 있고 유황은 크레이겔라키의 시그니처예요. 우리의 다른 부지 증류소에서는 이런 유황 특성을 그대로 재현시킬 수가 없어요. 전부 셀 앤드 튜브 응축기가 설치되어 있기 때문이죠."

유황 영역의 경우 언제나 문제는 그 이면에 무엇을 감추고 있느냐이다. "저희는 원하면 더 밀어붙여 미티한 풍미의 영역으로 끌고 갈 수도 있지만, 밸런스를 맞추고 있어요." 달루안과 벤리네스에서 느껴지는 그 깊은 브라운 그레이비 소스 풍미가 여기엔 없다. 크레이겔라키는 숙성될수록 이국적 과일의 세계로 넘어가면서 그와 더불어 혀에 밀랍 느낌을 일으키고, 더 오래 숙성된 제품에서는 아주 가벼운 훈연 풍미가 보강되는 듯하다.

그레이겔라키는 증류소를 역행하는 격이나 다름없는 별난 방식으로 풍미가 진전되어, 너무 익힌 양배추에서 풍기는 벌레 악취 같은 냄새에서 워시백(발효조)의 달콤함으로 거꾸로 진전된다. 이런 다면적 복합성, 무게감과 과일 풍미, 묵직함과 향기로움의 병존은 블렌더에겐 하늘이 내린 선물이다. 또 크레이겔라키가 여전히 주연급 자리를 지키는 몰트위스키로 꼽히는 이유 중 하나이기도 하다. 이곳의 원액은 화이트 호스 내에서 중요한 요소였고 이제는 다른 블렌딩 업체 사이에서도 널리 활용되고 있다. 하지만 더없이 개성 넘치고 이례적인 스트라스스페이의 야누스라 할 만한 이 몰트위스키는 현재 존 듀어스 앤드 선즈의 계열로 뒤늦게야 환영받으며 들어간 후, 싱글몰트위스키 시장의 중심 무대를 차지하고 있다.

벤리네스 증류소 밀집지는 스카치위스키의 전체 역사를 엿볼 수 있는 증류소들이 모여 있는 곳이고, 크레이겔라키는 이런 곳의 여정을 마치기에 이상적인 곳이다. 위스키의 여정이 힘 있고 현대적이며 가벼운 쪽으로 향해왔다고 생각하기 쉽지만, 이 증류소 밀집지에서 잘 보여주고 있듯 스코틀랜드 곳곳에는 과거가 살아 있고, 옛 방식이 지켜지고 있다. 물리적으로든 정서적으로든 땅과의 연결성은, 장소의 독자적 특색을 주된 요소로 삼아 개성을 빚어낸 수많은 위스키의 탄생을 이끌었다.

목재 워시백은 크레이겔라키의 독특한 개성의 유지에 이바지하는, 수많은 전통적 방식 가운데 하나일 뿐이다.

크레이겔라키 시음 노트

뉴메이크

향 왁스 향과 식물 향. 무, 삶은 감자/전분, 가벼운 훈연 향.
맛 견과류 맛과 단맛에 더해, 묵직한 밀랍 풍미, 약간의 유황 향과 어우러져 있다. 묵직하게 입안을 꽉 채운다.
피니시 여운이 길고 길다. 식물 풍미가 다시 감돈다.

14년 40%

향 옅은 황금색. 왁스 코팅된 과일, 마르멜로의 향. 풍성한 향이 느껴지다가 살구 향기와 더불어 가벼운 훈연, 봉랍(封蠟), 레드커런트 향이 난다. 물을 섞으면 젖은 갈대, 스쿼시 공, 올리브 오일의 향이 올라온다.
맛 가벼운 코코넛 맛이 나는가 싶다가 그 느낌이 입안을 장악한다. 글리세린이 연상될 정도로 매끄러운 질감. 상큼한 과일 젤리 맛. 달달하면서도 견고하다.
피니시 마르멜로 풍미에서 밀가루 풍미로 이어진다.
총평 블렌더가 꿈꾸는 위스키이자 질감이 일품인 싱글몰트위스키.

플레이버 캠프 과일 풍미와 스파이시함
차기 시음 후보감 클라이넬리시 14년, 스캐퍼 16년

1994, 고든 앤드 맥페일 병입 46%

향 황금색. 전형적인 기름진 향과 왁스 향. 오래된 더빈 크림(피혁용 방수 기름)과 부드러운 열대과일의 향과 함께 순간적으로 시트러스 향이 확 풍겨온다.
맛 왁스 코팅된 과일을 먹는 기분. 무난하면서 입안에 들러붙는 질감이 있다. 물을 섞으면 에스테르 풍미가 조금 더 진해지고 뒤로 가면서 꿀/시럽의 특성이 은은히 배어나온다.
피니시 살짝 스파이시하면서 말린 열대 과일의 단맛이 미미하게 퍼진다.
총평 밸런스가 좋고 열려 있다. 풍부한 표현력을 갖추었다.

플레이버 캠프 과일 풍미와 스파이시함
차기 시음 후보감 올드 풀트니 17년

1998 캐스크 샘플 49.9%

향 유황 향이 있는, 갓 나온 뉴메이크를 스트레이트로 맛보면 향이 아주 견고하다. 가볍고 산뜻한 플럼 향기가 나고, 물을 섞으면 수선화와 자주색 과일이 섞인 듯한 향이 풍기다 약간의 꿀 향기가 올라온다.
맛 섬세한 훈연 풍미가 흐르다 진하고 풍부한 중간 맛으로 이어지며, 약간의 박하와 특유의 파인애플 맛이 느껴진다. 씹히는 듯한 질감의 풍미가 입안을 채운다.
피니시 길고 진하다.
총평 숙성의 잠재력이 엿보인다.

The Dufftown cluster

더프타운 증류소 밀집지

밀집지 주변부에 증류소 6개가 들어서 있는 자칭 스페이사이드의 위스키 수도, 더프타운은 1817년에 제임스 더프가 개량 도시로 세운 곳이라 나이가 이곳 최초의 증류소보다 조금 더 많다. 세계에서 가장 많이 팔리는 싱글몰트위스키 브랜드와 무게감의 측면에서 세계 최강으로 꼽을 만한 싱글몰트위스키의 본거지인 이곳은 테루아의 개념을 살펴보기에 좋다.

더 발베니의 파고다에서 피어오른 증기가 겨울의 차가운 대기 속으로 파고 드는 정경.

Glenfiddich

글렌피딕

더프타운 | www.glenfiddich.com | 연중 오픈 월~일요일

글렌피딕은 세계 최고의 베스트셀러 싱글몰트위스키이자 이곳에서 최초로 문을 연(1969년 설립) 증류소이다. 그런 만큼 이 증류소에 처음 방문한 사람이라면 다소 진부한 위스키 제조 방식이 재현되고 있으리라고 예상하기 십상이지만 실제로 보면 오히려 예상과 반대의 모습을 목격하게 된다. 드넓은 부지에 자체 통 제조 작업장, 구리 세공인, 병입 시설(글렌피딕 제품은 전부 증류소에서 직접 병입하고 있다), 숙성고를 갖추고 있는 데다 증류장도 3동에 이른다. 글렌피딕은 현대적인 싱글몰트위스키 브랜드일 뿐만 아니라 그 규모에도 불구하고 전통적인 자급자족 정신을 여전히 지켜가고 있다.

1886년에 윌리엄 그랜트가 설립한 이후 현재까지도 그의 후손들이 소유하고 있는 글렌피딕은 설립 이듬해의 크리스마스 날 카듀에서 구입해 온 소형 증류기로 첫 스피릿을 증류했다. 이 대목에서, 설립 초반부터 설립자가 마케팅에 일가견이 있었다는 생각을 하지 않을 수가 없다.

글렌피딕의 생명은 뭐니 뭐니 해도 가벼운 풍미의 개성이지만 증류장에 들어가 보면 맥캘란과 비슷한 스타일을 만들어내는 게 아닐까 하는 생각도 들만하다. 증류기들이 아주 작은데, 과학적 상식상 소형 증류기는 묵직하면서도 대체로 유황 성분을 함유하는 뉴메이크를 만들어내기 때문이다.(14~15쪽 참조.) 하지만 글렌피딕의 향을 맡아보면 온통 풀, 풋사과, 배 계열이다. 윌리엄 그랜트의 마스터 블렌더 브라이언 킨스먼(Brian Kinsman)의 말을 들어보자. "저희는 높은 도수로 증류액을 끊어내는데, 그것이 에스테르 풍미가 있고 깔끔한 이런 스피릿을 얻어내는 비법입니다. 더 깊이 있는 풍미로 증류해 더 늦게 끊어내면 훨씬 묵직하면서 유황 성분을 함유한 스타일이 나오게 됩니다."

그렇다면 이곳은 전형적이지 않은 증류를 하는 증류소에 해당하는 걸까? "저희가 아는 한, 또 저희의 기록상으로도 글렌피딕은 언제나 한결같이 가벼운 풍미를 띠어왔어요. 증류기는 예전부터 쭉 저런 모양이었고, 수요가 늘어나도 그냥 저런 모양의 증류기를 추가 설치하는 식이었어요." 추가 설치 없이 그대로 4대의 증류기로 늘어나는 판매량에 대처하려 했다면 더 많은 증류액을 뽑아내기 위해 컷 포인트를 늘려 잡아야 했을 테고, 그랬다면 스타일이 변했을 것이다.

새로운 증류기의 설치는 개성을 지키기 위한 유일한 선택지였다. 2동의 증류장에 설치된 증류기가 28대나 된다.

킨스먼은 유황 성분이 없으면 더 유리하기도 하다며 "추가 숙성에 들어가기 전에 극복해야 할 문제가 없기 때문"이라고 그 이유를 설명했다. 글렌피딕은 3년 숙성 단계에서조차 리필 캐스크에서는 오크 향과 오크 대팻밥 풍미를, 퍼스트 필 버번 캐스크에서는 익은 파인애플과 크리미한 바닐라의 풍미를, 퍼스트 필 유럽산 캐스크에서는 마멀레이드와 설타나 풍미를 끌어낸다.

오크 통을 관리하고 오크 통의 혼합 사용을 재편성하는 기술이 크게 개선된 덕분에 일관성도 대폭 증가했다. 이제는 유럽산 오크를 통해 하나의 일관된 맥락이 생겼고 연령별 익스프레션(같은 위스키의 또 다른 변형 제품—옮긴이)에 따라 서서히 그 맥락이 확대되고 있다.(단, 럼 캐스크에서 피니싱 과정을 거치는 21년 제품은 여기에서 제외된다.) 나이가 들어가면서 풋내 나던 풋사과의 풍미가 여물고, 베어낸 풀의 느낌은 드라이해지고, 서서히 초콜릿 향이 생겨난다. 가벼운 위스키의 경우엔 심지어 40년이나 50년이 지나도 꿋꿋이 견뎌낸다. "저희의 뉴메이크는 향이 가볍지만 아주 잘 숙성됩니다. 저는 산뜻하고 강렬한 풍미에 가려져 있을 뿐, 그 안에는 복합적 풍미가 잠재되어 있다고 생각합니다." 킨스먼의 말이다. 내 생각을 덧붙이자면, 오크라는 파도를 타고 높이 떠올려져도 글렌피딕 특유의 개성은 여전히 그대로인 것 같다는 인상이 든다.

1998년에는 15년 제품에 선구적으로 솔레라 숙성 방식을 도입해, 오크와 스피릿의 융합을 최절정으로 구현해 냈다. 헤레스식의 이 숙성 방법은 단계적

대단지의 복합 증류소, 글렌피딕에서는 증류, 숙성, 병입을 모두 직접 하고 있다.

글렌피딕은 자체적으로 통 제작 작업장을 갖추고 있는, 몇곳 안 남은 증류소 중 한 곳이다.

블렌딩으로, 병입 공정 때마다 통 속의 원액을 50%만 빼낸다. 이렇게 빼낸 분량은 리필 버번 캐스크에서 70%, 유럽산 오크 통에서 20%, 새 오크 통에서 10%의 비율로 빼낸 원액을 섞어서 다시 채워넣는다. 솔레라 블렌딩은 깊이감만 더해주는 것이 아니다.(위스키 원액 중 일부는 1998년부터 쭉 통속에 잠들어 있던 원액이다.) 다양하면서도 더 부드러운 마우스필까지 부여해 준다. 40년 제품에도 이와 비슷한 방법이 채택되어 절대 비워지는 법이 없는 이 제품의 숙성통 속에는 1920년대부터 잔존해 온 원액도 섞여 있다. 최근엔 새 '캐스크'로 솔레라 뱃(solera vat) 3개를 추가 설치하기도 했다. 글렌피딕의 장기 숙성력의 비결은 이런 수용력이다. 어떻게 보면 수용력은 상업적 성공의 비결이라고도 볼 수 있겠지만.

글렌피딕 시음 노트

뉴메이크

향 깔끔하고 풀내음과 풋사과 향이 느껴지며, 좀 지나면 잘 익은 파인애플의 향기가 풍긴다. 아주 맑고 산뜻하다.
맛 복숭아, 풀, 에스테르의 풍미가 나고, 그 뒤에서 가벼운 곡물 맛이 받쳐준다.
피니시 가벼우면서 산뜻하다.

12년 40%

향 먼저 바닐라 향이 나다가 그 뒤로 붉은 사과와 약한 설타나의 향기가 받쳐주면서 향이 더 달달해진다. 물을 섞으면 살짝 밀크 초콜릿 향이 퍼진다.
맛 진한 바닐라 맛과 함께 달콤한 맛이 느껴지다가 크리스마스 푸딩 믹스와 혼합 과일의 맛이 약간 돈다. 온화하고 부드러운 인상이다.
피니시 버터 풍미가 돌면서도 풀내음 풍긴다.
총평 뉴메이크의 풋풋한 느낌이 이제는 깊어지고 원숙해졌다. 유럽산 오크를 만나 깊이감이 더해졌다.

플레이버 캠프 향기로움과 꽃 풍미
차기 시음 후보감 더 글렌리벳 12년, 아녹 16년

15년 40%

향 농익고 아주 부드러운 느낌이며 플럼 잼과 구운 사과를 연상시키는 특색을 띠고 있다.
맛 실크처럼 부드러운 질감. 12년 제품보다 걸쭉한 질감에, 검은색 과일 조림, 코코넛, 마른 풀의 맛이 난다.
피니시 농익고 꽉 찬 풍미.
총평 솔레라 숙성 방식을 거치며 깊이와 질감이 더 풍부해졌다.

플레이버 캠프 풍부함과 무난함
차기 시음 후보감 글렌카담 1978, 블레어 아톨 12년

18년 40%

향 셰리 향이 더 뚜렷해져, 건포도, 셰리에 담근 건과일, 오디, 다크초콜릿, 건초의 향기가 느껴진다.
맛 짙은 색 과일의 농축된 맛이 있고, 15년 제품보다 더 떫은 맛이 난다. 카카오와 삼나무의 풍미도 있다.
피니시 오래 지속되는 부드러운 질감 속에서 여전히 달콤함이 느껴진다.
총평 젊음의 싱그러움이 나이의 신비로움에 자리를 내주고 물러나면서 중반기로 접어들었다.

플레이버 캠프 풍부함과 무난함
차기 시음 후보감 주라 16년, 로열 로크나가 셀렉티드 리저브

21년 40%

향 짙은 호박색. 달콤함 속에, 오크의 풍미가 커피/카카오, 미미한 삼나무 향기와 어우러져 있다. 보리 사탕, 캐러멜 토피 향에 더해 검게 변한 바나나의 향도 느껴진다.
맛 길게 이어지는 풍부하고 달콤한 맛. 모카, 쌉쌀한 초콜릿, 숲의 바닥이 연상되는 풍미.
피니시 건조한 오크 향. 나뭇잎 풍미.
총평 럼 캐스크에서 피니싱(추가 숙성)을 거치며 원숙함을 얻었다.

플레이버 캠프 과일 풍미와 스파이시함
차기 시음 후보감 발블레어 1990, 롱몬 16년

30년 40%

향 진한 송진 향. 농익고 풍부한 풍미에서 배어나오는 랑시오(산화 숙성되는 스타일의 와인으로 복합적이고 부드러운 맛을 띤다—옮긴이)의 느낌. 시가 보관함, 견과류 향취 속에서 느껴지는 뜻밖의 경쾌함.
맛 아주 부드럽고 실크 같은 질감. 혀 위로 살며시 흘러가는 이끼 풍미. 이제는 초콜릿과 커피 가루가 풍미를 책임지고 있다.
피니시 서서히 약해지는 풍미 속에서 여전히 남아 있는 달콤함.
총평 이제는 과일 풍미가 완연히 농축되었으나 마른 풀의 풍미가 남아 어렴풋이 싱그러움을 전해준다.

플레이버 캠프 풍부함과 무난함
차기 시음 후보감 맥캘란 25년 셰리 오크, 글렌 그랜트 25년

40년 43.5%

향 오일리함과 송진 내음. 허브와 축축한 이끼 내음. 깊고 풍부하다. 위스키판 랑시오의 느낌이지만 나이가 무색하게도 풀 내음이 다시 살아났다. 밀랍 향과 은은한 허브 향.
맛 풀바디의 무난한 맛 속에 묻어나는 우아한 초콜릿 향. 플럼, 에스프레소, 오디 맛. 스피릿의 풍부한 풍미 덕분에 오크 풍미의 밸런스가 갖추어졌다. 느긋이 음미하다 보면 알싸한 맛이 드러난다. 가벼운 견과류와 셰리의 맛.
피니시 허브 풍미가 오래 남는다.
총평 솔레라 숙성 방식으로 제조된 이 위스키에는 1920년대부터 1940년대 사이에 증류되어 숙성 통에서 긴 잠에 들어 있던 원액도 섞여 있다.

플레이버 캠프 풍부함과 무난함
차기 시음 후보감 달모어, 칸델라 50년

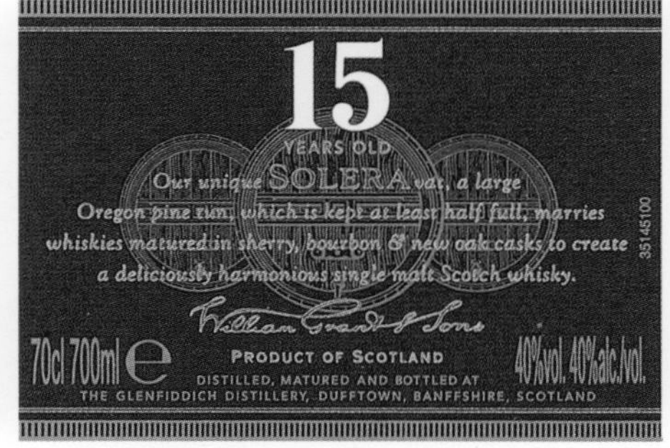

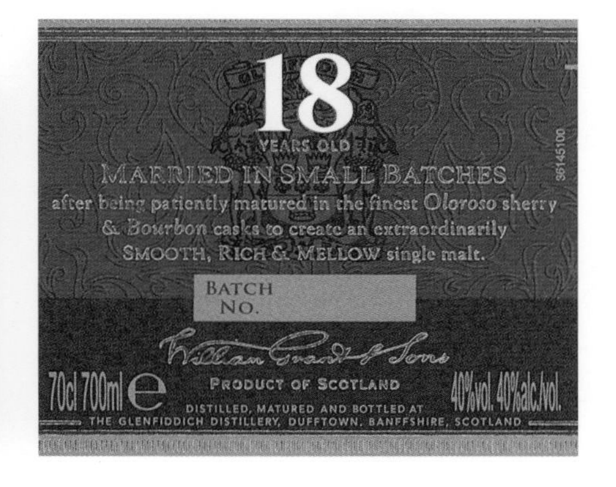

The Balvenie, Kininvie

더 발베니, 키닌비

더 발베니 | 더프타운 | www.thebalvenie.com | 연중 오픈 월~금요일, 예약 필수 | **키닌비** | 더프타운

더프타운 지대에 있는 윌리엄 그랜트 소유의 증류소 3총사 중 두 번째로 소개할 더 발베니는 이제 더는 하찮은 자매 증류소로 무시당하며 소수의 추종자 사이에서만 음미되던 존재가 아니다. 그 자체로 우수한 싱글몰트위스키 브랜드로 당당히 올라서 있다. 더프타운에서의 테루아 개념을 살펴보기에 적합한 증류소이기도 하다. 더프타운의 이 세 증류소는 똑같은 물, 똑같은 몰트, 그리고 거의 똑같은 매싱 · 발효 · 증류 방법을 쓰는데도 저마다 차이가 뚜렷한 몰트위스키를 생산한다. "기본적 공정은 똑같습니다. 딱 하나 차이점이 있다면 증류기뿐이죠." 윌리엄 그랜트의 마스터 블렌더 브라이언 킨스먼의 말이다.

그렇다면 풍미 기여 요소로서 위치의 중요성은 어디에 있는 걸까? 킨스먼은 여기에 이렇게 대답해 주었다. "위치도 풍미에 어느 정도 영향을 미칩니다. 식물에 깃든 주변 환경의 요소가 어떤 식으로든 위스키의 개성에 영향을 줘요. 그냥 하는 말이 아니라 다 근거가 있는 말입니다. 다른 위치에 있는 증류소의 제조 방식을 그대로 본떠도, 그러니까 저희가 아일사 베이(Ailsa Bay)의 방식을(149쪽 참조) 본떠서 하더라도 똑같은 결과물이 나오지 않아요. 최대한 근접한 복제품를 얻으려면 몇몇 부분에 변화를 줘야 합니다." 게다가 수차례 증명되어 왔다시피, 근접한 복제품은 있어도 똑같은 복제품은 절대로 나오지 않는다. 따라서 우리가 여기에서 얘기할 주제는 지역적 테루아가 아니다. 소구역적 테루아도 아닌, 특정 장소의 테루아다. 더프타운도 스페이사이드도 아닌, 더 발베니가 주제라는 얘기다.

1892년에 세워진 더 발베니는 자체적 플로어 몰팅(floor malting) 시설을 계속 유지해 왔지만 가벼운 피트 처리로 자체적으로 생산하는 양은 증류소에서 필요한 양 중 아주 작은 비율에 불과하다. 더 발베니에서는 누구나 하나같이, 더 발베니가 띠는 개성의 열쇠가 통통한 모양에 목이 짧은 증류기에 있다고 말할 것이다. 이런 증류기에서 만들어져 나오는 뉴메이크는 견과류와 몰트 풍미를 띠지만 당화 과정에서 생기는 특유의 과일 풍미가 그 속에 감추어져 있으면서 슬며시 잠재력을 드러낸다.

심지어 리필 캐스크에서 머무는 시간이 7년째가 되어도 그 견과류의 풍미가 열려 꿀처럼 단 과일 풍미가 떠오른다. 숙성 과정 내내 이런 곡물 향이 계속 진전의 속도를 늦춰 드라이함이 살짝만 형성되고, 그 사이에 과일 풍미가 점점 쌓이고 늘어난다. 글렌피딕이 오크의 도움을 받고 있다면 더 발베니는 오크를 빨아들이는 듯한 인상을 준다. 말하자면 오크에서 배어 나오는 풍미들을 융합해, 자신이 짜낸 꿀 특색의 맛에 함께 섞어 넣는 듯하다. 더 발베니는 절대 오크에 압도당하지 않는다. 압도당하기엔 그 힘과 과일 풍미가 너무 강하다.

그랜트의 예전 마스터 블렌더 데이비드 스튜어트(David Stewart)가 더 발베니를 최고의 '완성형' 위스키로 꼽을 만하다는 말을 하게 된 것도 바로 이런 특성 때문이다. 이후로 더 발베니는 제품군을 확장시켜 마데이라, 럼, 포트 캐스크 피니싱을 거친 익스프레션을 비롯해 싱글 배럴(single barrel) 제품들까지 갖추었다. 더 발베니의 위스키는 다양한 캐스크를 유리하게 활용하여 생성되는 새로운 풍미를 받아들이면서 더 폭넓은 풍미만이 아니라 강한 정체성도 구축해 간다.

그랜트는 글렌피딕에 대한 늘어나는 수요에 부응해 1990년에 그 부지에 증류소 하나를 더 지었다. 그곳이 바로 키닌비였다. 키닌비가 맡게 될 역할은 블렌디드 위스키에 섞어 넣을, 그리고 블렌디드 위스키를 확장시킬 원액의 공급이었다. 하지만 키닌비는 문을 연 첫날부터 제대로 인정을 받지 못했다. 글렌피딕 복제판이나 발베니 복제판, 아니면 창고 쯤으로만 취급당했다. 이 모두가 부당한 대접이다. 물론 당화와 발효는 더 발베니에서 이루어지지만, 법적으로 키닌비는 별개의 생산시설이며 발효 방식도 다르다. 키닌비의 증류장에는 9대의 증류기가 설치되어 있고, 이 증류기로 가볍고 달콤하고 에스테르 향이 함유된 꽃 풍미의 뉴메이크를 만들어내, 자매 증류소들과 다른 스타일을 띤다. 오랜 세월을 기다린 끝에 드디어 2013년에 자신의 이름인 키닌비로 공식 병입 제품을 선보이게 되었다. 부디 앞으로도 더 많은 제품이 출시되길 바란다.

더 발베니는 지금도 여전히, 직접 재배한 보리로 소량의 몰트를 생산해 자체 가마 시설에서 건조시키고 있다.

더 발베니 시음 노트

뉴메이크

향 묵직하다. 견과류 풍미의 곡물 향과 그 뒤로 이어지는 아주 견고한 구조감의 농축된 과일 향.
맛 강하고 농익은 곡물 풍미. 견과류/뮤즐리의 맛과 달콤함.
피니시 견과류 풍미로 깔끔하게 마무리된다.

12년, 더블 우드 40%

향 달콤함 속에 퍼지는 갖가지 과일 껍질 향. 밀랍과 꽃가루 풍미와 어우러진 던디 케이크(과일과 견과로 만든 케이크—옮긴이) 향. 희미한 성냥불 내음.
맛 더 발베니 시그니처보다 더 육중한 무게감에 비교적 부드러운 과일 맛이 어우러져 있다. 씹히는 듯한 질감과 주스 같은 느낌. 셰리 캐스크와의 화합에서 생겨난 가벼운 떫은 맛과 견과류 맛. 자른 과일 껍질과 꿀의 풍미.
피니시 긴 여운 속에 느껴지는 약간의 건과일 풍미.
총평 진전 중인 개성과 오크 사이에 밸런스가 갖추어져 있다.

플레이버 캠프 과일 풍미와 스파이시함
차기 시음 후보감 더 벤리악 16년, 롱몬 16년

14년, 캐리비언 캐스크(럼 피니시) 43%

향 이 증류소의 전형적 향취인 꿀 같은 과일 향이 강하지만, 바나나, 크렘 브륄레, 진한 그릭 요거트, 졸인 복숭아, 설탕 시럽, 박하의 향과 어우러진다.
맛 걸쭉하고 기름지다. 입안 전체로 농익은 열대 과일의 풍미가 퍼져나간다.
피니시 단맛과 함께 곡물 풍미가 감돌며 여운이 길다.
총평 지극히 발베니스럽지만 열대풍의 모습을 취했다. 발베니 제품군 가운데 가장 달콤하다.

플레이버 캠프 과일 풍미와 스파이시함
차기 시음 후보감 글렌모렌지 넥타도르

17년, 더블 우드 43%

향 깊고 풍부하다. 봉화단총 차의 향에, 약간의 몰트 향과 구운 오크의 향이 섞여 있다. 이제는 밤꿀의 향도 생겨났다.
맛 질감이 좋고 달콤하며, 부드러운 오크 숙성의 풍미로 이동 중인 인상을 준다. 카카오 풍미가 살짝 있다.
피니시 길고 온화하다.
총평 이 제품 라인 중 풍미가 가장 풍부하다.

플레이버 캠프 풍부함과 무난함
차기 시음 후보감 카듀 18년

21년, 포트우드 40%

향 농축된 향으로 가득하다. 체리, 로즈힙 시럽, 대패질된 오크의 향취에 이어 장작 연기 향이 깔린다.
맛 기름지면서도 꿀맛이 난다. 더 발베니 마데이라 17년 제품보다 과일 맛이 더 산뜻한 느낌을 주면서, 붉은색과 검은색의 여러 과일 맛이 오크 풍미와 어우러져 있다. 힘차면서도 달콤하다.
피니시 길고 달콤하다.
총평 무게감이 늘고 있으나 12년 제품과의 연속성이 느껴진다.

플레이버 캠프 과일 풍미와 스파이시함
차기 시음 후보감 스트라스아일라 18년

30년 47.3%

향 코코넛, 월넛 휩, 익힌 오렌지 껍질의 향취. 감미롭고 부드럽다.
맛 농익은 풍미가 오래도록 온화하게 발산되고, 당연히 꿀맛도 난다. 달콤하게 잘 익은 과수원 과일 맛, 가벼운 오크 풍미와 함께 달달한 향신료의 향도 미미하게 감돈다.
피니시 입안을 가득 채우는 달콤한 풍미.
총평 서서히 숙성되는 위스키 특유의 나른한 길이감이 있다.

플레이버 캠프 과일 풍미와 스파이시함
차기 시음 후보감 탐듀 32년

키닌비 시음 노트

뉴메이크

향 가벼운 무게감에, 꽃향기가 두드러져 향기롭다. 깔끔한 에스테르 향.
맛 건초, 꽃, 나뭇잎 풍미가 상큼하다. 더프타운 증류소 3총사의 제품 중 가장 가볍지만 가장 드라이하기도 하다.
피니시 깔끔하고 짧다.

6년 캐스크 샘플

향 물씬한 꽃향기. 싱그러운 부케 향에 바닐라 깍지의 향.
맛 가벼우면서 히아신스 계열의 향긋함이 있고, 경쾌하고 달콤한 풍미가 넘쳐흐르는 듯 퍼진다.
피니시 짧고 달콤하다.
총평 빠르게 숙성되는 스타일이다.

배치 번호 1, 23년 42.6%

향 과일나무 꽃, 야생화 핀 초원, 설탕 뿌린 플럼, 옛날식 과자점의 향취. 물을 섞으면 발산되는 풀과 파인애플 향기.
맛 오크 풍미가 아주 억제되어 있어서, 서서히 단맛이 쌓여간다. 입안으로 스타프루트와 백도(白桃)의 향이 퍼진다.
피니시 가벼운 시트러스 풍미.
총평 깊이감이 숨겨져 있어 자매 증류소 제품들과는 스타일이 크게 다르다.

플레이버 캠프 과일 풍미와 스파이시함
차기 시음 후보감 크레이겔라키

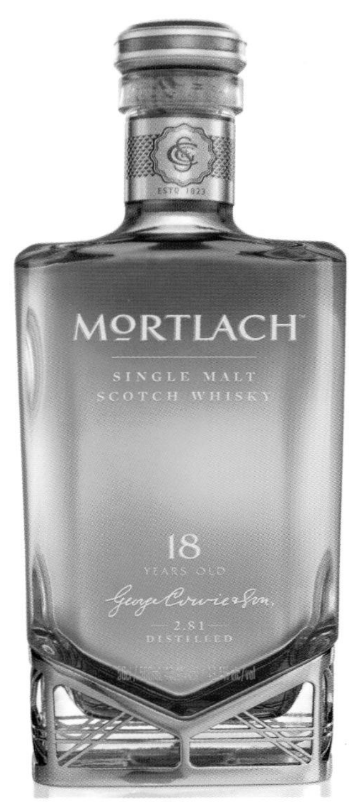

Mortlach, Glendullan, Dufftown

몰트락, 글렌둘란, 더프타운

몰트락 | 더프타운
글렌둘란 | 더프타운 | www.malts.com/index.php /our-whiskies/the-singleton-of-glendullan
더프타운 | www.malts.com/index.php/our-whiskies/the-singleton-of-dufftown

더프타운의 6가지 몰트위스키에는 숨겨진 면이 있다. 스페이사이드와의 관계를 유리하게 이용하고 있다는 점이며, 이는 몰트락의 몰트위스키에서도 잘 느껴진다. 이 몰트락 증류소는 제임스 핀들레이터(James Findlater), 도널드 매킨토시(Donald Mackintosh), 알렉스 고든(Alex Gordon)이 1823년에 세운 마을 최고(最古)의 증류소이고, 그런 만큼 이 부지가 이곳에서 가장 오래된 불법 증류의 현장이었을 가능성도 높다.

스페이사이드를 몰티함, 향긋함, 묵직함의 세 스타일로 분류한다면 몰트락은 마지막 스타일에 속한다. 스페이사이드의 전 증류소를 통틀어 가장 묵직한 스타일일 수도 있다. 강건하고 미티한 몰트락의 위스키에는 숲과 홀로웨이(움푹 꺼진 좁은 길—옮긴이), 배 속을 채워줄 진중하고 강한 술을 필요로 했던 시대의 이야기가 깃들어 있다.

미티한 스타일은 어디에서 생기는 걸까? 디아지오의 마스터 디스틸러이자 블렌더인 더글러스 머레이는 이렇게 말한다. "그런 풍미가 언제 어떻게 생겨났는지는 저희도 몰라요. 그냥 전수받은 대로 따라 하는 겁니다." 불법 증류의 시대에서 유래되었으리라고 추정되지만, 웜텁의 사용과, 얼핏 보기엔 다소 즉흥적인 것 같기도 한 복잡한 증류 방식을 통해 생겨나는 것이 확실하다.

몰트락은 벤 리네스와 비슷한 방식을 써서, 미티한 성분을 강화하기 위해 부분적 3차 증류를 한다. 아니, '2.7회 증류'를 한다. 이곳은 모든 것이 증류장의 작업을 중심으로 돌아간다. 총 6대의 증류기가 있는데 괴상한 짐승들 같은 모양새다. 하나는 삼각형 모양이고, 몇 개는 목 부분이 가늘고, 나중에 추가한 증류기 하나는 마녀의 모자처럼 생겼다고 해서 '위 위치(Wee Witchie)'라는 별명이 붙어 있다.

증류 방식을 이해하기에 가장 쉬운 길은 몰트락에 증류장이 2개 있다고 생각해보는 것이다. 2대의 증류기(3번 워시 스틸과 3번 스피릿 스틸)는 일반적인 2회 증류 방식으로 가동된다. 그리고 1번과 2번 워시 스틸은 파이프를 통해 직렬로 연결되어 가동된다. 뽑아낸 1차 증류액의 80%는 2번 스피릿 스틸에서 2차 증류를 시키기 위해 따로 모은다. 나머지 20%는 위 위치로 들어가 2차, 3차의 증류를 거친 후, 3차 증류에서 중류만 따로 모은다. 몰트락의 미티함은 이 위 위치에서 생겨나지만 미티함을 얻기 위해서는 유황도 필요하다. 다시 말해, 구리가 없어야 한다. 그래서 몰트락은 웜텁 방식으로 응축시킨다.

유럽산 오크 통에서 가장 잘 숙성되는 몰트락은 예전엔 좀처럼 보기 힘든 희귀한 몰트위스키에 들었다. 옛 시대, 그것도 더프타운이 존재하기도 이전 시대의 특징을 띠는 이 몰트위스키가 현재는 수많은 유명 블렌디드 위스키의 원주로 쓰이고 있을 뿐만 아니라, 마침내 몰트위스키의 최전선에 우뚝 서게 되면서 새롭고 미묘한 즐거움을 더해주고 있다.

몰트락은 둘란 강(Dullan Water)이 굽어 보이는 가파른 비탈의 언덕에 자리를 잡아 이곳을 증류소 2곳의 보금자리로 삼고 있다. 글렌둘란은 1897년부터 운영되었지만 현재의 증류소 건물은 1962년에 지어졌다. 제2차 세계대전 당시엔 증류소가 군대의 임시숙소로 쓰이면서 창고에는 포차가 쟁여졌던 때도 있었다. 이름 속에 'dull'이란 말이 들어가 있어 위스키의 이미지를 다소 깎아내리는 면이 있지만, 글렌둘란은 어릴 때는 향기롭고 경쾌한 포도 향을 띠다가 12년 숙성쯤엔 슬로베리(sloe-berry, 블루베리와 다소 비슷하게 생겼으나 씨가 더 큼—옮긴이)의 달콤함을 띠게 된다.

이 골짜기는 예전에 제분소로 쓰였던 곳을 증류소로 개조한, 더프타운 증류소의 보금자리이기도 하다. 글렌둘란이 세워지기 이전 해에 세워진 이 증류소 역시 블렌디드 위스키와 떼려야 뗄 수 없는 관계로 엮이는 운명을 걸어왔다. 몰트락이 초(超)전통적 스타일의 대표주자라면 더프타운은 자유자재 변신형이다. 요즘의 뉴메이크는 풀내음 풍미에 속한다.

이 마을의 증류소 6곳은 스모키함을 뺀 모든 플레이버 캠프를 아우르고 있다. 이 정도면 '위스키의 수도'라는 별명으로 불리기에 손색이 없지 않을까?

더프타운 외곽의 이 골짜기에는 증류소 3곳이 터를 잡고 들어앉아, 저마다 아주 독특한 개성의 위스키를 만들어내고 있다.

몰트락 시음 노트

뉴메이크

향 드라이한 편이며, 유황 느낌의 훈연 향이 있다. 육향이 느껴지면서 힘이 있고 묵직하다. 향이 보브릴(쇠고기 즙)처럼 농후하다.
맛 야생적인 인상. 오래된 목재, 육수, 불꽃이 연상되는 풍미. 강건함
피니시 걸쭉한 질감과 화한 얼얼함.

레어 올드 43.4%

향 짙은 과일 향과 셰리 특유의 견과류 향이 파이의 향과 어우러져 있다. 좀 지나면 마르멜로, 말린 사과, 감초, 다크초콜릿의 향취가 다가온다. 물을 타면 마멀레이드, 밤, 프랄린의 향이 올라온다.
맛 씹히는 듯한 질감이 느껴지면서 달콤하다. 곧이어 산화 특유의 향에 훅 빠져드는 느낌이 들었다가 던디 케이크가 떠오르는 맛이 난다. 걸쭉하고 풍부하다.
피니시 견과일 풍미.
총평 16년 숙성만큼 셰리 특유의 미티함은 없지만 몰트락의 개성이 뚜렷이 살아 있다.

플레이버 캠프 풍부함과 무난함
차기 시음 후보감 달모어 15년

25년 43.4%

향 세련된 인상에 빈티지 차의 가죽 커버가 생각나는 향. 상쾌함을 더해주는 뜻밖의 박하 향. 흙내음과 약간의 육향.
맛 떫은 맛과 농후한 맛에 더해, 멍든 과일, 밤, 샌달우드, 시가 상자의 풍미가 어우러진 우아한 숙성의 풍미가 다가온다. 고기와 크림의 풍미가 흥미로운 조화를 이룬다.
피니시 긴 여운 속에 과일 풍미가 묻어난다. 풍부하다.
총평 우아함과 긴 여운을 두루 갖추었다.

플레이버 캠프 풍부함과 무난함
차기 시음 후보감 맥캘란 시에나

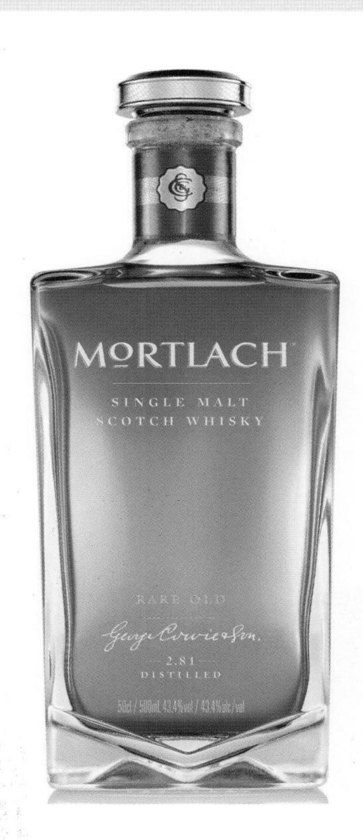

글렌둘란 시음 노트

뉴메이크

향 가볍게 꽃(프리지어) 향이 풍긴다. 포도 같은 향취가 피어났다 푸릇푸릇한 풀내음으로 바뀐다.
맛 첫맛은 아주 드라이하다 프랑스풍 제과점의 과일 풍미가 섬세하게 퍼진다. 아주 부드럽고 온화한 인상이다.
피니시 가볍고 깔끔하면서 짧다.

8년, 리필 우드 캐스크 샘플

향 기분을 북돋는 향기로운 향취. 디저트용 사과 향. 톡 쏘면서 향긋한 향. 가벼운 레몬 향. 아니스 씨 향. 부케 같은 향.
맛 처음부터 끝까지 산뜻하고 섬세하다. 여전히 남아 있는 프리지어 풍미가 레몬 맛, 가벼운 신맛과 어우러져 있다.
피니시 깔끔하면서 톡 쏜다.
총평 산뜻하다. 기운 왕성한 오크 통에서는 압도당하기 쉬운 풍미여서 리필 캐스크가 최적의 선택일 듯한 인상을 준다.

12년, 플로라 앤드 파우나 43%

향 약간의 오크 기운이 가볍고 온화하게 다가오고, 미미한 톱밥 향이 난다. 여전히 남아 있는 사과 향에, 오크에서 배어 나온 커스터드 향이 더해졌다.
맛 처음엔 섬세하고 투명하다시피한 느낌의 맛이 느껴지다 중간쯤에 강한 시큼함이 폭발하듯 터져 나온다. 향긋하다.
피니시 레몬 풍미.
총평 8년 숙성 이후 아주 더디게 진전되어 오크의 기운을 살짝만 흡수했다.

플레이버 캠프 향기로움과 꽃 풍미
차기 시음 후보감 링크우드

더 싱글톤 오브 글렌둘란, 12년 40%

향 짙은 황금색. 셰리의 풍미와 함께, 모스카텔 와인 같은 달달함과 거뭇한 색의 야생 플럼 느낌을 준다. 여전히 향기롭지만 이제는 말린 과일 향기가 주도적이다. 견고한 오크 향도 있다.
맛 가벼운 과일 맛. 검게 익은 포도와 과일의 단맛이 나다 유럽산 오크의 풍미가 그윽하게 다가온다. 향의 강렬함은 여전하지만 이제 시큼한 맛은 사라졌다.
피니시 온화하다. 거의 잼 같은 달콤함.
총평 역시 글렌둘란이라는 느낌은 여전하지만 이제는 오크 풍미가 주도적이다.

플레이버 캠프 과일 풍미와 스파이시함
차기 시음 후보감 글렌피딕 15년, 글렌모렌지 라산타, 페터카렌 16년

더프타운 시음 노트

뉴메이크

향 약간의 빵 냄새에, 파인애플, 에스테르, 미미한 밀기울의 향취.
맛 에스테르 느낌의 깔끔한 과일 풍미. 뒷맛에서 기품 있으면서 톡 쏘는 곡물 풍미가 살짝 피어난다.
피니시 견과류 풍미가 돌면서 깔끔하게 마무리된다.

8년, 리필 우드 캐스크 샘플

향 아주 깔끔하다. 몰트와 위타빅스 향, 미미한 농가 마당의 느낌, 몰트 통 내음이 있다.
맛 드라이하면서 아주 상큼하다. 견과류 맛이 나다가 확 단맛이 돌면서 혀 위로 아주 살포시 내려앉는다.
피니시 참깨 풍미.
총평 깔끔하고 견과류 풍미가 느껴지는, 옛 스타일 더프타운의 좋은 표본이다.

더 싱글톤 오브 더프타운, 12년 40%

향 달달한 향과 무화과 향기가 느껴지고 그 밑으로 견과 껍질의 향이 깔려 있다. 이제는 잠재되어 있던 풍미가 열려, 톱질된 오크, 지게미 내음에 이어 미미한 사과 향과 무화과 향기가 다가온다.
맛 견과유 풍미. 진하고 풍부한 비스킷 맛. 나뭇잎의 느낌.
피니시 상큼하면서 짧다.
총평 유럽산 오크가 옛 스타일인 더프타운의 드라이한 개성을 더 달콤한 쪽으로 데려가 주었다.

플레이버 캠프 풍부함과 무난함
차기 시음 후보감 주라 16년

더 싱글톤 오브 더프타운, 15년 40%

향 풍부한 향이 돌고 그 밑에서 곡물 향이 떠받쳐 주고 있다. 통밀과 따뜻한 우유에 탄 뮤즐리 향. 달콤한 향. 물을 타면 더 경쾌해지는 향. 캐틀 케이크(가축용 고형 사료)와 가을철의 습기 머금은 목재 내음도 풍긴다.
맛 달콤하면서 아주 온화하다. 중간쯤엔 맛이 아주 살짝 견고하게 느껴지지만 첫맛부터 끝맛까지 아주 다가가기 쉽고, 기분을 좋게 해주려 애쓰는 듯한 느낌이 든다.
피니시 풍부한 과일 풍미가 떠올랐다가 오크의 드라이한 맛이 이어진다.
총평 싱글톤 특유의 달달함이 더프타운과 손을 잡으면서 견과류 풍의 모습으로 변신했다.

플레이버 캠프 풍부함과 무난함
차기 시음 후보감 싱글톤 오브 글렌둘란

Keith to the eastern boundary

키스 동쪽 경계지

키스라는 작은 마을 주변에 자리 잡은 증류소들은 블렌더의 중요성을 확실히 보여주는 곳들이다. 이곳의 증류소들은 설립 후 꾸준히 증류소를 가동해 왔다.

수 세기에 걸쳐 아일라 강 너머로 위스키를 날라다 준 키스의 올드 브릭(Auld Brig).

Strathisla

스트라스아일라

키스 | www.maltwhiskydistilleries.com | 연중 오픈 4~10월 월~일요일, 1~3월 월~금요일

스트라스아일라는 스코틀랜드에서 가장 아름다운 증류소로 인정을 받고 있지만 스트라스아일라 위스키의 인지도는 그에 비하면 놀라울 정도로 낮다. 말이 나와서 말이지만, 키스 밀집지 중에는 싱글몰트의 최전선 주자로 자리매김한 브랜드가 하나도 없다. 스페이사이드의 이쪽 지역에서는 증류소가 아무리 빼어난 매력을 지니고 있어도, 그 증류소의 위스키 메이커들은 눈에 띄지 않게 조용히 블렌디드 위스키를 생산할 뿐이다.

스트라스아일라도 이런 블렌디드 위스키와의 인연이 깊다. 몰트위스키를 생산하는 이 증류소는 사람들의 마음을 사로잡는 관광 명소이지만, 이곳만의 독자적 개성을 거론할 때는 시바스 리갈의 정신적 고향으로서의 역할도 빼놓을 수 없다. 다만 이로 인해 스트라스아일라가 당당히 내세울 만한 중요한 사실 한 가지가 가려지고 있다는 점은 아쉽다. 스트라스아일라가 스코틀랜드에서 정식 면허를 얻은 최고(最古)의 몰트위스키 증류소라는 점 말이다.

이 자리에서 술이 생산되어온 역사는 700년이나 거슬러 올라간다. 이곳에는 13세기에도 수도원의 양조장이 자리해 있었고, 위스키 밀조 시대 초창기인 1786년에 밀턴 증류소가 면허를 취득해 설립되었다.

이 증류소의 스피릿은 옛 스타일의 묵직함을 따르지 않긴 해도, 뉴메이크에서 유황이 아주 미미하게나마 느껴지는 점에 비추어 볼 때 증류소 측의 마음 한쪽에는 옛 스타일을 고수하고픈 마음이 어느 정도 있는 듯도 하다. 이곳 증류장에서의 핵심은 소형 증류기의 목 부분이 서까래 방향으로 꺾여 올라가는 형태에 있다. 다음은 시바스 브라더스의 증류소 책임자 알란 윈체스터의 말이다. "스트라스아일라의 특이점은 가벼운 스페이사이드 스타일을 만들어내려는 시도에 있지만, 이 소형 증류기들은 결과적으로 약간의 유황과 포트 에일(pot ale, 증류 잔류물) 같은 향을 생성하기도 합니다. 하지만 그 뒤로 과일 풍미가 숨겨져 있기도 해요."

스트라스아일라의 처음 느껴지는 향은 꽃향기다. 이 향은 숙성되면서 두드러지다 가라앉았다 하면서, 초반엔 이끼의 느낌을 띠다 숙성이 되면 과일과 오렌지 향이 나타난다. 이런 특색은 블렌딩에서 중요한 구성 요소다.

스코틀랜드에서 가장 아름다운 증류소 스트라스아일라.

스트라스아일라 시음 노트

뉴메이크

향 달콤한 매시, 축축한 건초, 이끼의 향취가 깔끔하다. 가벼운 꽃향기가 감돌다 탄내/유황의 느낌이 살짝 난다.
맛 아주 깨끗하다. 달콤하면서 기분 좋은 무게감을 지녔고, 중간쯤에 아주 온화한 과일 맛이 느껴진다.
피니시 곡물 풍미로 마무리된다.

12년 40%

향 구리와 달콤한 오크 향취와 함께 가벼운 코코넛 향이 물씬하고, 청태(푸른 이끼), 시트러스 과육, 마르멜로 향기가 느껴진다. 뒤로 갈수록 불에 그을린 내음이 돈다.
맛 달콤한 바닐라와 화이트초콜릿의 풍미. 캐슈너트 비슷한 맛, 마른 풀과 가벼운 과일의 맛이 아주 깔끔하다.
피니시 토스트의 풍미와 가벼운 향기.
총평 스트라스아일라는 생의 초반기엔 연약하다 싶을 정도로 가볍지만 점차 주목할 만한 진전을 펼친다.

플레이버 캠프 **향기로움과 꽃 풍미**
차기 시음 후보감 카듀 12년

18년 40%

향 구리 냄새. 오크가 풍미를 주도하면서 구운 견과류 향기가 풍긴다. 이끼 느낌이 생도라지의 향으로 바뀌었다. 이제는 부드러운 하얀색 과일류의 향, 미미한 꿀 향기, 더 깊어진 꽃 향기, 마른 사과 향도 느껴진다.
맛 중간 맛이 더 탄탄히 잡히면서 12년 숙성보다 더 무난해졌다. 풋 플럼 맛에 이어 상큼한 오크 풍미가 느껴진다.
피니시 아주 드라이하고 스파이시하다.
총평 10대에 들어서면서 과일 풍미에 차츰 힘이 생겨나고 있다.

플레이버 캠프 **과일 풍미와 스파이시함**
차기 시음 후보감 글렌고인 10년, 벤로막 25년

25년 53.3%

향 셰리 캐스크의 기운이 더 세졌다. 랑시오, 말린 버섯, 베티베르(여러해살이풀)의 향취가 살짝 있고, 과일 케이크 믹스 향이 깊이 있고 달콤한 느낌을 선사한다.
맛 부드럽고 가벼운 오렌지 껍질의 풍미가 입안을 채운다. 이어서 농익은 풍미가 다시 한번 입안을 꽉 채우며 마침내 혀의 가운데로 오렌지꽃 꿀의 맛이 진하게 퍼진다. 과즙 같은 느낌.
피니시 부드러우면서 깔끔한 여운이 오래 지속된다.
총평 마침내 오크 풍미가 부상했다.

플레이버 캠프 **풍부함과 무난함**
차기 시음 후보감 스프링뱅크 18년

Strathmill, Glen keith

스트라스밀, 글렌 키스

스트라스밀 | 키스 | **글렌 키스** | 키스

키스 지역은 마을을 굽이돌아 흐르는 아일라 강을 주된 동력원으로 삼았던 공장 시설들로도 긴 역사를 자랑한다. 아일라 강은 핀드레이터 백작이 '뉴 키스(New Keith)'를 세웠던 18세기부터 그 중요성이 부상했다. 아일라 강의 강물은 모직 공장의 동력원이 되어주었을 뿐만 아니라 이 지역에서 재배되는 곡물의 제분도 이 강가에서 이루어졌다. 그러다 1892년에 이런 옥수수 제분소 중 1곳이 증류소로 개조되었고, 그곳이 바로 글렌아일라 글렌리벳이었다. 사실, 돈벌이로 치자면 빵보다는 위스키가 훨씬 더 유리했다.

글렌아일라는 얼마 지나지 않아 진 생산자 W&A 길베이(W&A Gilbey)에게 팔렸다. 길베이는 인수 후 증류소 상호를 스트라스밀로 개명했고 얼마 뒤에 이곳의 스피릿은 J&B에 없어서는 안 될 원주가 되었다. 스트라스밀은 아주 매력적인 올리브 오일 풍미가 있어서, 고유의 가벼운 특색에 매끄러운 질감이 더해진다. 이런 오일리함은 글렌로시와 마찬가지로, 스피릿 스틸의 라인 암에 설치된 정화 파이프 덕분에 생겨나는 풍미다. 환류를 늘려 더 가볍게 해주는 이 기술은 1968년에 설치되었다.

다양한 증류 기술을 써서 섬세함을 끌어내려는 이런 식의 노력은 1958년에 스트라스아일라의 뒤편에 세워진 글렌 키스 증류소에서도 활용된 바 있다. 예전에 소유주 시그램(Seagram)의 실험 증류소였던 글렌 키스는, 3차 증류로 부시밀스(Bushmills) 스타일의 몰트위스키를 만들었고 심지어 피트 처리까지 했다. 코끼리의 코처럼 생긴 라인 암의 각도가 위로 꺾인, 가느다란 형태의 증류기 6대는 1999년에 침묵 속으로 잠겼다가 현재는 매시툰이 더 대형으로 교체되고 워시백이 추가되는 등의 설비 개선 이후 재가동되어 다시 3차 증류가 이루어지고 있다.

현재 재개장한 글렌 키스 증류소.

스트라스밀 시음 노트

뉴메이크

향 올리브 오일, 알약, 버터에 버무린 스위트콘의 향. 점잖은 깊이감. 생효모와 희미한 붉은색 계열 과일 향취.

맛 날카롭게 톡 쏘면서 꽤 얼얼하다. 혀에 닿았다 사라지는 느낌의 풍미. 물을 타면 무게감이 느껴지고 라즈베리 잎의 풍미가 부상한다.

피니시 생기 있고 얼얼하다.

8년, 리필 우드 캐스크 샘플

향 무난한 편이며, 버터 향기가 돌다가 메도스위트(장미목 장미과의 여러해살이풀—옮긴이)와 미미한 옛날 베이비 파우더 향, 섬세한 장미 향기가 느껴진다. 아직도 단단하다.

맛 풀 풍미가 돌고, 약한 제비꽃의 느낌과 뉴메이크에서 느껴졌던 붉은색 계열 과일의 신맛이 어우러져 아주 깔끔하다.

피니시 깔끔하면서, 팽팽한 느낌이 여전하다.

총평 가볍지만, 버터 풍미가 숙성을 감당할 만한 무게감을 부여해 주고 있다.

12년, 플로라 앤드 파우나 43%

향 드라이한 편이며, 데메라라 설탕을 섞은 포리지가 연상된다. 구운 옥수수와 미미한 꿀의 향.

맛 꿀의 특성이 강하게 드러나 있다. 붉은색 계열 과일의 맛이 사라지면서 고수씨의 톡 쏘는 알싸함으로 나타난다.

피니시 깔끔하고 경쾌하다.

총평 흥미롭고도 비교적 빠르게 진전되는 위스키다.

플레이버 캠프 **향기로움과 꽃 풍미**
차기 시음 후보감 더 글렌터렛 10년, 야마자키 10년

글렌 키스 시음 노트

뉴메이크

향 아주 깔끔하고 과일 풍미가 꽤 있다. 가벼운 살구 향기와 은은한 통조림 토마토 수프/토마토 덩굴의 향. 물을 타면 올라오는 분필 향.

맛 깔끔하고 아주 깨끗하다. 기분 좋은 무게감과 약간의 달달함. 점점 진해지는 제비꽃 풍미.

피니시 깔끔하면서 날카롭다.

17년 54.9%

향 향기롭고, 에스테르 향에 베르쥐(익지 않은 포도의 즙으로 신맛이 강함—옮긴이), 약한 등나무 향, 프랜지팬(포스미트를 채워 넣은 슈크림 껍질과 비슷하게 만든 페이스트리로 만든 플랜 또는 페이스트리 제품—옮긴이), 단맛이 덜한 요리용 사과, 갓 딴 플럼의 향취가 어우러져 있다. 물을 타면 전분질 곡물과 비스킷 향이 살짝 모습을 내민다.

맛 온화하고 맛이 부드럽게 퍼지며, 가벼운 귤 맛과 차가운 멜론의 느낌이 다가온다. 입안에 머금고 있으면 레몬의 맛이 터져나와 생기를 돋운다.

피니시 상큼함과 깔끔함 속에서 밀가루 느낌이 약간 감돈다.

총평 섬세하고 상쾌하다.

플레이버 캠프 **향기로움과 꽃 풍미**
차기 시음 후보감 카발란 클래식

Aultmore, Glentauchers

올트모어, 글렌토커스

올트모어 | 키스 | **글렌토커스** | 키스

조력자 역할을 기꺼이 맡고 있는 키스 밀집지의 면모는 올트모어에서도 또다시 엿보인다. 이 증류소는 블렌디드 위스키 붐에 편승해 1896년에 설립된 곳으로, 1923년 이후부터는 쭉 존 듀어스 앤드 선즈 내에서 중심적 역할을 펼쳐왔다. 사실, 존 듀어스 앤드 선즈가 UDV의 소유였다가 바카디에게 팔려 넘어갔을 당시에 인수 성사의 걸림돌이 올트모어를 누가 갖느냐의 문제였을 정도였다. 올트모어는 현대식 증류소인데도 별나게 외진 위치에 자리를 잡아, 남쪽으로 키스가 마주 보이는 절벽에 바닷바람을 등지고 서 있다.

증류소 내부는 약간 특색이 없는 편이지만 라인 암이 아래쪽으로 꺾인 모양의 소형 증류기에서 만들어내는 뉴메이크가 그런 몰개성을 벌충해 준다. 강한 향과 강렬한 풀의 풍미에 은은한 깊이감을 갖춘 이곳의 뉴메이크는 블렌디드 위스키에 활기와 활력을 불어넣어 준다. 현재는 드디어 싱글몰트 대우를 얻어 존 듀어스 앤드 선즈의 새로운 제품군에 들게 되었다.

키스에서 로시스 쪽을 향해 서쪽으로 가다 보면 생소한 이름의 증류소 한 곳을 또 지나게 된다. 글렌토커스는 비중 있는 몰트위스키 브랜드로 출시된 적은 없으나 1898년 이후부터 6대 증류기를 가동해 위스키를 생산해 오며 원래는 제임스 뷰캐넌(James Buchanan)의 블랙 앤드 화이트(Black & White) 블렌디드 위스키의 원주로 쓸 위스키를 만들었다. 20세기 초반의 짧은 시기 동안 연속 증류기로 몰트위스키를 증류한 적도 있다.

글렌토커스는 1985년에 가동이 일시 중단되었다가 얼라이드 디스틸러스(Allied Distillers, 현재의 시바스 브라더스)를 새 주인으로 맞았고, 이후 보리에서 피트 풍미를 제거하고 6대의 증류기에서 나오는 증류액의 밸런스를 잡았다. "저희는 과일/꽃 풍미를 끌어내고 싶었어요." 증류소 책임자 알란 윈체스터의 설명이다. 시바스 브라더스의 샌디 히슬롭(Sandy Hyslop) 같은 블렌더들 역시 이곳에서 생산하는 스피릿에 대해 윈체스터와 같은 적극적 관심을 기울이고 있으며, 히슬롭의 경우엔 이곳 스피릿의 풀/꽃의 특색을 밸런타인 같은 블렌디드 위스키에 활용하고 있다.

증류에서 적절한 풍미를 모으는 일은 증류 기술자의 일 중 가장 중요한 부분이다.

올트모어 시음 노트

뉴메이크

향 달콤함. 파와 풀의 내음.
맛 달콤하면서 단단함. 묵직한 무게감. 약한 탄맛. 무난한 편이다.
피니시 딸기와 멜론이 생각나는 풍미에서 흥미롭게 진전될 만한 가능성이 엿보인다.

16년, 듀어 라트레이 57.9%

향 풍부하고 묵직한 셰리 향. 무화과 롤케이크, 과일 케이크, 세비야 오렌지 향취와 가벼우면서 거의 타르에 가까운 느낌의 향. 물을 타면 더 달콤해지면서, 달달한 커피와, 약간의 향수 냄새가 어우러진다.
맛 토마토 잎, 블랙 체리, 호두의 맛에 더해 얼핏 스모키한 듯한 풍미가 감돈다. 타닌이 실키한 질감에 밸런스를 잡아준다.
피니시 긴 여운 속에서 느껴지는 감칠맛.
총평 오크 통의 기운이 묵직하게 느껴지지만 특유의 꽃 계열 향은 겨우 감지될 정도로만 발현되었다.

1998 캐스크 샘플 50.9%

향 섬세한 과일 향이 가볍고 경쾌하다. 향이 아주 뚜렷하다. 버터 느낌의 가벼운 오크 풍미가 크리미한 깊이감을 부여해 준다. 물을 타면 미미한 유채 기름, 참깨, 포치드 페어, 사과의 향기가 다가온다.
맛 산뜻한 신맛이 깔끔하다. 단맛이 중심을 잡아주는 가운데, 가벼운 첫인상의 어떤 향이 기분 좋게 이어진다. 미묘한 무게감이 느껴진다.
피니시 향긋하고 부드럽다.
총평 올트모어의 생명은 뭐니뭐니해도 제어력인데, 바로 이 위스키에 그런 제어력이 담겨 있다.

플레이버 캠프 풍부함과 무난함
차기 시음 후보감 로열 로크나가 셀렉티드 리저브, 아벨라워 16년

글렌토커스 시음 노트

뉴메이크

향 풀 내음이 풍기고 가볍다. 위스키에서 흔치 않은 초코 다이제스티브의 향기가 다가왔다가 찻잎과 꽃 향이 이어진다.
맛 가볍고 깨끗하다. 탄산의 톡 쏘는 느낌이 살짝 일어나며 공기처럼 가벼운 인상을 준다.
피니시 깔끔하다.

1991, 고든 앤드 맥페일 병입 43%

향 옅은 황금빛. 가볍고 꽃향기를 띠는 이 증류소 특유의 개성이 느껴진다. 히아신스, 블루벨(초롱꽃), 연한 장미의 향이 기품 있는 조화를 이룬다. 오크의 단 향이 깔끔하다. 여전히 섬세하다.
맛 신선하고 살랑이는 바람처럼 가볍게 지나간다. 잘 익은 붉은 사과의 느낌이 살짝 돌다가 레몬 버베나의 맛이 다가온다.
피니시 짧고 가볍다.
총평 오크의 기운보다 깊이감이 좀 더 강하지만 이 연약한 위스키가 압도당하지 않도록 깊이감이 온화하게 잡혀 있다.

플레이버 캠프 향기로움과 꽃 풍미
차기 시음 후보감 블라드녹 8년, 아녹 16년

Auchroisk, Inchgower

오크로이스크, 인치고어

오크로이스크 | 키스 | **인치고어** | 벅키(Buckie)

숙성 스피릿들을 플레이버 휠이나 플레이버 맵으로 구분하듯, 뉴메이크의 특성에 대해서도 업계 내에서 통용되는 일련의 서술어가 있다. 만약 두 증류 기술자가 비슷한 특성을 두고 얘기 중인데 한 사람은 그 특성을 '곡물 풍미'라고 말하고 다른 사람은 '햄스터 케이지' 느낌이라고 표현한다면 혼란을 일으킬 소지가 있다. 두 사람 모두 그 특성을 견과류/스파이시 풍미로 칭하기로 동의한다면 일이 훨씬 쉬워진다.

그렇다고 해서 모든 견과류/스파이시 풍미의 진영이 똑같은 위스키를 만든다는 얘기는 아니다. 키스 밀집지의 마지막 두 멤버가 이 풍미 진영에 속하지만 사실상 그 풍미 스펙트럼상에서 서로 양극단에 서 있다.

디아지오의 마스터 디스틸러 겸 블렌더이자, 이 분야의 구루로 통하는 더글라스 머레이의 말을 들어보자. "견과류/스파이시는 사실상 2개의 진영입니다. 당화 공정을 빠른 속도로 진행시켜 고형물을 함께 걸러내면 견과류/곡물의 풍미가 나옵니다. 당화 중 두 번째로 부어주는 물의 온도를 높이면 곡물 향이 생겨나 나중에 스파이시한 풍미가 됩니다. 또 발효조에서 45~50시간 발효를 시키면 탁한 워트에서 견과류/스파이시함을 부여해 주죠. 발효 시간을 더 늘리면 그런 특색에 변화가 생겨요. 생산 공정의 속도를 높여 발효 시간을 줄여서 탁한 워트를 만들면 개성을 잃은 채로 견과류/스파이시의 풍미를 만들어낼 위험도 있고요."

키스 소재의 이 오크로이스크는 각진 형태에 흰색 회반죽 벽의 건물이 특징인 현대적 증류소로, 로시스로 이어진 도로의 길가에 자리해 있다. 이곳의 뉴메이크 스타일은 묵직하고 거의 탄내가 날 정도의 견과류 특성을 띠는데, 이것은 워시 스틸을 과가열시켜 고형물이 좀 딸려 넘어올 수 있게 하는 방식으로 만들어진다. 이때 생기는 그을린 탄내는 오크 통에 담기고 나면 소멸이 되고 그 대신에 달콤함이 생겨난다.

반면에 인치고어는 극도의 스파이시함을 띠는데, 증류소가 벅키의 해변가에 위치한 만큼 날카로운 짠맛이 날 것 같은데도 뉴메이크에서 토마토소스와 비슷한 향이 나는 이유가 그런 스파이시함 때문일 수 있다. 다음은 머레이의 말이다. "인치고어에는 많은 숙성 통이 구비되어 있어요. 증류소 시설 내의 그 많은 숙성 통에서 스파이시함을 밀랍 느낌까지 밀어붙이죠. 이 점을 명심해야 합니다. 어떠한 계열의 풍미든 한 가지 서술어만로 설명이 되지 않아요. 저마다 독특한 조합의 풍미와 강도를 띠니까요. 작은 변화만 줘도 특성에 큰 변화가 생기기도 하죠."

오크로이스크 시음 노트

뉴메이크

향 탄내와 묵직한 곡물 향. 통밀 플레이크와 포트 에일 향취.
맛 단단한 느낌의 상큼함이 있고, 밀 엿기름이 느껴진다. 아주 견고하다. 단맛은 감추어져 잘 드러나지 않는다.
피니시 드라이하다.

8년, 리필 우드 캐스크 샘플

향 비스킷 향과 가벼운 시트러스 향. 증류 찌꺼기, 그슬린 풀, 카펫 진열 코너가 연상되고 고무 내음도 약하게 있다.
맛 드라이하지만 깔끔하다. 아쌈 차와 분필이 연상된다.
피니시 여전히 견고한 느낌이 있다.
총평 풍미가 순화되었지만, 달콤함을 충분히 끌어내기 위해서는 아직 시간이 더 필요하다.

10년, 플로라 앤드 파우나 43%

향 달콤함이 크게 늘고 견과류 향도 짙어졌다. 달달함과 함께, 캐슈너트, 마카다미아, 은은한 야생 허브(레몬밤)의 향기가 다가온다. 탄내가 줄면서 구운 풍미의 깊이가 그윽해졌다.
맛 뉴메이크와 8년 숙성 단계에서 뚜렷이 드러나지 않던 단맛이 이제는 오크의 영향으로 코코넛의 단맛이 끌어내져, 밀기울의 몰티함을 압도할 만한 기운이 생겼다.
피니시 여전히 드라이하다.
총평 10년에 거쳐 리필 통에서 서서히 숙성되어야만 고유의 매력적인 달콤함이 제대로 드러나기 시작한다.

플레이버 캠프 **몰트 풍미와 드라이함**
차기 시음 후보감 스페이사이드 12년

인치고어 시음 노트

뉴메이크

향 기품 있고 아주 강렬하다. 토마토 소스, 그린 몰트(발아되는 과정의 보리), 오이 향과 약한 짠내. 연한 제라늄 향기.
맛 신맛과 견과류 풍미. 탄산의 기포와 비말의 느낌이 들고, 톡 쏘는 알싸함이 있다.
피니시 소금 간이 된 견과류가 연상된다.

8년, 리필 우드 캐스크 샘플

향 지금도 여전히 강렬하며, 레몬과 라임의 느낌(어린 편이거나 발효 중인 세미용 와인의 느낌)이 더해졌다. 과일 향이 억제되어 있고 견고하면서 풋풋함을 띤다.
맛 은은한 짠맛. 뒤로 가면서 가볍고 깔끔한 견과류 풍미.
피니시 스파이시하다.
총평 딱딱한 견과가 갈라지기 시작하는 느낌이다. 여전히 조화를 이루어가는 과정에 있다.

14년, 플로라 앤드 파우나 43%

향 여전히 아주 스파이시한데, 짭짤한 느낌을 일으키는 스파이시함으로 다가올 수도 있다. 레몬 퍼프, 바닐라 아이스크림, 장작 연기 향취.
맛 첫맛에서는 이 증류소 특유의 아주 뚜렷한 스파이시함이 다가왔다가 뒤로 가면서 혀 가운데로 단맛을 짜 넣어준 듯한 느낌이 일어난다.
피니시 활기차고 짭짤하다.
총평 과연 제압이 될까 싶을 만큼 강한 증류소의 개성이 느껴지는, 독보적인 위스키다.

플레이버 캠프 **과일 풍미와 스파이시함**
차기 시음 후보감 올드 풀트니 12년, 글렌고인 10년

The Rothes cluster

로시스 증류소 밀집지

로시스는 스페이사이드의 위스키 수도라는 타이틀을 놓고 접전을 벌일 만한 곳인데도 자신들의 위스키 제조 활동에 대해서는 조용히 말을 아낀다. 하지만 세계의 선도적인 단식 증류 위스키 생산지로 인정받고 있을 뿐만 아니라 증류 잔류물을 가축 사료로 가공 처리하는 공장도 운영하는 등 다양한 활동을 펼치고 있다. 이곳에서는 온갖 다양한 스타일의 위스키가 생산되고 있기도 하다.

글렌 그랜트의 어둑어둑한 숙성고에 잠들어 있는 위스키들.

Glen grant

글렌 그랜트

로시스 | www.glengrant.com | 연중 오픈, 자세한 사항은 웹사이트 참조

존 그랜트(John Grant)와 제임스 그랜트(James Grant) 형제는 아벨라워에서 증류 경험을 어느 정도 쌓은 후, 1840년에 로시스로 옮겨가 첫 번째 증류소를 세웠다. 엔지니어이자 정치꾼이었던 제임스는 이 증류소가 세상에 나온 이듬해에 엘긴 앤드 로시머스 항만사(Elgin and Lossiemouth Harbour Co.)에 로시머스 항구와 엘긴을 잇는 철도 건설을 제안했다. 그것도 로시스를 경유하여 크레이겔라키까지 연장시키자는 제안이었다. 결국 그의 제안대로 실행되었으나 이것은 4,500파운드라는 거금의 자금을 댄 그랜트 형제 덕분에 가능했던 일이다.

제임스가 일의 도모에 능했던 반면 존은 증류소와 재산을 일구는 방면으로 뛰어났다. 글렌 그랜트 증류소는 보통의 증류소와는 다른 곳이며, 그런 만큼 1978년까지 대를 이어 이 증류소를 운영해온 비범한 일가에 대해서만이 아니라 신사 계층 증류 업자의 등장에 대한 이런저런 이야깃거리가 무성하다. 세상 어느 증류소를 뒤져봐도 존 그랜트만큼 무절제한 행보를 펼친 인물은 없다. 더군다나 그런 점에서라면 1872년에 증류소 운영을 넘겨받았던, 그리고 'The Major(소령)'라는 별명으로 불렸던 그의 아들 존은 아버지보다 한술 더 떴다.

콧수염을 지나치다 싶을 만큼 길게 기르고 다니고 겉모습만 봐서는 매를 들거나 총을 들어본 적도 없어 보이는 인상을 풍겼던 소령은 빅토리아조 시대의 감성 그 자체였다. 하이랜드에서는 처음으로 자동차를 소유했고, 증류소의 수력 터빈을 동력으로 삼아 전깃불을 처음 들이기도 했다. 로시스는 포도와 복숭아가 날 만한 곳은 아니지만(현재도 인근 상점에서 레몬은 구경하기도 힘든 과일이다) 스페이 강이 흐르는 강변에 자리 잡았던 소령의 웅대한 위락 시설에서는 온갖 과일이 자라고 있었다.

글렌 그랜트를 처음 시작했을 때 2대였던 증류기는 4대로 늘어났고, 이 중 한 쌍은 대형 워시 스틸과 소형 스피릿 스틸 '위 조르디(Wee Geordie)'가 짝을 이루었다. 1960년대에 새 증류장이 지어졌을 때는 옛 증류장이 석탄을 연료로 썼던 것에 반해 가스 불을 썼다.

현재는 거대한 증기 구동식 증류기 8대가 가동되고 있는데 워시 스틸들은 짧고 굵은 목 부분 맨 아래쪽이 '독일군 철모' 모양으로 돌출되어 있다. 모든 증류기의 라인 암은 정화조 속에 잠기게 되는 구조다. "저 정화조 방식은 소령 이후로 쭉 그대로예요. 소령은 비교적 가벼운 스피릿을 만들고 싶어 했던 게 분명해요." 글렌 그랜트의 마스터 디스틸러 데니스 말콤(Dennis Malcolm)의 말이다. 요즘에 생산되는 뉴메이크는 아주 아주 깔끔하고 파릇파릇한 풀, 사과, 풍선껌의 느낌이

비운의 캐퍼도닉

소령은 1898년에 철도노선의 옆에 증류소 1곳을 더 세웠다. 이곳 캐퍼도닉(Caperdonich)은 문을 연 지 얼마 되지도 않은 1902년에 문을 닫았다가 1965년에 재개장했고, 2003년에 다시 폐업했다. "잘 안되었던 이유가 뭘까요?" 말콤이 질문처럼 말을 내뱉었다 이어 말했다. "물도 효모도 똑같은 걸 썼어요. 심지어 책임자도 같았어요. 증류기 모양이 다르긴 했지만, 그 독일군 철모형 증류기에서 증류했을 때도 여전히 글렌 그랜트가 나오진 않았죠." 이 증류소의 부지는 현재 구리제품 제작 업체 포사이스(Forsyths)의 작업장으로 쓰이고 있는데, 이 업체의 주문장이 급증하고 있는 점을 고려하면 이런 부지가 필요할 만도 하다.

이 증류소에서 쓰는 물은 소령의 그 유명한 빅토리아조 정원 삼림지대 옆으로 흐르고 있어, 그 자체로 관광 명소다.

새로운 초현대적 방문객 센터는, 위스키를 '마음껏' 맛볼 수 있는 코너가 마련되어 있는 점이 돋보인다.

난다. 소령이 처음 시작한 이런 스타일의 제조 방식은 현재의 단계에 이르기까지 끊임없는 수정을 거쳐왔다. 1975년에 더 묵직한 스타일을 내주던 위 조르디가 일선에서 은퇴했고, 석탄이 퇴출되고 가스가 들어왔으며, 피트는 1972년을 끝으로 자취를 감추었다. 셰리 캐스크 대부분이 버번 캐스크로 교체되기도 했다.

글렌 그랜트가 이탈리아 시장에서 사랑을 받게 된 원동력은 그 가벼움이었다.(이탈리아 시장을 휘어잡은 덕분에 글렌 그랜트는 수년에 걸쳐 가장 많이 팔리는 싱글 몰트 브랜드로 군림했다.) 급기야 2006년에 이탈리아 회사 그루포 캄파리(Gruppo Campari)에서 글렌 그랜트의 브랜드와 모든 시설을 1억 7,000만 파운드에 인수했다. 이후 말콤은 수백만 파운드를 더 들여가며 이 증류소와 소령의 정원에 생기를 되살려내려 힘썼다.

생기가 도는 평온한 이 정원에서, 소령의 금고에서 가져온 위스키를 홀짝이며 정원 위로 피어오르는 황금빛 엷은 안개를 보고 있노라면 갈퀴로 정돈된 길이 펼쳐지고 온실에서는 복숭아가 자라며 차고에 롤스로이스가 세워져 있는 그 시절의 모습이 아른거린다.

글렌 그랜트 시음 노트

뉴메이크

향 아주 깔끔하고 달콤하다. 풋사과, 꽃, 풍선껌 향기가 풍기다 미미한 효모 내음이 이어진다. 경쾌함과 기품이 느껴진다.
맛 입안에 머금자마자 사과와 파인애플 계열의 과일/에스테르 풍미가 돈다. 깨끗하고 깔끔하다.
피니시 가벼운 꽃 풍미.

10년 40%

향 옅은 황금빛. 가벼운 꽃 향 속에 숨겨진 바닐라 향. 에스테르 향. 이제는 과일 향이 농익어, 파인애플 향의 경우엔 통조림 파인애플의 느낌을 띤다. 물을 타면 컵 케이크와 히아신스 향이 올라온다.
맛 가벼우면서 싱싱하다. 이제는 오크 기운이 적당히 배어, 아주 크리미해졌을 뿐만 아니라 은은한 단맛의 향신료 풍미가 더해졌다.
피니시 부드러운 느낌 속에 미미하게 묻어나는 청포도 풍미.
총평 깔끔함과 가벼움에 상쾌함까지 갖추었다.

플레이버 캠프 향기로움과 꽃 풍미
차기 시음 후보감 마녹모어 12년

메이저스 리저브 40%

향 깔끔하면서 아주 산뜻하다. 상큼한 사과, 은은한 박하, 오이, 키위의 향에 더해 건조되어 가는 보리의 섬세한 향이 섞여 있다.
맛 활기차면서 섬세하다. 화이트와인의 느낌과 함께, 그린게이지 자두 잼, 딸기, 구스베리 맛이 풍긴다.
피니시 조밀하고 깔끔하다.
총평 글렌 그랜트 제품에 입문하기에 좋은 가볍고 산뜻한 풍미다. 얼음과 탄산수를 곁들여 아페리티프로 즐겨보길 권한다.

플레이버 캠프 향기로움과 꽃 풍미
차기 시음 후보감 하쿠슈 12년

파이브 데케이즈 46%

향 글렌 그랜트의 전형적인 경쾌함과 활기가 느껴진다. 풋사과, 과일나무 꽃, 윌리엄 배(Williams pear, 혹은 바틀릿 배), 노란색 계열 과일의 향이 풍기고, 물을 타면 레몬 버터 크림, 쐐기풀 향기가 나타난다.
맛 생기와 활력이 느껴지지만, 맛이 혀 가운데에만 계속 머물면서 감미로운 오크 풍미가 살짝 일어난다.
피니시 부드러운 느낌의 달콤함이 길게 이어진다.
총평 전설적인 증류소 책임자 데니스 말콤의 글렌 그랜트에서의 50년 세월을 기념하여 그의 손길에서 탄생한 제품으로, 그의 50년이 담긴 매해의 캐스크에서 원액을 뽑아낸다.

플레이버 캠프 향기로움과 꽃 풍미
차기 시음 후보감 더 글렌리벳 XXV

The Glenrothes

더 글렌로시스

로시스

잡초가 애도하듯 묘비를 뒤덮고 있는 옛 로시스 공동묘지에는, 무덤지기 집이 세워져 있다. 18세기에는 상을 당한 가족들이 매장 직후에 이곳에서 지내며 사랑하는 이의 사체를 절도당할 염려가 없어질 때까지 머물곤 했다. 이렇게 무서운 곳에서 밤샘 감시를 서려면 근처의 언덕에서 옮겨져 온 불법 밀주로 정신 무장을 해야 하지 않았을까?

1878년에 새로운 더 글렌로시스 증류소가 세워졌을 무렵, 사체 절도는 오래전의 과거가 되어 있었다. 이제 묘지는 신성모독 행위가 벌어지는 장소가 아닌 평온한 공간으로 되돌아왔고 이 증류소에서 피어오른 연기로 검은색 크레이프(겉면에 잔주름이 있으며 가볍고 부드러운 재질의 천—옮긴이) 같은 곰팡이가 서서히 자라나 어느새 무덤을 꽃줄 장식처럼 두르게 되었다. 묘지에서 떨어져 있는 거리의 증류소의 부지는, 1823년의 증류법 완화가 스페이사이드 증류소들에게 얼마나 물리적 변화를 일으켰는지 보여주는 또 하나의 증거다. 증류소들은 이제 더는 피트 창고, 양치기의 오두막집, 외딴 농장에서 몰래몰래 작업해야 할 필요가 없어졌다. 이제는 증류 기술자들이 달밤이 아닌 대낮에 일하게 되었고 작업장 장소도 해당 지역 도시로 옮겨졌지만 오래 굳은 습관은 잘 사라지지 않았던 듯하다. 이 위스키 도시의 증류소들 전부가 여전히 조심스럽게 시내 중심가에서 멀찍이 떨어진 곳에 자리 잡은 걸 보면.

하지만 더 글렌로시스는 로시스의 증류소가 되지 못할 뻔했다. 설립 직후 글래스고 은행이 파산하면서 재정난에 빠졌다가 1년 후, 정말 생각지도 못했던 곳에서 현금이 들어온 덕분에 기사회생했다. 노칸두의 독립장로교회가 확실한 사업 기회를 알아보고는 절대 금주주의의 신념은 제쳐놓은 채 투자했던 것.

그 교회 신도들이 오늘날의 증류소 터를 보면 그 변한 모습에 깜짝 놀랄 것이다. 더 글렌로시스는 옛 본거지에서부터 시설을 대대적으로 확장했다. 현재는 10대의 증류기(워시 스틸 5대, 스피릿 스틸 5대)로 위스키를 생산 중이다.

이 증류소에서는 고속의 당화 공정으로 만든 워트를 스테인리스스틸이나 목재 워시백에 펌핑해 담는다. 워시백의 타입별 장점에 대해서는 여전히 논쟁이 분분하지만 증류 기술자가 이렇게 두 타입의 워시백을 두루 이용하는 중간적 방식을 취하는 경우는 아주 드물다. 멋모르는 사람이 보기엔, 더 글렌로시스의 증류 기술자들이 두 타입 사이에 특징의 차이가 없다고 생각하는 게 아닐까 싶을지 모른다. 하지만 꼭 그렇다고는 할 수 없다. 현재 워스 스틸에 스피릿을 채울 때마다 목재 워시백과 스테인리스스틸 워시백의 비율을 2:1로 맞추고 있는데 전체 워시백을 스테인리스스틸 소재로 바꾼다면 그 특성에 변화가 생길 수 있다.

장기(90시간) 발효와 단기(55시간) 발효의 조합 역시 개성을 지키기 위해서는 미세 조정이 필요하다. 풍미에 차이가 생기지 않도록 스테인리스 스틸 워시백 발효나 목재 워시백 모두 발효 시간에 따라 다른 온도가 설정된다.

이후 더 글렌로시스의 성당 같은 증류장에서 진정한 개성이 탄생된다. 이 안에는 증류 기술자가 10대의 단식 증류기 사이에 끼어 있다시피 앉아 있다.

더 글렌로시스 증류소는 19세기 말의 설립 직후부터, 남쪽의 블렌더들에게 일류급 위스키를 공급해 주었다.

샘플 룸의 병을 본떠서 만든 더 글렌로시스 제품으로 병마다 위스키 메이커의 서명이 들어가 있다.

10대의 증류기 모두 덩치가 크고 환류를 늘려주는 보일 벌브(boil bulb)가 장착되어 있어서 이 증류기를 공들여가며 저속으로 가동시키면 더 글렌로시스의 핵심인 풍부하고 부드러운 과일 풍미가 나온다.

뉴메이크는 대부분을 셰리 캐스크에 담는다.(참고로, 증류소 자체가 열렬한 셰리 애호가, 에드링턴 그룹의 소유이기도 하다.) 최근까지도 이곳의 스피릿은 주로 블렌디드 위스키, 그중에서도 특히 그라우스나 시바스 등의 여러 명주를 위한 원주로 쓰였다. 그러고 보면 눈에 잘 띄지 않는 이곳의 숨겨진 위치가 물리적으로만이 아니라 철학적으로도 의미가 있는 듯하다. 무대 뒤에서 보이지 않게 활약했던 점에서 말이다.

하지만 최근에는 브랜드 소유사인 런던의 와인 무역업체 베리 브라더스 앤드 러드(Berry Bros. & Rudd) 덕분에 싱글몰트라는 신세계로 진입하게 되었다. 베리 브라더스 앤드 러드에서는 300년간 쌓아온 명품 와인 분야의 전문성을 싱글몰트위스키 분야에 적용시켰다. 더 글렌로시스는 숙성 연수 표기에 대한 표준 방식을 따르진 않지만 우아하기 이를 데 없는 이곳의 몰트위스키가 가진 차별성을 보여주기 위해 빈티지 제품으로 위스키를 출시하고 있다.

더 글렌로시스는 더딘 위스키다. 그 복잡미묘한 풍미는 잔 안에서 시간을 좀 가져야 코에서, 그리고 입 안에서 더욱더 풍성하게 발현된다. 풍부하지만 묵직하지 않은 셰리 풍미를 띠면서도 너무 과하지 않아, 오크, 과일, 향신료, 꿀 사이의 변주가 펼쳐지고, 더 오래 숙성되면 눈부신 향신료 풍미를 뒷맛으로 선사한다. 더 글렌로시스의 조심스러운 위치를 그대로 상징하는 듯, 대담함보다 절제미가 있고 요란스럽기보다 우아한 풍미를 띤다.

더 글렌로시스 시음 노트

뉴메이크

향 깔끔하다. 바닐라 향, 샤넬 No. 5, 흰색 과육 과일, 통조림 배, 미미한 곡물, 버터의 향취.

맛 버터처럼 입안을 매끄럽게 감싸지만 맥캘란 같은 오일리함보다는 경쾌한 스파이시함/셔벗의 특색이 있다. 강렬하다.

피니시 크림 같은 느낌을 남긴다.

셀렉트 리저브 NAS 43%

향 비에 젖어 축축한 트위드의 느낌. 곡물/비스킷 향. 몰티하면서도 살짝 팽팽한 느낌 속에서 산뜻한 블랙 플럼 향이 미미하게 이어진다. 버터 향.

맛 처음엔 견과류 맛이 느껴지다 플럼 맛으로 바뀌고 (아주 에드링턴스럽게도) 중반에 무게감이 더해진다. 그와 더불어 뉴메이크에서도 느껴졌던 바닐라 풍미가 부드러움을 더해준다.

피니시 길게 이어지는 여운 속에서 견과류 풍미가 느껴진다.

총평 아직 어린 느낌이다.

플레이버 캠프 과일 풍미와 스파이시함
차기 시음 후보감 더 발베니 12년 더블 우드, 글렌 기리 12년

익스트라오디너리 캐스크, 1969 42.9%

향 여러 가지 열대 과일 풍미를 띤, 우아하고 복합적인 향. 망고, 밀랍, 담배, 밤꿀의 향에 이어 블랙베리와 삼나무 향기가 다가와, 현란할 정도의 다면적 매력을 뽐낸다.

맛 처음엔 풍미가 미묘해 거의 연약하다고 느껴질 정도지만 로시스 특유의 무게감이 살아 있다. 맛이 여러 층을 이루면서 부드럽게 전해온다. 가벼운 표고버섯, 광을 낸 목재, 말린 열대 과일의 맛.

피니시 과일 풍미와 코냑을 연상시키는 풍미.

총평 비할 데 없이 우아하다. 로시스의 정통 숙성 위스키다.

플레이버 캠프 과일 풍미와 스파이시함
차기 시음 후보감 토민톨 33년

THE GLENROTHES
SELECT RESERVE
SPEYSIDE SINGLE MALT SCOTCH WHISKY
43% vol. 700ml
DISTILLED, MATURED AND BOTTLED IN SCOTLAND
CHARACTER: Ripe fruits, citrus, vanilla, hints of spice
SELECTED: AM Sutherland Distiller
APPROVED: Ron Ramsay Malt Master
BERRY BROS. & RUDD 3 ST JAMES'S ST, LONDON PRODUCT OF SCOTLAND

엘더스 리저브 43%

향 풀바디에 특유의 우아함이 배어 있다. 보리 향, 오크의 크림 향, 산화 느낌이 미미하게 다가오며 세련된 인상을 보여준다. 졸인 플럼과 붉은 과일의 달콤함 향.

맛 기름진 질감 속에 은은히 퍼지는 제라늄, 세비야 오렌지, 벌집의 풍미. 물을 타면 기분 좋게 코를 찌르는 자극적 냄새와 함께 숙성감이 느껴진다.

피니시 길고 온화하다.

총평 숙성 연수 미표기 위스키지만 블렌딩에 들어간 가장 어린 원액의 나이가 18년이다.

플레이버 캠프 과일 풍미와 스파이시함
차기 시음 후보감 더 발베니 17년

THE GLENROTHES
ELDERS' RESERVE
SPEYSIDE SINGLE MALT SCOTCH WHISKY
43% vol. 700ml
DISTILLED, MATURED AND BOTTLED IN SCOTLAND
CHARACTER: Caramel cream and toffee apple
SELECTED: Alasdair J Anders Distiller
APPROVED: Gordon Motion Malt Master
BERRY BROS. & RUDD 3 ST JAMES'S ST, LONDON PRODUCT OF SCOTLAND

Speyburn

스페이번

로시스 | www.speyburn.com

차를 몰고 엘긴으로 가다가 좁은 협곡 사이로 삐져나온 스페이번의 파고다 지붕을 보면 오래전에 불법으로 몰래 운영되던 곳이겠거니 하는 생각이 든다. 사실 로시스의 모든 증류소들이 그렇듯 이 증류소도 19세기 말에 세워졌다. 잘 보이지 않게 숨겨져 있기보다는 로시스 엘긴 간 철도 바로 옆에 위치해 있다. 존 그랜트의 부추김에 못 이겨 세워진 곳이기도 하다. 이렇게 관점을 달리하면, 이 증류소가 도로 뒤편에서 운영되고 있는 탓에 여러 동의 증류소 건물들이 눈에 잘 띄지 않는 것뿐이라는 생각도 든다. 하지만 철도 쪽에서 바라보면 꼭대기에 파고다가 설치된 증류장, 숙성고, 몰팅 작업장이 정면으로 보인다. 이 시점에서, 달라진 건 스페이번이 아니라 보는 사람의 관점이다.

로시스 지역의 강한 혁신 정신은, 이 증류소에도 살아 숨 쉬고 있다. 스페이번은 맞은편에 곡물 폐기물을 동물 사료로 바꾸기 위해 세워진 스코틀랜드 최초의 다크 그레인 공장이 자리 잡고 있을 뿐만 아니라, 직접 공압식 몰팅(별칭, 드럼 몰팅)을 시도한 스코틀랜드 최초의 증류소다. 그리고 그 이후 스페이번은 무명의 존재로 전락했다.

인버하우스 소유의 또 하나의 웜텁 설치 증류소인 이곳에서 생산하는 스피릿은 성냥불과 도시가스 느낌이 충만하다. 하지만 같은 소유주를 둔 아녹(녹두)처럼, 유황 향을 벗어버리고 진정한 개성인 과일과 향기로움/꽃의 풍미를 드러낸다.

이쯤에서 인버하우스의 마스터 블렌더 스튜어트 하베이의 말을 들어보자. "스페이번은 마시기에 부담이 없지만 아녹보다 바디감이 더 있습니다. 그게 차이점이죠." 생산 공정 중 미묘한 차이가 발생할 수도 있겠지만, 두 곳은 모든 점에서 동일한 방식의 증류시설에서 동일한 방식으로 생산하고 있다. 하베이는 이렇게 말한다. "개성의 차이를 유발시키는 모든 요소를 정확히 조정하기란 불가능해요. 완전히 동일한 시설의 증류소에서 하나부터 열까지 똑같은 방식으로 가동시켜도 개성이 차이가 생기죠. 저회의 개성은 저희 증류소에서만 만들어낼 수 있어요."

건물 전체가 거의 가려져 잘 보이지 않는 모습이 스페이번과 잘 어울린다.

스페이번 시음 노트

뉴메이크

향 젖은 가죽 내음. 가벼운 밀기울/오트 향. 미미한 자메이카산 팟 스틸 럼 향기. 풍부한 시트러스 풍미. 성냥불/가스 계열의 유황 향.

맛 풀바디에 가벼운 빵 맛과 약간의 미티함 있지만, 섬세함이 감추어져 있다. 깊이감도 있다.

피니시 산뜻하다.

10년 40%

향 옅은 황금색. 가벼운 편이며 꽃과 함께 보리 사탕과 가벼운 레몬의 향취가 어우러져 있다. 깔끔하고 상큼하며 부드럽다. 돌리 믹스처(색과 모양이 가지각색인 캔디와 젤리가 섞여 있는 제품—옮긴이)와 오래 우려낸 대황의 향, 벚꽃 향기도 난다.

맛 크림같이 부드러운 바닐라 맛, 쪄서 만든 스폰지 푸딩 맛에 이어 꽃의 느낌이 다가온다. 중간 맛에서 기분 좋은 무게감과 풍부한 질감이 느껴진다

피니시 가벼운 신맛.

총평 경쾌한 유황 향이 에스테르 풍미와 함께 입안에서의 무게감까지 일으켜주는 위스키다.

플레이버 캠프 **향기로움과 꽃 풍미**
차기 시음 후보감 글렌킨치 12년, 글렌카담 10년

21년 58.5%

향 케이크, 견과류, 프룬 향의 풍부한 셰리 풍미. 쌉싸름한 초콜릿과 숯불 고기의 향.

맛 유럽산 오크의 기운이 강한 펀치를 날린다. 오렌지, 단맛의 향신료, 당밀 스콘, 약간의 달달한 스피릿 맛. 숯불의 향이 매력적인 밸런스를 선사해 준다.

피니시 감초 풍미.

총평 캐스크의 기운이 강하고, 고기 풍미로 미루어 과거에는 더 묵직한 스타일로 만들어졌을 듯한 느낌이 든다.

플레이버 캠프 **풍부함과 무난함**
차기 시음 후보감 툴리바딘 1988, 달루안 16년

Glen Spey

글렌 스페이

로시스

로시스에서 스페이번의 정반대 쪽 끝으로 가면 이 과묵한 위스키 중심지의 마지막 멤버, 글렌 스페이로 들어서는 출입문이 나온다. 로시스는 이곳의 위스키 사업에 대해 떠벌이지 않길 선호하는 것 같지만, 지역 내에서 위스키 생산의 모든 공정이 다 이루어지고 있다. 따지고 보면 로시스가 초기 증류 기술자들에게 선택을 받은 것도 그저 우연의 일치는 아니었다. 수원(水源)이 여러 곳이고, 철도가 깔려 있었으며, 남쪽 경계지 평원에서 보리를 재배하고 있었을 뿐만 아니라 피트도 이용할 수 있었으니 위스키 생산에 요긴한 입지였다.

로시스에서는 전통적으로 모든 증류소가 몰팅을 직접 했다.(글렌 그랜트와 스페이번 모두 1960년대까지 드럼 몰팅을 했다.) 지금도 여전히 인근의 구리제품 제작 업체 포사이스에서 전 위스키 업계에 증류기를 대주고 있고, 스페이번에 다크 그레인 공장까지 갖추어져 있는 등 로시스는 자급자족의 이상적인 본보기였다.

글렌 스페이는 이웃 증류소들과 마찬가지로 19세기 말에 설립되었다. 1878년에 이 지역의 옥수수 상인이었던 제임스 스튜어트(James Stuart)가 기회를 알아보고 로시스에 있는 자신의 옥수수 제분소를 확장해 증류소를 증설한 것이 그 시초였다. 그는 증류소 공간을 넓히고 상호를 글렌 스페이로 변경한 후 1887년에 진 증류 업체 W&A 길베이(W&A Gilbey)에 이곳을 매각했고 이 업체는 이후로 노칸두 뿐만 아니라 스트라스밀이라는 이름의 유서 깊은 옥수수 제분소도 소유하게 되었다.

여전히 빅토리아조 시대의 강직한 분위기를 지키고 있는 글렌 스페이는 가벼운 길베이/J&B 스타일을 따르고 있다. 스트라스밀의 경우처럼 이 증류소 역시 환류를 유발하는 길쭉한 형태의 워시 스틸에 정화 장치가 장착되어 있다. 이쯤에서 드는 의문인데, 혹시 이 워시 스틸이 이웃 증류소 글렌 그랜트에 방문하고 온 이후에 설치된 건 아니었을까? 어쨌든 이런 증류 방식은 견과류의 특성에 오일리함을 부여해 주어 아몬드 향을 발현시킨다. 로시스는 얼핏 봐선

로시스 증류소들의 전형인 글렌 스페이는 조용한 삶을 즐기고 있다.

위스키 도시처럼 보이지 않을 수도 있지만, 영락없는 위스키 도시다.

글렌 스페이 시음 노트

뉴메이크

향 기름지다. 팝콘/버터스카치 캔디 같은 향 뒤로 달콤한 과일 향기가 이어진다. 살짝 짠내가 나다 생 아몬드/아몬드 오일 향이 풍긴다.
맛 깔끔하고 풋풋하다. 가벼운 견과류/밀가루 풍미. 전반적으로 드라이하고 맛이 단순하다.
피니시 드라이하면서 상큼하다.

8년, 리필 우드 캐스크 샘플

향 살짝 미숙성의 느낌이 돌지만 경쾌하다. 구운 오크/구운 몰트, 땅콩과 아몬드, 화이트 럼의 향. 뒤로 가면서 느껴지는 구운 사과 향.
맛 아주 강렬하다가 중반쯤에 헤이즐넛 가루의 느낌이 전해진다. 가볍고 깔끔하다.
피니시 견과류 풍미.
총평 아직은 풍미의 융합이 덜 되었고 조금 연약하다.

SPEYSIDE
SINGLE MALT
SCOTCH WHISKY

The Scots Pines beside *the ruins of ROTHES CASTLE*, provide an *ideal habitat* for the *GOLDCREST, Britain's smallest bird*, and overlook the

GLEN SPEY

distillery. Founded in 1885, *the distillery was originally* part of the *Mills of Rothes. Water from the DOONIE BURN* is used to produce this *smooth, warming single MALT SCOTCH WHISKY.* A slight sense of *wood smoke* on *the nose* is rewarded with a *spicy, dry* finish.

AGED 12 YEARS

43% vol Distilled & Bottled in *SCOTLAND*. GLEN SPEY DISTILLERY Rothes, Aberlour, Banffshire, *Scotland* 70 cl

12년, 플로라 앤드 파우나 43%

향 몰티하면서도 은은한 라벤더 향과 흙내음이 풍긴다. 분필 먼지의 느낌에 이어 이 증류소의 시그니처격인 아몬드 향기가 난다.
맛 땅콩과 아몬드 플레이크 맛. 중반에 부드러움이 극대화되면서 깔끔한 느낌이 돈다. 뒷맛으로 라일락과 아이리스 풍미가 이어진다.
피니시 상큼하고 깔끔하다.
총평 충분히 숙성이 진전되어 몰트와 향긋함이 밸런스 좋게 어우러져 있다.

플레이버 캠프 몰트 풍미와 드라이함
차기 시음 후보감 인치머린 12년, 오켄토션 클래식

Elgin to the western edge

엘긴 서단

위스키계의 버뮤다 삼각지인 이곳은 스페이사이드의 최대 도시 바로 외곽에 자리해 있다. 이곳엔 블렌더들과 마니아들에게 우러러 받들어지지만 일반 애주가들 사이에서는 별 주목을 못 끄는 컬트 증류소들이 있다. 과일 풍미와 향긋함의 완벽한 본보기에서부터 스페이사이드에서 피트 향이 가장 묵직한 스피릿에 이르기까지 의외의 놀라운 얘깃거리들도 품고 있다.

버그헤드에 낮게 드리운 석양빛의 조명을 받고 있는 사암 절벽.

Glen Elgin

글렌 엘긴

엘긴 | www.malts.com/index.php/en_gb/our-whiskies/glen-elgin/the-distillery

그것이 스페이사이드의 특징이기라도 한 것처럼, 스페이사이드의 최대 도시인 이 지역의 증류소들은 사람들에게 잘 알려져 있지 않은 편이다. 최전선의 두 싱글몰트 브랜드, 글렌 모레이와 더 벤리악을 제외하면 나머지 증류소들은 무대 뒤에서 증류기를 돌리며 여러 블렌디드 위스키 속에 섞이고 있다. 그런 탓에 별 존재감 없이 원료만 그때그때 대주는 곳으로 무시당하기 일쑤지만 사실은 그 반대다. 이 밀집지의 대다수 증류소가 별 주목을 못 받고 있는 이유는 블렌더들이 자신만의 독자성을 소중히 여기기 때문이다.

글렌 엘긴의 숙성고에 놓여 있는 낡은 통 제작 기구. 눈으로만 봐도 얼마나 오래 썼는지 짐작된다.

글렌 엘긴이 그 전형적인 경우다. A941번 도로에서 벗어난 좁은 길에 감추어진 이 증류소의 개성은 뚜렷한 과일 풍미다. 그것도 과육이 씹히는 듯한 농후한 풍미에 턱으로 복숭아즙이 질질 흘러내리는 환상이 일어날 정도다. 이 증류소를 그저 대충만 훑어보고 나서 이 말을 듣는다면 이런 풍미가 의외로 여겨질 것이다. 소형 증류기 6대에 웜텁들이 설치되어 있으니, 유황 향이 나는 뉴메이크가 나와야 맞지 않냐는 생각이 들 테지만 틀렸다. 글렌 엘긴은 디아지오 소유의 웜텁 방식 증류소 가운데, 전형적이지 않은 역할을 하는 3곳 중 1곳이다.

"증류 중에 유황을 제거시키는 방식으로 증류기를 가동하면 강렬하면서 가벼운 스피릿을 뽑을 수 있어요." 디아지오의 마스터 디스킬러 겸 블렌더인 더글라스 머레이의 설명이다. 다른 증류소에서 나타나는 유황 향 있는 뉴메이크의 특성을, 이곳에서는 증기가 증류기 안에서 구리와 더 느긋하게 어울리게 해주는 식으로 피하고 있다. 발효도 증류 못지않게 중요시된다. "글렌 엘긴에서는 개성의 대부분이 중요하다." 관능미가 장전된 이곳의 과일 풍미는 느긋한 방식을 통해 생성된다. 말하자면 더 오래, 더 시원한 온도에서 발효시키고, 증류기 안에서 구리와 천천히 풍성한 대화를 나누게 해주는 식이다. 웜텁도 개성의 생성에 한몫한다. "웜텁 방식은 복합성을 더해주고 더 강렬한 개성을 띠게 해줍니다. 카듀와 글렌 엘긴은 사실상 생산 공정에 큰 차이가 없어요." 머레이의 말이다. 하지만 개성에서는 굉장한 차이를 나타내, 과즙이 씹히는 듯한 느낌, 풀의 느낌과 부드러운 맛, 톡 쏘는 맛으로 갈린다.

글렌 엘긴 시음 노트

뉴메이크

향 농익은 향. 과즙이 풍부한 과일 껌, 붉은 사과, 구운 바나나, 덜 익은 복숭아의 향. 부드럽다.
맛 가벼운 훈연 풍미. 깔끔하면서도 농익고 풍부한 맛. 실크처럼 부드러운 마우스필.
피니시 감미로운 느낌이 길게 이어진다.

8년, 리필 우드 캐스크 샘플

향 과일 향이 부드러워지고 농후해져, 이제는 통조림 과일에서부터 생과일에 이르는 다양한 특색을 띠고 있다. 통조림 복숭아, 생 멜론의 향이 두드러지고, 크리미한 느낌이 있다. 달콤함, 입안을 꽉 채우는 느낌, 주스 같은 향. 가벼운 스모키함.
맛 아주 달콤하고 농축된 맛. 혀 가운데로 풍미가 웅덩이처럼 고이는 느낌. 살구 맛. 주스 같은 풍미와 달콤함. 복숭아 과일즙 맛.
피니시 부드럽고, 글렌 엘긴 아니랄까봐 역시 과일 풍미가 있다.
총평 달콤하고 풍부하며, 캐스크의 영향을 좀 조절할 필요성이 생기기 직전이다.

12년 43%

향 짙은 황금빛. 이제는 과일 향과 더불어, 달콤하면서 약간 흙냄새가 도는 스파이시함이 살짝 묻어난다. 약간의 육두구와 커민 향. 오크와의 융합이 진전되면서 산뜻한 과일 향에 텁텁함이 좀 더해졌다.
맛 처음엔 부드러운 열대 과일 맛이 느껴지다 중간에 갑자기 향신료 맛으로 바뀌는가 싶다가 서서히 향긋한 오크의 풍미로 변한다.
피니시 과일 풍미가 여운으로 남지만 점점 드라이해진다.
총평 오크 통의 영향을 받아 전체적으로 복합성이 더해졌으나 증류소의 개성이 여전히 뚜렷이 살아 있다.

플레이버 캠프 과일 풍미와 스파이시함
차이 시음 후보감 발블레어 1990, 글렌모렌지 디 오리지널 10년

Longmorn

롱몬

엘긴 | www.longmornbrothers.com/html/distillery.htm

글렌 엘긴과 인접한 이웃인 이 증류소 역시 자신을 드러내지 않는다. 롱몬의 몰트위스키는 일부 언더그라운드 뮤지션처럼 골수팬을 확보하고 있고, 또 이런 팬들 사이에는 자신들의 우상이 더 많은 사람에게 주목을 끌지 못하고 있는 사실에 다소 분개심을 내보이는 그런 사람도 있다.

롱몬 증류소는 인근 도시 애버셔더(Aberchirder) 출신의 존 더프(John Duff)가 1893년에 설립했다. 더프는 그 이전에 글렌로시를 설계한 후 트랜스발(Transvaal)로 가서 남아프리카 공화국에서 위스키 산업을 개시해 보려 시도했다가 실패로 끝나자 로시 강가의 고국으로 돌아와 롱먼을 설계하고 건물을 지었다. 증류소의 위치는 레이치 오모레이의 비옥한 농지가 펼쳐져 있고, 가까운 마녹 힐 인근의 피트를 채취하기에도 좋은 곳이었다. 더프가 19세기 말에 파산하면서 롱먼은 제임스 그랜트의 수중으로 넘어갔고 블렌더들 사이에서 최우량 등급으로 올라섰다.

소유사인 시바스 브라더스의 마스터 블렌더 콜린 스콧(Colin Scott)의 말을 들어보자. "롱먼은 진짜 보석 같은 존재예요. 영향력과 함께, 블렌딩에 들어가는 다른 위스키들과 조화를 이루는 우아함도 갖추고 있어서 블렌더에게는 충실한 벗이죠." 더 글렌리벳 디스틸러스 그룹의 소속이 되었을 때조차 롱먼은 같은 소유주 아래에 있던 글렌 그랜트와 더 글렌리벳과는 달리, 싱글몰트 브랜드 지위로 승격되지 않았다.

블렌더들이 이렇게까지 하면서 지키려는 것은, 두툼하고 단순한 형태의 증류기에서 생산된 부드럽고 풍부하고 복합적인 뉴메이크다. 이 뉴메이크는 달콤한데다, 과일 풍미가 있고 깊이와 폭이 있다. 향기로우면서 힘까지 있다. 미국산 배럴에 담으면 온화함과 꿀 풍미를 띠고, 혹스헤드(hogshead)에서는 풍부함이 더 생기면서 스파이시함이 팽창되고, 셰리를 숙성했던 버트(butt)에서는 어두운 느낌을 주는 풍미가 풍부해지면서 힘이 세진다.

복합적 풍미를 지닌 롱먼의 뉴메이크가 위스키 업계에서 가장 가장 화려하다고 꼽히는 스피릿 세이프로 흘러 들어가고 있다.

롱몬은 수많은 블렌디드 위스키에서 핵심 역할을 맡고 있을 뿐만 아니라 일본 싱글몰트위스키의 토대 중 하나이기도 하다. 일본의 요이치 증류소는 롱몬의 증류기 형태를 원조 모델로 삼았다. 일본 위스키의 아버지로 꼽히는 다케츠루 마사타카가 처음으로 직접 증류를 경험해 본 곳이 바로 이 증류소였기 때문이다. 입소문이 퍼지고 있긴 하지만, 고가의 패키지 상품으로 정식 출시된 16년 제품을 빼면 롱몬은 여전히 원조 팬들의 손에 붙들려 있다.

롱몬 시음 노트

뉴메이크

향 부드러움과 과일 향. 잘 익은 바나나와 배의 향. 풍부하고 무난하며, 뒤로 가면서 고기가 연상되는 부드러운 향이 느껴진다.
맛 과일 맛이 농익은 느낌으로 길게 이어진다.
피니시 꽃의 느낌이 희미하게 남는다.

10년 캐스크 샘플

향 옅은 황금빛. 과일 향이 농후해지고 있지만 덜 익은 복숭아 특유의 향이 살짝 느껴지다 바닐라와 크림의 향이 다가온다.
맛 이제 중심적인 과일 풍미가 점점 늘어나면서 살구와 망고 맛이 난다. 물을 타면 녹인 밀크초콜릿과 메이스(향신료) 풍미가 올라온다.
피니시 살짝 스파이시하다.
총평 부드러운 힘이 생겨났음에도 불구하고 아직은 살짝 잠에서 덜 깬 상태라는 인상이 든다.

16년 48%

향 오래된 황금의 색. 과일 케이크 향. 여전히 부드러운 과일 향기가 있지만 약간 흙냄새가 나는 향신료, 튀긴 바나나, 알약, 시트러스의 향도 은은히 난다. 물로 희석하면 크림 토피, 복숭아, 플럼의 향이 올라온다.
맛 걸쭉한 질감. 초콜릿 맛. 농익은 열대 과일 맛과 과일의 단맛.
피니시 생강 쿠키의 풍미.
총평 농익고 복합적인 풍미를 갖추었다.

플레이버 캠프 과일 풍미와 스파이시함
차기 시음 후보감 글렌모렌지 18년, 더 벤리악 16년

1977 50.7%

향 바나나 칩, 정글믹스(배합토)의 향. 곡물 풍미로 생겨난 깊이감. 향기로운 복숭아 향. 중국 차, 졸인 과일, 시트러스 향.
맛 깊이감이 있고 풍부하다. 잠재되어 있던 샌달우드, 베티베르풀, 플럼, 달달하게 졸인 과일의 맛이 열렸다.
피니시 입안을 꽉 채우면서 긴 여운. 버터에 녹인 시나몬 풍미.
총평 감미로움을 띠기 시작했다. 빠져들게 만드는 매력이 있다.

플레이버 캠프 과일 풍미와 스파이시함
차기 시음 후보감 맥캘란 25년 파인 오크

33년, 던컨 테일러 병입 49.4%

향 이렇게나 오랜 시간이 지났는데도 증류소 특유의 과일 풍미를 여전히 지키고 있다. 익힌 마르멜로, 구아바와 함께 가벼운 생강 설탕 절임의 향기가 풍긴다. 살짝 스모키하다.
맛 온화한 단맛과 과일 맛. 맛이 혀에 착 붙는다. 뒤로 가면서 뭐랄까, 톡 쏘는 생강/인삼 같은 맛이 경쾌함을 더해준다.
피니시 반건조 과일의 풍미.
총평 오크의 풍미에 밸런스가 잘 잡혀 증류소의 개성을 충분히 발현시켜 주고 있다.

플레이버 캠프 과일 풍미와 스파이시함
차기 시음 후보감 글렌모렌지 25년, 달위니 1986

The BenRiach

더 벤리악

엘긴 | www.benriachdistillery.co.uk | 개인 투어 가능, 자세한 사항은 웹사이트 참조

영국은 19세기 말에 대호황을 맞아 사치를 즐겼다. 생산량이 증가하면서 그 부수적 영향으로 신설 증류소에 대한 투자도 늘어났다. 경기 호황은 필연적으로 거품 붕괴가 뒤따르기 마련이며, 그 도화선이 된 사건은 아마도 1898년의 위스키 블렌딩 및 중개 업체인 패티슨(Pattison)의 파산이었을 것이다. 실제로 패티슨의 파산 이후 위스키 업계는 쇠퇴의 길로 접어들었다. 블렌디드 위스키의 수출은 점점 늘었지만 여전히 의존도가 높은 내수 시장에서의 판매는 갈수록 떨어져 재고에 불균형이 발생한 데다 설상가상으로 19세기 막판에 지어진 대형 증류소들이 하나둘씩 가동에 들어가기까지 했다.

이런 와중에 일부 증류소들은 소유권을 확대하고 원액 수급에 대한 통제권도 늘리려는 블렌딩 업체들에게 구제를 받았다. 여기에 들지 못한 증류소들은 더 이상 필요 없는 곳으로 치부 당해 폐업을 맞았다. 1899년에 스코틀랜드에서 영업 중인 증류소는 그레인위스키 증류소를 포함해 161개였으나 1908년에 이르자 이 수가 132개로 떨어졌다. 폐업한 곳의 상당수는 열광적 낙관론이 확산되던 시기의 막판에 대대적으로 사업을 벌인 곳이었다. 뭔가 말을 할 기회를 얻기도 전에 입이 틀어막힌 셈이었다. 1898년에 글렌 그랜트 마크 Ⅱ(Glen Grant Mark II)로 지어진 캐퍼도닉이 1902년에 폐업했고, 1897년에 달루안 Ⅱ로 설립된 임페리얼도 1899년에 문을 닫았다. 짧디짧은 생으로 막 내린 또 다른 신생 증류소 가운데는 포그와트 트라이앵글(Fogwatt Triangle)에서 마지막으로 남아 있던 곳인 더 벤리악도 있다. 더 벤리악은 1898년에 롱몬의 자매 증류소로 문을 열었다가 1900년에 폐업해, 65년의 세월이 흘러서야 다시 위스키를 증류하게 되었다.

그 사이에 롱몬이 더 벤리악의 몰팅 플로어에서 건조시킨 몰트를 쓰긴 했으나, 위스키 판매에 또다시 호황의 바람이 불어 블렌딩 업체들이 활기찬 분위기에 들뜨게 되었을 무렵이 되어서야 더 벤리악의 증류기 4대에 다시 한번 스피릿이 흐르기 시작했다.

더 벤리악은 블렌디드 위스키 속에서 낮은 속삭임을 내는 보조 역할에 머물며 스파이시한 과일 풍미를 더해주었고, 때때로 아일레이의 원주 재고가 고갈되어 갈 때는 묵직한 피트 특성을 더해주기도 했다. 하지만 이따금 싱글몰트로 정식 제품을 내놓았는데 이런 출시 제품들도 꽤 괜찮긴 했으나 3총사의 다른 두 멤버 글렌 그랜트와 롱몬만큼의 수준은 아니었다.

2003년에 문을 닫았을 때는 더 벤리악의 생에 계속 불운이 따라다니는 것만 같았다. 그런데 이번에는 번 스튜어트(Burn Stewart)의 전 상무이사 빌리 워커(Billy Walker)가 백기사로 등장했다. 이 인수 소식에 사람들은 깜짝 놀랐으나, 얼마 뒤부터 위스키가 출시되기 시작했다. 이렇게 나온 더 벤리악의 위스키는 복합적이고 스파이시한 풍미를 띠었고, 오래 숙성된 위스키의 경우엔 리필 캐스크에서 장시간 느긋이 숙성되는 스타일의 위스키에서만 느껴지는 특유의 매력이 발산되어 입안에서 풍미가 현란한 춤을 추는 듯한 느낌을 일으킨다. 다시 말해, 블렌더들에겐 아니더라도 애주가들에게만큼은 뜻밖의 새로운 발견으로 다가오는 위스키다.

더 벤리악은 요즘엔 위스키 생산에 총력을 기울이며 싱글몰트의 세계에 집중하고 있다. 다음은 증류소 책임자 스튜어트 뷰캐넌(Stewart Buchanan)의 말이다. "모든 밸런스를 제대로 잡는 데 5년이 걸렸어요. 많은 장비가 치워진 바람에 장비를 새로 들여 다시 밸런스를 맞추어야 하는 문제가 많았거든요. 인수 전에 뉴메이크에 대한 기록을 확보하지 못해 컷 포인트에서 여러 차례의 시험을 벌였는데 저희는 그렇게 했던 게 맞았다고 생각해요.

저희가 추구하는 풍미는 향기로운 과일의 달콤함이에요. 당화 과정에서도 그런 과일 풍미를 어느 정도 끌어낼 수 있어요. 해보면 정말로 사과 같은 향이 나와요. 저는 위스키 제조에서는 어떤 경우든 보리의 풍미도 살펴야 한다고 보는데, 저희는 넓게 컷을 하기 때문에 증류 초반의 달콤함에서부터 후반의 곡물 느낌에 이르기까지 꽤 넓은 범위의 풍미를 붙잡아 내고 있어요."

더 벤리악은 최근에야 무대에 나타난 후발주자이긴 해도 블렌딩에 중점을 두는 이 지역 특유의 경향에서 탈피했다. 그러니 혹시 아는가? 더 벤리악이 조용하지만 때때로 놀라움을 안겨주는 주자들을 새로운 무대로 이끄는 선두주자가 될지.

오른쪽 수년간 블렌디드 위스키의 원주를 조용히 대주던 더 벤리악이 이제는 비중 있는 싱글몰트위스키의 브랜드가 될 만한 생산 능력을 갖추게 되었다.

왼쪽 더 벤리악의 당화 공정: 보리의 전분이 발효 가능한 당분으로 전환되는 초기 단계의 한 순간.

더 벤리악 시음 노트

뉴메이크

향 달콤함, 케이크 같은 향, 과일, 주키니, 회향풀의 향. 레몬 향에 이어 다가오는 달콤한 비스킷 향과 분필의 느낌.
맛 아주 농축되어 있고 살짝 밀랍 느낌이 돌면서 부드러운 과일 맛이 풍미를 주도하다 살짝 흙내음 도는 어두운 분위기의 향긋함이 다가온다. 씹히는 듯한 질감.
피니시 상큼하고 깔끔하다. 몰트 풍미가 느껴지다 스파이시함이 물씬 다가온다.

큐리오시타스 10년 피티드 40%

향 처음엔 라피아 야자/위타빅스 시리얼 향이 풍기다, 마른 장작의 연기/까맣게 태운 막대기, 역청, 구운 과일의 향기가 차례로 이어진다.
맛 아주 스모키하다가 달콤한 오크 풍미와 약한 과일 맛이 다가온다. 느낌이 기분 좋다.
피니시 스모키한 풍미가 이어지면서 가벼운 곡물 풍미가 돈다.
총평 정말 흥미롭다. 이렇게 뛰어난 위스키가 원래는 시바스 브라더스의 블렌디드 위스키에 피트 성분을 띠게 해주기 위한 원주로 생산되었다니!

플레이버 캠프 **스모키함과 피트 풍미**
차기 시음 후보감 아드모어 트레디셔널 캐스크

12년 40%

향 짙은 황금색. 스파이시한 향으로 시작되었다가 향긋하고 밀랍 느낌이 드는 이국적 꽃(푸루메리아 꽃), 가루 설탕, 톱밥의 향취가 이어진다. 물을 타면 산뜻한 과일 향과 함께 그보다 더 산뜻한 오크 향이 피어난다.
맛 여전히 밀랍 풍미가 가볍게 돌고, 입에 달라붙는 듯한 질감의 과일 시럽 맛도 있다. 살구, 바나나, 시나몬 맛.
피니시 향신료 풍미가 확 퍼지다 금방 사라진다.
총평 이상적 짝궁인 미국산 오크를 만나 풍미를 쌓아가고 있다.

플레이버 캠프 **과일 풍미와 스파이시함**
차기 시음 후보감 롱몬 10년, 클라이넬리시 14년

16년 40%

향 짙은 황금색. 모든 풍미가 깊어지면서 향신료 향이 물러나고 과일 향이 주된 풍미 파트너로 부상했다. 장작 연기 내음이 약하게 풍긴다. 말린 바나나와 잘 익은 멜론 향과, 약한 견과류 향기가 있다. 이국적 강렬한 느낌도 여전하다.
맛 더 농후해졌고, 신선한 과일 맛이 줄면서 구운 과일/반건조 과일의 느낌이 더 난다. 더 힘이 생겼고, 씹히는 듯한 질감도 더해졌으며, 약간의 커민 풍미로 더 강렬해졌다. 물을 타면 살짝 풍미가 올라온다.
피니시 오크의 드라이함과 설타나 풍미가 여운으로 남는다.
총평 근육을 만들어 힘자랑을 하는 듯한 인상을 준다.

플레이버 캠프 **과일 풍미와 스파이시함**
차기 시음 후보감 더 발베니 12년 더블 우드

20년 43%

향 느긋하고 성숙한 느낌을 준다. 향신료 메이스와 은은한 커민의 향이 주도하는 스파이시함이 현란하다. 달콤함과 시큼함이 서로 경합을 벌이다 말린 과일 껍질, 살구의 향기가 다가온다.
맛 농익고 부드러운 느낌. 과수원 과일의 생과일 주스 맛이 나다가 점점 천도복숭아 같은 맛으로 변한다.
피니시 단맛의 향신료 풍미가 오래 지속된다.
총평 증류소의 개성에 절제된 오크 풍미가 더해져 우아하다.

플레이버 캠프 **과일 풍미와 스파이시함**
차기 시음 후보감 폴 존 셀렉트 캐스크

21년 46%

향 황금색. 훈연, 축축한 건초, 월계수 잎/월계수, 낙엽, 배의 향취. 여전히 멜론 풍미가 남아 있지만 향신료 풍미는 뒤로 물러나면서 가루를 조금 뿌려놓은 듯한 느낌으로 다가온다.
맛 스모키하면서 견과류와 호두껍질 맛이 난다. 근엄한 인상이지만 여전히 씹히는 듯한 질감이 남아 있다. 오크 풍미는 샌달우드와 캠퍼(흰색 투명한 매끄러운 결정성 고체로, 특이한 방향이 있으며 맛은 약간 쓰고 청량미가 있다—옮긴이) 계열로 진전되었다. 오크의 보조를 잘 받아 절제미를 갖추었다.
피니시 생강과 가벼운 피트 풍미.
총평 세 번째 진화 단계에 들어섰다.

플레이버 캠프 **과일 풍미와 스파이시함**
차기 시음 후보감 발블레어 1975, 글렌모렌지 18년

셉텐데심, 17년 46%

향 밸런스가 좋은 달콤함에 시나몬 뿌린 사과를 불에 구운 느낌의 대조적인 향이 더해져, 정원에서의 모닥불이 연상된다.
맛 과일 맛과 풀 태운 연기의 풍미가 상호작용을 이어가는 중에 토피, 누가, 복숭아 시럽, 짭짤한 감초의 맛이 느껴진다.
피니시 스모키한 풍미가 다시 돌아온다.
총평 밸런스가 좋으면서 스모키하고, 증류소의 개성이 감지될 만큼 드러나 있다.

플레이버 캠프 **스모키함과 피트 풍미**
차기 시음 후보감 아드모어의 독립 병입 제품

아우텐티쿠스 25년 46%

향 다시 한번 스모키한 향이 느껴진다. 장작(오리나무와 과수) 연기 내음과 더불어 가볍고 향기롭고 경쾌한 훈제 고기 비슷한 향이 어우러져 있다.
맛 증류소의 개성이 부각되기 시작해 플럼 풍미, 과수원 과일의 부드러운 달콤함이 느껴진다. 숙성에서 얻은 밀납 풍미 위로 훈연 풍미가 덮여 있는 느낌도 든다.
피니시 서서히 타오르는 인상을 준다.
총평 숙성감이 있고 조화와 밸런스가 이상적인 수준에 이르렀다.

플레이버 캠프 **스모키함과 피트 풍미**
차기 시음 후보감 글렌 기리와 아드모어의 독립 병입 제품

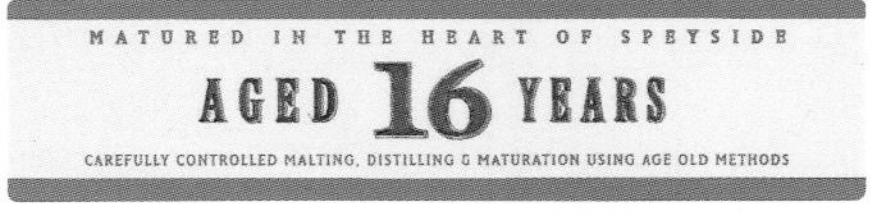

Roseisle

로자일

버그헤드

디아지오가 로자일의 몰팅 제조소 옆에 증류소의 설립 계획을 발표했을 때 한쪽에서는 적대적 반응을 드러냈는가 하면 또 한쪽에서는 파국을 예견하는 이들도 있었다. 회의론자들은 생산능력 1,000만 리터급의 이 증류소가 2010년에 문을 열 경우 디아지오의 소규모 증류소들이 문을 닫아 장인 증류가 사망하게 될 거라고 우려했다. 하지만 그런 일은 없을 것이다. 적어도 지금까지의 추정으로는 그렇다.

오히려 14대의 증류기가 설치된 이 증류소는, 스코틀랜드의 최대 위스키 증류업체가 자사 소속 증류소 전체의 생산능력을 늘리기 위해 10억 파운드를 쏟아붓는 투자의 첫발이었다. 단 1곳도 문을 닫은 곳이 없었다. 문을 닫기는커녕 신설 증류소가 여러 곳 설립되었다. 동명의 대규모 몰트 제조소 옆에 위치한 로자일 증류소는 최대한 친환경적으로 건설되었다. 바이오매스(열 자원으로서의 식물체 및 동물 폐기물—옮긴이) 공장은 자체 생산 에너지에서 큰 몫을 담당하고 있는가 하면, 폐열(에너지의 생산 혹은 소비 과정에서 사용되지 못하고 버려지는 열—옮긴이)은 순환되어 로자일과 버그헤드의 몰트 제조소 가동에도 활용되고 있다.

로자일 증류소의 설립에는 블렌딩에 필요한 여러 스타일의 위스키를 생산하려는 목적도 있다. 이런 구상 자체로서는 특이한 게 아니지만, 활용되는 기술이 색다르다. 증류소에 설치된 7쌍의 증류기 중 6쌍은 2개의 셸 앤드 튜브 응축기가 설치되어 있는데, 하나는 통상적인 방식대로 안쪽에 구리 파이프가 가득 들어가 있고, 다른 하나는 스테인리스스틸 소재다. 묵직한 스피릿이 필요할 때는 증기를 바로 스테인리스스틸 응축기로 보내, 구리가 없는 이 응축기에서 웜텁 방식과 비슷한 결과를 끌어낸다. 반대로, 가벼운 스피릿이 필요할 때는 구리가 풍부한 통상적 응축기를 쓴다. 개업 후 잠깐 '견과류 풍미에 스파이시한' 스타일을 만들었을 때만 제외하면, 로자일은 지금까지 쭉 가벼운 풀 계열의 풍미에 속했다. 이런 풍미를 내기 위해 불가피하게 미세조정이 이루어졌다.

그에 따라 발효 시간을 90시간까지 늘리고, 증류기를 저속으로 가동하고, 매회의 증류 후에는 구리가 생기를 되찾도록 환기를 시켜주게 되었다. 게다가 모든 증류기는 일주일에 1번씩 전체를 구석구석 청소하고, 6시간이나 7시간 정도의 숨 쉴 시간을 준다.

이 모든 미세 조정의 결과, 생산량은 일주일에 22개의 매시로 제한되어 있다. 증류소 책임자 고든 윈턴(Gordon Winton)의 말을 들어보자. "가벼운 풍미를 내려면 속도를 늦춰야 해요. 저희는 목표로 잡아놓은 대로 맞추어 생산하고 있어요."

그렇다면 묵직한 스타일은 어떨까? "그런 스타일이 필요하면 만들어야죠." 전면적 미세조정에 들어간다는 얘기다. 윈턴이 웃으며 말을 이었다. "위스키라는 게 그래요! 이 바닥에서 일하려면 완전히 긴장을 풀 수가 없다니까요."

디아지오 소유의 획기적 증류소인 로자일의 증류장.

Glenlossie, Mannochmore

글렌로시, 마녹모어

글렌로시 & 마녹모어 | 엘긴

더 벤리악이 은둔 상태에서 완전히 부상했다면 이번에 소개할 2곳은 여전히 잘 보이지 않게 숨겨져 있는 것에 만족하는 듯 보인다.(둘 중 더 신생 멤버는 그 점을 힘들어할지도 모르지만.) 글렌로시와 마녹모어는 한 부지를 같이 쓰고 있다. 사실, 마녹모어는 글렌로시의 부지 내에 있으면서 나이가 훨씬 많은 형에게 어느 정도 보호를 받고 있다. 2곳 모두 풍미 스펙트럼에서 가벼운 풍미의 맨 끝에 들지만 그런 풍미 상에서도 다양한 변화를 만들어내고 있는 점이 인상적이다.

글렌로시는 19세기 말 특유의 가벼운 풍미를 추구하는 좋은 사례다. 이 증류소는 더 글렌드로낙의 책임자 출신이던 존 더프가 1876년에 세운 곳으로 증류기에 정화 장치가 설치되어 있고, 특유의 섬세한 특성을 위해 독창적인 설계가 활용되고 있다.

이곳의 증류 비결은 환류에 있다. 증류기 안에서 응축 증기를 의도적으로 재증류하는 식으로 증류 과정을 늘린다.(14~15쪽 참조.) 하지만 글렌로시는 그저 가볍기만 한 것이 아니다. 뉴메이크의 향에 오일리한 특성이 있어서, 섬세한 풀의 향기에 방향성(芳香性)을 늘려줄 뿐만 아니라 마우스필에 매끄러움을 더해주기도 한다. 여기에 대해 디아지오의 마스터 디스틸러 겸 블렌더인 더글라스 머레이는 이렇게 말한다. "발효 공정에서 풀의 풍미를 끌어낸 후에 증류에서 환류를 늘리면 그런 오일리함이 더 생겨납니다. 오일리함은 풀의 풍미가 잠재된 스피릿에 구리와 많은 접촉을 갖게 해주면 발현됩니다."

글렌로시는 정화 파이프가 살린 것일 수도 있다. 1962년에 4대였던 증류기를 6대로 늘리게 된 것은 틀림없이 이 장치가 조용히 제 할 일을 해내며 이 증류소로 많은 관심이 쏟아지게 이끈 덕분이었을 것이다. 형제 증류소는 둘 중 하나가 문을 닫는 경우가 아주 흔하다. 가령, 클라이넬리시에서도 브로라가 사라진 것도 그런 경우였고, 티니닉과 링크우드의 옛 증류장들이 현재 더 이상 생산을 하지 않고 있는 것도 같은 경우이다. 그런데 이곳만은 예외에 든다.

증류기 6대를 갖춘 마녹모어는 1971년, 글렌로시의 터에 지어진 후 가벼운 풍미에서 독자적 변형을 준 스피릿을 뽑아내기 시작했다. 마녹모어에는 오일의 특성이 없다. 갓 뽑았을 때의 달콤하고 신선한 꽃 풍미가 숙성되면서 풍부한 질감을 띠는 스타일이 관건이다. 이런 풍미는 세심하게 다뤄줘야 한다. 퍼스트 필 셰리 캐스크의 거친 기운은 자칫 그 조심스러운 성질을 없애버린다.

마녹모어는 1990년대에 잠깐 나타났다 사라진 그 악명 높은 '시커먼 위스키(black whisky)', 로크 두(Loch Dhu)를 받쳐줄 몰트위스키로 선택된 바 있다. 이 로크 두는 출시되자마자 퇴장당해, 현재는 수집품으로서의 가치가 아주 높다. 한편, 마녹모어는 또다시 조용히 묻혀 지내게 되었다.

마녹모어 시음 노트

뉴메이크

향 달콤한 향에, 당근, 회향풀, 꽃자루 향기가 나다 핵과류의 향으로 빠진다. 그라파와 비슷한 향.
맛 가볍고 깔끔하다. 꽃의 풍미가 온화하고 산뜻하다.
피니시 빠르게 사라지는, 조심스러운 느낌의 여운이다.

8년, 리필 우드 캐스크 샘플

향 젖은 흙내음과 재스민 향이 은은히 돌면서 향기가 더 깊어졌다. 바닐라 향이 느껴지고, 숙성이 덜 된 그라파와 비슷한 톡 쏘는 향이 여전히 남아 있다. 분필 같은 향도 살짝 있다.
맛 기름지면서 아주 다양한 폭의 맛이 있다. 덜 익은 복숭아 맛이 느껴지다 바닐라 맛이 나고 꽃가게 특유의 느낌도 다가온다.
피니시 얼얼함이 여전히 가시지 않는다.
총평 향이 가벼운 것 같으면서도 시간이 지나면서 탄력이 붙는다. 다크호스 같다.

12년, 플로라 앤드 파우나 43%

향 깔끔하다. 포도나무 꽃 향기에, 복숭아 주스, 디저트용 사과의 향기와 함께 어우러진다.
맛 오일리한 질감이 가볍게 느껴지고 살짝 스파이시하다. 귤의 상큼한 맛. 아주 섬세하고 정돈된 느낌.
피니시 상큼하면서 감귤류의 풍미가 살짝 있다.
총평 여전히 가볍고 향기롭다.

플레이버 캠프 **향기로움과 꽃 풍미**
차기 시음 후보감 브래발 8년, 스페이사이드 15년

18년, 스페셜 릴리즈 54.9%

향 밀랍, 견과류 향기와 함께 강렬하고 경쾌한 시나몬 향이 다가온다. 처음엔 막 광을 낸 오크 향이 주도하지만 그 밑으로 부드러운 과일 향이 숨어 있다. 바나나와 오래 우려낸 대황 향, 특유의 복숭아 향, 약간의 코코넛 향도 난다.
맛 살구, 오렌지 껍질, 바닐라 맛과 더불어 오크에서 배어나온 떫은 맛이 살짝 난다. 적당한 산미. 중간쯤에 풍미가 스파이시하게 바뀌었다가, 과일 맛이 마카롱 맛을 데리고 다시 다가와 뜻밖의 경험을 선사한다.
피니시 처음엔 부드럽다가 오크의 떫은 맛이 살짝 일어난다. 여운이 깔끔하고 훌륭하다.
총평 뉴메이크 단계에서는 가볍지만 미국산 오크의 보살핌에 아주 큰 도움을 받는 류의 위스키다.

플레이버 캠프 **과일 풍미와 스파이시함**
차기 시음 후보감 크레이겔라키 14년, 올드 풀트니 17년

글렌로시 시음 노트

뉴메이크

향 녹인 버터의 아주 풍부한 향. 화이트커런트, 젖은 섀미 가죽의 향취. 풋풋하고 오일리한 느낌과 유채 기름 향.
맛 오일과 덜 익은 과일 풍미에, 달큰한 향.
피니시 덜 익은 딸기.

8년, 리필 우드 캐스크 샘플

향 꽃향기가 풍기면서 복숭아 향이 함께 어우러진다. 엘더베리 코디얼 비슷한 향과, 가벼운 박하, 라임, 핑크 자몽의 향. 농익어가는 과일 향.
맛 강렬하고 향기로운 풍미가 입에 들러붙는 듯한 질감.
피니시 산뜻하고 가볍다.
총평 진화의 중반부에 이르렀다. 원숙해지려면 시간이 필요하다. 이 단계에서도, 질감이 중요한 역할을 하고 있다.

1999, 매니저스 초이스, 싱글 캐스크 59.1%

향 문질러서 윤을 낸 목재 내음에 아마인유, 포도, 재스민, 아말피 레몬의 향이 어우러져 있다. 아주 직접적이지만 미숙하지 않은 느낌이다. 물을 타면 매력적인 방부제 향취와 함께 구운 마시멜로 향기가 올라온다.
맛 후추, 레몬의 새콤함, 풀의 풍미. 오크에서 배어나온 멘톨/유칼립투스의 풍미가 확 풍긴다. 가볍고 향기롭다.
피니시 깔끔한 향기가 경쾌함을 선사한다.
총평 덜 가벼운 스타일에서의 일품 위스키가 또 하나 등장했다.

플레이버 캠프 **향기로움과 꽃 풍미**
차기 시음 후보감 글렌토커스 1991, 아녹 16년

Linkwood

링크우드

엘긴

스페이사이드의 여정은 가벼운 스타일을 추구해 온 이야기다. 이런 스타일의 추구에 동참한 증류 기술자들은 이 새로운 풍미의 세계에서 저마다 다양한 위치를 찾아갔다. 어떤 이들 중에는 아주 가차 없이 밀어붙여 그 위스키의 개성이 빨아먹히기 직전까지 가는 가벼움을 추구했는가 하면, 풀의 풍미로 한길을 걷거나, 흙먼지가 연상되는 스타일로 들어서거나, 꽃그늘 아래 누워 있는 듯한 느낌을 추구한 이들도 있다. 하지만 모두가 예외없이 직면한 현실이 있었다. 가벼운 스타일의 위스키는 세심하고 조심스럽게 다루어야 한다는 것. 리필 캐스크를 쓰고 퍼스트 필의 기운을 아주 살짝 담되, 세심히 공들인 증류소의 개성을 지키고 싶다면 오크의 풍미가 지나치게 배게 해선 안 된다.

이 증류 기술자들이 직면한 문제는 또 있었다. 새로운 위스키 애호가들이 싱글몰트에 입맛을 들이면서 더 대담한 풍미를 찾았다는 점이다. 이런 면에서 싱글몰트는 와인과 다르지 않다. 와인에 입문하는 사람들도 처음부터 폭탄처럼 터지는 과일 풍미에 길들게 된다. 그렇다면 이 새로운 시장에서 이런 미묘하고 조심스러운 풍미가 설 자리는 어디일까?

섬세한 향과 입안에서의 무게감을 두루 갖추어 늦봄의 어느 날처럼 상쾌하지만 시폰 드레스처럼 하늘하늘하지는 않은 풍미를 어렵사리 이루어낸 싱글몰트가 세상 어딘가에 있다면 어떨 것 같은가? 이렇게 맞추기 까다로운 밸런스를 잡아낸 싱글몰트는 그리 많지 않지만, 링크우드에서는 그 어려운 일을 해내고 있다.

디아지오의 증류 및 블렌딩 그루, 더글라스 머레이의 말처럼 이런 스타일의 위스키는 만들기가 가장 힘든 타입이다. 위스키의 본질에 어긋나는 듯한 일, 즉 풍미의 억제를 행하는 셈이기 때문이다. 심지어 링크우드 특유의 뉴메이크

엘긴 외곽의 농지에 자리하고 있는 링크우드는 스코틀랜드에서 가장 향기 그윽한 곳에 든다.

링크우드는 풍미가 가볍게 느껴질지 모르지만 나이가 들수록 꽃을 피운다.

특징(깔끔함)은 비슷비슷한 느낌이 풍부하게 어우러진 싱글몰트의 복합적 풍미보다는 보드카나 중립적 풍미의 세계에 더 가깝게 느껴질 정도다. 그래도 걱정할 필요 없다. 링크우드의 뉴메이크에서는 복숭아 껍질의 향과 함께 과수원에 떨어져 있는 사과꽃 향도 살짝 난다. 입안에서는 끈적한 질감이 돌면서 풍미가 혀 중앙에서 빙빙 도는 느낌이 다가온다. 정말 마술 같은 경험이다. 이런 풍미 스타일의 생성은 제조 공정의 초반부터 일찌감치 시작되어, 매시툰에 두꺼운 여과층을 깔아주기 위해 몰트 보리를 분쇄하는 방식부터 다르게 한다. 그리고 위트를 저중력 방식으로 만들어 곡물에서 생성되는 고형물을 완전히 차단시킨 후 장시간 발효시킨다. 머레이의 말을 그대로 옮기자면 "이곳에서는 이런저런 특색이 생성되지 못하게 막는 데 사활을 걸고" 있다.

증류기들은 동글동글하고 풍만한 형태이고, 스피릿 스틸이 워시 스틸보다 크다는 점이 특이하다. 증류를 할 때는 이 대형 구리의 배 속에서 증기가 아래로 다시 뚝뚝 떨어져 내려올 수 있는 시간을 최대화해 원치 않는 특성들을 더 제거하기 위해, 증류액을 낮게 채워 장시간 증류한다.

구리와의 상호작용을 연장시키기 위해 응축기를 활용하지만 안마당의 건너편에 있는 링크우드의 옛 증류소에는 웜텁이 있다. 하지만 그 옛 링크우드에서도 여전히 이런 봄 느낌의 속성이 나타난다.(디아지오에서 구리와 웜텁에 대한 연구를 시도했던 주된 장소가 바로 옛 링크우드였다.)

링크우드는 블렌더에게 질감과 톱노트를 모두 선사해 주어, 블렌더들의 수요가 많은 위스키다.(최근엔 생산 능력을 2배로 증설하기까지 했다.) 셰리 캐스크를 견뎌낼 수 있지만(그래서 특유의 향기와 느낌을 지켜내지만) 리필 캐스크에서 최고의 진가를 드러내, 입에 머금으면 숙성 변화의 체험 여행이 개시되어 주류판 타임랩스를 경험시켜 준다. 어린 꽃이 어느새 열매를 맺고 떨어져 마른 꽃밭 위에 놓여지는 그 과정이 눈앞에 주르륵 펼쳐지는 듯하다.

링크우드 시음 노트

뉴메이크

향 향기롭다. 파인애플, 복숭아 꽃/복숭아 껍질, 마르멜로 향기가 있으면서 약간 무게감이 있다.
맛 믿기 힘들 정도로 산뜻하다. 페이스트리, 사과 맛이 난다. 살짝 오일리하면서 씹히는 듯한 질감이 있다.
피니시 깔끔하고 놀라울 만큼 오래 지속된다.

8년, 리필 우드 캐스크 샘플

향 밀짚 색. 풋사과, 엘더베리 꽃, 흰색 과일의 향. 놀랍도록 산뜻하다. 물을 타면 배 향이 퍼져 나온다.
맛 무게감이 적당하다. 사과, 온화한 포치드 페어의 맛에 이어 엘더베리 코디얼이 느껴진다. 혀를 휘감는 질감.
피니시 산뜻하고 가벼우면서 새콤하다.
총평 향기와 바디감의 조합이 매력적이다.

12년, 플로라 앤드 파우나 43%

향 힘이 있고 향긋하다. 캐모마일과 재스민 향에 사과 향기가 뒤섞여 있다. 아주 향기롭고 묵직하다. 점차 무게감이 더해간다.
맛 무난하다. 중간쯤에 다가오던 특유의 오일리함에 이제는 깊이감이 더해져 잘 익은 과일 풍미와 은은한 풀 느낌에 감싸여 있다.
피니시 열대 과일과 풀의 풍미.
총평 숙성으로 깊어진, 향기롭고 깔끔한 위스키다.

플레이버 캠프 향기로움과 꽃 풍미
차기 시음 후보감 밀튼더프 18년, 토민톨 14년

SPEYSIDE
SINGLE MALT
SCOTCH WHISKY

LINKWOOD

distillery stands on the *River Lossie*, close to *ELGIN* in *Speyside*. The *distillery* has retained its *traditional atmosphere* since its *establishment* in 1821. Great care has always been taken to *safeguard* the character of the *whisky* which has remained the same through the years. Linkwood is one of the *FINEST* Single Malt Scotch Whiskies available - *full bodied* with a *hint* of *sweetness* and a *slightly smoky aroma*.

YEARS 12 OLD

43% vol
Distilled & Bottled in *SCOTLAND*.
LINKWOOD DISTILLERY
Elgin, Moray, *Scotland*.
70 cl

Glen Moray

글렌 모레이

엘긴 | www.glenmoray.com | 연중 오픈, 10~4월 월~금요일, 3~9월 월~토요일

글렌 모레이는 로시 강 옆쪽으로 숨겨져 있고 주택단지에 에워싸여 눈에 잘 띄지 않는다.(또한 이목을 피하는 저자세를 취하고 있기도 하다.) 이런 면은 증류소 부지의 규모를 고려하면 놀랍다. 원래 양조장이었던 글렌 모레이 역시 19세기 말에 위스키 붐을 타고 설립되었다. 하지만 새로운 세기의 초입에 일어난 경제환경 변화에 부딪쳐 1910년에 문을 닫았다. 더 벤리악이 조용히 지내던 시기가 비교적 짧았던 것과는 달리 1923년이 되어서야 재개장했다. 글렌 모레이의 증류장은 작고 아담해 증류소의 다른 건물들과 균형이 안 맞아 보이는데, 이 증류장 건물은 예전엔 증류소 자체 시설인 살라딘 방식의 몰트 제조장이었다.

글렌 모레이의 위스키에서는 이곳 엘긴에 모여있는 증류소들의 공통 특징인 과일 풍미가 느껴질 뿐만 아니라, 미국산 오크에서 매링(marrying, 후숙성. 블렌딩한 여러 가지 위스키 원액이 서로 잘 조화될 수 있도록 일정 기간 통속에 저장하는 것—옮긴이)을 거쳐 부드러운 버터의 특성이 더해진다.

책임자인 그래햄 컬(Graham Coull)은 글렌 모레이의 DNA에 대해 설명하며 증류소의 미기후를 강조했다. "약간 더 따뜻한 모레이의 기후와 이런 저지대 위치는 오크에서 스피릿을 더 잘 빨아들여 풍미에 오크의 영향이 더 강하게 배어들게 해줍니다. 게다가 지하수면이 낮은(그래서 자주 물에 잠기는)데다 더니지 방식의 숙성고에서는, 저희가 느끼기에 훨씬 더 부드럽고 풍부한 특색을 내줍니다."

이곳은 종종 새 오크 통의 시험장이 되기도 했다. 그중 스카치 몰트위스키 협회(Scotch Malt Whisky Society)에서 병입한 캐스크의 위스키는 풍미가 풍부해지는 동시에 강렬한 크렘 브륄레/버터스카치 캔디/마스(Mars) 초코바의 느낌과, 글렌 모레이 특유의 깊이 있는 과일 풍미를 드러냈다. 글렌 모레이의 눈에 잘 띄지 않는 면은 마케팅 영역에까지 그대로 이어지고 있다. 이전 소유주 글렌모렌지에서는 이 글렌 모레이를 미끼상품으로 팔았다. 이런 식의 전략은 글렌 모레이의 이미지에는 도움이 안 되었다. LVMH가 글렌모렌지를 인수한 직후, 글렌 모레이는 프랑스의 증류 업체 라 마르티니케즈(La Martiniquaise)에 팔렸다.

로지 강 옆 평지는 위스키 제조의 본거지다.

글렌 모레이 시음 노트

뉴메이크

향 아주 깔끔하다. 산뜻한 과일 향이 버터의 느낌과 함께 다가오며 스파이시한 곡물 향이 미미하게 풍긴다.
맛 가벼운 밀랍 느낌에 이어 잘 익은 다육과의 맛과 약간의 디저트용 사과 맛이 다가온다.
피니시 깔끔하다.

클래식 NAS 40%

향 옅은 황금색. 숙성 연수 미표기(NAS) 브랜드가 대부분 그렇듯, 오크 풍미가 지배적이다. 특유의 버터 느낌과 미미한 풋과일 향기와 어우러져 상큼함과 오크 풍미가 퍼진다.
맛 온화하고 크리미하다. 질감이 부드럽다.
피니시 온화한 부드러움과 깔끔함.
총평 모든 풍미가 살짝 억제되어 있다. 살짝 잠들어 있는 듯한 인상이다.

플레이버 캠프 **과일 풍미와 스파이시함**
차기 시음 후보감 맥캘란 10년 파인 오크, 글렌카담 15년

12년 40%

향 부드러운 과일 향기가 돌아왔다. 과일 츄잉 캔디, 배의 향기에 이어 블론드 토바코(blonde tobacco)와 바닐라 향이 퍼진다. 좀 지나면 박하 향이 다가온다.
맛 새 오크 통과 소나무 수액 풍미. 가벼운 사과 맛.
피니시 향신료와 크림 토피 속의 견과류 풍미.
총평 퍼스트 필의 기운을 받아 부드러움의 층이 더해졌다.

플레이버 캠프 **과일 풍미와 스파이시함**
차기 시음 후보감 브룩라디 2002, 토모어 12년

16년 40%

향 황금색. 오래 숙성된 위스키에서 느껴지는 송진의 향. 시럽 같은 달콤함, 코코넛 크림, 선탠 오일의 향취.
맛 오크 풍미가 꽤 강하지만 뒤로 갈수록 증류소의 개성이 충분히 새어 나오면서 밸런스가 잡힌다.
피니시 깔끔함과 부드러운 질감.
총평 수용적인 성질을 가진 위스키다.

플레이버 캠프 **과일 풍미와 스파이시함**
차기 시음 후보감 맥캘란 18년 파인 오크, 마녹모어 18년

30년 40%

향 원숙한 가을 느낌. 이제는 향신료 향이 드러난다. 담배 향이 도미니카 공화국 시가의 느낌으로 다시 돌아왔고 니스 느낌도 가볍게 감돈다.
맛 오크의 스모키함. 히코리 풍미. 데크 보호용 오일의 느낌.
피니시 부드러운 여운이 이어지면서 드디어 과일 풍미가 나타난다.
총평 힘 있고 달콤하며 오크의 기운이 존재감을 보인다.

플레이버 캠프 **과일 풍미와 스파이시함**
차기 시음 후보감 올드 풀트니 30년

Miltonduff

밀튼더프

엘긴

1930년대 초에 이르러, 전반적 세계 환경이 함께 공모라도 벌인 듯 스카치위스키 산업에 불리하게 돌아갔다. 어느 정도는 대공황의 경제적 영향이 도화선이 되어 영국에서의 수요가 하락함에 따라 생산량이 급감했다. 그나마 다행이라면 캐나다로의 수출이 여전히 공고하다는 점뿐이었다. 그런데 사실, 블렌디드 위스키의 상당량이 캐나다의 수입업자들의 창고에서 곧바로 주류 밀매업자들의 트럭에 실려 가고 있었고 여전히 금주법이 시행 중이던 미국 시장은 스카치위스키 업계와는 무관했다. 또 한편으론 이제 금주법이 막바지에 들어서고 있다는 점이 확실시되는 가운데 미국에서의 판매가 급증하리라는 기대감이 고개를 들어, 은밀한 마케팅이 활발히 전개되고 있기도 했다.

1933년에 금주법이 폐지된 후에도 갤런당 5달러의 수입 관세 탓에 판매가 바로 늘지는 않았다. 이후 1935년에 수입 관세가 반으로 줄자 캐나다의 증류 업체 하이람 워커 구더햄 앤드 워츠(Hiram Walker Gooderham & Worts)는 계속 돈을 뿌려대며 조지 밸런타인(George Ballantine)의 블렌딩 업체 밀튼더프를 사들이고, '캐나다의' 스코틀랜드 그레인위스키가 될 제품을 생산할 구상으로 덤버턴 그레인위스키 증류소의 가동을 시작했다.

참고로 밀튼더프 인수 당시에 하이람 워커가 소유하고 있던 증류소 1곳은, 전해오는 바에 따르면 원래는 인근의 플루스카덴 수도원을 위해 일하던 제분소였다가 1824년 이후부터 면허를 취득해 증류소를 운영해 온 곳이었다.

하이람 워커는 혁신에 익숙하기도 했다. 시바스 브라더스의 증류소 책임자 알란 윈체스터의 말을 들어보자. "밀튼더프는 19세기에 3차 증류를 실시하며 한동안 하이랜드 파크와 유사하다고 믿고 있던 스타일을 만들어내려 노력했어요. 하이람 워커에서는 그런 스타일을 현재의 저희 스타일로 바꾸었죠." 밀튼더프는 1964년에 로몬드(Lomond) 타입 증류기 한 쌍을 추가 설치해 모스토이(Mosstowie)라는 몰트위스키를 생산하기도 했다.

그 이유는 밸런타인 위스키의 원주 공급과, 금주법 시기 동안 가벼운 쪽으로 변한 북미 사람들의 입맛이었다. 이 캐나다인들은 위스키 제조에 자본만이 아니라 새로운 사업 감각까지 가져다주었다. 다시 말해, 20세기 초반 이후부터 구축되어온 섬세함과 온화함이 이제 때를 만난 것이다. 현재의 밀튼더프 뉴메이크가 바로 그런 스타일이다. 꽃향기에 풋풋하고 오일리한 이 뉴메이크는 경쾌한 복합성이 캐스크의 관리를 받게 되면 가벼운 느낌으로 꽃 피어난다.

일설에 따르면 밀튼더프의 부지는 옛날에 수도원의 양조장이 있던 자리라고 한다.

밀튼더프 시음 노트

뉴메이크

향 달콤하면서 오이 향이 풍긴다. 라임꽃과 소나무꽃의 향기가 어우러져 풋풋하고 오일리한 느낌을 일으킨다.
맛 강렬하지만 가벼운 버터 풍미가 중심에서 밸런스를 잡아준다.
피니시 상큼하다. 땅콩 풍미.

18년 51.3%

향 무난하지만 특유의 깨끗한 느낌이 살아 있다. 캐모마일, 엘더베리꽃의 향기. 여리고 섬세한 느낌.
맛 오크의 기운이 느껴지지만 여전히 달콤하면서 히아신스, 장미 꽃잎의 느낌으로 꽃 풍미가 살짝 더 묵직해졌다. 혀에 착 감기는 맛이라는 표현이 딱 들어맞는다.
피니시 깔끔하고 향기롭다.
총평 에든버러 락의 풍미.

플레이버 캠프 **향기로움과 꽃 풍미**
차기 시음 후보감 링크우드 12년, 스페이번 10년, 하쿠슈 18년, 토모어 1996

1976 57.3%

향 가벼우면서 헤더와 대마, 포푸리, 바닐라, 코코넛, 난초의 향이 향기롭게 전해온다.
맛 무난하고 오크 풍미가 돌지만, 뉴메이크의 강렬함을 여전히 지키고 있다. 거의 꽃 젤리를 맛보는 느낌. 풍미가 다채롭다.
피니시 깔끔하고 가볍다.
총평 향기로움을 잘 지켜내는 특색이 이 위스키의 매력 비결이다.

플레이버 캠프 **향기로움과 꽃 풍미**
차기 시음 후보감 토민툴 14년

Benromach

벤로막

포레스 | www.benromach.com | 연중 오픈, 자세한 사항은 웹사이트 참조

벤로막은 미스터리함이 느껴지는 곳이다. 독립 병입자 고든 앤드 맥페일(G&M)이 1994년에 인수했을 당시에 이 증류소는 빈 캔버스나 다름없었다. 1983년에 문을 닫은 이후로 껍데기로만 남아 있었다. 현재 벤로막 증류소 내부의 시설(매시툰, 목재 워시백, 외부 응축시설이 설치된 증류기)은 모두 새것이다. 인수 당시 G&M은 선택의 기로에 직면했다. 맨 처음부터 다시 시작해 새로운 위스키를 만들 것인가, 아니면 예전 스타일의 재현을 시도할 것인가? 흥미롭게도 G&M은 이 2가지를 다 해냈다.

지금까지 살펴봤다시피 1960년대와 1970년대의 증류소들 대부분은 비슷한 플레이버 캠프로 묶을 수 있다. 벤로막은 다르다. 뉴메이크에서 더 이전 스페이사이드의 자취가 감지되어, 비교적 가벼운 스타일로 출시된 위스키들조차 중간 맛에서 깊이감과 날카로운 스모키함이 있었다. 몰트락이나 글렌파클라스나 발메낙만큼 묵직하진 않더라도 확실히 아주 아주 가벼운 축에 드는 증류소들보다는 입안을 꽉 채우는 무게감이 더 있다.

"스페이사이드는 원료와 생산 공정의 변화에 따라 지난 40년 사이에 풍미가 점점 가벼워졌어요. 저희는 벤로막의 설비 교체에 착수하면서 1960년대 이전 스페이사이드 위스키의 전형적 스타일로 싱글몰트를 만들기로 했어요." G&M의 위스키 공급 책임자 이웬 매킨토시(Ewen Mackintosh)의 말이다.

하지만 그 최종 결과는 다소 미스터리였다. 예를 들어, 매킨토시의 설명처럼 증류기들이 원래의 모델과 모양이 다른데다 크기가 더 소형인데도 이전 방식과 현재 방식의 뉴메이크가 서로 공통된 특징을 띤다고 한다. "예전과 똑같은 요소라고는 수원과 워시백의 소재로 쓰는 일부 목재밖에 없는데도 그래요. 싱글몰트의 개성이 어디에서 생겨나는 것인지는 앞으로도 여전히 미스터리로 남을 겁니다." 다시 말해, 모든 게 바뀌어도 벤로막에는 언제나 '벤로막'이 될 수밖에 없게 하는 뭔가가 있다는 얘기다.

그렇다고 현재의 벤로막을 그저 옛 벤로막의 복제품 정도로 생각한다면 오산이다. 와인 통 추가 숙성 제품, 새 오크 통 이용 제품, 장작 연기 풍미가 풍부하고 강한 피트 처리를 한 유기농적 변형 제품 등 새로운 벤로막도 나오고 있다. 입안을 매끄럽게 감싸고 크리미한 오리진스(Origins)의 경우엔 100% 골든 프라미스(Golden Promise) 품종의 보리를 원료로 쓰고 있다. 벤로막은 이제 침묵의 시기에서 벗어나 아주 큰 목소리를 내고 있다. 아니, 신사 같은 G&M이 지금껏 보여준 모습치고는 시끄러워진 편이다.

벤로막 시음 노트

뉴메이크

향 바나나와 몰트 향이 아주 달콤한 느낌을 선사한다. 미디엄 바디와 풀바디 중간쯤의 무게감. 양송이와 가벼운 훈연의 향.
맛 씹히는 듯한 질감이 있고 아주 걸쭉하면서 부드러운 과일 맛이 살짝 돈다.
피니시 살짝 피트 풍미가 돌며 깔끔하게 마무리된다.

2003 캐스크 샘플 58.2%

향 과일 향과 약간의 오일리함(평지씨 계열)이 매혹적인 조화를 이룬다. 아주 가벼운 훈연 향이 올라오면서 여기에 백합과 꽃꽂이용으로 자른 꽃의 향기가 함께 어우러진다.
맛 처음엔 스모키하지만 꽃 특유의 오일리함으로 밸런스가 잡혀 있다. 옅은 반건조 과일의 맛.
피니시 길고 온화하다.
총평 벤로막이 서서히 숙성되는 위스키라는 느낌이 들게 한다.

10년 43%

향 옅은 황금색. 약간의 삼나무 향과 산뜻한 오크 풍미. 점차 파인애플 향, 버터 같이 부드러운 몰트 향, 통밀빵과 바나나 껍질 향이 다가온다.
맛 살짝 떫은 맛이 돌며 입안을 가득 채우는 느낌. 풍미의 중심을 잡고 있는 몰트 향 위로 연하게 퍼지는 말린 살구 맛. 뉴메이크에 비해 살짝 더 오일리한 느낌이다.
피니시 긴 여운 속의 장작 연기 풍미.
총평 오크가 새로운 차원을 더해줘 원래도 풍부한 이 스피릿의 풍미가 더욱 풍부해졌다. 지금까지 없었던 새로운 옛 스타일의 스페이사이드 위스키다.

플레이버 캠프 과일 풍미와 스파이시함
차기 시음 후보감 롱몬 10년, 야마자키 12년

25년 43%

향 10년 숙성 단계에서 느껴진 것과 비슷한 삼나무 향과 더불어, 미미하게 감도는 오래 묵은 가죽의 느낌. 점차 다가오는 시트러스, 커스터드, 견과류의 향. 나이에 비해 의외다 싶은 풀 향. 물을 섞으면 피어나는 상쾌함. 가벼운 피트 향.
맛 아주 달콤하고 10년 숙성 제품과의 직계성이 느껴지지만 이제는 숙성에 따른 스파이시함이 더해졌다. 가벼운 생강 가루 맛과 졸인 과일 특유의 맛.
피니시 풀의 느낌이 남으면서 아주 드라이하다.
총평 이 제품의 생산부터 증류기들이 바뀌었으나 어찌된 일인지 여전히 예전과 똑같은 느낌을 준다.

플레이버 캠프 과일 풍미와 스파이시함
차기 시음 후보감 오켄토션 21년

30년 43%

향 느긋한 느낌과 가벼운 스모키함에 더해 따뜻하게 데워진 유목(流木), 야들야들한 가죽 특유의 느낌, 설탕 절임 과일과 향신료의 향취가 피어난다. 풍부한 오일리함도 느껴진다.
맛 진한 밀랍 풍미와 입안을 가득 채우며 혀에 달라붙는 듯한 질감. 전면으로 나타난 살구 풍미. 여전히 살아 있는 상쾌함.
피니시 기운찬 여운이 길게 간다.
총평 DCL 시대와는 다른 증류기로 증류되었지만 현대의 벤로막이 느긋한 캐스크에서 어떻게 숙성되는지를 느껴볼 수 있다.

플레이버 캠프 과일 풍미와 스파이시함
차기 시음 후보감 토마틴 30년

1981, 빈티지 43%

향 적갈색. 힘 있는 인상과 송진 향. 검은색 과일류의 향과 함께 셰리 캐스크의 기운이 크게 느껴진다. 점차 다가오는 달콤함/감미로움과 옅은 오크 향. 육중한 무게감과 그 밑으로 깔리는 마른 뿌리덮개의 향취. 검게 변한 바나나, 세비야 오렌지, 구운 마시멜로의 향.
맛 힘 있고 강렬하다. 니스 느낌과 약간의 오일리한 질감. 비스킷/견과류의 맛이 느껴지고 얼마쯤 지나면 올스파이스 풍미가 톡 쏜다.
피니시 스모키함과 농후한 과일 풍미.
총평 셰리 캐스크의 세심한 보살핌을 감당할 만한 무게감을 갖추고 있다.

플레이버 캠프 풍부함과 무난함
차기 시음 후보감 스프링뱅크 15년

Glenburgie

글렌버기

포레스

13km 거리에 떨어진 밀튼더프와 마찬가지로, 글렌버기 역시 당시 소유주 하이람 워커가 로몬드 증류기를 설치해 놓았던 증류소다. 로몬드 증류기는 1955년에 알라스테어 커닝햄(Alastair Cunningham)이 고안한 것으로, 두꺼운 목 부분 안에 이동 가능한 베플판(조절판)이 장착되어 있다. 예전부터 이런 식의 증류기 설계가 더 묵직한 위스키를 만들기 위해서라고 여기는 이들이 있었지만 이는 지나치게 단순화된 생각이다. 원래 커닝햄이 이런 설계를 통해 구상했던 것은 하나의 증류기에서 뽑아내는 증류액의 풍미 폭을 넓히려는 것이었다. 이론상으론, 베플판을 조절하거나 물로 냉각시키거나 물을 적시지 않는 방식을 통해서도 다양한 유형의 환류를 일으켜 다양한 풍미를 생성시킬 수 있을 것이라고 봤다.

다만 문제는, 그다지 효과적이지 않았다는 점이다. 워시 스틸로 가동하면 베플판이 고형물로 덮여, 구리의 가용성(可用性)을 떨어뜨렸을 뿐만 아니라 최종 스피릿에 탄내가 나게 될 소지도 있었다. 결국 로몬드 증류기는 치워지거나, 폐물이 되는 신세로 전락했다. 현재 가동 중인 로몬드 증류기는 단 2대다. 스캐퍼에 있는 증류기는 그나마 베플판을 제거해서 통상적인 워시 스틸로 가동 중이고, 브룩라디의 일명 '어글리 베티(Ugly Betty)'는 얼마 전에 설치한 것으로 인버레븐(Inverleven) 증류소에서 가동되고 있다.

어떻게 생각하면, 밀튼더프와 글렌버기는 디아지오의 글렌로시와 마녹모어의 판박이다. 시바스 브라더스의 증류소 책임자 알란 윈체스터도 이렇게 말했다. "저희가 두 곳의 스피릿을 교대로 돌아가며 쓰고 있긴 하지만 저는 글렌버기가 더 달콤하고 풀 풍미가 강한 스타일이라고 봐요."

유일하게 남아 있는 원조 건물로, 글렌버기의 가장 귀한 위스키 원액을 품고 있다.

글렌버기에는 현재 '글렌크레이그(Glencraig)'를 뽑아내던 로몬드 증류기의 자취가 어디에도 남아있지 않다. 약간은 가차 없다 싶을 정도로 개방형으로 설계된 지금의 증류소 구조는 1823년 혁신 이후 위스키가 어느 수준까지 이를 수 있는지를 입증해 주는 증거다. 19세기 흔적은 통행이 붐비는 증류소 부지 부근의 차도 한가운데에 다소 생뚱맞게 자리 잡고 있는 작은 석조 저장실뿐이다. 이런 글렌버기의 존재는 스페이사이드에 작별을 고하는 이 시점에서 상징적인 분위기를 자아내준다. 그만큼 글렌버기는 몰트위스키 증류의 심장부이자, 대담하면서도 저평가된 지역이자, 전통과 혁신이 공존하는 땅이며 원조의 숨결이 느껴지면서 미래의 가능성이 엿보이기도 하는 땅이다. 그 폭넓은 향기, 기술, 철학이 스페이사이드를 상징적으로 보여준다.

글렌버기 시음 노트

뉴메이크

향 은은한 풀 향, 아마인유 향, 달콤한 향이 아주 깔끔하고 가벼운 느낌으로 다가온다.
맛 섬세하고 향기롭지만 혀로 오일리한 질감이 내려앉는다.
피니시 견과류 풍미의 강렬한 여운.

12년 59.8%

향 옅은 황금색. 풀 내음이 풍기지만, 기운 생생한 오크 통에 속에서 코코넛 향의 개성이 더 부각되었다.
맛 스트레이트로 마시기엔 너무 얼얼하고 강렬한 편이며 물로 희석하면 달콤하고 온화한 맛이 느껴진다. 오크에서 배어나온 바닐라 꼬투리 풍미. 혀에 살포시 달라붙는 듯한 질감이 흥미로움을 더한다.
피니시 풀과 중국 백차의 풍미.
총평 자기주장이 강한 오크와 스피릿 고유의 달콤함이 잘 조화되어 있다.

플레이버 캠프 **향기로움과 꽃 풍미**
차기 시음 후보감 아녹 12년, 링크우드 12년

15년 58.9%

향 황금색. 아세톤, 아몬드 밀크 향이 그윽하다. 가볍고 달콤하면서 깔끔하다.
맛 드라이한 라피아 야자 맛과 옅은 바이슨 그라스(들소 풀)의 향기가 동시에 풍기는 풀의 풍미에 이어 소똥 비슷한 기분 좋은 농촌의 향취가 다가온다.
피니시 가벼운 향신료 풍미. 깔끔하다.
총평 온화하고 매력적이다.

플레이버 캠프 **향기로움과 꽃 풍미**
차기 시음 후보감 티니닉 10년

Highlands

하이랜드

스페이사이드가 '가까이 있는 증류소는 비슷한 스타일을 만들 것'이라는 편견을 깨준다면 글래스고 북부의 주택 단지에서부터 펜틀랜드 해협까지 걸쳐 있는 지대의 몰트위스키 증류소들은 어떤 연결점을 가질까? 법적으로 위스키 용어상의 하이랜드는 스페이사이드가 아닌 하이랜드 라인(Highland Line)의 북쪽 전체를 가리키지만, 이 경계선조차 로우랜드와 하이랜드를 분리하는 지리적 경계라기보다 1816년에 정치적으로 정해진 경계다.

이곳 하이랜드는 마음을 강하게 잡아끄는 매력이 있다. 대다수 방문자들은 산악과 황무지, 호수, 성, 하늘 높이 날아오르는 독수리, 만 지대의 사슴을 품고 있는 이 땅을 진정한 스코틀랜드라고 여긴다. 다시 말해 스코틀랜드라고 하면 흔히 이곳을 떠올린다. 하이랜드 증류소와 그 위스키에는 이곳의 풍요롭고 생기 넘치는 풍토가 그대로 깃들어 있다. 이 터전에 위스키가 뿌리내리게 된 것은 인간과 환경 사이의 투쟁 덕분이다. 그만큼 하이랜드의 위스키 역사는 민간의 지혜와 기술, 개간과 이주, 순응을 거부하는 완강함으로 엮어져 왔다. 하이랜드의 위스키가 세상에 존재하게 된 것은 이곳의 위스키가 평범함을 뛰어넘고, 스페이사이드의 중력을 넘어서는 뭔가를 보여주고 있기 때문이다.

하이랜드에서는 예상치 못한 것을 예상하는 편이 현명하다. 하이랜드의 위스키에서는 풀, 스모키함, 밀랍, 열대과일, 커런트 열매, 거친 풍미, 관능미가 느껴진다. 역시 통일성은 없지만 흥미를 느낄 만한 풍미 특성을 띠기도 한다. 딘스톤에서부터 달위니에 이르기까지 여러 위스키에서 꿀의 특성이 나타나는가 하면, 기리에서는 북동부 해안지대의 다양한 과일 풍미와 함께 예상치 못한 피트의 스모키한 풍미가 폭발한다.

때로는 이곳에 존재하지 않는 일면이 호기심을 자극한다. 왜 퍼스샤이어(Perthshire)의 살아남은 증류소들은 그 비옥한 지역의 아주 좁은 지대에만 밀집되어 있고, 증류소들마다 풍미가 아주 다른 이유는 또 뭘까? 왜 똑같이 비옥한 동해안의 경작지는 위스키 생산을 지탱시켜 주지 못했을까? 애버딘이나 인버네스에는 왜 증류소가 1곳도 없을까?

역마다 그 옆에 증류소를 끼고 있는 듯하고 겉보기엔 일관되게 느껴지는 북동부 해안의 아주 좁은 지역 내에서조차 예상을 깨는 모습을 내보인다. 스코틀랜드 최초의 위스키 '브랜드'가 나고 죽었던, 모레이 만 북쪽에 위치한 블랙 아일(Black Isle)의 보리밭에서부터 도로 한쪽으로는 눈 덮인 언덕들의 경이로운 광경이, 또 그 맞은편 협만으로는 계류되어 있는 석유 굴착 장비가 보이는 풍경에 이르기까지 뜻밖의 모습이 펼쳐진다. 하이랜드가 품고 있는 역설성의 진면목을 열거하자면, 이곳 하이랜드는 고대 픽트족의 돌 유물 유적지가 있는 곳이자 중공업이 발전한 곳이며, 신화의 발상지이자 지질학의 발상지이며, 석유와 위스키의 땅이고, 습지 청어 무리의 지대이며, 별난 비법의 구상을 놓고 남들을 능가하려 기를 쓰는 듯한 증류소들이 잇달아 등장하기도 한다. 이 잊혀진 해안지대의 변화무쌍함이라는 관점에서 보면, 더 북쪽으로 올라갈수록 더욱더 스코틀랜드의 이중적 자아가 증류되어 담기고 있다.

스코틀랜드는 대부분의 지역이 하이랜드에 속하며, 언덕과 황무지가 펼쳐진 이 다면적 지역에서는 이질적인 여러 위스키 스타일을 선보인다.

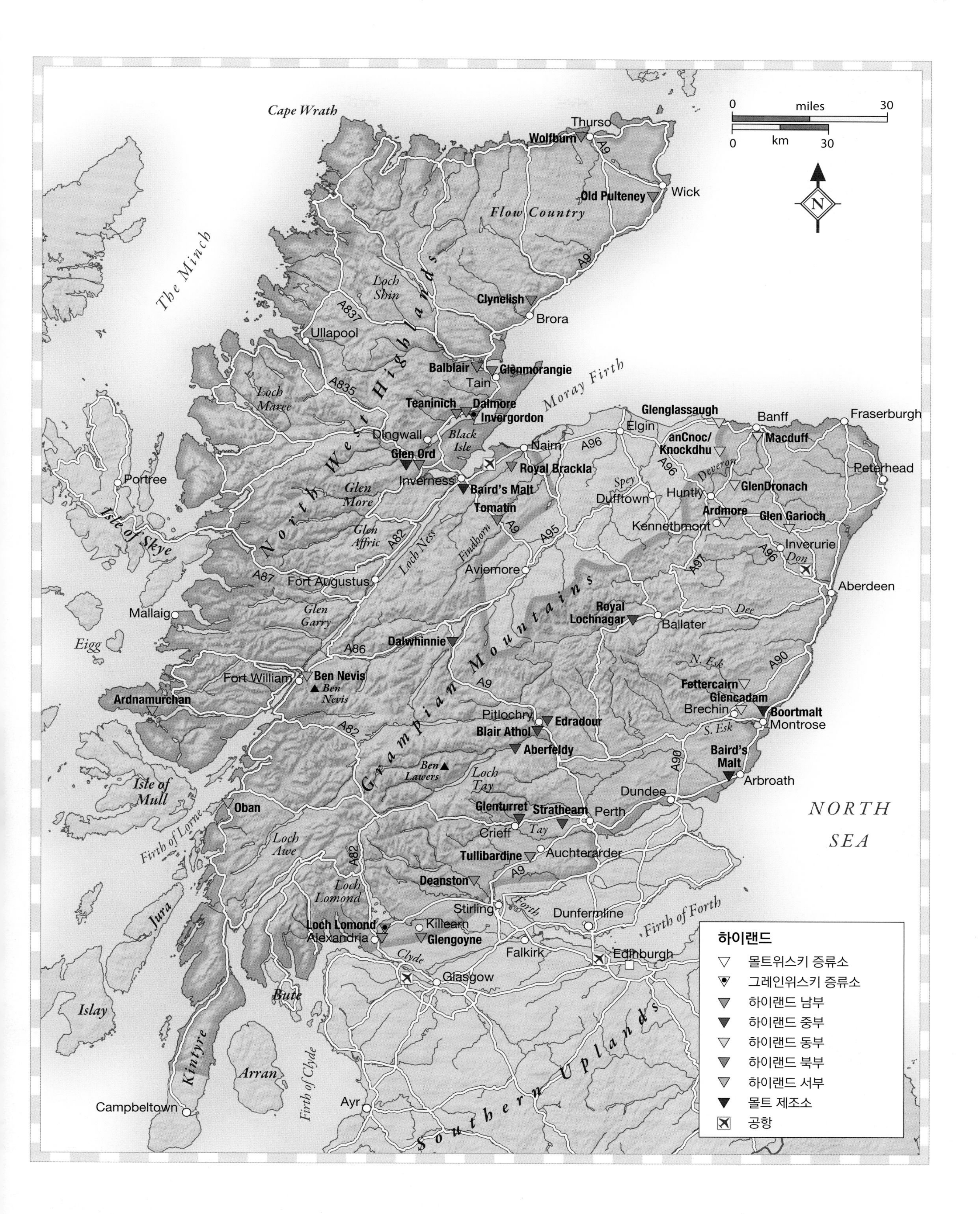

Cape Wrath
Thurso
Wolfburn
Wick
Old Pulteney
Flow Country
The Minch
Loch Shin
Clynelish
Brora
Ullapool
North West Highlands
Balblair
Glenmorangie
Tain
Loch Maree
Teaninich
Dalmore
Invergordon
Moray Firth
Dingwall
Black Isle
Glen Ord
Nairn
Royal Brackla
Inverness
Baird's Malt
Portree
Isle of Skye
Glen More
Glen Affric
Loch Ness
Tomatin
Findhorn
Aviemore
Fort Augustus
Mallaig
Glen Garry
Eigg
Dalwhinnie
Grampian Mountains
Fort William
Ben Nevis
Ardnamurchan
Pitlochry
Edradour
Blair Athol
Aberfeldy
Ben Lawers
Loch Tay
Isle of Mull
Oban
Firth of Lorne
Loch Awe
Glenturret
Strathearn
Perth
Crieff
Tay
Tullibardine
Auchterarder
Deanston
Loch Lomond
Stirling
Forth
Dunfermline
Firth of Forth
Killearn
Alexandria
Glengoyne
Falkirk
Edinburgh
Clyde
Glasgow
Jura
Islay
Bute
Kintyre
Arran
Firth of Clyde
Campbeltown
Ayr
Southern Uplands
Glenglassaugh
Elgin
Banff
Fraserburgh
anCnoc/
Knockdhu
Macduff
Deveron
Peterhead
Spey
Dufftown
Huntly
GlenDronach
Ardmore
Glen Garioch
Kennethmont
Inverurie
Don
Aberdeen
Royal Lochnagar
Ballater
Dee
N. Esk
Fettercairn
Glencadam
Brechin
Boortmalt
Montrose
S. Esk
Baird's Malt
Arbroath
Dundee
NORTH SEA
A9
A96
A95
A97
A90
A837
A835
A82
A87
A86
0 miles 30
0 km 30
N
하이랜드
몰트위스키 증류소
그레인위스키 증류소
하이랜드 남부
하이랜드 중부
하이랜드 동부
하이랜드 북부
하이랜드 서부
몰트 제조소
공항

Southern Highlands

하이랜드 남부

스코틀랜드의 이 지역 증류소들은 글래스고 외곽 북부와 인접해 있지만 독자적 정체성을 가지고 있다. 특성의 통일성이 비교적 낮아, 오히려 잘 알려지지 않은 곳이지만 혁신이 일상어인 증류소, 스코틀랜드에서 가장 푸릇푸릇한 부지, 부활한 증류소 등등 여러 가지 흥미로운 개성들이 한데 모여있는 지역에 더 가깝다.

하이랜드 남부의 풍경에서 압권을 이루는 벤 로몬드 산.

Glengoyne

글렌고인

킬런, 글래스고 | www.glengoyne.com | 연중 오픈, 월~일요일

어떤 기준으로 지역을 가르든 간에, 다시 말해 스코틀랜드를 대각선으로 가로지르는 지질학적 단층의 북쪽 땅(High-land)으로 보든, 현재 법적으로 규정된 지역구분 방식대로 19세기 정치인들이 과세의 목적에 따라 그어놓은 자의적 경계로 보든 간에, 글렌고인은 하이랜드의 증류소에 든다.

글렌고인은 흰색으로 도색된 정갈한 농장 스타일의 증류소로, 캠시 펠즈(Campsie Fells) 서쪽 끝의 화산전(火山栓, 화산관 내의 마그마가 경화되면서 생긴 생성물—옮긴이)인 덤고인(Dumgoyne) 아래의 작은 계곡 사이에 자리 잡고 있다. 남쪽으로는 푸른 들판이 펼쳐지다 글래스고 외곽 지대로 이어진다.

이 증류소는 규모는 작지만 흥미로운 증류소다.(위스키 초짜가 증류에 대해 배우기에 이상적인 곳이다.) 이곳의 뉴메이크는 숙성을 거치면서 풀 향을 띠는 가볍고 강렬한 풍미와 부드러운 과일의 중간 맛을 갖춘 개성을 서서히 발현시킨다. 증류소 책임자 로비 휴즈(Robbie Hughes)는 그 비결이 발효에서부터 시작되는, 시간과 구리의 조합에 있다고 말한다. "최소한 56시간 발효시키면 워시에서 구리의 기운이 대부분 제거되면서 워시 스틸에 채워질 때는 남아 있던 기운 마저 줄어들어, 견과류 느낌이 더 많이 생성됩니다."

증류 시간 역시 길어, 증류에서도 다시 한번 시간과 구리의 조합이 이루어진다. "저희는 구리와의 접촉을 최대화시키려고 해요. 더딘 속도의 증류는 구리와의 접촉을 최대화하여 에스테르 향을 늘려줍니다. 그래서 저희는 아주 저속의 증류를 하면서, 증류기가 과열되지 않게 해요. 덕분에 묵직한 성분을 많이 가진 환류는 목을 타고 넘어가 증류로 흘러 들어갈 만한 기운을 얻지 못해요. 저희 증류기는 스피릿 세이프까지 쭉 구리 파이프가 이어져 있기도 해요."

이런 생산 공정으로 중심을 이루는 과일 향과 활력이 함께 갖추어지는 덕분에 장기간의 숙성을 즐기면서 강렬한 개성을 충분히 발현시키고 퍼스트 필 셰리 버트도 잘 견뎌낼 수 있다. 글렌고인은 과거에는 무시 받아온 편이지만 이제는 최정상급 대열에 들어설 가능성이 확실히 점쳐지는 증류소다.

글렌고인의 매시툰.

글렌고인 시음 노트

뉴메이크

향 아주 강렬하고 경쾌하다. 풀 내음(달콤한 건초 향)이 가벼운 과일 향기와 어우러져 있다.
맛 단맛과 견고한 중간 맛. 기분 좋게 톡 쏘는 맛.
피니시 조밀하고 억제된 듯한 느낌. 인스턴트 커피 풍미와 스파이시함.

10년 40%

향 옅은 황금색. 곧바로 다가오는 셰리의 향. 베르쥬 향. 익지 않은 포도 즙의 향기, 살짝 버터 느낌이 도는 스콘 믹스 향에 이어 황무지/푸릇푸릇한 고사리의 향이 풍긴다.
맛 가벼운 깔끔함과 아주 드라이한 맛이 느껴지다 중간에 단맛이 퍼져 나온다. 물을 타면 케이크 같은 맛이 난다.
피니시 조밀한 느낌과 함께 점점 드라이해지고 스파이시해진다.
총평 뉴메이크를 통해 예상한 대로 가볍지만, 활기찬 개성 속에서도 깊이감이 배어 있다.

플레이버 캠프 과일 풍미와 스파이시함
차기 시음 후보감 스트라스아일라 18년, 로열 로크나가 12년

15년 43%

향 셰리의 특성이 우아하게 발현되어 있고, 글렌고인 특유의 스파이시함이 상쾌함을 더해준다. 에스테르 향이 풍기면서, 그 밑으로 헤이즐넛과 설타나 향과 더불어 노골적인 셰리 캐스크 풍미보다 미미한 산화 느낌에 가까운 향이 감돈다.
맛 농익은 풍미와 온화하고 달콤한 향신료 맛이 어우러져 있다. 맛이 여러 층을 이루면서 아주 깨끗하고 달콤한 과일 맛을 내보인다. 물을 타면 우아한 풍미가 피어난다.
피니시 복합적이고 길다.
총평 더디게 숙성되는 싱글 몰트다. 지금은 두 번째 숙성 단계에 들어선 상태다.

플레이버 캠프 과일 풍미와 스파이시함
차기 시음 후보감 크레이겔라키, 더 글렌로시스 케르쿠스 로부르

21년 43%

향 훨씬 더 농후해졌다. 버섯 향과 은은한 안장용 오일 향, 과일 케이크와 희미한 올스파이스 향기. 말린 블랙베리 향. 뉴메이크에서 느껴졌던 중심부의 견고함이 여전히 살아 있다.
맛 얼그레이 차 맛에 말린 장미 꽃잎 느낌이 어우러져 있다. 에스프레소 커피 맛. 단맛이 희미하게 숨겨져 있고 몰트 풍미가 이제는 몰트 추출물의 느낌으로 다가온다. 물을 타면 말린 라즈베리 맛이 살포시 드러난다.
피니시 텁텁한 느낌이 남는다.
총평 셰리 캐스크의 기운이 이제는 주도적으로 나서 있지만 그 밑에서 증류소의 개성이 여전히 진전되고 있다.

플레이버 캠프 풍부함과 무난함
차기 시음 후보감 탐나불린 1963, 벤 네비스 25년

Loch Lomond

로크 로몬드

알렉산드리아 | www.lochlomonddistillery.com

스코틀랜드에서 가장 주목할 만한 (그리고 가장 알려지지 않은 곳일지도 모를) 증류소 중 1곳인 로크 로몬드는 알렉산드리아 로몬드 호(Loch Lomond)의 남쪽 제방 인근에 위치해 있다. 산업적인 로우랜드와 낭만적인 하이랜드 사이에 묘하게 자리를 틀어, 주택 단지와 골프 클럽, 산악지대, 산발적으로 확산되고 있는 도시 개발지 외곽이 서로 어정쩡한 경계를 짓고 있는 이곳에 자리를 잡고, 이런 다각적인 그리고 조금은 혼란스럽기도 한 환경을 위스키에 그대로 담아내고 있다. 로크 로몬드는 하이랜드일까? 로우랜드일까? 아니면 둘 다일까? 로크 로몬드는 같은 부지에 그레인위스키 증류소와 몰트위스키 증류소가 다 있다. 자급자족적 위스키 양조장을 운영하며 블렌디드 위스키, 싱글몰트위스키, 그리고 의회 의원들을 혼란스럽게 만들 만한 위스키들을 생산하고 있다.

몰트위스키 증류소에는 3가지 타입으로 다르게 설계된 4세트의 증류기가 있다. 1996년의 원조 증류기들, 1999년에 제작된 표준적인 단식 증류기 1세트, 그리고 설계 방식이 흥미로운 원조 모델을 더 대형판으로 복제해 놓은 신설 증류기 1세트다. 이 신설 증류기는 로몬드 증류기로 잘못 설명되는 경우가 종종 있지만, 목 부분에 정류탑이 부착된 단식 증류기다.

판을 다양하게 조절해 스피릿을 뽑아낼 수 있어서 증류 기술자는 목을 늘리거나 줄이는데, 이는 개성에 직접적 영향을 미친다. 여기에서는 피트 풍미를 포함해 8가지 타입의 몰트위스키를 생산해 여러 싱글몰트위스키 익스프레션의 베이스 위스키를 공급해 주는 한편, 이 증류소의 다른 증류장에서 생산하는 그레인위스키와 함께 하이 커미셔너(High Commissioner) 블렌디드 위스키에 섞어 넣을 모든 원주를 만들어낸다.

이곳에서는 혁신이 핵심 요소다. 효모만 봐도 그렇다. 스카치위스키는 똑같은 품종의 효모에 의존하는 점에서 특이하다. 로크 로몬드는 아니다. 거의 10년 전부터 와인용 효모를 사용해 왔다. 증류용 효모보다 2배나 비싸다는 점에서는 불리하지만, 이 효모를 쓰면 경쾌함과 향기가 늘어난다고 한다.

연속 증류기에서 만드는 몰트 스피릿의 생산에는 쟁점이 따라붙는다.(16쪽 참조.) 로크 로몬드측에서는 이런 방식으로 만든 위스키가 몰트위스키로 인정받아야 마땅하다고 주장하고 있으나 스카치위스키 협회에서는 전통적인 생산방식이 아니라며 인정하지 않는다.(연속 증류기의 생산 방식이 19세기 기술인데도 말이다.) 그렇다고 로크 로몬드가 여기에 그다지 신경 쓰는 것 같지도 않다. 예전부터 쭉 독자적 방식을 취해온 걸 보면.

2014년에 로크 로몬드 증류소는 한 사모펀드 업체에 매각되었다.

로크 로몬드 시음 노트

싱글 몰트 NAS 40%

향 황금색. 베티베르풀 향기, 몰트 통 내음, 제라늄과 레몬 향. 물을 타면, 채소의 느낌과 함께 목재의 달달한 페놀 향이 난다.
맛 허브/견과류의 풍미와 귀리가 떠오르는 상큼함이 미미하게 느껴지다, 중간 맛에서 혀에 달라붙는 듯한 느낌이 살짝 든다. 놋쇠 느낌도 있다.
피니시 오일리하다.
총평 가벼운 스피릿과 상쾌한 오크 풍미가 조화를 이룬다.

플레이버 캠프 몰트 풍미와 드라이함
차기 시음 후보감 글렌 스페이 12년, 오켄토션 클래식

29년, WM 카덴헤드 병입 54%

향 마시멜로, 플라워리 뱁(floury bap, 부드러운 햄버거 번과 흡사한 빵—옮긴이), 설탕을 뿌린 애플 스펀지 케이크의 향이 하늘하늘 가볍게 풍기다 생도라지, 오이의 강한 향기로 이어진다.
맛 첫맛으로 다가오는 몰트 풍미와 단맛. 기분 좋을만큼 부드러운 감촉.
피니시 깔끔하고 짧다.
총평 아주 더디게 숙성되는 스타일이다. 여름의 상큼함이 느껴진다.

플레이버 캠프 향기로움과 꽃 풍미
차기 시음 후보감 글렌버기 15년

싱글 몰트, 1966 스틸즈 45%

향 짙은 황금색. 오크 추출액, 선탠 오일, 사우나 목욕탕의 향취. 진한 달콤함과 버번 비슷한 향. 물을 타면 와인 검, 레드 플럼의 향기가 묻어나온다.
맛 강렬하다. 목재에서 짜낸 기름과 소나무, 연한 생 오레가노, 레몬 껍질의 풍미.
피니시 점점 드라이해진다.
총평 깔끔하고 가벼운 스피릿과 기운 왕성한 오크의 만남.

플레이버 캠프 과일 풍미와 스파이시함
차기 시음 후보감 메이커스 마크, 베른하임 오리지널 위트, 글렌 모레이 16년

인치머린, 12년 46%

향 파삭파삭하고 달콤한 향이 기분 좋은 상큼함과 깔끔함을 머금고 다가온다. 여기에 가벼운 레몬 향과 커스터드 애플, 화이트초콜릿의 향이 배경처럼 받쳐준다.
맛 상쾌한 과일 맛이 강하고 길게 전해오고 오크의 밸런스가 잘 잡혀 있다. 물을 타면 풍미가 누그러지며 레몬그라스와 익힌 배의 느낌이 솔솔 피어난다.
피니시 온화하고 깔끔하면서 중간 정도의 길이감이 있다.
총평 밸런스가 좋고 온화해 마시기에 부담 없다.

플레이버 캠프 과일 풍미와 스파이시함
차기 시음 후보감 브룩라디 10년

로스듀(그레인/몰트 하이브리드) 48%

향 달콤한 보리 향, 건초 보관장의 내음에 윌리엄 배의 상큼하고 상쾌한 향기가 브랜디에 못지않은 강렬함으로 다가온다. 깔끔하고 가볍다.
맛 과일나무의 꽃향기가 물씬 풍겨 아주 향긋하면서 부드러운 방향제의 느낌이 난다. 아몬드 시럽과 가벼운 견과류 풍미.
피니시 농축향의 느낌.
총평 몰트 보리를 연속 증류기로 증류한 위스키.

플레이버 캠프 향기로움과 꽃 풍미
차기 시음 후보감 닛카 코페이 몰트

12년, 오가닉 싱글 블렌드 40%

향 달콤한 보리 향, 건초 보관장의 내음에 윌리엄 배의 상큼하고 상쾌한 향기가 브랜디에 못지않은 강렬함으로 다가온다. 깔끔하고 가볍다.
맛 과수의 꽃 향기가 물씬 풍겨 아주 향긋하면서 부드러운 방향제의 느낌이 난다. 아몬드 시럽의 향에 가벼운 견과류 느낌이 어우러져 있다.
피니시 농축향의 느낌.
총평 몰트 보리를 연속 증류기로 증류한 위스키.

플레이버 캠프 향기로움과 꽃 풍미

Deanston

딘스톤

스털링 | www.deanstonmalt.com | 연중 오픈 월~일요일

딘스톤을 얘기할 때는 증류소처럼 보이지 않는 곳이라는 점을 말하지 않을 수 없다. 사실, 증류소처럼 보일 필요도 없다. 어쨌든 원래는 18세기 때의 제분소였고 한때는 유럽 최대의 물레방아를 자랑했으며 스피닝 제니(Spinning Jenny, 1764년 영국의 제임스 하그리브스가 발명한 기계식 물레—옮긴이)가 개발된 본거지였으니까. 이 자리에 제분소가 들어선 것은 물 때문이었다. 테이스 강이 동력원으로 이용되었고, 현재도 시간당 2,000만L의 강물이 증류소 터빈으로 흘러 들어가고 있다. 다시 말해, 동력을 자급자족하고 있을 뿐만 아니라 남는 동력을 전국 송전선망(National Grid)에 팔고 있다는 얘기다. 딘스톤은 친환경이 키워드다.

딘스톤은 비교적 새내기 증류소에 들어, 옛 제분소가 마침내 문을 닫았던 1964년으로 기원이 거슬러 올라간다. 한때는 인버고든의 소유였다가 현재는 번 스튜어트(Burn Stewart) 소속으로 있고, 번 스튜어트의 증류소 총괄 책임자 이언 맥밀런(Ian MacMillan)의 활동 거점이다. 딘스톤은 스코틀랜드에서도 유독 더 놀라움을 선사하는 증류소로 꼽히기도 한다. 우선, 터빈이 특이하게 생겼을 뿐만 아니라 규모(11톤급의 뚜껑 없는 오픈탑 매시툰)의 면에서나 두툼한 형태의 증류기 4대의 목 부분을 둘러싼 황동 초커(choker), 라인 암의 각도가 위로 꺾여 올라간 부분 같은 세세한 면들에서도 아무튼 독특하다.

최근에 딘스톤을 맛본 적 없는 이들에게 가장 놀랄 만한 대목은 뉴메이크다. 예외 없이 양초와 밀랍 향기가 나고, 특히 밀랍 향기는 숙성되면서 꿀 향으로 누그러진다. 가까운 과거 때의 단순하고 드라이한 스타일과 판이하게 달라졌다.

이쯤에서 맥밀런의 말을 들어보자. "그런 밀랍 향은 원조 하우스 스타일이었지만 인버고든의 감독 하에 있던 기간 동안 그 스타일을 잃어 버렸어요. 저는 그 스타일의 부활을 제 임무로 삼았어요." 그렇다면 그는 어떻게 되살려냈을까? "조금씩 변화를 주는 식이었지만 특히 워트에서 무게(즉, 당분)를 낮추는 방식을 재도입해 에스테르 향의 생성을 촉진시키는 일에 주력했죠. 저희는 장시간 발효와 저속 증류 방식을 활용해 증류기가 휴식할 시간도 주고 있어요. 저는 그런 옛 방식의 가치를 믿어요."

현재 위스키계에는 이런 밀랍 향을 띠는 스타일이 드물어서, 딘스톤의 제품은 블렌더들에게 아주 귀한 대접을 받고 있다.

아치형 지붕의 비범한 숙성고 안에는 유기농 위스키를 품은 캐스크들이 잠들어 있는데, 현재 싱글몰트위스키는 전부 알코올 도수 46%로 병입되고 냉각 여과를 거치지 않는다. "냉각 여과를 하면 향과 풍미를 잃게 됩니다. 무려 12년에 걸쳐 진전시킨 풍미인데 그걸 없애버린다는 게 말이 됩니까? 저는 사람들에게 그 풍미를 맛보게 해주고 싶어요!"

딘스톤은 어느 모로 보나 놀라운 곳이다.

딘스톤 시음 노트

뉴메이크

향 묵직하다. 양초/밀랍의 향이 있고, 점차 달래 향이 다가온다. 젖은 갈대와 미미한 곡물의 향기가 희미하게 숨어 있다.
맛 깔끔하면서 혀에 아주 걸쭉한 질감을 남긴다. 혀를 착 감아오는 듯한 느낌이 있다. 물을 타면 밀기울의 맛이 은은히 감돌지만 양초 왁스의 느낌이 가장 두드러진다.
피니시 입에 들러붙는 질감이 살짝 남는다.

10년 캐스크 샘플

향 황금색. 미국산 오크의 강한 기운과 물씬한 코코넛 향. 밀랍 향은 사라진 듯하지만 꿀의 느낌이 새롭게 부상했다. 선탠 로션과 가벼운 초콜릿(녹아가는 크런치 바) 향.
맛 진한 단맛으로 오크의 기운이 힘 있게 다가온다. 진한 꿀맛과 온화함. 뉴메이크와 비슷한 감촉.
피니시 가벼운 버터스카치 캔디 풍미로 부드럽게 마무리된다.
총평 특유의 개성인 밀랍 풍미가 점차 꿀의 느낌으로 변하며 오크와 조화를 이루고 있다.

12년 46.3%

향 옅은 황금색. 깔끔하고 달콤하다. 설탕시럽 향, 옅은 토피 향, 통조림 복숭아 향에 녹아가는 밀크초콜릿 향이 함께 풍긴다. 여기에 클레멘타인 향과 어우러진 곡물의 달달한 향이 배경처럼 받쳐준다.
맛 아주 달콤하고 농축된 맛. 뒤로 가면서 꿀, 깡통에 든 라이스 푸딩의 맛에, 가벼운 밀랍 느낌과 상큼한 오크 풍미가 어우러진다.
피니시 톡 쏘면서 살짝 스파이시하다.
총평 알코올 도수 46.3%에 냉각 여과 비 처리 제품으로, 예전 제품의 풍미보다 더 부드럽고 주스 느낌이 더 있다.

플레이버 캠프 과일 풍미와 스파이시함
차기 시음 후보감 애버펠디 12년, 더 벤리악 16년

AGED 12 YEARS
DEANSTON
HIGHLAND SINGLE MALT
SCOTCH WHISKY
UN-CHILL FILTERED
(EXACTLY AS IT SHOULD BE)
WE PUT EVERYTHING WE ARE, INTO EVERYTHING WE MAKE. THIS IS BOTTLED BLISS.
NOTHING ADDED BUT HARD WORK AND DETERMINATION.
46.3%vol. SIMPLE, HANDCRAFTED, NATURAL 70cl ℮

28년 캐스크 샘플

향 황금빛/호박색. 숙성의 전형적 특성이 느껴진다. 물씬한 향신료 향과 연한 비누 향기에 이어, 광 낸 가구의 냄새가 솔솔 번진다. 뉴메이크의 밀랍 향이 거의 되살아나면서 캐러멜과 피칸의 향이 느껴진다.
맛 갈수록 드라이해진다. 맛이 살짝 퇴색되었지만 16년 제품에서도 느껴지는 딸기의 맛은 살아 있다. 뒤로 물러난 밀랍 풍미. 연약한 인상.
피니시 톡 쏘면서 깔끔한 여운 속의 시나몬 풍미.
총평 딘스톤의 풍미가 롤러코스터를 타고 있다.

Tullibardine

툴리바딘

오치터라더(Auchterarder) | www.tullibardine.com | 연중 오픈 월~일요일

툴리바딘이 구릉지대 오킬힐스(Ochil Hills)의 북단, 블랙포드에 세워진 것은 그리 놀랄 일도 아니다. 물의 공급이 풍부한 곳인 만큼 당연한 부지 선택이었다. 이곳은 생수 업체 하이랜드 스프링(Highland Spring)의 수원지일 뿐만 아니라, 1488년 이후 맥주가 양조되어온 곳이기도 하다. 툴리바딘이 처음 설립된 해는 1798년이지만 현재의 부지에 들어선 때는 전후의 경기 호황기이던 1949년으로, 양조장의 자리에 다시 지어진 것이었다. 유명한 증류소 설계자 윌리엄 델메 에반스(William Delmé-Evans)가 설계하고 소유자로 있었다가 새로운 주인 브로디 헵번(Brodie Hepburn)이 1953년에 인수하면서 소규모 업체로 개조되었다. 원래 있던 매시툰과 워시백은 북쪽으로 약 13km 떨어진 더 글렌터렛으로 갔다.

툴리바딘은 결국 화이트 앤드 맥케이의 손에 넘어갔고 1994년에 가동이 중단되었다가 2003년에야 일단의 사업가들이 세운 합작기업에서 재개장했다. 이때 비용을 벌충하기 위해 예전 숙성고의 일부를 소매 상가로 임대했다.

2011년, 툴리바딘은 프랑스의 와인 및 스피릿 기업이자 하이랜드 퀸(Highland Queen)과 뮤어헤드(Muirhead) 브랜드의 소유주인 피카르(Picard)에 팔렸다. 다음은 세계 판매 책임자 제임스 로버트슨(James Robertson)의 회고담이다. "피카르는 이곳을 인수하며 저희에게 자신들을 주인이 아닌 관리자로 봐달라고 했어요. 피카르에서는 장기적 관점을 취하고 있어요." 이제 소매 상가는 다시 원래의 목적에 맞게 개조하는 작업에 들어갔고, 증류소는 생산력을 최대한 발휘해 가동되고 있으며 장비에 대한 투자도 이루어지고 있다. 위스키 애주가들에게 이 대목이 더 각별하게 와닿겠지만, 제품군이 합리적으로 개선되고 포장이 새롭게 디자인되어 재출시되고 있기도 하다.

폐업을 했던 증류소를 인수할 때는 재고의 구멍을 다루어야 하는 문제가 따르는데, 툴리바딘의 경우엔 그 문제와 더불어 기운 빠진 캐스크에 담겨 있던 위스키를 블렌디드 위스키의 푸풋하고 싱싱한 원주로 쓰는 문제까지 용케 해결해냈다. 싱글몰트위스키의 필요성은 이와는 정반대되는 또 하나의 문제였다. 과잉 수준의 피니싱은 원래 기운 빠진 오크 통의 문제를 극복하기 위한 한 방법이었으나, 오래된 스피릿들은 양도 너무 많은데다 일관성이 없고 뚜렷한 개성도 없었다.

다행히도, 이 모든 상황은 변화를 맞았다. 이 최종 소유주가 마침내 과일 풍미를 감내하면서부터 오크 통 사용 방식에서 새로운 깨우침에 이른 덕분이었다. 결국

툴리바딘의 출입문은 9년이나 걸어 잠겨 있었지만 이제는 잠에서 기분 좋게 깨어나 다시 가동되고 있다.

전설적 인물 존 블랙(John Black)의 손에서 이전 방식이 재현되면서 풍미가 약간 수정되었다. 이 존 블랙으로 말하자면 위스키 업계에 몸담은 세월이 57년에 이르는 스코틀랜드에서 가장 연륜 높은 증류 기술자였다. 안타깝게도 그는 2013년에 세상을 떠났으나 그의 유산은 현재까지도 확실하게 지켜지고 있다.

툴리바딘은 위스키라는 것이 순간적으로 탄생하는 스피릿이 아니며, 증류소가 반전을 맞기까지 얼마나 오랜 시간이 걸리는지를 살펴보기에 좋은 사례다. 하지만 툴리바딘은 그 힘든 반전을 확실하게 이루어냈다.

툴리바딘 시음 노트

소버린 43%

향 데메라라 설탕을 얹은 오트밀 포리지의 향이 크림같이 부드럽고 가볍게 다가오고 이어서 부드러운 과일 향기가 풍긴다. 과거에 비해 몰티함이 덜해져 더 향기롭다. 향이 섬세하고 물로 희석하면 싱그러운 푸른 잎의 향이 번진다.
맛 부드럽고 상쾌하면서, 여리여리한 느낌. 물을 타면 더 단맛이 나고 살짝 더 부드러워진다. 꽃향기가 앞으로 나온다.
피니시 희미한 몰트 풍미.
총평 과거에 비해 꽃의 풍미와 숙성미가 더해졌다.

플레이버 캠프 향기로움과 꽃 풍미
차기 시음 후보감 링크우드 14년, 글렌 키스

버건디 피니시 43%

향 조밀한 느낌이고, 와인 캐스크 속에서 무게감이 생기면서 라즈베리 잼을 만들며 걷어낸 거품과 눈깔사탕의 향을 띠게 되어 증류소 특유의 개성이 살짝 생겨났다.
맛 기름진 질감에 살짝 졸인 과일의 맛이 지배적이다
피니시 테이베리와 블루베리 느낌의 여운이 오래 지속된다.
총평 다양한 성분(증류소/리필 캐스크/와인 캐스크) 사이의 밸런스가 뛰어나다.

플레이버 캠프 과일 풍미와 스파이시함
차기 시음 후보감 글렌모렌지 퀸타 루반

20년 43%

향 파삭파삭한 느낌의 오크 향과 더불어, 갓 구운 통밀빵의 향기가 은은히 풍긴다. 숙성의 전형적 특징인 가벼운 오일리함.
맛 오크 풍미로 여러 가지 맛에 풍부함이 더해진 가운데 곡물의 기름진 느낌이 여전히 살아 있다. 촛불을 끌 때의 향도 흐릿하게 감돈다.
피니시 견과류 풍미.
총평 곡물의 특색이 더 두드러져, 더 어린 스피릿과 크게 달라진 개성을 갖추었다.

플레이버 캠프 몰트 풍미와 드라이함
차기 시음 후보감 글렌 기리

Central Highlands

하이랜드 중부

2곳의 예외만 있을 뿐, 퍼스샤이어(Perthshire) 중심부의 주변에 몰려 있는 이곳의 증류소들은 모두 가문의 뿌리까지 거슬러 올라가는 비밀, 밀주, 제분업자, 농부, 충성, 블렌더들에 얽힌 여러 이야기를 품고 있다. 이 지역은 한때 증류 활동의 중심지였으나 현재는 극소수만이 명맥을 유지하고 있다. 그 이유가 뭐냐고 묻는다면, 품질과 개성 때문이다.

테이 강이 물을 대주는 이 지역은 오래전부터 위스키의 고장이었다.

The Glenturret, Strathearn

더 글렌터렛, 스트래선

더 글렌터렛 | 크리프(Crieff) | www.thefamousgrouse.com | 연중 오픈 월~일요일
스트래선 | 메스벤(Methven) | www.facebook.com/strathearndistillery

하이랜드 중부의 증류소들은 2곳만 제외하고, 서로 끌어당기기라도 한 것처럼 퍼스샤이어 중심부에 몰려 있다. 현재 하이랜드 중부에 남아 있는 증류소는 6곳에 불과하지만 과거에만 해도 퍼스샤이어 1곳에서만 그 수가 70곳을 넘었다. 그중 대부분은 1823년 이후에 일확천금의 붐에 편승해 문을 열었다. 이때 밀주를 만들던 농부들이 너도나도 이사야서 2장 4절(무리가 그 칼을 쳐서 보습을 만들고 그 창을 쳐서 낫을 만들 것이며 이 나라와 저 나라가 다시는 칼을 들고 서로 치지 아니하며 다시는 전쟁을 연습지 아니하리라—옮긴이)의 정신으로 불법업자에서 벗어나 합법적이고 평화로운 삶을 새로 받아들였다.

많은 이들이 이내 깨달았다시피 뒷문으로 은밀히 그때그때 다른 품질의 위스키를 소량으로 파는 것과 일관된 품질의 위스키를 앞문으로 대량으로 파는 것은 다른 문제였다. 이런 현실에 더해 1840년대에 경기침체까지 덮치자 19세기 중반 무렵 대다수 증류소가 사라졌다.

하지만 이 지역에서는 3곳의 증류소가 옛 농장 증류소들의 자취를 느끼게 해주고 있다. 그중 첫 번째로 소개할 더 글렌터렛 증류소는 크리프 외곽에 위치해 있다. 이곳은 매시가 불과 1톤 규모이고, 증류기가 기본형에 각진 형태이며, 전반적으로 외양간 같은 인상을 준다.

더 글렌터렛은 1929년에 시설이 철거되며 30년 동안 유기되는 굴곡을 겪었다. 현재는 에드링턴 그룹의 소속이 되어 이 그룹에서 출시하는 더 페이머스 그라우스 익스피리언스의 고향으로 활약 중이다. 어떤 면에서는 그것이 더 글렌터렛이 정말 기분 좋은 위스키를 만들어내고 있다는 사실에 사람들의 관심이 끌리지 못하도록 가리고 있긴 하지만… 어쨌든 이곳은 다시 생명을 얻게 되었다. "저희가 1990년에 이곳을 인수했을 때 존 램지(John Ramsay, 에드링턴의 전 마스터 블렌더)가 더 글렌터렛을 재설계해 증류 속도와 컷 포인트를 조정하고 공정의 일관성을 높였어요." 램지의 후임자인 고든 모션(Gordon Motion)의 말이다. 지금은 더 블랙 그라우스(The Black Grouse)의 원주로 쓰기 위해 강한 피트처리로 변화를 준 스피릿도 생산하고 있다.

재설계가 되었는데도 여전히 더 글렌터렛으로 인정될 수 있을까? 여기에 대해서는 모션에게 답을 들어보자. "저희는 증류기를 바꿀 수 없어서 특정 타입의 위스키만 생산할 수 있어요. 어떤 증류소든 이어받은 유산과 미래의 가능성 사이에서 균형을 잡아야 해요."

스트래선 증류소: 미니어처판 위스키 증류소

'배질턴 농장 부속 건물'이라는 주소 안에 온갖 암시가 배어 있는 곳이다. 2013년에 메스벤이라는 마을의 옛 농장 건물에 스코틀랜드에서 가장 작은 증류소가 문을 열었다. 이 증류소에서는 모든 공정이 미니어처 판이다. 워시 스틸의 용량은 800L에 스피릿 스틸 용량도 겨우 450L이고, 증류 원액은 50L들이 캐스크에 채워지고 있다. 하지만 유연성을 갖추고 있다. 이미 진 제품을 시장에 내놓았고, 그 외에도 DIY 증류의 날 같은 행사 등을 비롯해 수많은 아이디어를 펼치고 있다. 규모는 작을지 몰라도 아이디어는 거대한 곳이 바로 스트래선이다.

적은 양의 위스키를 생산하는 더 글렌터렛은 퍼스샤이어에 몇 곳 남지 않은 농장 증류소다.

더 글렌터렛 시음 노트

뉴메이크

향 덜 익은 오렌지의 쌉쌀한 향, 큐라소와 약간의 유황 향, 스위트콘 향과 그 후에 다가오는 희미한 광택용 도료의 느낌.
맛 진한 견과류 맛과 할라페뇨의 얼얼함. 크림처럼 부드러운 질감에 입 안쪽에서 희미하게 번지는 유황의 느낌. 앞으로 오크에서 가벼움과 상쾌함이 배어나올 것으로 보인다.
피니시 깔끔하다.

10년 40%

향 옅은 황금색. 달콤한 향에 더해, 빵, 리놀륨, 오렌지 꽃이 연상되는 향이 다가온다.
맛 꽃의 느낌이 돋지만 혀에 닿는 질감이 아주 기름지고 크리미하다. 물로 희석하면 꽃가루와 말린 꽃, 정원용 노끈, 핑크 대황의 풍미가 퍼져나온다. 경쾌한 시트러스 맛.
피니시 향기롭고 상쾌하다.
총평 향이 가볍지만 장기 숙성을 견뎌낼 만한 무게감이 충분하다.

플레이버 캠프 향기로움과 꽃 풍미
차기 시음 후보감 블라드녹 8년, 스트라스밀 12년

Aberfeldy

애버펠디

듀어스의 월드 오브 위스키(World of Whishky)의 고향 | www.dewars.com | 연중 오픈 4~10월 월~일요일, 11~3월 월~토요일

퍼스샤이어는 두 갈래 기질의 스코틀랜드를 품고 있다. 먼저 주도로만 따라서 가면 이 지역이 풀로 뒤덮인 느긋한 구릉지대가 펼쳐진 곳인 줄로만 믿게 된다. 하지만 그 붐비는 길에서 벗어나면 920m로 솟은 봉우리들(벤 로어스 산, 밀 가브, 시할리온)이 펼쳐진 하이랜드의 농촌을 마주하게 된다. 참고로, 시할리온 산은 1774년에 지구의 무게를 구하려다 등고선이 발견되면서 현대판 지도 제작이 시작된 곳이다.

퍼스샤이어에는 과거의 숨결이 스며 있다. 애버펠디에서 글렌 리온(Glen Lyon)을 따라 차를 몰고 포팅갈(Fortingall)을 지나다 보면 교회 경내의 어두운 한 구석에 수령이 5,000년으로 추정되는 주목 나무가 있고, 글렌 리온을 따라 서쪽으로 쭉 가면 라녹 무어(Rannoch Moor)의 피트 늪지가 나온다.

1805년에 존 듀어가 태어난 곳이 바로 이곳 경계지로, 애버펠디 외곽으로 3km 떨어진 쉐나베일(Shenavail)의 소작지였다. 존 듀어는 23살에 어느 목수의 견습생으로 일하다 퍼스로 옮겨가 와인 거래상을 하는 먼 친척의 일을 거들었다. 1846년에는 자신의 사업을 꾸려 위스키 거래를 시작했다. 19세기 말 무렵, 존의 블렌디드 위스키는 세계 곳곳으로 50만 상자 이상 팔려나가고 있었다. 결국 1898년에 애버펠디에 증류소를 열었다.

존 듀어의 두 아들이 애버펠디 증류소를 세운 곳은 아버지가 살던 소작지 농가에서 3km 떨어진 자리였다.

왜 여기였을까? 존의 아들들인 존 알렉산더와 토미는 증류소를 어디에든 지을 수 있었다. 19세기 말이라면 스페이사이드가 논리적으로 가장 적합한 부지였을 만했다. 그런데 형제는 스페이사이드가 아닌, 아버지의 미천한 출생지가 보이는 곳에 증류소를 세웠다. 아버지가 어린 시절에 맨발로 걸어다니며 자신의 교육비를 벌기 위해 연료용 피트를 날랐던 곳이 보이는 그 자리 애버펠디에 형제가 증류소를 세운 이유는 정서적 유대감 때문이었다.

애버펠디의 밀랍/꿀 풍미는 장시간의 발효를 거치고 양파 모양에 목 부분이 좁은 증류기에서의 저속 증류로 증류액을 농축시키는 공정에서 생겨난다. 한편 증류액의 컷 포인트를 높게 잡아 지켜내는 향의 섬세함은 리필이나 퍼스트 필 미국산 오크에서 최적의 숙성을 보이고, 밀랍 풍미는 맛에 걸쭉함을 더해 장기 숙성을 가능케 해준다.

이 증류소의 설립 목적이 블렌더의 요구에 맞춘 스타일의 스피릿을 생산하기 위한 것이었다 해도 그 부지에는 장소와의 심리적 유대가 서려 있다. 실리적 이유와 정서적 이유가 융합된 셈이다.

애버펠디 시음 노트

뉴메이크

향 가벼운 밀랍 향과 흰색 계열 과일 향이 달콤하게 다가온다.

맛 맛이 깔끔하고 선명하다. 아주 달달한 맛에 밀랍의 질감이 느껴지면서 깔끔하다.

피니시 여운이 길게 이어지며 서서히 드라이해진다.

8년 캐스크 샘플

향 황금색. 달콤하다. 클로버 꿀, 몰트, 배의 향.

맛 달콤하고 부드러우며 깜짝 놀랄 정도로 스파이시하다. 입안을 강타하려 드는 공격성이 있지만 진한 단맛이 중심을 잡아주면서 억제되고 있다.

피니시 빈약하다.

총평 여전히 진전 중에 있다.

12년 40%

향 호박색. 8년 숙성 때의 꿀 향이 훨씬 깊어졌을 뿐만 아니라 더 향긋해지기도 했다. 덜 익은 배의 향이 사라지고, 꽃향기(뉴메이크에서의 에스테르 향)가 잘 익은 사과의 느낌으로 부상했다. 상쾌한 오크 향과 라즈베리 잼 향.

맛 오크 풍미가 주도적으로 나서지만 이제는 그 단맛이 버터스카치 캔디의 특성으로 진전되었다. 무난하다. 알약과 복숭아 주스 맛.

피니시 길고 달콤하다.

총평 이제는 제 역량을 활활 불태우고 있다.

플레이버 캠프 과일 풍미와 스파이시함
차기 시음 후보감 브룩라디 16년, 롱몬 10년, 글렌 엘긴 12년

21년 40%

향 호박색. 훈연 향, 설탕시럽과 마카다미아 향이 중간 정도의 묵직함으로 퍼진다. 원만하고 부드럽다. 오크 향이 이제는 그냥 뒤에서 받쳐주는 정도다. 희미하게 감도는 밀랍과 코코넛 크림의 향. 물로 희석하면 헤더 꿀과 피트의 향이 올라온다.

맛 뜻밖에도 스모키함이 부드럽고 가벼운 박하/밀랍의 단맛 위에 향기로움의 층을(그와 함께 드라이함의 층까지) 더해주고 있다.

피니시 긴 여운 속에 느껴지는 향신료의 부드러운 풍미와 오크 풍미.

총평 흥미롭다.

플레이버 캠프 과일 풍미와 스파이시함
차기 시음 후보감 글렌모렌지 25년

Edradour, Blair Athol

에드라두어,
블레어 아톨

에드라두어 | 피틀로크리(Pitlochry) | www.edradour.com | 오픈 4~10월 월~토요일
블레어 아톨 | 피틀로크리 | www.discovering-distilleries.com/blairathol | 연중 오픈, 개방일 및 구체적 사항은 웹사이트 참조

피틀로크리는 빅토리아조 시대에 세워진 도시로, 번창해 도로도 널찍하게 뚫렸지만 18세기와 19세기에는 더 번창해 북쪽으로 5km에 걸친 마을 물린(Moulin)까지도 상업 중심지였다. 물린은 마을명의 의미를 놓고 약간의 논쟁이 있지만 게일어 'muileann(제분소)'과 아주 비슷하긴 하다. 보통은 제분소가 있는 곳에는 증류소가 있기 마련이다. 물린의 경우에도 증류소가 4곳 있었는데 현재는 1곳만이 남아 있다.

에드라두어가 스코틀랜드에서 가장 작은 증류소인지에 대해서는 논란의 여지가 있다. 최근에 세워진 곳 중에도 그보다 작은 증류소가 얼마든지 있다. 하지만 에드라두어는 빅토리아조 시대부터 명맥을 이어왔고, 무엇보다도 여전히 위스키를 생산 중이다. 퍼스샤이어 증류소의 옛 시절을 엿보고 싶다면 그 모든 실마리가 이 증류소에 있다.

시그나토리 빈티지(Signatory Vintage)의 데스 맥카허티(Des McCagherty)의 말을 들어보자. "본질적으로 따지자면 설비가 그대로예요. 오픈탑형 갈퀴장착 매시툰, 모튼(Morton) 냉각장치, 목재 워시백, 그리고 웜텁이 설치된 소형 증류기까지 다요. 바꾸지 않으면 안 되는 부분만 변경했어요. 그래서 웜텁을 교체해야 했고 신형의 스테인리스스틸 모튼 냉각장치를 사용하게 되었죠." 이 전통적 설비에서 만들어지는 오일리하고 달콤한 뉴메이크는 깊이 있는 꿀의 풍미에 구운 곡물 향과 농익고 진한 맛을 띤다. 이런 강건한 특성을 지닌 원액은 현재 대부분이 전통적 스타일의 오크에 담긴다. "에드라두어는 현재 블렌디드 위스키에 섞이기보다 전부 싱글몰트로 만들어지고 있고 숙성에는 퍼스트 필이나 세컨드필 오크를 쓰고 있어요. 에드라두어의 경우는 대부분을 셰리 캐스크에 담고 발레친(Ballechin, 강한 피트 처리로 변화를 준 새로운 위스키)은 주로 퍼스트 필 버번 캐스크에 담죠. 에드라두어는 양질의 셰리 캐스크와 잘 맞아요." 그 수는 작지만 점차 늘고 있는 이런 독립 증류 업체들을, 맥카허티는 사멸될지 모를 기술과 "사라져 버릴지 모를 증류소들"의 생명줄을 이어가고 있는 곳들로 평하고 있다.

피틀로크리는 블레어 아톨 증류소의 터전이기도 하다. 블레어 아톨은 1798년부터 합법적으로 위스키를 생산해 왔고 1933년 이후 벨즈의 사단에 속해 있었다. 벨즈는 계열 증류소 대부분을 비슷한 방식으로 가동해, 탁한 워트, 단시간 발효, 응축기 사용, 견과류 풍미에 스파이시한 스타일의 최종 증류액을 생산 방침으로 삼았다. 블레어 아톨은 이런 스타일 중에서도 묵직함의 극단에 든다. 워시 스틸 단계에서 알싸함을 입혀 뉴메이크를 뽑아내 과일 풍미 풍부한 스타일로 숙성시키고 있다. 에드라우더와 마찬가지로 셰리 캐스크에서 가장 잘 숙성된다.

블레어 아톨 시음 노트

뉴메이크

향 몰트 추출물 특유의 묵직한 향. 소 사료/다크 그레인의 향취. 씨앗과 견과류 향과 그 후에 이어지는 석탄산 비누의 향기.
맛 숯과 몰트의 풍미. 묵직하고 강하다.
피니시 아주 드라이하다.

8년, 리필 우드 캐스크 샘플

향 뮤즐리, 까맣게 익은 포도, 압착 귀리의 향. 풍부하고 폭넓은 여러 향 속에서 퍼져 나오는 과일 향.
맛 풀바디에 열얼하고 살짝 흙내음이 돈다. 무게감이 있고 탄맛과 드라이한 맛이 여전하다. 강한 잠재력이 느껴진다.
피니시 드라이하고 길다.
총평 숨겨진 비밀을 끌어내기 위해 시간과 기운 왕성한 캐스크가 필요할 정도의 묵직한 무게감을 과시한다.

12년, 플로라 앤드 파우나 43%

향 짙은 호박색. 구운 몰트, 바이올렛 향. 맥아빵, 미미한 건포도의 향. 희미한 밀랍 향과 어우러진 가벼운 프룬 향. 물로 희석하면 달콤해진다.
맛 묵직하고 달콤하다. 드라이하고 진한 몰트/견과류 풍미에 건포도 맛이 함께 풍긴다. 숯의 느낌이 이제는 오크 풍미와 융합되어 깊이감과 풍부함이 늘어났다. 물로 희석하면 맥아유 맛이 살아난다.
피니시 쌉싸름한 초콜릿 풍미.
총평 풀바디의 몰티한 이 스피릿에 유럽산 오크가 밸런스에 필요한 풍미의 층을 늘려주었다.

플레이버 캠프 풍부함과 무난함
차기 시음 후보감 맥캘란 15년 셰리, 페터카렌 33년, 글렌피딕 15년, 달루안 16년

에드라두어 시음 노트

에드라두어 뉴메이크

향 묵직함과 깔끔함. 꿀 향, 검은색 계열 과일의 오일리함과 함께, 바나나 껍질, 초지 건조/건조 보관장의 향취가 번진다.
맛 첫맛은 달콤함이, 다음엔 아마인유와 커런트류 과일의 풍미가 다가온다. 씹히는 듯한 질감과 강건한 힘이 있다. 여기에 입안을 덮어오는 곡물 풍미가 견고하게 받쳐준다.
피니시 긴 여운 속에서 점차 드라이해진다.

발레친 뉴메이크

향 에드라두어만큼이나 묵직하면서 곡물 향과 장작(자작나무 재목) 연기 향이 좀 더 진하다.
맛 훈연 풍미가 바로 다가오지만 과일과 오일의 깊이 있는 풍미가 밸런스를 잡아준다.
피니시 오일리하면서도 과일의 풍미가 난다. 힘이 강하지만 밸런스가 좋은 스피릿이다.

1996, 올로로소 피니시 57%

향 강렬한 황금색. 헤이즐넛 오일, 마른 풀, 향신료의 향. 가벼운 흙내음. 구운 견과류 향. 물로 희석하면 허브와 아몬드 향.
맛 첫맛의 견과류 풍미를 후에 이어지는 오일리함이 더 돋워주면서 중간쯤에 달큰한 맛이 돈다. 입안을 덮는 질감과 함께 감칠맛이 있다.
피니시 가벼운 아니스 풍미.
총평 신기하게도 브랜디 레판토와 약간 비슷하다.

플레이버 캠프 과일 풍미와 스파이시함
차기 시음 후보감 달모어 12년

1997 57.2%

향 구리색. 1996 제품에 비해 더 절제미가 생겼다. 졸인 과일 향, 플럼과 과일 케이크 향. 물로 희석하면 미미한 훈연 향취와 레드와인 특유의 포치드 페어 향기가 다가온다.
맛 풍미를 주도하는 꿀맛. 은은히 풍기는 붉은색 생 과일, 말린 라즈베리, 딸기, 초콜릿 풍미.
피니시 달콤하다.
총평 와인의 특색을 띤 점이 흥미롭다.

플레이버 캠프 풍부함과 무난함
차기 시음 후보감 달모어 15년, 주라 21년

Royal Lochnagar

로열 로크나가

발라터(Ballater) | www.discovering-distilleries.com/royallochnagar | 연중 오픈, 자세한 사항은 웹사이트 참조

이어서 소개할 곳은 물린에서 북쪽으로 글렌시(Glenshee)의 고지를 넘어 1시간 거리에 있는 디사이드(Deeside)다. 방문자들은 무성한 암녹색 숲이 펼쳐지고, 로열 워런트(왕실 조달 허가증)을 부여받은 데다 꽃줄 장식으로 아기자기하게 꾸며진 이 도시의 풍경을 접하면 중산층의 점잖은 삶이 깃든 곳으로 넘겨짚기 쉽지만, 사실 이곳은 예전부터 은신처로 유용하게 이용되어 왔다. 높다란 산길들은 가축 몰이꾼들이 소들을 풀을 먹여가며 쉽게 중앙 시장으로 데려가게 해주었으나, 이 길은 위스키 밀거래 업자들이 스페이사이드나 디사이드의 어두침침한 보시에서 남쪽으로 갈 때 자주 애용하던 루트이기도 했다. 빅토리아 여왕과 여왕의 부군인 앨버트 공이 여기에 발모럴 성을 지은 이유도 이 지역의 외진 특성 때문이었다. 애도 중이던 여왕은 이곳을 찾아 은거하곤 하지 않았을까 싶다.

이곳 오지에는 오두막집, 실링, 보시, 오래된 증류소들이 여기저기 멋스럽게 흩어져 있다. 비밀스럽고 밀폐된 지형 탓에 길을 잃기 쉽고, 모든 것이 겉으로 보이는 모습과는 사뭇 다르기도 하다. 디사이드 북쪽의 첫 번째 증류소는 소유주이자 그 자신도 밀주를 만들어 팔던 제임스 로버트슨이 크래시(Crathie)의 강변에 합법 증류소를 세운 이후 불법 증류 업자들의 방화로 소실된 적이 있다는 설이 전해지는 곳이다.

로열 로크나가 증류소는 술에 보르도산 레드와인 클라레를 섞어 마시길 좋아했던 빅토리아 여왕에게 로열 워런트를 하사받았던 곳으로 1845년 무렵에 세워졌다. 이 지역의 특성을 감안하면 예상할 법하지만, 디사이드 너머로 숨겨진 아주 작은 고원에 터를 잡고 있는데 인근의 화강암으로 만든 두툼한 벽은 운모(雲母)와 장석(長石)의 얼룩들이 비 내린 후 햇살을 받으면 반짝반짝 빛난다.

디아지오 산하 증류소 중 가장 작은 로열 로크나가의 소형 증류기 2대와 증류기의 웜텁을 보고 나면 묵직한 스타일을 생산하는 곳이려니 추정할 만하지만 이곳은 글렌 엘긴과 다소 비슷하게(86쪽 참조) 구리와의 대화를 과도할 만큼 연장시키는 기술을 활용해 전형적이지 않은 방식으로 가동되고 있다.

이곳에서는 느긋한 접근법을 취한다. 증류기를 일주일에 2번만 가동하는가 하면 구리가 활력을 되찾을 수 있게 증류 중간중간에 휴식을 준다. 웜텁은 식지 않게 관리하는데, 이 역시 구리의 가용성을 늘리려는 것이다. 유황 대신 풀의 풍미를 끌어내고 있지만 로크나가에 내재된 고유 특성상 푸릇푸릇한 풀이 아닌 마른 풀의 느낌이 나고, 바로 이 마른 풀 풍미가 증류소의 부지와 어쩔 수 없이 쉽게 간과되고 마는 중간 맛의 견고함을 살짝 상기시켜 준다. 이런 풍미 특성은 장기 숙성에 적합하다는 점을 알려주는 단서이기도 하다. 디사이드 북쪽에서는, 모든 것이 겉보기와는 사뭇 다르다.

로열 로크나가 시음 노트

뉴메이크

향 마른 건초, 가벼운 배의 향, 썩을 정도로 익은 과일 향에 희미한 훈연 향이 어우러져 있다. 묵직함과 풀 향.

맛 뚜렷한 훈연 풍미가 상쾌하고 깔끔하게 다가와 중심을 견고하게 잡아준다. 혀를 살짝 적셔오는 질감.

피니시 깔끔하다.

8년, 리필 우드 캐스크 샘플

향 오크 통에서 우러나온 연한 바닐라/화이트 초콜릿의 향. 건초/밀짚의 특성은 여전하지만 과일 향은 이제 부드러워지는 중이다. 가벼운 훈연 향.

맛 처음엔 감귤류 느낌이 밴 사과 맛이 나 의외의 경험을 선사하고, 이어서 밀짚의 단맛이 난다. 풍미가 차츰 풍부해지는 중에도 여전히 기분 좋은 느낌을 준다.

피니시 배와 비슷한 풍미가 감돌고, 마른 풀의 풍미가 다시 다가온다.

총평 웜텁의 영향으로 풀 느낌이 밴 몰트 추출물에 깊이감이 더해졌다.

12년 40%

향 깔끔하다. 잘라낸 풀의 향기에 이어지는 은은한 곡물 향. 상큼하게 다가오는 진한 상쾌함. 점차 번져오는 마른 건초, 헤이즐넛, 레몬, 커민 씨 향.

맛 예상보다 더 달큰하다. 라이트 바디와 미디움 바디의 중간이지만, 드라이함(몰트/건초)과 달콤함(프랄린/과일) 사이에 밸런스가 잡혀 있다.

피니시 온화하고 깔끔하다.

총평 상쾌하고 매력적이다.

플레이버 캠프 과일 풍미와 스파이시함
차기 시음 후보감 글레고인 10년, 야마자키 12년

셀렉티드 리저브 NAS 43%

향 셰리의 힘 있는 기운이 느껴진다. 말린 과일의 달콤한 향기와 더불어 럼과 건포도 향이 약간 있고, 당밀의 향도 살짝 느껴진다.

맛 과일 케이크 맛과 살짝 톡 쏘는 올스파이스 맛. 풀의 풍미는 사라졌지만 스피릿의 깊이감이 오크 풍미를 잘 감당해 내고 있다.

피니시 긴 여운 속에서 느껴지는 달콤함.

총평 증류소의 개성이 부차적 역할에 머물게 하는 대범함이 특징인 익스프레션.

플레이버 캠프 풍부함과 무난함
차기 시음 후보감 글렌피딕 18년, 달루안 16년

Dalwhinnie

달위니

달위니 | www.discovering-distilleries.com/dalwhinnie | 연중 오픈, 개방일 및 자세한 사항은 웹사이트 참조

디사이드를 우회해 돌아가면 하이랜드 중부 지역의 마지막 증류소가 나온다. 케언곰과 모나들리아스(Monadhliath) 산맥 사이의 높은 고원에 외떨어진 곳이다. 이 외진 부지는 경치가 장관인 데다 의외로 노출되어 있다. 달위니는 스코틀랜드에서 가장 높은 곳에 있는 증류소의 부문에서 공동 선두에 올라 있고(영예의 공동 선두 주자는 브래발이다) 영국에서 가장 추운 거주 지역에 속해 있기도 하다. 증류소 건물은 예전엔 목장 일꾼들의 합숙소로 쓰였던 곳으로, 집에 갈 수 없었던 일꾼들이나 오도 가도 못하게 발이 묶여버린 운전자들의 임시 숙소 역할을 했다.

왜 이런 곳에 증류소를 지었을까? 도로를 이용해 들어오는 방문객들 대다수가 증류소의 뒤쪽이라고 생각하지만 사실은 정면인 길목, 즉 철도선 때문이다. 이곳 역시 빅토리아조 말기에 설립된 증류소이며, 1897년에 블렌딩 붐에 편승해 중부 지역과의 교통이 용이한 이곳을 부지로 삼은 것이었다. 증류소 설립 이전에 이 자리에서 증류가 행해졌는지의 여부는 불확실하다. 다만 옛날에 가축을 몰던 여러 길이 합류했던 지점인 점을 감안하면 수년에 걸쳐 수많은 불법 물품이 이곳을 통해 오갔으리라는 점만큼은 확실시된다.

하이랜드 중부의 일부 증류소들을 관통하는 특징의 하나가 꿀 풍미라면, 달위니에서는 이 풍미의 농축도가 최고도에 이른다. 풍부하고 걸쭉하면서 달콤한 질감을 띠는 이런 풍미 덕분에 얼려 마시면(증류소 위치를 감안할 때 충분히 타당한 발상이다) 새로운 차원의 싱글몰트위스키가 된다. 하지만 뉴메이크의 향을 맡아보면 꿀 향기가 바로 드러나진 않는다. 달위니의 비결은 바로 증류기의 웜텁을 둘러싼 대형의 목재 원형 텁이다.(오른쪽 사진 참조.)

뉴메이크는 구리와의 접촉에 굶주려 결국엔 자동차의 배기가스 연기 같은 유황을 품은 채로 이 웜텁을 떠나게 된다. 위스키를 참 별나게 만든다는 느낌이 든다. 자유자재로 쓸 수 있는 온갖 기술이 있으니 그냥 유황 없이 만들지, 왜 디아지오는 이렇게 별나게 구는 걸까? 디아지오의 증류 및 블렌딩 구루인 더글라스 머레이는 이렇게 말한다. "증류소의 진정한 개성을 끌어내고 싶은 단계에서 치르는 대가죠. 유황을 제거하려는 방향으로 증류기를 가동할 경우, 로열 로크나가의 방식대로 하면 뉴메이크에 풀이나 과일 풍미가 생겨요. 그런데 유황 성분이 있게 만드는 방향으로 증류기를 가동하면, 풀/과일의 특성을 부여해 주는 구성 성분들이 뭉치지 않아 가볍고 섬세한 스타일이 나와요."

뉴메이크는 이곳 증류소에서 오랜 시간을 보낸다. 이곳의 품 안에서 수년간 잠을 잔다. 주력 익스프레션이 15년 숙성이기 때문이다. 이런 장기 숙성에는 또 다른 이점도 있다. 뉴메이크에서 간신히 느껴지는 약한 꿀 풍미가 진하게 농축될 기회를 갖게 된다는 점이다. 이 대목에서 또 다른 의문이 고개를 든다. 그러면 그 농축된 꿀 풍미는 어디에서 생기는 걸까?

이번에도 머레이의 말을 들어보자. "저는 이 꿀 풍미라는 게 타협적이라고 생각해요. 우리는 그냥 편의상 뉴메이크의 풍미를 얘기할 때 밀랍이니 풀이니 과일이니 하는 말들을 쓰지만, 밀랍 풍미를 만들되 극단까지 밀어붙이지는 않는 식으로 증류기를 가동하면 기분 좋은 달콤함과 버터 같은 매끄러움을 얻게 됩니다." 달콤함이 밀납 풍미와 결합하면 어릴 때는 밀랍처럼 느껴지다가 숙성되면 꿀 느낌이 난다. 애버펠디나 딘스톤에서 느껴지는 것과 똑같은 특성이다.

주위가 온통 황무지와 산뿐인 이곳 툰드라 지대에서는 시간이 더디게 흐르는 느낌이다. 방문객은 깊이 숨을 들이쉬며 도시에 맞춰져 있던 심장을 차분히 가라앉히다 보면 시간의 흐름에 자신을 비춰보게 된다. 느긋하게 점점 진해지고 응축되며 자신의 진정한 개성을 드러내는 달위니 위스키의 특색처럼 말이다.

웜텁에서 스피릿 세이프로 흘러 들어가는 달위니 뉴메이크.

웜텁 VS 응축기

응축 방법의 원조였던 웜텁이 요즘엔 보기가 힘들어졌다. 20세기에 들어와 위스키 업계 전반에 셸 앤드 튜브식 응축기가 도입된 결과다. 셸 앤드 튜브식 응축기는 효율성은 더 높지만 특성을 변화시켜 깊이감을 없애는 근본적 단점도 있다. 이곳 달위니에서 오래된 웜텁을 철거했을 당시에도 그런 단점이 여실히 입증되었다. 웜텁이 사라지자 '달위니'도 사라졌다. 부랴부랴 다시 설치하자 '달위니'도 다시 돌아왔다.

스코틀랜드에서 가장 고지에 위치한 증류소 부문 공동 선두인 달위니는 영국의 주거지대 가운데 가장 추운 곳이기도 하다.

달위니 시음 노트

뉴메이크

향 완두콩 수프와 사우어크라우트의 향, 물씬하게 풍겨오는 유황 향. 묵직함과 옅게 배어나오는 피트의 스모키함. 배기가스 냄새.

맛 드라이함과 깊이가 느껴지고 그 밑으로 단맛이 숨겨져 있다. 묵직하다.

피니시 유황 풍미.

8년, 리필 우드 캐스크 샘플

향 나뭇잎과 옅은 오크의 향에 더해 약간의 유황 향(브로콜리 향)이 여전히 남아 있지만 묽은 꿀과 뜨거운 버터의 향도 묻어난다.

맛 잠재된 풍미가 아련히 느껴지는 듯하다. 꿀, 헤더, 소프트 베리류의 맛이 나른하도록 묵직한 질감으로 다가온다.

피니시 절제된 여운 속에서 퍼져오는 스모키함.

총평 여전히 잠들어 있다. 스페이번, 아녹, 글렌킨치 같이 유황 향이 있는 다른 뉴메이크들과 같은 나이에 맞춰 비교해 보는 것도 흥미롭다. 특유의 숙성미를 온전히 드러내려면 아직 시간이 필요한 상태다.

15년 43%

향 풍부한 단 향과 진한 미국산 오크/크렘 브륄레의 느낌이 부드럽게 다가온다. 스모키한 향이 아주 살짝 풍긴다. 레몬의 새콤함과 어우러진 꿀 향기가 있고, 물을 희석하면 꽃가루 같은 느낌에 가까워진다. 무게감이 좋다.

맛 첫인상이 아주 걸쭉하다. 희미하지만 충분히 감지될 정도의 스모키한 풍미. 디저트류의 단맛/그릭 요거트 맛이 아카시아 꿀, 상큼한 오크 풍미와 어우러져 있다.

피니시 길고 부드럽다.

총평 이제는 완전히 잠에서 깨어나, 유황 외투를 떨쳐내고 꿀을 걸친 모습을 드러내고 있다.

플레이버 캠프 **과일 풍미와 스파이시함**
차기 시음 후보감 더 발베니 12년 시그니처

디스틸러스 에디션 43%

향 짙은 황금색. 새로 발현된 귤 마멀레이드 향이 기름지고 크리미하게 전해온다. 견과류 향이 더 진해지면서 15년 제품보다 더 향긋하고 부드럽지만 스모키함은 사라졌다. 디저트용 사과 향기와 배의 단 향이 조심스러운 인상의 꿀 향기와 섞여 있다.

맛 무난하고 달콤하며, 석쇠에 구운 견과류 풍미로 떫은 맛과 묘미가 더해졌다. 오렌지꽃 꿀과 아몬드 맛.

피니시 여운이 더 길어지고 살짝 더 걸쭉해졌다.

총평 주스 느낌이 살짝 더 생기면서 더 흥미로워졌다. 밸런스가 좋다.

플레이버 캠프 **과일 풍미와 스파이시함**
차기 시음 후보감 글렌모렌지 디 오리지널 10년, 더 발베니 12년 시그니처

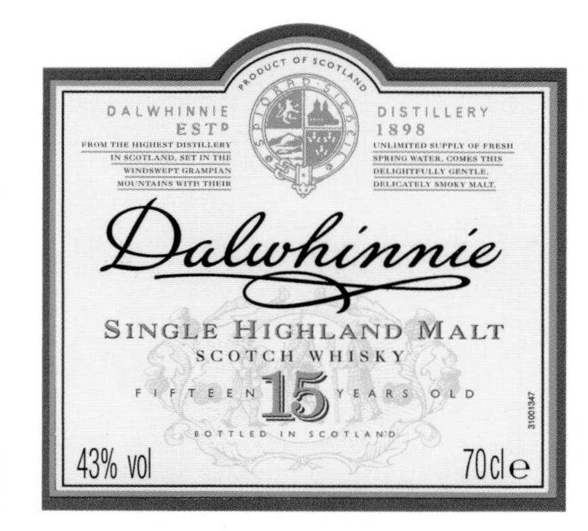

1992, 매니저스 초이스, 싱글 캐스크 50%

향 밝은 황금색. 좀 딱딱하고 끈적끈적해진 안장용 비누 향기에 이어, 백합이 연상되는 약간 묵직한 꽃 향, 커런트 잎의 향, 희미한 유황 향이 퍼진다.

맛 농익은 과일 맛에서 스코틀랜드 B&B(조식 제공 숙박 시설)의 아침 식사에 조금씩 곁들여 나오는 스프레드가 연상된다. 미미한 살구 맛, 약간의 귤 마멀레이드 맛, 진짜 같은 꿀맛이 난다. 가볍다.

피니시 휘핑크림 풍미가 돌지만 짧게 끝난다.

총평 살짝 기운이 약해진 오크와 유황 풍미가 여전히 남아 있다.

플레이버 캠프 **과일 풍미와 스파이시함**
차기 시음 후보감 애버펠디 21년

1986, 20년 스페셜 릴리즈 56.8%

향 선명한 호박색. 풍부하고 농익은 향. 가벼운 무어번 특유의 향기가 마른 고사리 향기와 함께 흘러온다. 이어서 향이 깊어져, 익힌 가을 과일, 말린 복숭아, 헤더 꿀과 뜨거운 크럼펫 빵, 설타나 케이크, 복숭아 타르트, 스티키 토피 푸딩의 향기가 풍긴다. 물을 희석하면 축축한 데메라라, 박하사탕 향과 함께 캐러멜화된 과당의 느낌이 나타난다.

맛 가벼운 스모키함과 이전까지 숨겨져 있던 스파이시함이 부드럽게 퍼진다. 향신료의 알싸함과 오렌지의 씁싸름함으로 풍미가 깊어지고 달콤해져, 시간이 그 발현을 지체시키고 있는 듯한 인상이다. 케이크가 생각나는 풍부한 맛, 토피와 농익은 풍미.

피니시 감칠맛이 도는 여운이 오래 이어진다. 잘 익은 과일의 풍미.

총평 이제는 특유의 깊이감이 모습을 드러냈다.

플레이버 캠프 **과일 풍미와 스파이시함**
차기 시음 후보감 발블레어 1979, 애버펠디 21년

Eastern Highlands

하이랜드 동부

이 지역은 비옥하긴 하지만 스코틀랜드에서 인구가 희박한 편에 든다. 복잡하게 얽힌 의외의 이유, 즉 위스키 때문이다. 이곳 역시 지역 스타일에 대해 대략적으로라도 추정할 수가 없다. 하이랜드 동부에서 가장 스모키한 풍미를 띠는 사례조차 가장 향기로운 스타일에 속하기도 하는 등 종잡을 수가 없다.

맥더프의 모레이 만으로 굽이굽이 흘러드는 데브론 강.

Glencadam

글렌카담

브레친(Brechin) | www.glencadamdistillery.co.uk

하이랜드 동부에는 폐업한 증류소들의 기억이 점철되어 있다. 브레친의 노스 포트(North Port), 스톤헤븐의 글레누리 로열(Glenury-Royal)도 여기에 포함되며, 둘 다 애버딘 지역의 증류소였다. 이번 여정은 몬트로즈에서 시작해 보려 한다. 몬트로즈는 한때 증류소를 3개 품고 있었다. 그레인위스키도 만들고 자체 드럼 몰팅(drum malting) 시설을 두고 있었던 글레네스크(Glenesk, 일명 힐사이드Hillside), 역시 몰트위스키와 그레인위스키를 모두를 생산하던 로크사이드(Lochside), 그리고 글렌카담이다. 세 증류소가 모두 문을 닫았을 때는 동해안의 증류 역사가 과거의 뒤안길로 사라지는 듯했다. 그러다 2003년, 글렌카담이 앵거스 던디에게 인수되었다. 이후 밸런타인과 스튜어츠 크림 오브 더 발리(Stewart's Cream of the Barley) 블렌디드 위스키의 원액 공급자였던 시절을 거쳐 드디어 숨겨져 있던 가치를 증명해 냈다.

글렌카담과 로크사이드가 둘 다 그레인위스키를 만들었다는 사실은(글렌카담의 경우엔 자체 몰팅 제조 시설까지 있었던 사실과 함께), 이 지역에 원료가 얼마나 풍부했는지를 알려준다. 그렇다면 왜 그렇게 줄줄이 문을 닫았던 걸까? 물 부족 때문이라고 주장하는 이들도 있지만, 사실 사업적 현실이 원인이었을지 모른다.

몰트위스키에서는 개성이 생명이다. 재고 과잉의 시대에는 '이 위스키가 충분히 개성이 있을까?'의 문제가 뒤따른다. 동해안의 증류소들은 전부 대형 블렌딩 기업체의 소규모 증류소였고, 풍미의 측면에서 볼 때 필요에 비해 재고 과잉이라는 가혹한 현실에 처해 있었다. 그레인위스키는 다른 곳에서도 만들 수 있었고 몰트위스키 증류소에서 생산되는 스피릿은 더 큰 증류소에서 생산하는 스피릿과 큰 차이가 없었다. 그런데다 1970년대 말 같은 위기의 시대가 닥치면, 마진을 깎기 마련이다. 이렇듯 위스키는 그다지 낭만적인 세계가 아니다. 감상이 끼어들 여지가 극히 적다.

하지만 글렌카담은 그 속에서도 살아남았다. 글렌카담 위스키의 향기로운 꽃 풍미 스타일은 링크우드의 스타일(92~93쪽 참조)과 비교하면 달라도 아주 다르면서도 혀 가운데로 착 달라붙는 듯한 질감은 같다. 앵거스 던디의 블렌더 론 맥킬롭(Lorne MacKillop)은 그 가벼운 특성의 근원을, 증류기의 라인 암이 위로 향하는 각도라 환류가 늘어나는 영향이라고 믿는다. "당시에 글렌카담은 싱글 몰트위스키로서 인지도가 없었어요. 그래서 저희는 이런 꽃 풍미 스타일을 부각시키고 싶었고, 냉각 여과 처리 없이 캐러멜도 추가하지 않은 채 병입하기로 결정했죠." 현재 동해안 지역은 부상 중이라고 말하기까지는 무리일 테지만 적어도 살아서 명맥을 이어가고 있다.

글렌카담 시음 노트

뉴메이크

향 꽃향기에 브랜디(푸아르 윌리엄), 청포도 향이 어우러져 있고, 그 밑으로 약한 팝콘 향이 숨겨져 있다.
맛 아주 달콤하다. 푸릇푸릇한 풍미가 혀 가운데로 고이는 느낌으로 다가온다. 끝맛으로 갈수록 꽃 풍미가 진해진다.
피니시 깔끔하고 가볍다.

10년 46%

향 옅은 황금색. 꽃향기가 섬세하게 피어나다가 산뜻한 살구 향, 이제 막 여문 배 향, 레몬 향이 이어진다.
맛 온화하고 부드럽다. 바닐라와 육두구의 단맛에 이어 카푸치노 맛이 풍긴다. 다시 자리 잡은 과일 풍미가 중반에 느껴지다가 경쾌한 꽃 풍미가 번진다.
피니시 사과나무 꽃.
총평 섬세하지만 깊이가 있다.

플레이버 캠프 향기로움과 꽃 풍미
차기 시음 후보감 글렌킨치 12년, 스페이번 10년, 링크우드 12년

15년 46%

향 황금색. 달큰하면서 살짝 절제된 인상에 더해, 조금 더 강해진 마른 나뭇잎의 향이 느껴진다. 꽃향기가 좀 더 묵직해졌고, 오크의 영향으로 밸런스 잡힌 견과류 향이 더해졌다.
맛 10년 제품보다 더 견고해졌지만 혀를 덮는 질감은 여전히 살아 있다. 견과류 맛과 대추야자와 잘 익은 과일의 맛.
피니시 이제는 과일 풍미가 풀려나왔다.
총평 기분 좋을 정도의 톡 쏘는 맛이 상큼하지만, 달콤함의 농축도가 강해 오크 풍미가 두드러지지 않는다.

플레이버 캠프 과일 풍미와 스파이시함
차기 시음 후보감 스캐퍼 16년, 크레이겔라키 14년

1978 46%

향 짙은 호박색. 풀바디에, 약간 랑시오의 향기를 띠는 셰리 풍미. 이제는 과일 풍미가 늦가을의 농익은 느낌으로 접어들었다. 이전의 풋사과 향은 이제 토피 애플의 느낌을 띤다. 초콜릿과 프라이(Fry)사의 초콜릿 크림 바 향이 진하게 퍼져오다, 시가 보관함의 향취가 이어진다.
맛 견고하면서도 부드럽다. 진한 밤 맛과 초콜릿 맛도 돌지만 고유의 농익은 풍미는 여전하다. 하이랜드 토피 맛도 난다.
피니시 부드럽고 견과류 풍미가 남는다.
총평 가벼운 스피릿의 느낌을 잘 지탱시켰다.

플레이버 캠프 풍부함과 무난함
차기 시음 후보감 글렌고인 17년, 글렌피딕 15년, 하쿠슈 25년

Fettercairn

페터카렌

페터카렌 | www.fettercairndistillery.co.uk | 오픈 5~9월 월~토요일

하우 오브 더 먼스(Howe of the Mearns, 킨카딘샤이어 내의 저지대)는 루이스 그래식 기번(Lewis Grassic Gibbon)의 3부작 소설 『스카츠 퀘어(Scots Quair)』의 배경이다. 농업의 황금시대 때부터 20세기 산업화에 이르기까지 스코틀랜드의 변화상을 담고 있는 이 3부작은 20세기에 쓰인 책이지만, 이 땅의 신화적 연결성을 기리고 상실(뿌리, 믿음, 정치적 신념의 상실)에 대해 깊이 생각한다는 점에서 후기 낭만주의 책처럼 느껴질 만도 하다. 소설의 이야기 전개는 위스키의 부상과 같은 시기에 걸쳐져 있고 페터카렌이 자리해 있는 지역이 중심 무대다.

페터카렌 증류소는 해안이 내다보이는 평지에 자리 잡고 있어 기번의 이야기 속 세지(Seggie)의 모델일 가능성이 있는 예쁜 도시의 외곽 지대지만, 그 뒤로는 산을 배경으로 등지고 있다. 로열 로크나가로 가는 길은 이 산이 가파르긴 해도 가장 짧은 경로다.

증류소 안의 설비는 위스키 생산의 전통 방식이 어떤 것인지를 잘 보여준다. 실제로 이곳에선 오픈탑 매시툰, 측면에 비누 연삭기가 달린 증류기(당시에는 비누가 워시 스틸에서 거품을 줄이기 위한 계면활성제로 사용되었다)를 볼 수 있으나, 더니지식 숙성고에서는 비교적 현대적인 측면도 엿보인다.

이 증류소는 화이트 앤드 맥케이의 마스터 블렌더 리처드 패터슨이 오크를 연구하는 실험장 역할을 하는 곳인데(여기에서는 특히 버진virgin 오크 통이 연구된다), 실험의 초점은 비교적 어린 페터카렌의 탄내/채소 냄새 극복에 맞춰져 있다. 다음은 패터슨의 말이다. "풍미와의 한판 싸움이죠. 1995년부터 2009년까지 쓰였던 스테인리스스틸 응축기는 특유의 탄내를 유발해 몰트위스키에 거친 느낌을 주었죠. 말하자면 미국산 오크에서 달콤함을 부여해 줘야 하는 위스키예요. 제가 버진 오크를 쓰기 시작한 이유가 그겁니다. 단지 그 달콤한 첫 느낌을 생성시키기 위해서요."

한때 농장 증류소였던 이곳의 주위로는 먼스의 풀로 우거진 땅이 펼쳐져 있다.

나에게 다가오는 페터카렌의 인상은, 청소년 특유의 부루퉁한 태도를 지닌 서툰 비행소년 같다. 하지만 마침내 그런 태도를 잃고 성숙해지면 다소 공격적이던 과거에서 교훈을 얻어 만족할 줄 알게 되는 위스키다. 절대 무시하고 넘길 위스키가 아니다.

페터카렌 시음 노트

뉴메이크

향 밀가루와 채소 향, 가벼운 유황 향, 흐릿한 단 향.
맛 단단한 느낌이 있고 살짝 과일 풍미가 돌면서 무게감도 있다. 맛이 닫혀 있는 느낌이다.
피니시 상큼하고 짧다.

9년 캐스크 샘플

향 레몬 절임, 순무의 향. 약간의 불에 그을린 냄새. 진한 오크의 기운. 바닐라 향이 확 풍기고 오크 대팻밥 내음도 난다.
맛 달큰한 향을 입힌 보드지 느낌, 은은한 붉은 사과 맛이 풍기며 향보다 기분 좋게 다가온다.
피니시 견과류 풍미.
총평 여전히 오크를 빨아들이면서, 여전히 반항 중이다. 이 페터카렌은 이 시기에 이르도록 성장하길 거부하는 듯한 인상을 준다.

16년 40%

향 옅은 호박색. 풀바디에 달콤한 향을 띠고, 코코넛/설타나 향이 섞여 있으며, 약간 스모키하다. 밸런스가 더 좋아졌다.
맛 장작 연기 풍미가 솔솔 퍼지고 아쌈 같은 차의 느낌, 약한 건포도 맛, 브라질너트의 맛도 함께 느껴진다.
피니시 토피 풍미가 남으면서 꽤 무난하다.
총평 달콤한 풍미와 방향성이 필요하다.

플레이버 캠프 풍부함과 무난함
차기 시음 후보감 달모어 15년, 더 싱글톤 오브 글렌둘란 12년

21년 캐스크 샘플

향 가벼운 발삼 향과 주스 향. 희미한 포트 에일 향.
맛 강한 타닌 맛. 셰리 만자니야 파사다(Manzanilla Pasada)와 비슷한 맛. 아몬드 맛에 이어 불타는 풀의 느낌이 번진다. 물을 희석하면 약간 스모키해진다.
피니시 견고하고 조밀하다.
총평 까칠한 고객을 억지로라도 열려고 애쓰고 있는 오크의 기운이 느껴진다.

30년 43.3%

향 호박색. 처음엔 아주 부드럽고 희미한 크림 향이 돌지만, 점점 흙내와 가죽 특유의 향취가 다가온다. 과일 향. 훈연 향.
맛 검은색 과일, 과일 케이크, 시가의 풍미. 진한 가죽 느낌.
피니시 살짝 연약함을 드러내지만 밸런스가 잡혀 있다.
총평 10대 반항아가 이젠 어른이 되어 가죽 팔걸이 의자에 앉아 있는 아저씨의 분위기를 풍긴다.

플레이버 캠프 풍부함과 무난함
차기 시음 후보감 벤리네스 23년, 툴리바딘 1988

Glen Garioch

글렌 기리

올드 멜드럼(Old Meldrum), 애버딘(Aberdeen) 인근 | www.glengarioch.com | 연중 오픈 10~6월 월~토요일, 7~9월 월~일요일

"리스 홀의 땅에 있는 기리의 꼭대기에는 야위고(skranky) 까맣게 탄 농부가 살았다오." 스코틀랜드 북동부 지역 농부들 사이에서 농업 혁명 초반부터 불렸던 민요로, 기리(오타가 아니라 'Garioch'의 발음은 '기리'가 맞다)에서 계절에만 한정적으로 채용되어 일하던 일꾼들의 고단한 삶을 노래하고 있다. 기리는 인버루리 주변의 399㎞²에 이르는 비옥한 땅으로, 북서쪽으로는 18세기 말과 19세기 초 사이에 토지개량이 이루어진 스트라스보기와 이어져 있었다. 이 기름진 땅 주변으론 어머니 같은 언덕, 탭 오노스와 미더 탭이 우뚝 솟아 있다. 어쩐지 이 노래를 부르던 사람은 'skranky'의 또 다른 뜻처럼 '인색한' 주인에게 노예처럼 부려지다 일이 끝나면 기리의 증류소 3총사 중 1곳에서 만든 위스키를 찾았을 것만 같다.

그랬다면 그중 가장 오래된 곳, 글렌 기리의 위스키였을지도 모를 일이다. 1798년에 설립된 글렌 기리는 20세기에 들어와 DCL(디아지오의 전신)에 합병되었고, 이후 인근의 피트를 지나칠 만큼 사용해 이웃 증류소 아드모어와 함께 그 범상찮은 스타일의 스모키한 하이랜더(Highlander)를 만들어냈다. 1968년, DCL에서는 블렌디드 위스키를 위한 스모키 위스키의 생산을 늘릴 필요가 생겼지만 글렌 기리를 확장하기엔 물 자원이 충분치 않자 이곳을 닫고 다른 곳을 찾아보다, 결국 하이랜드 북부에 브로라를 재개장했다.

'설마 이런 샘물 지대에 물이 부족할 리가?' 보모어의 소유주 스탠리 P. 모리슨(Stanley P. Morrison)은 DCL과는 생각이 달랐다. 그는 글렌 기리를 인수하고, 고대와 맞닿아 있는 지혜인 수맥 탐지의 전문가를 기용해 풍부한 수원을 새로 찾아냈다.

글렌 기리는 여전히 온실 같은 증류장을 터전으로 삼아 단맛 진한 위스키를 생산하고 있다.

현재 이 작은 증류소는, 온실이 연상되는 증류장에서 피트 처리를 하지 않은 스피릿을 생산하고 있지만, 그 특유의 풍부한 풍미는 그대로다. 증류장 내의 소형 증류기들에서는 여전히 입안을 강타하는 풍미를 뽑아낸다. 다음은 모리슨 보모어 디스틸러스(Morrison Bowmore Distillers)의 몰트위스키 마스터 이언 맥칼럼(Iain McCallum)의 말이다. "제가 뉴메이크에서 끌어내려는 것은 고기 풍미와 수지(동물성 지방) 특유의 느낌이에요. 이 특성은 파운더스 리저브(Founder's Reserve)에 블렌딩될 즘엔 사라지면서 풍부한 깊이감을 남겨주죠. 저에게 글렌 기리는 거칠고 강건한 녀석입니다." 확실히 '야윈(skranky)' 느낌 따위는 없다.

수년을 들러리 역할에 머물렀던 글렌 기리는 새로운 제품을 내놓고 있으며 앞으로가 기대되는 잠재력을 갖추고 있다. 맥칼럼도 이렇게 말한다. "글렌 기리는 소리 없는 실력자에 가까워요. 발견되지 않은 보석 중 하나죠."

글렌 기리 시음 노트

뉴메이크

향 양배추, 졸인 쐐기풀 같은 익힌 채소의 향. 브라운 그레이비 소스 향기에 이어 통밀빵 반죽의 향이 다가온다. 물을 희석하면 지게미의 달달한 향과 외양간 내음이 풍긴다.

맛 파삭파삭한 느낌의 단맛이 오래 이어진다. 풍부한 무게감과 유황 향.

피니시 견과류 풍미.

파운더스 리저브 NAS 48%

향 옅은 황금색. 유향의 향이 사라지면서 샌달우드와 가벼운 허브/헤더 뿌리 향취가 드러나고 있다. 꿀의 단 향이 좀 생겨났고, 여기에 오렌지 크렘 브륄레와 소나무 수액의 향기가 어우러져 있다.

맛 드라이하고 바삭한 질감이 가장 먼저 다가온다. 오크가 부드럽게 가라앉히는 역할을 수행해 주는 덕분에 스피릿의 견고함이 기분 좋게 느껴진다. 물을 희석하면 버터 바른 비스킷의 맛이 감돈다.

피니시 긴 여운 속에서 느껴지는 여린 풍미.

총평 견고하면서도 달콤하다.

플레이버 캠프 몰트 풍미와 드라이함
차기 시음 후보감 오크로이스크 10년

12년 43%

향 강렬한 황금색. 구운 곡물 향. 이제는 지게미가 연상되는 단 향이 풍긴다. 육두구와 특유의 헤더 향이 희미하게 번지며 튼실한 인상을 준다.

맛 브라질 너트 맛과 약간의 후추 맛. 중간 맛에서 걸쭉한 질감의 과일 맛이 풍부하게 느껴진다. 물을 희석하면 가벼운 밀랍 느낌이 느껴지다 허브 풍미가 다시 다가온다.

피니시 긴 여운과 가벼운 견과류 풍미.

총평 풍미가 대담하고 풍부하다.

플레이버 캠프 과일 풍미와 스파이시함
차기 시음 후보감 더 글렌로시스 셀렉트 리저브, 토모어 12년

Ardmore

아드모어

케네스몬트(Kennethmont) | www.ardmorewhisky.com

기리의 증류소 가운데 2번째로 만나볼 곳은 대형 블렌딩 업체들이 독자적 생산시설의 소유를 고려하는 과정에서 생겨난 증류소다. 듀어스는 애버펠디에 증류소를 열었고, 조니 워커는 코듀를 소유했으며, 1898년에는 케네스몬트 외곽인 이곳에 글래스고에 기반을 두고 있던 블렌딩 업체 티처스(Teacher's)가 아드모어를 세웠다. 아드모어의 규모는 블렌딩 업체들이 재정난에 빠진 상류 계급 사람들의 재산을 차지했던 방식을 대변해 준다. 이 부지는 '야위고 까맣게 탄 농부'를 상기시키는 리스 홀의 리스 헤이 대령을 보러 갔다가 발견한 곳이니 말이다.

이곳을 부지로 삼은 이유는 3가지였다. 원료 조달의 용이성(이 지역은 보리가 재배되고 있는 데다 핏츠리고에서 피트를 공급받기에도 좋았다), 풍부한 물, 그리고 케네스몬트가 인버네스를 애버딘과 이어주는 스코틀랜드 그레이트 노스 철도(Great North of Scotland Railway)의 노선에 속해 있었던 점이다. 아드모어의 부지는 널찍하고 한때 살라딘 몰팅 공장이 있던 자리이기도 한데, 그 큰 규모와 산업화된 분위기가 이곳 시골 환경과는 다소 안 어울려 보인다.

아드모어는 묵직한 피트 풍미와 향기로움이라는 상호모순적 특성 둘 다를 용케 끌어낸 기묘한 위스키다. 사과 과수원에서 모닥불을 피워놓은 듯한 느낌의 그런 개성은 아드모어에 차별성을 부여해 블렌더들 사이에서 귀한 대접을 받게 해주었다. 아주 고립되어 있는 부지에서, 보통을 넘어서는 뭔가를 내놓지 않았다면 이 증류소는 살아남지 못했을 것이다.

목재 워시백도 풍미에 영향을 미칠지 모르지만, 사실 아드모어의 비결은 증류장에 있다. "법 때문에 석탄 연료의 사용을 중단해야 했어요. 증기 연료로 전환하면서 저희가 직면한 난관은 석탄 연료로 생성되던 특유의 묵직함을 유지시키는 일이었죠. 그 풍미를 되살리는 데 7개월이 걸렸어요. 컷 포인트를 조정하고 증류기 내에 주위 표면보다 뜨거운 부분을 만들어주니까 드디어 돌아오더군요." 증류소 책임자 알리스테어 롱웰(Alistair Longwell)의 말이다.

요즘엔 피트 처리를 하지 않은 제품(아드레어Ardlair)이 생산되고 있지만 아드모어의 차별성은 스모키함에 있다. "저희는 다른 업체들과는 다른 방향으로 갔어요. 결국 그 풍미가 지금의 티처스를 있게 한 개성이었죠." 롱웰은 잠시 뜸을 들이다 말을 이었다. "이곳의 일은 티처스의 마지막 남은 모든 것까지 다 끌어내는 일이에요. 힘들지만 좋아서 하는 일이죠." 이곳 농지에서는 이런 역설이 잃어버린 전통을 이어가고 있다.

아드모어 시음 노트

뉴메이크

향 장작 연기와 가벼운 오일리함에 이어 가벼운 풀 향기가 뒤따른다. 점차 사과 껍질, 라임, 아주 연한 곡물 향기가 느껴진다.

맛 달콤하고 스모키하다. 기분 좋은 무게감과 오일리함에 더해 시트러스, 말린 꽃의 은은한 풍미가 경쾌함을 준다. 잠재력에 이르는 길을 여러 갈래 품은 복합적 뉴메이크다.

피니시 가벼운 스모크 풍미와 함께 깔끔하게 마무리된다.

ARDMORE FOUNDED 1898 HIGHLANDS
HIGHLAND SINGLE MALT
SCOTCH WHISKY | PEATED
TRADITIONAL CASK
MATURED FOR A FINAL PERIOD IN SMALL 19TH CENTURY STYLE 'QUARTER CASKS'
NON-CHILL FILTERED
DISTILLED AND BOTTLED IN SCOTLAND
OUR TRADITIONAL METHODS ENSURE A DISTINCTIVE TASTE THAT IS FULL AND RICH, WITH UNIQUE HIGHLAND PEAT-SMOKE NOTES
70cl ℮ ARDMORE DISTILLERY, KENNETHMONT, ABERDEENSHIRE 46% VOL

트레디셔널 캐스크 NAS 46%

향 강렬한 황금색. 오크의 단 향, 나뭇잎 태우는 향, 마른 풀 향, 살짝 이국적 느낌의 향. 향료와 사과 퓌레 향, 잘라낸 풀을 모닥불에 태우는 향기. 새 오크 통의 향취.

맛 뉴메이크에 비해 과일 맛이 진해졌고, 스모키함이 억제된 편이지만 훈제 햄의 느낌으로 희미하게 다가왔다가 뒤이어 후추 맛이 돈다. 오일리함은 그대로이고, 달콤한 맛은 더 진해지면서 바닐라 풍미가 주도하고 있다.

피니시 후추처럼 톡 쏘는 장작 연기 풍미.

총평 쿼터 캐스크에서 추가 숙성을 거친 이 어린 위스키에서는 가벼운 과일 풍미와 아드모어 특유의 스모키함의 조화가 돋보인다.

플레이버 캠프 스모키함과 피트 풍미
차기 시음 후보감 어린 아드벡, 스프링뱅크 10년, 코네마라 12년, 브룩라디 포트 샬롯 PC8

트리플 우드(진전 중) 55.7%

향 풀바디의 오크 풍미가 주도하면서 크리미한 바닐라 향이 풍기고, 여기에 장작 연기와 과일 케이크 향기가 어우러져 있다. 조화를 잘 이룬 훈연 향에 이어 라임 코디얼의 향기가 확 퍼져온다.

맛 이제 오크가 오일리함을 끌어내고 뉴메이크의 미미하던 시트러스 풍미를 증폭시켜 놓은 느낌이다.

피니시 드디어 스모키함이 제 모습을 드러낸다.

총평 3가지 오크 통에서 숙성을 거치며 버번 캐스크에서 5년, 쿼터 캐스크에서 3년 반, 유럽산 오크 통에서 3년을 지냈음에도, 스피릿이 오크를 잘 견뎌내고 있다.

25년 51.4%

향 옅은 황금색. 건조한 훈연 향, 사과나무 장작 향, 약간의 흙내에 삼나무, 견과류를 담은 그릇, 묵직한 피트 향이 풍겨오다 향신료 가람 마살라의 향이 이어진다. 아주 경쾌한 느낌이다.

맛 정통 아드모어의 맛이다. 이전의 풋사과 껍질의 풍미가 이제는 오래된 과일 느낌으로 여물었고, 스모키함은 완성 단계에 도달했다. 섬세한 느낌이지만, 묵직함이 중심을 잡으며 여러 갈래의 복합적 풍미를 한데 모아준다.

피니시 긴 여운 속의 스모키함.

총평 리필 캐스크에서 숙성되어 빛깔이 옅다. 이제는 뉴메이크와 분명한 선을 긋고 있다.

플레이버 캠프 스모키함과 피트 풍미
차기 시음 후보감 롱로우 14년

1977, 30년 올드 몰트 캐스크 병입 50%

향 소의 콧김 내음과 건초의 단 향에 더해 향기로운 훈연 향이 살포시 다가온다. 레몬 향, 숙성 특유의 향. 점차 상쾌하고 푸릇푸릇한 느낌이 번진다. 쥐똥나무 향취.

맛 깔끔한 나뭇잎 풍미에 신맛이 활기를 돋운다. 과수원 과일의 맛이 나다 헤이즐넛과 가벼운 스모크 풍미가 이어진다. 밸런스가 좋다.

피니시 조밀하고 스모키하다.

총평 숙성미와 밸런스를 갖추었다. 스모키하지만 향긋함.

플레이버 캠프 향기로움과 꽃 풍미
차기 시음 후보감 하쿠슈 18년

The GlenDronach

더 글렌드로낙

헌틀리 마을 옆, 포그 | www.glendronachdistillery.com | 연중 오픈 10~4월 월~금요일, 5~9월 월~일요일

기리 3총사 중 마지막으로 둘러볼 증류소는 포그라는 마을에 터를 잡은 곳으로, 1826년에 지역 농부들이 합작해서 세운 증류소다. 더 글렌드로낙은 예나 지금이나 합병이 예삿일인 업계에서 쭉 개인 소유로 버텨냈지만 1960년에 끝내 인근 증류소 아드모어도 소유하고 있던 블렌딩 업체 티처스의 소속이 되었다.

티처스는 위낙에 근육질 느낌의 강렬한 블렌디드 위스키라 더 글렌드로낙과 궁합이 잘 맞았다. 풀바디의 스피릿인 더 글렌드로낙은 뉴메이크가 무게감이 있고 버터 같은 질감이 혀를 뒤덮는다. 애초부터 장기 숙성을 잘 견뎌내도록 설계되었다. 한때의 소유주였던 얼라이드(Allied)는 이웃 증류소들처럼 싱글몰트를 만들 생각이었지만 더 글렌드로낙은 컬트 위스키가 될 운명을 타고난 듯한 여정을 걸었다. 더 벤리악의 빌리 워커(88쪽 참조)에게 인수되기 전까지는 그랬다. 이후 현재는 싱글몰트에 주력하고 있다. 증류소 책임자 알란 맥코노치(Alan McConnochie)는 특유의 그 근육질 느낌의 근원이, 갈퀴가 장착된 매시툰 같은 전통 방식의 고수에 있다고 믿는다. "저희는 더 벤리악과 같은 몰트를 가져다 쓰는데 완전히 다른 냄새가 납니다. 사람들은 물에 따라 차이가 생기지는 않는다고들 말하는데 과연 그럴까요?" 이곳에서는 목재 워시백에서 장시간 발효시키는 만큼 워시를 저속으로 증류시킨다. "증류 중에 환류가 거의 생기지 않아요. 그래서 스트레스가 별로 없어요. 위로 올라간 증기가 다시 증류기 안으로 떨어져 내리지 않으니 그 점은 신경 쓸 게 없죠." 그는 2005년에 석탄 연료의 사용이 중단되었을 때도 풍미에서 차이점이 감지되지 않았다고 한다.

개인적으로 더 글렌드로낙은 영국의 전 총리 고든 브라운을 떠올리게 하는 면이 좀 있다. 그만큼 진지한 태도를 가진 몰트위스키라는 얘기다. 12년 판에서 젊은 혈기를 잠깐 보였다가 이내 깊어져 진지함을 띠면서, 태생적인 그 묵직한 흙내음 쪽으로 다시 끌어당겨지는 듯한 인상을 준다. 현재 새로운 주인은 이 위스키를 버번 캐스크에 5년간 지내게 했다가 올로로소 셰리로 옮겨 추가숙성시키는데, 때때로 페드로 히메네스 셰리 캐스크에 옮겨 담는 경우도 있다.

짙은 색과 진한 아로마를 띠는 더 글렌드로낙의 풍부한 스타일은 셰리 캐스크에 딱 맞는다.

맥코노치의 말이다. "사람들은 더 글렌드로낙이라고 하면 셰리를 연상하죠. 더 글렌드로낙은 오크로도 제압하기가 상당히 어려운 편인데, 이런 문제는 있어서 나쁠 게 없어요!" 그 덕분에 이곳 농지 특유의 분위기인, 근육질의 강건한 느낌이 더 글렌드로낙을 통해 또 한번 발현되고 있다.

더 글렌드로낙 시음 노트

뉴메이크

향 묵직하지만 달콤하고 풍부하다. 살짝 흙내음이 섞인 과일 향기.
맛 강건한 동시에 버터의 질감이 실려 있어, 무게감과 부드러운 맛을 더해준다.
피니시 아주 오래 이어지는 여운 속의 과일 풍미. 플럼 풍미.

12년 43%

향 짙은 황금색. 달콤함과 셰리 향. 플럼 씨 향과 흙먼지 내음 또는 곡물 향이 어우러져 전원적인 느낌을 일으킨다.
맛 풀바디에 말린 과일의 풍미가 짙어, 이미 농축미가 잘 잡혀 있다. 기름진 질감에 이어 플럼 맛이 다가온다. 물을 희석하면 풀의 풍미가 진전되면서 경쾌한 느낌이 확 번진다.
피니시 흙내음과 그을음 느낌의 스모키함.
총평 청년 특유의 당돌함에 불꽃이 당겨지며 벌써 무게감과 깊이감이 돈다.

플레이버 캠프 **풍부함과 무난함**
차기 시음 후보감 글렌피딕 15년, 크라겐모어 12년, 글렌파클라스 12년

18년 앨러다이스 46%

향 진중한 인상의 전형적 셰리 향. 갖가지의 말린 붉은색 과일, 사향, 건포도 향에 진한 증류액 향기가 층층이 부드럽게 어우러져 있다. 당밀 토피 향. 물을 희석하면 야성을 드러낸다.
맛 당밀 토피, 감초 뿌리의 단맛이 깊이감 있게 퍼진다. 가벼운 떫은 맛.
피니시 농축된 과일 풍미로 길고 달콤하게 마무리된다.
총평 옛것을 고수하는 올드 스타일의 싱글 몰트다.

플레이버 캠프 **풍부함과 무난함**
차기 시음 후보감 가루이자와(1980년대), 더 맥캘란 18년

21년 팔러먼트 48%

향 동유(桐油), 주목 나무 향에 흙먼지 내음이 살짝 섞여 있다. 말린 과일, 건포도, 무화과, 대추야자의 향이 힘 있게 층을 이루고 있다. 커피 가루, 모카, 당밀의 향기가 희미하게 감돈다.
맛 풀바디의 농익고 아주 견고한 첫인상. 깊이감과 살짝 스모키한 달콤함이 드러나게 하려면 물을 좀 희석할 필요가 있다. 물을 희석하면 강렬한 사냥 고기 풍미가 난다.
피니시 구운 과일 풍미가 오래도록 무게감 있게 이어진다.
총평 강렬하고 복합적이다.

플레이버 캠프 **풍부함과 무난함**
차기 시음 후보감 가루이자와(1970년대), 글렌파클라스 30년

anCnoc, Glenglassaugh

아녹, 글렌글라사

아녹 | 녹(Knock) | www.ancnoc.com
글렌글라사 | 포트소이(Portsoy) | www.glenglassaugh.com | 연중 오픈 5~9월 월~일요일, 10~4월 월~금요일

좀 별스러운 증류소다. 명칭에서나 속해 있는 지역에서나 노선을 확실히 못 정하고 있는 면이 있어 혼란을 준다. 녹이라는 마을에 있는 녹두 증류소는 1893년에 당시의 유력 블렌딩업체 존 헤이그 앤드 컴퍼니(John Haig & Co.)가 세웠다. 그러다 싱글몰트위스키로 처음 출시될 당시, 새로운 주인 인버하우스에서 명칭이 노칸두와 너무 비슷하다고 여긴 결과로 아녹이라는 이름을 갖게 되었다.

위치는 스페이사이드 경계지에 가깝지만 앞에서 살펴봤다시피 이곳의 경계선은 지리적 타당성을 띠고 있다기보다 의회에서 제정한 경계를 따르는 것이다. 사실, 이 증류소에서 생산하는 위스키는 인버하우스의 마스터 블렌더 스튜어트 하베이의 말마따나 "대다수 사람들이 '스페이사이드' 위스키로 여기는 스타일의 전형이다. 그런데 사과 향 도는 그 가벼운 스타일의 위스키에 익숙한 애주가들은 이곳의 뉴메이크를 맛보면 놀랄지 모른다. 유황 성분 때문이다. 이 유황 풍미 뒤로 숨겨져 있는 강렬한 시트러스 풍 풍미는 병에 담길 무렵에야 충분히 발현된다.

다음은 하베이의 말이다. "사실상 올드 풀트니보다 살짝 더 묵직한데 그건 증류기에서의 환류가 더 적고 웜텁이 뉴메이크에 채소 느낌의 풍미를 더해주기 때문이에요. 스카치위스키의 특성에 가장 큰 변화를 일으킨 계기는 증류소들이 웜텁을 철거하고 응축기를 설치한 일이었어요. 응축기가 효율성 면에서는 더 좋을지 몰라도, 유황을 제거해 버려 그 뒤로 숨겨진 무게감과 복합성까지 같이 없앨 소지가 있어요." 이곳에서는 유황이 위스키의 본질을 보여주는 지표다. 요즘은 강한 피트 처리로 변화를 준 다른 위스키도 생산하고 있지만 이 위스키는 현재로선 블렌딩용 원주로만 쓰이고 있다.

글렌글라사는 포트소이라는 예쁜 마을 옆 바다 절벽에 자리해 있는 곳으로, 스코틀랜드에서 가장 운이 좋은 증류소가 아닐까 싶다. 블렌디드 위스키가 주도한 19세기의 호황기이던 1878년에 설립되었고, 얼마 못 가서 하이랜드 디스틸러스에 합병되었다.

이 19세기 말에 설립된 증류소들 상당수가 그랬듯, 이 증류소 역시 당시의 첫 번째 위기에서 살아남지 못했다. 블렌딩 업체들은 재고 수준에 균형을 맞춰야 할 필요성에 직면해, 비교적 근래에 문을 열어 아직 입증되지 않았거나 숙성된 스피릿들의 깊이감이 떨어지는 증류소들을 폐업시키는 선택을 내렸다.

글렌글라사는 1907년에 문을 닫았고 1950년대에 미국의 주도로 수요가 증가하기 시작하기 전까지 한동안 제과공장으로 가동되기도 했다. 그러다 다시 문을 연 것이 1960년이었다. 하지만 미래가 보장되어 있진 않았다. 글렌글라사는 '다루기 까다로운' 스피릿으로 여겨졌다. 블렌딩에서 단체 조직 분위기를 꺼리며 불편해 하는 사람에 비유될 만한 존재였다. 당시에 싱글몰트 시장이 형성되어 있었다면, 그 뒷 이야기는 사뭇 달랐을 테지만 또 한 번의 위기가 닥치면서 1980년대에 불필요하게 여겨지는 증류소들을 가려내야만 하는 상황이 되었고 글렌글라사는 정리 대상이었다. 결국 1986년에 다시 문을 닫으며 그것으로 최후를 맞는 듯했다.

그러던 2007년, 글렌글라사는 구제를 받으며 1년 후부터 제품도 생산해 냈다. 큰 재고 격차를 다루는 일은 어떤 경우든 까다로운 문제지만 이곳에서는 진전 중인 제품과 고품질 캐스크에서 장기 숙성된 특선품을 출시하며 영리하게 재고의 균형을 맞추어왔다. 2013년에는 주인이 다시 한번 바뀌어 더 벤리악 디스틸러리 컴퍼니의 계열이 된 후, 더 벤리악, 더 글렌드로낙과 더불어 잊혔다가 부활한 유서 깊은 증류소로서의 명성을 일구어냈다. 이상적인 적응이다.

아녹 시음 노트

뉴메이크

향 양배추/브로콜리와 비슷한 느낌의 유황 향이 나지만 자몽과 라임 특유의 경쾌한 느낌도 강렬하게 다가온다.
맛 입안에서도 다시 유황 향이 난다. 중간 정도의 무게감에 이어, 시트러스류 과일 껍질 풍미가 향긋한 느낌으로 다가온다.
피니시 깔끔하고 길다. 놀랄 만큼의 무게감.

16년 46%

향 오크 향이 더 뚜렷해졌지만 여러 향기의 진전이 같은 속도로 이루어지는 느낌이다. 사과 꽃, 잘라낸 꽃, 라임, 미미한 박하.
맛 달콤하고 오크 추출액 같은 풍미가 진해져 무게감도 생겼다. 풋사과 맛, 압생트보다는 상세르 와인 같은 상쾌함.
피니시 흙먼지 내음/분필 느낌에 이어 12년 제품에서 느껴졌던 푸릇푸릇한 허브 풍미가 다시 느껴진다.
총평 상쾌함이 핵심 키를 쥐고 있지만, 여기에 부드러운 질감까지 우군으로 거느리고 있다.

플레이버 캠프 **향기로움과 꽃 풍미**
차기 시음 후보감 더 글렌리벳 12년, 티니닉 10년, 하쿠슈 12년

글렌글라사 시음 노트

뉴메이크 69%

향 과일 주스 느낌이 들면서, 와인검과 흡사한 향이 난다. 깔끔함과 달콤함이 주도하는 향 뒤로 잠재된 힘이 느껴진다. 블랙커런트 주스와 온실의 향기도 살짝 피어나온다.
맛 아주 약한 단맛. 톡 쏘는 맛. 물을 희석하면 연한 그린게이지 자두 맛이 깔끔하게 감돈다.
피니시 크리미하면서 살짝 몰티하다. 팽팽한 느낌.

에볼루션 50%

향 깔끔한 오크 향이 살짝 풍긴다. 단 향에 뜨거운 톱밥의 향취가 섞여 있다. 그린게이지 자두 풍미가 여전히 살아 있고 여기에 바닐라 향이 더해져 밸런스를 이룬다. 물을 희석하면 커런트 향기가 드러난다.
맛 오크가 맛을 주도해 바닐린 풍미가 진하지만 바나나와 농익은 생과일의 맛도 느껴진다.
피니시 주스 같으면서 조밀하다.
총평 '진화'라는 이름에 걸맞은 뉴메이크와의 직계적 연결성.

플레이버 캠프 **과일 풍미와 스파이시함**
차기 시음 후보감 올트모어, 발블레어 2000

리바이벌 46%

향 오크 향과 산화의 느낌. 뉴메이크에서 느껴지던 몰트 향이 증폭되었다. 대추야자의 향기. 물을 타면 상쾌함이 돈다.
맛 농익은 맛에 더해 추가 숙성에 사용된 셰리 캐스크의 풍미가 은은히 퍼진다. 젖/연유에 가까운 풍미.
피니시 살짝 마비되는 느낌이 들 정도로 조밀하다.
총평 중간 맛이 아주 기분 좋다. 증류소의 개성이 살아 있다.

플레이버 캠프 **과일 풍미와 스파이시함**
차기 시음 후보감 더 글렌로시스 셀렉트 리저브

30년 44.8%

향 아몬드와 말린 과일 향기가 강건한 인상으로 다가온다. 숙성된 풍미와 뿌리덮개의 느낌이 그윽한 농축미를 선사한다.
맛 과일 껍질 설탕 절임 특유의 아주 농익고 풍부한 맛.
피니시 나이를 살짝 과시하는 마무리다.
총평 여러 과일 풍미와 조밀한 질감이 여전히 살아 있다.

플레이버 캠프 **풍부함과 무난함**
차기 시음 후보감 카발란 솔리스트, 글렌파클라스 30년

Macduff

맥더프

포트소이

하이랜드 동부의 여정은 또 1곳의 바닷가 증류소, 맥더프를 둘러보며 모레이 해안 지대에서 마침표를 찍으려 한다. 맥더프는 녹두와 마찬가지로 예전까지는 글렌 데브론(Glen Deveron)이라는 다른 이름으로, 지금은 글렌 데브론의 새로운 옷인 더 데브론으로 병입되는데 개성 면에서 미미한 위기를 겪고 있는 것 같다. 그렇다 해도 충분히 적절한 명칭이긴 하다. 어쨌든 맥더프는 데브론강이 바다로 흘러드는 유역에 위치해 있으니까. 이 유역은 연어와 바다 송어가 강물을 거슬러 올라오는 지점이라 하이랜드에서 손꼽히는 낚시터 명소가 되어, 카브락(Cabrach)의 헤더 황무지 사이에 생명의 고동이 다시 기지개를 켜며 일어나고 있다.

7개의 아치로 이루어진 강어귀의 석조 다리를 사이에 놓고, 그 건너편으로는 맥더프의 인접 이웃 도시이자 한때는 자체적 증류소도 가지고 있었던 밴프(Banff)가 있다. 밴프의 이 증류소는 이보다 더 불운할 증류소가 있을까 싶을 만큼 안 좋은 일들을 겪다 1983년에 끝내 문을 닫았다. 2번이나 불이 나서 무너지고 폭발 사고까지 있었다. 문을 닫은 후에까지 숙성고에 불이 나는 불운을 겪었다. 그래도 이런 불운이 데브론 강 건너편으로는 넘어가지 않는 모양이다. 맥더프는 행운을 이어가고 있는 것을 보면.

말하나 마나 뻔한 얘기지만, 두 도시 사이에는 팽팽한 경쟁의식이 있다. 스코틀랜드의 칙허(勅許) 자치 도시인 밴프는 파이프 백작 제임스 더프가 세운 도시(62쪽 참조)를 모델로 삼아 1783년에 세워져, 나이가 더 어린 도시인 맥더프보다 자신들이 더 교양 있는 도시라고 자부한다. 맥더프는 비바람이 들이치지 않는 항구 덕분에 중요한 청어 항구로 자리매김하게 되었다.

더프 하우스(Duff House)의 옛 정원 부지에 세워진 맥더프 증류소는 부지가 굉장히 넓어 숙성고 여러 채가 언덕 위쪽까지 흩어져 있다. 듀어스의 대표 색상인 크림색과 적색으로 도색된 증류소 건물 자체는 글래스고에 본사를 둔 위스키 중개 업체로 딘스톤과 툴리바딘에도 지분을 갖고 있던 브로디 헵번이 1962~1963년에 지은 현대적 시설이다. 그렇다면 그 설립 목적은 뭐였을까? 블렌디드 위스키의 새로운 시대에 편승해 이익을 내기 위해서였다. 그리고 충분히 그럴 만했지만, 이 해변의 새로운 증류소를 세울 사람으로 현대적 증류소 설계자 윌리엄 델메 에반스(아래의 박스글 참조)가 선택되었다.

맥더프는 블록, 그레이 앤드 블록(Block, Grey & Block), 스탠리 P. 모리슨 같은 여러 중개 업체의 손을 거치다 1972년에 자사 이름을 딴 블렌디드 위스키의 핵심 몰트위스키를 필요로 하던 윌리엄 로슨(Wm Lawson)의 소유가 되었다. 1980년에는 마티니(Martini) 소속이 되었고, 12년 후에 바카디와 합병했다.

비범한 설계자: 윌리엄 델메 에반스

윌리엄 델메 에반스(1929~2003)는 20세기의 독보적 증류소 설계자로 인정받는 인물이다. 그의 증류소들은 하나같이 건축 측면에서나 현대적 설비의 활용 측면에서나 에너지 보존을 염두에 두고 세워졌다. 그는 1949년에 블랙포드의 폐기된 양조장을 구입해 툴리바딘을 세우며 위스키 인생에 들어섰고, 이 툴리바딘은 이후에 브로디 헵번에게 매각되었다. 그는 그 뒤에도 주라를 설계하고(1963년) 도중에 비행기 조종을 배우기도 했는가 하면, 맥더프를 설계한 데 이어 그의 가장 현대적인 설계로 꼽히는 글렌알라키(1967년)로 위스키 인생을 마무리했다.

소유주가 수차례 바뀌긴 했지만, 밴프와는 다르게 살아남았다는 것이 중요하다.

다만, 윌리엄 로슨이 현재 이 업체의 최대 시장인 러시아에서 수백만 상자나 팔려나가는 블렌디드 위스키로 입지를 굳혀가고 있었던 당시에 글렌 데브론은 프랑스에서 값싼 몰트위스키로 밀려나고 있었다.

맥더프는 1960년대의 증류소에 대해 예상할 법한 그대로다. 라우터 툰(여과조), 스테인리스스틸 워시백, 응축기, 증기 구동 증류기 등의 시설을 보면 가볍고 거슬리지 않는 풍미의 스피릿이 나올 것 같다. 하지만 맥더프는 깊이 있는 풍미를 띤다. 별종스러움까지 있다.

이곳에서는 고속의 매싱과 단시간의 발효를 거치지만, 정말로 당혹감을 주는 부분은 증류기다. 우선, 증류기 대수가 5대다. 2개의 워시 스틸과 3개의 스피릿 스틸이다. 5번째 증류기는 윌리엄 로슨의 관리를 받고 있던 1990년에 설치되었다. 당시에 6번째 증류기의 설치가 계획되어 있었는지의 여부나, 3차 증류를 시도하려 했는지의 여부는 불분명하지만 그 6번째 증류기가 설치되지 않으면서 맥더프는 이런 식의 별난 설비를 갖춘 딱 2곳의 증류소 중 하나로 남게 되었다. 다른 1곳은 탈리스커다.

모든 증류기는 라인 암의 각도가 살짝 위로 향해 있고 중간쯤에서 오른쪽으로 휙 꺾인다. 이런 꺾임은 어쩌다 실수로 델메 에반스의 팔꿈치가 툭 꺾이는 바람에 그렇게 된 것이 아니라 특별한 풍미를 유도해 내기 위한 의도적 설계였다. 응축기의 각도도 풍미에 영향을 미치기 마련인데, 이곳은 스피릿 스틸에 장착된 셸 앤드 튜브 응축기가 수평으로 놓여 있고 응축기를 식지 않게 해주는 애프터쿨러(after-cooler)가 있어 구리와의 대화를 연장시킬 수 있다. 맥더프는 몰트 풍미가 있는 스피릿이다. 그 점에서는 의심의 여지가 없다. 하지만 가벼우면서 비스킷 느낌이 도는 풍미 진영에 들기보다는 무게감이 있으면서도 과일 풍미가 있는 편이다. 다시 말해, 복합적이다.

이런 스피릿은 오크에 들어가면 자신의 근원으로 되돌아가는 듯한 진전을 보인다. 그 안에 담긴 달콤함과 과일 풍미가 완전히 드러날 수 있으려면 다시 한번 몰트 껍질이 갈라져야 하는 과정이 필요하기라도 한 것처럼. 그래서 시간이 걸린다.

한편 블렌더의 필요성과 싱글몰트 병입자의 필요성 사이에는 서로 차이가 있다. 어린 스피릿의 묵직한 견과류/스파이시함의 특색은 블렌딩에서는 아주 바람직한 요소가 될 수 있지만 싱글몰트에서는 약점이 된다.

맥더프는 숙성되면서 특이한 매력을 가진 향 일부가 날아갈 소지가 있다. 맥더프의 증류 과정에서 보호된 유황 잔향, 콩과 대마 향이다. 그래서 기운 왕성한 오크 통의 도움이 필요하다. 더 데브론이라는 이름으로 새로 병입되어 나오는 제품을 보면 이 교훈을 잘 터득한 듯하다.

맥더프는 비바람이 들이치지 않는 항구 덕분에 중요한 청어 항구가 되었다.

맥더프 시음 노트

뉴메이크

향 풋풋한 몰트 향. 땅콩 기름과 누에콩 향, 후에 이어지는 묵직한 곡물 향.
맛 은은한 유황 풍미가 기름지고 걸쭉한 질감과 함께 다가오다 강렬한 블랙커런트 맛이 풍긴다.
피니시 갑자기 드라이해진다.

1982, 더 데브론 캐스크 샘플 59.8%

향 달콤하고 끈적한 향에 말린 과일과 브라질너트 풍미가 어우러져 있다. 점차 캐틀 케이크와 묵직한 구운 몰트의 향기가 전해온다. 물을 희석하면 말린 고사리 향과 더불어, 진한 생강과 육두구의 스파이시한 향기가 느껴진다.
맛 걸쭉하고 씹히는 듯한 질감에 몰트의 단맛. 초코 헤이즐넛 스프레드를 펴바른 토스트가 연상된다. 가벼운 타닌 풍미.
피니시 농익은 풍미의 여운이 오래 지속된다.
총평 묵직한 몰트 풍미가 입안을 가득 채운다.

1984, 베리 브라더스 앤드 러드 병입 57.2%

향 적갈색. 아니스 열매와 몰트의 향. 커런트 잎의 향기가 나다 점차 스컹크/대마의 향으로 진전된다.
맛 첫맛은 아주 드라이하지만 중간 맛에서 풍부한 과일 풍미가 몰려와, 살짝 역설적 인상을 일으킨다.
피니시 진한 견과류 풍미에 희미한 백후추 풍미가 더해진다.
총평 마지막까지 특이성을 표출한다.

플레이버 캠프 몰트 풍미와 드라이함
차기 시음 후보감 딘스톤 12년

Northern Highlands

하이랜드 북부

인버네스 북쪽에서부터 윅(Wick)에 이르는 이 해안지대의 스카치위스키 생산지는 사람들 사이에 잊혀 별 관심을 받지 못하고 있다. 인기 몰트위스키 브랜드 중 하나의 고향인데도 이곳의 몰트위스키 대다수가 여전히 잘 알려져 있지 않은 편이다. 하지만 이곳엔 스코틀랜드에서 가장 특이하고 개성적인 증류소 몇 곳이 있다. 향기, 풍미, 질감이 극단까지 밀어붙여지는 것이 이 지역의 특징이다.

사람들에게 잊힌 위스키 생산지인 이곳 해안 지대는 여기 서소 만(Thurso Bay)에서 끝나지만 우리의 여정은 수평선 너머 오크니 제도로까지 쭉 이어진다.

Tomatin

토마틴

인버네스 | www.tomatin.com | 연중 오픈 4월 중순~10월 월~일요일, 10월~3월 월~금요일

스카치위스키 산업의 변화상을 실질적으로 느껴보고 싶다면 토마틴으로 시선을 돌리면 된다. 토마틴 증류소는 1897년에 2대의 증류기로 처음 문을 열었다. 이 증류기 대수는 1956년에 2배로 늘었다가, 1958년에는 6대, 1961년엔 10대, 1974년엔 14대가 되었다. 게다가 1980년대 초에 다른 업체들이 증류소 문을 닫고 있던 와중에도 토마틴은 1986년에 증류기를 23대로 증설했다. 이 당시는 자사의 블렌디드 위스키 원액이 필요하던 일본의 증류 업체 다카라 주조에게 매각되어 있었다.

요즘엔 6쌍의 증류기가 가동 중이며, 연 1,200만 L로 정점을 찍었던 생산량은 이제 200만 L 수준이다. 그렇다고 해서 토마틴이 불평스러워하고 있다는 얘기는 아니다. 판매 책임자 스티븐 브렘너(Stephen Bremner)의 말을 들어보자. "몇 년 사이에 판매 실적이 확실히 개선되었어요. 이런 성과는 블렌딩용 몰트의 생산에서 뛰어난 품질의 싱글 몰트로 전략을 바꾼 덕분이었죠." 생각해 보면 이런 전략 변경은 위스키 시장을 아주 잘 반영해 주는 것이기도 하다. 토마틴 위스키는 향기로우면서 강렬해, 에스테르류 과일 풍미가 있으면서 약간 스파이시하다. 이는 장시간 발효를 거친 후, 크기는 소형이지만 목이 길고 응축장치가 차가운 야외에 설치된 증류기로 증류하면서 얻어내는 것이다. 퍼스트 필 버번 캐스크와 셰리 버트를 늘리며 오크통 사용 방침을 강화한 결과로서 주목할 만한 품질 개선이 이루어지기도 했다.

이러한 노력에 따라 새로운 제품군의 싱글몰트에는 대중이 수십 년 동안 누릴 기회가 없었던 그런 풍미가 증폭되어 있다. 이곳을 이끄는 인물은 1961년에 토마틴에 합류한 마스터 디스틸러 더글러스 캠벨(Douglas Campbell)이다. 특유의 과일 풍미에는 여전히 변함이 없어, 오크로부터 여러 특색을 부여받으며 수십 년 후에 한껏 농익어 화사한 열대풍의 느낌으로 깊어진다. 가볍게 피트 처리된 제품이고 이 지역 신화 속에 등장하는 지옥을 지키는 개의 이름을 딴 쿠보칸(Cù Bòcan)에서도, 이런 부드러운 성질이 느껴진다. 처음엔 으르렁거리지만 이내 기분 좋게 얼굴을 핥아준다.

토마틴 시음 노트

뉴메이크

향 강렬하다. 과일 브랜디(푸아르 윌리엄) 향과 꽃향기.
맛 살짝 채소 맛이 나고, 무게감이 약간 드러나는 듯하지만 전반적으로 기품 있고 달콤하다.
피니시 얼얼하다.

12년 40%

향 이 증류소 특유의 강렬함이 힘차게 덮쳐온다. 어린 편이라 아직도 살짝 조밀하며, 노란색 과일과 오크 향은 여전히 부차적 향에 머물러 있다.
맛 아주 가볍고 깔끔하다. 중간 맛에서 실크 같이 부드러운 섬세한 질감이 느껴지다 점차 꿀과 캐러멜화된 설탕의 맛이 난다.
피니시 껍질을 베어낸 나뭇가지가 연상된다.
총평 아페리티프로 잘 어울릴 만한 가볍고 깔끔한 스타일이다.

플레이버 캠프 **향기로움과 꽃 풍미**
차기 시음 후보감 티니닉 12년

18년 46%

향 잘 익은 사과 향, 가벼운 꿀 향, 검게 익은 포도와 밤꿀 향, 살며시 피어오르는 향긋한 장작 연기 내음이 한데 어우러져 있어, 토마틴이라는 걸 딱 알아볼 수 있다.
맛 숙성되면서 산화 느낌의 풍미에 깊이가 생겨났다. 희미한 복숭아 맛, 우롱차와 풍부한 꿀의 풍미가 느껴지다, 약간의 커피 맛이 난다.
피니시 오렌지맛 초콜릿 풍미.
총평 이 18년 위스키는 리필 캐스크에서 숙성된 뒤에 셰리를 담았던 버트에서 매링을 거치며 미묘한 깊이감이 더해졌다.

플레이버 캠프 **과일 풍미과 스파이시함**
차기 시음 후보감 더 글렌로시스 1993

30년 46%

향 열대 과일, 패션프루트, 너무 익은 망고, 구아바 향과 더불어, 약간의 크림 향과 오크 향이 풍긴다. 물을 희석하면 약간의 생강 향과 함께 마른 풀의 향취도 약하게 올라온다.
맛 내내 부드러운 과일 맛이 이어지면서 스파이스 풍미가 톡 쏘면서 다가온다. 기분 좋은 복합미가 깔끔하게 오래 이어진다.
피니시 오크 특유의 팽팽함과 온화한 드라이함.
총평 온화하고 오래 숙성된 위스키의 정통적 풍미다.

플레이버 캠프 **과일 풍미와 스파이시함**
차기 시음 후보감 토민톨 33년

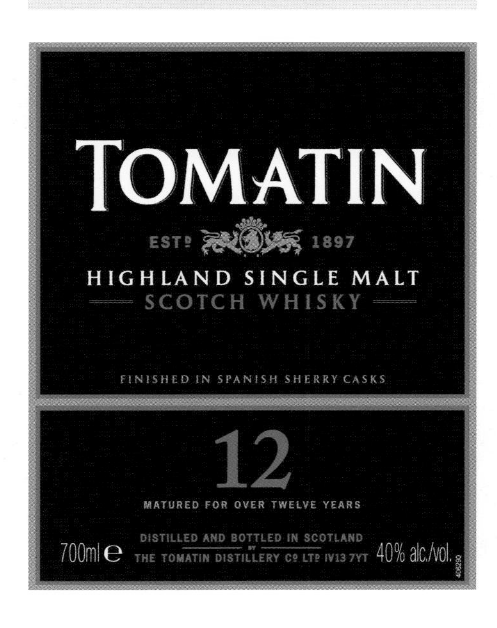

쿠보칸 46%

향 장작 연기 향. 후추 향과 흙내음을 띠어 드라이한 편이다. 물을 희석하면 가벼운 발삼 향이 나온다.
맛 타다 남은 뜨거운 장작의 느낌과 오크의 단맛이 첫맛으로 다가온다. 물을 희석하면 달콤함이 느껴진다.
피니시 섬세한 스모키함.
총평 피트 처리가 된 이 제품은 밸런스가 잘 잡혀 있으면서 가볍지만 증류소의 개성도 살아 있다.

플레이버 캠프 **스모키함과 피트 풍미**
차기 시음 후보감 더 벤리악 큐리오시타스

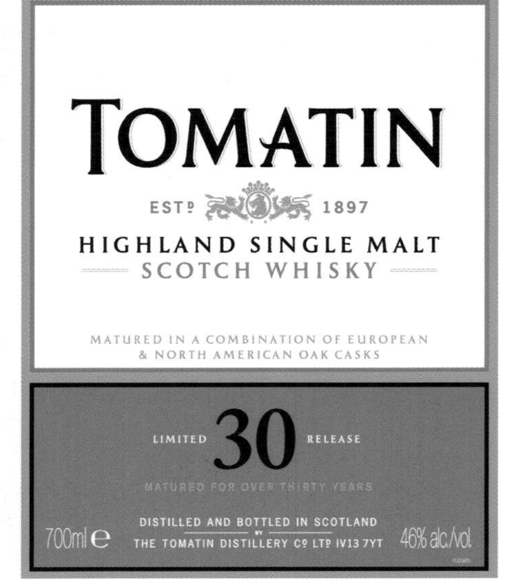

Royal Brackla

로열 브라클라

네언(Nairn)

로열 브라클라에 다다르면 곧 피비린내 서린 지대로 깊숙이 들어서게 된다. 바로 근처에 컬로든(Culloden) 전투지만이 아니라, 셰익스피어에 따르면 맥베스가 국왕을 시해한 곳인 코더성(Cawdor Castle)도 있다. 따라서 작품 속에 등장하는 황량한 히스 벌판도 멀지 않은 곳에 있다. 그러니 로열 브라클라를 접한 후 오래 남는 인상이 고요함이라니, 이 얼마나 다행인가.

육중한 보안문을 열고 당화장에서 증류장으로 들어서면 4대의 증류기 중 2대의 사이로, 증류소 내 호수가 내다보인다. 올해 수확된 보리의 향에, 스피릿 세이프에서 피어오르는 증기의 취기 오르는 향이 섞여서 풍겨오기도 한다.

이 목가적인 부지에서 클리어릭(Clearic), 즉 뉴메이크가 증류되기 시작된 시기는 윌리엄 프레이저 선장이 자신의 증류소를 세웠던 1812년으로 거슬러 간다. 지역민들로선 상당히 당황스러운 일이었을 테지만 당시에 그는 밀주로 쏠쏠한 돈벌이를 하고 있었다. 하지만 프레이저의 위스키는 자체적으로 명성을 쌓기 시작하더니, 1835년에 윌리엄 4세로부터 위스키 최초로 로열 워런트를 부여받게 되었다. 덕분에 이 증류소는 그 순간 이후로 평판을 확실히 보장받았다.

다음은 1836년에 로열 브라클라가 내보낸 광고 문구다. "왕실이 인정한 이 위스키는 프레이저의 로열 브라클라 증류소에서 국왕 폐하를 위해 특별히 증류되고 있으며, 세계 각국 전문가들의 입맛과 성향에도 잘 맞는 것으로 입증되고 있는 유일한 몰트위스키라 자부합니다. 피트 풍미가 있으나 결코 지독하지 않습니다. 강하지만 거칠지 않아 칵테일 펀치나 토디를 만들기에 최상의 선택입니다."

안타깝게도, 지금껏 로열 브라클라의 품질은 블렌더의 실험실 밖에서는 좀처럼 인식되지 못했다. 말하자면 로열 브라클라는 자체 증류소를 소유하고 있는 듀어스의 제품 같은 여러 블렌디드 위스키에 복합성을 더해주기 위해 사심 없이 자신을 헌신적으로 바쳐온 또 하나의 최상급 싱글몰트에 해당된다. 하지만 도대체 왜 소유주 가운데 아무도 이런 증류소의 관광 잠재성을 알아보지 못했는지를 생각하면 놀랍기도 하다.

이곳에서는 요즘엔 피트 처리 없이 강렬하고 에스테르 향이 있는 뉴메이크를 만들기 위해 이곳의 정경만큼이나 온화한 방식의 제조 공정을 이어간다. 맑은 워트를 만들기 위한 저속 매싱, 장시간의 발효, 환류를 일으키는 느긋한 증류를 통해 에스테르 향과 경쾌하고 강렬한 느낌을 띠는 특유의 그 스피릿을 만들어낸다. 하지만 이렇게 만들어진 스피릿은 빈약하기보다는 존재감을 띠는 스타일이 된다. 유럽산 오크의 돌봄도 잘 견뎌낸다.

이제는 관람이 허용되어 있을 뿐만 아니라, 희미한 셰리 풍미를 띠는 왕실이 인정한 위스키가 다시 한번 정식 제품으로 병입될 수 있게 되었다. 프레이저 선장과 그의 후견인도 틀림없이 이런 변화를 승인해 주었을 것이다.

로열 브라클라의 부지는 뛰어난 목가적 고요함을 자랑한다.

로열 브라클라 시음 노트

뉴메이크

향 과일 향/오일리함에 더해 자기류의 차가움. 오이 향.

맛 바늘로 찌르는 듯 톡 쏘는 느낌. 파인애플, 풋사과, 덜 익은 과일의 맛. 아주 깔끔하고 살짝 오일리하다.

피니시 풀의 풍미.

15년, 리필 우드 캐스크 샘플

향 오크에서 우러난, 자기주장 강한 스파이시함. 잘 익은 사과와 시나몬/메이스의 향. 여전한 오이 향.

맛 본연의 순수한 풍미를 간직하고 있다. 가벼운 꽃/라일락 풍미. 혀 가운데 쪽에서 크렘 브륄레의 맛이 살포시 감돌다 사라진다. 점차 칼바도스와 태운 자일로스 맛이 희미하게 번진다.

피니시 크림 토피의 풍미가 농익게 느껴지다 상쾌한 신맛으로 마무리된다.

총평 2, 3차의 향으로 진전되었다. 이제는 조심스럽게 다루어야 할 단계에 이르렀다.

25년 43%

향 몰트의 단 향에, 샌달우드, 체리, 향신료, 땅콩 껍질의 향. 커스터드 크림 향기.

맛 멜론과 살구 계열 과일의 단맛. 달콤한 바닐라 커스터드 풍미가 맛을 주도하면서 그 밑으로 약간의 견과류 맛이 깔려 있다. 견고한 오크 풍미.

피니시 드라이함과 견과류 풍미.

총평 뉴메이크의 스타일보다 좀 더 몰티하지만 달콤함이 풍미를 지배한다.

플레이버 캠프 **과일 풍미와 스파이시함**
차기 시음 후보감 맥캘란 18년 파인 오크

1997 캐스크 샘플 56.3%

향 옅은 밀짚색. 강렬함과 에스테르 향. 라임과 솔잎/가문비나무 싹 향기가 아주 조밀한 느낌으로 다가오고, 여기에 풋사과 향이 어우러진다. 상쾌하고 활기차다.

맛 약간의 키위 맛에 은은한 오이 맛까지 더해지며 깨끗한 인상을 준다. 아주 상쾌하다. 물을 희석하면 풍부한 질감이 좀 느껴지고 풍미가 살짝 온화하게 퍼진다.

피니시 조밀하고 깔끔한 여운 속의 신맛.

총평 그 강렬함이 정말 브라클라답다.

Glen Ord, Teaninich

글렌 오드, 티니닉

글렌 오드 | 뮤어 오브 오드(Muir of Ord), 인버네스 | www.discovering-distilleries.com/glenord | 연중 오픈
티니닉 | 알네스(Alness), 로스셔(Ross-Shire)

블랙 아일(Black Isle)은 섬도 아니고 생각해 보면 시커멓지도 않다. 모레이 만과 크로마티 만 사이에 자리 잡은 곶 지대이지만, 비옥한 땅과 보리 재배에 이상적인 조건을 갖춘 덕분에 초창기의 걸출한 증류소들 중 1곳의 부지가 되었다. 페린토시(Ferintosh) 지역은 17세기에 지주인 던컨 포브스(Duncan Forbes)가 세운 곳이다. 가톨릭교도 제임스 1세와의 전투에서 신교도인 윌리엄 3세를 지지해 준 것에 대한 보답으로, 포브스는 자신의 땅에서 재배되는 곡물로 세금도 내지 않고 위스키를 증류할 수 있는 특권을 부여받았다. 이후 그는 자신의 토지에 증류소를 4곳이나 거느리게 되었고 그의 가문은 연간 18,000파운드(현재 가치로 환산하면 200만 파운드)에 달하는 순이익을 벌어들였다. 특권이 철회된 1784년 전인 18세기 말까지 이곳 페린토시가 스코틀랜드 위스키 판매량의 3분의 2를 점유했을 것으로 추산된다.

글렌 오드가 이 자리에 터를 잡은 것은 순전히 몰팅 보리의 품질과 결부되어 있다. 이곳은 자급자족 방식의 증류소이기도 하다. 부지에 드럼 방식 몰팅 시설을 갖춘 덕분에 필요한 몰트를 자체 생산하고 있을 뿐만 아니라 탈리스커를 비롯한 디아지오의 다른 증류소 6곳에도 몰트를 대주고 있다.

초목으로 뒤덮인 들판에 에워싸인 환경을 생각하면 글렌 오드가 푸릇푸릇 풀 느낌이 배어나고 그 사이로 피트 풍미가 퍼지는 스피릿을 생산하는 것이 딱 적절하다 싶다. 싱글몰트위스키로 상품을 출시하려는 시도가 지금까지 수차례 이어졌는데 가장 최근엔 디아지오의 싱글톤 시리즈 대열에 합류하게 됨에 따라 셰리 캐스크의 품에서 숙성되고 있다.

이런 풀 풍미는, 우리의 현재 여정 경로인 윅까지의 해안 지대 최초의 증류소 티티닉과 글렌 오드를 이어주는 연결고리다. 티니닉은 깔끔한 워트를 만들어내는 매시 필터와 구리와의 접촉을 최대한 늘려주는 덩치 큰 증류기 덕분에 살짝 더 오일리한 편이다. 향기에는 특이한 이국적 느낌이 배어 있어, 녹차, 레몬그라스 향과 바이슨 그라스(들소 풀) 비슷한 향이 난다.

미디움 바디인 글렌 오드는 오크 풍미에 순하게 잘 녹아드는 반면, 티니닉은 도도하게 거리를 벌려 떨어진 채 오크의 길들이려는 시도를 쌍날칼처럼 죄다 잘라낸다. 소유주인 디아지오의 상품 확대 구상에 따라 두 증류소 모두 생산능력을 2배로 확장하게 되었다. 티니닉 옆에는 완전히 새로운 '로자일 스타일'의 증류소가 들어설 예정이기도 하다.

글렌 오드 시음 노트

뉴메이크

향 갓 베어낸 푸릇푸릇한 풀 향기와 가벼운 훈연 향. 물을 희석하면 이제 막 깎아서 정리한 생울타리의 향기가 피어난다.
맛 풀/쥐똥나무 풍미가 기분 좋은 무게감으로 다가온다. 봄철의 나뭇잎을 씹는 듯한 느낌이 들고, 덜 여문 완두순의 맛도 난다. 물을 희석하면 약간의 스모키함이 올라온다.
피니시 발효 중인 화이트와인이 연상된다.

더 싱글톤 오브 글렌 오드 12년 40%

향 짙은 호박색. 초록무화과 잼, 생 대추야자, 정원용 노끈, 멀리 떨어진 정원에서 풍겨오는 모닥불의 향기. 브라질너트 향. 물을 희석하면 플럼 느낌의 달달한 향과 함께 생강 쿠키 향이 피어난다.
맛 설탕 절임 과일의 맛이 가볍게 전해오다 중간쯤에 스모키함과 캐슈너트의 맛이 느껴진다. 설타나 케이크 풍미. 뒷맛으로 가면서 다가오는 바닐라 맛. 걸쭉한 질감.
피니시 가벼운 풀 풍미.
총평 증류소의 특색이 살아 있으나 달콤함으로 큰 변형을 주기도 했다.

플레이버 캠프 **풍부함과 무난함**
차기 시음 후보감 맥캘란 10년, 아벨라워 12년, 아벨라워 16년, 글렌파클라스 10년

티니닉 시음 노트

뉴메이크

향 생울타리, 잔디깎는 기계, 일본 녹차, 덜 익은 파인애플의 향으로 향기롭다.
맛 강렬하면서도 아주 신선하고 신맛이 난다. 물을 타면 살짝 부드러워진다. 맛의 깊이가 있다.
피니시 쥐똥나무 풍미와 함께 짧고 얼얼하게 마무리된다.

8년, 리필 우드 캐스크 샘플

향 강렬하고 깔끔하다. 중국 백차, 바이슨 그라스, 레몬그라스 향을 띤다. 물을 희석하면 고무나무 향취가 은은히 돈다.
맛 톡 쏘는 맛이 있고 살짝 거칠다. 나팔수선화와 풀의 내음, 젖은 대나무 향취. 물을 희석하면 더 부드러워지는 질감.
피니시 부드러운 박하 풍미의 깔끔한 여운.
총평 굉장한 개성파이면서 '아시아적'이다.

10년, 플로라 앤드 파우나 43%

향 레몬그라스 향이 여전히 있지만 이제는 중국 녹차에 가까운 느낌이다. 8년 숙성 때보다 좀 더 크리미하다. 물을 희석하면 덜 익은 아니스 열매 향이 올라온다.
맛 허브와 향신료 풍미가 부드러운 첫맛. 중간쯤엔 부드러움이 절제되어 있지만 물을 희석하면 아주 부드러워진다.
피니시 허브 풍미.
총평 가볍지만 복합적이다.

플레이버 캠프 **향기로움과 꽃 풍미**
차기 시음 후보감 글렌버기 15년, 아녹 16년, 하쿠슈 12년

HIGHLAND
SINGLE MALT
SCOTCH WHISKY

The *Cromarty Firth* is one of the few places in the British Isles inhabited by *PORPOISE*. They can be seen quite regularly, *swimming* close to the shore *less* than a *mile* from

TEANINICH

distillery. Founded in 1817 in the *Ross-shire* town of ALNESS, the *distillery* is now one of the largest in *Scotland*. TEANINICH is an assertive *single* MALT WHISKY with a *spicy*, *smoky*, *satisfying* taste.

AGED 10 YEARS

43% vol — Distilled & Bottled in SCOTLAND. TEANINICH DISTILLERY, Alness, Ross-shire, Scotland. — 70cl

Dalmore, Invergordon

달모어, 인버고든

달모에 | 알네스 | www.thedalmore.com | 연중 오픈 4~10월 월~토요일, 11~3월 월~금요일 | **인버고든** | 밀턴(Milton)

이 북동부 해안 지대의 위스키를 관통하는 공통 특징은 드높은 개성이며 개성면에서 볼 때 달모어는 티니닉의 강철 같은 단단함과는 극과 극을 이룬다. 풍부함과 깊이에 푹 빠져 있는 위스키다. 티니닉이 봄철의 꽃샘추위가 영원히 이어지는 듯한 인상이라면 크로마티 만의 해안가에 인접한 달모어는 1년 내내 가을이 계속되는 듯한 인상이다. 베리 주스가 입안을 꽉 채우는 느낌을 남기기도 한다.

1839년에 설립된 달모어의 증류 방식을 보면, 설립자가 어떤 광기에 휩싸여 만들어낸 게 아닐까 싶어진다. 워시 스틸들은 상단이 평평해 라인 암이 측면에서 튀어나와 있는 형태이고, 스피릿 스틸들은 목 주위에 냉수통이 목도리처럼 둘러져 있다. 게다가 증류기들은 크기도 다 제각각이다.

달모어에는 증류장이 2개다. 구 증류장에 설치된 워시 스틸 2대는 서로 크기가 다르다. 신 증류장의 워시 스틸 2대는 서로는 같은 크기이지만 구 증류장의 워시 스틸과는 다른 크기다. 그렇다면 결과물은 어떨까? 로우 와인이 다양한 강도와 특색을 띤다. 스피릿 스틸도 마찬가지다. 달모어에서는 이처럼 증류기들이 전부 다 모양과 크기가 달라서 증류 스피릿의 강도가 다양하게 나타난다. 스피릿 스틸 쪽에서는 고강도의 후류가 나오고 워시 스틸 쪽에서도 고강도의 로우 와인이 나올 수도 있고, 저강도의 후류와 저강도의 로우 와인이 나올 수도 있다. 아니면 고강도 후류와 저강도 로우 와인이 나오는 등등 그 외의 다양한 결과도 가능하다. 그에 따라 뉴메이크의 풍미가 무수할 만큼 다양하다.

이곳 특유의 무게감은 달모어의 오크 통 사용 방침의 결정에 도움이 되기도 한다. 달모어의 스피릿은 셰리를 담았던 오크 통의 세심한 돌봄을 마음껏 즐기는 성향이 있다. 이런 돌봄을 받으며 구조감이 더해갈 뿐만 아니라 달콤함을 얻고 신비감의 깊이까지 띠게 된다. 나이가 5년이 되어도 오크를 빨아들일 뿐 자신의 의도를 드러내지 않고 잠자코 있는 인상을 풍긴다. 심지어 12년이 될 때까지도 오크의 문 뒤로 어떤 비밀스러운 힘이 몰려와 있는 느낌만 있다. 15년이 되어서야 맵시 있는 달모어가 제 모습을 드러내기 시작한다.

이 잊혀져 있던 거인은 최근 몇 년 사이에 새 상품을 선보이며, 초장기 숙성과 초고가의 제품 여러 가지로 명품 위스키의 반열에 올라섰다. 특히 시리우스(Sirius), 칸델라(Candela), 셀레네(Selene)는 모두 오크 통에서 50년 이상을 보내며 이국적이고 농축미가 느껴지는 랑시오 향으로 원숙미를 가득 머금는다.

해안가를 따라 위쪽으로 몇 킬로미터 더 가면 공기에서 다른 향이 배어 나온다. 바로 이곳이 스코틀랜드 최북단의 그레인위스키 증류소, 인버고든의 터전이다.

인버고든은 1960년에 코페이 증류기 한 대로 위스키 생산을 시작해, 얼마 지나지 않아 증류기 수를 4대로 늘리게 되었다. 현재는 연간 3,600만 L의 위스키를 생산하는 이 지역에서 밀과 옥수수를 원료로 번갈아 써가며 증류기를 가동해 스파이시하고 유산 느낌이 살짝 밴 위스키를 생산하고 있다. 이곳의 위스키는 소유주인 화이트 앤드 맥케이의 블렌디드 위스키 원액들 중 가장 폭넓게 활용되고 있다. 짧은 기간이었지만, 1990년대 초에 싱글 그레인위스키 더 인버고든(The Inbergodon)으로 병입되어 여성 소비층을 공략하기도 했고, 여기에서 몰트위스키 증류소 벤 와이비스(Ben Wyvis)가 1965~1977년까지 12년 동안 가동되기도 했다. 이 증류소에서 쓰던 증류기들은 현재 글렌가일에 가 있다.(189쪽 참조.)

달모어 시음 노트

뉴메이크

향 검은색 과일의 달큰한 향과 오렌지/금귤 즙의 향. 커런트 향.
맛 농익고 묵직한 맛 속에 숨겨진 곡물 풍미.
피니시 시트러스 풍미로 상쾌하게 마무리된다.

12년 40%

향 아주 절제되어 있고 상큼하다. 이제는 몰트 풍미가 더 주도성을 띠었다. 말린 과일 향기도 약간 있다.
맛 깔끔한 맛에 이어 크리스마스 케이크, 오렌지 껍질, 커런트 잎의 맛이 진하게 퍼진다.
피니시 긴 여운과 과일 풍미.
총평 이미 달콤함을 띠어가고 있지만 여전히 가야 할 길을 찾고 있다.

플레이버 캠프 과일 풍미와 스파이시함
차기 시음 후보감 에드라우더 1996 올로로소 피니시

15년 40%

향 셰리 풍미의 기운이 느껴지면서 달콤하다. 잼의 느낌, 생울타리 열매와 잎의 향취. 깊이감과 무게감을 갖추었다.
맛 부드럽고 온화하다. 말린 과일, 오렌지페코 풍미.
피니시 금귤 풍미.
총평 대담한 기운을 띤 여러 셰리 캐스크의 조합이 돋보이는 위스키다. 이 나이대에 이르러 드디어 증류소 특색과 오크 풍미가 밸런스를 이루었다.

플레이버 캠프 풍부함과 무난함
차기 시음 후보감 더 싱글톤 오브 더프타운 12년

1981 마투살렘 44%

향 오디와 커피 향에, 치즈 느낌의 은은한 랑시오 향, 호두, 세비야 오렌지 향이 어우러져 무난하면서 풍부한 느낌을 선사한다.
맛 부드럽고 힘찬 느낌. 로부스토 시가, 뿌리덮개의 풍미.
피니시 여운이 오래 이어지면서 살짝 떫다.
총평 달콤한 셰리 캐스크 덕분에 강렬하고 힘찬 풍미를 갖추었다.

플레이버 캠프 풍부함과 무난함
차기 시음 후보감 아벨라워 25년, 더 맥캘란 18년 셰리

인버고든 시음 노트

인버고든 15년 캐스크 샘플 62%

향 새콤달콤하고 살짝 채소 향이 난다. 꽃 가게가 생각나는 향기, 가벼운 치즈 외피, 잘라낸 풀의 향.
맛 트리니다드산(産) 럼과 비슷한 맛. 달콤하면서도 스모키함이 없는 페놀 풍미가 살짝 돈다. 곡물 특유의 맛이 견고하게 잡혀 있으면서, 흥미를 자극하는 특이한 탄 맛이 난다.
피니시 씁싸름한 초콜릿 풍미.
총평 스코틀랜드의 그레인위스키 가운데 가장 개성 넘친다.

Glenmorangie

글렌모렌지

테인(Tain) | www.glenmorangie.com | 연중 오픈, 방문 일정과 자세한 사항은 웹사이트 참조

힐튼 오브 캐드볼(Hilton of Cadboll)이라는 마을 외곽의 한 들판에는 조각가 베리 그로브(Barry Grove)가 지금껏 발견된 것 중 가장 큰 고대 픽트인의 돌조각을 그대로 재현해 놓은 작품이 세워져 있다. 이 돌조각을 자세히 보면, 서로 엉켜 있는 여러 동물과 우두머리 들, 매듭 장식 주위로 소용돌이 꼴로 양식화된 새들이 에워싸고 있는데, 각각의 새들은 맞은편의 상대와 조금씩 엇나간 위치에 자리 잡고 있다.

글렌모렌지의 인장 마크는 이 돌조각의 맨 아래쪽 문양에서 따온 것이다. 빙글빙글 돌아가는 미로처럼 연결된 모양의 이 마크는, 글렌모렌지를 그 근원과 연결 지어 주는 듯도 하고 위스키에 물을 섞어 넣을 때 생기는 비대칭적 나선형 소용돌이를 재현한 듯도 하다. 뿐만 아니라, 글렌모렌지의 자체 수원인 탈로지 샘(Tarlogie Springs)의 모래 바닥에서 올라오는 물 거품을 상기시키기도 한다.

탈로지 샘의 경수는 마그네슘과 칼슘이 풍부해 글렌모렌지의 특색에 영향을 미칠 가능성이 있다. 이와 관련해서 글렌모렌지의 증류 및 위스키 제작 책임자로 있는 빌 럼스던(Bill Lumsden) 박사는 이렇게 말했다. "글렌모렌지의 모든 풍미 구성 요소를 100%로 친다면 물은 많아 봐야 5%일 거예요."

원래는 양조장이었던 글렌모렌지의 구적색사암(Old Red Sandstone, 고생대 중기의 데본기에 형성된 적색 사암—옮긴이) 건물들은 도녹 만 쪽의 언덕에 자리해, 위쪽에서 아래쪽으로 공정이 단계적으로 이어지도록 배치되어 있다. 이런 구조는 19세기 중력 활용식 설계 방식으로, 보리가 언덕 꼭대기로 들어가 맨 밑에서 맑은 스피릿이 되어 나올 수 있게 해준다.

생산 공정은 글렌모렌지의 실용적인 스테인리스스틸 매시턴과 워시백에 원재료를 담는 것으로 시작되지만, 모든 증류소가 다 그렇듯 풍미의 방향을 정한 다음 애를 태워가며 그 풍미를 가려서 뽑아내야 한다. 말하자면 캐드볼 스톤 조각의 문양 중 한 가닥의 궤도를 추적해 가는 것과 흡사하다.

글렌모렌지에서 풍미의 매듭을 풀어내기 위한 첫 번째 과정이 행해지는 증류장에 들어서면 슈퍼모델처럼 큰 키에 홀쭉한 증류기들이 목을 응축기 쪽을 향해 활 모양으로 도도하게 꺾은 모습으로 늘어서 있다. 위스키 업계에서 가장 키가 큰 이 증류기들에서는 어마어마한 부피의 구리가 맡은 바 할 일을 하고 있다.

증류해서 잘라낸 스피릿은 처음엔 아주 기품이 있고, 매니큐어와 오이 풍미로 가득하다가 시트러스, 바나나, 멜론, 회향풀, 작은 과일 계열의 상쾌한 풍미를 띠어간다. 향기롭고 경쾌하며 깔끔한 데다, 튀지 않는 곡물 풍미가 과즙과 과일 풍미가 너무 지나치지 않게 잡아준다. 이 모두는 럼스던이 이곳의 책임자로 있을

구적색사암으로 지어진 글렌모렌지 증류소의 건물은 원래 테인의 양조장 부지였다.

때 컷을 좁힌 덕분에 가능해진 결과다.

이제 풍미의 방향은 숙성고로 이어진다. 요즘엔 모든 증류 기술자가 오크의 중요성을 인정하고 있지만 럼스던의 경우엔 집착 수준이다. 그는 오크 통을 2번씩만 사용하고 주로 미국산 오크 통을 쓴다. 내가 럼스던을 따라 흙바닥의 눅눅한 한 숙성고에 같이 들어갔을 때, 그는 세컨드필 캐스크를 무조건 이런 환경의 숙성고에 보관해 두는 이유를 이렇게 설명했다. "세컨드 필에서는 오크에서 우러나오는 산화 풍미가 훨씬 더 강해요. 이런 세컨드필로 복합성의 폭을 넓히려면, 이런 환경이 딱 제격이죠."

디 오리지널(The Original, 10년 숙성 위스키의 새로운 이름)은 100% 미국산 오크 통에서 숙성된다. 퍼스트 필과 만나면 코코넛과 바닐라 풍미가 부여되고 이런 더니지 방식 숙성고에서 숙성된 세컨드 필에서는 꿀과 박하의 특색이 생겨난다고 한다. 글렌모렌지 특유의 풍미가 서서히 어우러지며 달콤한 과일 풍미로 진전되어 가는 동안, 성장이 더딘 미국산 오크를 자연 건조시켜 만든 글렌모렌지의 맞춤 제작 캐스크에서 또 하나의 구성요소가 되어줄 위스키가 숙성되어 간다. 이 몸값 높으신 아이들은 아스타(Astar)로 거듭나 한껏 빛을 발한다. 럼스던의 말 그대로 "오리지널보다 엄청 엄청 인상적인" 이 아스타에는 팝콘, 유칼립투스, 크렘 브륄레의 풍미가 그윽하다.

럼스던은 기운 왕성한 캐스크에서 또 한 번의 추가 숙성 기간을 주는 기술, 즉 피니싱을 개척한 인물이다. 피니싱이 잘 되면 풍미의 방향에 새로운 반전을 선사하지만 자칫 과잉 숙성 상태에 빠지기 쉽기도 하다. 럼스던의 말처럼 "오크는 위스키를 만들지만 위스키를 망칠 수도" 있다. 언제나 밸런스가 관건이다.

글렌모렌지의 여러 숙성고 중 한 곳에서 휴식 중인, 맞춤제작 캐스크들. 글렌모렌지는 오크 통 관리의 연구 분야에서 선두주자로 꼽힌다.

글렌모렌지는 여러 면에서 픽트인의 소용돌이 문양과 비슷하다. 증류소 개성과 오크가 서로를 돋보이게 해주는 식의, 비대칭적 균형을 이룬다. 오크에서 과일 풍미를 살살 짜내주며 자신의 존재감을 드러내지만 언제나 그 오크의 존재감 아래에는 증류소 본래의 개성이 감추어져 있다. 궤도를 따라가다 보면 다시 처음으로 돌아가게 되어 있는 픽트인의 문양처럼.

글렌모렌지 시음 노트

뉴메이크

향 강렬하다. 꽃향기에 설탕 절임 과일, 과일 맛 사탕, 시트러스, 바나나, 회향풀 향이 어우러져 있다.

맛 순수한 과일 맛이 달콤하고 강렬하다. 꽃과 가벼운 견과류 풍미가 이어진다. 분필과 솜사탕 맛도 느껴진다.

피니시 깔끔하다.

디 오리지널 10년 40%

향 옅은 황금색. 작은 과일, 톱밥의 단 향, 백도 복숭아, 쐐기풀, 가벼운 박하, 바닐라, 바나나 스플릿(바나나를 길게 가르고 그 속에 아이스크림, 견과류 등을 채운 디저트—옮긴이), 코코넛 아이스크림, 망고 셔벗, 탄저린의 향.

맛 가벼운 오크의 풍미가 희미하다. 바닐라와 크림 맛에 이어 다가오는 시나몬 풍미. 연한 패션프루트 맛.

피니시 박하 풍미로 시원하게 마무리된다.

총평 오크 풍미가 아주 미묘하지만 뒤에서 향이 조화를 이루도록 떠받쳐주고 있다.

플레이버 캠프 과일 풍미와 스파이시함
차기 시음 후보감 글렌 엘긴 12년, 애버펠디 12년

18년 43%

향 크렘 브륄레, 가벼운 초콜릿, 유칼립투스, 소나무 송진, 라즈베리, 꿀, 크림 캐러멜, 재스민의 향.

맛 말린 과일과 박하의 맛. 농익은 맛이 입안을 걸쭉하게 덮어오는 동시에 플럼과 딱딱한 토피의 풍미가 가볍게 돈다.

피니시 올스파이스 풍미가 느껴지고 필발(후춧과의 풀) 풍미가 오래 이어진다. 베티베르풀의 풍미.

총평 숙성으로 풍미의 층이 더 깊어졌다. 오크 풍미가 응집되어 있으나 그 사이에서 증류소의 개성이 여전히 빛을 발한다.

플레이버 캠프 과일 풍미와 스파이시함
차기 시음 후보감 롱몬 16년, 글렌 모레이 16년, 야마자키 18년, 맥캘란 15년 파인 오크

25년 43%

향 숙성의 풍미가 깊고 진하게 배어 있다. 벌집, 밀랍, 시트러스 껍질의 향에 마지팬, 견과류, 시가용 궐련지의 향취가 살짝 섞여 있다. 붉은색 과일의 향기 사이로 느껴지는 허브와 복숭아 씨의 향. 은은한 정향 향. 패션프루트 향이 다시 모습을 드러낸다. 감미로운 토피 향. 오렌지 껍질의 달큰한 향.

맛 입안을 덮어오는 질감. 꿀, 육두구, 레드 페퍼 가루의 맛. 처음엔 단맛이, 이어서 중간 맛에서는 가벼운 오크 풍미로 깊이감이 느껴진다. 오렌지 크렘 브륄레, 딸기, 오렌지 꽃의 풍미. 복합적인 풍미를 띤다.

피니시 토피와 라즈베리 잎의 풍미에, 꿀의 알싸한 맛. 칵테일 핫 토디가 연상된다.

총평 풍미가 층을 이루고 있다.

플레이버 캠프 과일 풍미와 스파이시함
차기 시음 후보감 롱몬 1977, 애버펠디 21년, 더 발베니 30년

Balblair

발블레어

에더튼(Edderton), 테인 | www.balblair.com | 연중 오픈 4~9월 월~토요일, 10~3월 월~금요일

테인의 북쪽으로 올라가면 딩월(Dingwall) 이후부터 쭉 이어지던 검은색 흙의 들판이 산과 해변 사이에 끼어 비좁아진다. 시시각각 변하는 햇빛은 만에 반사되어 튕겨 나가며 헤더로 뒤덮인 우중충한 여러 언덕에 그늘을 드리운다. 이것이 발블레어의 주변 풍경이다. 점점 잠식해 들어오는 헤더 황무지에 가보면 왜 이 지역에 '피트의 교구(敎區, Parish of the Peats)'라는 별명이 붙었는지도 알 것 같다. 발블레어는 1798년부터 에더튼 마을의 증류소였으나 1872년에 철도 옆인 이곳으로 생산시설이 옮겨왔다.

작고 단단한 발블레어에서는 불변성의 인상이 풍기고, 이는 작업장 내의 위스키 제조 철학에도 반영되어 있다. "이 작업장에만 일하는 사람이 9명이에요. 저는 수작업으로 위스키를 생산하는 게 더 좋아요. 사람들이 왜 자동화로 바꾸는지는 이해하지만 누가 뭐래도 증류소는 한 지역사회의 중심 아닌가요? 저는 전통적 방식이 최고라고 생각해요." 부책임자인 그레엄 보위(Graeme Bowie)의 말이다.

이곳은 전통적이라는 말이 딱 들어맞는 곳이다. 상인방이 걸쳐진 작업장, 그 안에 감도는 활력, 후끈한 열기, 그 안의 그윽한 향기가 한데 어우러져 있는 곳. 발블레어의 소유주인 인버하우스의 마스터 블렌더 스튜어트 하베이의 말을 들어보자. "증류소도 현대식 양조장처럼 운영할 수 있어요. 하지만 그럴 경우 너무 진부해져 개성을 잃기 쉬워요. 사람들이 원하는 것은 바로 개성이에요."

워시백은 목재지만 발블레어의 DNA가 깃들어 있는 곳은 증류기다. 보위는 이렇게 설명한다. "발블레어에서는 자연스러운 스파이시함이 배어 나옵니다. 매시툰의 바닥이 깊어 맑은 워시가 나오고, 그래서 저희는 꽃/시트러스 계열의 에스테르 향을 생성시키려 하고 있지만 또 한편으론 깊이감과 과일 풍미도 끌어내려 하죠." 이 부분에서 증류기가 제 역할을 펼친다. 이곳 증류장에는 버섯을 거꾸로 뒤집어 놓은 형태의 증류기가 3대 있지만 그중 2대만 사용된다.

"저희 증류소에는 저 2대에만 응축기가 장착되어 있어요. 하지만 이 증류기들은 복합적인 풀바디의 스피릿을 만들어냅니다. 저희는 증류를 할 때 효모 세포를 확 터뜨려 과일 풍미가 나오게 해요. 부르고뉴의 바토나쥬(효모 찌꺼기를 숙성 중에 저어주는 과정—옮긴이)에 상응하는 셈인데, 어쨌든 그렇게 해주면 이 증류기들이 과일 풍미를 붙잡죠. 저희는 스피릿에 고기/유황 풍미를 발현시키려고도 해요. 그래야 오크 통에 들어갔을 때 버터스카치 캔디와 토피 풍미가 생겨나거든요."

이 묵직한 뉴메이크는 오크와 상호작용을 나누는 데 비교적 오랜 시간이 걸린다. 발블레어와 글렌모렌지 둘 다 '과일 풍미'라고 말할 수 있는 특징을 띠지만 이런 과일 풍미에서도 서로 스타일이 다르다. 글렌모렌지가 가벼워 오크의 물결에 휩쓸리는 편이라면, 발블레어는 더 묵직하고 풍부해 시간이 필요한 편이다.

몰트위스키의 최전선 대열에 올라서게 된 측면에 관한 한, 발블레어는 인내의 시간을 견뎌야 했다. 블렌딩용 위스키였으나 픽트인의 상징을 찍어 넣은 현대적 스타일의 병에 담아 숙성 연수 표기보다는 빈티지 표기의 제품으로 출시하며 브랜드 이미지를 개선하면서 몰트위스키 애주가들에게 새로운 발견의 기쁨을 선사해 주었다. 발블레어에는 과일과 토피 풍미가 살아 있지만 숙성될수록 이국적인 스파이시함을 드러낸다. 풍미의 진전이 느릴 뿐만 아니라 입안에 들어와서도 행동이 굼뜨다. 아주 색다른 스타일이다.

"북부 지역의 몰트위스키는 스페이사이드 위스키보다 더 독특한 정체성을 갖고 있고, 그래서 조금은 미로 같기도 해요." 작가이자 위스키 애호가이며 이 고장 출신이기도 한, 닐 건(Neil Gunn)도 이런 점을 잘 표현한 적이 있다. 그는 올드 풀트니에 대해 말하던 중 자신은 "북부 지역 특유의 강한 개성들로 분간해 낼 수" 있다고 말했다.

발블레어 시음 노트

뉴메이크

향 채소(양배추) 계열의 유황 향과 과일 향에, 얼얼하고 묵직한 느낌이 다가온다. 마른 가죽 향취. 물을 희석하면 크리미해진다.

맛 아주 희미한 견과류 맛이 돌지만 향신료와 과일 풍미가 주도적이다.

피니시 스파이시하다.

2000 캐스크 샘플

향 옅은 황금색. 깔끔하고 달콤하면서도 생강과 메이스의 아린 향으로 스파이시하고, 여기에 가벼운 코코넛과 마시멜로 향도 어우러져 있다. 아주 달콤하다. 물을 희석하면 베이비 파우더 향이 풍긴다.

맛 첫맛은 아주 스파이시해 향신료 라스 엘 하누트 맛이 느껴진다. 가볍고 풍미가 혀 위에서 춤을 추는 듯하다. 덜 익은 과일 맛이 감추어져 있다. 달콤하면서 점차 부드러워진다. 증류소의 개성이 강하다.

피니시 아주 매력적이다. 스파이시한 풍미가 집중되어 있다.

총평 과일 풍미가 부드러워지려면 시간이 좀 더 필요하지만 발블레어 특유의 스파이시함이 한껏 드러나 있다.

1990 43%

향 짙은 황금색. 열대 과일과 곡물의 향기. 막 여문 살구, 샌달우드의 향. 향긋하다. 오렌지맛 초콜릿, 오렌지 껍질의 향.

맛 오크와의 상호작용이 늘면서 걸쭉한 느낌과 더불어 떫은 맛이 더해졌다. 바닐과 깍지와 진한 향신료의 단맛. 구운 과일 느낌을 띠고 시트러스 풍미는 이전보다 줄었다. 물을 희석하면 크렘 브륄레, 장미 꽃잎의 풍미가 피어오른다.

피니시 향신료 호로파 풍미와 드라이한 오크 풍미.

총평 오크가 과일 풍미와 어우러지는 동시에 과일 풍미를 부드럽게 가다듬어 주기도 해, 가벼운 곡물 풍미에 더해 떫은 맛이 더 생기고 배경처럼 받쳐주는 토스트 풍미도 생겨났다.

플레이버 캠프 과일 풍미와 스파이시함
차기 시음 후보감 롱몬 1977, 글렌 엘긴 12년, 미야기쿄 1990

1975 46%

향 짙은 호박색. 깊이 있고 살짝 송진 향이 도는 복합적 향. 주도적으로 나서는 향신료 향과 그 사이로 느껴지는 소두구, 고수씨, 버터의 향. 가죽 향의 숙성 풍미와 묵직한 재스민 향. 살짝 스모키하다. 물을 희석하면 니스 향이 올라온다.

맛 풀바디에 스모키한 맛. 송진, 당밀, 소두구, 생강의 맛이 거의 일본 위스키를 연상시킬 만큼 강렬하다. 깔끔함이 일품이다. 가벼운 시가, 연필심, 골동품점의 느낌이 가볍게 감돈다.

피니시 향신료 풍미. 삼나무와 장미 분말의 풍미.

총평 이 위스키의 묘미는 향신료 풍미를 따라가며 과일 풍미와 어떤 상호작용을 이루는지 느껴보는 데 있다.

플레이버 캠프 과일 풍미와 스파이시함
차기 시음 후보감 더 벤리악 21년, 글렌모렌지 18년, 탐듀 32년

BALBLAIR
Established in 1790
VINTAGE 19 75
Highland Single Malt
Scotch Whisky
70cl.e 46%vol.

Clynelish

클라이넬리시

브로라 | www.discovering-distilleries.com/clynelish | 연중 오픈, 개방일 및 자세한 사항은 웹사이트 참조

케이스네스(Caithness)에는 내륙으로 깊숙이 뻗은 널찍한 계곡(strath)들이 중간중간 자리 잡고 있다. 인간의 발자국을 발견하기 힘들고, 드문드문 보이는 돌무더기와 풀밭의 경계선이 옛날에 이곳에서 밭일이 행해졌음을 암시해 줄 따름이다. 하지만 1809년까지만 해도 이곳은 한때 목초지였다. 브로라 쪽으로 이어진 길을 가다 보면 서덜랜드 공작과 공작부인의 저택이었던 던로빈 성을 지나가게 된다. 바로 이 공작부부와 부부의 재산 관리인 패트릭 셀러가 이 땅을 정리해 여기에 살던 가족들을 몰아내고 사냥터를 만드는 바람에, 소작인들은 하는 수 없이 해안지대로 밀려나 자신들이 먹고 살 곡물을 재배하기에도 부족한 소작지에 거주하게 되었다. 당시에 어떤 이들은 바다로 청어 잡이를 나갔고 또 어떤 이들은 공작이 클라인 교구의 브로라에 새로 연 탄광에서 일을 해야 했다.

석탄은 브로라를 탈바꿈시켜 놓았다. 어느새 벽돌 공장, 타일 공장, 트위드 공장, 염전이 들어섰고, 1819년에는 소작인들이 키우는 곡물과 소작인들이 파낸 석탄을 원료로 쓸 수 있는 증류소가 세워져 공작이 큰돈을 벌어들였다. 19세기 말에 이르자 클라이넬리시의 위스키는 가장 비싼 위스키로 올라섰다. 이런 인기에 힘입어 1967년에 새로운 증류소가 세워졌다.

하지만 구 증류소는 1969년에 일시적 구제를 받았다. 건기 동안 아일레이의 생산이 중단되며 DCL(Distiller Company Ltd)에서 피트 풍미 묵직한 몰트위스키의 공급이 필요해져 올드 클라이넬리시(현재의 개명된 브로라)의 단식 증류기 2대가 다시 한번 가동된 것이다. 이런 풍미는 쭉 이어지다 1972년에 아일레이의 생산이 전면 재개되면서 피트 처리 수준이 낮아졌다. 브로라의 부흥기 말까지 수준이 계속 오르락내리락하다 1983년에는 증류소가 문을 닫게 되었다.

현재 브로라는 대체로 스모키하고 오일리하며 후추의 톡 쏘는 맛과 풀의 풍미가 잠재되어 있다. 한편 클라이넬리시는 다른 방향을 취했다. 클라이넬리시의 뉴메이크는 불을 막 끈 초와 젖은 방수포 향이 난다. 이웃 증류소들의 뉴메이크가 야단스럽다 싶을 만큼 두드러지는 향기를 뿜는 것에 반해 질감이 잘 살도록 포괄적 성향을 보여왔다. 특유의 밀납 풍미는 아주 신중한 느낌인데, 그해 내내 오일 성분이 자연스럽게 침전되는 후류와 초류 리시버에서 생성되는 것이다. 대다수 증류소에서는 이 오일 성분을 제거하지만 여기에서는 아니다.

경치가 한눈에 내다보이는 증류장의 창문에서 바라보면 옛 브로라가 보이는데, 이제는 이끼가 꽃줄장식 모양으로 덮인 채로 쇠퇴해가고 있다. '계곡'의 폐허로 변한 '양치기 오두막'의 산업판처럼.

클라이넬리시 시음 노트

뉴메이크

향 봉랍, 나르티지(광귤)의 향. 아주 깔끔하다. 불을 막 끈 초의 향과 젖은 방수포 향.
맛 확연한 밀랍의 느낌과 입에 착 붙는 질감. 입안을 꽉 채운다. 풍미의 폭과 깊이가 점점 더해간다. 이 단계에서는 풍미보다 질감이 더 두드러진다.
피니시 긴 여운.

8년, 리필 우드 캐스크 샘플

향 이제는 묵직한 밀랍 향이 사라진 듯하며, 살구 잼과 소나무 향, 시트러스류 껍질의 단 향. 물을 희석하면 향초의 향이 다시 피어오른다
맛 깔끔하고 부드럽다. 특유의 질감이 여전히 살아 있으면서 이제는 과일의 단맛, 코코아 맛, 오렌지 맛이 더 진해졌다. 약간의 오크 풍미.
피니시 다시 돌아온 밀랍 풍미.
총평 이미 잠재된 특색이 열렸지만 계속 진전이 이어질 만하다.

14년 46%

향 오렌지 향 초 내음이 아직 남아 있다. 향기로운 풀과 봉랍의 향이 약간 풍기면서 오일리하고 깔끔한 느낌을 준다. 특색이 제대로 표현되어 있고 상쾌하다. 생강 향도 느껴진다. 물을 희석하면 해안가 특유의 상쾌함이 다가온다.
맛 기분 좋은 느낌. 특정 풍미보다는 느낌으로 더 다가온다. 점차 꽃과 시트러스 풍미가 살짝 도는 밀랍 향이 퍼져 경쾌한 느낌을 일으킨다. 희미한 소금기.
피니시 길고 온화하다.
총평 8년 때에 비해 향이 조금 변해, 더딘 속도로 용화 중인 오크 풍미가 드러나며 깊이감이 더해졌다.

플레이버 캠프 과일 풍미와 스파이시함
차기 시음 후보감 크레이겔라키 14년, 올드 풀트니

1997, 매니저스 초이스, 싱글 캐스크 58.8%

향 밝은 황금색. 향기롭다. 샐비어, 마조람 같은 허브 향이 살짝 돌고 금귤과 레몬이 섞인 듯한 시트러스 향이 경쾌한 느낌을 일으키다, 여름철의 잘 익은 과일(사과, 마르멜로) 향.
맛 첫맛은 아주 스파이시하고, 여기에 부드럽고 온화한 과일 풍미와 미미한 바다 느낌이 함께 전해온다. 물을 섞으면 버터 같은 오크 풍미가 크렘 브륄레 맛과 함께 나타난다.
피니시 시트러스 풍미와 함께 길고 부드러운 여운이 남는다.
총평 밀랍 풍미의 진정한 귀감. 스타일에 한 역할을 해주는 듯한 마르멜로 향도 인상적이다.

플레이버 캠프 과일 풍미와 스파이시함
차기 시음 후보감 올드 풀트니 12년

Wolfburn

울프번

서소 | www.wolfburn.com

길의 끝에 다다르는 순간엔 어쩐지 굉장한 흡족감이 밀려든다. 하늘이 더 넓어 보이고 수평선이 확 트여 있는 것 같다. 상징적으로 말해서, 그 길 끝은 뒤돌아보기보다 앞을 내다보는, 가능성의 영역이다. 영국 본토의 최북단 도시, 서소가 바로 그런 곳이다. 그곳의 절벽에 서면 펜틀랜드 해협의 이리저리 흐르는 물살 건너편으로 일몰 빛에 붉게 물든 호이(Hoy)의 절벽들이 보인다. 바로 밀주꾼, 난선 약탈자, 어부, 서퍼, 증류 기술자들의 영역이다.

우리의 여정은 북단으로 들어서는 순간부터, 1가지 미묘한 변화가 생겼다. 이제 우리는 픽트인의 자취가 남겨진 지대를 떠나 바이킹의 영토로 들어섰다. 안쪽 깊숙한 위치에 자리한 서소의 항구는 바이킹 선들이 비바람을 피해 피난하던 곳이었고, 도시명 서소(Thurso)는 '황소의 강'을 뜻하는 고대 노르웨이어 'Thjórsá'에서 유래되었다.

아무래도 바이킹들은 수역의 명칭에 동물 이름을 따서 붙이는 것에 마음 끌려 했던 듯하다. 서소는 스코틀랜드에서 가장 신생 증류소에 드는 곳의 본거지이기도 한데 울프번이라는 이곳의 이름도 살짝 열띤 분위기의 마케팅 회의에서 나온 것이 아니라 증류소의 수원지인 '울프 번(Wolf Burn, 'burn'은 스코틀랜드어로 '작은 강'을 뜻함—옮긴이)'에서 따온 이름이기에 하는 말이다.

이 이름을 가진 증류소는 1821년부터 1860년대까지 가동되었고 그 짧은 시기 동안 케이스네스에서 가장 큰 증류소였다. 이후 그 이름을 계승한 증류소가 2013년 1월 25일부터 생산을 시작했다. 믿기 힘든 얘기지만, 건축이 시작된 지 5개월만에 가동이었다.

이곳의 지휘자인 셰인 프레이저(Shane Fraser)는 로열 로크나가의 마이크 니콜슨(Mike Nicolson) 밑에서 위스키 인생에 첫발을 디딘 이후 그 대단한 글렌파클라스의 책임자까지 맡게 되었다. 다음은 사업개발 책임자 다니엘 스미스(Daniel Smith)의 말이다. "셰인은 개성에 관해서는 생각이 아주 명확히 잡혀 있었어요. 맑은 워트, 복합적 풍미를 만들기 위한 장시간 발효, 향기로운 과일 풍미 뒤로 몰트 풍미가 은은히 감돌게 하는 증류를 추구하죠. 첫회의 증류가 시작되고 컷에 들어가는 순간에 셰인처럼 그렇게 행복해하는 사람은 본 적이 없어요."

뉴메이크는 85%는 버번 버트에, 15% 셰리 버트에 담긴다. 2016년 이후부터 소량씩 위스키가 출시될 예정이지만 생산량의 80%가 장기 숙성에 들어가 있다. 첫 출시품에 대한 열광적 예약 신청으로 미루어 보건대, 그 대부분이 서소에서 소비될 것으로 추정된다.

이곳은 길의 끝이 아니라 여정의 시작이다.

셰인 프레이저(오른쪽)와 이언 커(왼쪽)가 하이랜드 북부의 위스키 유산에 새로운 장을 써가고 있다.

울프번 시음 노트

울프번 캐스크 샘플 60%

향 깔끔하고 달콤하며, 데친 과일 향이 살짝 풍긴다. 붉은 사과와 코미스 배(comice pear)의 향도 희미하게 난다. 가벼운 허브 향기가 다가오는가 싶다 이어서 장미 향이 약하게 느껴진다.

맛 풀바디이면서 감미롭고 거칠지 않다. 멜론, 배의 맛이 느껴지고 물을 희석하면 실크처럼 부드러운 질감이 번진다.

피니시 보리 엿 특유의 달큰한 풍미.

총평 버번 캐스크에 90%, 셰리 캐스크에 10%를 담아 숙성시킨 이 위스키는, 확실히 어린 나이임에도 벌써부터 좋은 밸런스를 선보인다.

Old Pulteney

올드 풀트니

윅 | www.oldpulteney.com | 연중 오픈 10~4월 월~금요일, 5~9월 월~토요일

윅이라는 도시는 본토 최북단의 증류소가 자리한 곳으로, 시커먼 못, 피트 늪, 갈대로 뒤덮여 회갈색과 황갈색의 어두침침한 빛깔을 띠는 넓디넓은 플로 컨트리(Flow Country) 지역에 가로막힌 채 스코틀랜드의 다른 곳들과 떨어져 있어 섬이나 다름없다. 위치는 단순한 지도상의 장소만이 아니다. 그러니 위스키에 관한 한, 윅이 이곳 고유의 접근법을 취하고 있다는 점은 놀라운 일도 아니다. 이곳에 위스키가 존재하는 이유는 윅 때문이고 이곳에 윅이 존재하는 이유는 청어 때문이다.

사람들을 이곳으로 불러들인 것은 물고기다. 또 사람들이 거주하게 되면서 결과적으로 이 지역 중심부의 도회지에 토마스 텔포드(Thomas Telford)가 풀트니타운(Pulteneytown)에서 이름을 딴 증류소를 세워 목말라하는 도시 주민들에게 스피릿을 대주게 되었다. 풀트니타운이라는 마을명은 18세기 말에 이 외딴 북쪽 지역에 새로운 어항이 건설되도록 로비활동을 펼친 윌리엄 풀트니 하원의원에게 경의를 표하는 의미에서 붙여진 것이다. 그의 비전으로 새롭게 들어선 이 항구 덕분에 더 큰 배를 댈 수 있었고, 또 그 덕에 더 많은 물고기를 낚아 올리게 되었다. 19세기에 윅은 클론다이크와 같은 곳이었다. 단지, 금보다 은빛 보물을 쫓았다는 것이 다를 뿐이다.

윅의 주민들에겐 위스키가 부족했다. 마침 이때 스템스터의 자신의 저택에서 위스키를 만들어왔던 신사 계층 증류 기술자 제임스 헨더슨(James Henderson)이 등장해 생산지를 이 신흥 도시로 옮겨왔다.

소유주인 인버하우스의 마스터 블렌더 스튜어트 하베이의 말을 들어보자. "풀트니의 개성에서는 워시 스틸이 열쇠를 쥐고 있어요. 다량의 환류가 생겨 최상의 에스테르 향을 붙잡아낼 뿐만 아니라 가죽 풍미도 얻게 되죠. 풀트니는 발블레어에 비해 덜 스파이시하고 더 향긋하지만 오일 풍미도 더 많아요."

윅이 존재하는 이유는 청어 때문이다.

이색적인 개성이다. 하긴, 이런 위치에서 생산되는 위스키가 특이하지 않을 수가 있을까?

올드 풀트니 시음 노트

뉴메이크

향 묵직하다. 성냥불 향과 함께 거의 크림 느낌의 오일리함이 느껴진다. 아마인유 향기가 나고, 소금기/향신료의 향취도 희미하게 감돈다. 시트러스류 껍질/오렌지를 담는 나무상자 특유의 향도 있다.
맛 걸쭉하고 오일리한 질감에 주스 같은 맛이 난다. 희미한 바닐라 맛.
피니시 과일 풍미.

12년 44%

향 과일 향이 이제는 두드러질만큼 진하고 복숭아 향기가 풍긴다. 짭짤하고 오일리한 느낌의 향이 살포시 감돈다. 서양모과 잼, 멜론의 향.
맛 감미로운 느낌. 걸쭉한 거품 질감의 오일리함. 주스 같으면서도 살짝 풋풋한 과일 맛.
피니시 향긋하다.
총평 걸쭉한 질감이 혀를 덮어온다.

플레이버 캠프 과일 풍미와 스파이시함
차기 시음 후보감 스캐퍼 16년

17년 46%

향 가벼운 빵(버터 바른 빵)의 향기에, 마르멜로와 오크 특유의 토스트 향이 어우러져 있다. 오크가 풍미를 더 주도하고 있다.
맛 감지할 수 있는 풍미의 폭이 12년 숙성 때보다 넓어졌다. 더 크리미해진 질감.
피니시 주스 같은 느낌의 여운이 오래 간다.
총평 오크의 풍미가 치고 나오며 오일리함이 줄었다.

플레이버 캠프 과일 풍미와 스파이시함
차기 시음 후보감 글렌로시 18년, 크레이겔라키 14년

30년 44%

향 호박색. 힘이 느껴지면서 그 사이로 송진 향이 풍긴다. 안장용 비누, 말발굽 오일, 달달한 견과류의 향이 돌아 경마 말의 마사(馬舍)가 연상된다. 삼나무 향과 희미한 효모 향. 깔끔하다.
맛 마지팬 맛. 시트러스류의 경쾌함이 있지만 이제는 오일 풍미가 강한 모습으로 다시 돌아와 있다.
피니시 걸쭉하다.
총평 풀트니 특유의 이색적인 복합미가 있다.

플레이버 캠프 과일 풍미와 스파이시함
차기 시음 후보감 발메낙 1993, 글렌 모레이 30년

40년 44%

향 호박색. 아주 향기롭다. 레몬 절임, 시나몬 향에 더해, 이번에도 안장용 비누 향이 난다. 가벼운 스모크 향과 말린 꽃의 향기. 늦게 피는 꽃의 꽃향기와 오드펠로우즈 아이스크림 향.
맛 로즈메리 풍미. 강렬한 인상에 이어 풀트니 특유의 오일리한 질감이 혀를 덮어온다. 스모키함이 풍미에 새로운 차원을 더해준다.
피니시 향기로운 여운이 오래도록 이어진다.
총평 졸임 특유의 농축미가 있다.

플레이버 캠프 과일 풍미와 스파이시함
차기 시음 후보감 롱몬 1977

Western Highlands

하이랜드 서부

스코틀랜드에서 가장 작은 위스키 '생산지'에 온 걸 환영한다. 이 지역은 서해안을 따라 들쑥날쑥한 지형으로 길게 뻗은 지대이지만 현재는 대표적으로 내세울 만한 증류소가 2곳밖에 없다. 이 두 증류소가 살아남은 이유는 소재 도시의 뛰어난 교통 연결망 덕분만은 아니다. 독자적 개성도 한몫했다. 어떻게 보면, 위스키 생산에서 옛 방식의 가치를 믿고 있는 공통된 신념 역시도 한몫했을지 모른다.

세일 섬은 웨이턴아일스의 관문인 오번과 가까이에 있다.

Oban

오번

오번 | www.discovering-distilleries.com/oban | 연중 오픈, 개방일 및 자세한 사항은 웹사이트 참조

오번의 증류소는 절벽과 항구에 면한 건물들 사이의 좁은 틈에 끼어 있어 살짝 남몰래 영업하는 곳 같은 인상을 풍겨, 오번이 세상 사람들에게 자신의 본모습을 숨기려 애썼던 것은 아닐까 하는 생각도 든다. 사실, 칼빈주의적인 스코틀랜드에서는 존경받을 만한 인품이 중요한데 일부 사람들은 술이라는 존재는 단연코 존경받을 만한 것이 못 된다고 치부한다. 하지만 존과 휴 스티븐슨 형제는 그런 식의 생각에는 개의치 않았던 모양인지, 18세기 말 아가일 공작이 집을 짓는 것을 명목상의 '부대 조항'으로 내세워 99년의 임대를 제안했을 당시에 그 기회를 활용해, 결국엔 사실상 한 도시를 세우고 양조장까지 세웠다. 이후인 1794년, 이 양조장은 면허를 취득한 합법적 증류소로 거듭났다. 적어도 스티븐슨 형제에겐, 위스키는 단연코 존경할 만한 것이었다. 이 증류소는 1869년까지, 두 형제에서 그 아들과 손자로까지 대를 이어 운영되었다.

이 서해안 지대에서 위스키 사업에 모험을 걸었던 또 다른 시도들은 교통상의 문제 탓에 실패의 고배를 마셨다. 하지만 오번은 위치상으로 완벽한 조건을 갖추고 있었다. 지금도 여전히 교통 요충지여서, 종착역과 페리 항구가 있고, 글래스고와 웨스턴아일스를 잇는 도로의 끝 지점이기도 하다. 현재 오번 증류소는 전형적 스타일에서 벗어나는 증류소다. 양파 모양의 소형 증류기 2대가 웜텁으로 연결되어 있는 것을 보면 논리적 추론상 뉴메이크가 묵직하면서 유황 향이 있을 법하다. 그런데 아니다.

오히려 시트러스 풍미가 확 풍겨 과일 느낌이 강렬한데, 이는 기운을 되찾아 라인 암으로 슬금슬금 넘어가려는 유황 성분을 잡아채기 위해 구리가 잘 준비되어 있도록 증류 작업 중간중간에 증류기에 공기를 쐬며 휴식을 취할 시간을 주는 결과다. 웜텁의 온도를 비교적 더 따뜻하게 조정하는 것도 증기와 구리 사이의 대화를 늘려줘, 뉴메이크에 잠재된 과일 풍미가 드러나게 해주고 톡 쏘는 스파이시함을 더해주는데 이 스파이시함에는 짭짤함으로 해석해도 될 만한 오묘함이 있다.

오번의 한 워시백에서 발효가 시작되고 있는 순간의 모습.

오번 시음 노트

뉴메이크

향 과일 향. 처음엔 뿌리 계열의 스모키함이 희미하게 다가오다 구운 복숭아 향, 강한 시트러스/오렌지 담는 상자 향이 난다. 향기롭고 복합적이며 깊이감도 갖추었다.
맛 크리미하고 온화하다. 뒤이어 오렌지 껍질 맛이 다가와 혀 전체로 퍼진다.
피니시 스모키하다.

8년, 리필 우드 캐스크 샘플

향 흙내음이 돌면서 덜 익은 바나나/덜 익은 오렌지, 물푸레나무의 향이 향기롭게 퍼진다. 무게감과 미미한 짭짤함.
맛 달콤하고 농후하다. 시트러스 풍미가 몰려든다. 농축미가 있으면서 얼얼하다.
피니시 간지럽히는 듯한 느낌의 스모크 풍미.
총평 상쾌하고 묵직한 인상을 준다. 진전될 시간이 필요한 것 같으면서도, 기운 왕성한 캐스크도 거뜬히 견뎌낼 수 있을 만한 힘이 느껴진다.

14년 43%

향 깔끔하고 상큼하다. 가벼운 바닐라 향, 약간의 밀크 초콜릿 향, 진한 향신료 특유의 달큰함이 느껴진다. 향기로움 속에 아련한 스모크 향이 어우러져 있다. 말린 과일 껍질 향과 견고한 오크 향.
맛 첫맛으로 부드러운 달콤함이 다가오고, 새콤한 맛이 내내 이어진다. 오렌지, 민트, 시럽 풍미가 아주 깔끔하다.
피니시 아주 스파이시하고 톡 쏜다.
총평 깔끔하면서 밸런스가 잡혀 있고, 이제는 잠재된 특색이 드러나고 있다.

플레이버 캠프 과일 풍미와 스파이시함
차기 시음 후보감 애런 10년, 더 벤리악 12년

Ben Nevis, Ardnamurchan

벤 네비스, 아드나머칸

벤 네비스 | 포트 윌리엄 | www.bennevisdistillery.com | 연중 오픈 | **아드나머칸** | 글렌벡(Glenbeg)

'옛 방식의' 증류기에서는 대체로 더 묵직한 스타일의 스피릿이 나온다는, 대략적 이론으로 돌아간다면 벤 네비스는 이런 작용의 아주 좋은 예라 할만하다. 영국에서 가장 높은 산의 버트레스(둥글고 평평하게 앞으로 튀어나온 모양의 암벽—옮긴이)에 인접해 있는 증류소라면 이런 힘찬 스타일이 제격인 것 같기도 하다. 이런 환경에서 가볍고 우아한 위스키가 나온다면 어쩐지 어울리지 않을 것 같다.

1825년에 설립된 벤 네비스 증류소는 흥미로운 내력을 지니고 있다. 한때는 코페이 증류기가 설치되어 있었고, 스코틀랜드에서 그레인위스키와 몰트위스키 원액을 캐스크에서 섞은 후 숙성시키는 식의 매링으로 블렌디드 위스키를 만드는 유일한 곳이기도 했다.

1989년에 일본 증류 업체 니카에게 인수되었을 때는 많은 이들이 현대적 스타일의 위스키 생산 체계로 새롭게 들어서게 되리라고 전망했으나 오히려 그 반대였다. 전통적 신념에 힘입어 풍부하고 과일 풍미와 씹히는 듯한 질감이 있으며 숙성될수록 깊어지는 매력적 가죽 향을 띠는 '올드 스타일' 위스키가 만들어지고 있다.

이곳에 오래 몸담아온 증류소 책임자 콜린 로스(Colin Ross)가 다음과 같이 전통에 자부심을 느끼는 것도 타당하게 다가온다. "저는 자라면서부터 쭉 전통적인 증류 방식을 접해온 사람이라 저희 증류소 내에서 그런 방식을 철저히 지키려 힘써왔어요. 벤 네비스의 경우엔 예로부터 전해온 전통을 충실히 따르기 위한 노력으로, 특히 풍미의 생성을 위해 목재 워시백과 양조용 효모로 방식을 전환했어요.

저는 이 두 요소가 증류소의 특색에 일조해 왔을 거라고 봅니다. 제가 처음으로 일을 배운 증류소 책임자는 발효가 가장 중요하다고 입버릇처럼 말했지만, 특색에 일조하는 요소는 그것 말고도 아주 많아요."

이 증류소는 위스키의 관점상 물리적으로 외진 곳에 위치해 있을지 몰라도 전통적 위스키 제조에서는 중심부를 차지하고 있다.

이 작은 소구획은 2014년에 아델피가 외딴 아드나머칸 반도에 이 반도의 이름을 딴 증류소를 열면서 3번째 일원을 얻었다. 아델피는 19세기에 잉글랜드, 아일랜드, 스코틀랜드에서 대규모 증류소를 여러 개 운영했으나 그 근래에 독립 병입자로 특화되어 있었다.

아드나머칸이 부지로 선택받은 이유는 소유주 2명이 이 지역에 땅을 가지고 있었기 때문이다. 땅의 위치는 일명 맥린즈 노즈(MacLean's Nose)라는 '돌출된 모양의 암석' 근처였는데, 마침 이 회사의 고문인 찰스와 이름이 같기도 하다. 아드나머칸 증류소는 배편으로 가는 것이 가장 쉬운 방법일 만큼 외진 곳이지만 판매 및 마케팅 책임자 알렉스 브루스가 소유한 파이프의 토지에서 재배되는 보리를 원료로 써서 피트 처리 제품과 비 피트 처리 제품을 연간 50만L 생산할 예정이라, 장기적으로 보면 장래성이 높다.

벤 네비스 시음 노트

뉴메이크

향 풍부하고 오일리하면서 고기 풍미의 유황 향이 살짝 감돈다. 그 뒤로 과일 향이 이어진다.

맛 걸쭉하고 달콤하다. 묵직한 중간 맛. 씹히는 듯한 질감과 깔끔함. 풍부한 풍미. 맛에서는 향에 비해 고기 느낌이 덜하고 감초 사탕과 붉은색 계열 과일 맛이 더 강하다.

피니시 걸쭉하다.

10년 46%

향 강렬한 황금색. 코코넛 향에 부드러운 스웨이드 가죽 향이 약간 섞여 있다. 뉴메이크의 기름진 느낌이 여전히 남아 있다. 거의 시럽 같은 과일 페이스트처럼 걸쭉하다. 오크의 기운을 받아 뒤에서 배경처럼 받쳐주는 견과류 향이 더해졌다..

맛 맛에서도 코코넛 풍미가 도는데, 이번엔 코코넛 크림 느낌이다. 여전히 걸쭉한 질감이고 토피 맛으로 달콤하다.

피니시 긴 여운 속의 가벼운 견과류 풍미.

총평 기운 넘치는 오크 통의 돌봄을 기꺼이 받아들이는 대범한 위스키다.

플레이버 캠프 **과일 풍미와 스파이시함**
차기 시음 후보감 더 발베니 12년 시그니처

15년 캐스크 샘플

향 옅은 황금색. 경쾌한 깔끔함이 느껴지고, 섬세함이 모습을 드러낸 듯 가벼운 향긋함도 감돈다. 여전히 가죽 향이 개성을 주도하고 있다. 묵직하면서 달콤하다. 피트 특유의 스모키함이 가볍게 다가온다.

맛 걸쭉하고 씹히는 듯한 질감이 있으나 이제는 밤꿀 풍미가 더해졌다. 물을 희석하면 아주 크리미해지고 프랄린 맛이 생겨난다.

피니시 부드러운 여운이 오래 간다.

총평 깊이 있는 몰트 풍미가 여전히 오크 통이 던져주는 대로 뭐든 다 받아들이고 있다.

25년 56%

향 짙은 호박색. 액상 토피 향, 가벼운 말린 과일 향으로 풍부하다. 그 뒤로 가죽(오래된 팔걸이 의자의 부드러운 스웨이드 가죽) 향이 이어진다.

맛 농축미가 상당하다. 쌉쌀한 토피, 다크 초콜릿, 블랙 체리의 맛. 아주 오래된 버번과 유사한 느낌이다.

피니시 말린 코코넛 풍미. 오래도록 이어지는 달콤함.

총평 걸쭉하도록 달콤한 풍미가 숙성이 잘 이루어지도록 힘을 실어주고 있다.

플레이버 캠프 **풍부함과 무난함**
차기 시음 후보감 더 글렌드로낙 1989, 글렌파클라스 30년

Lowlands

로우랜드

드럼차펠(Drumchapel), 벨스힐(Bellshill), 브록스번(Broxburn), 에어드리(Airdrie), 멘스트리(Menstrie), 알로아(Alloa). 이곳들은 스코틀랜드의 3부 리그 축구팀이 아니라 스코틀랜드 위스키의 숨겨진 지지 기반들로, 전부 스코틀랜드의 위스키 생산, 숙성, 블렌딩에서 큰 비중을 차지하는 로우랜드에 자리해 있다.

로우랜드 증류소의 태도는 예나 지금이나 하이랜드 증류소와는 차별화되어 있었다. 더 많은 대중을 만족시켜야 할 필요성에 따라, 그리고 상업적 이유에 따라 언제나 크게 생각해 왔다. 18세기의 경우만 보더라도 당시에 북부와 서부의 증류소들이 인접 지역민들의 입맛에 맞춰 위스키를 증류하고 있었던 반면 헤이그 가문과 스테인 가문 같은 로우랜드 증류 기술자들은 잉글랜드로 수출을 하고 있었다. 로우랜드에서 생산된 스피릿은 남쪽으로 실려가 조정 과정을 거친 후, 스피탈필즈와 서더크 주민들의 식도로 진처럼 들이부어졌다.

잉글랜드로의 수출은 돈을 벌기 위한 한 방법이었지만, 수출 면허를 따기가 힘들었던 데다 용량에 따라 증류기에 높은 세금이 부과되어(최대 세액이 갤런당 무려 54파운드였다) 사업을 유지하기 위한 유일한 방법은 더 빨리빨리 증류액을 뽑아내는 것뿐이었다. 스코틀랜드 세무국의 보고에 따르면 1797년에 캐논밀스 증류소의 253갤론 용량 증류기 1대가 "12시간 동안 47회 증류의 속도로 가동되었다"고 한다. 구리와의 접촉에 그 금쪽 같은 시간을 허용할 여유 따위는 없었다.

이런 스피릿은 탄 맛이 느껴졌고 퓨젤유 느낌이 진동했다. 진으로 개조된 후에는 마실만 했을 테지만 로우랜드 현지의 애주가들이 아무것도 섞지 않고 그대로 마셨을 때는 어땠을까? 하이랜드의 불법 몰트위스키가 현재의 몰트위스키 수준에는 못 미치는 품질이었다지만, 그래도 이 당시의 로우랜드 스피릿보다는 훨씬 나았다.

1823년 이후 싱글몰트위스키가 새롭게 상업화되었을 무렵, 로우랜드 증류 기술자들은 다시 한번 생산량을 늘리기 시작했지만 이번엔 양과 품질 모두를 늘려주는 방식으로 증류기를 새로 설계했다. 1827년, 킬바기(Kilbagie)의 로버트 스테인이 '연속' 증류기를 발명했고, 그 뒤인 1834년에는 알로아의 그레인지(Grange)에 아니아스 코페이의 페이턴트 스틸이 설치되었다. 이후 로우랜드는 그레인위스키 생산의 수도로 확실히 자리매김하게 되었다.

하지만 로우랜드 위스키 생산의 역사를 그레인위스키의 역사로만 생각한다면 오산이다. 19세기 이후에 이곳에 문을 연 몰트위스키 증류소가 수백 곳에 이른다.(대부분이 폐업했지만.) 그럼에도 불구하고 여전히 로우랜드는, 무명의 존재까지는 아니라 해도 확실히 저평가되고 있다. 로우랜드 몰트위스키는 그저 산악, 헤더, 황무지의 이미지와 일치하는 것에서만 그치지 않는다.

스타일 면에서 로우랜드 몰트위스키는 개성 없다는 뜻을 뭉뚱그린 말인 '가벼운' 스타일로 무시받기 십상이다. 하지만 유심히 살펴보면 로우랜드에서는 모든 플레이버 캠프가 구현되고 있다. 3차 증류가 행해지고 있는가 하면, 피트의 훈연 향이 진동하기도 한다.

사실, 로우랜드는 스코틀랜드에서 가장 빠르게 성장 중인 몰트위스키 생산지다. 아일사 베이(Aisla Bay), 다프트밀, 애난데일(Annandale), 킹스반스(Kingsbarns)가 영업 중이고 인치더니(Inchdairnie)도 문을 열 예정일 뿐만 아니라 보더스(Borders), 글래스고, 포타바디(Portavadie), 린도어스(Lindores)에 그레인 및 몰트위스키 증류소의 설립 계획이 나와 있기도 하다.

이곳들 모두 독자적 방식으로 위스키에 접근해 자신들만의 개성을 찾아낼 것이다. 이들의 출현으로 로우랜드에 다시 한번 균형이 이루어졌다. 이제 큰 규모를 이루고 있고 스카치위스키의 현실인 블렌디드 위스키도 생산하고 있다. 또한 글래스고가 여전히 더프타운에 못잖은 위스키 수도라고 말할 수 있게 되었다. 로우랜드 위스키는 도시적이지만 현재는 농촌의 뿌리를 되찾고 있기도 하다.

그러니 무작정 북쪽으로만 시선을 돌릴 게 아니라 이곳에도 관심을 갖고 탐색해 보길 권한다.

경계지 캐릭 포인트에서 바라보면 위그타운만 건너편으로 벤 존과 케언해로우 언덕이 보인다.

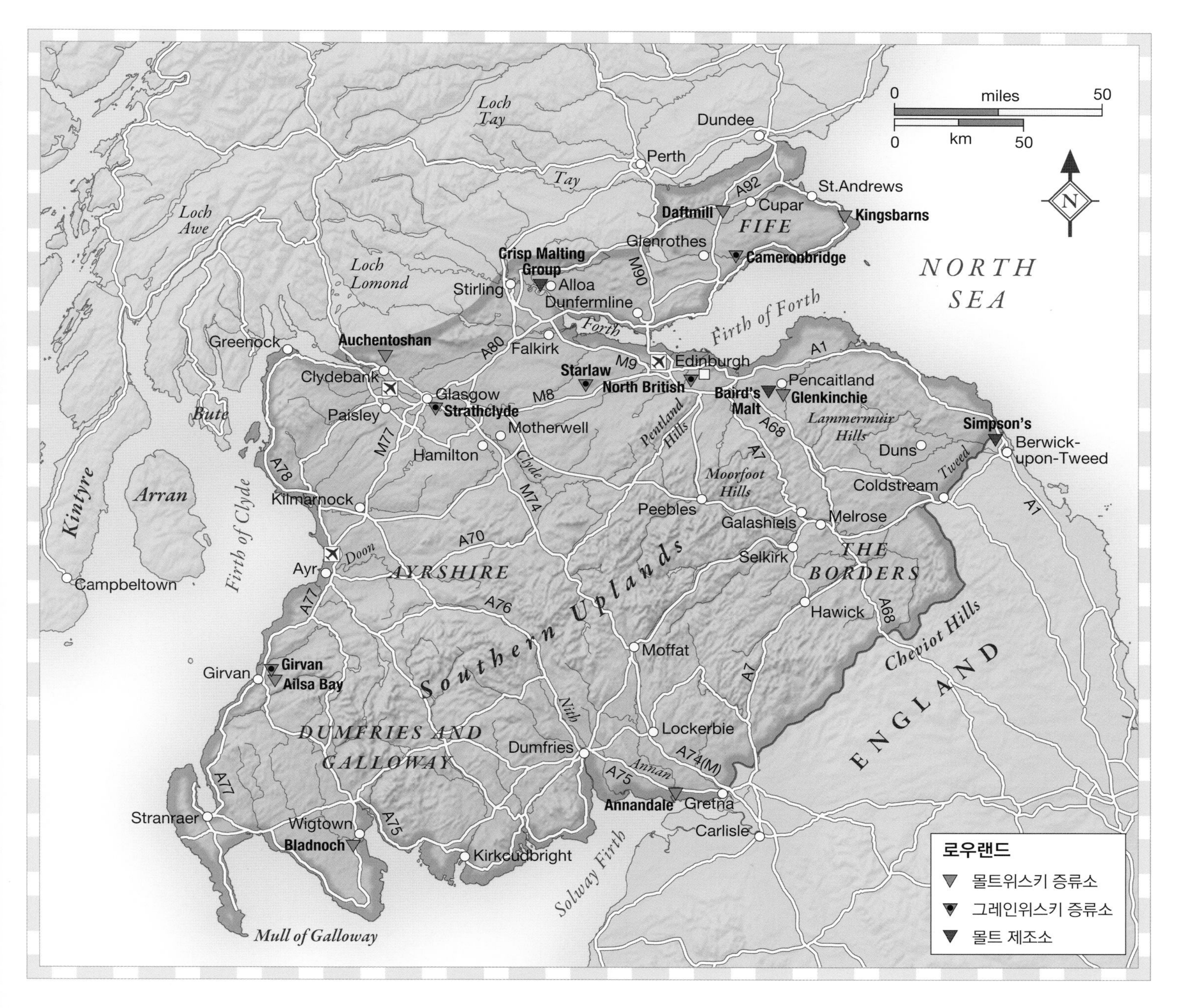

로우랜드
몰트위스키 증류소
그레인위스키 증류소
몰트 제조소
NORTH SEA
ENGLAND
FIFE
AYRSHIRE
THE BORDERS
DUMFRIES AND GALLOWAY
Southern Uplands
Dundee
Perth
St.Andrews
Cupar
Daftmill
Kingsbarns
Glenrothes
Cameronbridge
Crisp Malting Group
Stirling
Alloa
Dunfermline
Falkirk
Auchentoshan
Greenock
Clydebank
Glasgow
Strathclyde
Paisley
Starlaw
North British
Edinburgh
Baird's Malt
Pencaitland
Glenkinchie
Simpson's
Berwick-upon-Tweed
Motherwell
Hamilton
Duns
Coldstream
Kilmarnock
Peebles
Galashiels
Melrose
Selkirk
Hawick
Ayr
Campbeltown
Moffat
Girvan
Ailsa Bay
Lockerbie
Dumfries
Annandale
Gretna
Carlisle
Stranraer
Wigtown
Bladnoch
Kirkcudbright
Mull of Galloway
Loch Tay
Loch Awe
Loch Lomond
Tay
Forth
Firth of Forth
Firth of Clyde
Solway Firth
Kintyre
Arran
Bute
Pentland Hills
Moorfoot Hills
Lammermuir Hills
Cheviot Hills
Clyde
Nith
Annan
Doon
Tweed
A1
A7
A68
A70
A74(M)
A75
A76
A77
A78
A80
A92
M8
M9
M74
M77
M90
miles
km

위그타운의 유일한 싱글몰트위스키처럼 평온하고 온화한 정경.

Lowland grain distilleries

로우랜드의 그레인위스키 증류소

스트래스클라이드 | 글래스고 | **카메룬브리지** | 레븐(Leven) | **노스 브리티시** | 에든버러 | www.northbritish.co.uk
거번 | www.williamgrant.com/en-gb/locations-distilleries-girvan/default.html

그레인위스키가 스코틀랜드에서 가장 많이 생산되는 스타일인데도 인지도는 가장 낮다는 사실은 상당한 아이러니다. 그레인위스키는 19세기에 대규모의 로우랜드 증류소들이 더 많은 위스키를 더 효율적으로 생산해야 할 필요성이 생기면서 만들어졌다. 원래는 잉글랜드에 진의 기주(밑술)로 수출할 용도였다가, 19세기 중반 무렵에 들어와 블렌디드 스카치위스키의 주요 원액으로 쓰였다.

현재 스코틀랜드의 그레인위스키 증류소는 7곳인데 그중 6곳이 로우랜드에 있다. 거번, 로크 로몬드, 스트래스클라이드, 스타로, 노스 브리티시, 카메룬브리지로, 연간 생산량이 3억 L가 넘는다.

그레인위스키는 도수가 높은 스피릿이지만(16쪽 참조) 그렇다고 별 특색이 없는 건 아니다. 그레인위스키 증류소 역시 원료로 쓰는 곡물의 유형에 따라 저마다 독자적 개성을 갖고 있다. 거번, 스트래스클라이드, 카메룬브리지에서는 밀을, 스타로와 로크 로몬드에서는 밀과 옥수수를, 노스 브리티시에서는 옥수수만을 원료로 쓴다. 심지어 로크 로몬드는 연속 증류기에 보리 매시를 넣고 돌리기도 한다. 증류 방식도 코페이 스타일의 연속 증류기 2대의 가동에서부터 거번과 스타로의 진공 증류 방식에 이르기까지 다양하다.

숙성에 대한 접근법 또한 다양하다. 디아지오에서는 카메룬브리지를 대체로 퍼스트 필 캐스크에 담는 반면 에드링턴에서는 노스 브리티시의 숙성에 주로 리필 캐스크를 쓴다. 그랜트 역시 거번의 숙성에 리필 캐스크를 쓴다. 이와 같은 차이는 결국 다양한 폭의 뉴메이크와 숙성 특색으로 이어진다.(아래의 시음 노트 참조.)

따라서 그레인위스키는 블렌디드 위스키에서 역동적이고 풍미 있는 요소이지 개성을 희석시키는 요소가 아니다. 윌리엄 그랜트 앤드 선즈의 마스터 블렌더 브라이언 킨스먼의 말을 들어보자. "그레인위스키는 저희 블렌디드 위스키에 개성을 띠게 해주는 베이스 풍미예요. 거번 그레인위스키 없이 그랜트의 블렌디드 위스키를 만든다는 건, 불가능하진 않더라도 힘든 일이 될 거예요. 그레인위스키가 여러 면에서 블렌디드 위스키의 방향을 결정하고, 몰트위스키는 그 스타일을 만들어내는 게 보통이죠."

에드링턴의 마스터 블렌더 커스틴 캠벨(Kirsteen Campbell)도 같은 신념을 갖고 있다. "모든 사람이 몰트위스키에 관심을 갖지만 우수한 품질의 그레인위스키를 쓰지 않으면 전반적으로 블렌디드 위스키에 견고함이 생기지 않아요." 이곳의 그레인위스키들은 차츰 자체적 병입 제품으로 출시되고 있다. 카메론 브릭(Cameron Brig)은 시중에 유통된 지 이미 오래 되었다. 거번의 블랙 배럴(Black Barrel)은 출시가 중단되었지만 2013년에 새로운 제품군이 출시되었다. 에드링턴이 스노우 그라우스(Snow Grouse)를 내놓고 있는가 하면 2014년에 디아지오에서는 데이비드 베컴과의 제휴로 헤이그 클럽(Haig Club)을 첫 출시했다. 그레인위스키가 갑자기 트렌드로 부상하고 있다. 클랜 데니(Clan Denny) 같은 독립 병입자들이나 컴파스 박스(Compass Box) 같은 블렌딩 업체의 제품도 찾아서 맛볼 만하다. 특히 컴파스 박스의 헤도니즘(Hedonism)은 출시 당시에 맛을 본 이들 누구나 확 흥미를 느낄 만큼 주목을 끌었다.

로우랜드 그레인위스키 시음 노트

스트래스클라이드 12년 62.1%

향 시트러스 향이 강렬히 풍기다 가벼운 꽃 향기가 뒤따라온다. 견고한 느낌에 풋내가 있고, 살짝 마시멜로 향도 돈다.
맛 조밀한 밀도에, 초점의 견고함도 살짝 느껴지는 가운데 레몬과 귤의 맛이 풍긴다. 달콤하고 부드러운 맛.
피니시 조밀하고 견고한 느낌.
총평 풍미가 풍부하다.

플레이버 캠프 향기로움과 꽃 풍미

카메론 브릭 40%

향 어린 느낌에 새콤달콤함을 띠고 있다. 살구씨 향에 이어 크리미한 버터스카치 캔디 향이 다가온다. 물을 희석하면 가벼운 흙내가 피어난다.
맛 초콜릿과 달콤한 코코넛 맛이 살짝 난다. 질감이 좀 풍부한 편이며, 스피릿의 오일리한 무게감이 미국산의 새 오크와 좋은 협력관계를 이루고 있다. 걸쭉한 느낌이다.
피니시 시큼한 풋내.
총평 브랜드도 스타일도 그 진가가 과소평가되어 있다.

플레이버 캠프 과일 풍미와 스파이시함

노스 브리티시 12년 캐스크 샘플 60%

향 온화하지만 그 어떤 그레인위스키보다 묵직하기도 하다. 버터 같고 크리미하면서, 유황 향이 좀 남아 있어 경쾌한 느낌을 준다.
맛 풍미가 뚜렷하고 육중하며, 걸쭉하면서 씹히는 듯한 질감이 있다. 물을 희석하면 바닐라, 잘 익은 베리류, 희미한 아티초크의 맛이 피어난다.
피니시 미디움 드라이의 풍미.
총평 그레인위스키 가운데 가장 힘 있고 복합적인 풍미를 갖추고 있다.

거번 "오버 25년" 42%

향 상쾌하면서 섬세하다. 꽃/허브 계열의 향과 초콜릿 향이 가볍게 풍기며 차분하고 꼼꼼한 인상을 준다. 오크 향이 절제되어 있고 살짝 시트러스 향이 감돈다.
맛 화이트초콜릿, 바닐라, 레몬 버터 아이싱의 맛이 부드럽게 다가온다. 뒤로 가면서 살짝 신맛이 난다.
피니시 스파이시하다.
총평 활력이 있으면서 아주 깔끔하다.

플레이버 캠프 향기로움과 꽃 풍미

헤이그 클럽 40%

향 달콤한 향이 바로 다가온다. 산뜻한 레몬 풍미에 버터와 메이스 풍미. 이어서 풋사과, 눈깔사탕, 야생화, 까맣게 태운/그을린 오크, 솜사탕 향기가 다가온다. 물을 타면 제라늄 잎과 가벼운 메이플 시럽 향이 난다.
맛 럼 같으면서 시트러스, 튀긴 플랜틴 바나나 풍미가 느껴지고, 중간쯤엔 입안에 착 붙을 정도의 부드러운 달콤함이 느껴진다. 시트러스 풍미와 상쾌한 신맛.
피니시 싱글 크림(요리할 때 넣거나 음식 위에 부어 먹을 때 쓰는 묽은 크림—옮긴이)과 레몬의 풍미.
총평 아주 다면적인 인상으로 그레인위스키에 대한 새로운 접근법을 보여주는 위스키의 전형이다.

플레이버 캠프 과일 풍미와 스파이시함

Daftmill, Fife

다프트밀, 파이프

다프트밀 | 쿠퍼(Cupar) | www.daftmill.com | **킹스반** | 세인트 앤드루스(St Andrews) | www.kingsbarnsdistillery.com
인치더니 | 글렌로시스 | **린도레스 애비 디스틸러리(Lindores Abbey Distillery)** | 뉴버러(Newburgh) | www.thelindoresdistillery.com

내 세대는 파이프에서 생산되는 갖가지 상품을 친숙하게 접하며 자랐다. 불을 피우는 연료인 석탄을 비롯해, 차에 곁들여 먹는 생선, 주방 바닥에 까는 리놀륨, 학교에서 못된 짓을 벌였다 벌 받을 때의 가죽 벨트 등. 하지만 현재는 파이프에서 공업 시설이 대부분 사라졌고, 탄광은 폐광된 지 오래이며, 가죽 벨트 체벌은 금지되었다. 이제 파이프에 남아 있는 것은 점점 줄어들고 있는 어장, 농업, 이제 막 움트고 있는 음악 커뮤니티, 그리고 위스키다. 최근 몇 년 동안은 위스키를 생산하는 곳이 카메룬브리지 증류소(맞은편 쪽 참조)뿐이지만 19세기에는 이 파이프 왕국에 14곳의 몰트위스키 증류소가 있었다. 밀주 시대가 개시된 1782년에는 압수된 증류기가 1,940대에 달했다.

이 증류소들 대다수는 합법 시설과 불법 시설을 막론하고 농장에서 시작되었을 것이다. 이 점을 감안하면 2003년에 농업에 종사하는 두 형제 프랜시스와 이안 커스버트(Francis and Ian Cuthbert)가 자신들의 다프트밀 농장 건물 3채를 증류소로 개조하기 위해 면허를 신청한 일도 역사적 내력과 잘 어울리는 일이었다.

당시로서는 위스키 제조라는 새로운 모험을 감행한다는 것이 간 큰 행동으로, 아니 심지어 미친 짓으로까지 여겨졌다. 현재는 커스버트 형제를 위스키 제조에서 근원으로 되돌아가는 예술을 펼쳐 새로운 운동을 일으킨 개척자로 인정해 주고 있다. 이 증류소에서는 보리를 자체적으로 재배하고, 증류 찌꺼기를 이곳에서 키우는 소들의 사료로 먹이고, 해마다 감당할 수 있는 비용에 맞춰 생산한다. 말하자면 옛 방식의 위스키로 회귀한 것이다.

이 글을 쓰고 있는 현재까지는 아직 제품이 출시되지 않았다. 다음은 프랜시스의 말이다. "원래는 2014년쯤에 병입하려고 생각했어요. 그런데 새로운 증류소들이 속속 생겨나는 걸 보면서 더 열심히 해야겠구나, 하고 마음을 다잡았죠!" 그의 말에서는 완벽주의자의 경향이 좀 느껴지기도 한다. "스피릿이 증류기에서 처음 나왔을 때 드디어 해냈다는 생각이 들었지만 그 뒤로 8년이 지났는데도 여전히 좀만 더 조정하면 훨씬 더 좋아질 수 있겠다는 생각이 들어요." 그렇게 시간이 지나는 사이에 증류소의 개성이 부상할 수 있었다. "저는 숙성을 거쳐야만 진전되는 잠재된 허브 풍미의 선별에 힘쓰고 있어요. 크리미하고 버터 같은 마우스필을 선사해주는 풍미죠. 어떤 것이든 진전되기 위해서는 시간이 꼭 필요한 법이에요."

2014년에 커스버트 형제는 독립 병입자인 웨미스(Wemyss) 소유인 킹스반스 증류소와 한 가족이 되었다. 킹스반스 역시 농장에서 개조되어 현지 생산 보리를 원료로 위스키를 생산하는 곳으로, 스코틀랜드의 14세기 왕 데이비드 1세가 자신의 곡물을 저장해 두었던 곳인 킹스 반스(Kings Barns)의 터에서 비교적 가벼운 스타일의 싱글몰트위스키를 생산 목표로 삼고 있다.

파이프의 몰트위스키 증류소는 이 2곳만이 아니다. 인도의 증류 업체 킨달(Kyndal)이 글렌로시스에 인치더니를 짓고 있는 중이며, 앞으로 이곳에서 인도와 아시아의 입맛에 맞춘 스피릿을 생산할 예정이다. 마지막으로, 린도레스에도 2016년 무렵에 자체적인 증류소가 들어설 예정이다.

다프트밀 시음 노트

2006 퍼스트 필 버번 캐스크 샘플 58.1%

향 빅토리아 스펀지 케이크처럼 깔끔하고 달콤하다. 과일 풍미가 가볍게 돌며 딸기, 풀밭의 꽃, 달콤한 디저트용 사과의 향기가 풍긴다. 물을 희석하면 배, 크림, 엘더베리 꽃 향이 올라온다.
맛 가볍고 섬세하고 달콤해 미숙성의 기미가 전혀 없다. 중간 맛은 살짝 부드러운 느낌이다.
피니시 길게 지속되는 달콤한 여운.
총평 이미 밸런스와 개성이 잡혀 있다.

2009 퍼스트 필 셰리 버트 캐스크 샘플 59%

향 (벌써!) 달콤하게 숙성되어 건포도, 토피, 바닐라, 크림 캐러멜의 향기가 물씬하다. 물을 희석하면 향긋한 바이올렛/꽃향기가 피어난다.
맛 농후한 맛이 느껴진다. 뒤이어 붉은 과일 풍미가 약간의 시나몬 맛과 함께 다가온다. 살짝 떫은 맛이 나면서 그 밑에 감추어진 과일 풍미가 느껴진다.
피니시 달콤하고 우아하다.
총평 이미 숙성 단계에 이르렀다.

시간의 중요성을 잘 아는 다프트밀은 모든 소규모 증류소들의 귀감이다.

Glenkinchie

글렌킨치

펜케이틀랜드(Pencaitland) | www.discovering-distilleries.com/glenkinchie | 연중 오픈, 자세한 사항은 웹사이트 참조

위스키를 중심으로 보면 로우랜드는 아주 넓게 흩어져 있다. 다음 증류소를 보려면 동쪽으로 보더스의 끝까지 가서, 비슷한 전원 지대에 이르러야 한다. 글렌킨치 증류소는 경작에 알맞은 농지 내에 자리해 있다. 다시 말해 드퀸시(deQuincey) 가문(이후의 '킨치' 가문) 소유지에 설립되었던 1825년 당시에 원료 공급에는 별문제가 없었을 것이다.

1890년대에 재건된 벽돌로 지어진 크고 견고한 건물에는 성공에 대한 확고한 의지도 깃들어있다. 소유주들은 애초부터 위스키를 만들기 위해 이 건물을 지었다. 그것도 많은 양의 위스키를 만들어 그 위스키로 큰돈을 벌려고 했다.

그러니 증류장으로 들어가 어마어마한 크기의 단식 증류기 한 쌍을 보게 되더라도 놀랄 일은 아니다. 워시 스틸은 용량이 무려 32,000L로, 스코틀랜드 위스키 업계에서 최대 용량이다. 어느 정도는 아일랜드의 증류 기술자들이 글렌킨치의 재건 시기와 엇비슷한 시기에 세웠던 증류기의 스타일과 크기를 연상시키기도 한다. 증류기의 크기가 커지면서 위스키의 스타일도 묵직한 스타일에서 가벼운 스타일로 바뀌었다. 로우랜드가 온화한 느낌의 위스키를 생산하고 있는 것은 환경과는 무관하며, 오히려 시장 원리의 작용에 따른 결과였다.

하지만 뉴메이크의 냄새를 맡아보면 온화한 풍미와는 거리가 있다. 오히려 양배추 수프 쪽에 더 가깝다. 이런 풍미의 단서는 증류장에서도 감지된다. 달위니, 스페이번, 아녹처럼 가볍게 숙성되는 스피릿으로, 이 세 증류소처럼 중요한 풍미가 그 향 밑에 감추어져 있다.

힘겨운 싸움. 로우랜드 위스키들은 많은 이들에게 과소평가되는, 안타까운 현실에 맞서고 있다.

양배추 같은 느낌은 달위니의 스피릿보다 더 빠르게 날아가 그 뒤로 풀의 풍미가 깔린 깔끔하고 섬세한 위스키가 되지만 웜텁에서 얻은 특유의 묵직한 맛이 있기도 하다. 예전에는 보통 10년 숙성 스피릿을 병입해 가끔씩 유황의 자취가 희미하게 남아 있었다면 최근엔 12년 숙성 병입으로 변경되어 2년이 더 지나는 사이에 무게감이 더해지고 완숙의 특색을 띤다.

글렌킨치 시음 노트

뉴메이크

향 성냥불 냄새가 나면서 양배추 삶은 물의 향도 가볍게 돈다. 그 뒤로 향긋한 향기가 이어진다. 향에서 농촌이 많이 연상된다.
맛 강한 유황 풍미가 강타했다가 마른 풀, 익힌 채소의 맛이 이어진다. 그 밑에 잠재된 풍미가 궁금해진다.
피니시 유황 풍미.

8년, 리필 우드 캐스크 샘플

향 축축히 젖은 건초 내음에 이어 클로버(토끼풀), 워싱 처리 리넨 향기가 풍긴다. 유황 향은 이미 거의 다 날아갔다. 물을 희석하면 젤리 과일, 특히 구아바의 향이 난다.
맛 강렬한 단맛. 순수하고 깔끔한 인상에 마른 꽃의 자극적인 풍미가 은은히 돌다 유황의 남은 자취가 다가온다.
피니시 희미한 성냥불 향취와 함께 온화하게 마무리된다.
총평 어디에선가 나비가 모습을 드러낸 듯한 느낌이 든다.

12년 43%

향 초원이 연상되는 깔끔한 느낌. 꽃, 사과, 오렌지 향이 솔솔 풍겨온다.
맛 달콤하면서 약간의 견과류 풍미를 띠지만 전반적으로 실크처럼 부드러운 느낌이다. 선명하고 깔끔한 풍미에 연한 바닐라 맛이 더해져 있다.
피니시 경쾌하다. 레몬 케이크의 풍미와 연한 꽃 향기.
총평 깊이감을 갖춘 매혹적인 위스키다. 이제는 나비가 날개를 펄럭이고 있다.

플레이버 캠프 향기로움과 꽃 풍미
차기 시음 후보감 더 글렌리벳 12년, 스페이번 10년

1992, 매니저스 초이스, 싱글 캐스크 58.2%

향 타임, 레몬밤, 풋멜론, 머스캣 포도, 밤꽃스토크(밤에 꽃이 피는 겨자과의 다년생초—옮긴이) 같은 초여름의 향기.
맛 다시 한번 특유의 꽃 풍미가 온화하게 퍼지고, 그와 동시에 크림 같은 부드러움과 생 무화과 느낌이 살짝 감돈다.
피니시 살짝 쓰다. 레몬 풍미.
총평 가볍고 향긋한 풍미의 귀감이라 할만하다.

플레이버 캠프 향기로움과 꽃 풍미
차기 시음 후보감 블라드녹 8년

디스틸러스 에디션 43%

향 황금색. 12년 제품보다 육중한 느낌으로, 더 농익고 세미 드라이한 과일 향기가 풍긴다. 구운 사과 향, 약간의 드라이한 오크 향. 더 깊어졌고 리큐어 느낌도 살짝 더 생겨났다. 뒤로 빅토리아 스펀지 케이크, 설타나 향이 감춰져 있다. 유황 향은 나지 않는다.
맛 처음엔 단맛이 비교적 덜 드러나다 점차 혀 위로 퍼진다. 약간의 보리 사탕 맛에, 말린 살구 맛, 묵직한 꽃 풍미. 질감이 풍부하고 열대 계열의 특색이 살짝 더 생겨났다.
피니시 향신료와 감귤방향유의 가볍고 달콤한 풍미.
총평 피니시에 새로운 성분이 더해진 동시에 증류소의 개성도 여전히 살아 있다.

플레이버 캠프 과일 풍미와 스파이시함
차기 시음 후보감 발블레어 1990

Auchentoshan

오켄토션

클라이드뱅크(Clydebank) | www.auchentoshan.com | 연중 오픈 월~일요일

오켄토션은 글래스고에서 로몬드 호까지 이어진 주도로와 클라이드강 사이에 자리해 위치상 덜 낭만적 분위기를 풍길지는 몰라도 가벼운 위스키를 생산하는 또 하나의 방법을 제시해 준다. 바로 3차 증류다. 19세기에는 3차 증류가 꽤 보편적인 생산 방식이었다. 로우랜드 지대에서 특히 보편적이었는데, 그 원인을 추정하자면 아일랜드인의 이주에 따른 결과일 수도 있고 당시에 더 잘나가던 위스키 스타일을 본뜨려는 시도에 따른 것이었을 수도 있다. 여기에서도 다시 한번 경제원리의 작용이 엿보인다. 하지만 현재 오켄토션(별칭 오키)은 스코틀랜드에서 유일하게 3차 증류 방식만 쓰는 증류소다.

이 증류소에서 3차 증류 방식을 활용하는 목적은 강도를 높이고 더 가벼운 특색을 끌어내 상쾌하면서도 집중된 풍미의 뉴메이크를 만들기 위한 것이다. 3차 증류기(스피릿 스틸)에 채워 넣는 충전액은 인터미디엇 스틸(2차 증류기)에서 나온 고강도의 '초류'를 모은 것이다. 이 충전액을 증류할 때는 스피릿 컷을 알코올 도수 82~80%에서 모은다. (14~15쪽 참조.) 소유주인 모리슨 보모어의 블렌더 이언 맥칼럼의 말을 들어보자. "가벼운 특색을 내주는 것은 한 15분 동안의 스피릿 컷이에요. 그렇게 컷하면 확실히 가벼운 특색을 내주지만 저는 풍미가 뚜렷하지 않은 건 원치 않아요. 오켄토션은 달콤함, 몰티함, 시트러스의 풍미를 띠고 숙성되면서 헤이즐넛의 특색이 생겨나야 합니다." 오키 고유의 섬세한 특색을 내려면 맥칼럼으로선 오크를 너무 많이 이용할 수도 없다. "스피릿이 너무 가벼워 압도당하기가 쉬워요. 스피릿의 개성에 그 브랜드의 진수가 드러나야 한다는 것이 저의 강한 신념이라 오켄토션은 오크 처리를 살살 해줘야 해요."

따라서 밸런스를 잘 잡으려면 어린 스피릿에 오크의 격려를 적당히 받게 해, 여러 층의 풍미로 섬세함을 보강해 줘야 한다. 더 오래 숙성된 스피릿에서도 관건은 오크의 기운이 온화하게 스며들게 하는 것이다.

스피릿이 가볍다는 것은 야수처럼 강하고 거센 스피릿보다 훨씬 더 유연성이 높다는 얘기이기도 하다. 그래서 이 업체에서는 예전부터 오켄토션을 칵테일 베이스로 자리 잡게 하기 위해 바텐더들과 다각적인 협력을 펼쳐왔다.

이곳 클라이드강변에서는 다른 곳들과 다른 노선을 취하고 있지만 이것은 맹목적 괴팍함이 아니라 다 이유가 있어서이다. 그럴 만한 효과가 있기 때문이다.

오켄토션 시음 노트

뉴메이크

향 아주 가벼우면서 강렬하다. 핑크 대황, 달큰한 향을 입힌 보드지, 바나나 껍질, 나뭇잎 향.
맛 조밀한 구조감과 열얼함. 살짝 비스킷 풍미가 있고 강렬한 레몬 풍미가 경쾌하다.
피니시 빠르게 가라앉는 여운 속의 사과 풍미.

클래식 NAS 40%

향 옅은 황금색. 오크의 단 향. 약한 흙먼지 내음에 가벼운 꽃 향기가 어우러져 있다. 오크에서 우러난 코코넛 매트의 향.
맛 달콤함에 견과류와 풍부한 바닐라 풍미가 어우러져 초콜릿 계열의 느낌, 뉴메이크의 기품 있는 인상이 여전히 두드러진다.
피니시 상쾌하다.
총평 능숙한 오크 처리 덕분에 개성이 잘 드러나 있다.

플레이버 캠프 **몰트 풍미와 드라이함**
차기 시음 후보감 탐나불린 12년, 글렌 스페이 12년

12년 40%

향 다시 오크가 주도한다. 핫크로스번(윗면에 십자 모양을 새긴 마른 과일을 넣은 작은 롤 빵—옮긴이), 파프리카 가루를 뿌린 구운 아몬드의 향. 시트러스 향이 경쾌하다.
맛 부드럽고 깔끔한 곡물 풍미가 이제는 향신료 계열로 서서히 이동 중이다. 나뭇잎 특유의 풍미가 여전히 살아 있다.
피니시 상큼하고 깔끔하다.
총평 오켄토션인 걸 알아맞힐 만한 단계에 이르렀다.

플레이버 캠프 **몰트 풍미와 드라이함**
차기 시음 후보감 맥더프 1984

21년 43%

향 살짝 코를 찌르는 숙성 향. 농축된 짙은 색 과일 향기에 이어 건 향신료(고수)와 구운 밤 향이 다가오지만 그 강렬한 흙먼지 내음과 상쾌함은 여전히 살아 있다.
맛 풍부하면서 리큐어 느낌이 나고, 라벤더 같은 풍미가 입안을 적신다.
피니시 향기롭다.
총평 21년이 지났는데도 가벼운 스피릿의 특색이 꺾이지 않았다.

플레이버 캠프 **과일 풍미와 스파이시함**
차기 시음 후보감 더 글렌리벳 18년, 벤로막 25년

Bladnoch, Annandale, Ailsa bay

블라드녹, 애난데일, 아일사 베이

위그타운 | www.bladnoch.co.uk | 연중 오픈 | **애난데일** | 애난 | www.annandaledistillery.co.uk
아일사 베이 | 거번

위그타운에서 1.6km 정도 떨어진 곳에는, 굽이굽이 흐르는 강 근처에 터를 잡고 이름도 이 강에서 따 붙인 증류소, 블라드녹이 있다. 규모가 큰 부지에 건물이 사방팔방으로 펼쳐진 이곳엔 대단지 숙성고가 증류소 뒤쪽 벌판까지 뻗어나가 있다. 부지를 쭉 돌아보면 특이하게 느껴지는 점도 있다. 모든 건물에 뒷문이 나 있고, 심지어 정문이 없는 건물도 있다.

블라드녹은 특정 목적에 따라 세워진 증류소는 아니다. 그보다는 어두운색 돌을 쌓아 올리고 슬레이트 지붕을 얹은 건물들이 무작위로 들어섰다가 그중 한 건물에 어쩌다 위스키 제조 시설이 들어오게 된 것이었다. 나머지 건물들에는 상점, 카페, 사무실, 마을회관을 겸하는 바가 들어와 있을 뿐만 아니라 회합 장소로도 겸사겸사 쓰이는 가마장과 캠프장도 갖추어져 있다. 블라드녹은 증류소라기보다는 하나의 커뮤니티에 더 가까워, 1817년 이후 마을의 중심점 역할을 해 왔다.

블라드녹은 들어가는 건물마다 놀랄 거리를 품고 있다는 느낌이 든다. 매시 하우스에서부터 벌써 그렇다. 약간 탁한 워트는 오리건 소나무 소재의 워시백 6개 중 하나에 담겨 소유주인 레이먼드 암스트롱(Raymond Armstrong)의 말처럼 "4시간 모자란 3일" 동안 느긋한 발효 시간을 갖는다. 증류장은 증류 방에 더 가깝다. 증류기 주변에는 통상적으로 바닥에 고정 설치된 가로대, 사다리, 안전장치가 없다. 증류 담당자 존 헤리즈(John Herries)는 흔들거리는 탁자의 옆에 스위치와 밸브가 부착된 목제 상자를 놓고 증류 과정을 조정한다.

현재 이곳이 어쨌든 간에 운영되고 있다는 사실 자체도 놀라운 일이다. 블라드녹은 1938년부터 1956년까지 문을 닫았다가 이후 1992년까지 운영이 재개되었고 벨즈의 계열사가 되었다가 또 다시 1993년에 폐업했다. 이듬해에 발파스트를 기반으로 활동하던 공인 건축사 암스트롱이 블라드녹을 인수했다. 원래는 휴가용 별장으로 개조하려는 의도였으나 어느새 이곳에 애착이 생겨, 결국 이 수다스러운 얼스터 사람은 디아지오를 다시 찾아가 생산을 재개할 수 있을지 문의하기에 이르렀다.

거부하던 디아지오는 결국 마음을 바꿔 연간 10만L의 위스키를 생산하게 해주었다. 그렇게 해서 법적 문제와 증류소의 재설계 필요성으로 인한 시간을 거친 후, 2000년부터 다시 스피릿이 흘러나오기 시작했다.

아일사 베이: 사명을 띠고 탄생한 신참

블라드녹에서 차를 몰고 클라이드강변을 따라 북쪽으로 1시간쯤 가면 윌리엄 그랜트의 거번 그레인위스키 증류소가 나오는데, 이 부지에 스코틀랜드에서 가장 신생의 몰트위스키 증류소로 꼽히는 아일사 베이가 들어서 있다. 하지만 아일사 베이는 새로운 '로우랜드' 증류소로서의 사명을 띠고 세워진 게 아니다. 윌리엄 그랜트의 마스터 블렌더 브라이언 킨스먼의 설명처럼 "저희가 더프타운 부지에서 선호하는 모든 방식을 취해 그대로 본뜰 만한 유연성을 갖춘 곳"으로 설립되었다. 말하자면 아일사 베이의 존재 목적은 더 발베니를 모델로 삼아 이 몰트위스키 브랜드를 성장시키는 데 있다. "증류기들이 발베니와 같은 모양인 이유는 단순합니다. 발베니의 위스키가 싱글 몰트로서 위상이 높아지고 있는 데다 블렌디드 위스키에서도 핵심 원액으로 쓰이고 있어 공급에 압박이 가해지고 있기 때문입니다." 킨스먼의 도전은 이런 목적의 달성으로만 그치지 않아, 현재 이곳에서는 에스테르 풍미, 몰트 풍미, 가벼운 풍미, 묵직한 피트 풍미의 네 가지 스타일을 두루두루 생산하고 있기도 하다.

헤리즈는 당시를 이렇게 회고했다. "이곳은 폐업하기 전에 대량 생산 체제로 가동되고 있었어요. 모든 공정을 무리해서 돌리고 있었죠. 현재는 더 느긋한 체제로 다시 돌아왔어요." 이런 제조 공정 덕분에 오래 숙성된 제품에서 그 특유의 견과류 풍미가 느껴지는 것이다. 암스트롱 시대의 위스키에서 꿀 느낌이 물씬 밴 꽃이 연상되는 이유이기도 하다. 다시 소생한 이 위스키 전도사는 다음과 같이 지적하기도 했다. "이곳에서의 위스키 사업에서 애로점이라면, 수많은 위스키 애호가들이 로우랜드 몰트위스키의 미묘함과 우아함을 몰라보고 있다는 점입니다." 이 글을 쓰고 있는 현재, 블라드녹은 몇몇 인수 희망자들이 이미 관심을 드러낸 상태다.

카페, 마을회관, 캠프장까지 갖추어진, 스코틀랜드 최남단의 증류소.

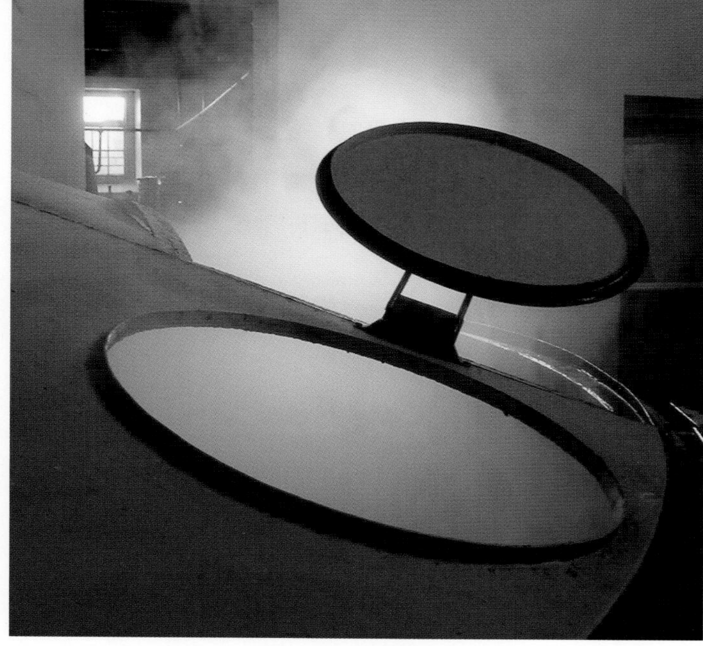

중간중간에 증류기를 쉬게 해주는 것이 블라드녹이 향긋한 비결이다.

데이비드 톰슨(David Thomson)은 원래 곡물 화학자였다가 풍미 지각 연구가로, 이후에 다시 시장 조사가로 활동 무대를 옮겼다 2014년에는 증류 기술자가 되어, 문을 닫은 지 93년이 지난 애난데일 농장 증류소를 소생시켰다.

다음은 톰슨의 말이다. "스코틀랜드에는 다른 증류소들이 100개나 됩니다. 그 많은 증류소가 내는 소음 속에 같이 섞이기보다는 우리의 목소리가 들리게 만들어야 합니다. 우리가 어째서 남들과 다른지를 보여줘야 한다는 얘깁니다."

이 글을 쓰는 시점에서 내가 파악한 사실은 훈연 풍미가 들어갈 것이라는 점뿐이다. 톰슨은 이런 말도 덧붙였다. "저희는 피트 습지대에 위치해 있어요. 과거에도 스모키한 위스키를 만들었고요." 로우랜드의 몰트위스키하면 사람들이 당연히 예상하는 기대를 무너뜨리는 말이자, 로우랜드가 그 어느 지역 못지않게 다양한 매력이 있는 곳이라는 사실도 강조해 주는 말이다. 증류소들은 저마다 자신만의 언어가 있다.

블라드녹 시음 노트

뉴메이크

향 깔끔한 꽃향기와 가벼운 시트러스 향이 상쾌하고 온화하게 다가온다.
맛 기분 좋은 신맛이 돌고 꽃 풍미와 은은한 꿀 맛이 어우러져 깔끔하고 새콤하다.
피니시 깔끔하고 짧다.

8년 46%

향 옅은 황금색. 마시멜로, 잘라낸 꽃, 달콤한 사과 향기에 밀랍의 느낌이 희미하게 섞여 있다. 레몬 퍼프 향. 물을 희석하면 경쾌한 느낌의 클로버 꿀 벌집 향이 서서히 번진다.
맛 깔끔하면서 살짝 버터 풍미가 돈다. 부드럽게 다가오는 중간 맛에서는 향긋한 꽃 풍미와 특유의 꿀 느낌이 난다. 뒤로 가면서 살짝 스파이시해진다.
피니시 가볍고 깔끔하다.
총평 봄날의 상쾌함이 연상된다.

플레이버 캠프 **향기로움과 꽃 풍미**
차기 시음 후보감 링크우드 12년, 글렌카담 10년, 스페이사이드 15년

17년 55%

향 옅은 황금색. 더 폭넓은 향이 풍기면서 견과류 향이 진해졌고 은근한 단맛이 여전히 느껴지지만 이번엔 꿀보다는 매시의 느낌에 더 가깝다. 갓 구운 빵과 살구 잼 향기, 뜨거운 버터를 얹은 토스트의 향기도 풍긴다.
맛 살짝 향긋한 특색을 띠다가 허니 넛 콘 플레이크 맛이 감돈다.
피니시 스파이시하면서 살짝 미끈거린다.
총평 이 증류소의 구체제 마지막 시절 때의 전형적 스타일이다.

플레이버 캠프 **향기로움과 꽃 풍미**
차기 시음 후보감 더 글렌터렛 10년, 스트라스밀 12년

아일사 베이 시음 노트

아직 출시된 숙성 스피릿도 없고 뉴메이크에 아직 이름도 안 정해져, 현재 생산 중인 6가지 타입의 스피릿을 소개하려 한다.

1.

향 가벼우면서 에스테르 향이 풍긴다. 참깨 향, 놋쇠 느낌이 살짝 섞인 파인애플 향도 있다. 드라이하다.
맛 에스테르 느낌의 파인애플 맛, 배와 풍선껌 풍미에 멜론 맛이 어우러져 아주 순수한 인상으로 다가온다.
피니시 부드럽고 온화하다.

2.

향 가벼운 곡물 향이 은근히 감돌며 깔끔하고 가볍다.
맛 아주 깔끔하다. 풋풋한 풀의 풍미가 아주 순수한 인상을 일으킨다. 중간쯤에 육중한 무게감이 느껴진다.
피니시 상큼하다.

3.

향 견과류 향에 익힌 채소 특유의 유황 향이 희미하게 섞여 있다. 포트 에일 향취가 난다. 비교적 묵직하다.
맛 입안을 육중하게 채운다. 농익은 풍미가 묵직하다. 렌틸콩.
피니시 폭넓고 농익은 풍미로 마무리된다.

4.

향 곡물과 아세톤 향, 덜 익은 아몬드 향이 느껴진다. 앞의 타입보다 구운 풍미가 덜하다.
맛 순수하다. 강한 견과류 맛이 돌고 그 뒤로 과일 풍미가 깔려 있다. 견과류/견과류 껍질의 느낌이 가볍게 풍긴다. 드라이하면서 깔끔하다.
피니시 갑자기 달콤함이 다가온다. 풍미가 흥미롭게 진전되리라고 기대된다.

5.

향 향긋한 피트 훈연 향. 뿌리 특유의 내음에 시가 향과 가벼운 햄 향이 함께 느껴진다. 목재 타는 냄새, 배 향, 새 운동화 향도.
맛 드라이한 훈연 풍미가 확 덮쳐온다. 견고한 느낌이지만 단맛이 중심을 잡아주고 있다.
피니시 훈연 풍미가 이제는 경쾌한 느낌을 띠면서 잔잔히 퍼진다.

6.

향 정원에서의 모닥불 향에 은은한 기름 향이 함께 풍긴다. 묵직하고 드라이하다.
맛 힘이 있으면서 살짝 흙내음이 돈다.
피니시 여운이 오래 지속된다.

Islay

아일레이

아일레이의 남쪽 연안은 그지없이 평온하다. 배가 일으킨 물결이 청동색 해초를 유유히 툭툭 칠 뿐이다. 그 해초 뒤로는 연이어 늘어서서 바다로부터 이 해협을 보호하는 작은 섬들이 내다보인다. 그 큰 눈으로 우리를 가만히 바라보는 물개들도 보이고, 용골(선박 바닥의 중앙을 받치는 길고 큰 재목—옮긴이) 밑으로는 하얀 모래가 흩날린다. 바로 이곳이 로우랜드 여정의 종착지다. 아일레이는 비행기를 타고 갈 수도 있지만 이 섬을 제대로 느끼려면 배로 가야 한다. 어쨌든 이곳의 바다 역시 이 섬만큼이나 아일레이의 광범위한 테루아에 영향을 끼쳐왔으니 말이다. 섬들은 본토와는 그 작동 방식이 다르다.

아일레이의 증류소들은 모두 연안에 위치해 있다. 덕분에 원료를 들여오고 위스키를 내보내기에 용이하다

해 질 녘에 서부 해안의 오페라 하우스 바위(Opera House Rocks) 위에 앉아 바라보면 파란빛과 청록빛을 띠는 하늘 아래로 바다가 출렁거리고 마커(machair, 바람에 날려온 모래와 조개껍질 파편이 쌓여 형성된, 해안가 저지대—옮긴이) 사이로 바람이 훑고 지나가는 가운데, 세상이 은은한 빛으로 가득 채워진다. 모든 것이 자체적으로 빛을 발산하고 있는 것처럼 빛난다. 여기에서 그다음 육지는 캐나다다.

아일레이에 사람들이 거주한 시기는 1만 년 전부터이지만 이 해안 지대에서 '현대' 시대가 막을 연 것은 아담한 성 키아란(St Ciaran, 킬치아란Kilchiaran) 성당 같은 곳에서부터였다. 말하자면 아일랜드의 수도사들이 이 북서쪽 황무지로 피정을 위해 찾아오면서부터였다.

성 키아란 같은 사람이 아일랜드에서 이곳으로 오면서 증류 기술을 같이 들여왔다면 절묘한 이야기가 될 테지만 그랬을 가능성은 희박하다. 11세기에 이르러서야 증류 기술이 서쪽으로 전해졌을 것으로 추정되기 때문이다. 하지만 증류 비법에 훤하던 맥바하(MacBeatha, 별칭 비튼Beaton) 가문이 이곳에 들어온 덕분에 아일레이는 스코틀랜드에서 증류의 정신적 고향이라고 주장할 만한 근거를 갖게 되었다. 맥바하 가문은 1300년에 앵거스 맥도날드(Angus MacDonal)와 혼인하는 앤드 오캐타인(Aine O'Cathain)의 일행으로 결혼 축하연에 왔다가 이 섬의 영주인 맥도날드 가문의 세습 주치의가 되었다. 그 결과 이 섬은 증류의 주축이 되었고 이윽고 위스키의 주축으로까지 자리매김하기에 이르렀다. 아일레이는 섬처럼 고립된 곳이 아니라, 더 넓은 세상의 한 부분이다.

15세기 무렵 위스키가 만들어졌지만 오늘날의 스피릿과는 거리가 멀었다. 다양한 곡물을 원료로 쓰며 꿀로 단맛을 내고 허브로 풍미를 가미했던 것으로 추정되며, 스모키하기도 했을 것이다. 아일레이에는 어딜 가나 피트가 있으니 충분히 그럴 만하다. 피트는 아일레이 몰트위스키의 DNA이기도 하지 않은가. 이곳에서는 지리적 테루아를 그냥 전하는 게 아니라 포효하듯 강렬히 전한다.

아일레이의 몰트위스키는 피트 이끼에서 생을 시작한다. 그 특유의 피트 향은 수천 년에 걸친 침용, 압착, 부패, 변환을 거치며 빚어지는 것이다. 아일레이의 피트는 본토의 피트와는 다르다. 아마도 그 해초, 약, 훈제 청어 같은 향은 바로 이런 아일랜드 특유의 피트에서 비롯되는 것일지 모른다.

라가불린의 전 증류소 책임자 마이크 니컬슨은 말한다. "증류소 책임자들은 이 지역 공동체와 단단한 결속력으로 뭉쳐 있어요. 그래서 결정을 내릴 때 더 깊이 생각하게 돼요. 아주 아주 오랜 세월에 걸쳐 뿌리내려온 지역사회의 일원이라는 것을 의식하며 하나의 연속체에 속해 있다고 여기죠.

인달 호(Loch Indaal) 이 얕은 호수의 연안은 해 질 녘에 앉아 위스키 한두 모금을 들이키며 아일레이만의 위치가 갖는 마법을 음미하기에 더없이 좋은 곳이다

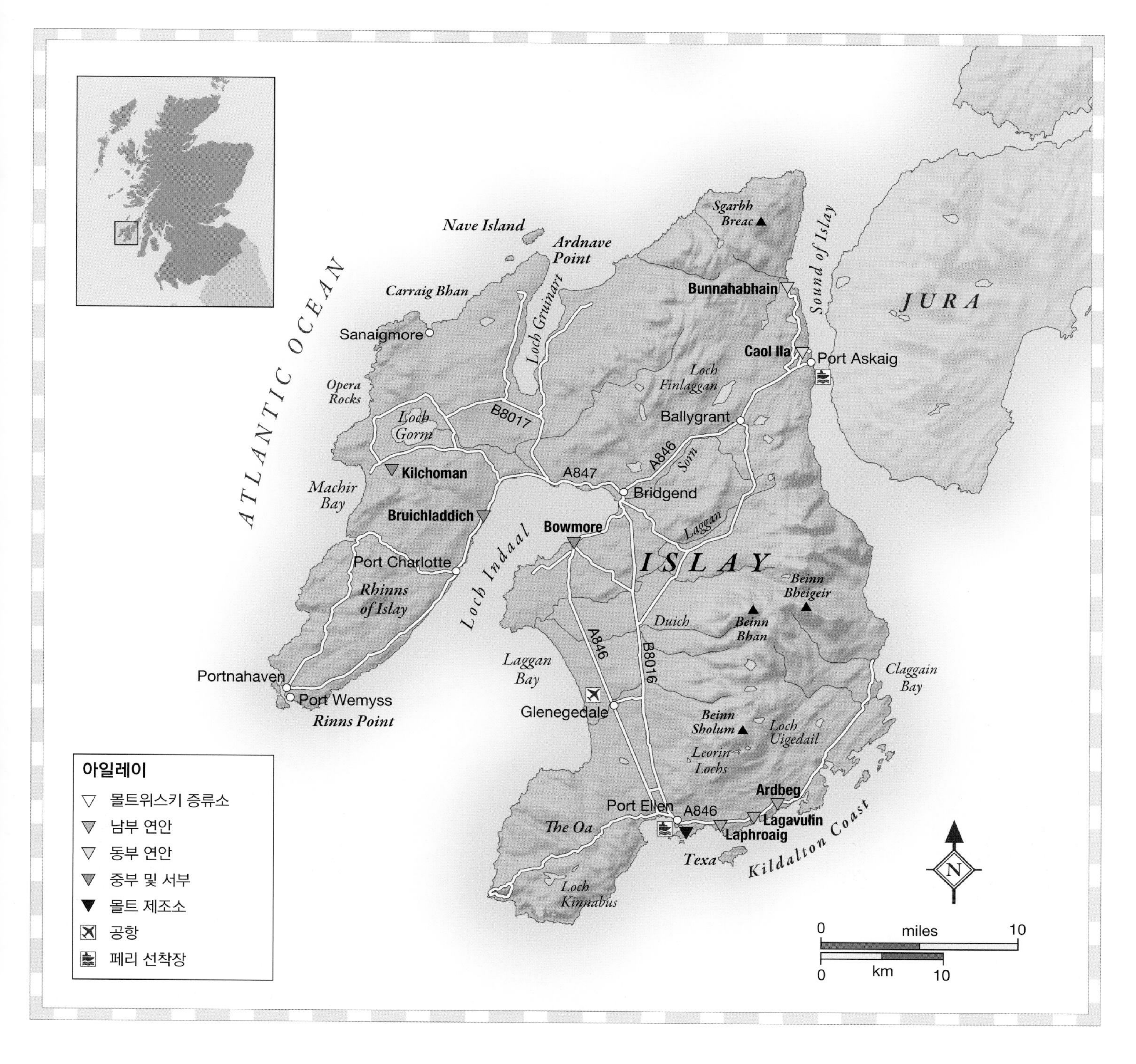

Nave Island
Ardnave Point
Sgarbh Breac
Carraig Bhan
Loch Gruinart
Bunnahabhain
Sound of Islay
JURA
ATLANTIC OCEAN
Sanaigmore
Caol Ila
Port Askaig
Loch Finlaggan
Opera Rocks
Loch Gorm
B8017
Ballygrant
A846
Sorn
A847
Kilchoman
Machir Bay
Bridgend
Bruichladdich
Bowmore
Laggan
ISLAY
Port Charlotte
Loch Indaal
Rhinns of Islay
Beinn Bheigeir
Duich
Beinn Bhan
A846
B8016
Laggan Bay
Claggain Bay
Portnahaven
Port Wemyss
Rinns Point
Glenegedale
Beinn Sholum
Loch Uigedail
Leorin Lochs
Ardbeg
Port Ellen
A846
Lagavulin
The Oa
Laphroaig
Kildalton Coast
Texa
Loch Kinnabus
N
0
miles
10
0
km
10
아일레이
몰트위스키 증류소
남부 연안
동부 연안
중부 및 서부
몰트 제조소
공항
페리 선착장

South Coast

남부 연안

아일레이의 남해안은 해안 암초, 물개가 자주 출몰하는 작은 만, 고대 켈트족 기독교 유적지가 함께 어우러진 곳이다. 그 어느 곳보다 강렬하고 피트 풍미 강한 위스키를 생산하고 있는, 전설적인 증류소 3총사 킬달턴 트리오의 보금자리이기도 하다. 하지만 그 첫인상에 속지 말기를. 스모키한 겉모습 아래에 달콤함으로 그득 들어찬 심장이 뛰고 있으니.

아일레이는 위스키 애호가들의 관심만 끌어당기는 것이 아니라, 탐조 명소로도 유명하다.

Ardbeg

아드벡

포트 엘렌 | www.ardbeg.com | 연중 오픈, 개방일 및 자세한 사항은 웹사이트 참조

그을음. 첫인상은 그렇다. 가장 먼저 굴뚝의 느낌이 휩쓸려 오지만, 뭐랄까 자몽 계열의 강렬한 시트러스 풍미도 있다. 뒤이어 바위에 붙은 덜스(이 지역에서 자라는 해초) 느낌이 다가오고 바이올렛 향기가 확 몰려들었다가 바나나, 봄철 숲속의 달래 향이 풍긴다. 아드벡 뉴메이크는 훈연 풍미와 달콤함, 검댕과 과일 사이의 밸런스가 예술이다. 그 특유의 향이 증류소 벽에 배어 있는 듯한 느낌도 난다. 그런데 그 달콤함은 어떻게 만들어지는 걸까? 일단 증류장으로 가보자.

이곳의 스피릿 스틸에는 배 부분에 라인 암과 이어진 파이프가 있는데, 응축액을 증류기로 다시 돌려보내는 용도다. 이런 식의 환류는 복합미를 생성시켜 줄 뿐만 아니라 증기와 구리의 접촉을 늘려 스피릿을 가볍게 만들어주기도 한다. 그리고 그 최종 결과물이 바로 달콤함이다.

아드벡의 최근 역사는 위스키 산업의 부침을 그대로 비춰주는 거울이다. 위스키는 장기적 사업이며 경험과 낙관적 시장 예측을 토대로 재고분을 저장한다. 1970년대 말에는 맹목적 낙관론이 퍼져 있었다. 판매량이 떨어졌는데도 재고분이 계속 저장되었다. 급기야 1982년 무렵엔 위스키 재고가 너무 쌓여 도태시킬 증류소를 대거 선별하는 지경에 이르렀다. 아드벡도 그 대상에 들었다. 1990년대에 이르자 아드벡은 잊힌 채, 유령 같은 존재가 되었다. 하지만 1990년대 말에 몰트위스키의 판매가 늘면서 1997년에 글렌모렌지가 아드벡과 그 재고분을 710만 파운드에 인수했다. 인수 이후에도 증류소의 재가동을 위한 비용으로 몇백만 파운드를 더 투입했다.

피트와 스모키함

아드벡의 피트 풍미가 묵직한 것은 사실이지만 단순미가 있기도 하다. 아드벡, 라가불린, 라프로익, 쿨일라 모두 어쩌다 거의 같은 수준으로 피트 처리를 하고 있긴 하지만, 스모키함의 특성에서는 저마다 큰 차이가 있다. 왜일까? 증류 방법이 주된 이유다. 즉, 증류기의 모양과 크기, 증류 속도, 그리고 결정적으로 컷 포인트(14~15쪽 참조)가 그런 차이를 만든다. 페놀은 최종 스피릿에만 생겨나는 것이 아니라, 증류 내내 떠다닌다. 페놀의 농축도와 구조도 변해, 증류 초반에 붙잡힌 페놀과 최종 스피릿에서 나타나는 페놀이 서로 다르기도 하다. 컷 포인트는 특정 페놀을 붙잡거나 저지하기 위해 그에 맞추어 정해진다.

재가동에 들어간 아드벡에는 몇 가지 변화가 생겼다. 글렌모렌지의 증류소 지휘자이자 위스키 크리에이터인 빌 럼스던 박사의 말을 들어보자. "발효 시간을 더 늘렸어요. 짧은 발효는 훈연 풍미에 아린 맛을 띠게 하지만 장시간 발효를 거치면 크리미한 질감이 생기고 신맛도 좀 더 늘게 됩니다. 증류기도, 피트 처리도 예전과 똑같지만 스피릿에 약간의 변화가 생겨나게 되죠."

오크 통 사용 방침도 마련되어 미국산 퍼스트 필 오크를 더 많이 쓰고 있기도 하다. "주된 변화는 오크의 품질이 더 높아진 점입니다. 그래서 이제는 그 본연의

원통형의 둥근 천장으로 지어진 아드벡의 숙성고는 바다에 면해 있다. 이런 점이 위스키의 특성에 어떤 영향을 미칠지 생각해 보는 것은 흥미로운 일이다.

아일레이에 널려 있는 피트는 아드벡의 독특한 특색을 만들어내는 일등공신이다.

매력에 살을 더 붙여줄 수 있어요."

이곳에서는 인수 후 비교적 긴 기간 후에야 글렌모렌지 소유 하의 첫 아드벡 제품이 출시되어, 'Very Young', 'Still Young', 'Almost There' 등의 제품으로 스피릿의 점진적 진전 단계를 선보이고 있다.

다음은 럼스던의 말이다. "제가 세운 목표는 원래의 하우스 스타일을 재현하는 것이었어요. '어린' 제품군은 진정성이 부족한 면이 있었지만 저희가 추구하는 방향을 선보여주는 취지가 담겨 있었어요. 예전의 아드벡은 그을음과 타르 풍미가 특징이었지만 일관성이 없어 해마다 차이가 나기도 했어요. 저희에겐 일관성이 필요했어요." 문제는 아드벡의 골수 팬층이 이런 비일관성을 축으로 형성되었다는 점이었다. 위스키 제조자들은 해마다 제품에 차이가 발생하는 걸 싫어할지 몰라도 위스키광들은 그런 차이를 아주 좋아한다. 이 두 그룹 모두를 만족시키기 위한 노력의 일환으로 펼쳐지는 것이 바로 밸런스 잡기라는 예술이다. 밸런스 잡기는 여러 가지 경이로운 특이함으로 보완되는 핵심 영역이다. 최근 출시된 강한 피트 처리 제품 슈퍼노바(Supernova)가 이런 밸런스 잡기의 좋은 사례에 든다.

재고 프로필상의 구멍들로 창의력을 발휘한 블렌딩이 필요해지면서 결과적으로 아드벡은 숙성 연수 표기로부터 자유로워지기도 했다. "우가달은 옛 스타일을 이해시켜 주는 제품이었고, 코리브레칸(Corryvreckan)은 프랑스산 오크 통에서 숙성된 아드벡을 엿보여주는 제품이었죠. 또 아리 남 비스트(Airigh nam Beist)는 제가 17년 장기 숙성에 바치는 오마주였죠." 럼스던의 말이다.

요즘엔 이 증류소가 저 스스로 자신의 운명을 되찾기라도 하다는 듯 으스대는 것 같은 인상도 든다. "증류소 자체가 생산 제품에 얼마나 영향을 끼칠지는 경험으로도 가늠하기가 힘들지만 저는 저희의 영향력이 30% 정도 되고 그 나머지는 이 증류소 위치의 특색과 역사라고 봅니다. 지금까지 저희는 이전의 자취 속에서 공감을 갖고 일해야 했어요. 어떤 점에선 증류소들도 살아 있는 생명체입니다."

아드벡 시음 노트

뉴메이크

향 단 향에 더해, 김/덜스와 해안 바위 사이 웅덩이 특유의 그을음 향이 은은히 묻어난다. 살짝 오일리하다가 피트의 훈연 향, 덜 익은 바나나, 마늘, 바이올렛 뿌리, 토마토 잎의 향이 풍긴다. 물을 희석하면 크레오소트목(木) (타르에서 얻은 페놀류의 혼합물—옮긴이), 중국산 기침약, 용제 향기가 난다.
맛 힘이 있으면서 그을음 풍미가 돌고, 살짝 후추 같은 맛도 강렬하게 느껴진다. 중심을 잡아주는 달콤함. 이끼 낀 피트의 느낌과 자몽 맛.
피니시 귀리 비스킷 풍미.

10년 46%

향 스모키하면서도 달달한 향과 시트러스 향이 함께 풍기고, 에스테르 향도 숨겨져 있다. 해초와 신선한 해변 공기의 향취에 젖은 이끼, 산초, 시나몬의 향기가 섞여 있다.
맛 첫맛이 정말 달콤하다. 라임 초콜릿, 멘톨, 노루발풀, 유칼립투스 풍미와 더불어 그을은 훈연 풍미가 힘 있고 풍부하게 다가온다.
피니시 긴 여운 속의 피트 풍미.
총평 드라이한 훈연 풍미와 달큰한 스피릿 풍미 사이에서 밸런스가 적절히 잡혀 있다.

플레이버 캠프 스모키함과 피트 풍미
차기 시음 후보감 스타우닝 피티드

우가달 54.2%

향 숙성 향이 풍부해, 검은색 과일 특유의 농축된 단 향과 흙내음이 풍긴다. 라놀린(양모에서 추출하는 오일)과 잉크 향기에 가벼운 고기 향이 배어 있다. 물을 희석하면 녹차, 물박하, 당밀 향기가 올라온다.
맛 아주 힘이 있고 원초적이다. 이번에도 단맛이 나고, 짙은 훈연 풍미 사이로 알코올이 날카롭게 톡 쏘면서 우르릉거리듯 달려드는 피트 풍미, 페드로 히메네스 셰리, 해안선, 크레오소트, 말린 과일의 복합적 풍미가 명확히 느껴진다.
피니시 긴 여운 속의 건포도 풍미.
총평 아드벡 중에 가장 육중하다.

플레이버 캠프 스모키함과 피트 풍미
차기 시음 후보감 폴 존 피티드 캐스크

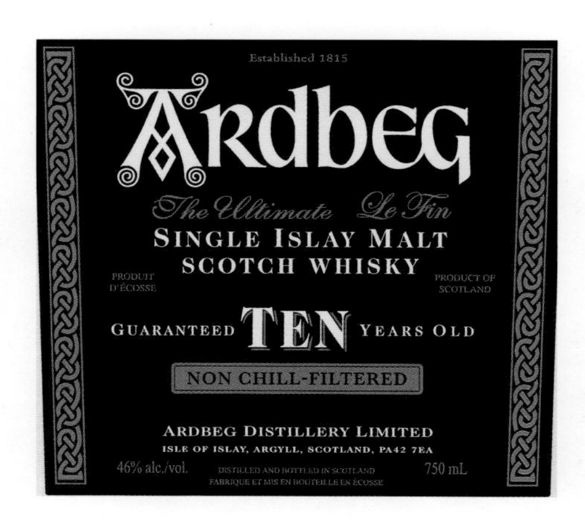

코리브레칸 57.1%

향 진중함과 더불어 힘이 느껴진다. 숯처럼 까맣게 태운 오크의 향, 붉은 과일 향, 사그라드는 불의 향취가 난다. 신선한 해변 공기의 느낌은 줄었고 고기 향은 더 진해졌다.
맛 타르 느낌, 라타키아 담배/파이프 담배 연기와 오일의 풍미. 아주 걸쭉하지만 진짜 과일 로젠지 사탕 같은 단맛이 중심을 잡고 있다. 물을 희석하면 스모키함이 더 명확히 드러나고 살짝 신맛이 나타난다.
피니시 상쾌한 신맛이 돌면서 스모키하다.
총평 육중하고 스모키하지만 밸런스가 잘 잡혀 있다.

플레이버 캠프 스모키함과 피트 풍미
차기 시음 후보감 발콘즈 브림스톤

Lagavulin

라가불린

포트 엘렌 | www.discovering-distilleries.com/lagavulin | 연중 오픈, 개방일 및 자세한 사항은 웹사이트 참조

킬달턴 연안은 바위투성이의 작은 만으로, 움푹 들어간 지형을 이루고 있다. 바위들이 지면에 촘촘한 간격으로 박혀 있어 은신처로나 은둔 생활에 딱 좋다. 여기에서는 다른 지점의 증류 발상지들도 잘 보인다. 맞은편으로는 킨타이어가, 수평선 너머로는 앤트림의 푸른 언덕들이 보인다. 특히 라가불린 만은 1300년에 앤드 오캐타인의 결혼식 참석차 찾아온 일행(150쪽 참조)의 최종 목적지였던 더니베그 성의 잔해들을 보호하고 있는 곳이다.

아드벡이 만 지대 여기저기로 넓게 뻗어나간 구조라면 라가불린은 서로 몰려 있는 건물들이 위쪽으로 뻗어 있는 형상이다. 새하얗게 도색된 벽들이 폐허가 된 성의 시커먼 잔해들을 내려다보면서, 현재가 과거를 압도하고 있기도 하다. 그 성에 살던 영주의 시대는 저물고 이제는 위스키의 시대라고 말하는 것처럼.

1816년과 1817년에 2곳의 합법적 증류소가 라가불린 농장에 설립된 때도 지금 못지않게 웅장한 모습이었을 것이다. 라가불린만은 엄하게 단속하기 이전까지 최대 10곳에 달하는 소규모 불법 업소가 운영되며 중심지 역할을 했다. 이후 1835년 무렵엔 증류소가 딱 1곳만 남게 되었고 바로 이곳이 19세기 말 아일레이의 최대 증류소로 성장했다.

언덕의 호수에서 콸콸 흘러 내려온 물이 물길을 따라 흘러드는 당화장에 들어서면, 빅토리아조 말기의 사무실이 그대로 남아 있는 듯한 느낌이 들지만 사실 이곳은 원래의 몰트 창고를 공감력 있게 복원한 곳이다. 숨을 들이쉬면 이곳에서도 역시 훈연 향이 밀려온다.

훈연 향을 따라가 보면 탄산가스로 가득 차 피부가 따끔따끔한 당화장으로 들어서서 매시툰에서 올라오는 뜨거운 위타빅스 시리얼의 냄새를 지나친 후 지붕 덮인 짧은 통로에 이르게 된다. 이 통로에서는 도중에 그 향이 달라진다. 여전히 스모키하지만 이제는 아주 강렬한 달콤함이 섞여 있다. 낯설고 이국적인 느낌의 알싸한 달콤함이다. 뉴메이크를 손에 좀 부어 놓고 숨을 들이쉬면 아드백과의 차이가 느껴진다. 아드벡이 그을음의 느낌을 준다면, 라가불린은 해변에서의 모닥불이 더 연상되는 한편 강렬한 달콤함이 중심을 잡아주고 있다. 따라서

포트 엘렌 몰트위스키: 사라졌으나 잊혀지지 않은

디아지오는 라가불린 외에, 쿨일라와 포트 엘렌 몰트 제조소의 소유주이기도 하다. 포트 엘렌 몰트 제조소는 아일레이섬의 몇몇 증류소에 피트 처리한 몰트를 대주고 있다. 디아지오는 1983년까지 라가불린과 쿨일라 말고도 또 하나의 증류소를 가지고 있었는데, 그 건물 뼈대가 현재 이 몰트 제조소와 아주 가까운 곳에 남아 있다. 1830년에 세워진 이 포트 엘렌 증류소는 19세기에 싱글몰트위스키를 수출했으나 1970년대 초의 쿨일라 확장과 그 70년대 말의 불황이 한데 겹치면서 운명이 결정되고 말았다. 현재는 소수의 광팬이 그 특유의 거친 스타일과 부두 끄트머리 특유의 향을 우러러 마지않게 되면서 희귀한 컬트 몰트위스키로 대접받고 있다.

라가불린만은 원래 이 섬의 영주가 점유하고 있던 여러 성 중 한 곳의 터였다.

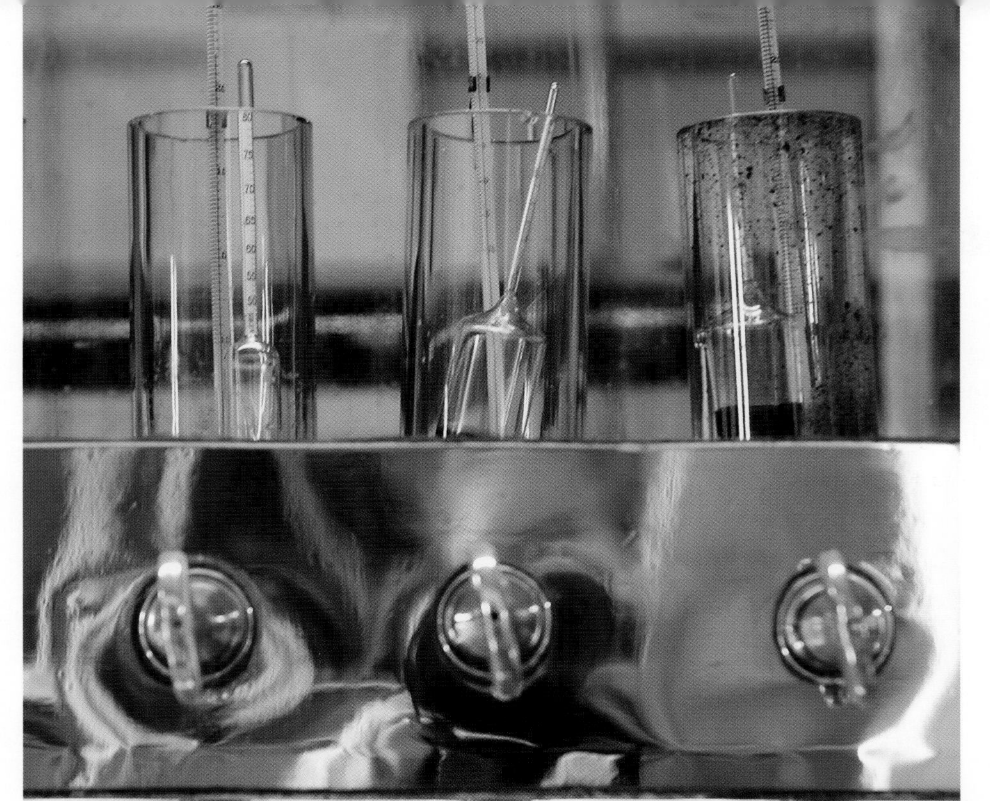

이쯤에서 아드벡과의 차이를 만드는 근원이 증류기라는 확신이 든다. 이곳의 위시 스틸은 크기가 아주 대형이지만 라인 암이 아래로 크게 확 꺾인 각도로 응축기와 이어져 있다.(디아지오 소유의 구형 '클래식 식스' 가운데 유일하게 웜텁이 없는 모델이다.)

아주 느린 속도의 2차 증류는 라가불린의 복합미를 탄생시키는 비법 중 하나다.

그러면 본질적으로 묵직하지 않냐고? 스피릿 스틸은 상당히 작은 편이고, 두툼하고 단순한 형태의 맨 아래 부분은 코끼리의 발을 양식화시킨 모양 같다. 이런 증류기를 가열 온도를 낮추어 가동해 환류, 정제, 불순물 제거를 최대화시키면서, 훈연 풍미는 지키지만 유황은 제거시킨다. 결국 묵직함이 정밀히 절개되며 달콤함이 서서히 드러나서, 밸런스가 잘 잡힌 위스키로 숙성이 되면 이 달콤함이 스모키한 스피릿의 중심을 잡아준다.

싱글몰트위스키의 경우엔 소농(小農)이자 숙성고 관리인이자 위트가 넘치는 이언 맥아더(Iain MacArthur)의 감독하에 리필 캐스크에서 숙성을 거치게 된다. 이곳에 가면 그가 여러 캐스크에서 샘플을 뽑아주며, 젊은 시절의 불같은 성질이 오크 통 안에서 서서히 누그러지며 새로운 복합미를 띠어가는 과정을 보여준다. 라가불린의 묘미는 여러 층을 이루는 이런 복합적 풍미를 한 꺼풀씩 벗겨내는 데 있다. 음미하다 보면 어느새 당신은 부두로 끌어당겨진 후 앤과 같이 배를 타고 온 그 일행을 떠올리며 성으로 시선을 던졌다가 그 증류의 발상지 안을 응시하게 된다.

라가불린 시음 노트

뉴메이크

향 그을은 연기와 모닥불 내음 같은 향. 뿌연 안개가 연상되는 농후한 향. 가마, 용담, 생선 상자, 해초, 유황 향.
맛 풀바디에 복합적 풍미를 띠면서, 경쾌한 느낌. 꽃과 흡사하지만 흙/해변의 연기 내음으로 억제된 느낌이다.
피니시 긴 여운 속의 피트 풍미.

8년, 리필 우드 캐스크 샘플

향 복합적이다. 말리는 중인 게 바구니, 해초 향. 젖은 피트 퇴적층 내음, 미숙성 특유의 고무 같은 향, 파이프에서 나오는 연기 향. 가마 향취. 달콤하면서 스모키한 향. 묵직하면서 경쾌한 느낌.
맛 그을음, 꺼진 불 특유의 느낌. 잘 익은 과일, 헤더와 월귤나무 열매, 해초 맛. 생동감과 깊이가 있다.
피니시 풍미가 폭발하듯 뿜어나온다. 피트, 향신료, 귀리 비스킷, 조개 풍미.
총평 이제 나갈 준비가 갖추어졌다.

12년 57.9%

향 밀짚색. 강렬한 훈연 향. 석탄산 비누, 가벼운 훈제 해덕 향기가 나지만 달콤함이 함께 어우러져 있다. 늪도금양, 와사비가 얹어진 생 청어살, 신선한 해변 공기 내음과 가벼운 그을림내.
맛 드라이한 느낌과 함께 첫맛으로 강렬한 훈연 풍미가 다가오며, 오트밀로 덮어 둘둘 만 훈제 치즈가 연상된다. 조밀한 구조이지만 경쾌하다. 아주 향긋하다. 단호하면서도 열려 있는 인상이다. 물을 섞으면 달콤함과 더불어 젊은 기운이 드러난다.
피니시 견고하면서 스모키한 드라이함.
총평 강렬하고 복합적인 스모키함과 달콤함.

플레이버 캠프 **스모키함과 피트 풍미**
차기 시음 후보감 아드벡 10년

16년 43%

향 힘 있고 강건하면서 복합적이다. 진중한 느낌의 스모키함, 파이프 담배, 가마, 해변의 모닥불, 훈제소 향기에 잘 익은 과일 향이 어우러져 있다. 크레오소트, 랩생 수총의 향기가 희미하게 감돈다.
맛 약간 오일리하며 저항적 느낌의 스모키함이 있다. 처음엔 늪도금양 맛과 함께 약 같은 느낌의 과일 풍미가 다가오지만 뒤로 가면서 차츰 훈연 풍미가 더해간다. 우아하다.
피니시 여운이 길고 복합적이다. 해초와 훈연 풍미.
총평 풍미가 빠르게 열린다. 처음부터 풍미가 뿜어져 나오며 해안가 피트 특유의 느낌으로 농축된다.

플레이버 캠프 **스모키함과 피트 풍미**
차기 시음 후보감 롱로우 14년, 아드벡 아리 남 비스트 1990

21년 52%

향 안장, 다크초콜릿, 보이차, 불을 끈 가마, 제라늄, 바이올렛의 향이 섞여 아주 힘 있고 복합적인 인상이다.
맛 사냥 짐승의 고기 같은 풍미와 당밀 같은 달콤함. 훈연 풍미가 충분히 융화되어 불씨 남은 장작의 느낌이 돌고, 오크 풍미가 구조감을 더해줄 뿐 압도적이지는 않다. 육중함과 농후함을 띠는 복합적 풍미가 층을 이루고 있다.
피니시 길게 이어지는 여운 속에서 과일과 훈연의 풍미가 느껴진다.
총평 퍼스트 필 셰리 버트에서 숙성을 거친 특색이 돋보인다.

플레이버 캠프 **스모키함과 피트 풍미**
차기 시음 후보감 요이치 18년

디스틸러스 에디션 43%

향 적갈색. 16년 제품보다 나무의 특색이 진해졌고 살짝 와인 특유의 향이 난다. 검은색 과일 풍미가 이제는 말린 과일의 특색을 띠고 전반적으로 딱 떨어지는 명확성이 덜한 편이다. 모순적이다 싶을 만큼 복합적이던 풍미가 모두 깔끔하게 정리된 느낌이다. 신중한 성질을 가진 편이라, 시간이 좀 지나고 물을 희석해야 향이 열린다.
맛 훈연 풍미가 훨씬 더 달콤해지는 피니시를 피해 앞쪽으로 옮겨온 듯한 느낌이다. 풍부한 스피릿, 말린 과일, 희미한 시나몬 토스트 풍미가 기분 좋게 어우러져 있다.
피니시 걸쭉하면서 훈연 풍미가 아주 살짝만 느껴진다. 감칠맛이 있고 달콤하다.
총평 라가불린에 달콤함이 더해진 특색을 띤다.

플레이버 캠프 **스모키함과 피트 풍미**
차기 시음 후보감 탈리스커 10년

Laphroaig

라프로익

포트 엘렌 | www.laphroaig.com | 연중 오픈 3~12월 월~일요일, 1~2월 월~금요일

킬달턴 트리오의 마지막 멤버는 라가불린에서 불과 3.2km 거리에 있다. 이곳 라프로익 역시 스모키 스타일이지만 그 스모키함의 특색에서 이웃 증류소들과 차별성을 보인다. 묵직하며 뿌리 특유의 풍미를 띠고, 무더운 날 갓 타르 포장된 해변 도로를 걸어가는 느낌을 일으킨다. 한때 이웃이었던 라가불린의 소유주 피터 맥키 경은 이런 특색을 선망하던 나머지 1907년에 라프로익의 대리 경영권을 잃자, 라가불린에 라프로익의 복제판 증류소 몰트 밀(Malt Mill)을 세워 똑같은 물과 똑같은 증류기를 쓰고 심지어 똑같은 증류 기술자까지 데려왔다. 그렇게 해서 만든 위스키는 라프로익과는 달랐다. 다음은 라프로익의 증류소 책임자 존 캠벨(John Campbell)의 말이다. "과학자들도 그 이유를 밝혀보려 했지만 실패했어요. 개성은 위치와 관련된 문제예요. 스코틀랜드에 하나의 초대형 증류소가 운영되고 있기보다 전역 곳곳에 여러 증류소가 자리해 있는 이유도 거기에 있는지 몰라요. 개성이 생겨나는 근원은 고도일 수도 있고, 바다와의 인접성이나 습도가 될 수도 있어요."

개성은 창의적 공정에서도 발현된다. 라프로익은 지금도 여전히 자체적 플로어 몰팅을 하며 필요한 양의 최대 20%를 직접 조달하고 있다. 캠벨에게 몰팅은 관광객들을 위한 눈요깃거리도 아니고 고정 비용이 절약되는 것도 아닌, 차별화된 개성을 내기 위한 공정이다. "저희의 스모키 풍미는 포트 엘렌 몰트위스키와는 달라요. 저희는 가마의 가동 방식이 달라, 피트 처리 후에 낮은 온도에서 건조시킵니다. 그래서 크레솔(주된 페놀 성분)의 함유도가 더 높아져 스피릿에서 타르 같은 느낌이 생겨납니다. 플로어 몰팅이 없다면 그런 특색은 나오지 않을 거예요."

당연한 얘기겠지만 이곳의 증류장은 다른 곳과 다르다. 우선 증류기의 수는 모두 7대이고, 스피릿 스틸의 경우엔 크기가 2가지여서 1대가 다른 3대의 2배의 크기다. "저희는 사실상 두 종류의 다른 스피릿을 만들고 나서 오크 통 숙성 전에 혼합시킵니다." 캠벨의 말이다.

아드벡과 라가불린 모두 더 달콤한 에스테르 향을 얻기 위해 환류에 심혈을 기울인다. 라프로익은 그 반대다. 이 증류소에서 캠벨이 붙잡아내고 싶어 하는 것은 묵직한 무게감이다. 그에 따라 위스키 업계에서 가장 긴 초류 컷(45분)을 가지고 있어, 증류 초반에 나오는 그 달콤한 에스테르가 수집되기보다는 재순환된다.(14~15쪽 참조.) "저희는 알코올 도수 60%에서 컷합니다. 더 낮은 도수로 컷하는 증류소들도 있긴 하지만 저희의 경우엔 에스테르 향을 덜 얻기 때문에 그만큼 스모키 풍미의 비중이 더 커서 스피릿이 더 묵직하게 느껴지죠."

라프로익의 달콤함은 거의 미국산 오크만 사용하다시피 하는 숙성을 통해 얻어지는 것이다. 오크 통은 전부 메이커스 마크에서 들여오는데 캠벨은 그것이 "일관성의 유지를 위한 것"이라고 말한다. 바로 이 오크 통에서 우려지는 바닐라의 특색이 뉴메이크의 신랄하도록 거친 면을 매끄럽게 다듬어주는 동시에 숙성 스피릿이 미묘한 달콤함을 띠도록 분발시켜주는 요소다. 이런 숙성의 좋은 귀감이 쿼터 캐스크(Quarter Cask)로, 어린 라프로익을 미국산 오크로 만든 작은 크기의 새 '쿼터' 캐스크에서 단기간 추가 숙성시키는 제품이다. 이 숙성 단계에서 바닐라와 스모키 풍미가 최고조에 이른다.

하지만 캠벨에게는 라프로익이 단순한 기술을 넘어서서 사람들을 의미한다. "저는 저희 라프로익이 그동안 여기에서 일해온 사람들이 만들어낸 결과물이라는

킬달턴의 힘센 몰트위스키 3총사의 3번째 주자, 라프로익은 해초로 뒤덮인 물가에 자리 잡고 있고 지금은 썰물이 밀려들고 있는 순간이다.

라프로익의 시그니처 풍미의 근원 중 하나로 간주되는 자체적 플로어 몰팅.

말을 자주 해요. 여러 사람이 라프로익의 스타일과 위스키 제조 태도에 영향을 미쳐왔고 그중 누구보다도 이언 헌터(Ian Hunter, 1924~1954년의 소유주)의 영향이 가장 지대했어요. 그는 현재의 제조법을 창안한 장본인이에요. 금주법이 종식되고 1940년이 되었을 때 그가 버번 캐스크를 조달해 위스키를 증류소 내에서 직접 숙성시키기 시작했죠."

결국 또 한 번 위치의 중요성이 부각된다. "전통적 숙성고에서 보관하면 위스키에 바디가 더 묵직해지는데 랙 방식보다는 축축한 더니지 방식에서 산화 작용이 더 많이 일어나기 때문이 아닐까 추론됩니다. 저희 증류소 내에 두 방식의 숙성고가 모두 있어서 제가 잘 아는데 정말 서로 차이가 있어요." 피터 맥키 경이 그의 이런 얘길 듣지 못하는 게 아쉽다.

라프로익 시음 노트

뉴메이크

향 묵직함과 타르 느낌의 스모키함. 이웃 증류소들보다 더 오일리하다. 약을 연상시키는 요오드 향이 가볍게 돌면서 상큼한 몰트 향과 용담 뿌리 향이 함께 느껴진다. 복합적이다.
맛 불씨가 남은 뜨거운 장작의 느낌에 이어 스모키함이 진하게 퍼진다. 어두운듯 하면서 깔끔하기도 한 인상이 있다. 여름날의 뜨겁게 달궈진 해변 도로가 연상된다.
피니시 드라이한 맛에 깔끔하고 스모키하면서 상큼하다.

10년 40%

향 짙은 황금색. 훈연 향이 오크의 달달한 향으로 절제되는 동시에 잘 조정되고 있다. 동유, 소나무 목재 향. 해변, 노루발풀 향. 견과류 향이 뒤에 깔려 있고 물을 희석하면 요오드 향취가 풍긴다.
맛 부드러운 감촉과 함께 바닐라 특색이 두드러지다 훈연 풍미가 서서히 다가오지만 오크 풍미와의 밸런스가 좋다. 뒤로 가면서 타르 느낌이 나타난다.
피니시 후추처럼 톡 쏘는 훈연 풍미가 가볍게 느껴지면서 여운이 길게 이어진다.
총평 드라이함과(스모키함)과 달콤함(오크 풍미) 사이의 밸런스가 일품이다.

플레이버 캠프 스모키함과 피트 풍미
차기 시음 후보감 아드벡 10년

18년 48%

향 짙은 황금색. 절제미가 있고 온화하다. 오크와 더 많은 시간을 보내면서 훈연 향이 이제는 이끼 느낌을 띠고 더 스파이시해진 동시에 크림같이 부드러운 오크 향이 어우러져 있다. 가벼운 요오드 향과 뉴메이크의 그 뿌리 특유의 향이 난다.
맛 첫맛으로 견과류 맛이 다가온다. 호두와, 위스키에 재운 건포도 맛. 살짝 부끄럼 타는 듯한 스모키 풍미 위로 시트러스 향이 희미하게 퍼진다.
피니시 가염 훈제 캐슈너트 풍미.
총평 더 부드럽게 누그러진 스타일의 귀감이다.

플레이버 캠프 스모키함과 피트 풍미
차기 시음 후보감 쿨일라 18년

25년 51%

향 훈연 향이 다시 돌아왔다. 간장, 생선 상자, 건조된 타르 향취에, 묵직한 담배 향과 랍스터 바구니 태우는 내음.
맛 향에서 강한 충격을 느낀 후라 맛은 거의 온화하게 느껴진다. 숙성을 거치며 농축미를 갖추었다. 증류소의 개성이 충분히 융화되어 그에 따라 복합미를 띠며 일관성이 생겨났고 오크를 통해 이국적인 풍미가 새롭게 더해졌다.
피니시 여운에서도 여전히 타르 향이 느껴진다.
총평 스모키함이 사라지는 게 아니라 오히려 더 농축되어 전반적 풍미 사이로 흡수되었다.

플레이버 캠프 스모키함과 피트 풍미
차기 시음 후보감 아드벡 로드 오브 더 아일 25년

East Coast

동부 연안

아일레이의 동부 연안은 아일레이 해협의 빠르게 흐르는 물결 너머로 주라의 융기해안(隆起海岸), 북쪽의 콜론세이섬과 멀섬 연안이 멋진 경치를 선사해 준다. 어떤 면에서는 이 연안의 증류소 2곳이 아일레이섬의 최대 생산자라는 점에서, 이런 외진 위치가 뜻밖이다. 그 큰 규모에도 아일레이의 증류소 가운데 가장 잘 알려지지 않은 곳 같다는 점 역시 의외다.

물결 너머로 보이는 주라의 융기해안. 아일레이의 동부 연안 증류소들은 환상적인 전망을 자랑한다.

Bunnahabhain

부나하벤

포트 아스카익(Port Askaig) | www.bunnahabhain.com | 연중 오픈, 4~9월에는 예약자에 한해 견학도 가능

아일레이 북동쪽 연안에서 사람들이 떠나버려 황폐해진 19세기 말, 아일레이 디스틸러리 컴퍼니(IDC, Islay Distillery Company)는 그저 신생 증류소만이 아니었다. 현재 부나하벤으로 알려진 마을 전체의 형성에도 공을 들이기 시작했고 그 결과로 도로, 부두, 주택, 마을회관 등등이 들어서게 되었다. 뿐만 아니라 규모가 큰 증류소인 부나하벤은 1880년대에 스카치위스키를 둘러싸고 있던 낙관주의와 신생 증류 업체들의 온정주의적 태도를 잘 보여주는 사례이기도 하다.

"섬의 이 지역은 휑하고 사람도 살지 않았던 곳이지만 증류 업체가 들어오면서부터 생명력 있고 문명화된 이주지로 탈바꿈했다." 1886년에 방문했던 알프레드 버나드가 남긴 글을 보면 확실히 아일레이 디스틸러리 컴퍼니의 노력은 이 위스키계 최초의 기록가에게도 인정받았던 듯하다.

부나하벤은 블렌디드 위스키용 원액을 공급하기 위해 설립되었고, 설립 6년 후엔 더 글렌로시스와 합병해 하이랜드 디스틸러리스(Highland Distilleries)가 되었다. 확신컨대 1900년대 초와 1930년대에 닥친 침체기 때 이 합병 덕분에 외진 섬에 위치한 데다 생산량도 대량이던 이 증류소가 무사히 버텨냈을 것이다.

부나하벤은 1980년대 말부터 싱글몰트위스키를 출시했으나 지지받지는 못했다. 이곳의 대형 증류기에서는 깔끔하고 살짝 생강의 특색을 띠는 뉴메이크를 생산해, 1990년대부터 피트에 열광해 아일레이로 대거 관심을 쏟던 광팬들 사이에서 외면당했다. 2003년에 이곳을 인수하며 새로운 주인이 된 번 스튜어트는 이런 상황에 대처하기 위한 행동에 나섰고, 그 결과 현재는 매년 피트 처리를 강하게 한 몰트를 쓰고 있다. 이전 소유주는 그런 스타일이 생산된 적이 없다고 부정했으나 이런 주장에 대해 번 스튜어트의 마스터 블렌더 이언 맥밀런은 이렇게 말한다. "부나하벤은 1960년대 초까지 피트 향이 있었는데 자기들이 블렌디드 위스키용의 스모키한 위스키가 필요 없으니까 바꾼 겁니다. 저는 1880년대의 스타일을 재현해 부나하벤에도 사람들이 '아일레이' 위스키로 생각할 만한 그런 잠재력이 있다는 걸 보여주고 싶어요." 그렇다고 해서 아일레이에 피트 처리를 하지 않은 온화한 스타일이 없다는 얘기는 아니다. "아일레이에서는 숙성 사이클이 달라요. 해안의 영향이 있어서 그럴 겁니다. 똑같은 위스키도 비숍브릭스에서 숙성되는 것과 아일레이에서 숙성되는 것은 서로 달라요."

건너편으로 구름에 덮인 주라산의 능선을 보고 있으면 부나하벤이 아일레이에서 가장 외진 증류소라는 사실이 어렵지 않게 수긍된다.

부나하벤 시음 노트

뉴메이크

향 달콤하고 묵직하면서 살짝 오일리한 감이 있고 약한 이스트 향과 미미한 유황 향이 돈다. 토마토 소스 비슷한 향이 느껴지고 물을 희석하면 진한 몰트 향기가 피어난다.
맛 바이올렛 계열의 뿌리가 연상되는 풍미가 있고 중간 맛에서 단맛이 나다 아주 드라이해진다.
피니시 생강처럼 얼얼한 향신료 풍미.

12년 46.3%

향 셰리 향이 물씬해 헤레스가 연상된다. 검은색 과일류의 향과 약간의 니스 향에 어렴풋 느껴지는 훈연 향. 과일 케이크 믹스와 견과류 향.
맛 설탕 입힌 생강 초콜릿과 토피 맛이 풍부하고 달콤하게 다가온다. 향긋하게 퍼지는 리큐어 초콜릿 맛.
피니시 아주 스파이시하다.
총평 나이를 착각할 만큼의 농후함이 배어 있다.

플레이버 캠프 풍부함과 무난함
차기 시음 후보감 맥캘란 앰버

18년 46.3%

향 세심히 조정된 듯한 느낌과 셰리 같은 깊이감. 마지팬, 당의(糖衣), 편강, 말린 커런트의 향. 어렴풋한 흙내음.
맛 당밀 토피, 이끼, 광 낸 목재, 차가운 아쌈 차의 맛. 산화 특유의 느낌이 두드러지고 살짝 떫은 맛이 난다.
피니시 연한 비스킷 풍미가 돌며 여운이 길게 지속된다.
총평 12년 제품보다 더 힘있고 달콤하다.

플레이버 캠프 풍부함과 무난함
차기 시음 후보감 야마자키 18년

25년 46.3%

향 토피와 셰리 특유의 향이 아주 달달하다. 커런트와 어두운 색 과일류의 향. 복합미와 관능미에 더불어 깊이감이 뭔지를 제대로 보여준다.
맛 층을 이루며 다가오는 단맛에 이어 진한 건포도 맛이 느껴진다. 느낌이 오래 지속된다.
피니시 밸런스 잡힌 긴 여운.
총평 과거에 비해 무게와 바디가 더 묵직해졌다.

플레이버 캠프 풍부함과 무난함
차기 시음 후보감 몰트락 25년

토흐아흐 46%

향 단 향이 아주 약하고 훈연 향이 아주 절제되어 있다. 견고한 느낌에, 토스트 내음, 어린 세미용 와인 같은 바닐라 향이 풍기면서 그 뒤로 헤더의 스모키함이 깔려 있다.
맛 밸런스가 좋다. 중심을 잡아주는 단맛이 충분히 발현된 후 차츰 스모키 풍미가 감돈다. 베리류와 가벼운 곡물의 느낌도 있다.
피니시 귀리 비스킷 풍미.
총평 부나하벤에서 진행 중인 피트 풍미 연구의 진전도를 보여주는 일면으로서, 숙성고에서 숙성 중인 위스키에 이제는 차츰 달콤함이 더해져 밸런스가 잡히고 있음을 느끼게 해준다.

플레이버 캠프 스모키함과 피트 풍미
차기 시음 후보감 쿨일라 12년

Caol Ila

쿨일라

포트 아스카익 | www.discovering-distilleries.com/caolila | 연중 오픈, 개방일 및 자세한 사항은 웹사이트 참조

쿨일라는 아일레이의 페리호 부두인 포트 아스카익에서 아주 가까운 거리에 있지만 배를 타고 가보기 전까지는 그곳에 있는 줄도 모를 만큼 잘 눈에 띄지 않는다. 헥터 헨더슨(Hector Henderson)은 2번의 증류 사업으로 실패의 쓴맛을 본 후, 스코틀랜드에서 해수면의 조류가 가장 빠른 지점 옆의 벼랑이 있는 만에서 위스키 제조의 잠재성을 알아보고 1846년에 이 증류소를 세웠다.

아일레이는 지금과 마찬가지로 당시에도 싱글몰트위스키로 인기를 끌었던 데다 19세기가 무르익을수록 위상이 높아질 것으로 전망되었고, 블렌더들은 블렌디드 위스키에 약한 스모키 풍미가 들어가면 복합성과 약간의 신비감이 더해진다는 점에 눈을 떴다. 쿨일라는 생산 용량으로 따지면 아일레이에서 가장 규모가 큰 증류소지만 여러 면에서 가장 인지도가 낮다. 거친 성격의 사람들이 서로 더 주목을 끌기 위해 끊임없이 경쟁하는 섬에서 말없이 조용히 있는 사람에 비유할 만하다. 증류소 책임자 빌리 스티첼(Billy Stitchell)로 말하자면 이렇게 조용히 평정을 지키는 사람의 완벽한 전형이다.

블렌딩에서 쿨일라가 차지하는 중요성이 높다 보니 1974년에는 옛 증류소를 헐고 지금의 더 큰 신설 증류소가 지어졌다. 파노라마 창을 내는, 스코티시 몰트 디스틸러스(Scottish Malt Distillers, SMD)의 증류장 설계 방식은 여기에서 최고의 효과를 발휘하고 있다. 쿨일라는 스코틀랜드에서 그 어떤 증류장보다 멋진 전경을 자랑한다. 아일레이 해협에서부터 팹스 오브 주라까지의 맞은편 정경이 이곳의 거대한 증류기를 액자처럼 두르고 눈앞에 쫙 펼쳐진다.

쿨일라의 몰트위스키는 살금살금 다가오는 특색을 띤다. 훈연 향이 있지만 절제되어 있다. 킬달턴 연안의 크레오소트와 해초 느낌 대신 훈제 베이컨, 조개, 풀의 경쾌한 느낌이 특색이다. '피트 풍미'가 덜하지만 라가불린에 공급되는 것과 똑같은 몰트 보리를 쓴다. 하지만 쿨일라에서는 하나부터 열까지 모든 방식이 다르게 흘러간다. 당화와 발효 방식도 다르고, 무엇보다도 특히 증류기 크기와 컷

어쩌다 보니 좁은 해안 골짜기 틈에 끼어 있게 된 대규모의 쿨일라 증류소.

포인트에서 차이가 난다. 몰트(즉, 피트 풍미)에 대한 페놀의 ppm 농도를 알면 퀴즈 보드게임 트리비얼 퍼슈트(Trivial Pursuit)에서 이길 수 있을진 몰라도 쿨일라에서는 피트 풍미가 위스키 제조 과정에서 사라지니 아무 의미가 없다.

심지어 쿨일라에서는 페놀 농도가 0ppm으로 나올 수도 있다. 1980년대 이후 1년 중의 일부 시기 동안엔 피트 처리 없이, 증류 방식까지 달리해서 증류를 해왔기 때문이다. 이따금 출시하는 몰트위스키에서는 상쾌한 풋멜론의 특색을 보인다. 조용히 지내면서도 언제나 놀라움을 안겨주는 곳이 바로 쿨일라다.

쿨일라 시음 노트

뉴메이크

향 향긋하고 스모키하다. 쥬니퍼(향나무)와 젖은 풀의 향. 대구 간유와 젖은 가마의 향. 가벼운 몰트 향에 해변의 상쾌한 느낌이 어우러져 있다.
맛 드라이한 스모키함이 다가왔다가 오일과 소나무의 풍미가 폭발한다. 열얼하다.
피니시 풀내음과 스모키함으로 마무리된다.

8년, 리필 우드 캐스크 샘플

향 풀의 느낌이 여전히 살아 있다. 오일리한 특징은 이제 베이컨 지방의 느낌을 띠고, 쥬니퍼의 향은 여전히 그대로다. 기름지고 스모키하면서 달콤함과 오일리함과 드라이함이 한데 섞여 있다.
맛 오일리하고 씹히는 듯한 질감이 있다. 뉴메이크보다 짭짤해졌다. 배, 신선하고 상쾌한 해변 공기의 느낌. 짠내 나는 피부와 생과일이 연상되는 풍미.
피니시 강렬한 스모키함.
총평 모든 풍미가 드러나면서 스모키함이 그 전면으로 나선다.

12년 43%

향 신선한 해변 공기, 훈제 햄, 희미한 해초의 향이 밸런스 있게 어우러져 있다. 아주 깔끔하고 살짝 훈연 향이 돌면서 뒤이어 약간의 달콤함이 이어진다. 안젤리카와 해변의 상쾌함이 느껴진다.
맛 오일리함과 혀를 덮는 질감. 배와 쥬니퍼 맛. 뒤로 가면서 드라이해지지만, 스모키함이 계속 이어지며 향긋함과 드라이한 맛이 더해지고 밸런스도 더 좋아진다.
피니시 온화한 스모키함.
총평 이 제품에서도 역시 밸런스가 일품이다.

플레이버 캠프 스모키함과 피트 풍미
차기 시음 후보감 글랜 아 모, 코르노그, 하이랜드 파크 12년, 스프링뱅크 10년

18년 43%

향 강렬하다. 소금물/해변, 훈제 생선 구이, 블루벨(초롱꽃), 훈제 햄의 향기. 목재 향.
맛 부드러우면서 아주 풍부하고 질감이 덜 오일리하기도 하다. 오크 풍미가 과일 풍미와 조화를 이루면서 스모키함이 조금 물러났다.
피시니 스모키함과 허브의 느낌이 가볍게 남는다.
총평 더 기운 왕성한 캐스크가 피트 풍미를 차분히 가라앉혀 주었다.

플레이버 캠프 스모키함과 피트 풍미
차기 시음 후보감 라프로익 18년

Centre, West

중부 및 서부

아일레이의 마지막 증류소 밀집지인 이곳에는 3곳의 증류소가 있다. 2곳은 인달 호의 연안에 자리해 있고 나머지 1곳은 스코틀랜드의 최남단 지대이자 가장 신생 부지에 터를 잡고 있다. 린스에 온 것을 환영한다. 이곳은 원형 교회, 스코틀랜드에서 가장 오래된 암석, 끊임없는 혁신, 스코틀랜드 최초의 증류 기술자들의 정착지였을지도 모를 장소 등을 품고 있다.

인달 호에 노을이 내려앉을 때의 평온한 정경.

Bowmore

보모어

보모어 | www.bowmore.com | 연중 오픈, 개방일 및 자세한 사항은 웹사이트 참조

보모어의 증류소 벽들은 흰색으로 칠해진 이 말끔한 마을을 바다로부터 방어해 주는 역할을 한다. 이 마을의 기원은 겨우 1768년으로 거슬러 간다. 당시는 장차 스코틀랜드의 풍경을 크게 바꾸어 놓을, 농업기술의 개선 시대가 점차 무르익던 때였다. 1726년, 쇼필드의 '그레이트' 다니엘 캠벨('Great' Daniel Campbell)은 몰트세로 불거진 글래스고의 폭동 중에 전소된 집에 대해 받은 보상금 9,000파운드를 밑천 삼아 아일레이를 매입했다. 그 뒤엔 할아버지의 농업기술 개선을 계속 이어가던 손자, 다니엘 더 영거(Daniel the Younger)가 보모어를 세웠다. 이 섬은 하나의 사업체처럼 운영되었다. 섬의 아마로 리넨을 짰고, 어선단이 꾸려졌으며, 규모를 넓혀 새롭게 일군 농장에 두줄보리(two-row barley)가 도입되었다. 수확에 더 유리하고 몰트로 만들기도 용이한 이 두줄보리를 통해 보다 상업적 규모로 증류 사업을 벌일 기회도 생겼다.

그에 따라 보모어의 증류소는 이 작은 지역사회의 심장부에 터를 잡았다. 바다와의 접근성 때문이든 밀주를 만들기에 이상적인 눈에 잘 띄지 않는 위치 때문이든 외진 곳에 자리를 잡을 법도 했으나 그러지 않았다. 자신의 터에 뿌리를 내리고 증류소의 폐열로 한때 숙성고이던 수영장의 물을 데워주는가 하면 가마에서 나오는 연기로 공기를 향긋하게 물들였다.

파고다 지붕에서 나오는 연기는 보모어가 라프로익처럼 여전히 자체적 플로어 몰팅을 하고 있다는 증거다. 다음은 소유주인 모리슨 보모어 디스틸러스(MBD)의 몰트 책임자 이언 맥칼럼의 말이다. "저희 증류소는 필요한 양의 40%를 자체적으로 충당하고 있어요. 한 사업체로서 저희는 늘 유산과 전통을 염두에 두는 것만이 아니라 사실상 모든 일을 전통적으로 행하고 있어요. 사람들이 저희를 찾는 이유가 거기에 있지요." 기후 탓에 본토로부터의 보리 공급이 지연되더라도 증류소를 돌릴 수 있다는 점에서, 이곳의 플로어 몰팅에는 실용적인 이유도 있다.

보모어 역시 피트 향에서 차별성을 보인다. 아일레이의 몰트위스키 중에서 피트 향이 가장 강한 편에 들지는 않지만, 스모키함이 가장 명시적으로 드러나는 편으로 피트 냄새가 코를 찌를 정도로 진하다. 또한 뉴메이크에서 유향 향을 띠는 본토의 증류소들과 마찬가지로 그 뒤로 뭔가를 감추고 있기도 해서, 피트 향이 나는 뉴메이크에는 숙성을 통해서만 모습을 드러내는 특색이 숨겨져 있다.

보모어의 경우엔 그런 특색이 열대 과일 계열이다. 뉴메이크 안의 이런 특색은 어릴 때는 피트 향에 덮인 채 퍼스트 필 셰리 캐스크에 차분히 머물 수 있지만, 리필 캐스크에서 숙성이 되면 갑자기 화들짝 피어나 작고 으슬으슬 추운 헤브리디스 제도의 한 섬에서 만들어진 위스키에 이국적인 카리브해 특성을 부여해 준다.

다음은 맥칼럼의 말이다. "지금 출시되고 있는 1970년대의 일부 위스키는 전설적인 1960년대 위스키만큼이나 훌륭해요. 저희 증류소는 그렇게 환상적인 위스키를 갖고 있으면서도 그동안 저희의 매력을 사람들에게 알리는 방면으로

보모어의 숙성고는 폭풍이 이는 인달 호의 세찬 물결을 몸으로 맞고 또 맞으며 이 도시의 수방(水防) 역할을 해주고 있다.

보모어는 원료로 쓰는 보리의 상당 비중을 여전히 직접 몰팅하고 있다. 하지만 개중에 피트 연기에 건조되지 않은 보리가 싹을 틔우기도 한다.

서툴렀어요. 예전엔 블렌디드 위스키에 주력해 벌크로 판매했지만 이제는 싱글몰트위스키를 다루는 덕분에 포트폴리오에 집중하고 군살을 빼내 멋진 제품을 내놓을 수 있게 되었어요." 위스키 업체의 운명이 바뀌려면 시간이 필요하지만, MBD의 개선된 오크 통 방침은 이제 인달 호를 등지고 있는 숙성고의 오크 통이 과일 풍미를 내주면서 그 결실을 맺고 있다.

"사실상 저희의 싱글몰트위스키는 전부 다 보모어에서 숙성되고 있어요. 저희 증류소는 물가 바로 옆에 있고 미기후가 다른 곳과는 달라요. 보모어에는 예외 없이 짭짤한 맛이 있어요. 제가 화학자라서 실제로 소금이 들어 있지 않다는 사실을 아는데도 위스키에서 소금의 특색이 감지됩니다. 그 눅눅하고 낮은 지붕의 숙성고에서 어떤 마법이 일어나는 게 아닐까요."

보모어 시음 노트

뉴메이크

향 달콤한 느낌과 함께 향긋한 피트 훈연 향, 금작화/완두 꼬투리 향. 젖은 풀, 보리, 바닐라의 향기. 물을 희석하면 피혁용 크림, 농축된 풍미의 과일 젤리 향기가 올라온다.
맛 농후하고 눅눅한 느낌의 피트 훈연 풍미가 혀를 덮는 질감. 은근한 견과류 맛. 물을 희석하면 번지는 달큰한 맛. 헤이즐넛.
피니시 향긋한 훈연 풍미.

데블스 캐스크 10년 56.9%

향 대범하다. 프룬, 말린 무화과, 가염 토피, 구두 가죽, 장미 꽃잎 향기와 해안가 특유의 향기로움. 마마이트와 훈연 향.
맛 여전히 달콤하며, 블랙 체리, 파이프 담배, 정향의 맛이 어우러져 있다.
피니시 스모키하면서 깊이감이 있다.
총평 퍼스트 필 셰리 캐스크에서 숙성된 제품으로, 보모어 중 가장 힘 있는 스타일이다.

플레이버 캠프 스모키함과 피트 풍미
차기 시음 후보감 폴 존 피티트 캐스크

12년 40%

향 짙은 황금색. 오크 특유의 토스트 향에, 약간의 대추야자 향이 풍긴다. 더 걸쭉해진 느낌이며, 까맣게 태운 오크의 향이 코를 찌르는 강한 피트 향과 섞여 있다. 망고 맛 츄잉 캔디의 향이 은은히 있다. 농익은 맛에 풍부한 질감. 오렌지의 새콤함.
맛 더 깊어지고 과일 맛도 진해졌다. 달콤한 허브와 토피의 맛에 살짝 짠맛이 감돈다. 훈연 풍미는 뒤로 물러나 있다.
피니시 훈연 풍미와 함께 가벼운 초콜릿 몰트 풍미가 가볍게 돈다.
총평 밸런스가 잘 잡혀 풍미가 안정적 융합을 이루고 있다.

플레이버 캠프 스모키함과 피트 풍미
차기 시음 후보감 쿨일라 12년

15년 다키스트 43%

향 호박색. 진한 셰리 향이 깊이감을 주다가, 점차 초콜릿 입힌 체리, 당밀, 오렌지의 상큼함, 해변의 모닥불 향이 다가온다.
맛 농축된 풍미와 더불어 은은한 라벤더 느낌이 퍼진다. PX 같은 셰리 풍미와, 초콜릿, 커피의 쌉싸름함/짭짤함. 셰리 캐스크 덕분에 뉴메이크의 오일리함이 다시 살아났다.
피니시 걸쭉하면서 길다. 이제야 훈연 풍미가 풀려나오지만 열대 과일 특색은 사라졌다.
총평 풍부하고 힘이 있으면서 훈연 풍미에 밸런스가 잡혀 있다.

플레이버 캠프 스모키함과 피트 풍미
차기 시음 후보감 라프로익 18년

46년, 디스틸드 1964 42.9%

향 구아바, 망고, 파인애플, 자몽의 열대 과일 향이 환각을 일으킬 만큼 강렬하다. 피트 훈연 향의 느낌이 가볍게 돈다.
맛 알코올 강도가 낮은데도 농축된 풍미가 돈다. 부드러운 질감과 함께 도취적 매력을 발산해, 쉬이 잊혀지지 않을 만큼 인상적이다. 잔을 비운 뒤에도 오래오래 그 느낌이 가시지 않는다.
피니시 우아한 느낌으로 드라이해진다.
총평 장기 숙성 보모어의 아주 뛰어난 사례다.

플레이버 캠프 과일 풍미와 스파이시함
차기 시음 후보감 토민톨 33년

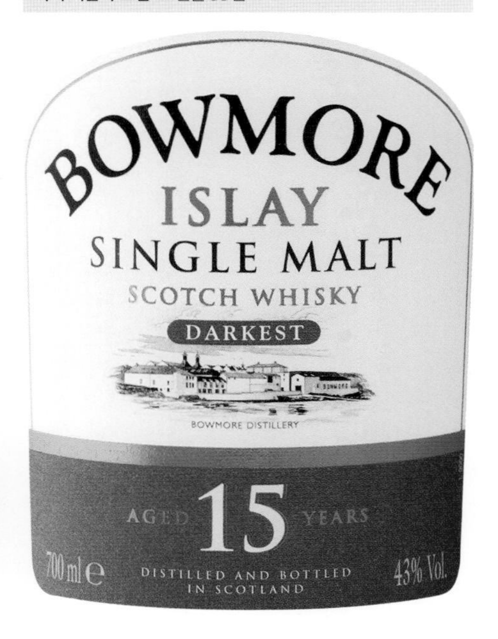

Bruichladdich, Kilchoman

브룩라디, 킬호만

브룩라디 | www. bruichladdich.com | 연중 오픈, 개방일 및 자세한 사항은 웹사이트 참조
킬호만 | 브룩라디 | www.kilchomandistillery.com | 연중 오픈 11~3월 월~금요일, 4~10월 월~토요일

2001년 5월 29일, 7년간 침묵에 잠겨 있던 브룩라디 증류소의 주철 출입문이 다시 열렸고 이후로 많은 발전이 이루어졌다. 그렇게 13년이 흐른 후에도 언뜻 보면 증류소 곳곳은 처음과 달라진 모습이 없는 것 같다. 분쇄기는 1881년에 설치했던 히스 로빈슨식 모델 그대로고, 매시툰도 여전히 오픈탑 방식이고, 워시백도 미송 목재이며, 증류장도 목재 바닥이다. 하지만 몇몇 세세한 부분이 주목을 끌기도 한다. 가령 증류소 내부의 한쪽 구석에 놓인 덩치 큰 로몬드 증류기가 그런 사례로, 바로 이 증류기에서 이 증류소의 보타니스트 진(Botanist Gin)이 만들어진다.

귓가에 들려오는 프랑스식 억양 역시 주목을 끈다. 2012년에 레미 쿠앵트로(Rémy Cointreau) 그룹이 5,800만 파운드라는 거금을 아낌없이 투자해 이 증류소를 인수한 결과다. 이때의 인수가는 불과 10년 사이에 브룩라디 위스키의 평판이 얼마나 높아졌는지를 보여주는 신호였다. 겨우 11년 전 브룩라디의 인수가는 600만 파운드에 불과했다. 브룩라디는 이처럼 레미 쿠앵트로 그룹의 신임을 얻은 결과로 배급 체계가 더 개선되었을 뿐만 아니라 초점이 새롭게 조정되기도 했다. 현재는 재정이 탄탄해져 투자 자금에 여유가 생기기도 했다. 지난 수년 동안에만 해도 이곳의 팀, 그중에서도 특히 엔지니어 덩컨 맥길리브레이(Duncan MacGillivray)가 신통한 노력을 펼치며 증류소를 꾸려왔다면, 이제는 브룩라디의 비전을 실현시킬 수 있는 여력이 갖추어진 셈이다.

브룩라디는 언제나 규모에 비해 원대해 보이는 꿈을 내세우는 곳이다. 직접 병입하기로 한 결정만 해도 생산 비용이 높아진다는 의미였으나 일자리를 창출해내기도 했다. 현재는 9명의 현지 농부들이 위스키 제조용 보리를 재배하고 있다.(그 재배량이 브룩라디에서 필요한 양의 25%에 상당한다.) 이는 19세기 막바지 이후로 유례가 없었던 일이다. 이렇게 만들어진 위스키는 가격이 더 비싸지만 아일레이에서 여태껏 아무도 손대지 않았던 미지의 테루아를 장기적으로 깊이 있게 탐구해 볼 기회이다.

이곳의 베이스 위스키는 여전히 꿀 같고 달콤하며 레몬 향 보리 사탕 같지만 피트의 특색에 변형을 준 포트 샬럿(Port Charlotte)과 옥토모어(Octomore)의 경우엔 십 대에 이르면 어릴 때의 왕성한 기운을 털어내, 조금은 거친 면을 띠는 가운데서도 성숙한 신중함을 드러낸다.

브룩라디는 이제 대부분의 익스프레션이 정리되고 오크 통 사용 방침이 개선되었다. 이제는 사람들이 알아보는 브랜드를 다수 구축할 필요도 없어졌다. 하지만 그렇다고 해서 새 주인에게 퇴직당할 뻔하다 다시 복귀한 짐 맥퀴안(Jim McEwan)이 흥미로운 착안을 내놓기 위해 탐구심을 발휘하지 않고 있다는 얘기는 아니다. '새로운' 증류소 상다수가 그렇듯 브룩라디는 중대한 질문에 직면해왔다. '나는 누구인가? 내가 뭘 할 수 있을까?' 다음이 그 답이다. '나는 많은 것들이다. 나는 아일레이를 반영하는 모든 것을 할 수 있다.'

2013년 가을에 나는 신기한 경험을 했다. 킬호만에서 2007년 제작 위스키를 새롭게 병입한 제품의 샘플을 얻게 되었을 때였다. 나는 깊게 숨을 들이마시며 음미한 후에 무의식적으로 이렇게 썼다. "전형적인 킬호만의 특색이다." 햇수와 숙성은 서로 별개의 문제지만 증류소에서 숙성의 모습을 완전히 자리잡히게 하는 데는 괜찮은 캐스크에서 10년이나 그 이상의 시간이 필요한 편이다. 그런데 킬호만은 그런 중요한 숙성의 이정표에 대다수 사람이 상상할 법한 시간보다 더 빠르게 도달해 있었다.

현재까지 아일레이에서 가장 신참이자 규모도 가장 작은 이 증류소는 줄곧 조숙함을 보여왔다. 사실, 이 증류소에서 애초부터 세웠던 목표는 위스키를 농장 증류의 뿌리로 되돌리는 것이었다. 브룩라디는 해안에서 떨어진 킬호만 교구의 비옥한 농지대에 자리해 있고, 14세기에 비튼(Beaton) 가문이 정착했던 곳인 이곳에서는 곰 호의 푸른 물이 내려다보인다. 늦여름이 되면 길게 뻗은 진입로 양편으로 밭의 보리들이 살랑살랑 나부낀다. 이 보리들은 계절이 무르익어 때가 되면 거두어져서 몰트로 만들어져 증류를 거친 후에 이 부지에서 숙성이 된다. 말하자면 일리악(Ileach, 아일레이 토박이)들이 자신들의 밭에서 나는 것들만을 원료로 썼던 옛 방식을 상기시킨다.

현재 브룩라디 증류소는 부나하벤의 책임자로 일했던 존 맥클레란(John MacLellan)이 책임을 맡고 있다. 존 맥클레란 역시 손에 발린치(오크 통 구멍을 통해 위스키 샘플을 꺼내는 도구—옮긴이)를 쥐고 태어난 게 아닐까 싶은, 현지 주민의 후손이다. 그의 감독하에 생산되는 뉴메이크는 스모키하고 해안 느낌이 나면서

브룩라디의 이런 오픈탑형 매시툰은 위스키 업계에서 여전히 사용 중인 것이 몇 개 안 된다.

해변 옆의 해안을 따라 띠처럼 펼쳐진 브룩라디의 이 건물들에서는 현재 위스키 제조와 관련된 수많은 실험이 펼쳐지고 있다.

정향과 베리류의 풍미가 은은히 돈다. 모든 스피릿이 그렇듯 오크 통에서 밸런스와 풍미 증진을 위한 시간이 필요하다.

문제는 이미 전에 스피릿을 숙성시켰던 적이 있는 캐스크들의 품질이다. 캐스크 숙성은 단지 스피릿과 오크의 결합이 아니라 융화의 과정이다. 브룩라디는 캐스크 숙성을 거치는 과정에서 해안의 특색이 소금물과 샘파이어(유럽의 해안 바위들 위에서 자라는 미나릿과 식물—옮긴이) 계열로 진전되고, 과일 풍미가 더 부드럽고 농익은 느낌을 띠며, 뒷맛에서 다가오는 조밀한 구조감에서 앞으로도 더 드러내 보일 것이 많음을 느끼게 해준다.

브룩라디의 제품들은 마키어 만에 위치한 숙성고에서 버번을 숙성시켰던 캐스크에서 숙성되고, 그중 일부는 올로로소 캐스크에서 잠깐 추가 숙성을 거치기도 한다. 빈티지 제품도 나오고 1년에 1번씩 100% 아일레이 원액만으로 출시하기도 한다. 코닝스비에 새로운 숙성고 건물을 마련했을 만큼 재고분의 대부분이 아직 숙성 중의 상태에 있어, 모든 제품이 출시 분량은 한정되어 있다. 그런가 하면 직접 손을 써서 작업하는 방식이 완전히 소멸하지 않았음을 보여주는 이 증류소다운 별난 구석은 여전하다.

브룩라디 시음 노트

아일레이 발리, 5년 50%

향 상쾌하다. 아가베 시럽과 가벼운 버터 향에, 계곡에서 자라는 백합과 레몬 스펀지 케이크의 향기가 미미하게 느껴진다.
맛 곡물의 특색이 억제되어 있고, 숯불 풍미가 희미하게 돌면서 바나나, 귤, 향신료 카시아, 핑크 마시멜로 맛이 어우러져 있다.
피니시 뒤늦게 피어난 꽃향기 사이로 약한 백후추 풍미.
총평 록사이드 팜에서 재배된 보리를 원료로 쓴 위스키.

플레이버 캠프 향기로움과 꽃 풍미
차기 시음 후보감 툴리바딘 소버린

더 라디, 10년 46%

향 아주 온화하고 달콤하면서, 이 증류소 특유의 상쾌함이 함께 느껴진다. 꽃, 가벼운 바닐라, 레몬 껍질, 멜론, 꿀의 향기.
맛 크리미한 질감과 보리의 풍미. 이 풍미가 내내 상쾌함을 띠면서도 혀에 들러붙는 듯한 특색을 띤다. 베리류 풍미.
피니시 달콤하고 온화하다.
총평 새로운 팀의 특색을 보여주는 이정표 같은 제품이다.

플레이버 캠프 향기로움과 꽃 풍미
차기 시음 후보감 발블레어 2000

블랙 아트 4, 23년 49.2%

향 밀랍으로 광을 낸 교회 신도석이 연상되는 숙성 향에 장미수를 뿌린 듯한 느낌과 말린 망고, 로즈힙 시럽, 포푸리 향기.
맛 향제비꽃 느낌이 돌고 그 밑에서 가벼운 라벤더 풍미가 떠받쳐준다. 이국적인 마누카 꿀의 맛, 말린 레몬과 석류의 맛이 풍부한 질감과 어우러져 있다.
피니시 살구 씨, 말린 레몬.
총평 캐스크 숙성과 추가 숙성, 분별력 있는 사람의 손길이 합세하여 빚어진 합작품이다.

플레이버 캠프 풍부함과 무난함
차기 시음 후보감 히비키 30년, 마크미라 미드빈터

포트 샬롯 스코티시 발리 50%

향 해변의 모닥불과 뜨거운 모래 향취에 희미한 기구(氣球) 내음과 더불어, 올리브 오일, 레몬 절임, 유칼립투스 향이 풍긴다.
맛 걸쭉하고 달콤한 느낌이 돌면서, 딸기 사탕의 맛이 피트 풍미를 뒤로 밀어내며 다가온다.
피니시 모닥불 연기.
총평 어린데도 깊이감이 있다.

플레이버 캠프 스모키함과 피트 풍미
차기 시음 후보감 쿨일라 12년, 마크미라 스벤스크 뢰크

포트 샬롯 PC8 60.5%

향 황금색. 피트 특유의 구운 향. 장작 연기와 나뭇잎 태우는 향에 마른 풀의 향기가 함께 풍긴다. 향긋함. 어린 특색이 느껴진다.
맛 강렬한 인상에 헤더 특유의 느낌. 입 안에 연기가 안개처럼 덮이는 듯한 느낌.
피니시 뜨거운 잿불 풍미.
총평 깔끔하면서도 풍미가 흥미롭게 진전된다.

플레이버 캠프 스모키함과 피트 풍미
차기 시음 후보감 롱로우 CV, 코네마라 12년

옥토모어, 코뮤스 4.2, 2007, 5년 61%

향 가마 옆에 서 있는 기분이 든다. 증류소 특유의 달콤함이 여전히 살아 있고 이제는 파인애플과 바나나의 모습으로 그 달콤함을 드러낸다.
맛 유칼립투스 로젠지 사탕과 가벼운 몰트 풍미가 풍겨오다, 브룩라디 특유의 걸쭉한 질감이 달콤함을 더 끌어올려 준다.
피니시 스모키한 여운이 길게 지속된다.
총평 힘이 있으면서도 밸런스가 잡혀 있다.

플레이버 캠프 스모키함과 피트 풍미
차기 시음 후보감 아드벡 코리브레칸

킬호만 시음 노트

마키어 베이 46%

향 훈연 향, 샘파이어와 다육과의 향, 가리비와 백도 복숭아의 향. 물을 섞으면 바닷물에 씻긴 바위와 뜨거운 모래 향에 가벼운 꽃향기가 함께 피어난다.
맛 달콤시큼하고 훈연 풍미가 돌며 분필의 특색과 후추 맛이 느껴진다. 물을 희석하면 꽃과 약한 포연(砲煙) 느낌이 발산된다.
피니시 가벼운 훈연 풍미와 달콤함.
총평 상쾌하고 스모키하다.

플레이버 캠프 스모키함과 피트 풍미
차기 시음 후보감 치치부 피티드

킬호만 2007 46%

향 조개 향과 상쾌한 해초 향이 섞여 경쾌한 느낌. 동시에 버터, 유목(流木), 막 가마에서 구워진 피트의 향이 번져온다.
맛 샘파이어, 피트 풍미와 보리의 단맛에 짜릿한 허브 풍미.
피니시 살짝 스모키하고 가벼운 정향 느낌이 돈다.
총평 오크와 증류소의 특색이 최고도로 융화되었다.

플레이버 캠프 스모키함과 피트 풍미
차기 시음 후보감 탈리스커 10년

Islands

그 외 섬들

우리는 섬에 매료된다. 단절된 곳이라는 생각을 하면 어쩐지 흥미가 유발된다. 하지만 그런 섬에 들어가려면 물리적 이동만이 아니라 심리적 이동도 수반된다. '저 너머의 그 땅'을 위해 친숙한 것을 떠나야 한다. 그리고 그 친숙한 곳을 떠나와 스코틀랜드의 연안 여행지를 둘러보다 보면 세계 최고의 항해지에 드는 몇 곳도 만나게 된다. 밝은 비취색 바다, 분홍빛 도는 화강암, 고대의 얼룩말 무늬 편마암, 용암류에 마주하는가 하면, 융기해안, 바람, 비바람이 들이치지 않는 만들을 접하게 되기도 하고, 범고래, 밍크고래, 돌고래, 부비새, 흰꼬리수리의 서식지에서 생명의 전율이 느껴지는 정경을 만나기도 한다.

스코틀랜드 섬의 향기에는 젖은 밧줄과 염수 분무, 헤더와 늪도금양, 구아노(비료로 쓰이는 조분鳥糞—옮긴이)와 해초와 엔진 폐유, 말라가는 게딱지와 고사리와 생선 상자의 내음이 배어 있다. 이런 향기의 비밀은 땅 아래와 바위 안에 숨어 있다. 또 그 바위를 덮고 있기도 하다. 헤더나 바람에 날려와 비옥한 마커에 뿌리내린 비치 그라스(beach grass, 해변 모래밭에 사는 볏과 잡초—옮긴이), 그리고 이 둘이 압착되어 향긋한 피트로 거듭나는 과정에도 그 비밀이 깃들어 있다. 그리고 오크니 제도의 경우엔 피트가 아일레이와는 또 다르다. 이 모든 섬에서는 위스키 제조의 내력이 있었을 것으로 추정된다. 실제로 이너헤브리디스 제도 서쪽 맨 끝의 섬 티레(Tiree)에는 면허를 취득해 운영되던 증류소가 2곳 있었고 18세기에는 위스키 수출업자도 1명 있었다. 멀섬과 애런섬도 위스키로 유명했고 아우터헤브리디스 제도 역시 위스키의 땅이었다.

그렇다면 현재는? 헤브리디스 제도 곳곳에 증류소가 있다. 이는 일반적인 일이 아니라 이례적인 일이다. 하지만 이 헤브리디스 제도라는 장소 자체는, 이렇게 살아남은 증류소들만큼이나 흥미롭다. 헤브리디스 제도에서는 강제 이주 정책의 결과로 티레 섬 1곳에서만 157명의 밀주 제조자가 체포되고 이중 상당수가 체포된 이후 쫓겨나게 되는 등 대다수의 농장 증류가 망하게 되었을 뿐만 아니라, 탈리스커와 토버모리(Tobermory) 같은 비교적 규모가 큰 증류소들이 생겨나기도 했다. 그 외에는 설립을 시도했다가 아예 실패한 곳들도 있었고, 끝까지 버텨내지 못하고 문을 닫은 증류소는 그보다 더 많았다. 19세기에 시장의 수요에 변화가 생겼을 때 그 위치상 상업적 규모로 증류업을 운영하기엔 큰 비용이 들게 되었던 탓이다. 이런 문제는 지금도 마찬가지다.

섬이라는 곳에 매료되어 있다 보면 섬 생활의 현실을 간과하기 쉽다. 섬에 살려면 소통과 원재료 측면의 불편함, 상대적으로 높은 고정비용, 육지 사람들에겐 당연시되는 물자의 결핍 등을 감수해야 한다. "새 바지를 좀 사고 싶으면 차를 몰고 인버네스까지 가야 해요." 실제로 탈리스커의 전 책임자였던 사람이 나에게 털어놓았던 말이다. 섬에 새로 온 사람들은 빨리 부자가 될 계획을 품고 왔다가 얼마 못 가서 알게 된다. 부자가 되는 것도, 빨리도 어림없는 일이라는 걸. 섬 생활은 더 긴 시간의 틀을 따르지만 시간은 위스키와 서로 잘 맞는 사이다. 섬 생활은 황홀할진 몰라도 어려움이 있다.

이 서부 변두리 연안에서 만들어진 위스키가 너그러운 성향을 띠면서도 타협하지 않는 이곳의 풍토를 어느 정도 담고 있는 것도 그리 놀랄 일은 아니지 않을까? 이곳의 위스키는 이곳의 방식대로 따를 수밖에 없다. 그동안 이곳의 위스키가 그렇게 성공을 거둔 이유도 거기에 있다. 이곳의 위스키들은 이곳의 풍경에서 흘러들어온 듯한 향을 띠면서, 대체로 시장의 요구에 부응해 조정된 적이 없다. 자신을 있는 그대로 보여준다. 사람들이 받아들이건 말건 알아서 하라는 식이다.

스코틀랜드 섬 지역의 단호하고 개인주의적인 풍토는 이곳 위스키의 타협하지 않는 기질에 그대로 투영되어 있다.

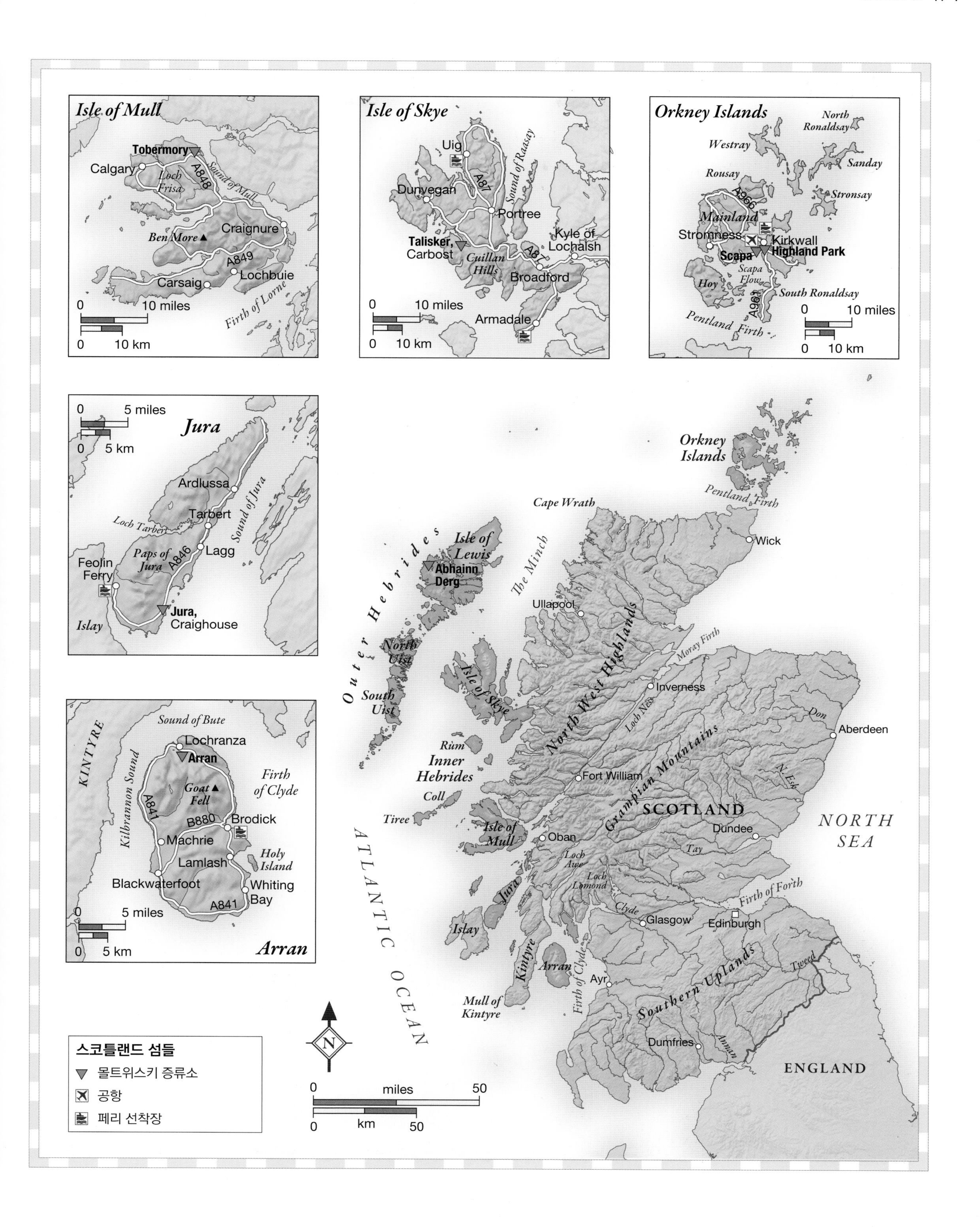

Isle of Mull
Tobermory
Calgary
Loch Frisa
A848
Sound of Mull
Ben More
Craignure
A849
Lochbuie
Carsaig
Firth of Lorne
0 10 miles
0 10 km
Isle of Skye
Uig
Dunvegan
A87
Sound of Raasay
Portree
Talisker, Carbost
Cuillan Hills
Kyle of Lochalsh
Broadford
Armadale
0 10 miles
0 10 km
Orkney Islands
North Ronaldsay
Westray
Sanday
Rousay
A966
Stronsay
Mainland
Stromness
Kirkwall
Scapa
Highland Park
Scapa Flow
Hoy
A961
South Ronaldsay
Pentland Firth
0 10 miles
0 10 km
Jura
0 5 miles
0 5 km
Ardlussa
Tarbert
Sound of Jura
Loch Tarbert
Paps of Jura
A846
Lagg
Feolin Ferry
Jura, Craighouse
Islay
Arran
Sound of Bute
KINTYRE
Lochranza
Arran
Kilbrannon Sound
Firth of Clyde
A841
Goat Fell
B880
Brodick
Machrie
Lamlash
Holy Island
Blackwaterfoot
Whiting Bay
0 5 miles
0 5 km
Orkney Islands
Pentland Firth
Cape Wrath
Wick
Outer Hebrides
Isle of Lewis
Abhainn Derg
The Minch
Ullapool
North Uist
South Uist
Isle of Skye
North West Highlands
Moray Firth
Inverness
Loch Ness
Don
Aberdeen
Rum
Inner Hebrides
Grampian Mountains
Fort William
N. Esk
Coll
Tiree
SCOTLAND
NORTH SEA
Isle of Mull
Oban
Dundee
Tay
Loch Awe
Loch Lomond
ATLANTIC OCEAN
Jura
Firth of Forth
Clyde
Glasgow
Edinburgh
Islay
Kintyre
Arran
Firth of Clyde
Tweed
Ayr
Southern Uplands
Mull of Kintyre
N
Dumfries
Annan
ENGLAND
스코틀랜드 섬들
몰트위스키 증류소
공항
페리 선착장
0 miles 50
0 km 50

스카베그 호수와 쿨린 구릉지의 뒷문. 이 장엄한 구릉의 정상 너머에 탈리스커가 있다.

Arran

애런

로크란자(Lochranza) | www.arranwhisky.com | 연중 오픈 3월 중순~10월 월~일요일, 겨울에는 개방일이 상황에 따라 달라짐

애런은 위스키는 고사하고 섬으로서도 뭐라고 딱 특징짓기가 힘들다. 하이랜드와 로우랜드를 가르는 하이랜드 경계 단층(Highland Boundary Fault)이 가로지르는 이 지대는, 화강암 관입(貫入, 마그마가 주변의 암석을 뚫고 들어가는 일—옮긴이), 달라디안 변성암, 퇴적층, 빙하곡, 융기해안이 형성되어 있어 지질학자들의 낙원이다. 북반부는 바위투성이에 산이 많고 남반부는 울퉁불퉁한 초원 지대다. 그렇다면 애런은 하이랜드일까 로우랜드일까? 위스키의 측면에서 보면 문제가 더 복잡해진다. 애런 증류소는 북쪽의 로크란자에 위치해서 법적으로는 하이랜드에 속하지만 섬에 속해 있기도 하기에 확실한 위스키 섬이 아닐까? 어찌 보면 이런 식의 정의가 무슨 소용일까 싶기도 하다. 중요한 것은 해당 부지의 소규모적 특이성이고, 특유의 개성을 생성시켜 주는 것은 증류소에서 일하는 사람들의 태도이니 말이다.

애런섬은 갈피를 못 잡게 만드는 일면이 있는가 하면 뜻밖의 발견을 체험시켜 주는 면도 있다. 애런섬의 로크란자로 말하자면 바로 지질학의 아버지 제임스 호튼(James Hutton)이 수직으로 융기된 오래된 암석의 크게 침식된 표면 위에 더 어린 암석이 수평으로 놓여 있는 지층 '부정합(不整合)'을 발견한 곳이다.

이곳에 애런 증류소가 설립된 때는 1995년이었다. 한때 밀주로 유명세를 날렸던 섬이 위스키 제조에 아주 뒤늦게서야 복귀한 셈이었다. 여기에서 또 다른 의문점이 생긴다. 거의 160년 후에야 세워진 애런의 새로운 증류소는 왜 역사상 증류 활동의 주 무대였던 남쪽이 아닌 북쪽에 터를 잡았을까? 첫 책임자이자 증류계의 전설이기도 한 고든 미첼의 말을 들어보자. "부지를 12곳쯤 살펴봤는데 그중 로크란자로 정한 이유는 물 때문이었어요. 나다비 호수는 풍부한 물을 대주고 수소이온 농도도 좋아서 발효에 유용하고 또 죽은 양들이 떠다니지도 않아요!"

신설 증류소 대다수가 그렇듯 애런 증류소도 대규모의 단식 증류소이다. 원래는 그리스트를 다른 곳에서 분쇄해 왔지만 현재는 증류소 내에 분쇄기가 설치되어 있다. "저는 모든 공정을 통제하고 싶어요." 보모어에서 30년간 위스키 제조 경험을 쌓고 현재 애런의 책임자로 있는 아일레이 토박이 제임스 맥타가트(James MacTaggart)의 말이다.

애런은 증류되어 나오는 순간부터 강렬한 시트러스 풍미를 뿜어내, 상큼한 곡물의 기본 풍미에 경쾌함을 부여해 준다. 다음은 맥타가트의 말이다. "그 풍미가 어디에서 생겨나는 건지는 콕 집어 말하기 힘들지만 제가 증류기를 아주 천천히 가동시켜 환류가 일어날 시간을 아주 넉넉히 주는데, 아마도 그 과정에서 시트러스 풍미가 생성되는 게 아닐까 하는 생각이 들어요."

가벼운 특성은 상업적 결정에 따른 것이었다. 애런 증류소가 설립된 시기는 피트 풍미 있는 어린 위스키의 붐이 일기 직전이라 당시로선 상업적 필요에 따르려면 비교적 빠르게 숙성되는 스피릿을 만들어야 했다. 애런은 종종 '무난한' 위스키로 표현되어 왔지만 이 말에는 다소 비하적인 의미도 담겨 있다. 애런은 이제 19번째 생일을 맞았고 여전히 성장하는 중이다. 최근 몇 년 사이에는, 여러 오크 통을 섞어서 쓰는 과정 중의 셰리의 돌봄까지도 잘 감당해 낼 수 있는 능력을 증명해 보였을 뿐만 아니라 적어도 필자로서는 추가 숙성의 비율을 줄인 것도 긍정적 조치라고 생각한다. 덕분에 애런의 진정한 특색이 드러날 수 있게 되었다. 애런은 가장 힘든 일도 잘 해내고 있다. 지금까지 살아남았으니 말이다.

부조화. 이 증류소를 설명하기에 딱 맞아떨어지는 말이 아닐까 싶다. 애런은 정통 하이랜드나 로우랜드 스타일도 아니고, 사람들이 으레 떠올리는 섬 스타일도 아니다. 하지만 앞에서 살펴봤듯 애런섬 자체가 어떤 정의에도 깔끔하게 일치하지 않는 곳이다. 역시 애런은 애런이다.

애런 시음 노트

뉴메이크

향 경쾌한 느낌과 강한 시트러스 향. 상쾌한 오렌지 주스 향. 겨/귀리 느낌의 덜 익은 파인애플 향이 치고 올라온다.
맛 톡 쏘는 맛. 깔끔하고 시트러스 풍미가 물씬하다. 아주 집중력 있으면서 달콤하다.
피니시 깔끔하고 강렬하다.

로버트 번스 43%

향 경쾌한 느낌이 돌면서 향기롭고, 크베치 자두와 미라벨 자두 느낌의 에스테르 향이 진하다. 애런 특유의 시트러스 풍미가 포멜로(자몽과 비슷하지만 그보다 더 단맛이 나는 과일—옮긴이)의 모습으로 드러나 있다. 물을 희석하면 향긋함이 올라온다.
맛 경쾌한 느낌이었다가 잘라낸 꽃의 느낌으로 진전된다. 활기차면서 가벼운 분필 느낌이 함께 돈다.
피니시 활기참과 시트러스 풍미.
총평 어린 나이이지만 이미 밸런스가 잘 잡혀 있다.

플레이버 캠프 향기로움과 꽃 풍미
차기 시음 후보감 더 글렌리벳 12년

10년 40%

향 곡물 계열의 특색, 귤과 바나나 향이 어우러져 있다. 물을 희석하면 크림 느낌이 돌아 부드러움이 더해진다.
맛 절제된 인상이 있고, 곡물과 과일의 풍미가 애런의 스타일로 어우러져 있다. 물을 더하면 부드러워진다.
피니시 생강과 향신료 가랑갈의 풍미로 스파이시하다.
총평 어리지만 이미 자기 확신을 가지고 있다.

플레이버 캠프 과일 풍미와 스파이시함
차기 시음 후보감 클라이넬리시 14년

12년, 캐스크 스트렝스 52.8%

향 밸런스가 좋고 달큰하다. 로버트 번스에서의 분필 향이 여기에서는 레몬 껍질 안쪽 하얀 부분의 느낌으로 다가오고, 막 톱질을 한 오크 특유의 향취도 가볍게 감돈다.
맛 달콤하고 농축된 맛. 꽃, 시트러스, 잘 익은 헤이즐넛의 풍미가 밸런스 있게 어우러져 느긋한 느낌으로 다가온다.
피니시 레몬 향 보리 사탕.
총평 개성의 깊이가 알코올의 기운을 덮을 만큼 충분하다.

플레이버 캠프 과일 풍미와 스파이시함
차기 시음 후보감 스트라스 아일라 12년

14년 46%

향 온화하고 따뜻하면서 오크 특유의 토스트 향기가 난다. 약간의 회향풀 향, 레몬그라스와 달콤한 향이 함께 풍겨오며 가볍고 풋풋한 인상을 준다.
맛 살짝 달콤하고, 밸런스 잡힌 오크 특색이 더 두드러져 숙성의 느낌이 잘 살아 있다.
피니시 여전히 살짝 팽팽하다.
총평 피니시에서 느껴지는 조밀함은 앞으로 드러내 보일 진수가 아직 더 많이 남았음을 보여준다.

플레어버 캠프 향기로움과 꽃 풍미
차기 시음 후보감 야마자키 12년

Jura

주라

크레이그하우스 | www.isleofjura.com | 오픈 5~9월 월~토요일. 방문 전 전화 문의 필수

주라 섬에서의 증류소 운영은 성공을 거두기가 힘든 일이다. 헤브리디스 제도에서 인구가 많은 편에 들지도 않고 교통은 어디로 가든 아일레이를 경유해야 해서 고정비용의 관리에서도 불리하다. 결국 쿨 난 에일린(Caol nan Eilean), 크레이그하우스, 스몰 아일즈(Small Isles), 래그(Lagg), 주라 등의 여러 이름을 가진 크레이그하우스의 이 증류소가 1910년에 문을 닫았을 때 주민들은 이웃인 아일레이에서 위스키를 수입해야 했을 것이다.

하지만 1962년 지주인 로빈 플레처(Robin Fletcher, 조지 오웰이 이 섬으로 이주해 지내던 당시의 집주인)와 토니 라일리 스미스(Tony Riley-Smith, 〈위스키 매거진Whisky Magazine〉 발행자의 삼촌)가 주민 수가 감소하는 것을 걱정하다 윌리엄 델메 에반스(William Delme-Evans)를 고용해 새로운 증류소를 세웠다.

주라에 풍부한 자원 1가지가 있다면 바로 피트이지만 위스키 생산에 피트가 이용된 것은 최근 들어서의 일이다. 기록에 따르면 스몰 아일즈에서는 피트 향이 강한 위스키를 만들었으나 플레처와 라일리 스미스의 주 고객은 블렌디드 위스키에 쓸 가볍고 피트 향이 없는 스타일을 원하던 스코티시 앤드 뉴캐슬(Scottish & Newcastle)이었다. 그에 따라 1960년대의 대다수 증류소와 마찬가지로 대형 증류기를 설치해 그런 스타일의 위스키를 만들었다

주라의 향에서 느껴지는 결정적인 특징 1가지는 이 섬의 피트 위에서 자라는 그것, 즉 고사리의 느낌이다. 주라는 습한 여름 숲의 푸릇푸릇한 향이 나다가 차츰 드라이해지면서 고사리 향이 나고 단단한 곡물 향이 그 뒤를 받쳐준다. 주라는 거칠다. 소유주인 화이트 앤드 맥케이의 마스터 블렌더 리처드 패터슨은 이렇게 말한다. "주라는 셰리 캐스크에 넣기 전에 진정을 시켜줘야 합니다. 거의 이렇게 말하는 것 같거든요. 나는 밍크코트가 아니라 정장을 입고 있는 게 행복해요. 나를 너무 빨리 셰리에 넣으면 엇나가버릴 거예요."

이렇게 살살 달래는 과정은 더디게 진전되어 16년 가까이 되어야 차츰 효과가 나타나고 21년 이상 되어야 그 절정에 이른다. 이제 옛날의 '비(非) 피트 처리' 규칙은 사라졌다. 주라의 피트 향 강한 싱글 캐스크 제품에서 고사리 향과 함께 뿌연 소나무의 향이 풍긴다면, 피트 느낌이 풍부한 수퍼스티션(Superstition)은 또 다른 향의 특색을 선사하고 어떤 면에서는 더 복합적인 특색을 띠기도 한다.

도로도 마을도 위스키도 하나씩인 주라는 단일성에서 독보적인 곳이다.

주라 시음 노트

뉴메이크

향 드라이하면서 흙내음과 생고사리 향이 난다. 가벼운 풀 향.

맛 강렬하다. 중간엔 희미한 향수 느낌의 가벼운 맛이 다가왔다가 밀가루 풍미가 이어진다. 아주 조밀하다.

피니시 달콤하긴 하지만 그 달콤함이 쉽게 열리지는 않는다.

9년 캐스크 샘플

향 황금색. 밀가루/흙먼지 느낌이 이제는 생맥아 향에 헤이즐넛 향이 받쳐주는 모습을 취하고 있다. 이제 시트러스 향이 발현되었고, 생고사리 특색이 여전히 남아 약간의 누가 향과 어우러져 있다. 여전히 상큼하다.

맛 아주 드라이하면서 견고하다. 얇게 썬 아몬드, 덜 익은 과일, 몰트의 풍미.

피니시 끝에 가서야 달콤한 맛이 아주 살짝 열린다.

총평 단순하면서도, 뉴메이크의 개성이 확실히 확장되었다. 밑으로 깔려 있는 견고함이 여전하다.

16년 40%

향 호박색. 바닐라, 말린 과일의 달콤함, 프룬, 밤, 나무딸기 젤리 등 오크에서 우러나온 향이 풍부하게 느껴진다. 유즙의 느낌도 살짝 감돈다. 뒤에서 드라이한 특색이 이어진다.

맛 9년 숙성에 비해 더 무난하고 부드럽다. 실크처럼 부드러운 온화한 질감. 익은 과일 맛과 생도라지의 풍미에서 진전된 마른 풀의 풍미.

피니시 셰리의 달콤함과 스피릿의 견고함이 함께 느껴진다.

총평 기운 왕성한 캐스크의 도움으로 감추어져 있던 달콤함을 밖으로 살살 꾀어냈다.

플레이버 캠프 풍부함과 무난함
차기 시음 후보감 더 발베니 17년 마데이라 캐스크, 더 싱글톤 오브 더프타운 12년

21년 캐스크 샘플

향 적갈색. 올스파이스, 생강, 건포도, 말린 과일 껍질 등의 향으로 클루티 덤플링 느낌이 물씬 풍기면서 숙성의 느낌이 난다. 뒤이어 당밀과 함께 전원적 느낌이 다가온다.(드라이함이 마침내 사라진 것 같다.) 차츰 집중력이 생겨나고 있다.

맛 셰리 캐스크의 기운이 크게 배어 있어, 특히 팔로 코르타도 셰리의 느낌이 난다. 달콤함/감칠맛의 특징을 띤다. 과일 케이크와 호두 맛. 부드러운 느낌이 오래 이어진다.

피니시 잘 익은 달콤한 과일의 풍미.

총평 주라의 진전 단계에 비해, 매혹적인 스파이시함이 늦게 떠오른 편이다.

Tobermory

애런

토버모리 | www.tobermorymalt.com | 연중 오픈 월~금요일

스코틀랜드의 서해안을 항해해 본 사람이라면 누구나 절감할 테지만, 이 유역에서는 세계에서 손꼽힐 만큼 장관을 이루는 항해지의 풍경이 눈앞에 펼쳐지는 가운데 험난한 날씨가 숱하게 덮쳐오는 상황 속에서 평정을 지켜야 한다. 멀 섬의 주도인 토버모리는 포말을 일으키며 요트를 타기에 이상적인 낙원에 들지만 그 악천후와 씨름하다 보면 녹초가 되고 만다. 정박지에서 비틀비틀 일어나 미시니시 호텔로 향하면 가장 먼저 당신을 맞아주는 그 건물 역시 파도에 시달려 피폐해져 있는 모습을 보고 동질감이 느껴질지 모른다. 분명히 말해두지만, 토버모리 증류소는 스코틀랜드에서 가장 아름다운 증류소라고는 도저히 말할 수 없는 곳이다.

토버모리 증류소는 어떤 면에서 이 섬과 아주 닮아 있다. 18세기 말에 양조장으로 생을 시작해 여러 소유주의 손을 거치며 부재지주(不在地主)들이 헤브리디스 제도 소작인들을 부리던 식대로 다루어졌고, 1993년 이전까지 오크 통 사용 방침도 '나무로 만든 것이면 뭐든 쓴다'는 시대의 태도가 그대로 채택되었다. 현재는 번 스튜어트의 돌봄을 받으며 증류소 총괄 책임자 이언 맥밀런(104쪽, '딘스톤' 참조)의 손에서 회생한 증류소가 되었다. 맥밀런은 이 증류소를 잘 살려냈다. 오일리하고 채소 느낌이 있는 뉴메이크가 다소 별나지만 붉은색 과일 계열의 풍미와 더불어 진전되는 이끼 느낌의 특색이 흥미롭다. 증류기의 라인암 맨 윗부분이 S자 모양으로 휘어진 점도 확실히 별나다. "여기에서는 저 휜 부분이 핵심입니다. 많은 환류를 발생시켜 잠재된 가벼움의 생성에 도움을 주죠."

이런 가벼운 특색은 이 증류소의 제품 중 피트 향이 강한 레칙(Ledaig)에도 숨어 있다. 레칙의 뉴메이크는 겨자와 샛갓조개, 흡연자가 내뿜는 담배 연기 비슷한 향으로 가득하다. 하지만 두 종류 모두 30년 이상 숙성되면 얼마나 잘 가다듬어질 수 있는지를 증명해 보인다. 두 스타일의 위스키 모두 아주 개성적이면서, 주라처럼 시간이 필요하다. "매력을 발산하기까지 시간이 좀 필요하지만 그런 것이 바로 스타일이죠. 바로 뚝딱 나오면 그게 위스키인가요?"

항해에 지친 수많은 선원들에게는 토버모리 증류소 건물 끝부분의 박공벽이 시야에 들어오는 순간 반가운 마음이 일어난다.

토버모리 시음 노트

뉴메이크

향 오일리하고 채소 느낌이 있으며, 별나게 리쿼리스 올소츠(감초맛 혼합 과자)의 향도 난다. 이런 향이 가시고 나면 이끼, 놋쇠, 아티초크, 왕겨의 향취가 이어진다.
맛 오일리한 질감. 처음엔 육중하고 견고한 느낌이지만 아주 드라이하게 마무리된다.
피니시 강하고 짧다.

9년 캐스크 샘플

향 과일 향(오팔 프루트와 라임 코디얼)과 딸기 츄잉 캔디 향이 물씬하다. 이어서 젖은 비스킷, 향신료 호로파, 오일리한 향기가 돌다, 셰리 특유의 향기가 난다.
맛 아마인유 풍미. 이제는 과일보다는 통밀의 특색이 드러나면서 점점 달콤해지고 있다. 물을 희석하면 발사 나무 풍미가 약간 올라온다.
피니시 상큼하다.
총평 뉴메이크에서 느껴지던 달콤한 특색과 드라이한 특색 사이의 격투가 여전하다.

15년 46.3%

향 짙은 호박색. 셰리의 기운이 강하게 작용해 뉴메이크에서의 풋풋한 향 외에 설타나 향이 생겨났다. 약간의 민트 초콜릿 향과 잼처럼 진득한 숙성의 향이 발현되었다.
맛 스파이시하다. 셰리뿐만 아니라 체리의 맛도 약간 드러나고, 붉은색 과일의 맛이 흥미롭게 진전되었다. 헤이즐넛 풍미.
피니시 드라이하면서 약간의 당밀 풍미가 감돈다.
총평 캐스크의 영향으로 완숙하게 가다듬어졌으나 앞으로도 갈 길이 멀다는 느낌이 여전히 남는다.

플레이버 캠프 풍부함과 무난함
차기 시음 후보감 주라 16년

32년 49.5%

향 짙은 호박색. 원숙한 느낌에, 엘더베리, 건포도, 약간의 훈연, 가을 숲, 부엽토의 향취.
맛 묵직한 셰리 풍미가 당차게 치고 나오며 견고한 느낌의 떫은 맛이 난다. 삼나무 풍미와 함께 온화하고 부드러운 크리미함이 번진다.
피니시 여운이 오래 감돈다.
총평 마침내 숨겨진 모습을 드러내고 있다.

플레이버 캠프 풍부함과 무난함
차기 시음 후보감 탐듀 18년, 스프링뱅크 18년

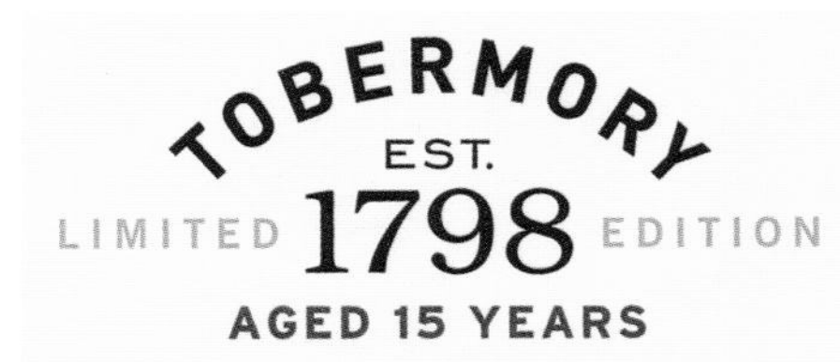

Abhainn Dearg

아빈 자랙

카니시(Carnish), 아일 오브 루이스(Isle of Lewis) | www.abhainndearg.co.uk | 연중 오픈 월~금요일

서부 섬 지역으로 여행 다녀온 적이 있는 사람이 알면 놀랄 테지만, 본토와 떨어진 이 지역 사람들은 스코틀랜드의 스피릿을 열렬히 마셨던 문화가 수 세기 전으로 거슬러 올라가는데도 어찌 된 일인지 1840~2008년 사이에는 자체적으로 스피릿을 생산하지 않았다. 적어도 합법적으로는 그랬다. 마지막으로 운영된 증류소는 이름도 기상천외한 슈번(Shoeburn)이었다. 이 증류소는 루이스섬의 주도인 스토너웨이에 상당량의 스피릿을 공급했으나 섬 밖으로는 별로 내보내지 못했던 듯하다. 앞에서도 말했다시피 섬의 특성상 어쩔 수 없었을 것이다.

2008년에 마코 테이번(Marko Tayburn)은 이런 상황에 대해 자신이 뭔가를 해보기로 마음먹었다. 증류소를 세운다는 것은 끈기, 비전, 재력, 그리고 "허구헌 날 엉덩이를 붙이고 앉아 서류를 채우는 일"이 필요한 만만치 않은 일이다. 본토에 증류소를 설립하는 것도 힘든 일이다. 그런데 테이번은 증류소 설립을 감행했다. 레드 리버(Red River, 아빈 자랙)에서 오래된 양어장을 부지로 찾아내, 증류기를 직접 설계하고 현지에서 재배된 보리를 원료로 들여와 작업에 착수했다. 섬에서는 자급자족을 목표로 삼기 마련이다.

그는 자신이 만드는 강렬하고 피트 향 강한 스피릿에 대해 이렇게 말한다. "저희는 늘 저희가 뭘 원하는지를 알았어요. 색다르고 다른 위스키와 구별이 되는 그런 위스키죠. 저희는 오로지 저희가 아는 방식으로만 위스키를 만들어요. 부분의 합을 끌어내요. 하지만 "사실, 저희 위스키는 아우터헤브리디스의 일부이기도 해요. 이곳의 마커, 피트, 모래, 물, 산이 담겨 있어요."

마코 테이번과 대화를 나누다 보면 으레 풍경과 사람들에 대한 얘기나 헤브리디스제도 사람으로서의 그의 확연한 자부심에 대한 얘기로 끝을 맺게 된다. 따라서 아빈 자랙은 단순히 상품이 아니라, 특별한 마음가짐의 표현이다.

그 자신도 여전히 놀라워하는 일이지만, 외진 위치임에도 불구하고 그동안 수많은 사람이 일부러 증류소를 구경하기 위해 루이스까지 찾아왔다. 영국에서 가장 외진 이 증류소는 스스로 충실할 뿐만 아니라 더 넓은 위스키 세계로 다리를 놓아주고 있기도 한 셈이다.

이곳에서 증류소는 이제 버스와 같아질 것 같다. 이 글을 쓰는 현재, 좀 기다리면 또 다른 버스가 오듯 해리스 섬과 바라 섬에 오래전부터 조짐을 보이던 증류소 설립의 구상이 진전되어가고 있다. 새로운 헤브리디스 위스키 문화가 탄생하는 건 아닐지 벌써 기대가 된다.

아빈 자랙 시음 노트

싱글몰트 46%

향 짙은 호박색. 엘더베리와 건포도의 향이 원숙한 느낌으로 다가온다. 살짝 스모키하면서 가을 숲, 부엽토 향취와 특유의 이끼 느낌이 은은히 감돈다.

맛 섬세한 훈연 풍미가 내내 이어진다. 혀로 내려앉는 묵직함. 알싸한 겨자씨 기름, 피혁용 크림의 풍미.

피니시 곡물 풍미.

총평 아직 어린 느낌이며, 무게감과 경쾌함이 흥미롭게 섞여 있다. 기운 왕성한 캐스크에서 시간을 더 가질 필요가 있을 듯하다. 아빈 자랙이 아우터헤브리디스에 증류 르네상스의 시대를 열어놓았다.

플레이버 캠프 과일 풍미와 스파이시함
차기 시음 후보감 코르노그

아우터헤브리디스에 증류 르네상스 시대를 열어젖힌 아빈 자랙.

Talisker

탈리스커

카보스트(Carbost) | www.discovering-distilleries.com/talisker | 연중 오픈, 개방일 및 자세한 사항은 웹사이트 참조

카보스트라는 마을의 하포트 호(Loch Harport) 발원지에 위치한 탈리스커는 스코틀랜드에서 가장 경관이 멋진 곳에 자리한 증류소로 손꼽힌다. 이곳은 산과 해안이 어우러져 있다. 증류소 뒤편으로 솟은 쿨린 구릉지의 산발적으로 뚝뚝 끊겨 있는 능선들은 남쪽 길목의 장벽 역할을 해준다. 그 해안에 서서 숨을 깊이 들이쉬면 해초와 염수의 냄새가 느껴진다. 그런 다음 뉴메이크 앞에서 똑같이 숨을 깊이 들이쉬면 훈연, 굴, 랍스터 껍데기의 향취가 풍겨온다. 탈리스커는 본연의 자신을 증류해 내고 있다. 하지만 이 극단의 먼 위치에 자리한 섬에서 죽을 운명이 대수롭지 않게 여겨지게 된다고 생각하면, 확실히 낭만적인 난센스다.

'빅 휴(Big Hugh)'로도 불리는 휴 맥어스킬(Hugh MacAskill)이 이 자리에 증류소를 세운 것은 무슨 형이상학적 이유 때문이 아니었다. 멀섬 토지 소유자의 조카였던 맥어스킬은 1825년에 탈리스커를 세울 '방침'을 세우며 소작인들, 즉 이전 지주 로클란 맥린이 끝장난 후에도 여전히 남아 있던 이 사람들에게 '개량 사업'이라는 가혹한 경제 원리를 적용했다.

탈리스커는 클라이넬리시처럼(133쪽 참조) 개간 증류소다. 당시 사람들에겐 2가지 선택안이 있었다. 카보스트에 남아 증류소에서 일을 하든가 식민지로 떠나든가 해야 했다. 결국 스카이섬의 황량한 아름다움은 지질학적 영향만으로 형성된 것이 아니라, 19세기 자본주의 경제의 결과이기도 하다. 영국의 작가 로버트 맥팔레인(Robert MacFarlane)은 이렇게 썼다. "스카이섬은 원래부터 빈 땅이 아니라 비어진 땅이다."

이곳의 위스키는 얼핏 생각하면 스카이섬과는 추상적 연결성이 없게 느껴진다. 탈리스커는 환류, 정제 장치, 피트가 생명이다. 다시 말해 위치보다 '공정'이 중요하다는 얘긴데, 그럼에도 혀에서 펼쳐지는 풍미가 여전히 이 섬의 해안으로 우리를 다시 이끌어 온다. 탈리스커에서는 스카이섬의 토양이 얇아 21개의 샘에서 물을 끌어오고, 보리는 피트 처리가 되며(요즘엔 글렌 오드에서 피트 처리를 해온다), 나무 소재의 발효조에서 장시간 발효를 시키고 있다. 이렇게 만들어진 워시는 위스키 업계에서 비교적 흥미로운 모양의 증류기 2대로 들어가게 된다.

탈리스커의 비밀은 바로 이 키 큰 증류기에서부터 시작된다. 라인 암이 U자형으로 꺾여 내려가는 인상적인 형태인데, 여기에서 증기가 환류되어 정제 파이프를 통해 증류기로 다시 내려갈 수 있다. 라인 암은 그 뒷부분에서는 원래의 높이만큼 올라와 벽을 관통해 나간 다음 코일 형태를 이루며 차가운 웜텁에 잠긴다. 탈리스커의 이 증류기는 아주 비범한 풍미 제조기다. 여기에서 뽑아져 나온 로우 와인은 이어서 3대의 평범한 스피릿 스틸 중 2대에 넣어져 그 복합적 풍미의 뉴메이크가 되어 나온다.

뉴메이크에는 훈연 향이 뚜렷하지만 유황 내음도 난다. 이런 유황 내음은 웜텁과 구리 접촉 부족의 결과지만, 정제 장치가 있는 대형 워시 스틸에서의 환류를 통해 오일리한 달콤함이 생겨나기도 한다. 이 유황 향은 결국엔 약해져,

해안과 쿨린 구릉지 사이에 끼어 있는 탈리스커는 스코틀랜드에서 가장 경관이 멋진 곳에 자리한 증류소로 꼽힌다.

탈리커스가 뒷맛에서 덤으로 선사해 주는 후추 향을 내주기도 한다.

그렇다면 탈리스커는 공장형 위스키일까, 아니면 흰색으로 칠해진 이 건물이 위치한 그 장소를 발현해 담고 있는 걸까? 디아지오의 마스터 디스틸러이자 블렌더인 더글러스 머리는 이렇게 말한다. "당연히 위스키에서 장소를 포착할 수 있고 말고요. 위치한 곳의 진수를 어느 정도 포착해 담지 않은 채로 스피릿을 응축할 수는 없어요. 이곳에는 탈리스커를 만드는 뭔가가 있어요. 그게 어떤 식으로 일어나는지는 앞으로도 절대 모를 테지만 굳이 알고 싶지도 않아요." 이곳에도 장소 특유의 테루아가 있다.

최근 몇 년 사이에 탈리스커 일가는 사업을 크게 성장시켜, 57° 노스h(57° North), 스톰(Storm), 다크 스톰(Dark Storm) 같은 강하고 피트 향 있는 제품에서부터 25년과 30년 숙성의 상시 숙성 제품에 이르기까지 다양하게 출시하고 있다. 모든 제품이 이곳의 땅, 바다, 해안의 특색을 띠고 있다.

이 섬의 위스키가 모두 다 살아남은 이유는 2가지다. 위스키 제조가 이곳에서도 잘 되는 몇 안 되는 사업에 든다는 점에서 실용성이 있을 뿐만 아니라 피트가 주도하는 그 특유의 풍미가 이곳의 풍경만큼이나 타협을 모르기 때문이다. 이것이 이곳의 위스키가 자신의 근원지와 자신을 만든 사람들 모두를 반영하는 방식이다. 문화적 테루아까지 담아내는 것이다.

살아 있는 생명체의 점검 순간. 탈리스커의 후추 풍미 띠는 스타일의 스모키함은 캐스크에서 시간을 보내는 동안 오크의 미묘한 어루만짐과 끊임없는 상호작용을 펼친다.

탈리스커 시음 노트

뉴메이크

향 가장 먼저 가벼운 훈연 향이 다가온다. 뒤로 깔려 있는 유황의 향이 아주 달콤하다. 굴을 절인 소금물, 랍스터 껍질 향이 풍기고 마지막에 향긋한 훈연 향으로 마무리된다.
맛 드라이한 훈연과 유황의 풍미. 가벼운 타르 느낌과, 새 가죽의 느낌. 베리류의 맛과 짠맛.
피니시 스모키함과 후추의 풍미가 오래 이어지면서 그 밑으로 유황 내음이 숨겨져 있다.

8년, 리필 우드 캐스크 샘플

향 향기롭다. 헤더/흙내음이 섞인 피트 향. 약의 특색을 띠는, 말린 백후추 열매 향. 뉴메이크에서의 소금물/굴 느낌의 향이 여전히 남아 있다. 요오드와 말린 박하 잎의 향. 물을 섞으면 피어나는 늪도금양과 낙엽송 향기.
맛 말린 백후추 열매 맛이 강하게 확 풍긴다. 바다 특유의 느낌. 견고하고 걸쭉한 질감에 오일 느낌이 약간 돈다. 복합적이다.
피니시 드라이하다가 달콤해졌다 또 드라이해지면서 다시 후추 풍미가 느껴진다.
총평 이미 숙성의 특색을 확 풍기고 있다.

10년 45.8%

향 황금색. 스모키한 불 향. 헤더, 감초 뿌리, 월귤 나무 향. 흙내음 도는 훈연 향에 바삭바삭하게 구운 돼지 껍데기, 가벼운 해초 향이 어우러져 있다. 그 밑으로 달콤함이 숨겨져 있다. 밸런스가 좋다. 살짝 복합적이다.
맛 풍미가 바로 와닿는다. 페퍼가루와 정말 정말 달콤한 베리류 맛이 차례로 이어지면서 내내 그을음/이끼 느낌의 훈연 풍미가 함께 연상된다. 희미한 유황 내음. 바다와 해안 풍미에, 달콤하고 얼얼하고 스모키한 풍미가 한데 섞여 있다.
피니시 후추 같이 얼얼하고 드라이한 풍미.
총평 상반되는 것 같은 요소들 사이에 밸런스가 잘 잡혀 있다.

스톰 45.8%

향 스모키함과 짠 향. 뉴메이크의 유황 내음에서 부서지는 파도가 연상되는 경쾌함이 발현되었다. 물을 희석하면 폭풍 같은 기운이 살짝 가라앉으며 시럽과 과일의 단 향이 일어났다가 짭짤한 훈연 향이 다시 살아난다.
맛 탈리시커의 전형적 특색을 띤다. 단맛으로 안심시켰다 갑자기 강렬하고 적극적인 훈연 풍미가 일어난다.
피니시 짭짤함과 후추 향.
총평 피트 풍미를 최대치로 끌어올린, 숙성 연수 미표기 탈리스커다.

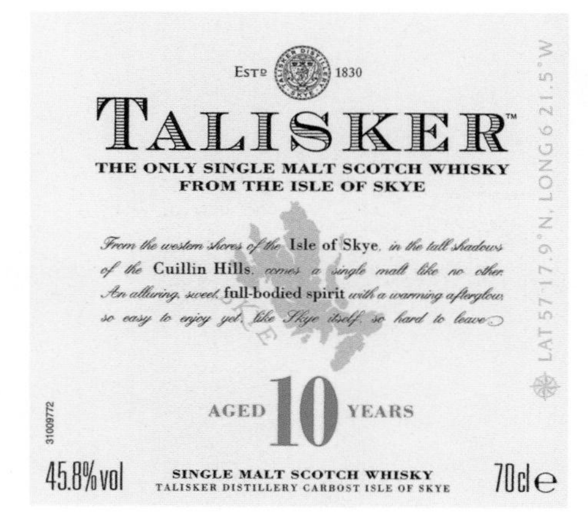

18년 45.8%

향 황금색. 헤더 태우는 향에, 스위트 토바코(sweet tobacco, 담배처럼 길쭉한 모양의 코코넛 과자로 코코아 파우더가 뿌려져 있다—옮긴이), 오래된 창고, 사그라드는 모닥불 향이 복합적으로 풍긴다. 그 밑으로 마지팬/누가 버터 비스킷 향과 가벼운 허브 향기가 숨겨져 있다. 진한 훈연 향. 풍부하고 복합적이다.
맛 처음엔 더디게 맛이 열리며 후추, 가벼운 훈제 생선의 향이 나지만 결정타는 풍미의 밸런스를 잡아주는 달큰한 과일 시럽 맛이다. 단계적으로 풍미가 쌓이며 폭발적인 여운을 선사한다.
피니시 말린 홍후추 열매의 풍미.
총평 탈리스커 아니랄까봐 풍미가 덤벼들듯 달려드는 감이 있지만 점점 달콤함이 중심을 잡아준다.

25년 45.8%

향 바이올렛 같은 향기로운 향이 풍기며 젖은 밧줄, 캔버스 천에 밴 바닷물 냄새에 생도라지와 가벼운 가죽의 향기도 함께 느껴진다. 바닷가와 모닥불의 타다 남은 잔불이 연상되는 향.
맛 아주 복합적이다. 딸기 맛에 굵은 흑후추 가루, 월계수 잎, 해초, 훈연 풍미가 어우러져 있다.
피니시 짭짤한 초콜릿 풍미.
총평 밸런스와 원숙미를 갖춘 동시에 신비감까지 일으키는 위스키다. 전형적인 탈리스커다.

Orkney Islands

오크니 제도

오크니 제도는 스코틀랜드의 다른 지역과는 다르다. 이곳은 선돌, 신석기 돌방무덤, 고대 요새의 유적지를 품고 있다. 바다가 인정사정없이 절벽을 때려대는 이곳에서는 바이킹 전설이 여전히 현재의 이야기처럼 느껴진다. 과거와 현재가 모두 공존하는 듯한 이 매혹적 제도에는 이런 분위기의 장소를 서로 다른 접근법으로 표현하는 증류소 2곳이 있다.

시간의 동시성 오크니 제도의 고대 과거는 현재도 명백한 모습으로 살아 있다.

Highland Park, Scapa

하이랜드 파크, 스캐퍼

하이랜드 파크 | 커크월(Kirkwall) | www.highlandpark.co.uk | 연중 오픈, 개방일 및 자세한 사항은 웹사이트 참조
스캐퍼 | 커크월 | www.scapamalt.com

비행기 프로펠러에 구름이 갈라지면서 울퉁불퉁한 해안선이 드러난다. 높은 곳에서 내려다보니 스코틀랜드의 서부 연안은 술에 취해 비틀거리는 듯한 인상보다, 땅과 바다가 잔잔히 왈츠를 추고 있는 듯하다. 오크니 제도는 풍경도 문화도 사람들도 스코틀랜드의 다른 지역과는 다르다. 다르기로 치자면 위스키 역시 마찬가지다. 낮고 평평한 원반형의 초록색 섬들로 이루어진 이 군도는 고대 노르웨이 문화의 전초지면서도 스칸디나비아적이지 않고, 스코틀랜드에 있으면서도 스코틀랜드적이지 않다. 이 지역 역시 섬 지역 특유의 근성과 자급자족 정신으로 자체적 해결방안을 만들어냈고 이곳의 두 증류소, 하이랜드 파크와 스캐퍼는 위스키 제조에서 서로 다른 창의적 접근법을 취해 1곳은 자연주의를, 다른 1곳은 기술성을 표방하고 있다.

하이랜드 파크는 커크월이 내려다보는 언덕 꼭대기에 있다. 층진 어두운색 석조 건물은 바위에서 바로 튀어나오기라도 한 것 같은 인상을 풍긴다. 'Estd. 1798(1978년 설립)'이라는 문구와 멋지게 장식된 현관 아래로 지나갈 때는 다른 차원의 낯선 세계로 들어서는 느낌이다. 판석 깔린 골목길이 꼬불꼬불 휘어져 있고, 사이사이로 증류소에서 필요한 시설이 늘어남에 따라 유기적으로 확장된 듯 보이는 건물들이 늘어서 있다.

이 증류소에서는 필요한 몰트의 20%를 플로어 몰팅으로 직접 생산하며, 어떤 날은 피트로, 또 어떤 날은 코크스로 연료를 번갈아 쓰면서 미디움/헤비의 특색을 만들어낸다. 그다음엔 본토에서 들여온 피트 처리 안 된 몰트와 블렌딩한다. 건조 효모로 장기 발효를 시키며, 증류는 느린 속도로 진행한다. 이런 공정을 거쳐 만들어진 뉴메이크는 향긋한 훈연 향과 시트러스의 경쾌함이 어우러져 있다. 하이랜드 파크는 처음부터 달콤함을 띠고, 모든 익스프레션에서 훈연, 달콤함, 오렌지, 진한 과일 풍미 사이의 춤이 내내 이어진다. 때로는 피트가 우위를 점하는가 하면 또 어떤 때는 달콤함이 조심조심 앞으로 나서기도 하면서, 나이를 먹어가는 동안 두 요소가 꾸준히 협정을 끌어내 결국엔 농후하고 꿀 풍미 띠는 특색에 이르게 된다. 탈리스커의 풍미에서는 밸런스가 열쇠를 쥐고 있다.

하이랜드 파크의 DNA는 위스키 제조의 첫 단계와 끝 단계에 있다. 현재 에드링턴 그룹의 계열로 속해 있는 하이랜드 파크는 오크 통 책임자 조지 에스피(George Espie)의 감독하에 오크를 사용하고 있는데 2004년 이후 버번 캐스크를 사용하지 않는다.(말이 난 김에 덧붙이자면 캐러멜색소 사용도 중단되었다.) 자연건조 시키고 시즈닝(통을 조립하여 안쪽을 불로 적당히 그을리는 것—옮긴이) 처리된 유럽산이나 미국산 오크로 만들어져 셰리를 담았던 캐스크에서 숙성시키고 있다. 다음은 브랜드 대사 게리 토시(Gerry Tosh)의 말이다. "그런 식의 오크 사용 방침 덕분에 특색에 일관성이 생기고 있어요. 12년부터 50년 제품까지 7종의

스캐퍼: 스타일의 차이

하이랜드 파크에서 일직선으로 1.6킬로미터쯤 떨어져 오크니 제도의 내해 스캐퍼플로를 내려다보고 있는 스캐퍼의 위스키는 하이랜드 파크와는 더할 나위 없이 다르다. 스캐퍼는 피트 향이 없고 주스 같은 과일 풍미를 띠는데, 이런 개성의 열쇠는 로몬드 증류기가 세워진 증류장에 있다. 증류기에서 배플판이 제거되긴 했으나 목 부분이 넓고 정제장치를 사용해 구리와 아주 많은 대화 시간을 갖게 한다. 현재는 새로운 소유주 시바스 브라더스의 관리하에 혁신을 이루어 이 아름다운 증류소와 아주 마시기 좋은 제품이 마침내 사람들 사이에 더 익숙한 이름이 되었다.

하이랜드 파크 증류소의 가파른 포장 골목길은 자급자족적인 중세 도시의 분위기를 자아낸다.

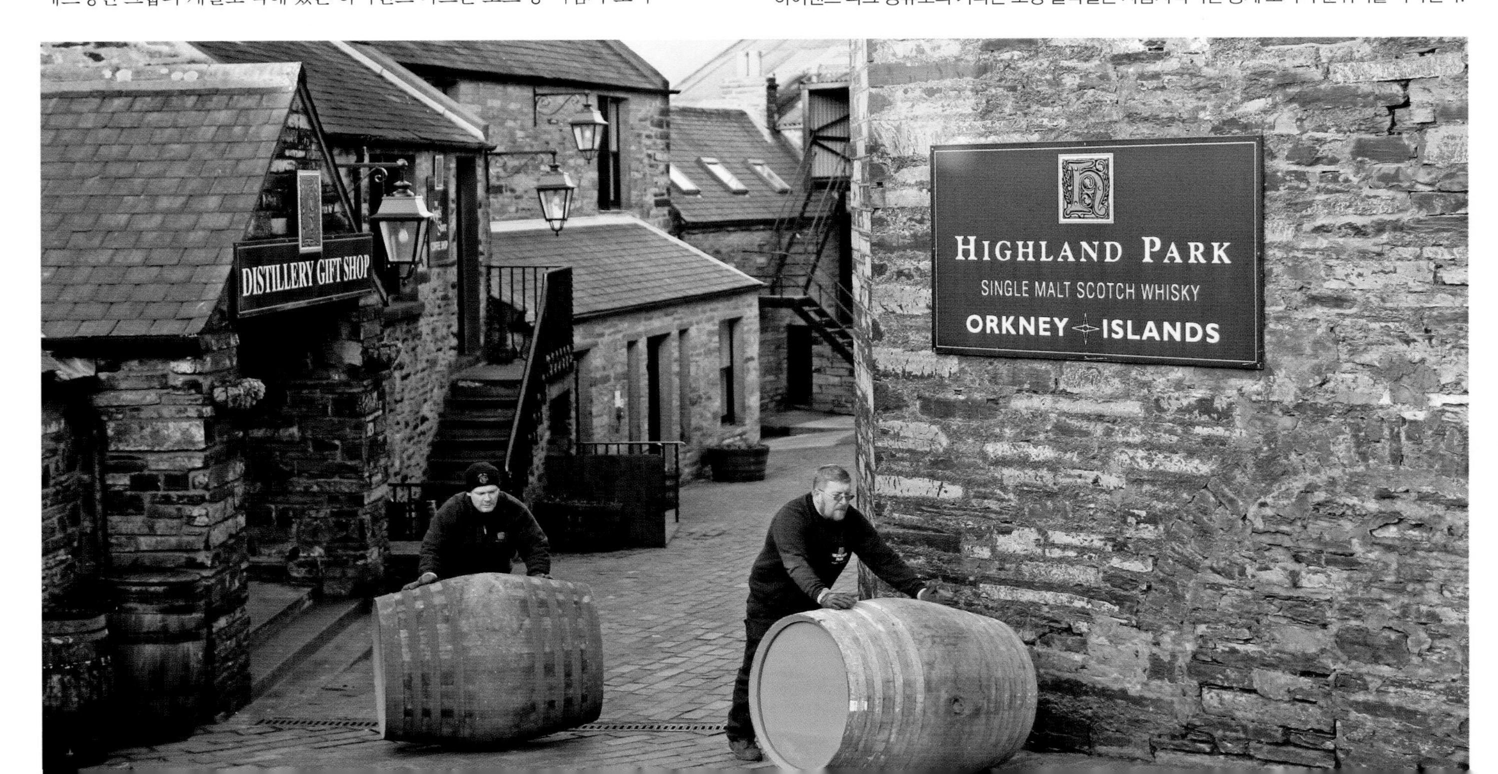

익스프레션을 추가 숙성 없이 내놓기 위해서는 일관성이 가장 큰 도전 과제예요." 최종 풍미에서 에스피와 위스키 메이커 맥스 맥팔레인(Max MacFarlane)이 원치 않았던 뜻밖의 결과가 나오게 된다면 그 근원은 오크니 제도다.

하이랜드 파크가 매년 350톤의 피트를 채취하고 있는 곳, 호비스트 무어(Hobbister Moor)로 걸어 들어가면 그 땅에서부터 향기가 달라지며 소나무 같은 향과 허브 향기가 풍겨온다. 하이랜드 파크 위스키에서 재현되는 바로 그 향이다. 하이랜드 파크가 고유의 차별성을 갖는 이유를 제대로 이해하려면 이곳에서 예스나비(Yesnaby)의 절벽까지도 가봐야 한다. 이 절벽에 서면 비행기에서 해안을 내려다봤을 때 잔잔히 춤을 추고 있는 듯 느껴지던 환각이 확 깨진다. 여러 색의 지층을 이루고 있는 절벽으로 파도가 마구 달려와 부서지고 꼭대기에서는 바람이 시속 160km 이상으로 불어대는 날이 연중 80일에 이른다. "하이랜드 파크에 차별성을 부여해 주는 요소는 오크니 제도의 피트예요. 이 피트가 하이랜드 파크의 시작점이기도 하죠. 오크니 제도는 짠 바닷물이 분사되어 나무가 자라지 않고 헤더밖에 없어요. 그런 이유로 피트가 다른 곳과 다르고, 또 그래서 태울 때 다른 향이 납니다. 그리고 그런 향이 하이랜드 파크를 만들어주고 있죠." 토시의 말이다.

하이랜드 파크 시음 노트

뉴메이크

향 훈연 향과 시트러스 향. 아주 경쾌한 느낌과 달콤함이 느껴진다. 금귤 껍질과 가벼운 다즙과(多汁果)의 향이 상쾌하다.
맛 가벼운 견과류 맛. 시트러스의 단맛이 강하게 퍼지다 향기로운 훈연 향이 이어진다.
피니시 은은한 배의 풍미로 마무리되면서 여전히 달콤함이 이어진다.

12년 40%

향 옅은 황금색. 과일 향이 드러나며 피트 향이 부드러워졌다. 여전히 시트러스 향이 강하게 코를 찌르면서, 촉촉한 과일 케이크, 베리류 과일, 올리브 오일의 향기가 함께 다가온다. 물을 섞으면 구운 과일 향과 온화한 훈연 향이 올라온다.
맛 희미한 설타나 맛이 부드럽고 온화한 느낌을 주고, 중간 맛에서부터 피트 풍미가 슬금슬금 다가온다.
피니시 달큰한 훈연 풍미.
총평 벌써 풍미가 열리며 복합성을 띠어가고 있다.

플레이버 캠프 스모키함과 피트 풍미
차기 시음 후보감 스프링뱅크 10년

18년 43%

향 짙은 황금색. 농익은 향과 함께 12년 숙성 때보다 육중하게 다가온다. 과일 껍질의 느낌이었던 12년 숙성 제품보다 과일 향이 더 상쾌해졌다. 파운드 케이크, 스위트 체리 향기와 더불어 향신료 향이 더 생겨났다. 퍼지와 가벼운 꿀의 향. 벽난로에서 꺼져가는 불이 연상되는 훈연 향.
맛 계속해서 더 농후해지고 있다. 말린 복숭아, 꿀, 광을 낸 오크, 호두의 풍미. 주스 느낌의 마멀레이드 맛.
피니시 융화된 훈연 풍미.
총평 같은 가족끼리의 닮은 면이 확실히 드러나고 오크로부터 무게감을 얻어냈다.

플레이버 캠프 풍부함과 무난함
차기 시음 후보감 더 발베니 17년 마데이라 캐스크, 스프링뱅크 15년, 야마자키 18년

25년 48.1%

향 호박색. 말린 과일의 진한 단 향으로 감미롭다. 18년 제품에 비해 헤더의 특색을 더 띠는 훈연/헤더 꿀 향이 생겨났다. 위스키판 랑시오의 느낌이 돌기 시작해 가구 광택제와 축축한 흙의 내음을 띤다.
맛 당밀과 농축된 과당의 풍미. 올스파이스, 육두구 맛과 함께 단맛이 여전히 느껴진다.
피니시 말린 오렌지 껍질과 향긋한 훈연의 풍미. 다즐링 차.
총평 중년과 노년 사이에 들어섰으나 증류소의 개성이 살아 있다.

플레이버 캠프 풍부함과 무난함
차기 시음 후보감 스프링뱅크 18년, 주라 21년, 벤 네비스 25년, 하쿠슈 25년

40년 43%

향 원숙미가 있다. 가볍고 은은한 랑시오 향. 아주 이국적이다. 스웨이드 가죽 향에, 땀 냄새 비슷한 관능적 사향 향기가 같이 풍긴다. 뒤에서 훈연 향이 느껴지다 퍼지/알약 느낌의 단 향이 다시 난다. 물을 섞으면 향이 강해져, 향긋한 훈연 향과 가벼운 흰분꽃 뿌리 같은 향이 몇 시간이고 지속적으로 발현된다.
맛 첫맛은 드라이하다 점차 오일리한 질감이 혀를 덮어온다. 가죽 풍미가 다시 일어나고 아몬드, 건포도, 말린 과일 껍질의 쌉싸름한 맛이 동시에 느껴진다. 점차 훈연 풍미가 올라와 마침내 우위를 점한다.
피니시 상큼하다 달콤해진다.
총평 숙성되며 진전되었으나 그래도 확실한 하이랜드 파크다.

플레이버 캠프 스모키함과 피트 풍미
차기 시음 후보감 라프로익 25년, 탈리스커 25년

스캐퍼 시음 노트

뉴메이크

향 에스테르 향에 바나나, 완두콩, 마르멜로, 크베치 자두의 향기. 약간의 눅눅한 흙 내음이 그 뒤로 느껴지고 밀랍의 향기도 은은히 돈다.
맛 달콤하면서 살짝 오일리하다. 과일껌 풍미.
피니시 깔끔하고 짧다.

16년 40%

향 황금색. 진한 미국산 오크의 향. 바나나와 과일 츄잉 캔디 향. 은은하고 상쾌한 타임 향기가 가볍고 향기롭게 풍긴다.
맛 여전히 살짝 오일리하다. 아주 기름진 느낌인데 희한하게도 경쾌함이 함께 있다. 오크에서 우러난 가벼운 구운 빵 풍미. 과일 맛이 혀 가운데에 닻을 내리고 있다.
피니시 기름지고 농익은 풍미.
총평 성격이 쾌활하고, 맛보는 사람을 기쁘게 해주려 애쓰는 듯한 인상이다.

플레이버 캠프 과일 풍미와 스파이시함
차기 시음 후보감 올드 풀트니 12년, 클라이넬리시 14년

1979 47.9%

향 황금색. 가벼운 카카오 향과, 으깬 바나나/검게 변한 바나나의 향을 풍기며 더 융화된 특색을 보여준다. 마르멜로 향이 다시 난다. 풍미가 가득하고 생동감이 있다.
맛 복합적이고 풍부하다. 버번 비스킷, 구아바 맛. 구운 오크 풍미. 달콤한 맛.
피니시 온화한 스파이시함과 과일 풍미.
총평 여전히 증류소의 개성이 강하지만 강아지 같던 16년 제품보다 더 차분해졌다. 진중함을 띠려면 시간이 필요하다.

플레이버 캠프 과일 풍미와 스파이시함
차기 시음 후보감 크라이겔라키 14년

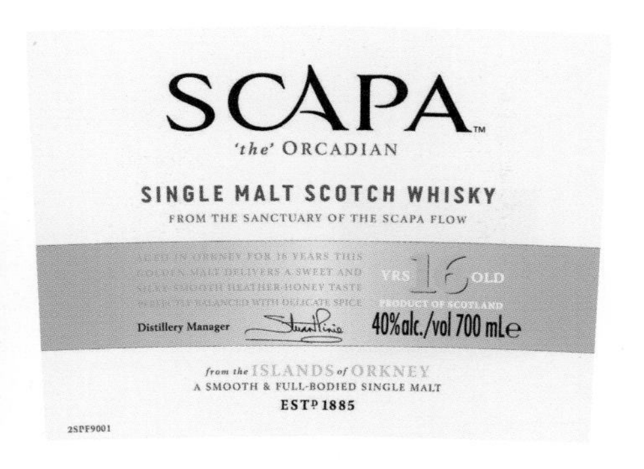

Campbeltown

캠벨타운

"캠벨타운 호여, 그대가 위스키라면 좋으련만." 스코틀랜드의 옛 희가극에 나왔던 노래 가사다. 어쨌든 한때는 그 가수의 꿈이 현실이던 때도 있었다. 킨타이어 반도 발치의 이 작은 도시는 어느 시점에서는 못해도 34개에 이르는 증류소의 터전이었다. 1850년대의 불황기에 그중 15곳이 사라졌으나 19세기 말 무렵에만 해도 그 스모키하고 오일리한 특색이 블렌디드 위스키의 필수 요소로 여겨지면서 캠벨타운 몰트위스키가 매력 있는 상품으로 떠올라 캠벨타운은 호황을 누렸다.

한때는 이 구역을 통해 34개의 증류소에서 생산한 위스키가 실려 나갔을 테지만 현재는 단 3곳의 증류소만 남아 있다.

이곳은 위스키 제조의 낙원이었다. 깊숙이 자리한 자연항(自然港)과 석탄층이 형성되어 있고 근처에는 현지의 보리와 인근 지역인 아일랜드와 스코틀랜드 남서부의 곡물을 원료로 써서 가동되는 몰트 제조소가 20개나 되었다. 증류소들이 거리 곳곳을 채우고 좁은 골목길에까지 들어섰다. 하지만 1920년대 말에는 레이치라칸(Riechlachan) 단 1곳만이 영업 중이었고 그곳마저 1934년에 기계 소리가 멈췄다. 그리고 같은 시기에 현재의 생존자들인 스프링뱅크와 글렌 스코시아(Glen Scotia)가 영업을 재개했다.

왜 다른 17개의 증류소는 끝내 폐업하고 말았는가의 의문은 아직까지도 명쾌하게 설명이 되지 않는다. 다만, 여러 가지 설이 제기되고 있을 뿐이다. 위스키를 청어 보관 통에 채워 넣었다는 류의 일고의 가치도 없는 괴담을 비롯해 과잉 생산으로 품질이 떨어졌다느니, 폐수 처리 능력이 없었다느니, 매크리하니시의 석탄층의 채굴이 중단된 탓이다느니 하는 주장들이 있지만, 모두가 어느 정도 연관성만 있을 뿐 위스키업의 쇠퇴를 명확히 설명해 줄 답은 없다. 단지, 이곳이 초강력 폭풍에 가장 노출된 지역이었다는 점만큼은 분명하다.

1920년대에 블렌딩 업체들은 자신들의 가장 인기 스타일에 매달렸고, 그로 인해 캠벨타운 위스키의 요건을 스모키하고 오일리한 풍미가 지배하는 스타일로 제한시켰다. 한편 제1차 대전 중의 소비 하락과 생산 감소에 대처하다 재고 분량이 하락한 수요 수준보다 훨씬 낮아지고 말았다. 게다가 영국의 세금이 1918년과 1920년에 큰 폭으로 올랐음에도 증류소들이 이 상승분을 소비자에게 전가할 수 없는 처지에 놓여 재고분을 다시 채우기 위한 비용 부담마저 더 높아졌다.

미국의 금주법과 대공황으로 수출 역시 어려웠다. 이렇게 비용 상승과 판매량 하락 사이에 끼어버린 채로 위스키 제조는 비경제적인 산업이 되었고 소규모의 독립 증류소의 경우엔 특히 더했다.

자칫 망각하기 쉽지만 당시에는 전체 위스키 산업이 타격을 입었다. 1920년대에 스코틀랜드 전역에서 50개의 증류소가 문을 닫았고 1933년에는 스코틀랜드 전체에서 단 2곳의 단식 증류기 증류소만이 영업을 하고 있었다. 위기가 지나가고 나자 위스키 업계는 디스틸러스 컴퍼니(Distillers Company Ltd)의 주도로 경영이 합리적으로 개선되었다.(이는 1850년대의 답습이자 1980년대의 도태를 예고하는 일이었다.) 이제 위스키 산업은 '적자생존'이라고 말해도 될만한 상황이 되었다. 확실히 캠벨타운의 주로 소규모인 증류소들은 이 새로운 위스키 세계에 잘 맞지 않았다. 스카치위스키가 매력적인 여정을 걸어왔다는 식의 생각은 허상이다.

하지만 결말은 해피 엔딩이다. 현재 캠벨타운은 독자적 힘으로 위스키 생산지의 위상을 되찾았다. 3곳의 증류소가 캠벨타운을 터전으로 삼아 5가지의 다양한 위스키를 만들어내고 있다. 특히 그중 1곳은 소규모 독립 증류소의 새 물결을 일으키는 모범을 펼쳐 보이고 있고 또 1곳은 무덤에서 돌아온 생명력을 보여주었다. 캠벨타운 호가 위스키로 채워지는 일은 불가능할 테지만 캠벨타운은 다시 돌아왔다.

깊숙이 자리해 비바람이 들이치지 않는 덕분에 캠벨타운이 중요한 항구로 부상했을 뿐만 아니라, 위스키 생산자도 로우랜드 시장에 빠르게 접근할 수 있었다.

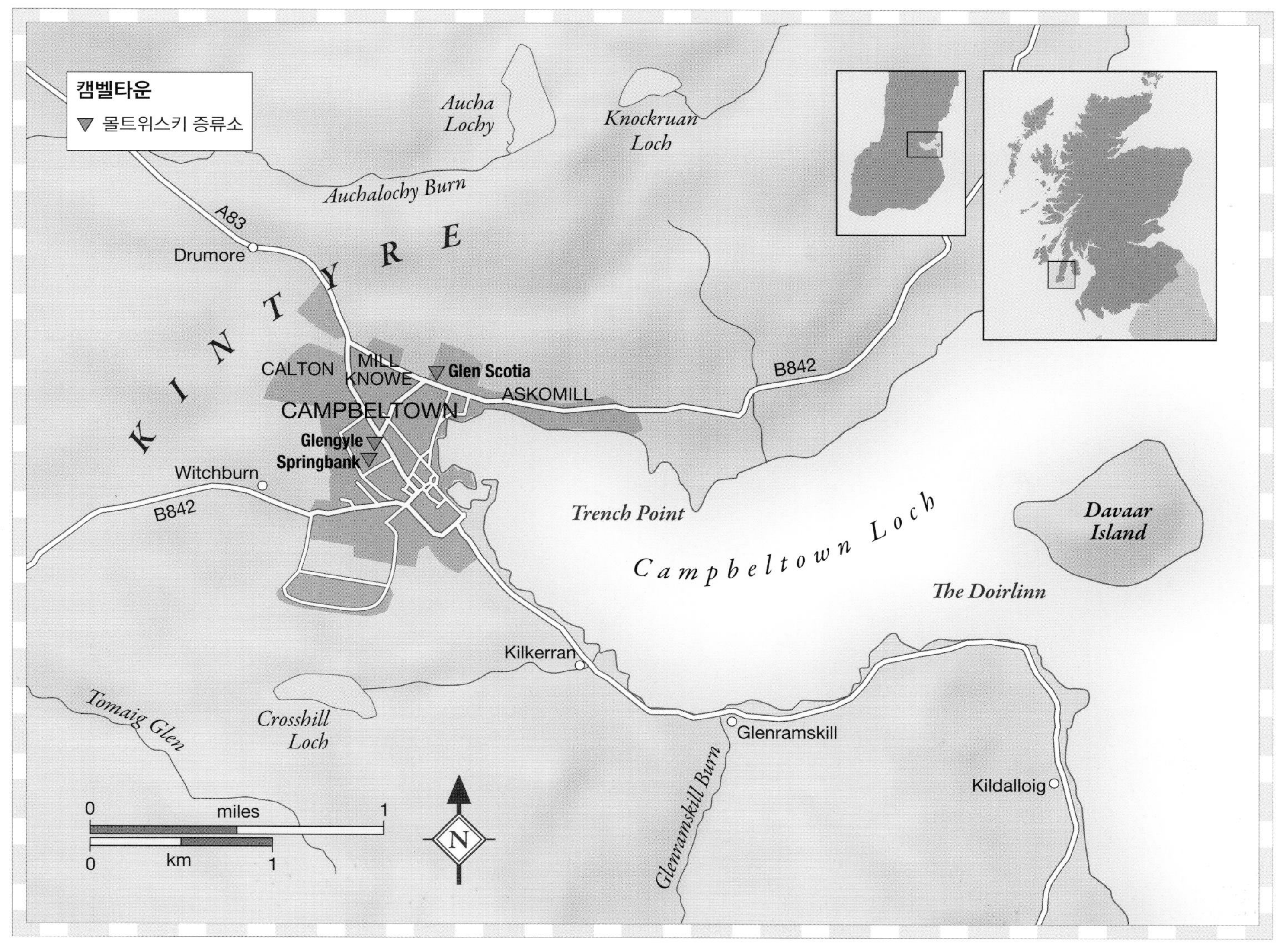
캠벨타운
▼ 몰트위스키 증류소
Aucha Lochy
Knockruan Loch
Auchalochy Burn
A83
Drumore
K I N T Y R E
CALTON
MILL KNOWE
Glen Scotia
ASKOMILL
CAMPBELTOWN
Glengyle
Springbank
Witchburn
B842
B842
Trench Point
Campbeltown Loch
Davaar Island
The Doirlinn
Kilkerran
Tomaig Glen
Crosshill Loch
Glenramskill
Glenramskill Burn
Kildalloig
0 miles 1
0 km 1
N

Springbank

스프링뱅크

캠벨타운 | www.springbankwhisky.com | 연중 오픈 월~토요일. 사전 예약 필수

교회 뒤 좁은 거리에 숨겨져 있는 스프링뱅크 증류소 건물은 1828년 이후 한 가문이 소유하고 있는데 이는 스카치위스키계에서 최장기 사례다. 여기에서는 자급자족이란 말이 상투어로 통한다. 몰트 제작, 증류, 숙성, 병입 등의 필요한 모든 공정을 증류소 부지에서 직접 행하고 있다. 스코틀랜드를 통틀어 1곳에서 모든 공정이 이루어지는 유일한 증류소다. 하지만 이런 완전 자립형 방침은 비교적 최근에 세워졌다. 여느 증류소들처럼 원료를 공급 계약에 의존했다가 1980년대의 공황 때 위기에 처한 이후 근본으로 돌아가는 방침을 취했던 것이다. 이런 체계에는 1가지 확실한 메시지가 내포되어 있다. 스프링뱅크의 운명은 자기 손에 맡겨져 있을 뿐 대기업들에 저당 잡혀 있지 않다는 것.

스프링뱅크 증류소의 가장 흥미로운 대목은 옛 방식을 지키는 동시에 미래를 주의 깊게 살피는 측면에서 균형을 잘 잡고 있다는 점이다. 한때 선박의 목재였던 낙엽송으로 만든 발효조 안에서 이루어지는 발효 공정만 해도 그렇다 "저희는 늘 기록상으로 확인 가능한 가장 옛 시대의 조건을 재현하기 위해 애쓰고 있어요." 생산 책임자 프랭크 맥하디(Frank McHardy)의 말이다. 다시 말해 워트를 저 비중(약 1.046) 방식으로 만들고, 발효 시간을 아주 길게 잡고(100시간), 워시의 도수를 낮게(업계 표준인 알코올 함량 8~9%와 다른 4.5~5%로) 맞춘다는 얘기다. "낙엽송 발효조에서의 그런 장시간 발효는 풍부한 과일 풍미를 촉진시키고, OG(발효 전 비중)가 낮을수록 에스테르의 생성에 유리합니다."

이 증류소에는 증류기가 총 3대다. 직접 가열 방식의 워시 스틸 1대와 로우 와인 스틸(2차 증류기) 2대로, 로우 와인 스틸 중 1대는 웜텁이 장착되어 있다. 이 3대의 증류기로 3종류의 다른 뉴메이크를 만든다. 스프링뱅크에서는 2.5차 증류를 한다. 워시 스틸에서 로우 와인을 만들고 이 로우 와인 스틸에서 '후류'를 뽑아, 2번째의 로우 와인 스틸에는 로우 와인 20%와 후류 80%를 섞어서 넣는다.(14~15쪽 참조.) 뉴메이크는 힘이 있는 데다 복합성이 스카치위스키 중 최고 수준이라, 장기간 숙성이 가능하고 스코틀랜드의 모든 스타일이 그 안에 압축되어 있는 듯한 인상을

스프링뱅크는 전통적 위스키 제조 관습을 지지하고 있지만 수많은 신생 증류소들의 기준이 되고 있기도 하다.

보리에서부터 병까지. 스프링뱅크는 몰트 제조, 증류, 숙성, 병입을 1곳에서 모두 처리하는 유일한 증류소다.

준다. "그것이 저희가 가진 기록상, 가장 오래된 생산방식입니다. 확신컨대 이런 식의 공정으로 위스키를 제조하는 곳은 캠벨타운에서 스프링뱅크가 유일해요." 이것이 스프링뱅크가 살아남은 이유일지 모른다. 스프링뱅크의 나머지 두 스타일 중 하나로, 향기로우면서 사과 향이 나고 피트 향은 없는 3차 증류 방식의 헤이즐번(Hazelburn)은 로우랜드 스타일이다. 피트 향이 강한 롱로우는 평범한 스타일이긴 하지만, 즉 2차 증류를 하지만 오리지널 '캠벨타운' 원형에 더 가까울 수 있다. 세 스타일 모두 선형적 진전에 반항한다. 풍미가 슬쩍 부추겨지고 사기가 북돋워지면서 시키는 대로 순순히 규범에 역행하며 가다듬어진다. 그렇다고 이곳을 위스키 제조의 박물관 같은 곳으로 여겨 후원이라도 할 생각은 마시길. 의도적으로 옛 방식을 지지하지만 또 한편으론 여러 개울 물을 끌어다 쓰고 철저한 오크 통 사용 방침을 세워두고 자급자족적 방식을 취함으로써 비교적 신생이며 대체로 더 시끄러운 다른 증류 업자들에게 기준이 되기도 했다.

스프링필드는 단지 과거만이 아니라 미래이기도 하다. 궁극적으로 따지면 스프링뱅크가 오랜 세월 동안 살아남을 수 있었던 배경은 시대를 앞서 나가는 능력이다.

스프링뱅크 시음 노트

뉴메이크

향 아주 힘세고 감미롭고 복합적이다. 구운 향에 베리류, 약간의 바닐라, 희미한 브라일크림(남성용 헤어 스타일링 크림), 아주 가벼운 곡물 향기가 섞여 있다. 달콤하고 풍부하며 묵직하다. 물을 섞으면 훈연 향과 약간의 효모 향이 피어난다.

맛 묵직하고 오일리하다. 풀바디에 풍부한 훈연 풍미와 약간의 찌릿한 짠기가 있다. 흙내음 도는 묵직하고 농익은 풍미.

피니시 흙내음과 함께 풍미 가득하게 마무리된다.

10년 46%

향 옅은 황금색. 숙성 시에 첨가하는 오크 대팻밥 향기가 가볍게 돈다. 훈연, 잘 익은 과일, 엑스트라 버진 올리브 오일, 향긋한 목재의 향. 풍부한 풍미에 숯향이 감돈다. 구운 빵 내음과 함께 다가오는 가볍고 경쾌한 시트러스 향.

맛 달콤한 첫인상에 이어 블랙 올리브 맛이 느껴졌다가 짭짤한 훈연 풍미가 생겨난다. 여전히 팽팽하다.

피니시 긴 여운 속의 훈연 풍미.

총평 뉴메이크에서 더디고 온화하게 진전되었다. 부르고뉴의 어린 화이트 와인이나 리슬링처럼, 아주 마시기 좋으면서도 더 진전될 가능성이 아주 많다.

플레이버 캠프 **스모키함과 피트 풍미**
차기 시음 후보감 아드모어 트레디셔널 캐스크, 쿨일라 12년, 탈리스커 10년

15년 46%

향 스모키하면서 짠기가 있다. 폭풍 후의 바다가 연상되는 내음. 블랙 올리브와 가벼운 풀 향에 이어 구운 아몬드, 멜론, 시큼한 플럼 향이 나면서, 오일리한 깊이감이 차곡차곡 쌓인다.

맛 밸런스가 있으면서 풍부하다. 비교적 높은 알코올 강도가 훈연 풍미를 더욱 살려준다. 시트러스의 특색을 띠는 풍부한 과일 풍미가 오일리하고 깊이감 있게 전해온다.

피니시 온화한 스모키함이 오래 지속된다.

총평 밸런스에 더해, 풍미가 층을 이뤄 나타나는 복합미를 겸비했다.

플레이버 캠프 **스모키함과 피트 풍미**
차기 시음 후보감 탈리스커 18년

헤이즐번 시음 노트

뉴메이크

향 깔끔하고 스파이시하다. 기품이 느껴지고, 라임 향에 이어 그 뒤로 연한 전분 향이 난다.
맛 가벼우면서 찌르는 듯한 강렬함이 있으나 기분 좋은 부드러운 질감도 있다.
피니시 풋 플럼 풍미.

헤이즐번 12년 46%

향 짙은 황금색. 셰리 느낌이 풍겨, 아몬티야도가 연상되는 견과류 향에 당밀, 프룬, 설타나의 향이 섞여 있다. 이어서 정말 경쾌한 느낌의 달큰함이 풍긴다.
맛 부드럽다. 오크의 기운을 받아 질감이 걸쭉해졌으나 날카로운 강렬함이 오크 풍미를 가르고 나와 아주 새콤한 맛을 더해주고 있다. 점점 시트러스 풍미가 진해져 오렌지 맛과 말린 과일의 단맛이 다가온다.
피니시 깔끔하다.
총평 풍미가 가득하고, 증류소의 개성과 오크 특색이 밸런스 있게 융화되어 있다.

플레이버 캠프 **과일 풍미와 스파이시함**
차기 시음 후보감 애런 12년

롱로우 시음 노트

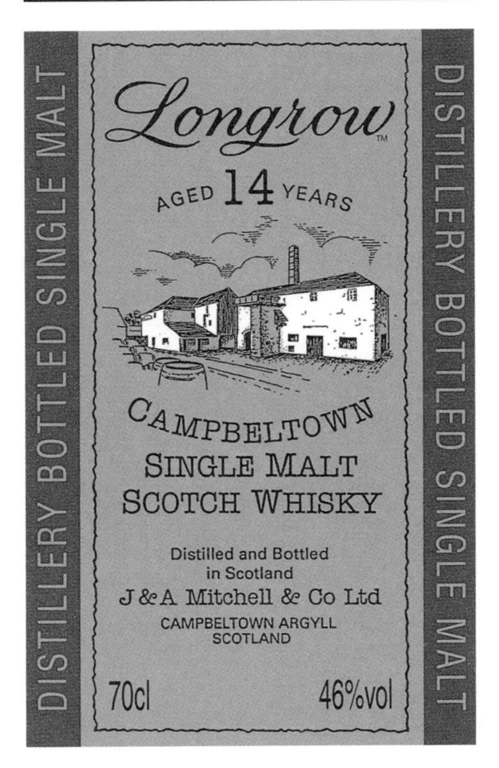

뉴메이크

향 달콤하다. 카시스 향. 흙내음 도는 훈연 향. 젖은 슬레이트 향취.
맛 강렬하고 달콤한 맛으로 시작해 자욱한 자주색 연기가 떠오르는 훈연 풍미가 이어진다. 토마토소스의 알싸함이 희미하게 감돈다.
피니시 아주 드라이하면서, 훈연 풍미와 미미한 찌릿함의 짠맛이 느껴진다.

14년 46%

향 무난한 인상이다. 훈연 향이 뚜렷하지만 오크 풍미가 더 드러난 영향으로 지배적으로 나서진 않는다. 황무지와 굴뚝, 라일락, 고사리가 떠오른다. 모닥불과 젖은 슬레이트의 특색이 보여줄 것이 더 많다는 암시를 보내준다.
맛 강렬하면서 살짝 몰트 풍미가 돈다. 드라이한 장작 연기 풍미에 이어, 뉴메이크에서의 잘 익은 검은색 과일 특색에서 진전된 맛과 함께 대추야자의 단맛이 살짝 느껴진다.
피니시 훈연 풍미가 밀려온 후 내내 이어진다.
총평 순조롭게 잘 진전되고 있다.

플레이버 캠프 **스모키함과 피트 풍미**
차기 시음 후보감 요이치 15년, 아드벡 아리 남 비스트 1990

18년 46%

향 구운 보리, 캐러멜화 특유의 향에 이어 훈연 향과 묵직한 달콤함이 풍긴다. 물을 희석하면 크레오스트, 뜨겁게 달궈진 유목, 감초, 참깨 향기가 피어난다.
맛 분출하듯 터져나오는 훈연 풍미. 흙내음과 함께 묵직한 과일 풍미가 어우러져 진하다.
피니시 오일리하고 풍부한 풍미가 오래도록 남는다.
총평 직접 가열 방식의 웜텁 장착 증류기와 피트의 조합으로 빚어진 풍부하고 힘 있는 몰트위스키.

플레이버 캠프 **스모키함과 피트 풍미**
차기 시음 후보감 요이치 15년

킬커란(Kilkerran) 시음 노트

뉴메이크

향 깔끔하다. 젖은 건초 향. 빵집 냄새와 가벼운 유황 내음. 효모 향과 미끌거리는 느낌의 묵직한 향.
맛 무게감은 이웃 증류소와 비슷하지만 더 기름지고 더 마시멜로 느낌을 띤다.
피니시 향기롭다.

3년 캐스크 샘플

향 짙은 황금색. 빠른 숙성을 보인다. 진한 코코넛 첨가제 향. 축축한 건초/라피아 야자와 프랑스풍 제과점 향기.
맛 농익은 풍미와 망고의 단맛에, 오크 풍미와 곡물 특유의 떫은 맛이 어우러져 밸런스를 이룬다. 입안을 가득 채우는 질감.
피니시 긴 여운 속의 달콤한 풍미.
총평 기운 왕성한 캐스크에게 큰 도움을 받으면서도 진전 속도가 빠르다.

워크 인 프로그레스 No 4 46%

향 깔끔하고 달콤하다. 시트러스의 단 향에 익힌 대황과 통조림 복숭아 향기가 어우러져 기분 좋은 인상을 준다.
맛 아주 가벼운 왕겨 맛. 걸쭉하고 씹히는 듯한 질감. 오렌지 껍질과 바닐라 풍미. 스카치 태블릿 맛. 입안 뒤쪽에서 순간적으로 확 도는 신맛.
피니시 가벼운 사철쑥 풍미가 느껴지고 달콤함이 계속 이어진다.
총평 증류소 특유의 달콤한 과일 풍미가 이제는 완전히 자리를 잡았다.

플레이버 캠프 **과일 풍미와 스파이시함**
차기 시음 후보감 오반 14년, 클라이넬리시 14년

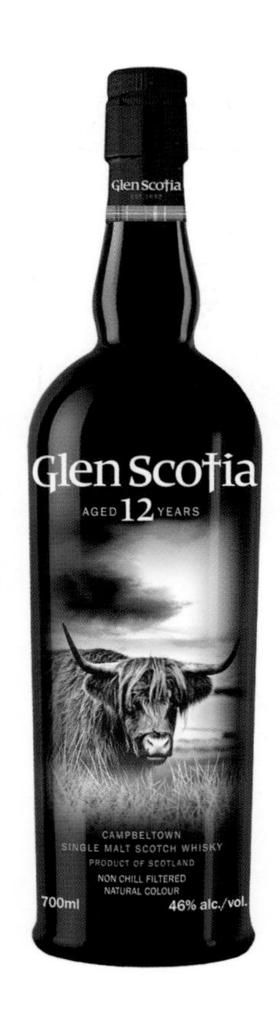

Glengyle, Glen Scotia

글렌가일,
글렌 스코시아

캠벨타운 | www.kilkerran.com | 증류소에 미리 연락 후 방문 가능

이곳 건축물에는 캠벨타운의 위스키 산업 쇠퇴사의 흔적이 곳곳에 배어 있다. 갈라지고 빛바랜 간판, 아파트식 주거 단지의 창문 형태, 어울리지도 않게 파고다 지붕을 얹은 슈퍼마켓의 모습 등 옛 증류소의 유물이 곳곳의 건물에 감질날 만큼 살짝살짝 남아 있다. 그런 광경을 둘러보는 일은 위스키 산업의 취약성을 체감하게 해주는, 매혹적이면서도 번쩍 정신이 드는 경험이다. 하지만 이곳의 과거만을 곱씹는다면 그것은 이 도시의 증류 기술자들에게 몹쓸 짓을 하는 것이다. 캠벨타운은 위스키 고고학자가 아니라 위스키 애호가들을 위한 곳이니.

1828년의 설립 이후 쭉 스프링뱅크의 소유주로 있던 가문의 일원인 헤들리 라이트(Hedley Wright)가 2000년에 옆 증류소를 인수했다. 이 증류소가 바로 글렌가일이었고, 그때까지 80년 동안 폐업 상태에 있었다.

건물의 외관은 정갈한 단층 구조로 수리되었고 증류기는 프랭크 맥하디의 첫 번째 증류소, 벤 와이비스에서 구출해 왔다. 인버고든 그레인위스키 증류소에서 잠깐 가동되기도 했던 증류기들이었다. 이 증류기 이야기는 맥하디의 말로 들어보자. "이곳에 설치하면서 좀 개조를 시켰어요. 구리 세공인에게 총화(파꽃) 모양을 다른 모양으로 바꾸게 하고, 단식 증류기의 어깨 부분 각도도 더 부드럽게 손봤죠. 라인 암의 각도를 더 높여 증류기에 환류가 좀 생기게 조정하기도 했고요." 이 증류소의 초기 출시 제품들은 가벼운 피트 향에 미디움 바디의 특색을 보인다.

글렌가일의 위스키는 브랜드명인 킬커란이라는 이름을 달고 출시되며 현재 글렌가일은 캠벨타운의 세 번째 증류소, 글렌 스코시아의 소유하에 있다. 알프레드 버나드는 캠벨타운에 들어왔을 때 그 당시 그냥 스코시아로 불리던 이 증류소에 대해 "위스키 제조술을 (중략) 비밀로 지키지 않으면 안 되는 것처럼 안 보이게 꼭꼭 숨은 듯한" 곳이라고 썼다.

그 점은 그때나 지금이나 크게 달라지지 않았다. 글렌 스코시아는 여전히 스코틀랜드에서 눈에 잘 띄지 않는 편에 들며, 전 소유주 던컨 맥캘럼(Duncan MacCallum)의 유령이 자주 나온다는 소문으로도 유명하다. 현재 로크 로몬드 디스틸러스의 소유로 있으면서 1999년 이후 생산 설비를 전면적으로 가동하고 있으나 스프링뱅크 사람들의 지원은 한 번도 받은 적이 없다. 이 글을 쓰는 현재는, 새로운 구상, 포장, 브랜드를 내세워 10년과 12년 익스프레션을 선보이고 있다.

글렌 스코시아 시음 노트

10년 46%

향 가벼운 박하 잎 향에 이어 온화하고 상쾌한 코미스 배 향이 다가온다. 점차 나팔수선화 향이 살짝 풍기고 물을 희석하면 광물성 향이 나타난다.
맛 부드러우면서 살짝 오일리하고, 곡물 특유의 단맛이 좀 있다. 원만하고 부드러운 맛. 꽃 풍미가 백합 느낌으로 다가온다.
피니시 짜지만 부드럽다.
총평 절제미와 밸런스를 갖추었다.

플레이버 캠프 향기로움과 꽃 풍미
차기 시음 후보감 치치부 올모스트 데어

12년 46%

향 강건한 인상에 흙내음이 견과류, 곡물(지게미), 오래된 동전의 향취와 어우러져 있다. 물을 섞으면 젖은 돌과 채소/순무 향이 약간 생긴다.
맛 가득한 풍미 사이에서 곡물이 주도적으로 나서 있고 오일리하다. 부드럽게 가라앉혀 견과류의 맛이 드러날 수 있게 하려면 물을 희석할 필요가 있다.
피니시 분필 느낌.
총평 옛 스타일의 글렌 스코시아다.

플레이버 캠프 몰트 풍미와 드라이함
차기 시음 후보감 토버모리 10년

글렌가일은 80년간 침묵 속에 잠겨 있다 1999년에 다시 문을 열었다.

왼쪽 코는 알고 있다. 냄새를 맡고 있는 에드링턴의 마스터 블렌더 고든 모션.

오른쪽 직원들은 바뀌어도 블렌딩 방식은 여전히 그대로다.

Scotch Blends

스카치 블렌드

싱글몰트 스카치위스키가 스피릿을 그 근원인 땅과 연결해 준다고는 하나, 이런 싱글몰트 증류소들 대다수는 전 세계에서 팔리는 스카치위스키의 90% 이상을 차지하는 블렌디드 스카치위스키가 없다면 존재하지 못할 것이다. 세상 사람들이 '스카치위스키'를 말할 때는 블렌디드를 말하는 것이다. 그리고 블렌디드 스카치위스키도 나름의 할 이야기를 가지고 있다.

블렌디드 위스키는 장소와의 연관성보다는 경우와의 연관성이 더 높고, 풍미가 그 생명이다. 스카치위스키는 지금까지 숱한 위기에 직면하는 역사를 거치면서 위기 때마다 풍미를 점검하는 식으로 스스로를 탈바꿈해 왔다.

1830년대에는 위스키 증류가 '빨리 부자가 되는' 방법으로 통했으나 20년이 채 지나지 않아 위스키 업계는 용량 초과 상태가 되었다. 당시엔 럼이 스코틀랜드의 인기 스피릿이었고 아일랜드 위스키가 스코틀랜드에서 스카치보다 더 많이 팔리고 있었다. "주된 이유는 럼이 스타일의 균일성을 띠었기 때문이었어요." 스카치의 핵심 주자, 디스틸러스 컴퍼니의 윌리엄 로스(William Ross)가 그 당시를 떠올리며 한 말이다.

1853년에는 법이 개정된 덕분에 한 증류소에서 다양한 햇수의 숙성 위스키를 '보세로' 블렌딩할 수 있었고, 또 그 덕분에 여러 숙성 햇수의 위스키를 섞으며 풍미의 일관성을 갖추기 위한 시도에서 더 많은 실험을 할 수 있었다. 그때 1년이 채 지나지 않아 나온 것이 어셔(Usher)의 올드 배티드 글렌리벳(Old Vatted Glenlivet)이었다.(처음 출시 때는 배티트 몰트vatted malt였다.) 현재 우리에게 이름이 익숙한 블렌딩 업체들은 1860년에 '식료품 취급 면허'가 처음으로 발행되면서 성장했다. 이는 더 다양한 범위의 소매상인들(특히 식료품 상인들)이 대중에게 위스키를 직접 판매할 수 있게 하려는 조치였으니 그럴 만했다.

이 기회에 편승한 이들은 '이탈리아인 창고업자'라고도 알려졌던 식료품 상인이던 존 워커와 그의 아들 알렉산더, 시바스 형제, 존 듀어, 매슈 글로악, 찰스 맥킨레이, 조지 밸런타인, 윌리엄 티처 같은 와인 판매상이었다.

여러 풍미와 질감을 섞어 균일하고 일관성 있는 결과물을 만들어내는 원칙의 파악은 이들에겐 익숙한 일이었다. 그에 따라 일어난 큰 변화는 단순히 위스키 자체만이 아니었다. 즉, 가벼운 연속 증류 그레인위스키가 싱글몰트위스키의 다루기 힘든 성질을 가라앉혀 주게 된 것만으로 그치지 않고 판매상이 개인적인 품질 보증으로써 병에 자신의 이름을 찍어 넣기도 했다. 이후로 블렌디드 위스키는 스카치의 미래가 되었고, 블렌딩 업자는 스타일의 조정자가 되었다.

19세기 말에 이르자 블렌디드 위스키 시장을 잘 이용하기 위한 목적에 따라, 혹은 블렌딩 업자들의 요청에 따라 특별히 설립되는 신설 몰트위스키 증류소들이 생겨났다. 블렌딩 업체들이 자신들의 블렌디드 위스키에 더 온화한 특색을 입히려 애쓰면서 특히 스페이사이드에 많은 증류소가 생겼다. 왜였을까? 시장에 부응하기 위해서였다.

워커 가문과 듀어 가문, 제임스 뷰캐넌 같은 블렌딩 업자의 천재성이 발휘된 지점은, 영국 시장에 눈을 돌려 중산층의 음주 취향을 간파해 그런 취향에 잘 맞게 블렌딩을 했던 부분이다. 이와 똑같은 방법이 전 세계적으로 행해지며 어느새 블렌디드 위스키는 특정 접객 음료(칵테일)나 특정 경우(저녁 식사 전이나 공연 시간 전)에 잘 맞추어서 만들어지고 있었다.

이런 방식이 금주법과 전후 시대를 거쳐 오늘날까지 이어져 런던의 커트 글라스 잔에서부터 브라질의 바닷가 바(bar), 상하이의 나이트클럽, 남아공 소웨토의 술집까지 여러 영역의 시장에서 확산되어 왔다. 블렌디드 위스키는 본래 유연성이 있어서, 변화하는 입맛에 따라 변신하며 현실적으로 살아간다.

The Art of Blending

블렌딩의 예술

시바스 브라더스 | www.chivas.com | 다음 사이트도 참조 www.maltwhiskydistilleries.com
듀어스 | 애버펠디 | www.dewarswow.com | 연중 오픈, 월~토요일 방문 개방
조니 워커 | www.johnniewalker.com / www.discovering-distilleries.com/cardhu | 연중 오픈, 개방일 및 자세한 사항은 웹사이트 참조
그랜츠 | 더프타운 | www.grantswhisky.com | www.williamgrant.com

역사는 승자들의 기록이라고들 하지만 이 개념은 스코틀랜드 위스키에서는 성립되지 않는다. 적어도 영어권 독자들은 위스키 역사라고 하면, 싱글몰트가 블렌디드라는 하급 존재에게 일시적으로 자리를 빼앗겼다가 자연스러운 질서를 되찾은 이야기로 알고 있다. 하지만 전 세계적으로 팔리는 스카치위스키의 90%는 블렌디드이며 지금도 여전히 판매량이 꾸준히 늘고 있는 중이다. 블렌디드가 여전히 승자라는 얘기다.

그런데 이런 식의 관점에는 문제가 있다. 사실, 블렌디드 위스키와 몰트위스키는 서로 행복하게 공존하고 있다. 둘은 서로를 필요로 하며 위스키의 세계에서 각자가 다른 자리를 차지하고 있다. 한쪽이 다른 쪽보다 더 우위에 있는 게 아니라 서로 다를 뿐이다.

몰트위스키에게 강한 개성이 생명이라면 싱글몰트위스키는 독자성의 극대화가 생명이고, 블렌디드 위스키는 전체성을 이루는 것이 생명이다.

블렌디드 위스키의 제조는 이론상으로 보면 간단하다. 그레인위스키와 몰트위스키를 가져다 놓고 한데 섞어서 만족스러운 최종 풍미를 내면 된다. 1회성 용도로 블렌딩해 만족스러운 결과물 1병만 만들어내는 일이라면 누구나 해볼 수 있을 것이다. 하지만 해마다 수백만 병을 만든다면 어떨까? 블렌딩마다 같은 결과물을 만들어내야 하는데 캐스크마다 다르기 때문에 구성 요소에 차이가 생기기 마련이다. 블렌더는 표현 가능한 풍미 범위를 잘 꿰고 있어야 한다. 위스키 A가 어떤 맛인지만이 아니라 위스키 B, C, D와 섞었을 때 어떤 맛이 나는지도 알아야 한다. 일관성을 지키기 위해 자신이 고를 수 있는 선택안을 가능한 한 많이 구축해야 한다. 또 어떤 경우든 고유의 하우스 스타일을 충실히 지켜야 한다.

싱글몰트의 승리가 통념화되어 있다 보니 위스키 애주가들은 블렌디드를 마주하게 되면 그 위스키의 원료가 된 몰트가 무엇이고 몇 종이나 되고 또 숙성 기간은 어떻게 되는지 궁금해한다. 답은 간단하다. 적절한 몰트를 적절한 수의 종류와 적절한 숙성 단계에서 블렌딩하면 된다. 블렌디드의 음미에서 중심 기준은 풍미와 일관성이지 그 풍미와 일관성에 이르는 방법이 아니다.

원료로 쓰인 몰트가 선택된 이유는 다른 위스키들과의 상호작용 방식 때문이다. 어떤 원주는 첫 향을 위해 선택되는가 하면, 또 어떤 원주는 떫은맛을 위해서거나, 부드러운 질감을 위해서거나, 풍부한 풍미를 위해서거나, 훈연 특색을 위해서 선택되기도 한다. 어떤 원주는 느긋한 성격의 캐스크에 담겨 생동감이 보강되었을 수도 있고, 또 어떤 원주는 떫은맛을 내기 위해 몰트의 관점에서 너무 오래 캐스크에 담겨 있었을 수도 있다.

블렌딩되는 원주의 수는 해당 풍미 프로필을 끌어내기 위해 적절한 만큼이며, 그것은 숙성도도 마찬가지다. 여기에서 말하는 숙성도는 햇수와는 다르다. 햇수는 시간의 표시이지만 숙성은 오크, 스피릿, 공기가 어느 정도의 상호작용을 이루었는가의 문제다. 숙성도가 다르면 풍미도 달라진다. 블렌딩은 숫자 게임이 아니라 풍미 게임이며, 다양한 증류소 개성, 오크, 숙성 양상을 갖추어야 복합미가 갖추어진다.

게다가 블렌디드 위스키에서는 그레인위스키 얘기도 빼놓을 수 없다. 조니 워커의 마스터 블렌더 짐 베버리지는 그레인에 변화를 일으키는 힘이 내재되어 있다는 점을 누누이 강조한다. 자신의 풍미만 더하는 것만이 아니라 같이 섞이는 다른 몰트가 새로운 풍미를 끌어내도록 유도하기도 한다는 얘기다. 단순히 채우거나 희석시키는 요소가 아니라 질감에 일조하고 블렌디드 위스키의 통합성과 일관성을 늘려준다. 블렌디드를 맛볼 때 여러 풍미를 같이 끌어당겨 주는 듯한 부드럽고 혀에 착착 감기는 요소도 그레인이 만들어주는 것이다. 그레인은 몰트 안에(블렌디드 안에도) 숨겨진 복합성을 밖으로 드러나게 해주는 한 방법이기도 하다.

윌리엄 그랜트 앤드 선즈의 마스터 블렌더 브라이언 킨스먼의 설명도 들어보자. "때때로 몰트의 특색 중 한 요소가 지배적으로 나서게 될 수 있어요. 가령 훈연 향 같은 게 그렇죠. 이때 그레인이 제 역할을 해요. 그런 지배성을 누그러뜨려 다른 2차적, 3차적 풍미들이 드러나게 해주죠. 증류소의 핵심 특색은 여전히 살아 있되 조화의 여지가 더 생기게 해주는 겁니다. 핵심은 몰트와 그레인의 밸런스예요. 비중이 중요한 게 아니에요. 그레인이 많이 들어간다고 해서 블렌디드의 품질이 떨어지진 않아요. 품질이 떨어지는 이유는 밸런스가 맞지 않기 때문이에요. 그건 몰트가 많이 들어가는 경우에도 다르지 않아요."

모든 그레인위스키 증류소가 저마다의 개성을 갖고 있어서, 블렌더들은 대체로 싱글그레인(증류소를 소유하고 있을 경우엔 보통은 자체 생산한 싱글그레인)을 중심으로 블렌딩을 하는 한편 증류소들의 이런 독자성 때문에 그 싱글그레인을 보완해 줄 다른 그레인을 쓰기도 한다.

다음은 커티 삭의 마스터 블렌더 커스틴 캠벨의 말이다. "영국 북부에서는 옥수수를 원료로 쓰기 때문에 뉴메이크가 대체로 오일리하고 버터 같은 향을 띱니다. 이 향이 숙성되면 더 달콤해지고 바닐라 느낌이 생겨납니다. 그리고 이런 향과 오일리함이 아주 기분 좋고 부드러운 마우스필을 선사해요. 에드링턴의 블렌디드 위스키에게 아주 소중한 풍미죠. 좋은 품질의 그레인을 쓰지 않으면 싸구려 밀가루로 빵을 굽는 격입니다. 그레인은 무엇보다도 특히, 부드러움을 입혀주어 더 강한 성격의 몰트 풍미를 보완해 줘요. 그레인은 오래 숙성시키면 아주 복합적인 특성을 띠어 더 풍부한 오크 풍미와 미묘한 스파이시함이 생겨나기도 합니다."

관건은 단순히 다른 여러 풍미와 질감을 한데 섞는 것이 아니다. 그보다는 확연히 다른 요소들이 서로서로 조화를 이루게 할 방법뿐만 아니라, 특정 접객 음료나 특정 경우에 잘 어울리게 만들어낼 방법까지 이해해야 한다. 1930년에 아이네아스 맥도날드(Aeneas MacDonald)는 블렌디드에 대해 다음과 같은 글을 썼다. "블렌딩은 여러 기후와 여러 고객 계층의 입맛에 맞을 만한 위스키를 만들어낼 수 있게 해주었다. 위스키의 대대적 수출은 블렌딩이 위스키 업계에 가져다준 유연성 덕분이라고 말해도 무방하다."

이런 유연성은 변함없이 지켜져 왔다. 지금도 블렌더들은 블렌디드에 들어갈 원주만이 아니라 그 블렌디드의 음미 방법까지 생각한다. 대체로 블렌디드는 그 자체를 단독으로 마시도록 만들어지지 않는다. 대부분이 롱드링크나 칵테일로 맛볼 때 최고의 진가를 발휘하도록 만들어진다.

블렌디드는 다재다능한 팔방미인이다. 마음을 끄는 매력이 있다. 위스키가 세계적 술로 군림하고 있는 이유이기도 하다.

블렌디드 스카치위스키 시음 노트

앤티쿼리 12년 40%

향 스팀 시럽 푸딩 맛의 달콤함, 부드러움, 복숭아 같은 향, 가벼운 바닐라 향, 팝콘 느낌의 곡물 향.
맛 온화하지만 깊이가 있다. 곡물 풍미가 가벼운 밀크초콜릿 맛으로 드러나 있다. 향신료의 단맛.
피니시 여운이 길고 달콤하다.
총평 밸런스와 세련미를 두루 갖추었다.

플레이버 캠프 과일 풍미와 스파이시함

밸런타인 파이니스트 40%

향 생동감과 경쾌한 느낌. 프랑스풍 제과점 향기에 풀과 에스테르 향이 어우러져 있다. 미묘한 달큰함과 풋풋한 특색이 있다.
맛 상쾌하고 향긋하다. 가벼운 꽃 풍미, 풋과일 맛이 나면서, 풍부한 과즙 느낌이 중심을 잡아준다.
피니시 상큼하고 상쾌하다.
총평 섬세하면서, 진저에일 풍미가 활기를 돋아준다.

플레이버 캠프 향기로움과 꽃 풍미

뷰캐넌 12년 40%

향 부드럽다. 망고와 파파야 향에 곡물과 크리미한 오크 향이 유연하게 어우러져 있다.
맛 깔끔한 오크 풍미에 더해 구조감이 좀 느껴지고 토스트의 특색도 살짝 풍긴다. 가벼운 코코넛 맛. 계속 이어지는 과일 풍미.
피니시 약간 드라이해지면서 스파이시하게 마무리된다.
총평 부드럽고 진하다.

플레이버 캠프 과일 풍미와 스파이시함

시바스 리갈 12년 40%

향 가벼우면서 곡물 향이 두드러진다. 마른 건초 향, 메이플 시럽의 단 향, 가벼운 바닐라 향.
맛 상쾌하다. 파인애플과 붉은색 과일류의 맛이 풍기는 동시에, 약간의 설타나 풍미가 마른 풀의 특색에 깊이감을 더해준다
피니시 상쾌하고 드라이하다.
총평 섬세한 느낌이지만 깊이감도 겸비했다.

플레이버 캠프 향기로움과 꽃 풍미

커티 삭 40%

향 밝고 활기찬 인상. 블랜치드 아몬드(데쳐서 껍질을 벗긴 아몬드), 레몬 치즈 케이크, 바닐라, 약간의 풋 배/사과 향.
맛 생동감이 도는 동시에 실크처럼 부드러운 곡물 맛이 깊이감을 더한다.
피니시 새콤하다.
총평 아주 힘차고, 소다수나 진저에일과 섞어 마실 때 최고의 진가를 발휘한다.

플레이버 캠프 향기로움과 꽃 풍미

듀어스 화이트 라벨 40%

향 아주 달콤하다. 으깬 바나나, 녹아가는 화이트초콜릿 아이스크림 향. 온화한 곡물 향과 약간의 꿀 향기. 끝맛에서 정향과 메이스 향이 풍기며 딱 알맞은 정도의 스파이시한 에너지를 발산한다.
맛 온화하고 크리미하다. 그릭 요거트, 시트러스, 디저트용 사과의 맛.
피니시 정향과 메이스 풍미.
총평 대기업 블렌디드 위스키를 통틀어 가장 달콤하다.

플레이버 캠프 과일 풍미와 스파이시함

더 페이머스 그라우스 40%

향 밸런스가 좋다. 새콤한 오렌지 껍질, 잘 익은 바나나, 희미한 그린 올리브, 토피의 향.
맛 부드럽다. 가벼운 견과류, 잘 익은 과일, 토피의 맛에 이어 약간의 건포도 맛이 깊이감을 더해준다.
피니시 살짝 스파이시하면서 생강의 단맛이 난다.
총평 미디움 바디의 우아한 위스키다.

플레이버 캠프 과일 풍미와 스파이시함

그랜츠 패밀리 리저브 40%

향 상쾌한 향을 부드러운 곡물, 구운 마시멜로, 아몬드 플레이크 향이 받쳐주고 있다.
맛 밀랍, 다크초콜릿, 붉은색 과일, 캐러멜 맛으로 깊이감이 더해졌다.
피니시 약간의 말린 과일 향취와 함께 여운이 오래 지속된다.
총평 미디움 바디의 무게감에 밸런스가 잘 잡혀 있다.

플레이버 캠프 과일 풍미와 스파이시함

그레이트 킹 스트리트 46%

향 미국의 크림소다, 배, 계곡에 핀 백합, 온화한 곡물의 향. 진한 꽃향기와 경쾌한 느낌.
맛 소두구, 아니스, 레몬, 천도복숭아 맛이 은은히 퍼지면서 감미롭고 부드러운 인상을 준다.
피니시 온화하면서 아주 길다.
총평 그레인위스키 대비 몰트위스키의 비율이 높은 편이며 퍼스트 필 캐스크의 사용 비중도 높은 위스키다. 하이볼로 맛보길 추천한다.

플레이버 캠프 과일 풍미와 스파이시함

올드 파, 12년 40%

향 가죽 같은 향이 있고, 건포도, 대추야자, 호두의 풍부하고 농익은 향 사이로 라일락, 바이올렛, 약간의 시트러스 향이 돈다. 불에 탄 오렌지 껍질, 향신료 캐러웨이, 고수의 모습을 한 가볍고 향기로운 향.
맛 걸쭉하고 씹히는 듯한 질감의 블랙커런트 열매 맛과 더불어 캐러웨이와 고수 씨 맛이 난다. 향에서 느꼈던 가죽 느낌이 다시 번져온다.
피니시 셰리 풍미와 깊이감.
총평 옛 스타일의 풍부한 블렌디드 위스키다.

플레이버 캠프 풍부함과 무난함

조니 워커 블랙 라벨 40%

향 어두운 색 과일류가 연상되며, 블랙베리, 익힌 플럼, 건포도 향과 함께 약간의 과일 케이크 향이 풍긴다. 물을 희석하면 해안 특유의 훈연 향이 가볍게 올라온다.
맛 부드럽고 풍부하다. 셰리 풍미가 깊이감 있게 느껴지고 약간의 마멀레이드 맛이 말린 과일의 맛에 새콤함을 더해준다.
피니시 살짝 스모키하다.
총평 풍미가 복합적이고 풍부하다.

플레이버 캠프 풍부함과 무난함

Ireland

아일랜드

한때 우월한 위상을 차지하고 있던 아일랜드 위스키는 지난 10년 전까지만 해도 잊힌 존재로 전락해 있었다고 해도 과언이 아니다. 아일랜드는 스코틀랜드보다 먼저 보리 스피릿을 만들었을 것으로 추정되는 나라다. 16세기에 자국 위스키를 너무 사랑한 셰익스피어가 다음과 같은 글을 썼다. "나는 나의 아쿠아 비테(aqua-vitae, 생명의 물이라는 뜻으로 위스키의 어원—옮긴이)를 마시는 아일랜드인을 (중략) 혼자 있는 내 아내보다 더 믿는다."

앞쪽 19세기까지 아일랜드의 위스키는 대부분 소농(小農)들의 손에서 빚어졌다.

아래쪽 아일랜드에서는 수 세기동안 위스키 제조가 시골 생활의 한 부분이었다.

하지만 아일랜드는 원래 아쿠아 비테가 아니라 '우스게바하(usquebaugh, 아쿠아 비테가 게일어로 번역된 말—옮긴이)'라는 표현으로 유명했다. 셰익스피어와 동시대 신사 계층 여행가 파인즈 모리슨(Fynes Moryson)은 우스게바하가 "레이즌, 회향풀 씨 외에 다른 여러 가지를 섞어 만들어 우리의 아쿠아 비테보다 더 인기를 끌었다"는 글을 남겼다.

그때까지 아일랜드의 위스키는 스코틀랜드와 똑같은 역학관계를 따랐다. 대부분 시골에서 만들던 불법 밀주 위스키 '포틴(poitine)'과 코크, 골웨이, 밴든, 털러모어 등지를 비롯해 특히 더블린에서 합법적으로 생산되던 '의회법에 입각한 위스키(Parliamentary whiskey)'가 대결하는 양상이었다.

그 당시에 더블린은 중요한 무역항으로 부상 중이어서, 부지런히 몸을 놀리면 이곳에서 한밑천 벌 수 있었다. 위스키도 그렇게 돈을 벌 수 있는 신흥 사업 중 하나였다. 존 제임슨(John Jameson)과 그의 아들들도 득을 본 1823년의 법은, 증류에 대한 투자 의욕을 부추기며 더블린을 세계의 위스키 수도로 탈바꿈시켰다.

아일랜드에서는 스코틀랜드의 위스키 제조업자들과 다른 경로를 선택했다. 아니아스 코페이의 페이턴트 스틸로 증류한 연속 증류 위스키의 가벼움이 아니라, 몰트와 비몰트 보리뿐 아니라 호밀과 귀리도 원료로 쓰는 단식 증류 위스키를 택했다. 그래야 일관성 있는 풍미를 띠고 대량 생산이 가능하다고 확신했기 때문이었다. 당신이 만약 19세기 중반에 살며 위스키를 마셨다면 그 위스키는 십중팔구 아일랜드의 싱글포트 스틸 위스키였을 것이다.

이런 인기는 오래 이어지지 못했다. 아일랜드는 20세기에 주요 위스키 생산국 가운데 가장 큰 고전을 겪었다. 위스키 생산국 모두를 덮친 경제적 역경에 더해 또 다른 삼중고까지 겪은 탓이었다. 독립으로 대영제국권 무역이 중단되고, 미국 시장에서의 입지를 고사시키고 있는 밀주꾼의 문제 해결에 나서지 않고, 국내의 고립 정책 영향으로 높은 내국세에 더해 수출 금지의 타격까지 가해지며 증류업이 붕괴되었다. 1930년대가 되자 아일랜드 공화국에서 영업 중인 증류소는 단 6곳뿐이었다. 1960년대에는 그때까지 견뎌낸 마지막 3곳이 서로 합세해 IDL(Irish Distillers Limited)이 되었다. 비로소 변화가 시작된 계기는 1970년대에 뒤늦은 깨달음을 교훈 삼아 새로운 제임슨 블렌디드 위스키가 출시되고 카인티 코크 미들턴에 중앙집중형 증류소가 문을 열면서부터였다.

이 글을 쓰는 현재는, 19건의 증류소 설립 계획 신청서가 검토 중이다. 다음은 쿨리 증류소를 거쳐 킬베간 디스틸링(Kilbeggan Distilling)의 마스터 디스틸러로 있는 노엘 스위니(Noel Sweeney)의 말이다. "새로 출범한 아일랜드 위스키 협회의 첫 회의를 얼마 전에 가졌는데 1800년대 이후로 한 방안에 그렇게 많은 위스키 증류 업자가 모인 적은 없었던 것 같아요."

아일랜드는 유산의 관리에도 신경 쓰는 중이다. "우리만의 위스키 유산을 별로 쌓지 못했다는 것은 불명예스러운 일이었어요. 아일랜드가 어떤 나라입니까? 세계에서 가장 유명한 음주문화를 가진 나라 아닙니까!" 신생인 딩글(Dingle) 증류소의 소유주 올리버 휴즈(Oliver Hughes)의 말이다.

그렇다면 21세기의 아일랜드 위스키는 어떨까? 간단히 말해, 아일랜드에서 만들어진 위스키답다. 아일랜드라는 나라와 마찬가지로 아일랜드 위스키도 다면적이다. 그레인, 몰트, 블렌디드, 싱글포트 스틸, 훈연 처리, 비 훈연 처리 등의 다양한 위스키가 있다. 대규모 증류소도 있고 소규모 증류소도 있으며, 생산지가 전국 곳곳에 퍼져 있고, 스트레이트, 핫 드링크, 롱 드링크, 쉐이킹 칵테일로 다채롭게 음용된다.

자, 이제 의자를 당겨 앉아 몰트위스키 1잔을 따라서 아일랜드를 가까이 불러보자. 느긋한 마음으로 시간을 좀 갖길. 아일랜드에서는 시간은 늘 있으니.

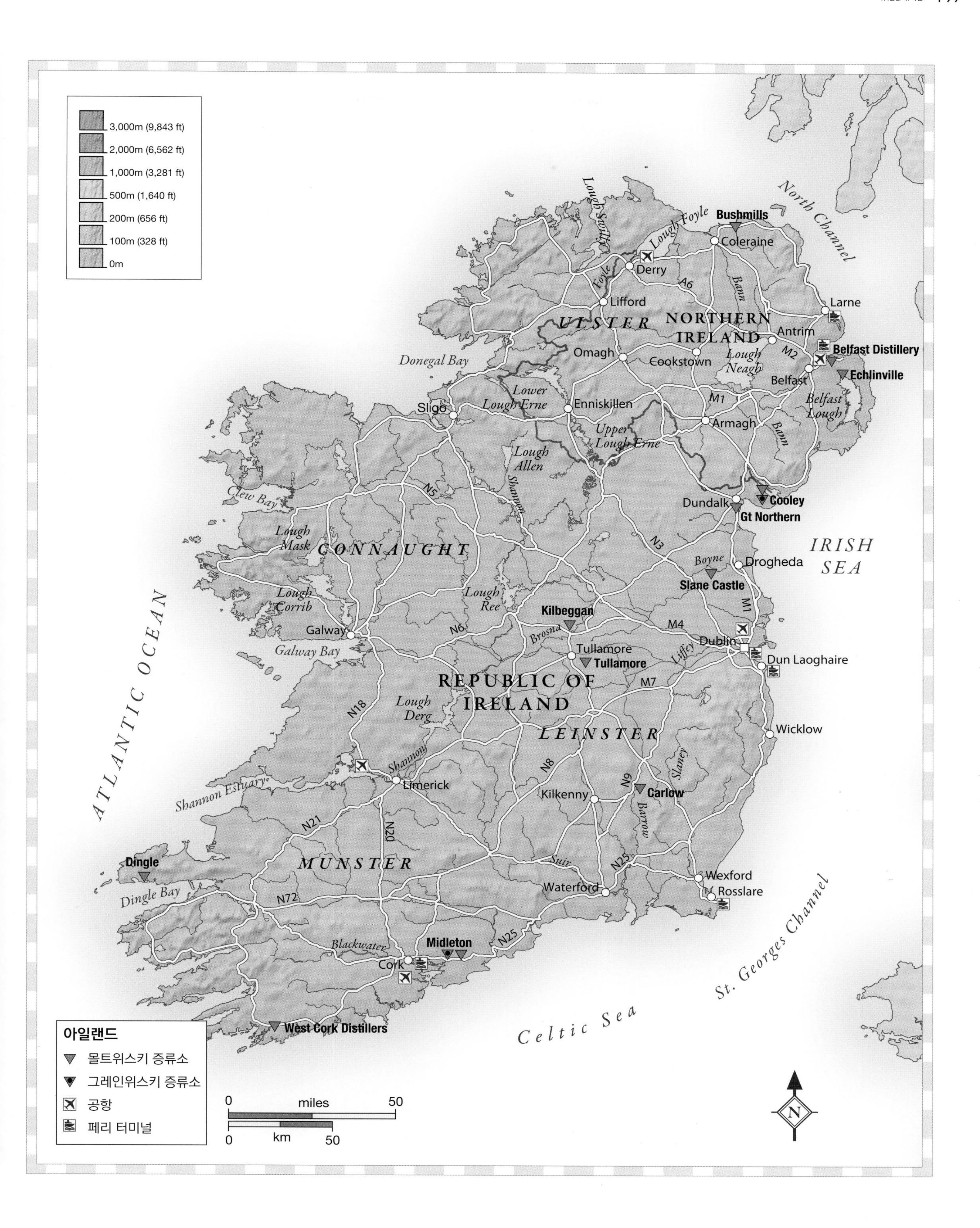

3,000m (9,843 ft)
2,000m (6,562 ft)
1,000m (3,281 ft)
500m (1,640 ft)
200m (656 ft)
100m (328 ft)
0m
North Channel
Bushmills
Coleraine
Lough Foyle
Lough Swilly
Derry
Foyle
A6
Bann
Lifford
Larne
ULSTER
NORTHERN IRELAND
Antrim
Belfast Distillery
Omagh
Cookstown
Lough Neagh
M2
Echlinville
Donegal Bay
Belfast
Lower Lough Erne
Enniskillen
M1
Belfast Lough
Sligo
Armagh
Upper Lough Erne
Bann
Lough Allen
Shannon
Clew Bay
N5
Cooley
Dundalk
Gt Northern
Lough Mask
CONNAUGHT
N3
IRISH SEA
Boyne
Drogheda
Slane Castle
Lough Corrib
Lough Ree
M1
ATLANTIC OCEAN
Kilbeggan
M4
Galway
N6
Brosna
Dublin
Galway Bay
Tullamore
Tullamore
Liffey
Dun Laoghaire
REPUBLIC OF IRELAND
M7
N18
Lough Derg
LEINSTER
Wicklow
Shannon
Slaney
N8
Shannon Estuary
Limerick
N9
Carlow
Kilkenny
Barrow
N21
N20
Dingle
MUNSTER
Suir
N25
Wexford
Dingle Bay
N72
Waterford
Rosslare
St. Georges Channel
Blackwater
Midleton
N25
Cork
Celtic Sea
West Cork Distillers
아일랜드
몰트위스키 증류소
그레인위스키 증류소
공항
페리 터미널
0
miles
50
km
50
N

증류 기술은 아일랜드의 암석으로 이루어진 해안에서 스코틀랜드로 전파되었을 것으로 추정된다.

Bushmills

부시밀스

부시밀스 | www.bushmills.com | 연중 오픈, 개방일 및 자세한 사항은 웹사이트 참조

노스 해협은 예전부터 아일랜드와 스코틀랜드 사이에서 통행이 잦은 수로였다. 두 나라는 수년에 걸쳐 이야기, 노래, 시를 공유하고 정치 및 과학적 교류로 나누며, 인적 · 사상적으로 큰 흐름이 오갔다. 이런 교류를 얘기할 때 위스키는 빼놓을 수 없는 부분이다. 1300년에 비튼 가문 양식의 위스키 제조 지식이 아일레이 해안으로 전해진 근원지가 정말 여기였을까? 이곳이 부시밀스를 품고 있는 땅이긴 하지만 사실을 이해하려면 우선은 반쪽 진실의 덤불(bush)을 걷어내야 한다.

한 예로, 이 근처에서 증류가 허용된 시기는 1608년이었으나 부시밀스 마을 최초의 증류소는 1784년에야 세워졌다. 소형 단식 증류기를 갖추고 문을 연 이곳은 1853년에 시설 '개선'이 이루어져 전깃불이 설치되었으나 2주 후 전원을 켠 후 증류소에 불이 나 파괴되고 말았다. 전깃불과 화재의 연관성은 불분명하다.

위스키 기록가 알프레드 버나드는 1880년대에 이곳을 방문해 "모든 현대적 발명품이 가동되고" 있다며 열광적 어조로 평했다. 하지만 그때는 3차 증류 위스키를 만들고 있지 않았다. 3차 증류가 개시된 때는 제품 개선을 위해 스코틀랜드인 지미 모리슨(Jimmy Morrison)이 책임자로 고용된 이후인 1930년대였다. 모리슨이 내놓은 해결책이 바로 "다른 곳 어디에서도 활용되지 않고 있는 3차 타입의 단식 증류기"(17쪽 참조)였다. 그리고 피트 처리가 개시된 것은 1970년대부터였다.

현재 부시밀스 증류소에서는 가볍고 풀 내음 나는 3차 증류 몰트뿐만 아니라 자체적인 블렌디드로 풍부하고 과일 풍미 도는 블랙 부시(Black Bush)와 상쾌하고 생강 향 나는 오리지널(Original)도 만들고 있다. 풍미가 바로 다가오면서 마시기에 무난하지만, 그와 동시에 복합적이기도 하다.

부시밀스의 심장은 9대의 증류기에서 뽑아져 나오는 스피릿이다. 이 증류기들은 얼핏 보기에 증류장 안에 아무렇게나 놓인 것처럼 흩어져 있으나 그 가느다란 목은 증기를 쥐어짜며 구리와 친밀한 대화를 나누게 해주고, 환류도 늘려준다.

이곳에서의 바람직한 풍미는 가벼움인데, 이런 가벼운 풍미는 인터미디엇 스틸에서 나오는 스피릿을 세 부분으로 끊어내는 방식을 통해 얻어낸다. 먼저 초류가 로우 와인 리시버로 흘러 들어가고, 그 후에 끊어낸 중류 부분은 강한 후류 리시버로 간다. 그 나머지인 약한 후류는 로우 와인 리시버로 들어가게 된다.(17쪽 참조.)

이어서 2대의 스피릿 스틸에 각각 강한 후류 7,000L(1,540갤런)씩을 채워 넣는다. 이때 아주 적은 컷(85~83%)만을 스피릿으로 모은다. 하지만 증류 공정은 여기에서 끝나지 않아, 남아 있는 강한 후류로 계속 증류를 이어간다. 물론 약한 후류와 스피릿 스틸의 여분도 재증류해서 컷하고, 또다시 재증류한 후 스피릿을 보충한다. 이 증류장 안에서 느껴지는 분위기는, 복잡한 일을 다루려 애쓰고 있다기보다는 그냥 그 안에 서서 구경하며 냄새 맡고 귀 기울이고 있는 것에 만족하는 듯한 느낌에 훨씬 가깝다. 증류 담당자는 그 가운데에서 스피릿 세이프에 둘러싸여 지휘자처럼 풍미를 감독한다. 쉭쉭 거리는 증기 소리, 밸브에서 울리는 소리, 여러 향기가 섞이면서 내는 소리가 묵직한 음과 가벼운 음, 베이스 음과 소프라노 음을 오가며 음악처럼 흐른다. 부시밀스의 풍미 형성은 선형적으로 질서 있게 이어지지 않는다. 여러 풍미가 계속해서 흘러나오며 서로 겹치고 방향 전환을 하는 과정을 거치면서 수집된다.

현재 부시밀스의 뉴메이크는 높은 비율로 퍼스트 필 캐스크 숙성을 거친다. "이곳의 위스키는 가볍고 복합적이지만 퓨젤유의 향이 적은 편이에요. 기껏 그런 섬세한 풍미의 스피릿을 만들고 나서 품질이 떨어지는 캐스크에 담는다는 건 감히 해서는 안 되는 짓입니다." 이건(Egan)의 말이다.

이 증류소의 모든 것과 이곳에서 진화를 이루어가는 위스키들은, 늘 자의식을

부시밀스 증류소는 인근에 현무암 각주로 이루어진 절벽, 자이언츠 코즈웨이를 끼고 있다.

넓은 부지에 건물이 사방으로 뻗어 있는 이곳 부시밀스는 다양하게 변모해왔다.

지켜온 이곳을 그대로 담아낸다. 지금까지 비전통적 노선 같고 어색한 경로 같아 보일 법한 선택을 해왔으나, 그것이 의식적이었든 직관적이었든 간에 바로 그런 결정이 지금까지 부시밀스가 살아남은 이유였다. 이 증류소는 '아이리시 위스키'를 만들어왔다기보다 부시밀스를 만들어왔다. 부시밀스를 차별화시켜주는 요소는, 풍미와 그 풍미를 만들어내는 방법을 통해 고유의 유산, 즉 문화적 테루아를 전해주고 있는 부분이다. 앤트림의 고요한 오솔길, 톱니처럼 들쭉날쭉 뻗은 해안선은 의문 갖기를 즐기고 비전통적 개성의 가치를 믿는, 타고난 증류 기술자들을 배출해 왔다.

부시밀스 시음 노트

오리지널, 블렌디드 40%

향 옅은 황금색. 아주 상쾌한 동시에, 섬세하면서 살짝 찌릿한 허브 향이 다가온다. 뜨거운 찰흙 내음과 향긋한 풀 내음.
맛 단맛과 함께 살짝 흙먼지 내음이 느껴진다. 중심을 잡아주는 단맛과 약간의 오렌지꽃 풍미가 공존하고, 뒤로 갈수록 꿀 같은 단맛이 점점 풀의 느낌을 띠어간다.
피니시 상큼하면서 생강의 풍미가 남는다.
총평 섞어 마시기 위해 만들어진 위스키.

플레이버 캠프 향기로움과 꽃 풍미

블랙 부시, 블렌디드 40%

향 짙은 황금색. 깔끔한 오크 향. 향신료와 갈리아 멜론 향, 약한 대추야자 향, 블랙 포도 주스 향에 이어, 코코넛과 삼나무 향기가 다가온다. 물을 희석하면 플럼 클라푸티(제철 과일 파이)와 오래 우려낸 대황의 향기가 풍긴다.
맛 주스 같고 농익은 과일 풍미. 과일 케이크, 보리 사탕 맛. 깊이감이 있고 가운데로 풍미가 고여든다.
피니시 크리미한 여운이 오래 지속된다.
총평 얼음 1덩어리와 함께 내길 권한다.

플레이버 캠프 풍부함과 무난함

10년 40%

향 황금색. 풋풋한 풀 내음이 점점 가벼운 건초, 몰트 통의 향취로 진전되다가 생 회반죽, 발사나무 향이 이어진다. 클로버 향.
맛 상큼하면서도 버번 캐스크에서 입혀진 바닐라의 단맛이 함께 느껴진다. 살짝 향긋하다.
피니시 드라이한 풀 풍미와, 흙먼지 내음 도는 향신료 풍미.
총평 과거에 비해 살짝 더 풍미가 가득하다.

플레이버 캠프 향기로움과 꽃 풍미
차기 시음 후보감 카듀 12년, 스트라스아일라 12년

16년 40%

향 짙은 호박색. 힘 있고 달콤한 셰리의 특색에, 검은색 과일류, 프룬의 농축된 향이 진하지만 달큰한 오크 향도 난다. 주스 같은 특색을 여전히 간직하고 있다. 건포도와 차에 곁들여 먹는 가벼운 빵의 향기.
맛 농후하고 와인 느낌이 난다. 오디 잼, 커런트의 맛. 아주 살짝 타닌이 느껴지다 블랙 체리 향과 토피 맛이 차례로 이어진다.
피니시 다시 포도 풍미가 다가온다.
총평 3종류의 오크 통을 거쳐 숙성되었으나 떫은 맛이 없다.

플레이버 캠프 풍부함과 무난함
차기 시음 후보감 더 발베니 17년 마데이라 캐스크

21년, 마데이라 캐스크 피니시 40%

향 힘 있고 진하다. 점차 버터 아이싱을 얹은 커피 케이크 향이 난다. 물을 섞으면 셰리 양조장이 연상되는 향이 풍긴다. 그 뒤로 박하 향, 시트러스의 새콤한 향, 무두질한 지 얼마 안 된 가죽의 향취가 이어진다. 그리스트 같은 단 향.
맛 달콤함과 떫은 맛에, 짙은 색 계열의 말린 과일, 당밀, 감초 사탕의 맛이 섞여 있다.
피니시 견고한 느낌의 견과류 풍미로 깔끔하게 마무리된다.
총평 더블 캐스크 숙성으로 무게감이 더해졌다.

플레이버 캠프 풍부함과 무난함
차기 시음 후보감 달모어 15년

Echlinville, Belfast Distillery

에클린빌, 벨파스트 디스틸러리

에클린빌 | 커커빈(Kircubbin) | 카운티 다운(County Down)

1978년의 콜레인(Coleraine) 폐업 이후 북아일랜드에는 증류소가 부시밀스 단 1곳만 남아 있었다. 아일랜드 공화국처럼, 부시밀스 외의 위스키 제조 유산은 잊혀졌다. 증류기가 차갑게 식자 그 기억도 유리잔에서 피어오르는 향기처럼 흩어져 버렸다. 벨파스트의 던빌(Dunville) 같은 익숙하던 이름들이 이제는 사라진 상표명이나 살짝 녹슨 펍(pub) 간판 속 문구로만 남아 있었다.

예전부터 쭉 이랬던 것은 아니다. 19세기 초반에 아일랜드 북부 지역은 포트 스틸 위스키를 대량으로 생산했고, 19세기 말 무렵엔 중요한 그레인위스키 생산지로 부상하기도 했다. 북아일랜드의 그레인위스키가 가격을 싸게 팔면서 스코틀랜드의 그레인위스키 생산을 독점하고 있다시피 했던 DCL(Distillers Company Limited)의 속을 태우기도 했다.

DCL은 과잉 생산과 판매 저조의 시대이던 1920년대부터 북아일랜드의 증류소를 잇달아 인수했다. 1922년과 1929년 사이에는 벨파스트의 애본비엘과 콘스워터, 데리의 워터사이드와 애비를 인수했다가 전부 폐업시켰다. 1930년대 중반 무렵엔 대규모 증류소 중 남은 곳은 던빌의 터전이었던 벨파스트에서 수익을 내고 있던 로열 아이리시뿐이었는데, 어찌 된 영문인지 이곳마저 1936년에 문을 닫았다.

현재는, 한때 아즈 반도의 에클린빌에 자리한 웅장한 저택의 마구간 구역이었던 곳에서 부활의 잠재성이 싹트고 있다. 2013년에 북아일랜드의 2번째 합법 증류소가 영업을 시작하며 틔운 싹이었다. 현지 주민으로서 이 증류소의 설립을 구상한 인물인 셰인 브래니프(Shane Braniff)는 2005년에 쿨리의 재고분을 이용해 이미 자신의 브랜드 페킨 아이리시 위스키(Feckin Irish Whiskey)와 스트랭포드 골드(Strangford Gold)를 자리 잡아놓은 터였다가 쿨리가 빔에 매각되며 위스키 공급처가 끊기자 자신이 직접 생산하기로 했다.

"전부터 마음에 품고 있던 목표였어요. 그 브랜드로 연간 컨테이너 7개 분량의 위스키를 팔고 있었을 때부터 증류소를 세우자는 말을 자주 했어요." 그는 현재 40.5헥타르(100에이커)의 토지에서 보리를 재배하고 있고 플로어 몰팅도 개시했다. "라벨의 '밭에서부터 잔까지(field to glass)'라는 문구는 진짜로 말 그대로입니다." 그의 이런 행보는, 아즈 반도의 미기후가 보리 재배와 숙성에 잘 맞아 이곳이 위스키 생산지로서 이상적이라고 믿는 신념에서 나오는 것이다. "저는 철두철미할 만큼 품질을 중시하는 사람이지만 요즘엔 어떤 사업이든 모든 걸 가격 문제로 결론지으려는 경향이 늘고 있어요. 하지만 저는 세계 최고 수준의 위스키를 생산해 낼 수 있다면 그만한 보상을 얻게 되리라고 믿어요."

이 글을 쓰는 현재, 또 한 사람이 새로운 부지에 대담하게 증류소를 열었다. 피터 래버리(Peter Lavery)는 2001년에 복권에 당첨된 돈을 밑천 삼아 벨파스트의 예전 크럼린 로드 교도소 부지에 몰트위스키 증류소를 세웠다. 연간 30만L(65,991갤런)의 3차 증류 싱글몰트위스키 생산이 이곳의 목표다.

그는 새로운 위스키 타이태닉(Titanic)의 생산을 목표로 하고 있지만 역사를 고려해 벨파스트의 사멸한 위스키 브랜드 매코널(McConnell)을 인수하기도 했다. 셰인 브래니프의 던빌라벨 인수를 통해서도 확실해지고 있듯, 이제는 아일랜드 북부가 차츰 부상하고 있을 뿐만 북아일랜드의 위스키 역사를 새롭게 이해하려는 움직임 또한 점점 늘고 있다.

에클린빌 증류소의 웅장한 터전.

Cooley

쿨리

던도크 | www.kilbeggandistillingcompany.com

라우스 주의 쿨리 반도는 한 증류소의 터전일 뿐만 아니라 아일랜드의 중세 서사시 『쿠얼릉거의 소도둑(The Táin Bó Cúailnge)』의 배경 중 한 곳이기도 하다. 왕과 왕비가 마법 소의 소유권을 놓고 다투는 내용의 이 서사시는, 1988년에 아일랜드 위스키의 혼을 찾기 위한 투쟁의 출발점이라고 볼 만한 사건과 아주 유사하다.

당시에 존 틸링(John Teeling)이라는 사람이 아일랜드 위스키 소비자들에게 선택권을 선사해 주겠다는 의지의 표현으로써, 쿨리를 설립했다. 1966년 이후 아일랜드 공화국의 유일한 증류소였던 곳은 IDL 소속이어서 피치 못하게 '아일랜드 위스키'의 고유 특징에 반하는 스타일을 띠었다. 즉, 3차 증류에 피트 비처리 스타일이었다. 그러던 중 1990년대 무렵 쿨리가 2차 증류 몰트, 피트 처리 몰트, 싱글 그레인, 블렌디드 위스키를 출시하며 아일랜드 위스키가 본연의 다양성을 재발견하게 되었다.

쿨리의 부지는 심미적 측면에서 선정된 것이 아니었다. 콘크리트 상자를 모아놓은 듯한 형태의 그 실용적인 건물은 원래는 감자에서 연료를 추출하던 정부 소유의 공장이었다. 아무튼 시각적으로 보기에는 그다지 예쁘지 않을지 몰라도 후각적으로는 기분이 좋은 곳이다. 생산 부지로 들어서면 옥수수빵과 팝콘의 달콤한 향기가 확 달려든다. 내부에 단이 28개 설치된 연속 증류기 바벳 스틸(Barbet still)에서 나온 옥수수 베이스의 감미로운 스피릿, 그리노어(Greenore) 싱글 그레인위스키에서 포착되는 바로 그 향이다.

이곳엔 1쌍의 단식 증류기도 설치되어 있는데, 위쪽으로 꺾인 라인 암 내부에 냉각 파이프가 있어 환류를 촉발시키는 구조다. 피트 처리된 코네마라조차 그 중심에 이렇게 증류된 섬세함이 있어, 억세고 잔디 느낌을 주는 그 페놀 풍미와 대조 효과를 내주고 있다.

쿨리는 초반부터 블렌딩에서 한 역할을 맡아왔다. 2차 증류를 활용한 이유도 생산 몰트위스키의 구성성분에서 무게감이 필요했기 때문이다. 그런데 2011년에 짐 빔에 인수되고 킬베간 디스틸링 컴퍼니로 개명한 후로는 킬베간 브랜드에 주력해 왔다. "저희는 자체 브랜드와 비계약 공급을 없앴어요. 이제는 킬베간의 생산에 생산 역량을 총동원하고 있어요." 마스터 디스틸러 노엘 스위니의 말이다. 현재 새로 문을 연 신생 증류소 중 상당수는 예전에만 해도 쿨리에게 원액을 공급받던 곳들이다.

킬베간 디스틸링 컴퍼니는 새로운 버번 캐스크를 바로바로 공급받고 있어, 현재의 목재 부족 문제를 감안하면 더 유리한 입장에 놓여 있다. 그렇긴 해도 공급량이 빠듯하긴 하다.

"사실, 얼마 전에 산림 장관에게 이런 말을 건넸어요. '가문비나무 생각은 그만하고 오크 숲을 가꿔야 합니다.' 저희도 자급자족해야 해요!"

그 옛날의 쿨리 정신(spirit)은 여전히 살아 있다.

오크에 대한 진중한 투자는 그동안 쿨리에게 큰 도움이 되어 왔다.

쿨리 시음 노트

코네마라 12년 40%

향 잘라낸 풀, 대나무 잎, 말린 사과, 약간의 피트 향이 섞여 향기롭다. 피트 향은 뉴메이크처럼, 부끄럼 타며 나서길 꺼리는 인상이다.

맛 하지만 입안에서는 아니다. 이제는 아몬드, 회향풀 씨, 바나나 풍미와 함께 풍겨 온다.

피니시 훈제 파프리카 풍미. 잔디가 연상되는 훈연 향.

총평 밸런스가 좋다.

플레이버 캠프 **스모키함과 피트 풍미**
차기 시음 후보감 아드모어 트레디셔널 캐스크, 브룩라디, 포트 샬롯 PC8

킬베간 40%

향 굉장히 오일리하면서 새 오크 통 특유의 향이 풍부하다. 포장 상자에서 막 꺼낸 가죽 운동화 향기에, 강렬하고 스모키한 히코리 나무 향기.

맛 걸쭉하면서 새 오크 통의 풍미가 진하다. 단맛이 풍미를 주도한다.

피니시 가볍고 부드러운 과일 풍미. 오크에서 배어 나온 떫은 맛. 오일리한 질감.

총평 힘 있고 대담하다.

플레이버 캠프 **과일 풍미와 스파이시함**
차기 시음 후보감 치치부 치비다루

Kilbeggan

킬베간

털러모어 | www.kilbegganwhiskey.com | 연중 오픈, 개방일 및 자세한 사항은 웹사이트 참조

예전에만 해도 아일랜드 증류소의 탐방은 묘를 둘러보는 것이나 마찬가지였다. 탐방을 마치며 잔을 들어 몰락한 증류소들을 기렸을 만했다. 아일랜드인들이 역사를 잘 간직하고 있어 아일랜드 방문이 아무리 흥미진진하다 해도, 슬픈 경험인 건 변함이 없다. 킬베간도 여기에서 예외가 아니었다.

매튜 맥매너스(Matthew McManus)는 상업적 증류가 돈벌이가 될 만하다는 것에 남들보다 먼저 눈을 떠 1757년에 아일랜드 중부의 이 작은 도시에 증류소를 세웠다. 이후 1843년에 존 로크(John Locke)가 이 증류소를 인수해 1940년대까지 대대로 소유했다. 아일랜드의 증류소 대다수가 그랬듯 이 증류소 역시 20세기의 위스키 위기 때 고전을 면치 못하다 1953년에 문을 닫은 후 1982년에 증류 박물관으로 재개장하기까지 거의 유기되어 있었다.

이 증류소는 찾아가기에 흥미진진한 곳이면서 슬픔이 서려 있기도 하다. 한편으로 보면 이곳은 18세기 증류소가 완벽히 보존된 곳이다. 물레바퀴로 2대의 대형 맷돌을 돌리고, 매시툰이 널찍한 오픈탑형이며, 증기 엔진으로 열을 공급하고, 바깥에는 배가 불룩하고 푸른색 녹자국이 줄무늬를 그리고 있는 증류기 3대가 있다.

쿨리가 1988년에 원래는 숙성고와 브랜드명 확보를 위한 의도로 이곳을 매입했으나, 2007년에 공처럼 생긴 오래된 소형 단식 증류기를 발견한 뒤로 이곳에서는 본사 증류소에서 증류한 로우 와인으로 증류를 시작할 수 있었다.

한동안은 시험적 증류소로 운영되어 싱글포트 스틸 위스키와 라이 위스키를 시험 생산했으나, 현재는 킬베간의 원주로 들어갈 스피릿을 공급하면서 이 킬베간 브랜드의 고향으로 거듭났다.

짐 빔이 이 브랜드를 통해 이루려는 목표는 확실하다. 주력 주자들과 경쟁이 될 정도로 충분한 양을 생산하는 것이다. 이곳은 그동안 살짝 미세 조정이 이루어지고 포장도 새롭게 바뀌었으며, 현재는 미국 시장에 새롭게 초점을 맞추고 있는 중이다.

별나고 괴짜같이 굴며 대놓고 규칙에 따르지 않았던 쿨리가 브랜드에 주력하는 새로운 모습의 킬베간 디스틸링 컴퍼니로 거듭난 변화는 놀랄 만한 일이다. 예전의 제멋대로 굴던 소년이 조직체의 일원이 된 셈이니 말이다.

사람들은 이런 변화에 대해 어떻게 생각할까? "이렇게 된 것에 틸링 씨가 책임을 져야 해요!" 마스터 디스틸러 노엘 스위니가 농담조로 말문을 떼었다 이어 말했다. "이젠 아일랜드 전역에서 태도가 바뀌었어요. 과거엔 남들과 뭔가 다르게 하고 있었던 사람들은 저희뿐이었지만 이제는 업계 전반적으로 사람들이 혁신적인 태도를 취하고 있어요."

이제는 증류소를 새로 여는 많은 이들이 존 틸링과 그 팀이 1980년대에 했던 것과 똑같은 물음을 던지고 있다. '어떤 것이 아일랜드 위스키일까? 위스키로서 어떤 가능성이 있을까?'

좋았던 옛 시절. 킬베간은 20세기의 대붕괴 이전까지만 해도 알만한 사람은 다 아는 유명 브랜드였다.

Tullamore D.E.W.

털러모어 DEW

털러모어 | www.tullamoredew.com | 연중 오픈 월~일요일. 개방일 및 자세한 사항은 웹사이트 참조

"모든 사람에게 DEW를." 이슬이라는 뜻의 동음이의어를 이용한 이 슬로건은 주류계에서는 나쁘지 않은 말장난이자, 털러모어의 댈리(Daly) 증류소 총괄 책임자인 다니엘 에드먼드 윌리엄스(Daniel Edmund Williams)의 이상상이 집약된 말이었다. 그는 1887년에 이 증류소의 시설을 개량하며, 자신의 이름 이니셜을 딴 새 브랜드 털러모어 D.E.W.와 함께 이 슬로건까지 만들어냈다.

털러모어는 20세기의 시련이란 시련은 죄다 거치며 1925년부터 1937년까지 13년 동안 문을 닫았는데 그동안에도 여전히 윌리엄스 가문의 소유였다. 윌리엄스 가문은 1947년에 변화하는 미국인의 입맛을 끌기 위해 페이턴트 스틸을 설치해 더 가벼운 블렌디드 위스키를 생산했다. 싱글포트 스틸, 몰트, 그레인을 섞은 이 블렌디드 위스키는 당시에는 혁신적이었으나 시기적으로 타이밍이 너무 늦은 것이었다. 결국 1954년에 증류소가 문을 닫자 이 브랜드는 파워스에 인수되었고(1994년에는 캔트랠 앤드 코크란Cantrell & Cochrane에 팔림) IDL에서 그 원조 제조법에 따라 위스키를 생산하게 되었다.(207쪽 참조.)

여기까지는 아주 전형적인 스토리다. 하지만 이후인 2010년에 윌리엄 그랜트 앤드 선즈가 이 브랜드를 인수하고 나서 그 직후에 증류소 설립 계획을 발표했고, 증류소 예정 부지는 바로 털러모어 시였다. 오랜 기간 이 위스키의 브랜드 홍보대사로 활동하며 1974년 이후로 이 브랜드에 몸담아온 존 퀸(John Quinn)의 말을 들어보자.

"C&C가 이 브랜드를 인수한 이후부터 쭉 증류소 설치 이야기가 나오긴 했지만 그랜트 앤드 선즈에서 정말로 증류소를 세우겠다는 발표를 했을 때 저는 목덜미 털이 다 곤두설 만큼 전율이 일었어요. 그런 일은 저에게도 그렇고, 이 도시 주민들에게도 대단한 일입니다. 그 자부심이 말도 못 해요." 위스키는 정체성과 지향점을 부여해 준다. 단순히 술의 측면에서만 끝나지 않는다.

몰트와 싱글포트 스틸 위스키를 만드는 단식 증류기 증류소는 증류 시설을 증설해 그레인 위스키도 생산할 수 있다. 블렌디드 위스키를 위해 필요한 모든 원료가 현장에서 직접 생산된다는 얘기다. "저희는 더 작은 증류기를 가지고 미들턴에서 공급받던 것과 똑같은 그레인위스키를 만들어내야 합니다. 소비자들이 일관성을 요구하니까요. 그냥 완전히 새롭게 만들면 흥미롭긴 하겠지만 저희로선 풍미를 바꿀 수가 없어요."

한편 싱글포트 스틸의 생산은, 수십 년 동안 IDL의 독보적 전문 분야였다. "윌리엄 그랜트는 위스키 제조법을 잘 알아요. 증류소도 여러 곳 가지고 있고요." 퀸은 여기에서 더 말을 덧붙이지는 않았지만, 이미 스코틀랜드식 증류기에서 비몰트 보리와 몰트 보리를 섞어 증류가 이루어져 왔다.

이 3가지 스타일의 위스키는 여러 가지 확장을 가능케 해주기도 한다. "확실히 예전엔 그런 확장은 엄두도 낼 수 없었죠." 그가 소리 내어 웃은 후 말을 이었다. "지금은 할 수 있어요. 계속 지켜봐 주세요."

털러모어 D.E.W. 시음 노트

털러모어 D.E.W. 40%

향 아주 상쾌하고 풀 내음이 나면서, 레몬 향과 약간의 견고한 곡물 향이 일시적으로 확 풍긴다. 물을 희석하면 그린 올리브, 포도, 오크 특유의 토스트 향기가 느껴진다.
맛 깔끔하다. 라이트 바디와 미디움 바디의 중간. 붉은 사과와 밀크초콜릿의 맛이 아주 견고한 느낌으로 다가온다.
피니시 살짝 신맛.
총평 상쾌하며, 롱 드링크로 제격이다.

플레이버 캠프 향기로움과 꽃 풍미
차기 시음 후보감 로트 40

12년 스페셜, 리저브 블렌디드 40%

향 부드럽고 진하다. 망고, 복숭아, 바닐라의 과일 향이 크림처럼 부드럽다. 미국산 오크, 토피, 가벼운 생강, 버터 바른 스콘.
맛 농익은 과일, 오래 우린 대황의 맛을 가벼운 오크 풍미가 감싸고 있다. 물을 섞으면 블랙커런트 맛이 피어나고 과육 풍미가 더 생겨난다.
피니시 스파이시하면서 조밀하다.
총평 과일 풍미, 상쾌함, 오크 풍미가 서로 어우러져 복합미를 선사한다.

플레이버 캠프 과일 풍미와 스파이시함

피닉스 셰리 피니시, 블렌디드 55%

향 이끼 향. 초록무화과 잼, 포치드 페어 향. 셰리, 리큐어 초콜릿, 블랙베리 향이 풍부하고 복합적이다.
맛 비교적 높은 도수가 너무 부드러웠을지도 모를 풍미에 톡 쏘는 맛을 더해준다. 셰리의 풍미로 구조감과 함께 산화된 견과류 풍미가 더해졌다. 가벼운 세비야 오렌지 맛. 커런트.
피니시 생강과 향신료 풍미.
총평 묵직함, 무게감, 격조를 두루 갖추었다.

플레이버 캠프 풍부함과 무난함

싱글몰트, 10년 40%

향 상쾌함과 풋풋함이 느껴진다. 소비뇽블랑 스타일의 구스베리 향과 억제된 오크 향. 물을 희석하면 열대 과일과 흑연 향, 약간의 무게감, 숙성 과일 특유의 향이 더 살아난다.
맛 과일 풍미가 물씬하면서 생울타리, 커런트, 블루베리 맛이 난다. 부드러운 복숭아 맛과 함께 설타나의 맛도 난다. 억제된 오크 풍미.
피니시 무난하고 온화한 여운이 길게 이어진다.
총평 풍부한 과일 풍미가 일품이다.

플레이버 캠프 과일 풍미와 스파이시함
차기 시음 후보감 랑가툰 올드 디어

Dingle

딩글

딩글 | www.dingledistillery.ie | 예약 방문 가능. 연락처 및 관련한 자세한 사항은 웹사이트 참조

아일랜드 최남서단에 위치한 딩글 증류소의 소유주, 올리버 휴즈는 본래부터 개척자 기질이 다분한 인물이다. 그가 더블린의 템플바에 아일랜드의 첫 자가 양조 비어홀인 포터하우스를 세운 때는 1996년이었으나 아일랜드에서는 최근 들어서야 수제 양조 붐이 일어났다. "전 항상 너무 앞서나가서 탈인 것 같아요." 그가 농담으로 말문을 떼었다 이어 말했다. "때때로 개척자처럼 느껴지더라도 이 점을 기억해야 해요. 개척자들이 인디언들의 총을 맞았고 정착민들은 그 뒤에 들어와 땅을 차지했다는 걸요!"

현재 그는 또 한 번 개척자 기질을 발휘하고 있다. 아일랜드 전역에서 우후죽순 생겨나고 있는 수많은 신흥 증류소 대열의 최초 주자가 바로 그였다. "증류는 논리적으로 양조의 연장선에 있다고 봅니다. 아일랜드 위스키에 대한 수요가 뚜렷하고 30년 동안 딩글을 다녀와 본 경험으로 제가 확신하는데 딩글은 기막힌 위치에 있는 데다 아일랜드의 일부이면서도 고유의 정체성을 지니고 있어요. 증류소를 세울 만한 가치가 충분해요."

증류소를 여는 일은 꿈을 꾸는 것과 별개로 상업적인 면도 고려해야 한다. 아무리 아일랜드 위스키가 스카치위스키에 비해 규모가 작다고 해도 이곳에도 진지한 자세로 임하는 주자들은 있다. "차별화가 필요해요. 그게 현실이에요. 진과 보드카도 생산되고 있는 이곳에서 위스키로 생산의 차별화를 꾀하는 것만이 아니라 생산하는 위스키의 스타일에서도 차별화를 이뤄야 해요.

저희 증류소를 시작할 때도 저는 우리 자문인 존 맥두걸(John McDougall)과 반도의 여러 펍에서 수차례나 장시간의 논의를 가졌어요. 그때 그가 아일랜드 위스키가 스카치위스키보다 달콤한 편이라며 증류기에 보일 벌브가 필요할 것 같다고 조언해 줬죠. 하나에서부터 열까지 모든 것이 철저하게 특별한 풍미를 만들어내기 위해 설계되었어요."

휴즈에게 그 특별한 풍미란 '고급스러운 느낌'을 띠는 위스키다. 그에 따라 2012년 12월 18일, 캐스크에 위스키가 처음으로 채워졌을 때 셰리를 담았던 캐스크와 포트를 담았던 캐스크의 사용 비중이 높았다.

이 남단 지역에서의 그의 탐구는 이제 시작 단계일 뿐이기도 하다. "반도 내와 외진 섬 지역의 여러 위치에서 숙성시키고 싶어요. 특별한 상품 몇 가지를 구상해 두기도 했고요."

수제 양조업자로서의 사고방식이 도움이 되느냐는 질문에는 이렇게 답했다. "그럼요. 이 분야에서도 혁신이 필요하니 당연히 도움이 되죠. 예전에 저희는 도수 11%의 스타우트를 위스키 통에 숙성시킨 적이 있었고, 그래서 똑같은 통에 위스키도 숙성시켜 보고 싶어요. 저는 스타우트 제조에 다양한 몰트를 사용하는데 증류에서도 그런 식으로 하면 어떨까 싶기도 해요. 다크 몰트를 쓰면 아주 흥미로운 결과가 나올 수도 있어요."

딩글 외에도 이 지역의 탐구에 합세할 신흥 증류소가 여러 곳 나오리라고 예상된다. 켄터키 소재의 올텍(Alltech)이 그동안은 칼로에서 증류를 해오다 위치를 더블린으로 새로 옮기는 중이며, 틸링 가에서는 던코크의 옛 하이네켄 양조장을 인수한 후 그레인 및 몰트위스키 증류소를 열 구상 중이다. 부지로 슬레인 캐슬을 염두에 두고 있는 증류소도 1곳 있다.

현재 아일랜드에서는 아주 주목할 만한 변화가 일어나고 있다.

아일랜드 공화국의 수제 증류는 이곳 딩글에서부터 시작되었다.

딩글 시음 노트

뉴메이크

향 아주 아주 달콤하면서 커스터드의 느낌이 돈다. 애플 크럼블과 라즈베리 잎의 향. 물을 섞으면 피어나는 약간의 곡물 향.

맛 진한 과일 맛에 이어 구운 곡물 맛이 전해온다. 자기 주장이 강한 인상이다. 버터 같은 부드러움이 내내 이어진다.

피니시 농익은 과일 풍미.

버번 캐스크 샘플 62.1%

향 첫 향으로 바닐라 향이 훅 다가온다. 캐러멜 푸딩 향. 바나나 향과 더불어 라즈베리의 단 향이 여전히 남아 있다.

맛 살짝 오크 통의 기운을 받으며 시트러스 풍미가 활동을 펼치기 시작했다. 가볍고 깔끔하면서, 달콤하다.

피니시 조밀함과 풋풋한 풍미.

총평 깔끔하고 밸런스가 잡혀 있으며 꽤 조숙한 편이다.

포트 캐스크 샘플 61.5%

향 레드커런트 덤불과 잎의 향. 부드럽다. 좀 지나면 크랜베리와 라즈베리 주스의 향이 진해진다. 물을 희석하면 향기로워진다.

맛 베리류 과일의 맛에, 크랜베리의 아삭한 느낌이 어우러져 있다. 오크에서 배어나온 듯한 흙내음이 은은히 돈다. 섬세하다.

피니시 어린 인상과 상쾌한 신맛.

총평 오크의 풍미가 많이 배어나와 있으나 그 오크 풍미를 배짱 있게 견뎌내고 있다. 눈여겨 볼 만한 증류소다.

IDL, West Cork Distillers

IDL, 웨스트 코크 디스틸러스

IDL | 미들턴 | www.jamesonwhiskey.com/uk/tours/jamesonexperience | 연중 오픈 월~일요일
웨스크 코크 디스틸러스 | 스키베린(Skibbereen) | www.westcorkdistillers.com

위스키와 코크 주는 서로 떼려야 뗄 수 없는 관계다. 주도인 코크는 여전히 편안히 술을 즐기기에 아주 좋은 곳이다. 저녁이 깊어져 가도록 자리를 잡고 앉아 즐거운 수다를 나누며 위스키 몇 잔을 곁들이고, 품질 좋은 수제 양조 스타우트로 속을 씻어내리기에 제격이다. 코크는 훌륭한 위스키 제조 전통을 간직한 곳이기도 하다. 1867년에는 이곳 소재의 증류소 4개, 노스 몰(North Mall), 워터코스(Watercourse), 존 스트리트(John Street), 더 그린(The Green)이 인근의 미들턴 증류소에 합병되며 코크 디스틸러스 컴퍼니(CDC)로 거듭났다. 이후 미들턴 증류소는 아일랜드 위스키 제조의 중심지가 되었다.

올드 미들턴(Old Midleton) 증류소는 대규모 시설로 지어졌다. 원래는 모직 공장이었다가 1825년에 진취력 있는 머피 형제가 인수해 들여 막대한 투자를 쏟아부어 이 증류소를 설립했고, 얼마 후에 형제는 CDC 동료들을 이례적일 정도로 몰아붙였다. 왜였을까? 품질과 생산량 때문이었다. 1887년에 이르자 미들턴은 연 100만 갤런을 생산하게 되었고 세계 최대의 단식 증류기도 갖추고 있었다.

1970년대에는 IDL(Irish Distillers Ltd)이 더블린의 마지막 증류소 2곳(존스 레인과 보우 스트리트)을 폐업시키고 미들턴으로 생산 거점을 옮겼다. 그리고 이곳에서 장차 아일랜드 위스키를 구할 위스키들이 만들어지게 된다. 1975년, IDL이 새롭게 연 이 최첨단 증류소의 위치는 올드 미들턴 부지의 뒤편 들판이었다.

IDL은 이곳 미들턴에서 IDL 위스키들의 정체성과 가능성을 과학적으로 실험해 나갔다. 즉, 특정 제조법과 자사 브랜드들의 고유한 스피릿을 지켜가는 한편, 새로운 스피릿을 창조해 낼 무한한 가능성을 갖춘 새로운 증류소도 갖추었다.

다시 말해, 싱글포트 스틸 위스키를 통해 과거를 지켜나가는 동시에 이제는 새롭게 눈뜬 오크 통 사용 방침과 더불어 창의적 가능성을 펼칠 시대를 열었다.

아일랜드의 혁명 웨스트 코크 디스틸러스

2013년, 코크 주의 2번째 증류소가 생산을 시작했다. 아일랜드 최남단 도시, 스키베린에 위치한 이 웨스트 코크 디스틸러스는 다양한 스피릿을 생산할 목적으로 설립되었고, 원활한 현금 유동성 확보를 위해 생산하는 스피릿의 상당량이 병입자들과의 계약 생산이다. 그와 동시에 홀스타인 스틸(Holstein still)에서 뽑아내는 2차 증류 싱글몰트를 숙성시키고 있는가 하면, 대량으로 사들인 숙성분을 IDL의 전 마스터 블렌더 배리 월시 박사의 능수능란한 감독하에 블렌딩·병입하고 있기도 하다. 공동 소유주이자 케리(Kerry)와 유니레버에서도 일한 경험이 있는 존 오코넬(John O'Connell)은, 다양한 효모와 기술을 활용해 확실한 차별성을 구축할 가능성을 간파해내고 있다. "우리에겐 혁신이 필요해요. 20세기에 아일랜드 위스키가 몰락한 이유 중 하나가 그런 혁신을 거부했기 때문입니다. 같은 실수를 되풀이해선 안 됩니다."

스카치위스키 업계가 여전히 오크 통에 대해 나무로 만든 것이기만 하면 문제 될 게 없다는 식의 사고방식을 갖고 있던 시대에, IDL은 통맞춤 제작 프로그램에 착수했다.

'뉴' 미들턴은 위스키 세계에서 가장 주목할 만한 증류소로 꼽히기에 손색이 없다.

오크 통의 장인. 오크 통 관리에서 수많은 방법을 개척해낸 IDL은 현재 위스키업계의 표준으로 통하고 있다.

위스키는 시간이 걸린다. 끈기 있는 자세로 임해야 한다. 이 신설 증류소에서도 배리 크로켓, 배리 월시, 브렌단 몽크스, 데이브 퀸, 빌리 레이턴 등의 여러 인물들이 그런 자세로 묵묵히 노력하고 있었다. 그 오랜 세월의 노력이 결실을 이루어, 소유주인 페르노리카(Pernod-Ricard)가 1억 유로를 투자한 이후로 증류소는 1번도 문을 닫은 적이 없다. 새로운 양조장, 단식 증류 증류장, 그레인위스키 증류소의 증설로 생산 용량이 높아져 현재 연 6,000만 L(1,300만 갤런)라는 믿기 힘든 양을 생산 중이다.

전 세계의 대다수 애주가에게 아일랜드 위스키는 곧 제임슨으로 통한다. 이 브랜드는 1972년에 가벼운 블렌디드 위스키로 새롭게 재편된 이후 순전히 이 스타일을 보호하는 것을 목표로 긴 여정을 걸어왔다. 이때의 재편은 원칙의 단념이 아니라, 묵직한 스타일에 눈길을 돌려 버린 세계 시장에서 아일랜드 위스키의 이미지 전환을 꾀하려는 실용적 결정이었다. 세계인의 기호가 바뀌었다면 싫다는 사람들에게 싱글포트 스틸을 마시게 강요해봐야 소용이 없었다. 파워스(Power's), 그린 스폿(Green Spot), 크레스티드 텐(Crested Ten), 레드브레스트(Redbreast) 같은 제품을 아꼈던 사람들에게는 절망스러운 일이었지만 이런 단일 브랜드 전략은 성공을 거두었다. 일관성 있는 장기 광고와 꾸준한 지원을 바탕으로 제임슨은 세계적 브랜드로 거듭나게 되었다.

이런 세계적 스타일을 탄생시키기 위한 관건은 신설 미들턴 증류소가 문을 열어 놓은 가능성과 잘 통할 방법을 찾아내는 것이었다. 제임슨은 라우터 매시툰으로 더 맑은 워트를 만들어내, 에스테르 향을 더 늘릴 수 있었다. 그로써 싱글포트 스틸 위스키의 '무게감'에 변화를 줄 수 있게 되었으나 새로운 블렌디드 제품을 위해선 가볍고 깔끔하고 향기로운 그레인위스키도 필요했다. 다시 한번 그레인위스키가 비밀병기 역할을 하게 된 순간이었다.

제임슨 가문은 이후로 차츰 성장세를 탔고, 새로운 제품을 추가할 때마다 무게감을 높여갔다. 점점 더 많은 싱글포트 스틸 위스키가 이런 식의 옛 스타일을 띠어갔을 뿐만 아니라 다양한 오크 통에서 숙성되기도 했다. 가령 골드(Gold)의 숙성에는 다른 술을 1번도 담지 않은 버진 캐스크(virgin cask), 빈티지(Vintage)에는 포트 와인을 숙성했던 포트 파이프(port pipe), 셀렉트(Select)에는 맞춤 제작한 미국산 캐스크가 사용되었다. 이제 제임슨은 싱글포트 스틸 위스키의 세계로 이어주는 다리가 되었다.

제임슨이 세계적 기호를 목표로 삼긴 했더라도 IDL은 여전히 파워스에 대한 신의를 저버리진 않았다. 더블린의 오래된 브랜드 파워스는 제임슨의 표준 제품보다 싱글포트 스틸의 비중이 높고 퍼스트 필 오크의 비중은 작아 더 기름지고 주스 느낌이 강해 더 향락적 경험을 선사한다. 당시에 코크 주민들은 CDC 최고의 세일즈맨 패디 플래허티(Paddy Flaherty)의 이름을 딴 이 지역 블렌디드 위스키 패디에 여전히 충실하기도 했다.

"저희는 그때 실험을 벌일 수밖에 없었어요." 배리 크로켓이 미들턴 증류소의 초창기 시절을 떠올리며 한 말이다. 나는 동의하지 않는다. 내가 보기엔 꼭 그럴 수밖에 없어서가 아니라, 원해서 실험을 벌인 것이었다. 그리고 그 과정에서 새로운 아일랜드 위스키 시장을 위한 토대를 깔았다.

싱글포트 스틸 위스키

IDL의 새로운 블렌디드 위스키는 하나의 예외도 없이 여전히 싱글포트 스틸 위스키가 생명을 불어넣어 주는 심장 역할을 해주고 있으며, 바로 이 싱글포트 스틸 스타일이 아일랜드 위스키의 운을 가늠하는 지표 역할을 하기도 한다.(제조 방법에 대한 자세한 얘기는 17쪽 참조.) 아일랜드의 증류소와 스코틀랜드의 증류소 모두 수년에 걸쳐 호밀과 귀리뿐만 아니라 몰트 보리와 비몰트 보리도 같이 섞어 써왔으나, 1852년에 이르면서 싱글포트 스틸 스타일이 공식화되었다. 아일랜드의 대도시 증류소들이 몰트 보리에 부과되는 높은 세금을 피하기 위한 시도를 펼치는 과정에서 일어난 결과였다. 매시빌에서의 이런 변화는 결국 풍미 프로필에 큰 변화를 일으켰다. 비몰트 보리의 사용으로 오일리한 질감, 주스 같은 걸쭉함, 스파이시하고 상큼한 피니시가 더해졌다. 이 풍미가 바로 아일랜드풍을 만든 위스키 스타일이었다. 사실 1950년대까지는 이런 풍미가 곧 아이리시 위스키로 통했다.
새로운 제임슨 제품의 출시나, 그보다 앞선 털러모어 D.E.W.의 출시 모두 현대의 애주가들의 기호에는 너무 묵직하게 느껴지는 위스키 타입에서 탈피하려는 시도였다. 위스키 애호가들은 그런 식의 탈피에 반대 입장이었지만 이런 아일랜드풍 스타일은 수년 동안 구하기 힘들었다. 이런 이들은 원래 제임슨에서 길비스를 위해 만든 레드브레스트나, 역시 제임슨이 더블린의 미첼스를 위해 만든 그린 스폿 같은 희귀품을 발견하거나, 아니면 크레스트 텐이나 파워스 같은 묵직한 편의 포트 스틸 블렌디드에서 아쉽게나마 위안을 얻었을 것이다.
하지만 이 아일랜드풍 스타일은 여전히 명맥이 끊기지 않은 채 생산되고 있었다. 입안을 덮는 질감, 사과, 향신료, 블랙커런트 향이 특징인 원형에 여러 가지 변형을 주면서 다양해졌다. 매시빌과 증류 방식(증류할 원액을 채우는 정도, 증류액 도수, 컷 포인트)의 다양화에 따라 가벼운 스타일 하나, 미디움(mod pot) 스타일 둘, 묵직한 스타일 하나의 4가지 스타일이 만들어졌다. 또한 세계에서 처음으로 맞춤 제작 캐스크를 사용한 오크 통 사용 방침을 통해 캐스크 타입이 더 다양해지며 가능성의 폭이 넓어져 여러 가지 질감, 풍미, 강도가 새롭게 탄생되었다. 그리고 이 모두는 IDL의 블렌디드 위스키 패밀리가 성장하도록 양분이 되어 주었다.
이후 2011년에는 전면적 변화가 일어났다. 레드브레스트와 포장을 새롭게 바꾼 그린 스폿이 파워스의 존스 레인과 배리 크로켓 레거시와 한 가족이 되었다. 그 뒤로 레드브레스트의 새로운 변형판 2종과 옐로우 스폿(Yellow Spot)이 추가되며 앞으로도 10년 동안 1년에 최소한 1종의 새로운 제품이 출시될 것으로 전망되었다. 그리고 이로써 아일랜드의 르네상스를 위한 토대가 완전히 닦여졌다.
이 싱글포트 스틸 스타일에는 중독성이 있다. 유혹적으로 다가와 천천히 즐기라고 부추기며 귓가에 대고 속삭인다. "딱 한 잔만 더해요." 당신은 굴복하고 만다. 어느 누가 그 유혹을 떨칠 수 있겠는가?

IDL 및 웨스트 코크 디스틸러스 시음 노트

제임슨 오리지널, 블렌디드 40%

향 짙은 황금색. 아주 향긋하다. 허브, 뜨겁게 달궈진 흙, 호박, 향긋한 목재, 캐러멜화된 사과 과당 향. 벌꿀술이 연상되는 향. 상쾌하고 산뜻하다.
맛 진한 바닐라 맛이 부드럽다. 중간 맛에서 풍부한 질감이 느껴졌다가 차츰 드라이해지면서 살짝 섬세함이 더해진다. 향신료 맛이 슬금슬금 다가온다.
피니시 커민, 발사나무 풍미. 깔끔하다.
총평 밸런스가 잡혀 있고 향기롭다.

플레이버 캠프 **향기로움과 꽃 풍미**

제임슨 12년, 블렌디드 40%

향 '표준' 스타일보다 향기로움이 약한 편으로, 꿀, 약간의 설타나, 토피, 버터스카치 캔디 향이 난다. 익힌 사과 향. 말린 허브와 뜨거운 톱밥 향취.
맛 코코넛, 바닐라, 은은한 농축 과일 맛이 느껴지면서 표준 스타일보다 더 주스 같고 더 풍미 가득하다. 풍부한 질감. 은은한 캠퍼 풍미.
피니시 올스파이스 풍미.
총평 포트 스틸이 더 많이 섞이면서 무게감과 질감이 더해졌다.

플레이버 캠프 **과일 풍미와 스파이시함**

제임슨 18년, 블렌디드 40%

향 짙은 황금색. 처음엔 좀 닫힌 느낌이다가 더 묵직한 포트 스틸의 향이 차츰 발현된다. 이 제임슨 3총사 중 가장 세련된 인상을 주며 오일리함(아마인유 향)도 최고다. 송진 향이 좀 있지만 이제는 이 경쾌한 향이 말린 허브의 느낌으로 진전되었다.
맛 셰리의 풍미가 더해지면서 씹히는 듯한 질감이 생겨나고 더 풍미 가득해졌다. 이제는 설타나보다는 건포도의 맛이 난다. 물을 희석하면 달콤한 생강 쿠키 맛이 올라온다.
피니시 여전히 스파이시해, 이번엔 밤꿀 향과 함께 메이스 향이 느껴진다.
총평 한 가족 아니랄까 봐 확실히 닮은 면이 있지만 더 묵직한 편이다.

플레이버 캠프 **풍부함과 무난함**

파워스 12년, 블렌디드 46%

향 힘이 있고, 풍부한 질감과 꽃을 연상시키는 향이 느껴진다. 복숭아 향이 더 진해졌다. 신선한 과일 향이 더 생기고 전반적으로 제임슨보다 더 기름지다.
맛 복숭아 과일즙과 꿀로 단맛을 더한 바나나 밀크셰이크의 맛이 물씬하게 풍긴다. 질감이 걸쭉하다가 캐슈너트/피스타치오 향이 이어진다. 풍미가 입안을 가득 채운다.
피니시 농익은 풍미에 이어 고수와 심황의 풍미가 전해진다.
총평 기름진 인상이다.

플레이버 캠프 **과일 풍미와 스파이시함**

레드브레스트 12년 40%

향 풍부하고 부드러운 과일 향. 젖은 새미 가죽, 케이크 믹스, 생강, 담배 향이 부드럽고 가볍다. 그 뒤로 견과류 향이 이어지고 커스타드 파우더 향이 희미하게 돌다 커런트 잎의 향기로 바뀐다.
맛 깔끔하다. 담배와 검은색 계열 과일 느낌이 올라오지만 상쾌하고 가벼운 포트 스틸 풍미가 추진력을 걸어준다. 혀를 덮는 질감과 함께 상당한 존재감을 뽐는다.
피니시 드라이한 향신료 풍미.
총평 싱글포트 스틸의 기준이라 할만하다.

플레이버 캠프 **풍부함과 무난함**
차기 시음 후보감 발콘즈 스트레이트 몰트

레드브레스트 15년, 100% 포트 스틸 46%

향 아주 강하다. 가을철 과일(붉은색과 검은색 계열)의 향. 토피와 가벼운 가죽 향에 샌달우드와 꽃가루 향기가 어우러져 있다. 광을 낸 오크의 향기. 풍부한 인상을 준다.
맛 기름지고 무난하다. 새미 가죽 풍미에 이어 진한 향신료 맛이 난다. 커민, 생강 맛이 새 가죽, 말린 과일, 구운 사과의 맛과 섞여 층층이 다가온다.
피니시 목구멍에 착 달라붙는 듯한 농익은 풍미.
총평 제임슨처럼 인상적이다. 전형적인 포트 스틸 위스키다.

플레이버 캠프 **풍부함과 무난함**
차기 시음 후보감 올드 풀트니 17년

파워스 존 레인스 46%

향 레드브레스트보다 더 풍미 가득하다. 더 뚜렷한 오일리함과 더불어 후추, 가죽, 오래된 장미 꽃잎의 향이 풍긴다. 초콜릿 입힌 모렐로 체리 향기와 함께 무두질한 가죽, 샌달우드, 담배 보관함, 블랙커런트 향이 섞여 있다.
맛 농익고 기름지고 오일리하면서 파워스의 전형적인 복숭아 맛이 함께 난다. 망고와 패션프루트의 맛도 약간 있다. 개성을 그야말로 대담하게 드러내며 농익고 기름지고 깊이감 있는 풍미를 보여준다.
피니시 고수 씨 풍미와 흙내음 도는 드라이함.
총평 입안을 덮는 느낌의 걸쭉함이 인상적이다.

플레이버 캠프 **과일 풍미와 스파이시함**
차기 시음 후보감 쿨링우드 21년

그린 스폿 40%

향 생기 있고 달콤하다. 첫향으로 은은한 오일 향과 함께 가벼운 사과 껍질 향, 배, 말린 살구, 바나나 칩의 향기가 풍긴다. 은은한 오크의 단 향.
맛 상쾌한 첫 맛. 커런트, 정향, 회향풀 향으로 점차 부드러움을 띤다. 물을 섞으면 더 스파이시해진다. 참깨와 유채씨 기름 향이 나다 화이트커런트 향이 이어진다.
피니시 커리 잎과 스타아니스 풍미.
총평 여기에 소개한 제품 중 가장 가볍다.

플레이버 캠프 **과일 풍미와 스파이시함**
차기 시음 후보감 와이저스 레거시

미들턴 배리 크로켓 레거시 46%

향 꿀 향, 헤이즐넛의 단 향, 생 보리 향. 라임, 풀, 커런트 잎, 그린 망고, 컨퍼런스 배, 바닐라, 오크 향기가 가볍고 은은하게 풍긴다.
맛 실크처럼 부드럽고 느긋한 인상에 꿀 맛이 느껴진다. 첫맛으로 다가오는 베르가모트 풍미와 시트러스의 상쾌함. 부드러운 중간 맛에 이어 전해오는 강한 소두구와 육두구 풍미.
피니시 오크의 코코넛 향, 검은색 과일류의 향이 느껴지며 여운이 길게 남는다.
총평 절제미와 우아함을 갖추었다.

플레이버 캠프 **과일 풍미와 스파이시함**
차기 시음 후보감 미야기쿄 15년

Japan
일본

나는 카루이자와 증류소를 방문했다가 사나운 인상을 한 어떤 남자의 포스터를 보게 되었다. 알이 두툼한 안경을 끼고, 염소 같은 턱수염을 덥수룩하니 기른 모습의 그 남자는 알고 보니 하이쿠 시인, 산토카였다. 정말 절묘한 조합이었다. 산토카는 술을 즐기기로 유명한데다, 하이쿠란 곧 말을 경험의 진수로 증류해내는 일이 아니던가? 아니, 산토카의 말처럼 하이쿠는 "삶의 깊은 숨결"을 가만히 두드리는 과정이라고도 말할 수 있다. 위스키도 일종의 하이쿠다. 위스키의 탄생은 풍미의 농축과 결부되어 있으나 그 기술적 측면의 이면에서 보면 위스키는 더 광범위한 문화의 발현이다.

앞 쪽 어쩐지 익숙하면서도 아주 다른 느낌을 주는 일본의 이런 풍경은 일본의 위스키에도 그대로 담겨 있다.

'가이진(がいじん, 외국인)'이 일본 문화를 완전히 이해하기는 불가능하지만 일본의 정서를 어느 정도라도 이해하면 위스키 이면에서 벌어지는 창의적 과정을 좀 더 잘 이해해 볼 수 있다. 일본의 위스키 역사는 얼핏 보면 흥미롭게 꾸며진 한 편의 설화처럼 흘러왔다. 1872년으로 거슬러 가는 옛날 이와쿠라 무역 사절단을 통해 스카치위스키 올드 파의 모습으로 서구의 스피릿이 일본 땅에 들어오게 되었다. 이후 일본의 여러 실험장에서 외국 스피릿의 모조품이 만들어졌고, 1899년에는 젊은 청년 토리 신지로가 코토부키야를 설립했으며 1918년에 젊은 화학 전공생 다케츠루 마사타카가 화학 공부를 위해 글래스고로 유학을 떠났다. 이 타케츠루는 스코틀랜드에 매료되고 리타 코완과 결혼했으며 헤이즐번과 롱몬 증류소에서 견습생으로 일하게 되었다. 이후 1923년에 일본 최초의 위스키 전용 증류소를 책임질 일본인 증류 기술자를 물색하던 토리에게 타케츠루가 발탁되어 두 사람이 힘을 합쳐 일하다 갈라섰다. 그 뒤로 토리가 산토리를 세우고 타케츠루가 닛카를 설립한 이후 이 2곳이 현재까지도 일본의 위스키 제조에서 양대 기둥으로 우뚝 서 있다.

일본인이 스코틀랜드의 위스키 제조 표본에 집착해왔다는 이유를 들어 일본의 위스키를 복제품 정도로 취급하는 사람들이 있다. 이는 턱없이 잘못된 통념이다. 일본에서 애초부터 세웠던 목표는 일본 스타일을 만들어내는 것이었다. 일본 위스키가 그 땅과는 단절된 채 기술만 내세우는 위스키라는 통념 또한 있는데 이 역시 따져보면 잘못된 생각이다.

일본 위스키 제조업자들이 초반에 과학에 의지했던 것은 맞다. 하긴, 그 방법이 아니면 달리 어떻게 하겠는가? 200년 동안 민간에서 지혜가 쌓이고 쌓이도록 기다려야 하는가? 1923년, 토리 신지로가 일본 최초의 위스키 전용 증류소 야마자키를 세웠을 때 그와 그가 고용한 증류 기술자 타케츠루 마사타카는 밑바닥부터 시작했다. 통찰력 있는 두 사람이 세운 회사 산토리와 닛카가 현재까지도 일본 증류업을 지배하고 있지만 두 사람의 꿈은 과학에 바탕을 두고 있었다.

하지만 일본 위스키가 연구를 바탕으로 탄생되었다 해도, 또 한편으론 나라를 작동시키는 일본 고유의 영향력(일본의 기호, 경제, 음식, 문화, 하루 일을 마친 후의 해방 욕구 등의 심리작용)에 따른 유행에 맞춰 진화해 오기도 했다. 이렇게 진화하면서 일본인의 정서에 맞춘 위스키가 만들어졌고, 그것은 지금까지도 여전하다.

일본 위스키는 반드시 가볍진 않지만 아주 맑은 향을 가지고 있다. 뒤에서 곡물 향이 받쳐주지 않아 스카치위스키와 다르기도 하다. 아주 향기로운 일본산 오크를 사용한다는 점 역시 스카치위스키와의 차별성이다. 스코틀랜드의 싱글몰트위스키가 세차게 흐르는 산골짜기의 시냇물처럼 풍미들이 자리를 놓고 서로 밀쳐대는 느낌이라면, 일본의 몰트위스키는 모든 것이 그대로 비치는 맑은 못 같다.

위스키의 탄생은 풍미의 농축과 결부되어 있지만 기술적 측면 이면에는 더 폭넓은 문화가 발현되어 있다. 내 경우엔 이런 일본 위스키들을 더 많이 살펴볼수록 일본의 미학에 더 깊이 닿게 된다.

일본의 미술, 시, 자기, 요리는 모두 순수성과 뚜렷한 단순성을 공통점으로 띠고 있다. 이런 특징의 밑바탕에 깔린 원칙은 일명 '시부사(しぶさ)'로, 단순하고 절제되어 있지만 깊이 있고 자연스러운 것을 뜻한다. 일본 위스키는 그 '투명함'에서 '시부사'의 정신이 엿보이고 있으며 나는 그것이 우연의 일치가 아니라고 생각한다.

'시부사'는 역시 단순성과 자연스러움을 우러르는 더 깊이 있는 개념인 '와비사비(わびさび)'와 밀접하게 연관되어 있긴 하지만, 사물의 불완전성을 그 사물을 아름답게 해주는 존재로 칭송한다. 싱어송라이터 레너드 코헨이 노래했듯 "모든 것에는 깨진 틈이 있고, 바로 그 틈으로 빛이 들어온다."

그렇다면 이런 관점에서의 위스키는 어떨까? 증류는 진수(스피릿)를 포착해 내는 기술이지만 중립 상태까지 가지는 않는다. 위스키에는 불순물이 있다. 그것이 바로 풍미를 이룬다. 이런 '결점'이 위스키의 흥미로운 매력 요소가 된다. 다시 말해 위스키의 '와비사비'다.

이런 개념들은 일본인의 미의식에 아주 깊이 뿌리내려 잠재의식으로 자리 잡게 되었으나 나는 일본 스타일의 위스키 양조 이면에도 그런 미의식이 자리해 있다고 믿는다. 일본은 깊이 자리한 그런 의식에 따라 위스키를 만들어냈고 그것이 현재 모든 신설 증류 업체들의 귀감이 되고 있다.

결국 일본의 위스키는 서구 시장에서 부상하게 되었고 그에 따라 일본의 스타일, 방식, 풍미가 정당한 호평을 받고 있다. 하지만 이 책에서 다루는 모든 생산국을 통틀어 일본은 증류소의 수가 늘어나지 않고 있는 유일한 나라다.

산토리, 닛카, 아주 소규모인 치치부는 모두 현재도 수출을 하고 있지만 카루이자와와 하뉴의 재고분은 곧 바닥이 날 상태에 놓여 있다. 에이가시마는 1년에 2달만 위스키를 만들고 있다. 고텐바는 일본에서조차 사실상 자취를 감추었고, 마르스는 최근에야 재가동을 시작했다. 일본에는 새로운 증류소가 절실한 상황이지만 최근에 문을 연 증류소는 오카야마현의 증류소 딱 1곳뿐이다.

세상은 빠르게 움직이고 있다. 이러다간 일본의 영향력이 자칫 쇠퇴할 수도 있다.

서늘하고 잔잔하고 차분하지만 신비스러움이 감돌기도 하는 정경. 이제 세상은 일본 위스키의 비밀을 풀어나가고 있는 중이다.

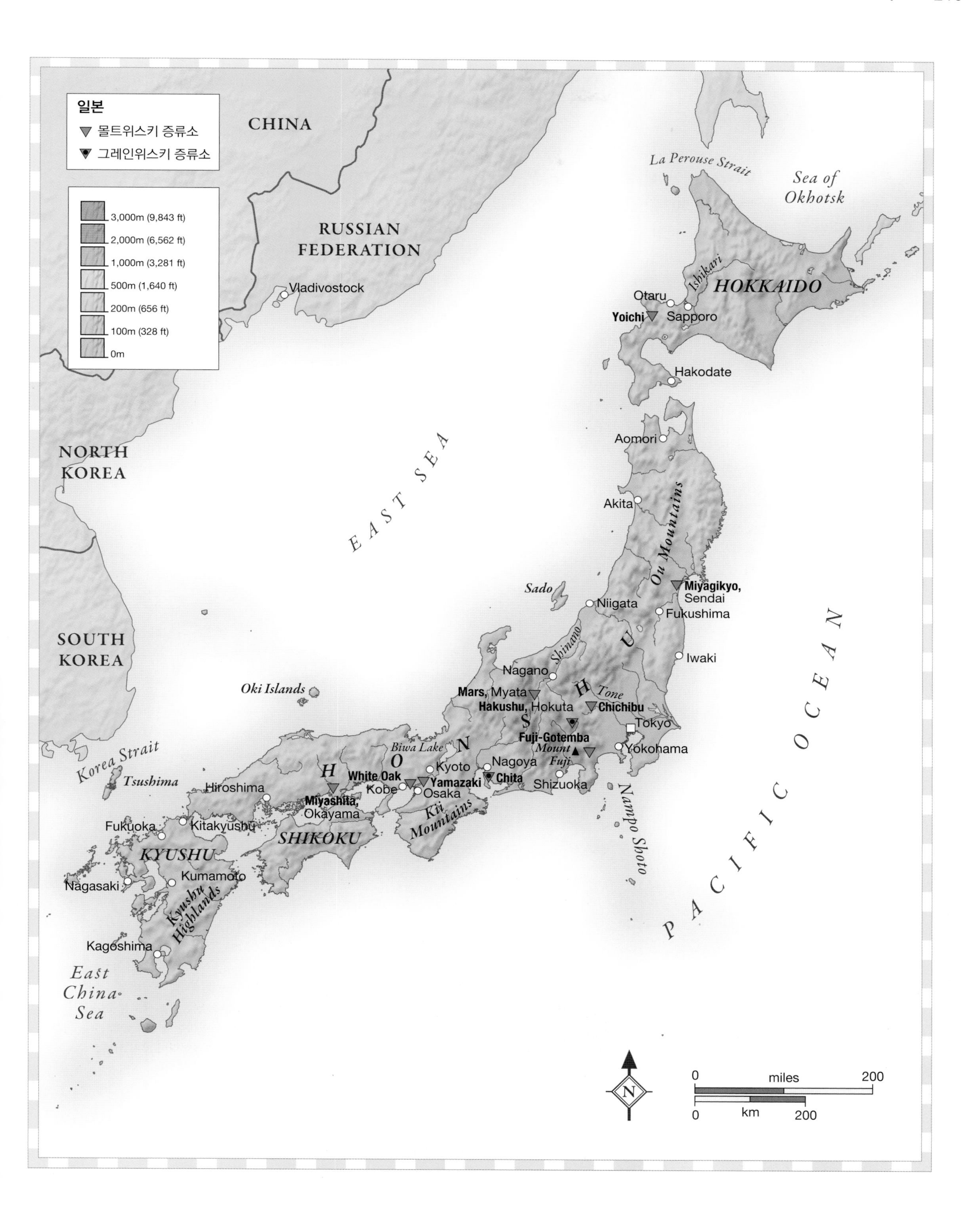

일본
몰트위스키 증류소
그레인위스키 증류소
3,000m (9,843 ft)
2,000m (6,562 ft)
1,000m (3,281 ft)
500m (1,640 ft)
200m (656 ft)
100m (328 ft)
0m
CHINA
RUSSIAN FEDERATION
Vladivostock
NORTH KOREA
SOUTH KOREA
EAST SEA
La Perouse Strait
Sea of Okhotsk
HOKKAIDO
Ishikari
Otaru
Yoichi
Sapporo
Hakodate
Aomori
Akita
Ou Mountains
Miyagikyo, Sendai
Sado
Niigata
Fukushima
Iwaki
Shinano
HONSHU
Nagano
Mars, Myata
Hakushu, Hokuta
Tone
Chichibu
Tokyo
Fuji-Gotemba
Mount Fuji
Yokohama
Oki Islands
Biwa Lake
Kyoto
Nagoya
White Oak
Yamazaki
Chita
Kobe
Osaka
Shizuoka
Korea Strait
Tsushima
Hiroshima
Miyashita, Okayama
Kii Mountains
Nampo Shoto
PACIFIC OCEAN
Fukuoka
Kitakyushu
SHIKOKU
KYUSHU
Nagasaki
Kumamoto
Kyushu Highlands
Kagoshima
East China Sea
N
0 miles 200
0 km 200

Yamazaki

야마자키

오사카 | www.theyamazaki.jp/en/distillery/museum.html | 연중 오픈, 개방일 및 자세한 사항은 웹사이트 참조

교토와 오사카항을 이어주는 오래된 도로 옆이자, 현재 초고속 열차가 쌩쌩 지나가는 철로 건너편의 이곳에서부터 여정을 시작해 보자. 여름에는 숨 막힐 듯한 습기가 푹푹 찌고 겨울에는 쌀쌀한 한기가 도는 이곳에 야마자키가 있다. 산토리가 1923년에 이곳을 증류소 부지로 선택한 데는 여러 이유가 있었다. 위치상 교통망이 잘 연결된 2개의 중요한 시장 사이에 자리해 영리적으로 잘 맞았던 데다 3개의 강이 만나는 지점이어서 물 공급도 풍부히 확보할 수 있었다. 하지만 이곳에는 더 깊은 여운을 일으키는 내력도 깃들어 있다. 16세기에 현재의 일본 다도(茶道)를 확립한 센 리큐가 자신의 첫 찻집을 차린 곳이 바로 여기였는데, 일각의 믿음에 따르면 수질 때문에 이곳을 택했다고 한다. 아무튼 이곳은 철로 옆의 교통 편리한 평지이기만 한 곳은 아니다.

이렇게 뿌리 깊은 내력이 있다고 해서 과거에 속박되어 있는 건 아니다. 일본의 증류 기술자들은 옛것을 버리고 새롭게 시작하려는 의지가 거의 놀라울 정도다. 야마자키는 3번이나 개축되었고, 그중 가장 최근이 2005년이었다. 이 마지막 혁신에서 증류장을 완전히 새롭게 수리하고, 증류기를 소형 모델로 교체하고, 맨 밑부분에 불꽃이 그대로 노출되는 직접 가열 방식으로 다시 돌아가 스타일에 변화를 주었다. 여기에서는 일차원적이 아닌 다원적 혁신이었다는 점에 주목할 필요가 있다. 일본 위스키를 이해하려면 스코틀랜드는 잊는 편이 현명하다. 위스키 스타일의 창조는 일본이 실용성과 창의성을 융합시킨 또 하나의 사례다.

스코틀랜드는 118개에 이르는 몰트위스키 증류소가 있어서 블렌더들이 아주 다양한 스타일의 위스키를 서로 주거니 받거니 할 수 있다. 일본에서는 두 양대 산맥이라고 하는 곳(산토리와 닛카)을 모두 합해도 4개의 몰트위스키 증류소가 있는 데다 다른 곳들과 원액을 서로 주고받지도 않는다. 블렌딩용으로 쓸 다양한 위스키가 필요하면 자체적으로 만들어야 한다.

야마자키 증류소에는 2개의 매시툰이 있는데, 낮은 온도에서 당화하고 강한 피트 처리를 한 보리로 굉장히 맑은 워트를 만들고(따라서 스피릿에서 곡물 향이 부족한 편이다), 목재(목재는 풍미를 유발해주는 젖산 발효를 비교적 장시간 동안 이어가기에 더 유리한 재료로 여겨지고 있다)나 스테인리스 소재의 워시백에서 2가지 효모를 섞어 발효시킨다. 증류장에 들어가 보면 처음 방문한 사람은 놀랄 만하다. 8쌍의 증류기가 설치되어 있는데 모양과 크기가 다 다르다. 워시 스틸은 모두 직접 가열식이고 그중 1대는 웜텁이 설치되어 있다. 숙성은 셰리 캐스크(미국산과 유럽산 오크), 버번 캐스크, 새 캐스크, 일본산 오크 캐스크의 5가지 타입을 사용한다. 덕분에 싱글몰트에 다른 식으로 접근할 수 있다. 스코틀랜드에서는 증류소마다 1가지 스타일만 생산하는 경향이 있어 18년과 15년 숙성 위스키 사이의 차이가, 단순하게 말해 오크와의 조율

교토와 오사카 사이에 나 있는 오래된 도로의 건너편에 위치한 야마자키는 일본에서 최초로 위스키 제조를 위해 특별히 세워진 증류소였다.

드라이브하기. 새로운 숙성 기술일까, 아니면 이 증류소의 규모가 워낙 커서 빚어진 결과일까?

야마자키에서 생산되는 다양한 스타일의 위스키.

시간이 3년 추가되는 차원에 그친다. 야마자키에서는 야마자키 18년은 12년보다 단지 6년 더 나이를 먹는 것이 아니라 다른 타입의 위스키가 된다. 이런 여러 타입의 위스키를 혼합해 6개월 동안 매링 후 병입시킨다.

하지만 정말로 흥미진진한 대목은 따로 있다. 이런 다양성에도 불구하고 야마자키가 1가지의 한결같은 특색을 띤다는 것. 위스키가 입안을 적시며 혀 가운데를 점령하는 순간 뚫고 나오는 과실 풍미의 특색이다. 이 풍미는 셰리뿐만 아니라 향료 향이 나는 미주나라(일본산 오크)의 대범한 기운까지도 거뜬히 견뎌내는 힘이 있다. 더군다나, 미주나라 풍미는 강렬하고 신맛이 나는 특색으로 이 스피릿의 풍부함과 대비 효과를 내주기도 한다. 따라서 야마자키에는 일본 위스키가 걸어온 생애 곡선이 구현되어 있는 셈이다. 일본의 위스키는 토리 신지로와 그의 후계자들이 일본 소비자들의 요구에 맞춰 가벼움을 추구했던 초기 시대를 지나 이제는 더 다양한 특색을 원하는 새로운 몰트위스키 선호 소비자층에 맞추어가고 있다.

이 모든 기술 혁신을 이루어냈음에도 야마자키는 여전히 고요함 속에 잠겨 있다. 서양에서는 정반대로 여기는 대립적 요소들(현대와 고대, 직관과 과학)이 이렇게 융합되어 더없이 자연스러운 느낌이 풍긴다.

야마자키 시음 노트

뉴메이크, 미디엄 스타일

향 온화하고 달콤한 과일 향과 함께 묵직한 꽃(백합), 사과, 딸기 향이 어우러져 있다.
맛 무난하면서 '야마자키 특유의' 중간 맛이 있다. 과일 맛과 함께 스파이시한 특색도 있다. 생동감이 느껴진다.
피니시 부드럽고 길다.

뉴메이크, 헤비 스타일

향 깊이 있고 풍부하면서 아주 가벼운 채소 향이 돈다. 과일 풍미가 진하다.
맛 씹히는 듯한 질감에 풍미가 가득하고, 바닐라 비슷한 맛이 강타한다. 입에 착 붙는 질감의 농후함. 걸쭉하면서 훈연 풍미가 미미하게 감돈다.
피니시 약간 닫혀 있다.

뉴메이크, 헤비 피티드 스타일

향 깔끔하다. 아이리스와 아티초크 향. 견고하고 향긋한 훈연 향.
맛 달콤함 걸쭉함이 지배적 특색을 이룬다. 훈연 풍미가 뒤에 가서야 느껴지는 편이다. 해변의 모닥불 느낌.
피니시 스파이시해진다.

10년 40%

향 옅은 황금색. 상쾌하면서 스파이시함이 더 두드러진다. 오크 특유의 토스트 향기. 에스테르 향.
맛 깔끔함과 함께 새콤하고 가벼운 시트러스 맛, 은은한 다다미(일본식 돗자리) 풍미가 어우러져 있다. 풋과일 맛.
피니시 부드럽다가 점점 상큼해진다.
총평 섬세하고 깔끔하다. 소다와리(소다수를 탄 온더락) 스타일에 잘 맞는다. 봄 느낌을 준다.

플레이버 캠프 향기로움과 꽃 풍미
차기 시음 후보감 링크우드 12년, 스트라스밀 12년

12년 43%

향 황금색. 과일 향이 드러나기 시작했다. 잘 익은 멜론, 파인애플, 자몽 향과, 약간의 꽃 향기. 희미한 다다미 향과 연한 말린 과일 향.
맛 과일의 단맛. 풍부한 질감. 시럽 같은 느낌, 중간쯤에 다가오는 살구 맛, 희미한 바닐라 맛이 특색이다.
피니시 가볍게 훈연 향이 피어남과 동시에 말린 과일 향이 여전히 이어진다.
총평 미디엄 바디이지만 특색이 가득하다. 여름 느낌이 난다.

플레이버 캠프 과일 풍미와 스파이시함
차기 시음 후보감 롱몬 16년, 로열 로크나가 12년

18년 43%

향 옅은 호박색. 가을 과일의 향. 여문 사과, 반건조 복숭아, 건포도의 향. 가벼운 뿌리덮개 향취. 좀 더 진해진 훈연 향과 더 깊어진 꽃향기. 더 향기로워졌다.
맛 오크 풍미. 셰리 풍미가 더 충만해져, 호두와 플럼 맛이 난다. 가볍게 배어나오는 이끼 느낌. 혀 중간에 달라붙는 듯한 질감이 여전히 살아 있다. 복합적이다.
피니시 풍부한 여운 속의 오크의 달콤함.
총평 오크의 세계로 더 적극적이고 깊이 있는 여정에 들어섰다. 가을 느낌이 난다.

플레이버 캠프 풍부함과 무난함
차기 시음 후보감 하이랜드 파크 18년, 글렌고인 17년

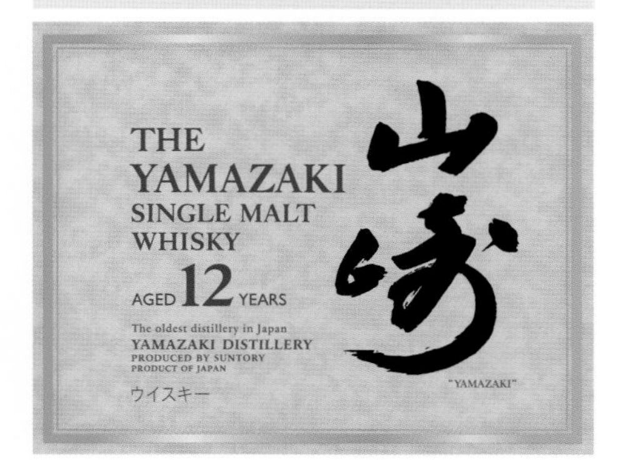

Hakushu

하쿠슈

호쿠토 | www.suntory.co.jp/factory/hakushu/guide | 연중 오픈, 견학 일정 및 자세한 사항은 홈페이지 참조

일본 알프스(히다산맥 · 기소산맥 · 아카이시산맥의 총칭—옮긴이) 남쪽의 카이코마가타케 산의 화강암 사면까지 높이 뻗어 올라간 소나무들 사이로는 시원한 산들바람이 분다. 그 나무들 사이로 숙성고와 증류소 건물이 점점이 흩어져 있지만 공중 다리, 박물관의 두 탑 꼭대기를 잇는 유리 통로에 오르기 전까지는 산토리의 하쿠슈 증류소 규모를 제대로 가늠하기 힘들다. 일부는 국립 공원이고, 일부는 증류소 복합시설인 이 드넓은 부지에는 여전히 45만 개가 넘는 캐스크가 보관 중이어서, 1970년대 일본 증류업자들의 야심이 얼마나 컸는지를 짐작케 한다. 이곳은 경제 호황기를 맞았던 당시에 블렌디드 위스키에 만족할 줄 모르는 갈증을 느끼는 듯한 소비 성향에 따라 설립되어, 한동안은 세계 최대의 몰트위스키 증류소로 군림했다.

여기에 산토리가 들어서게 된 계기는 물이었다. 산에서 나오는 샘물의 연수가 회사 측의 야심 찬 이상에 부합할 만큼 풍부했다.(현재 산토리에서는 이 물을 병에 담아 생수로 팔고 있다.) 하지만 안타깝게도 일본의 위스키 붐은 1990년 초에 막을 내리고 말았다. 금융 위기가 닥치며 경기침체가 시작되어 일본은 지금까지도 여전히 좀비처럼 휘청휘청 걷고 있다.

이렇게 위스키의 운이 쇠락하면서 일어난 여파는 이 서편 증류소의 으리으리한 철문 안에서 확연히 드러나 있었다. 블렌더 총책임자 후쿠요 신지가 이 철문을 밀어젖혀 열었고 우리는 같이 으스스하고 음산한 분위기의 웅대한 건물로 들어섰다. 거대한 구리 증류기들 앞에서 난쟁이처럼 작아 보이던 그는 이 증류소가 한때 동편과 서편의 두 증류장에서 연 3,000만 L(660만 갤런)의 스피릿을 생산했다고 이야기해 주었다.

그런데 현재는 생산이 동편 부지로 이전되었고 전체 생산량도 3분의 1로 줄었다. 야마자키의 경우와 마찬가지로, 하쿠슈도 시장의 변덕에 따라 스스로 변화했고 1983년에는 최대 폭의 개선이 이루어졌다. 후쿠요는 이 서편 증류소의 문을 닫기 전에 실험을 벌이기도 했다. 증류기 1대의 상단을 평평하게 만드는 실험이었다. 그가 유쾌한 어조로 말했다. "맞아요, 그랬어요. 다른 스타일을 만들고 싶어서, 그렇게 하면 어떻게 되는지 확인해 보자는 생각으로 그랬죠." 이는 일본의 증류 기술자들이 2번 생각할 것도 없이 바로 착수하는 것처럼 결단력으로 극적인 변화를 일으키는, 전형적인 사례다.

야마자키와 비교하면 하쿠슈 쪽이 훨씬 더 파격적이다. 이곳에서는 비 피트 처리 보리에서부터 강한 피트 처리 보리에 이르기까지 4가지 타입의 보리를 원료로 써서 맑은 워트를 만들어낸 후 증류용 효모와 양조용 효모를 섞어 목제 발효조에서 장시간 발효시킨다. "목제 발효조와 양조용 효모는 유산균의 발육을 더 촉진시켜, 스피릿에 에스테르 성분과 크리미한 질감을 끌어내 줍니다." 이 증류소엔 황금빛으로 반짝이는 직접 가열 방식의 증류기 6쌍이 있는데 믿기 어려울 만큼 그 모양과 크기가 다양하다. 키다리형, 비대형, 홀쭉이형, 왜소형

집착에 가까울 정도의 오크 통 관리는 일본 위스키의 품질을 결정하는 비결이다. **왼쪽** 다시 내부 그을림 처리 중인 캐스크. **오른쪽** 캐스크에서 샘플을 뽑아내기 직전의 순간.

전원적 터전. 하쿠슈는 일본 알프스의 자연보호지역에 자리 잡고 있다.

등의 여러 형태를 띠는 데다, 라인 암도 증류기에 따라 각도가 위쪽이나 아래쪽으로 꺾이고 웜텁이나 응축기로 이어져 있다. 그래서 스피릿의 변형이 당황스러울 정도이지만, 역시 야마자키와 마찬가지로 이런 스피릿 타입의 변형에도 일관성이 있는 느낌이다.

하쿠슈는 가장 묵직하고 피트 향 강한 익스프레션조차 풍미의 집중력과 직접성이 있어 야마자키의 깊이감과 차별화된다. 어릴 때는 자신의 태생지를 직접적으로 압축해 놓은 느낌을 선사하고, 싱글 몰트에서는 푸릇푸릇한 녹음의 특색이 가득해 젖은 대나무, 비 온 뒤의 싱그러운 이끼의 느낌과 더불어 당연히 그 특유의 크리미한 질감이 살아있다. 이 크리미한 질감의 생성은 이 증류소에서 미국산 오크 캐스크의 사용을 선호하면서 그 영향이 어느 정도 미치는 결과이자, 장시간 발효의 영향도 있을 것으로 추정된다. 피트 향도 있지만 거의 뒤늦은 감이 들 만큼 늦게서야 다가온다.

하쿠슈의 스타일은 주변 기온의 영향도 받는 게 아닐까 싶다. "여기는 기온대가 4~22℃예요. 야마자키는 기온이 10~27℃인데다 여름에 습도도 더 높죠." 하쿠슈의 상쾌한 소나무 향이 나는 10년 제품은 더 숙성시켜도 될 것 같은 느낌이 없다. 25년 제품은 더 묵직하고 피트 향이 강하기도 하지만, 언제 맛봐도 조약돌 느낌의 상쾌함이 직접적으로 선명하게 다가오고 시원하고 은은한 박하 향이 소나무 사이로 부는 바람처럼 밀려온다. 2010년에는 이 증류소에 연속 증류기가 설치되었는데 애초부터 실험 목적이었고, 지금까지 주된 원료인 옥수수뿐만 아니라 밀과 보리 등 그 외의 여러 곡물도 원료로 활용하여 꾸준한 실험이 이어졌다.

하쿠슈 시음 노트

뉴메이크, 라이트 피트

향 아주 깔끔하다. 오이, 과일 츄잉 캔디 향. 희미한 풀내음, 서양배, 플랜틴 바나나 향. 아주 미묘한 훈연 향.
맛 달콤하고 강렬하다. 풋 멜론 맛. 아주 새콤한 맛. 상쾌한 느낌. 훈연 풍미가 뒤에서 받쳐주는 듯 전해온다.
피니시 여운이 쭉 이어진다.

뉴메이크, 헤비 피트

향 강건하고 견고한 느낌과 함께 은은한 견과류 향이 묻어난다. 스코틀랜드의 피트 향보다 '안개 낀 듯한 느낌이' 덜하다. 비교적 선명한 편이며 살짝 향기롭다. 젖은 풀과 레몬 향.
맛 시트러스 풍미가 새콤하면서 스모키함이 점점 고조된다.
피니시 온화하게 가라앉는다.

12년 43.5%

향 밀짚 색. 시원하고 싱그러운 느낌에 향기로움이 살짝 감돈다. 시프레(샌달우드에서 채취한 두발용 향유—옮긴이) 향기. 풀내음, 가벼운 꽃향기와 더불어 소나무와 샐비어 향이 희미하게 난다. 덜 익은 바나나 향.
맛 매끄럽고 부드러운 질감에 약간의 박하 맛과 풋사과 맛. 대나무와 젖은 이끼 내음. 라임과 캐모마일 풍미.
피니시 아주 아주 희미한 훈연 향으로 마무리된다.
총평 상쾌하다. 섬세한 듯하면서도 깊이가 있다. 집중력이 있다.

플레이버 캠프 향기로움과 꽃 풍미
차기 시음 후보감 티니닉 10년, 아녹 16년

18년 43.5%

향 황금색. 비스킷 향에 생강과 아몬드/마지팬 향이 어우러져 있다. 밀랍, 플럼 향과 건초의 달큰한 향. 마지팬, 초록색 풀, 풋사과 향. 커런트 잎의 향.
맛 미디움 바디에 깔끔하다. 다시 기분 좋은 새콤함이 느껴진다. 망고와 잘 익은 허니듀 멜론 맛. 풀의 느낌이 여전히 살아 있다. 섬세한 장작 연기와 오크의 토스트 풍미.
피니시 깔끔하면서 살짝 스모키하다.
총평 밸런스가 잡혀 있다. 스모키함이 좀 더 강해졌지만 여전히 신중함이 있다.

플레이버 캠프 향기로움과 꽃 풍미
차기 시음 후보감 밀튼더프 18년

25년 43%

향 호박색. 진한 건과일 향과 왁스칠한 가구의 향이 강렬하다. 약간의 캐러멜화 과당 향. 구운 사과, 설타나, 고사리/이끼, 버섯 향. 말린 박하잎과 훈연 향.
맛 아주 아주 다양한 향이 펼쳐지면서 힘차고 농익고 풍부한 인상을 준다. 와인 느낌이 나고 매끄러운 질감의 가벼운 타닌 맛도 있다. 프랄린 맛.
피니시 오크 풍미 사이로 전해오는 훈연 향.
총평 대담하지만 증류소 특유의 상쾌한 신맛이 여전히 남아 있다.

플레이버 캠프 풍부함과 무난함
차기 시음 후보감 하이랜드 파크 12년, 글렌카담 1978

더 캐스크 오브 하쿠슈, 헤비 피트 61%

향 황금색. 강렬하면서 신선한 공기 같은 상쾌함이 입맛을 돋운다. 카네이션과 봄 양파 향이 나면서, 점점 강해지는 훈연 향이 그 뒤를 받쳐주고 물을 희석하면 이 훈연 향이 한껏 발산된다. 여전히 향이 좋다. 다육과와 습기 머금은 피트 향.
맛 향만큼이나 강렬하다. 풍미가 혀 전체로 퍼진다. 멜론 맛과 진한 훈연 풍미.
피니시 푸릇푸릇한 여운이 오래 지속된다.
총평 밸런스가 잡혀 있으면서 특유의 개성이 살아 있다.

플레이버 캠프 스모키함과 피트 풍미
차기 시음 후보감 아드모어 25년

Miyagikyo

미야기쿄

센다이 | www.nikka.com/eng/distilleries/miyagikyo/index.html | 연중 오픈

닛카의 몰트위스키 증류소 2곳 중 먼저 둘러볼 증류소는 혼슈 북동쪽에 있다. 센다이 시 서쪽으로 45분 정도의 거리다. 도로가 구불구불 굽이져 흐르고 옹이투성이의 단풍나무로 뒤덮인 언덕이 펼쳐진 이곳은 타지인은 거의 찾지 않는 일본의 비밀스러운 곳 중 한 곳이다. 땅에서 뜨거운 물이 분출되는 오래된 온천이 산 계곡 곳곳의 눈에 잘 띄지 않는 곳에 점점이 흩어져 있다. 일부 보도와는 달리, 이 증류소는 도호쿠 쓰나미나, 그 여파로 일어난 후쿠시마 원전 사고의 타격을 입진 않았다.

이번에도 물이 증류소의 설립 이야기에서 중요한 비중을 차지한다. 1930년에 닛카를 세우며 일본 위스키업을 공동창업한 전설적 인물인 타케츠루 마사타카는 1960년대 말에 증류소 부지를 1곳 더 찾고 싶어 했다. 첫 번째 부지 물색 때는 곧바로 추운 북쪽 지방으로 향하게 되었다면(224쪽의 '요이치' 참조) 이번에는 일본 전역을 후보지로 고려했다. 닛카의 사내 전설에 따르면, 3년을 돌아다닌 끝에 이곳 닛카와 강과 히로세 강이 합류하는 미야기 계곡(미야기쿄) 부지를 찾아냈다고 한다. 그는 동글동글한 회색 자갈이 깔린 이곳에서 물을 마셔본 후 여기가 좋겠다는 판단을 내렸고, 1969년에 센다이 증류소가 본격 가동에 들어가게 되었다.

타케츠루가 수질에 이렇게 관심을 기울였던 것은 증류 기술자들 사이에서는 특이한 일도 아니다. 물은 풍미에 직접적 영향을 미치지는 않더라도 증류소에서는 적절한 온도의 물이 상당량 필요하며, 물의 미네랄 성분이 발효에 영향을 미치기도 한다. 타케츠루가 1919년에 롱몬 증류소에서 견습생으로 들어갔을 때(87쪽 참조) 모시던 책임자에게 가장 먼저 물었던 질문 13가지 중 2가지도 바로 물에 대한 것이었다. 타케츠루는 롱몬 증류소의 수원을 알게 된 후 이렇게 물었다. "그 물을 분석해 보신 적 있나요?" 책임자는 그런 적이 없다고 대답했다. 스코틀랜드에서 현미경을 쓰는 증류소가 있느냐는 그다음 질문에 돌아온 답은 이랬다. "글쎄, 없을 것 같은데." 타케츠루는 미야기쿄의 물을 맛보고 난 후 틀림없이 그 물을 분석했을 것이다.

미야기쿄는 이후에 두 차례 확장되었고 현재 몰트위스키 증류소와 그레인 위스키 증류소에서 스피릿을 만들고 있다. 몰트위스키의 경우엔 일본 주류 방식의 여러 가지 위스키 제조법을 따르고 있으나 닛카의 제조법과 산토리의 제조법은 서로 다르다. 닛카에서는 대체로 비 피트 처리 보리를 쓰지만 중간 정도 피트 처리된 보리뿐만 아니라 종종 강한 피트 처리 보리도 원료로 써서 대체로 맑은 워트를 만들면서 때때로 탁한 워트도 만들어낸다. 발효에서는 여러 종류의 효모를 조합해서 쓴다. 증류기는 모두 모양이 같아, 바닥 부분이 포동포동한 형태의 보일 벌브가 있고 목 부분도 통통해 사실상 롱몬 증류소의 증류기와 비슷하다.

미야기쿄를 시음해 보면 이곳을 세웠던 타케츠루의 의도가 분명히 느껴진다.

뭉툭한 봉우리의 언덕, 숲, 온천 들이 한데 어우러진 풍경 사이로 자리 잡은 미야기 계곡은 그 수질 때문에 증류소 부지로 선정되었다.

그는 요이치에서는 묵직하고 스모키하면서 풍부한 질감의 싱글몰트를 만들었다. 반면 이 증류소에서는 가벼운 느낌이 풍미의 열쇠였다. 요이치가 그윽한 연기와 가죽 안락의자가 연상되는 겨울 위스키라면 미야기쿄는 늦여름 과일의 느낌이 물씬하다. 이에 따라 블렌디드 위스키를 위한 새로운 요소가 갖추어져 포트폴리오의 밸런스가 잡히는 셈이다. 여기에 더해 그레인위스키 증류소를 통해 최종 요소가 보충되기도 하는데, 이는 언제나 새로운 기술을 연구하는 동시에 유효한 과거의 요소들을 지켜오기도 한 일본 증류 기술자들의 자세를 보여주는 또 하나의 증거다.

이 증류소에는 현대식 연속 증류기뿐만 아니라, 글래스고에서 만들어진 코페이 스틸 1쌍도 설치되어 있어 3가지 타입의 그레인 스피릿을 만든다. 100% 옥수수, 옥수수/몰트 보리 혼합, 100% 몰트 보리 스피릿이다. 이중 마지막으로 소량만 출시되는 코페이 몰트(Coffey Malt)는, 그 품질에 대해 정당한 격찬을 얻어왔을 뿐만 아니라 일본의 혁신을 보여주는 전형적인 사례이기도 하다. 사실, 코페이 몰트는 타케츠루가 유학 중이던 시절에 스코틀랜드 전역에서 폭넓게 생산되고 있었다. 그러니 이 코페이 몰트의 제조법은 그가 적절한 때가 오기를 기다리며 비축해둔 또 하나의 기술이었을지도 모를 일이다. 아니, 적절한 때만이 아니라 적절한 장소가 나타나기도 기다렸으리라.

이곳의 뚜렷한 사계절은 오크 통 속에서 미야기쿄가 진전되어가는 방식에 특유의 영향을 미친다.

미야기쿄 시음 노트

15년 45%

향 짙은 황금색. 부드럽고 달콤하다. 액상 토피, 밀크 초콜릿, 익은 감의 향이 진하다.
맛 10년 숙성 제품의 온화하고 경쾌한 특색과 비교해서 좀 더 복숭아 맛이 깊어졌고 셰리 풍미가 은은히 돈다. 가벼운 건포도 맛과 특유의 소나무 느낌이 있다.
피니시 오래 이어지는 여운 속의 과일 풍미.
총평 달콤하고 마시기에 부담이 없다.

플레이버 캠프 과일 풍미와 스파이시함
차기 시음 후보감 롱몬 10년

1990, 18년 싱글 캐스크 61%

향 우롱차, 레몬 절임 향이 가볍고 깔끔하다. 딱딱한 캐러멜 향에 이어 딸기, 오크의 락톤 향기와 아주 미미한 오일리함이 느껴진다. 물을 희석하면 초콜릿 비스킷 향과 오크의 향기로움이 피어난다.
맛 즉각적이고 직접적으로 다가온다. 아주 기름지고 잼 같은 질감이 혀를 덮어오는 듯 퍼진다. 뒤로 갈수록 강도가 점점 강해진다. 졸인 사과와 화이트 커런트의 맛. 타임, 시트러스의 특징이 모습을 드러냈다. 신맛도 살짝 있다.
피니시 가벼운 오크 풍미.
총평 풍미가 기분 좋게 혀에 고이는 느낌을 일으켜준다.

플레이버 캠프 과일 풍미와 스파이시함
차기 시음 후보감 발블레어 1990, 마녹모어 18년

닛카 싱글 캐스크 코페이 몰트 45%

향 선탠 로션, 카페 라테 향. 마카다미아 향. 익은 열대 과일의 달콤한 향. 점차 향기로운 오크 향과 구두 가죽 향이 다가온다. 물을 섞으면 캐러멜화된 과당의 향과 함께 살짝 꽃의 느낌도 난다. 밸런스가 좋고 살짝 복합미도 느껴진다.
맛 처음엔 크림에 가까운 질감이다 플랑베, 바나나, 화이트초콜릿 맛이 이어진다.
피니시 여운이 길고 기름지다.
총평 아주 개성 넘친다.

플레이버 캠프 과일 풍미와 스파이시함
차기 시음 후보감 크라운 로열

Karuizawa, Fuji-Gotemba

가루이자와,
후지 고텐바

가루이자와 | 나가노 | www.one-drinks.com
후지 고텐바 | 후지산 | www.kirin.co.jp/brands/sw/gotemba/index.html | 연중 오픈, 요청시 영어 안내 견학 가능

아주 세련된 소도시 가루이자와는 나가노현의 800m 고지에 자리해 있고 예전부터 흥미로운 생애를 이어왔다. 17세기부터 19세기까지는 교토와 에도를 잇는 나카센도 도로상의 주요 우체국 소재 도시로, 그 이후엔 기독교 선교사들의 피난처와 일본 엘리트층의 온천지로, 또 현재는 스키 리조트와 최고급 온천지로서 인상적인 위상을 떨쳐왔다. 도시 위쪽으로는 일본에서 가장 왕성한 활화산 아사마산이 부글부글 끓고 있다.

가루이자와의 증류소는 원래는 와이너리로 시작했으나 1955년에 일본의 위스키 붐에 편승해 위스키 제조 시설로 개조되었다. 애초부터 이곳의 제조업자들에게는 싱글몰트위스키를 생산할 생각이 없었고, 오션(Ocean)이라는 블렌디드 위스키를 받쳐주기 위한 원주를 공급하는 것이 목적이었다.

생산되는 스타일은 1가지뿐이었다. 골든 프라미스 품종의 보리를 원료로 사용해, 피트를 많이 쓰면서 맑은 워트를 만들어 장기 발효를 시켰고, 이 발효액을 소형 증류기에서 증류한 후 주로 셰리 캐스크에 담아 숙성시켰다. 모든 공정이 묵직함으로 방향 잡혀 있었으나 맛에서는 여지없이 일본다움이 묻어났다. 훈연 향에서 그을음 느낌을 띠고, 장기 숙성 익스프레션에서는 깊이 있는 송진 향이 나면서 길들지 않은 야생의 느낌이 풍긴다. 소두구와 올스파이스의 이국적 향신료 풍미와 간장의 향이 있으나 이 모두가 아주 집중되고 강렬한 일본 스타일로 틀 잡혀 있다. 지금은 가동이 일시 중단되었으나, 소유주인 기린이 재개장 결정을 내리기를 기대하는 바람들도 있었다. 하지만 바람과는 달리 부동산 개발업자에게 매각되고 말았다. 그나마 반가운 소식이라면, 넘버원 드링크스 컴퍼니(Number One Drinks Company)에서 재고 생산분을 구해내, 마지막 남은 원액을 싱글 캐스크 제품으로 출시하는 한편 마운드 아사마(Mount Asama)라는 제품으로 숙성시키고 있다는 것이다. 가루이자와가 괜한 사망을 맞는 바람에 세계의 명품 위스키 중 하나가 사라져 버렸다.

후지 고텐바

가루이자와가 아무리 활화산 밑에 있다지만, 알고 보면 후지 고텐바가 훨씬 더 놀랄 만한 곳에 자리해 있다. 또 한 차례의 분출이 예상되는 후지산과 일본 자위대 사격 훈련장 사이에 자리하고 있으니 말이다. 스타일 측면에서 후지 고텐바는 가루이자와와 더할 나위 없이 차별성을 띤다. 1973년에 기린과 시그램의 합작 투자로 설립된 후지 고텐바는 김리(Gimli)와 비슷한 방식으로(275쪽 참조) 몰트위스키와 그레인위스키를 생산하고 있다.(이곳의 경우엔 그레인위스키가 더 풍미 가득하다.) 숙성 통은 미국산 오크 통만 쓰고 있고 특별히 일본 요리에 맞춰 위스키를 생산하고 있어서, 싱글 몰트가 굉장히 잘 팔릴 만한 특색을 갖추고 있다. 하지만 안타깝게도 홍보가 잘 안되어서 저평가되고 있다.

후지 고텐바 시음 노트

후지 산로쿠 18년 40%

향 기품 있는 인상에 에스테르 향이 느껴진다. 아주 절제되어 있다. 광을 낸 목재, 복숭아 씨, 바이올렛의 향. 물을 섞으면 흰색 꽃과 자몽 향이 피어난다.
맛 달콤하고 향긋한 꿀의 맛. 아주 살짝 떫은 맛이 나면서 레몬과 뜨거운 톱밥 풍미가 약하게 풍긴다.
피니시 온화하다. 리치 풍미.
총평 아주 깔끔하고 명확하다.

플레이버 캠프 향기로움과 꽃 풍미
차기 시음 후보감 로열 브라클라 15년, 글렌 그랜트 1992 셀러 리저브

18년, 싱글 그레인 40%

향 황금색. 아주 달콤하고 강렬하면서 버터 같은 기름진 특색을 띠고 있다. 꿀, 참깨, 코코넛 크림 향이 진하다.
맛 걸쭉하면서 부드럽고 달콤하다. 기름진 옥수수 특유의 맛과 함께 구운 바나나 맛이 섞여 있다.
피니시 긴 여운 속에 시럽 같은 달콤함이 느껴진다.
총평 온화하고 부드러우면서 달콤하다. 아주 유순하다.

플레이버 캠프 향기로움과 꽃 풍미
차기 시음 후보감 글렌토커스 1991, 더 글렌터렛 10년

카루이자와 시음 노트

1985, 캐스크 #7017 60.8%

향 암적색. 깊이감과 약간의 야생 느낌이 풍기다 당밀, 제라늄, 카시스, 삼나무 향이 섞인 흙내음으로 변했다가, 프룬 향이 오래 우린 아쌈 차 향과 함께 다가온다. 물을 희석하면 눅눅한 석탄 창고, 니스, 건포도 향과 유황 내음이 퍼진다.
맛 힘이 있고 강한 타르 느낌과 훈연 향에 희미한 고무 향이 섞여 있다. 떫은 맛이 있으면서, 거담제가 연상되는 유칼립투스 풍미가 진하다. 물을 섞으면 다시 유황 풍미가 나는데 너무 신경 거슬리는 듯한 느낌이 좀 있다.
피니시 그을음 향이 돌면서 여운이 오래 지속된다.
총평 카루이자와의 전형적 스타일이다. 비타협적 면모가 엿보인다.

플레이버 캠프 풍부함과 무난함
차기 시음 후보감 글렌파클라스 40년, 벤리네스 23년

1995 노 시리즈, 캐스크 #5004 63%

향 송진 향. 니스, 발삼/호랑이 연고, 제라늄, 구두약, 프룬 향과 함께 기름 먹인 목재 향이 묵직하게 풍긴다. 바베리(매자나무), 로즈우드 재목의 상자 향. 물을 섞으면 상록수 나무 향에 석탄 연기와 가죽 향기와 함께 풍겨온다.
맛 깔끔한 동유(桐油) 풍미가 쓴맛으로 변하며 살짝 떫은맛이 난다. 물을 희석하면 유칼립투스 풍미가 일어난다. 좀 지나면 신기하게도 스모키한 아르마냑 같은 풍미가 일어난다. 동시에 향기로움이 피어나 이 풍미가 너무 텁텁해지지 않도록 막아준다.
피니시 조밀하고 이국적이다.
총평 무시하기 힘든 매력을 갖추었다.

플레이버 캠프 풍부함과 무난함
차기 시음 후보감 벤리네스 23년, 맥캘란 25년, 벤 네비스 25년

Chichibu

치치부

치치부 | 에이가시마 | 고베 | www.ei-sake.jp | 방문을 원할 시 예약 필수

로하스(Lifestyles of Health and Sustainability) 운동에 영향을 받은 지속 가능 원칙은 증류소 방문을 논의할 때 보통 화제로 삼게 되는 얘깃거리가 아니다. 하지만 치치부의 경우엔 다르다. 게다가 소유주 아쿠토 이치로 역시 보통의 증류업자와는 다르다. 그의 가문은 고요한 치치부를 터전으로 삼아 1625년부터 쭉 주류 생산을 가업으로 이어왔다. 1980년대부터는 공업도시 하뉴에서 위스키 증류를 시작하며 당화에 쓸 물을 치치부에서 트럭으로 실어와 댔다. 하지만 타이밍이 지독히 나빴다. 하필이면 그때 위스키 시장이 붕괴되어 2000년 무렵 아쿠토에게는 몰락한 증류소와 캐스크 400개 분량의 오래된 재고분만 남게 되면서, 2014년의 마지막 카드(Card) 시리즈를 끝으로 문을 닫았다. 그 후 그는 2017년에 치치부의 고향으로 돌아가 시 외곽의 뾰족한 산등성이 구역의 작은 땅을 매입했고 이후 1년도 채 지나지 않아 아주 작은 규모의 증류소를 가동시켰다.

열정적인 젊은이들이 힘을 합쳐 일하고 있고 카루이자와의 전 증류 기술자의 감독하에 운영되고 있는 이 치치부는 규모가 정말 작은 증류소다. 공간은 널따란 방의 크기에 지나지 않고 와이너리만큼 깔끔하다. 그동안 여러 증류소를 다녀봤지만 고무 슬리퍼로 갈아신고 들어가야 하는 곳은 이 증류소뿐이었다. 아쿠토는 현지 생산자들과 강한 유대를 이루는 증류소를 이상으로 삼아, 그 이상을 실현해 나가고 있다. 실제로 현재 치치부의 몰트 중 10%는 현지에서 재배되는 보리를 쓰고 있다. 전적으로 수입에 의존했던 업계로선 큰 도약이다. 피트도 현지에서 조달해 쓰고 있다. 여러 면에서 아일레이의 킬호만과 유사성이 강한 증류소다.

치치부의 구상이 통합적으로 전개되어감에 따라 아쿠토는 여러 가지 스타일과 숙성 방식을 꾸준히 실험 중이다. 현재 그는 응축기 온도를 조절해서 피트 향이 강한 스타일을 비롯해 3가지의 증류액을 만들어내고 있다. 묵직한 스타일을 낼 때는 차가운 온도로, 가벼운 스타일을 만들 때는 뜨거운 온도로 맞추는 식이다.

숙성 통은 레드 오크 캐스크에서부터 위스키 숙성에 통상적으로 쓰이는 현지의 미주나라 캐스크, 500L(110갤런) 용량의 미국산 오크 캐스크, 와인 캐스크, 앙증맞은 치비다루스(캐스크의 4분의 1 용량)에 이르기까지 여러 종류의 통을 혼합해 쓰고 있다. 숙성고에 남은 가루이자와의 마지막 캐스크들도 흥미로운 리필 프로필을 선사해 주며 서서히 고갈되어가고 있다. 통 제작 작업장이 건설 중이기도 하다.

뛰어난 위스키를 만들기 위해서는 산림, 농업, 증류 간의 사이클이 필요해요. 이 모두가 하나의 공동체입니다. 예전엔 캐스크가 전부라고 생각했고 이제는 증류가 얼마나 중요한지 잘 알지만, 사실은 전체성이 중요해요."

치치부 시음 노트

이치로즈 몰트, 치치부 온 더 웨이 디스틸드 2010 58.5%

향 죽순 향에 이어 핑크 대황 향이 나다 차츰 꽃향기가 생겨나며 딸기 잼과 크림 향이 함께 느껴진다. 물을 섞으면 파인애플과 멜론 향이 약간 풍긴다.

맛 치치부의 전형적 인상을 선사한다. 입안에서 빠르게 훅 다가오면서도 온화한 느낌의 걸쭉함이 퍼진다. 딸기와 바닐라 맛이 다가왔다가 뒤이어 기운찬 분필의 풍미가 뚫고 올라온다

피니시 꽃이 피어나는 듯한 느낌이다.

총평 달콤함을 선사하며 복합미를 띠어가고 있다.

플레이버 캠프 향기로움과 꽃 풍미
차기 시음 후보감 마크미라

더 플로어 몰티드 3년 50.5%

향 몰트 향이 풍기지만 견과류보다는 왕겨 느낌에 더 가깝다. 치치부 특유의 꽃향기가 걸쭉한 포도즙, 베르쥐, 허브 향과 함께 피어난다.

맛 아주 달콤한 과일 맛과 함께, 이색적이게도 곡물 특유의 드라이한 맛이 살짝 섞여 있다. 플럼의 시큼한 맛이 가볍게 풍긴다.

피니시 상쾌하면서 조밀하다.

총평 노포크에서 몰팅해 온 보리로 만든 점이 인상적이다.

플레이버 캠프 몰트 풍미와 드라이함
차기 시음 후보감 세인트 조지 EWC

포트 파이프 2009 54.5%

향 어리지만 뚜렷한 오크 향. 스트레이트로 맛보면 입안이 살짝 화하면서 라즈베리와 크랜베리, 쐐기풀 향과 풀내음이 선명히 드러나고, 물을 섞으면 분필 향이 전해온다.

맛 혀끝에서 달콤함이 느껴진다. 라즈베리 풀(fool, 삶은 과일을 으깨어 크림에 섞은 음식—옮긴이)의 맛이 아련히 다가오고 캐스크에서 우러난 캐러멜화 풍미가 연하게 묻어난다.

피니시 조밀하다. 살짝 경쾌한 느낌이 난다.

총평 500L(110갤런) 용량의 포트 파이프에서 숙성되면서 풍미가 조화롭게 어우러졌다.

플레이버 캠프 과일 풍미와 스파이시함
차기 시음 후보감 핀치 딘켈

치치부 치비다루 2009 54.5%

향 젊은 활기가 강렬히 전해오며, 레몬 머랭 파이, 포멜로 향이 약간 나고 밤꽃스토크 향기가 은은하게 감돈다.

맛 군침이 돌게 하는 시트러스 특색이 돌고, 온순한 달달함에서 메이스와 딸기 맛으로 이어진다.

피니시 톡톡 터지는 팝핑 캔디의 느낌.

총평 치비다루는 '작다'는 의미의 일본어 속어로, 4분의 1 크기의 숙성 캐스크를 생각하면 이름을 적절히 잘 붙인 것 같다.

플레이버 캠프 과일 풍미와 스파이시함
차기 시음 후보감 미야기쿄 15년

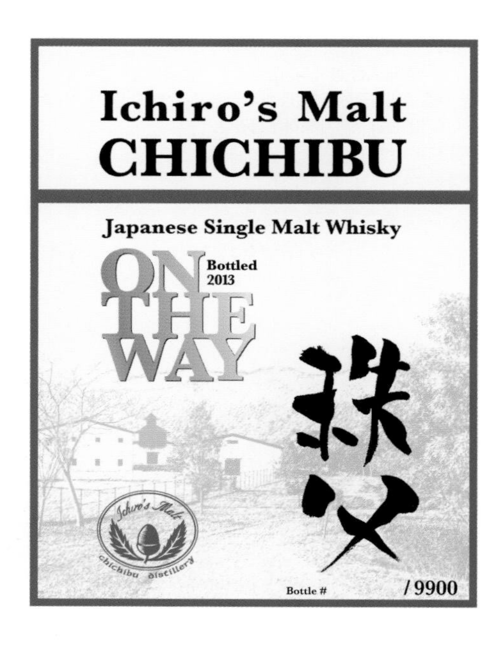

Mars Shinshu

마르스 신슈

미야타 빌리지 | 가고시마 프렉처 | www.whiskymag.jp/hombo-mars-distillery

초록색 벨벳을 짓이겨 만든 것처럼 보이는 산악지대 사이의, 일본 알프스 고지에 위치한 이 증류소는 상당히 특이한 이름을 가졌을 뿐만 아니라 일본 위스키의 초창기 시대와 연결된 이야기도 품고 있다. 들으면 '…라면 어땠을까?'라는 의문이 들만한 이야기이며 1곳이 아닌 3곳의 증류소와 얽혀 있기도 하다.

증류소의 소유주인 혼보 가문은 1949년에 처음 위스키 증류 면허를 취득했으나 1960년이 되어서야 위스키 제조를 시작했고, 그 장소도 이 지역이 아닌 야마나시다. 증류소의 운영자 이와이 기지로는 세기의 전환기에 타케츠루 마스타카의 직속상관으로 있었던 인물이었다. 당시에 일했던 곳은 일본 최초의 위스키 증류소 건립을 목표로 삼고 있던 회사, 세츠주조였다. 하지만 안타깝게도 타케츠루가 유학에서 돌아왔을 때 이 회사는 관리 상태에 들어가 있었다. 이후 타케츠루는 야마자키에 합세했다가 닛카를 설립했고 그 뒷이야기는 아는 대로이다. 하지만 그 2곳의 증류소가 아닌 세츠주조의 증류소가 세워졌다면 어떻게 되었을까?

이와이 역시 위스키맨이었던 듯하며, 야마나시의 증류소가 가동을 시작했을 당시에 이와이는 타케츠루가 올린 원본 보고서를 활용해 위스키를 만들었다. 당연한 얘기겠지만 이렇게 만든 위스키는 묵직하고 스모키했다. 야마나시 증류소는 9년 동안 운영되다 생산 주종이 와인으로 바뀌며 증류 시설이 규슈 남쪽의 가고시마로 이전되었고, 이곳에서도 2대의 소형 단식 증류기로 묵직하고 스모키한 위스키를 만들어냈다. 그러다 1984년에, 생산지가 현재의 마르스 부지로 옮겨졌다. 이곳이 부지로 선정된 이유는 숙성 속도를 늦추기 위한 차원에서 고도가 맞았을 뿐만 아니라 화강암 지대를 흘러오며 여과되는 연수를 이용할 수도 있었기 때문이다. 스타일에도 변화가 생겨 가벼운 스타일을 목표로 삼았다. 이 시기의 제품은 부드럽고 꿀 같이 달콤한 과일 맛으로 가득해 일본에서 가장 달콤한 위스키였을 것으로 추정된다. 충분히 잘 될 만한 스타일이었지만 이번에도 타이밍이 안 좋았다. 일본의 위스키 산업 대몰락이 시작되면서 마르스는 1995년에 문을 닫고 말았다.

하지만 다행히도 혼보 가문은 카루이자와의 이전 소유주보다는 위스키에 대해 더 확실한 비전을 갖추고 있었다. 덕분에 국내외적으로 위스키 판매가 다시 활기를 띠어가자 증류소가 2012년에 재개장하게 되었다. 현재는 비 피트 처리와 피트 처리의 2가지 스타일을 생산하고 있다. 새로 뽑아낸 스피릿의 일부를 예전의 재고 원액과 섞어 숙성시키는가 하면, 이따금 예전 캐스크 원액을 병입해 출시하기도 한다.

일본 알프스 고지대에 위치한 마르스 신슈는 폐업 17년 후에 다시 문을 열었다.

마르스 시음 노트

뉴메이크, 라이트 피트 60%

향 덜 익은 배의 향과 가벼운 훈연 향. 그 뒤에서 희미한 유황내음이 받쳐주고 있다.

맛 단맛과 함께 경쾌한 훈연 풍미가 어우러진다. 중간 맛에서 유황이 은은하게 느껴지며, 앞으로 멋지게 숙성될 듯한 기운을 풍긴다.

피니시 설탕 같은 단맛.

코마가타케 싱글몰트, 2.5년 58%

향 말도 안 될 만큼 과일 향이 물씬하다. 열린 백도, 멜론 껍질, 과일 시럽 향과 더불어 아주 섬세한 오크 향이 풍겨온다.

맛 굉장히 달달하다. 어리고 스파이시하지만 이미 밸런스가 잡혀가고 있다.

피니시 덜 익은 과일 풍미에서 아직 시간이 필요하다는 암시가 풍긴다.

총평 절대 사라진 적 없다는 듯, 증류소의 개성이 바로 되돌아왔다.

플레이버 캠프 과일 풍미와 스파이시함
차기 시음 후보감 애런 14년

White Oak

화이트 오크

에이가시마 | 고베 | www.ei-sake.jp

화이트 오크는 알쏭달쏭한 내력이 깃든 곳이다. 고베 인근의 아카시 해협 쪽에 자리해 있는 이 증류소가 바로 일본 최초의 위스키가 만들어진 곳이었을 가능성이 있다. 1919년에 위스키 증류 면허를 얻었으나 1960년대에 들어서야 스피릿 생산을 개시해 띄엄띄엄 이따금만 가동되며, 블렌딩용 원액만 만들었다. 비슷한 규모의 하뉴나 마르스와 비슷하게, 시장이 침체기에 들어섰을 때 재정위기에 노출되었고 이후 생산이 재개되긴 했으나 지금까지 줄곧 한정된 생산량만 만들어오고 있다.

소유주인 에이가시마 주조는 쇼추(소주), 우메슈(매실주), 와인, 브랜디 생산을 전문으로 하는 기업이다. 그런 탓에 위스키는 이미 자리가 잡힌 포트폴리오 내에 비집고 들어가기 위해 고군분투해야 하는 처지이고 증류 일정도 빡빡하다. 다양한 종류의 스피릿을 생산하면서도 위스키 생산은 1년에 2개월로 한정되어 있다.(이마저도 겨우 1개월에서 상향 조정된 것이다.) 비피트 처리 위스키를 만들고 있으며 숙성 통은 주로 와일드 터키(라이 위스키)를 담았던 통과 셰리 캐스크를 쓰고 있다.

이 회사의 야마나시 소재 시설에서 가져오는 화이트 와인 캐스크에 위스키를 숙성시키고 있는가 하면, 특히 더 흥미로운 부분으로서 쇼추를 담았던 졸참나무(Konara oak) 소재의 통도 사용하고 있다. 2013년에는 졸참나무 추가 숙성을 거친 제품이 한정품으로 출시되었다. 게다가 독립 병입자 덩컨 테일러가 화이트 오크의 원액 일부를 스코틀랜드에서 숙성시키고 있기도 하다.

최근 출시 제품은 대부분 어린 위스키였으나, 풍미가 충분히 열리기 위해서는 캐스크에서 오랜 기간 살살 꾀어내는 과정이 좀 필요하다고 느끼는 일본 위스키 애호가들의 생각에는 나도 공감한다. 정말 시간이 필요하다. 하지만 때로는 상업적 필요성이 위스키 마니아들의 요구보다 더 중요한 만큼, 어린 제품의 출시 방침은 앞으로도 변함이 없을 듯하다. 안타깝지만 한정 생산 방침 역시 그대로일 것이다. 이 회사는 쇼추와 사케로 돈을 벌고 있고 결정이란 돈에 따라 좌우되기 마련이니까.

또 한곳의 쇼추 생산자이자 수제 양조업체인 미야시타에서도 2012년에 자사의 오카야마 증류소에서 한정 양으로 위스키 증류를 개시했다. 현재 위스키를 여러 종류의 캐스크에 담아 숙성시키는 중이며 첫 제품 출시는 2015년으로 예정되어 있다.

화이트 오크 시음 노트

5년 블렌디드(넘버원 드링크스 컴퍼니의 병입 제품) 45%

향 약간의 밀랍 향이 피어나며, 연하고 가볍고 깔끔한 느낌이다. 향기로우면서 안젤리카가 연상되는 활기찬 느낌에 이어, 구스베리 잼 향기가 나다 볶은 차의 깊은 향이 전해온다. 물을 섞으면 효모, 오이, 보리지(샐러드 등에 쓰이는 지중해산 식물—옮긴이), 라임 향이 피어난다.

맛 바닐라 커스터드의 달콤함이 느껴지고 생강의 단맛이 두드러지다 익은 배의 맛으로 이어진다.

피니시 온화하고 가볍다.

총평 섬세하지만 밸런스가 좋다.

플레이버 캠프 향기로움과 꽃 풍미

고베에 인접한 화이트 오크 증류소는 일본에서 최초로 위스키 제조 면허를 취득한 곳이다.

하뉴

아쿠토 이치로(221쪽 '치치부' 참조)의 가문은 1625년부터 주류 사업에 발을 들여, 사케의 양조에 주력해왔다. 1940년대에는 하뉴라는 도시의 도네강 강둑 변에 위치한 신설 증류소의 면허를 얻었으나 실제로 위스키 생산을 개시한 때는 1980년이 되어서였다. 그 대담한 스타일은 가벼운 스타일을 찾던 시장에서 호평을 얻지 못했다. 설상가상으로 1990년대에 일본 위스키 시장이 붕괴되는 바람에 하뉴의 증류소는 어쩔 수 없이 폐업했고 2000년에는 건물이 철거되기에 이르렀으나, 그 전에 이치로가 남아 있던 400개의 캐스크를 어렵사리 매입했다. 이곳의 주력 제품은 싱글 캐스크 제품인 카드 시리즈로, 시리즈마다 라벨에 카드 모양이 박혀 있다. 이치로는 제품별로 배분된 카드에 따라 특정 스타일을 의미하진 않는다고 밝히고 있지만 몰트위스키 애호가 중 음모론을 즐기는 성향의 사람들은 여전히 패턴을 알아내겠다고 기를 쓰고 있다. 카드 시리즈는 2014년에 2종의 더 조커(The Joker) 판 출시를 끝으로 단종되었다.

Yoichi

요이치

요이치 | www.nikka.com/eng/distilleries/yoichi.html | 연중 오픈, 개방일 및 자세한 사항은 웹사이트 참조, 견학은 일본어 안내로만 가능

일본의 몰트위스키 증류소들은 혼슈 중부와 북동쪽 지역 곳곳에 퍼져 있으나 모두 도쿄에서 접근하기 쉬운 위치에 있다. 이렇게 자리를 잡게 된 데는 그럴 만한 이유가 있었다. 바로 교통 편이성과 주요 시장들과의 접근성 때문이다. 다만, 1곳만은 여기에서 예외였다. 요이치만은 지도에서 홋카이도 북쪽을 찾아봐야 보인다. 아오모리와 하코다테 사이를 운항하는 페리를 타고 가서 삿포로를 거쳤다가 또 서해안 쪽으로 50km를 가야 하는 곳이다. 블라디보스토크 맞은편에 위치한 북녘땅이라는 얘기다. 그렇다면 너도나도 모두 혼슈에 집중하던 와중에 일본 위스키업의 공동 설립자는 왜 이곳으로 발길을 돌렸을까?

타케츠루 마사타카는 줄곧 홋카이도에서의 위스키 생산을 이상으로 그려왔다. 홋카이도는 그가 생각하기에 완벽한 위치였다. 그는 일본의 수질에 대해 걱정하면서 이렇게 쓴 적이 있다.
"스코틀랜드에서조차 때때로 양질의 물이 부족한 실정인데 우물을 파야만 물이 나오는 스미요시에 단식 증류기 공장을 세운다는 건 어림도 없는 일이다. 일본의 지리를 감안하면 양질의 물을 꾸준히 대주고, 보리를 구할 수 있고, 연료나 석탄이나 목재 공급이 원활하고, 철도와 항로가 연결되어 있는 곳을 위치로 삼아야 할 것이다."

그는 모든 지표가 홋카이도를 가리킨다고 여겼으나 실용주의적이었던 그의 보스 토리 신지로가 시장과 가깝지 않은 위치라고 판단 내려 결국 야마자키가 설립되었다. 두 사람의 관계가 틀어지게 된 진짜 배경은 아무도 모르지만 타케츠루가 요코하마의 양조장을 관리하러 자리를 옮겨가게 되었던 바로 그해에 그의 위스키 시로푸다(Shirofuda, 白札)가 출시되었다 완전히 실패했던 일은 그저 우연의 일치인 듯하다. 그 위스키는 너무 묵직하고, 너무 스모키했으며, 그다지 '일본적이지' 않았다.

타케츠루는 1934년에 계약이 종료된 데다 오사카의 후원자들에게 출자를 얻어내게 되자 스코틀랜드인 아내 리타와 함께 마침내 북쪽의 홋카이도로 떠났다.

스코틀랜드인가, 일본인가? 요이치는 타케츠루 마사타카가 자신의 정신적 고향에 바치는 경의였을 뿐만 아니라, 일본만의 독특한 위스키 특색이 탄생한 곳이기도 하다.

석탄 연료를 쓰는 증류기는 여전히 요이치의 묵직하고 오일리한 특색에서 아주 중요한 요소다.

표면상으로 내세운 목표는 사과주스 제조였으나 사실은 자신의 이상을 따르기 위해서였고 결국엔 산으로 둘러싸이고 거대한 잿빛의 차가운 동해를 바로 옆에 끼고 있는 작은 어항 도시, 요이치에서 그 이상을 실현시켰다.

그렇다면 1940년에 출시된 위스키는 어땠을까? 힘 있고 스모키한 스타일이었다. 토리의 관점에서는 '일본적'이지 않은 위스키였다. 현재 요이치의 길쭉하고 붉은색 지붕이 없어진 가마에서는 일본산 피트를 태운 연기구름이 피어올라 이시카리 평원을 가르는 모습이 더 이상 연출되고 있지 않다. 일본의 모든 증류소가 그렇듯 몰트를 스코틀랜드에서 들여오고 있다. 필연적으로, 여러 가지의 스타일을 만들어내(닛카에서는 여전히 스타일의 가짓수에 대해서는 정중하게 불투명한 입장을 취하고 있다), 피트 처리의 강도가 다양하고 효모 품종, 발효 시간, 컷 포인트도 여러 가지로 다양하게 활용되고 있다.

이곳만의 명확한 차이점은 크고 묵직한 워시 스틸 4대의 하단부에 석탄불이 지펴지고 있다는 점이다. 석탄을 다스리는 일은 일종의 예술이다. 증류 담당자는 늘 어떤 일이 생길지를 예상하여 준비하고 있다가 상황에 따라 불을 줄이거나 더 뜨겁게 불을 키우며 타오르는 불길을 계속 조절한다. 이렇게 공을 들인 결과로 최종 스피릿에 응축미가 부여된다. 웜텁은 물론, 겨울철의 －4°C에서부터 여름철의 22°C에 이르는 숙성 기온대도 최종 스피릿에 도움이 된다.

요이치는 힘이 있다. 오일리하고 스모키하지만 향기롭다. 깊이가 있으나 명료함도 갖춘 덕분에 복합미가 확실히 드러난다. 무게감이 카루이자와의 견고함과는 다르고, 짭짤한 느낌이 있다. 때때로 아드벡이 언뜻 느껴지면서도 블랙 올리브의 느낌도 있다. 그리고 훈연 향은 아일레이가 아니라 킨타이어로 데려다준다. 타케츠루가 일을 했던, 쭉 눌러앉아 계속 일을 했을 수도 있었던 캠벨타운이 아른거릴 수도 있다. 요이치는 결코 복제판이 아니라 그저 일본적이라고만 말할 수 있으나 캠벨타운과 정서적으로 이어져 있기도 하다.

타케츠루는 여전히 수수께끼 같은 인물이다. 그는 실용주의자였을까 낭만주의자였을까? 둘 다는 아니었을까? 그가 홋카이도로 옮겨간 것은 단지 실용적인 이유 때문이었을까, 아니면 과거와 물리적으로 멀리 떨어지고 싶고 바닷가의 공기와 숨 쉴 공간이 필요한 마음도 있었던 것일까?

요이치 시음 노트

10년 45%

향 옅은 황금색. 깔끔하고 상쾌하다. 생생한 훈연 향. 그을음 내음과 약간의 짭짤함. 깊이감과 특유의 오일리함을 제대로 끌어내려면 물이 필요하다.

맛 오일리함 덕분에 풍미가 혀에 착착 붙는다. 살짝 오크 풍미가 돌고 힘 있는 훈연 풍미에 이어 상큼한 사과 맛이 느껴진다.

피니시 새콤함이 다시 한번 다가온다.

총평 밸런스가 잡혀 있으면서도 어려 소다수를 섞어 맛보길 권한다.

플레이버 캠프 스모키함과 피트 풍미
차기 시음 후보감 아드벡 르네상스

12년 45%

향 강렬한 황금색. 소금기 특색이 두드러지는 훈연 향이 바로 다가오다 희미한 마지팬 향이 이어진다. 10년 제품보다 더 묵직하면서, 꽃향기, 약간의 구운 복숭아 향, 사과, 카카오 향이 난다.

맛 오일리하면서 구운 사과 특유의 맛이 뚫고 나온다. 케이크 같은 달콤함과 약간의 버터 풍미가 돌다가 캐슈너트와 훈연 풍미로 이어진다.

피니시 스모키함이 점차 진전되어가고 있다.

총평 해변가와 과수원 풍미 사이의 줄다리기가 적절한 밸런스를 이루고 있다.

플레이버 캠프 스모키함과 피트 풍미
차기 시음 후보감 스프링뱅크 10년

15년 45%

향 짙은 황금색. 훈연 향이 더 은은해졌고 이 증류소 제품 특유의 깊이 있고 진한 오일리함이 더 생겨났다. 시가, 삼나무, 호두 케이크 향. 뒤로 숨겨진 희미한 블랙 올리브 향.

맛 증류소 특유의 응축미가 한껏 발현되어 있다. 이번에도 혀를 덮어오는 오일리함이 풍미를 혀에 착 감기게 해준다. 셰리 풍미가 돌면서, 12년 제품에서 느껴졌던 유제놀과 카카오 느낌이 이제는 아주 쌉싸름한 초콜릿 맛으로 진전되었다.

피니시 살짝 짠맛이 난다.

총평 강건하지만 우아하다.

플레이버 캠프 스모키함과 피트 풍미
차기 시음 후보감 롱로우 14년, 쿨일라 18년

20년 45%

향 호박색. 강렬함과 해양성 특색이 느껴진다. 건조 중인 어망, 젖은 해초, 보트 오일, 랍스터 껍질의 향. 샌달우드 향과 농후하고 강렬한 과일 향. 타프나드(블랙 올리브, 케이퍼, 안초비, 올리브유로 만든 페이스트 — 옮긴이)와 간장 향. 물을 희석하면 더 스파이시해져 호로파와 커리 잎의 향취가 나타난다.

맛 깊이 있는 송진 풍미. 이제는 훈연 풍미가 짙은 블랙 오일의 특색을 비집고 나와 자리를 잡기 시작했다. 놀라울 만큼 상쾌한 톱노트 사이로 가벼운 가죽 풍미가 풍긴다.

피니시 아마인유와 희미한 향신료 풍미가 돌다 다시 스모키해진다.

총평 힘이 있으면서도 그와 상반된 느낌이 공존한다.

플레이버 캠프 스모키함과 피트 풍미
차기 시음 후보감 아드벡 로드 오브 더 아일 25년

1986 22년, 헤비 피트 59%

향 황금색. 오렌지의 새콤함, 향료와 피트의 훈연 향. 다육질의 과일, 블랙 올리브 향과 더불어, 자기주장이 강한 훈연 향, 부들레야(취어초), 하드 토피 캔디, 단맛의 구운 향신료 향이 어우러져 있다. 발삼 향에서 나이가 엿보인다.

맛 강한 훈연 풍미가 풍기는 동시에 과일 케이크와 타르칠한 노끈 느낌이 견고한 조화를 이룬다. 깊이감과 복합미가 있지만, 온화함과 과일 특색을 드러내 보이기 위해서는 약간의 물이 필요하다.

피니시 모든 복합적 풍미가 입안에 부드럽게 쌓인다.

총평 대담함이 여전히 힘을 잃지 않았다.

플레이버 캠프 스모키함과 피트 풍미
차기 시음 후보감 탈리스커 25년

이 위스키는 요이치에서 생산하는 여러 가지 스타일 중 단 하나의 사례에 불과하다.

Japanese Blends

일본의
블렌디드 위스키

닛카 | www.nikka.com/eng/products/whisky_brandy/nikkablended/index.html | '요이치'와 '미야기쿄' 항목 참조
히비키 | www.suntory.com/business/liquor/whisky.html

일본 위스키는 스카치위스키처럼 블렌디드 위스키에 기반을 두고 있었다. 일본 위스키가 그런 기반이 형성되도록 싱글몰트위스키 증류소의 증류에 혁신이 촉발된 계기는, 블렌디드 위스키 시장의 복잡한 요구였다. 새로운 세대 사이에 몰트위스키의 붐이 일고 있는 현재까지도 판매량의 대부분을 블렌디드 위스키가 차지하고 있다. 싱글몰트위스키 증류소들에서 그렇게 많은 익스프레션이 생산되어야 할 필요성 뒤에는 바로 블렌디드 위스키가 있다. 다만 블렌딩의 역학이 스코틀랜드에서와 똑같았다고는 해도 일본은 그 자체적으로 고유의 문화와 기후에 따라 블렌디드 위스키의 스타일에 영향을 받아왔다. 블렌디드 위스키는 사회를 반영하는 거울이다.

1929년에 출시된 일본 최초의 블렌디드 위스키 시로푸다(화이트 라벨)는 묵직하고 스모키했다. 이 스타일은 성공을 거두지 못했다. 토리 신지로는 원점으로 돌아가 가벼운 스타일로 다시 만들었다. 그렇게 나온 차기 출시품 가쿠빈(Kakubin)은 지금까지도 일본에서 가장 잘 팔리는 위스키에 든다. 그리고 이 일은 일본 경제가 다시 달궈지기 시작했던 전후 시기에 충분히 활용될 만한 한 가지 교훈을 알려준 계기였다.

어느 날부터 갑자기 열심히 일하고 느긋한 마음으로 스트레스를 풀길 원하는 샐러리맨들이 바에 몰려들었다. 이 샐러리맨들은 뭘 마시고 싶어 했을까? 일본에서는 맥주가 독일에서만큼이나 큰 위상을 차지하고 있다. 일종의 음식처럼 즐겨 비즈니스호텔에서는 대수롭지 않게 '브렉퍼스트 비어(breakfast beer)'가 서빙된다. 위스키는 어떨까? 확실히 스트레이트로는 마시지 않는다. 습한 일본에서는 가벼우면서 상쾌한 것이 필요했다. 그래서 나온 음용법이 위스키 미즈와리, 즉 위스키와 얼음을 섞고 물로 연하게 희석해 마시는 방식이었다.

현재는 미즈와리를 제안하면 정치적으로 부적절할 수도 있지만 예전엔 미즈와리의 접대는 많이 마실 수 있다는 것을 의미했다.

일본의 블렌디드 위스키는 엄청난 인기를 끌었다. 1980년대에 일본 국내 시장에서의 산토리 올드(Suntory Old)의 판매량은 1,240만 상자에 이르렀다. 현재 전 세계에서 팔리는 조니 워커 제품들의 전체 판매량에 거의 맞먹는 수준이었다. 산토리의 헤드 블렌더 코시미즈 세이치의 말을 들어보자. "현재와는 비교할 수가 없어요. 당시에 저희의 인기 판매 제품은 산토리 레드, 화이트, 가쿠빈, 골드, 리저브, 로열이었어요. 그 제품들이 '산토리' 스타일을 아우르는 하나의 피라미드를 이루었죠. 당시엔 사회에도 피라미드가 있었고 승진을 하면 더 고급 수준의 위스키를 맛보곤 했어요. 서열이 높아지면 마시던 위스키도 바뀌었죠."

블렌딩이 쉽다고? 일본 블렌더가 이렇게 저렇게 조합해 볼 만한 원주와 풍미의 배열이 이렇게나 많은 것을 보고도 그런 말을 할 수 있을까?

시대가 흘렀으니 이제는 추세도 바뀌지 않았을까? "서열의 개념은 사라졌어요. 이제는 '더 고급' 위스키를 마시는 이유가 마셔보고 싶어서입니다! 그래서 젊은 층의 애주가들은 위스키 초보자들조차 고급 위스키와 몰트위스키를 맛보고 있어요."

흥미롭게도 현재는 위스키 기호가 두 갈래 방식으로 흘러가고 있다. 젊은 세대가 예전엔 아버지들의 음주 취향을 거부하고 쇼추를 마셨다면 이제는 위스키로 다가가고 있어, 싱글몰트 스타일이나 연하게 희석해 마시는 위스키 하이볼을 즐기고 있다.

현재 새로운 최고급 블렌디드 위스키가 개발되고 있기도 하다. 1989년에 첫 출시된 산토리의 명품 라인 히비키가 새로운 멤버로 내놓고 있는 12년 제품은 대나무 숯으로 여과한 위스키와 플럼 리큐어 캐스크에서 숙성한 몰트위스키를 섞은 제품이다. 닛카에서는 프롬 더 배럴(From The Barrel)로 몰트위스키 애호가들에게 이들이 예전에 거부했던 세계를 접해보도록 초대하는가 하면, 블렌더스 바(Blener's Bar)를 통해 같은 성분을 여러 비율로 배합하여 아주 다양한 풍미를 갖추어 놓고 블렌딩이 선사해 주는 다양한 가능성을 엿보여주기도 한다.

블렌딩은 냉혹할 만큼 분석적인 일로 여겨질 수도 있으나 창의적인 일이기도 하다. 다음은 산토리에서 또 한 명의 고참 블렌딩 멤버로 있는 후쿠요 신지의 말이다. "저희는 장인입니다. 모두 장인이 되기 위해 힘쓰고 있지만 장인이라는 말을 가볍게 받아들여서는 안 됩니다. 장인은 새로운 뭔가를 창조하려는 예술가이자 창조자입니다. 저희 장인들은 창조의 책임만 지고 있는 게 아니라 제품의 품질도 지켜내야 합니다. 품질은 저희가 지켜야 할 약속입니다."

위스키 하나하나를 일일이 시음·평가·기록하는 과정.

일본 블렌디드 위스키 시음 노트

닛카 프롬 더 배럴 51.4%

향 봄철의 나무 느낌이 다가와 나무껍질, 이끼, 푸릇푸릇한 잎의 향이 풍기고, 그 밑으로 가벼운 꽃향기와 로즈메리 오일 향기가 숨겨져 있다. 새 차 냄새. 물을 섞으면 더 농후해지는 향. 커피 케이크 향.

맛 멜론, 복숭아, 단감 맛이 조심스럽고 부드러운 인상으로 전해온다. 뒤로 갈수록 드라이해지며 이끼 느낌이 다시 나타난다.

피니시 조밀한 오크 풍미.

총평 강렬하면서 밸런스가 잡혀 있다. 몰트위스키 애호가들에게 잘 맞을 만한 블렌디드 위스키다.

플레이버 캠프 과일 풍미와 스파이시함

닛카 슈퍼 43%

향 구릿빛. 상큼하고 가벼운 말린 과일 향, 캐러멜 향, 미미한 훈연 향. 라즈베리 향에, 뿌리와 꽃 특유의 느낌이 가볍게 섞여 있다.

맛 깔끔하고 담백하면서, 약간의 매끄러운 곡물 맛이 풍미가 더 잘 흐르게 해준다. 가벼운 시트러스 풍미. 향보다 더 달콤하게 다가온다.

피니시 깔끔하면서 여운의 지속이 중간 정도이다.

총평 섞어 마시기에 좋은 블렌디드 위스키다.

플레이버 캠프 향기로움과 꽃 풍미

히비키 12년 43%

향 향신료(약한 훈내음, 육두구) 향. 강렬한 그린 망고/빅토리아 플럼 향. 파인애플과 레몬 향.

맛 온화하고 달달하다. 바닐라 아이스크림과 복숭아 맛. 스파이시하다.

피니시 필발, 멘톨 향에 이어 고수 씨 풍미가 난다.

총평 아주 혁신적인 블렌딩이 돋보인다.

플레이버 캠프 과일 풍미와 스파이시함

히비키 17년 43%

향 부드럽고 온화한 과일 향에 희미한 레몬밤과 오렌지 잎 향기가 어우러지다 카카오, 살구 잼, 바나나, 헤이즐넛 향이 이어진다.

맛 온화한 곡물 맛이 토피 특유의 부드러운 느낌을 내준다. 그 밑으로 건과일 풍미가 숨어 있다. 블랙 체리와 설타나 케이크 맛. 맛의 여운이 길고 농후하다.

피니시 부드럽고 꿀 같은 풍미.

총평 층층이 겹쳐 느껴지는 풍미가 일본의 위스키 제조 방식에 정당함을 부여해 준다.

플레이버 캠프 과일 풍미와 스파이시함

치타 싱글 그레인 48%

향 버터 같은 느낌이며, 퍼지, 오렌지 껍질, 크렘 브륄레, 덜 익은 바나나 향이 흘러나오게 풀어주려면 물이 필요하다.

맛 씹히는 듯한 질감의 토피 크림의 단맛이 붉은색 과일 계열의 시큼한 맛과 만나 더욱 기분 좋게 다가온다.

피니시 느긋하면서 달콤하다.

총평 알코올이 든 데니시 페이스트리를 맛보는 기분이다.

플레이버 캠프 부드러운 옥수수 풍미

The USA

미국

증류 업자들은 주위에서 자라는 작물을 원료로 쓴다. 신생국은 어떤 작물이든 꺼리지 않는다. 그저 환경의 변화에 적응할 뿐이다. 새로운 원료를 조달해 임시변통으로 쓴다. 그렇게 해서 멕시코에서는 정착민들이 아가베로 테킬라를 만드는 요령을 터득했고, 카리브해 연안에서는 사탕수수로 럼을 만들 줄 알게 되었다. 미국의 정착기 초반에는 사과를 비롯한 여러 과일이 브랜디로 변신했다. 그 양이 얼마가 되었든 아무튼 위스키가 만들어지기 시작한 때는 18세기 중반에 이르러서였다. 독일, 네덜란드, 아일랜드, 스코틀랜드에서 이주온 농부들이 그 주축이었다. 이들은 메릴랜드, 펜실베이니아, 웨스트 버지니아, 남·북 캐롤라이나주에 정착하면서 호밀(rye)을 심었고, 이 호밀이 미국의 최초 토종 위스키 스타일의 원료가 되었다.

켄터키주의 석회암 지대는 버번 제조만이 아니라 말 사육에도 알맞은 곳이다.

옥수수 베이스의 스피릿은 1776년이 되어서야 등장했다. 바로 켄터키 카운티의 처녀지(virgin territory)에 자리 잡은 새로운 정착민들에게 '옥수수 농장 및 주택' 권리가 부여되었던 때다. 정착민들은 이곳에서 키운 '인디언 옥수수'를 가져다 증류했다. 옥수수의 증류에는 경제적 타당성이 있었다. 옥수수 1부셀(약 36L)이 50센트에 팔렸던 반면, 그 1부셀의 옥수수로 만든 위스키 5갤런(23L)으로는 2달러의 순이익을 올릴 수 있었다. 이 역시 주변에서 자라는 작물이 원료가 된 경우였다. 1860년대에 들어서자 산업혁명에 힘입어 상업적 위스키 산업이 출현하게 되었다. 증류소들은 규모를 확장했고 철도 덕분에 전국 유통이 가능해졌을 뿐만 아니라, 켄터키 올드 오스카 페퍼 증류소의 제임스 크로우(James Crow)가 앞장서서 이끌어낸 과학적 진보 덕분에 품질이 향상되기도 했다.

이쯤에서 궁금해지는 것이 있다. 미국이 금주의 영향을 받지 않았다면 오늘날의 세계 위스키 지형은 어땠을까? 그랬다면 스카치위스키가 아니라 미국 위스키가 지배적인 주자가 되었을 가능성이 높다. 그냥 추측상 그렇다는 얘기다.

아무튼 1915년 무렵, 켄터키주를 비롯한 20개 주에서 금주법을 시행했다는 것은 확실한 사실이다. 1917년에는 전쟁에 총력을 기울이기 위한 일환으로 공업용 알코올을 생산하기 위해 위스키 생산이 중단되었다. 3년 후인 1920년 1월 17일에는 대가뭄마저 닥쳤다. 1929년에는 여러 주에서 금주법을 시작한 1915년에 비해, 미국의 음주량이 줄고 있었지만 미국인들이 주종을 맥주에서 스피릿으로 바꿔 더 독한 술을 홀짝이면서 75년간 이어진 위스키 소비량 하락 추세는 멈춰 섰다.

결국 1933년에 금주법이 폐지되었을 무렵엔 재고량이 거의 바닥났을 뿐만 아니라 미국인의 입맛마저 바뀌어 있었다. 설상가상으로 제2차 세계대전의 발발로 위스키 산업이 다시 멈췄다. 전후 재가동에 들어갔을 때 위스키 산업은 30년에 가까운 세월 동안 폐업 상태에 있었던 것이나 다름없었다. 미국의 위스키가 자국에서 생소한 존재가 되어 있었다.

미국 위스키의 르네상스는 오랜 세월 끈기를 발휘해 온 과정이었다. 여러 면에서, 증류 업자들은 기호가 바뀌길 기다려야 했다. 이들은 가벼운 스타일로 가기 위한 시도로서, 단순히 미국 위스키 스타일의 진수를 희석시키는 방식을 택했다. 싱글몰트위스키뿐만 아니라 캘리포니아 와인도 자극원이 되어 강한 풍미가 다시 유행하기 시작했을 때야 비로소 미국의 새로운 세대 애주가들 사이에 자국의 스피릿을 재발견할 마음의 준비가 갖추어졌다는 암시가 엿보였다.

이제 라이 위스키는 돌아왔고 버번위스키 업계는 한창 창의성을 발휘하는 중이다. 수제 증류 운동이 뿌리를 내려 버번위스키의 정신적 고향 켄터키에까지 퍼져 있기도 하다. 미국 전역에서 버번위스키, 콘 위스키, 라이 위스키, 휘트 위스키(wheat whiskey)를 생산하고 있다. 게다가 꿀, 체리, 생강 쿠키, 향신료를 가미한 위스키가 새로운 시장을 형성하고 있는가 하면, 밀주 시대의 향수에 젖어 밀주 시대 스타일로 회귀하는 움직임도 있다. 또한 이곳에서도 다른 위스키 생산지들과 똑같은 의문들을 던지고 있다. '위스키란 무엇인가?'에 대해.

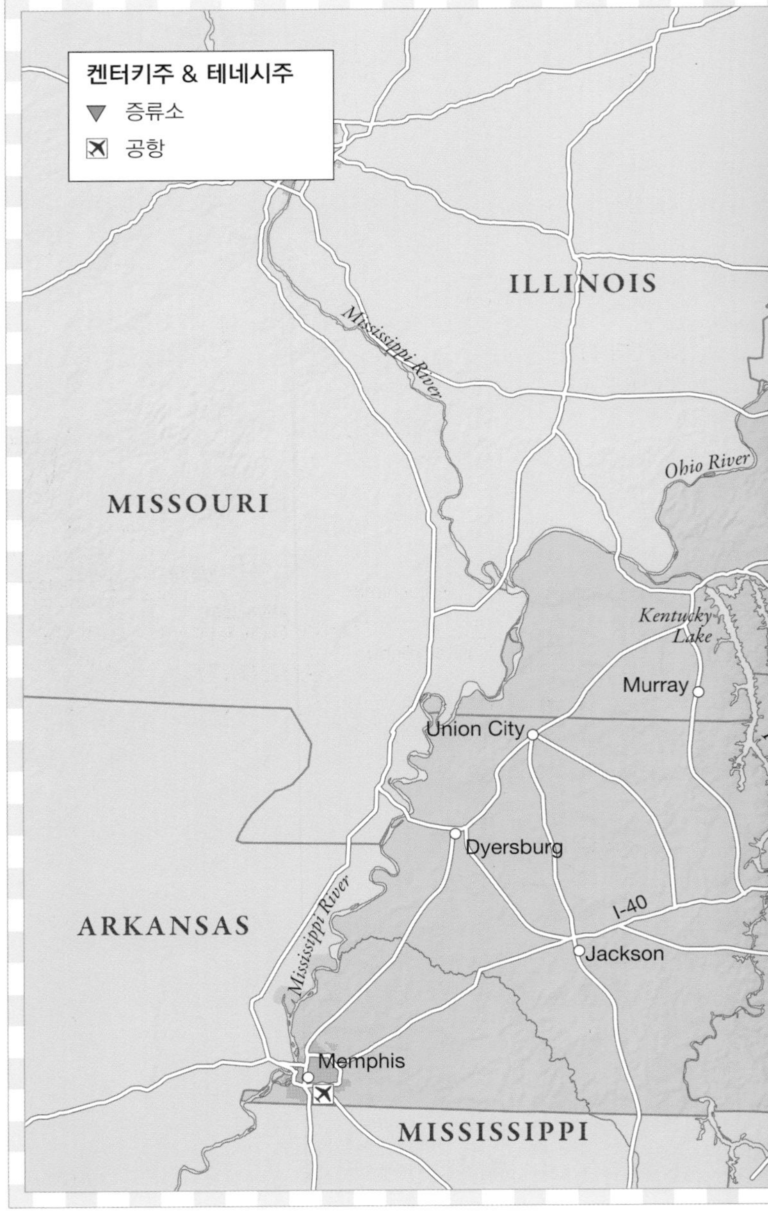

앞쪽 몬태나주 스윗 그래스 카운티의 로키 산맥이 바라보이는 정경.

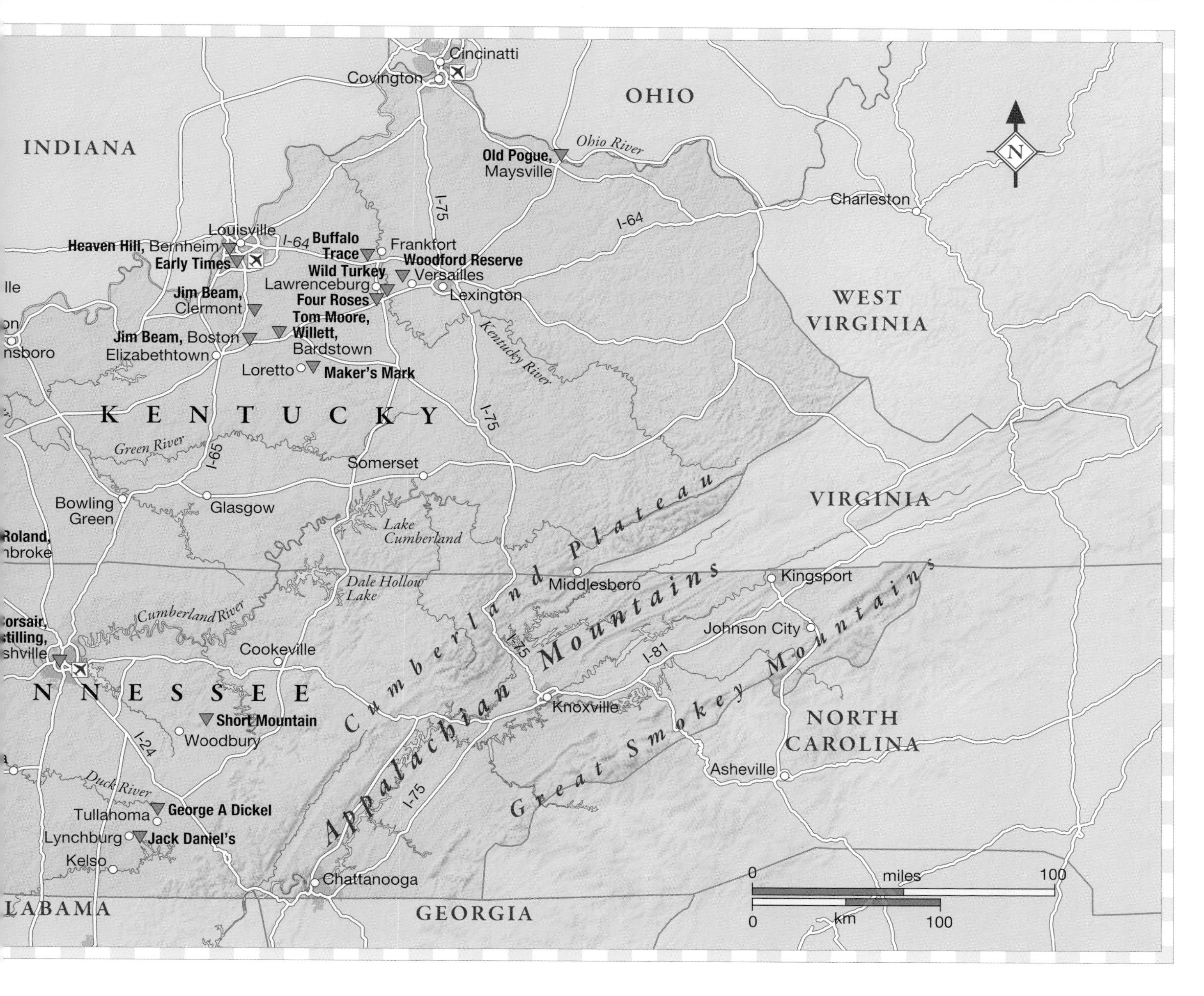

Cincinnati
Covington
OHIO
INDIANA
Old Pogue,
Maysville
Ohio River
Charleston
I-75
I-64
Louisville
I-64
Buffalo
Trace
Frankfort
Heaven Hill, Bernheim
Early Times
Woodford Reserve
Wild Turkey
Versailles
Lawrenceburg
Four Roses
Lexington
Jim Beam,
Clermont
Tom Moore,
Willett,
Bardstown
Jim Beam, Boston
Elizabethtown
Loretto
Maker's Mark
Kentucky River
WEST
VIRGINIA
KENTUCKY
I-75
Green River
I-65
Somerset
Bowling
Green
Glasgow
Lake
Cumberland
Cumberland Plateau
VIRGINIA
Roland,
Dale Hollow
Lake
Middlesboro
Kingsport
Cumberland River
Johnson City
Cookeville
Cumberland Mountains
I-75
I-81
Appalachian Mountains
Great Smokey Mountains
Knoxville
NORTH
CAROLINA
Short Mountain
Woodbury
I-24
Asheville
Duck River
Tullahoma
George A Dickel
Lynchburg
Jack Daniel's
Kelso
I-75
Chattanooga
GEORGIA
miles
0
100
km
0
100

Kentucky

켄터키

버번위스키는 미국 어디에서나 제조가 가능하다.(실제로도 미국 어디에서나 제조되고 있다.) 버번이 탄생한 고향은 켄터키주다. 버번 생산에 착수하는 신규 증류 업자들은 누구라도 가장 먼저 이곳을 주시하며 미국을 대표하게 된 상징 스타일을 만들어낸 개척자들에게 경의를 표한다. 그런데 어떻게 켄터키주가 버번의 고향이 되었을까?

켄터키주는 18세기의 정착민들에게 옥수수 재배를 조건으로 내걸어 공짜로 땅을 나누어주며 위스키 생산에서 유리한 출발점을 끊었다. 농장 증류 시설이 소규모 증류소로 자리 잡게 되었고 19세기 초반에 이르자, 위스키가 담긴 통들이 오하이오주를 거쳐 미시시피주로 실려 갔고, 또 이곳에서 뉴올리언스까지 흘러 들어갔다. 체계 없이 대충대충이었고, 시장으로 옮겨지기까지 얼마나 걸리건 통 속에서 마냥 숙성되었으나 이것이 의도적으로 오크 통에 숙성된 최초의 위스키 스타일이라고 말해도 무방하다. 이런 상황을 변화시킨 일등 공신은 스코틀랜드인 제임스 크로우였다. 그는 1825년부터 31년 후 죽음을 맞이할 때까지 위스키 제조에 사워매싱(sourmashing), 당도 측정, 산성도 검사 등의 과학적 정밀성을 도입시키며 일관성을 세웠다.

더 품질 좋은 스피릿이 나오고 시장이 변해감에 따라 숙성과 내부를 태운 새 통들이 버번 제조의 표준으로 자리 잡았다. 이런 방식을 누가 먼저 시작했는지는 알 수 없지만 미국의 최초 스피릿인 럼에서 따온 것일 가능성이 있긴 하다. 럼 증류 업자들은 거친 스피릿을 변화시켜주는 오크의 영향력을 잘 알아 17세기 이후부터 쭉 내부를 태운 통을 써왔다.

발전을 거듭해가는 사이에 버번의 풍미는 차츰 정형화되었고, 심지어 법으로 규정되기까지 했다. 현재 '스트레이트 버번(straight bourbon)'은 옥수수를 적어도 51%를 사용해서 만든 매시를 발효시켜 160프루프(알코올 함량 80%) 이하로 증류한 후 125프루프(알코올 함량 62.5%) 이하로 통에 담아 내부를 태운 새 오크 통에서 2년 이상 숙성시키는 위스키를 가리킨다.

어느 정도 유연성이 있기도 하다. 캐스크 크기에 제한이 없고 꼭 미국산 오크를 써야 한다는 규정도 없다. 한편 옥수수/곡물 비율이 엄밀히 정해져 있긴 해도 51%의 비율엔 매시빌을 변형시킬 여지가 아주 많다. 버번은 이렇게 정해진 주제를 바탕으로 일련의 즉흥 연주를 펼친다. 즉, 옥수수 대 호밀 비율을 높이거나 낮춰 스파이시함이나 옥수수의 기름진 풍미를 끌어내고, 호밀 대신 밀을 써서 매끄러운 질감을 내고, 다양한 타입의 효모를 활용해 특정 향을 발현시킨다.

버번이 켄터키에서 태어나고 켄터키에서 살아남은 이유는 켄터키이기 때문이다. 켄터키에서는 석회암 지대를 거쳐 흐르는 경수를 수원으로 쓰고 있어 사워매싱이 필요하고, 이 사워매싱이 특유의 풍미를 부여해 준다. 기후가 버번의 최종 풍미에 막대한 영향을 미치기도 한다. 마지막으로, 빔가(Beams), 사무엘스가(Samuels), 러셀가(Russells), 샤피라가(Shapiras) 등 위스키 제조 명가(名家)의 형태로 문화적 테루아가 형성되어 있기도 하다.

현재는 점점 늘어나는 수요에 발맞추기 위해 켄터키 전역에서 증류소들이 규모를 확장 중이다. 증류 업자들은 버번의 가능성, 풍미의 근원, 숙성 사이클의 영향에 대해 조사를 벌이며 특히 오크에 중점적인 관심을 기울이고 있는데, 이는 어느 정도 천성적 호기심이 발동된 면도 있지만 앞으로 새 오크 통의 제작에 필요한 양을 지속적으로 대줄 만큼 나무가 충분할지에 대한 걱정 때문이기도 하다. 이런 발전과 더불어, 플레이버드 버번에도 여러 변형이 등장하고 있다. 켄터키에서는 그 어느 때보다 다양한 위스키가 생산되고 있다.

뉴올리언스 버번 스트리트 켄터키에서 미시시피로 운송된 위스키들의 종착지.

Maker's Mark

메이커스 마크

로레토(Loretto) | www.makersmark.com | 연중 오픈 월~토요일, 단 3~12월은 일요일까지 개방

1844년에 〈넬슨 레코드(Nelson Record)〉가 그 이름에 걸맞게 남겨놓은 기록(record)에 따르면 테일러 윌리엄 사무엘(Taylor William Samuel) 가문의 켄터키주 디츠빌 소재 증류소는 "증류 업계에 알려진 모든 현대적 기술 진보가 총동원된 설비를 갖춘, 잘 지어진" 곳이었다. 당시에 테일러 윌리엄은 가문의 전통을 따라 가업을 잇고 있었으리라고 여겨지며, 스코틀랜드계 아일랜드인의 혈통인 사무엘스 가문은 1780년부터 옥수수를 위스키로 변신시키는 일을 가업으로 삼았던 것으로 추정된다. 이후로도 변함없이 전통을 지켰고, 그것은 지금도 여전하다.

메이커스 마크의 이야기는 유산과 끈기의 이야기이자, 이 지역의 모든 증류소에 스며들어 있는 고집스러움으로 점철되어 있다.

그런데 빌 사무엘스 시니어는 1953년에 스타힐 팜(Star Hill Farm)에서 가문의 전통을 되살리기로 마음먹으며 추스르고 일어나 주변을 둘러보며 이렇게 말했다. "이번에는 다르게 해보자."

다시 말해, 처음부터 다시 증류소를 시작하는 것만이 아니라 기본으로 돌아가기로 결심했다. 빌 시니어가 생각하기에, 시중에 나오는 당시의 버번들은 맛이 강하고 거친 저가 상품들인데다, 다른 무엇보다 판매에서 스카치위스키에 밀리고 있었다. 미래를 위해서는 품질을 높이고 풍미에 변화를 줘야 할 것 같았다.

그는 수목이 우거진 분지 지대이고 옆에는 하던 개울이 흐르는 이곳에 터를 잡고 1805년부터 생산을 이어온 증류소에서, 단 하나의 위스키 스타일만 만들기로 계획했다.(빌 시니어는 위스키의 스펠링에서 미국식인 'whiskey'가 아닌 스코틀랜드식인 'whisky'를 고수했다.) 매시빌에 호밀 대신 밀을 섞는 스타일이었다. 참고로, 사람들이 흔히 생각하는 것과는 달리, 메이커스 마크에서만 이런 휘티드 버번(wheated bourbon)을 출시하고 있는 것은 아니다. 빌 시니어는 휘티드 버번의 가장 열렬한 옹호자 패피 반 윙클(Pappy Van Winkle)에게 조언을 얻어, 옥수수 70%, 밀 16%, 몰트 처리 보리 14%의 매시빌 비율을 착상해 냈다.

다음은 메이커스 마크의 브랜드 대사 제인 코너(Jane Conner)의 말이다. "그는 여러 가지를 다른 방식으로 했어요. 잘 안돼서 반대로 해버린 거죠." 그 '다른 방식들'은 현재의 이 증류소에서도 그대로 이어지고 있다. 가령 이곳에서는 곡물이 타서 눌어붙는 걸 막기 위해 롤러 분쇄기를 쓰고, 오픈탑형 당화조에서 서서히 익히는 방식을 활용하며, 옥수수의 진수를 뽑아내기 위해 자체 배양한 효모를 사용한다. 또 구리 비어 칼럼(beer column, 연속식 1차 증류기)과 더블러(doubler, 2차 증류기)로 130프루프(알코올 함량 65%)의 증류액을 뽑아내는데

내부를 검게 태운 통은 메이커스 마크의 특색을 만들어내기 위한 필수 요소다.

이렇게 만들어진 화이트 도그(뉴메이크의 미국식 용어)는 풍미가 기분 좋은 집중력을 띤다.

코너의 말을 이어서 들어보자. "핵심은 숙성에 있어요. 저희가 쓰는 오크 통은 12개월 동안 자연 건조시켜서 만들고 가볍게 내부를 태우고 있어요. 저희는 다른 버번들처럼 물릴 만큼 단맛이 나지 않았으면 해요. 빌 시니어가 원했던 것도 더 부드러운 버번이었어요. 확실히 요즘엔 '마시기 편하다'는 말이 안 좋은 의미로 쓰이지만 전 그게 왜 안 좋은 건지 모르겠어요."

메이커스 마크에는 검은색으로 칠해진 시렁형 숙성고가 증류소 부지에 점점이 흩어져 있고 여기에서 위스키를 숙성시키며 여전히 중간에 통의 위치를 바꿔주고 있다. 더 시원한 바닥층에서 더디게 숙성되고 있는 캐스크들을 맨 위층에서 달궈져 온 캐스크들과 서로 위치를 바꿔주고 있다는 얘기다. 코너의 말처럼 이런 위치 교체는 일관성을 지키기 위한 일이라지만 단 하나의 버번만 만들고 있다면 단층 방식이 더 쉽지 않을까? "단층형은 숙성고가 하나뿐이라면 효과적일 테지만 저희는 숙성고가 19개나 되고 숙성고마다 다 달라요. 숙성이 미친 듯 널뛰는 켄터키에서는 위치 교체가 타당해요."

메이커스 마크는 1953년부터 온화하면서도 생기 있는 스타일을 고수해왔으나 2010년에 메이커스 46(Maker's 46)을 출시했다. 이 제품에서는 오크 통에 열쇠가 쥐어져 있었다. 오크의 영향을 높이는 동시에 밸런스를 해치지 않아야 했다. 통 제조사인 인디펜던트 스테이브(Independent Stave)와 협력을 통해 찾아낸 해결책은, 프랑스산 오크 널빤지를 까맣게 태우지 않고 그을리는 정도로 태워 타닌을 억제하되 캐러멜화를 증폭시키는 것이었다.

피니싱 공정은 메이커스 마크의 표준 위스키를 통에서 빼내는 것으로 시작된다. 그런 후 뚜껑을 떼어내고 널빤지 10개를 집어넣은 다음 위스키를 다시 통에 채워 3~4개월 정도 휴식을 취하게 해준다. 스카치위스키 제조사 컴퍼스 박스의 존 글레이저(John Glaser)도 예전에 비슷한 방식을 시도했지만 그의 위스키는 생산 금지를 당했다. 그런 점에서 보면 더 열려 있는 태도가 미국의 표준인 것 같다.

블랙 앤드 레드. 메이커스 마크를 상징하는 격의 색조이지만 살짝 음침해 보여 가장 열린 마음을 가진 이곳 버번과 더할 나위 없는 대비를 이룬다.

메이커스 마크 시음 노트

화이트 도그 90°/45%

향 달콤하고 온화하면서 옥수수의 기분 좋은 오일리함이 선명하게 다가온다. 묵직한 꽃향기, 사과 향, 린트 천 향.

맛 질감이 풍부하고 농익은, 붉은색 계열의 여름철 과일 맛이 다가온다. 온화한 질감과 함께 향긋함이 풍긴다.

피니시 집중력 있는 연한 회향풀 향.

메이커스 46 94°/47%

향 시나몬 토스트, 메이플 시럽, 육두구, 은은한 소두구 향. 데니시 페이스트리, 체리, 바닐라 향.

맛 농익은 풍미가 가득하다. 걸쭉한 캐러멜 맛, 설탕 절임 오렌지의 새콤함, 토피, 붉은색 계열의 부드러운 과수 맛.

피니시 스파이시하고 달콤하다.

총평 깔끔하고 달콤하며 향신료 향이 더해져 농축미가 느껴진다.

플레이버 캠프 풍부함과 오크 풍미
차기 시음 후보감 포 로지즈 싱글 배럴

메이커스 마크 90°/45%

향 부드러움과 버터 느낌의 오크 향. 크림 같은 느낌. 마라스키노 체리, 샌달우드 향과 확 두드러지는 사과 향. 한껏 농익은 과일 향. 물을 희석하면 꽃 느낌이 더 진해진다. 밸런스 잡힌 오크 향.

맛 부드럽고 달콤하면서 온화하다. 씹히는 듯한 질감이 강하다. 월계수, 시럽, 코코넛 맛도 좀 난다.

피니시 부드럽다.

총평 이 부드러운 스피릿에서는 호밀이 아니라, 오크 풍미가 살짝 조이는 느낌을 연출해 준다.

플레이버 캠프 밀의 달콤함
차기 시음 후보감 W L 웰러 Ltd 에디션, 크라운 로열 12년

Early Times, Woodford Reserve

얼리 타임즈,
우드포드 리저브

얼리 타임즈 | 루이빌 | www.earlytimes.com
우드포드 리저브 | 버세일스 | www.woodfordreserve.com | 연중 오픈

루이빌은 웅장한 분위기와 블루칼라 분위기가 흥미로운 조합을 이루는 곳이다. 세공 철 장식을 두른 벽돌 건물들이 인상적이고, 야구 배트를 전시한 박물관이 있는가 하면, 여러 호텔에는 밀주꾼들이 빠져나가던 통로가 숨겨져 있기도 하다. 무하마드 알리가 태어난 고장이자 미국 음악에 조용한 혁명을 일으킨 곳이기도 하다. 하지만 샤이블리 같은 지역들은 한때 쟁쟁한 위스키 생산업체들의 터전이었던 과거의 영광이 무색하게도 숙성고와 옛 증류소들이 건물 뼈대만 앙상히 남아 있다.

루이빌에서 현재 영업 중인 증류소 2곳, 헤븐 힐의 베른하임과 브라운 포맨의 얼리 타임스는 모두 이 주변에 자리해 있다. 1940년부터 영업해 온 얼리 타임스는 얼리 타임스와 올드 포레스터(Old Forester)를 생산하고 있다. "그 둘은 아주 달라요." 마스터 디스틸러 크리스 모리스의 말이다.

"얼리 타임스가 느긋한 특색을 띤다면 올드 포레스터는 집중력이 있어요." 얼리 타임스에서 느껴지는 옛날 시골 스타일은 옥수수 79%, 호밀 11%, 몰트 보리 10%의 매시빌에서부터 시작된다.(18쪽 참조.) "저희가 쓰는 효모는 IA 품종이에요. 1920년부터 쭉 쓰고 있죠. 향미 성분이 낮아 순한 캐릭터를 만들어내는 데 유용해요. 저희 증류소에서는 20%까지 사워매싱을 하기도 합니다. 올드 포레스터의 매시빌은 호밀 대 몰트 보리의 비율이 18% 대 72%로 더 높습니다. 그래서 스파이시한 풍미를 내는 데 유용해요. 올드 포레스터 역시 독자적인 효모를 쓰고 있고 12%까지만 사워매싱을 합니다."

사워매싱은 때때로 사람들에게 혼동을 주기도 한다. 버번 애호가 중에는 단지 라벨에 그 문구가 찍힌 것을 보고 '사워매싱 방식을 활용한(sourmashed)' 브랜드가 더 좋다고 말하는 이들이 많다. 사실, 스트레이트 위스키는 전부 다 사워매싱을 한다. 켄터키와 테네시는 석회암 지대에 자리해 있어서 물에 미네랄이 풍부하지만 알칼리성 경수이기도 하다. 그런데 백셋을 첨가하면, 매시를 산성화해 잠재적 오염을 막고 발효가 원활히 이루어지게 해준다. 모리스의 설명처럼 사워매시의 사용 비율은 풍미에 중요한 영향을 미친다. "사워매시를 많이 쓸수록 효모가 소모할 당분이 줄어들어 얼리 타임스의 경우처럼 20%의 사워매시를 넣고 3일간 발효하면 향미 발산이 낮은 편이지만 올드 포레스터처럼 12%의 사워매시로 5일간 발효하면 효모가 소모할 성분이 더 많아져 풍미가 더 풍성해지고 더 상쾌한 비어(워시)가 됩니다. 올드 포레스터의 비어에서는 장미 꽃잎 향이 나고 얼리 타임스에서는 나초 향이 나죠." 두 위스키 모두 썸퍼(thumper, 더블러)에서 140프루프(알코올 함량 70%)로 증류해서 125프루프(알코올 함량 62.5%)로 희석 후 통에 담는다.

얼리 타임스는 홀짝홀짝 마시기에 무난한 시골풍의 버번으로서(또는 리필 배럴에서 숙성될 경우 켄터키 위스키로서)의 자리를 고수하는 것에 만족하고 있지만, 올드 포레스터는 단 하루의 생산분을 원액으로 써서 더 오래 숙성시킨(평균 10~14년) 버번, 버스데이 배럴(Birthday Barrel)을 통해 특별판 제품의 영역에까지 진출해 왔다. 다음은 모리스의 말이다. "이곳에서는 이색적인 풍미 프로필을 탐색해 볼 수 있는 여지가 있어요. 한 예로, 전에 다람쥐 1마리가 접속함에 들어갔다가 전기를 끊어버리고 녀석도 죽어버린 적이 있었는데 그 바람에 3일 동안 발효를 하게 되었다가 색다른 풍미 성분을 얻었죠."

그 다람쥐는 브라운 포맨의 다른 증류소, 우드퍼드 리저브에서라면 더 마음 편히 지냈을지도 모르겠다. 말 사육 지대에 자리 잡고 있고 옆으로는 우드퍼드 카운티의 글렌스 크릭(Glenn's Creek)이 흐르는 이곳에서는, 1830년대에 오스카 페퍼가 현대 버번의 아버지 제임스 크로우를 영입해 증류소를 운영했다. 현재는 독특한 버번 증류소가 이 옅은 색의 석회암 건물에 터전을 틀고 글레모렌지 증류기의 미니어처 같은 단식 증류기를 활용해 3차 증류를 하고 있다.

"이 증류소는 페퍼와 크로우를 존경하고 있지만 그렇다고 해서 19세기 위스키를 재현하고 있지는 않아요." 우드퍼드 리저브는 오히려 크로우의 뒤를

우드포드 리저브 증류소의 두꺼운 석회암 벽 뒤에서 느긋하게 대기 중인 배럴들.

따라 가능성의 탐색을 이어가고 있다. 올드 포레스터와 똑같은 매시빌을 만들지만 사워매싱은 단 6%만 하고 있고 사용하는 효모도 다르며, 발효 기간도 1주일이다. 화이트 도그는 3차 증류기에서 158프루프(알코올 함량 79%)로 뽑아내지만 '효율성'이 비교적 떨어지는 이 단식 증류기에서는 연속 증류기에서 똑같은 도수로 뽑아내는 스피릿보다 더 풍부한 풍미를 형성시켜 준다. 자연건조시킨 오크통에 110프루프(알코올 함량 54.5%)로 담는 디스틸러스 셀렉트(Distiller's Select)는 샤이블리 증류소에서 만든 버번이 블렌딩되어 들어간다. 표준 위스키를 블렌딩하는 더블 오크드(Double Oaked)의 경우엔 내부를 살짝 까맣게 태워 강하게 그을려진 배럴에서 숙성시킨다.

크로우의 '안 되는 게 어딨어?' 정신을 확장시켜 한정품 라인인 마스터스 켈렉션(Master's Collection)을 출시하고 있기도 하다. "저희에겐 버번에 풍미를 끌어낼 원천이 5가지가 있어요. 곡물, 물, 발효, 증류, 숙성입니다. 그중 증류와 물은 변함없는 요소이니, 뭐든 혁신을 일으키려면 나머지 3가지에 주시해야 합니다."

원래 이름이 올드 오스카 페퍼 증류소였던 워드포드 리저브는, 제임스 크로우가 버번 증류 기술에 과학적 정밀성을 도입시킨 근거지였다.

얼리 타임즈, 우드포드 리저브 시음 노트

얼리 타임즈 80°/40%

향 황금색. 진한 솜사탕과 달콤한 팝콘 향이 꿀 같고 향기롭다. 코코넛과 약간의 꿀 향.

맛 미디움 바디에 부드럽다. 선명한 옥수수 맛이 바닐라 퍼지 풍미와 어우러져 있고, 그 뒤로 더 깊이감 있는 담배 풍미가 이어지며 의외의 진중함을 내보인다.

피니시 온화한 여운이 오래도록 이어진다.

총평 달콤하고 마시기 편한 위스키다.

플레이버 캠프 **부드러운 옥수수 풍미**
차기 시음 후보감 조지 디켈 올드 No.12, 짐 빔 블랙 라벨, 헤지호그

우드포드 리저브 디스틸러스 셀렉트 86.4°/43.2%

향 짙은 호박색. 밀랍 꿀 향. 레몬 타임 향과 강렬한 시트러스 향. 졸인 사과, 육두구, 레몬 케이크 향. 오크의 기운을 받아 시럽같은 설탕/보리 사탕의 특색이 생겨났다. 물을 희석하면 까맣게 태운 오크 통, 옥수수 잎, 동유 향이 피어난다.

맛 첫맛이 깔끔하고 가볍다. 거의 모난 인상이 들 정도로 풍미가 엄밀하다. 새콤하고 조밀하다. 타임이 다시 느껴지며 시트러스류 껍질의 풍미가 함께 감돈다. 그 사이로 호밀 풍미가 미묘하고 조심스럽게 끼어든다.

피니시 시트러스와 달달한 향신료 풍미가 어우러진다.

총평 밸런스가 좋고 아주 깔끔하다.

플레이버 캠프 **스파이시한 호밀 풍미**
차기 시음 후보감 톰 무어 4년, 메이커스 마크

LABROT & GRAHAM
WOODFORD RESERVE
DISTILLER'S SELECT

Wild Turkey

와일드 터키

로렌스버그(Lawrenceburg) | www.wildturkeybourbon.com | 연중 오픈 월~토요일, 단, 4~11월에는 일요일에도 개방

철갑을 두르고 검게 도색된 외관의 와일드 터키가 자리 잡은 곳, 켄터키 강 상류의 절벽 끄트머리의 위치는 오랫동안 버번 산업의 과거를 비유하는 상징이었다. 이곳이 지금까지 살아남은 것은 60년에 걸쳐 이곳에서 증류를 책임져온 마스터 디스틸러 지미 러셀(Jimmy Russell)의 노력 덕분이었다. 말이 나와서 말이지만, 옛 버번이 지금까지도 가치를 인정받는 것은 전적으로 지미 세대의 증류 기술자들이 개성이나 품질과의 타협이 필요할 경우에도 한사코 변화를 거부한 덕분이었다.

지미와 와일드 터키는 일종의 공생관계를 이루었다. 와일드 터키는 힘 있고 강한 버번으로, 그 걸쭉하고 농익은 특색은 시간을 갖고 천천히 마시도록 유도한다. 지미는 옛 방식을 고수하는 증류 기술자들이 으레 그렇듯 과학자들을 무례를 범하지 않는 선에서 업신여기며 와일드 터키의 DNA에 대한 질문을 재치 있게 받아넘기는 것에서 악의 없는 재미를 느낀다. 그의 태도를 보고 있으면 이렇게 말하는 것 같다. '나는 내가 늘 해왔던 대로, 내가 배우고 또 에디에게 가르친 그대로 하고 있을 뿐'이라고.(에디는 지미의 아들이다. 에디 역시 증류 기술자이며 와일드 터키에서 35년째 일하고 있다.)

풍미를 짜 넣고, 이런 풍미가 담긴 버번이 입안에 가닿게 만드는 것, 그것이 바로 와일드 터키가 내세우는 유일한 정당화다. 지미의 말을 들어보자. "저희는 옥수수 비율이 70%대 초반이라 소량 곡물의 비율이 30%에 가까워요. 다른 사람들은 70%대 후반이나 중반에 맞추죠. 심지어 밀을 쓰는 사람도 두어 명 있지만 그건 다른 상품이니까 별개로 치면, 저희의 비율이 가장 낮은 편이에요.

위쪽 와일드 터키의 관리인인 에디 러셀(왼쪽)과 지미 러셀(오른쪽). **아래쪽** 낮은 도수로 통에 채우는 방식은 와일드 터키의 고유 특징 중 하나다.

저희는 전통 스타일을 따라서, 바디감이 더 묵직하고 풍미와 특색도 더 풍부해요."

그 특색의 시작은 오픈탑형 당화조와 단일 품종 효모를 이용한 발효에서부터 시작된다. "이 효모가 얼마나 오래되었는지 아세요? 제가 여기에서 일한 지 어언 55년이 되었는데 여기에 처음 왔을 때부터 있던 효모라면 알만할 겁니다! 이 효모는 풍미에도 영향을 줘요. 유달리 묵직한 그 특유의 풍미를 촉발시켜 주죠."

증류기에서 124~126프루프(알코올 함량 62~63%)로 모은 화이트 도그는 110프루프(알코올함량 55%)에 맞춰 통에 담긴다. "제가 느끼기에, 알코올 함량이 높을수록 풍미가 낮아지는 것 같아요. 실제로 낮은 도수로 통에 담았다가 101프루프(알코올 함량 50.5%)로 병입하면 풍미에서 별로 잃는 게 없어서 더 옛 스타일로 만드는 데 도움이 되거든요."

이런 스타일은 아마도 1905년에, 1869년부터 버번을 만들어온 가족 운영의 펜실베이니아주 타이론 소재 증류소에서 이곳으로 옮겨왔던 리피(Ripy) 형제에게도 인정받았을 법한 스타일이다. 이 리피 증류소는 1940년대에 오스틴 니콜스에게 인수되었고 이곳의 버번이 이사들의 연례 야생 칠면조 사냥에서 즐겨 마시는 술이 된 이후 와일드 터키로 개명되었다. 그뒤엔 페르노리카(Pernod Ricard)의 계열이 되었는데, 이후 페르노리카는 이곳의 잠재성을 제대로 이해하지 못하는 듯하더니 2009년에 캄파리에 매각하고 말았다. 어쩌면 이런 불간섭주의적 태도가 결과적으로는 잘된 일이었을 수도 있다. 덕분에 지미가 쭉 자신의 스타일로 버번을 만들어왔고 현재는 시장이 다시 원점으로 돌아왔으니 말이다.

"소비자들이 수년 전에 좋아하던 기호로 되돌아오고 있는 것 같아요. 이제 와일드 터키를 마시는 사람들은 구세대만이 아니에요. 조금씩 홀짝이며 즐겁게 음미할 만한 풍미와 바디를 가진 버번을 찾고 있는 신세대 애주가들도 와일드 터키를 마시고 있어요. 다시 금주법 이전 시대로 돌아가고 있어요. 모든 건 다시 돌아오게 되어 있다니까요." 와일드 터키를 포함한 소수의 증류 기술자들만이 지켜온 스타일인 스트레이트 라이 위스키조차, 다시 돌아오고 있다.

버번이 가벼운 스타일로 바뀌어갈 때 그도 스타일을 바꾸고 싶은 마음이 들지 않았을까? "저희는 그런 시장에 뛰어들어 경쟁을 벌일 수 없었어요. 어느 정도는 경제적 측면을 고려했을 보스들의 입장 때문이기도 했고, 또 어느 정도는 제 나름의 철학을 지키고픈 제 입장도 한몫했죠. 저희는 버번의 본질에 충실하고 싶었어요. 희석시키는 게 아니라요."

미국산 오크의 달콤함이 옥수수와 호밀의 풍부함과 섞이고 여기에 약간의 마법까지 어우러지면 비로소 와일드 터키가 탄생된다.

캄파리는 이 증류소 시설에 1억 달러를 투자해 새로운 방문객 센터와 포장 시설을 세우는 한편 증류소 확장에 5,500만 달러를 투자해 생산 용량을 2배로 늘렸다.

와일드 터키는 비상 중이다. 버번은 그동안 심연을 헤매다 풍미의 세계로 되돌아왔다. 지미 러셀의 말이 맞았다.

와일드 터키 시음 노트

101° (50.5%)

향 토피, 캐러멜, 농익은 과일의 향. 과즙 느낌이 물씬하면서 말린 체리, 밤 토피 향과 호밀의 알싸함에 깊이감이 함께 느껴진다. 젊음의 싱싱함이 배어 있다.
맛 태운 설탕 맛과, 거의 가죽처럼 질긴 질감의 농익은 풍미. 오래도록 지속되는 걸쭉한 느낌과 단맛. 가벼운 타닌 풍미.
피니시 코코아 버터의 풍미.
총평 8년 숙성보다 더 절제된 인상을 선사한다.

플레이버 캠프 부드러운 옥수수 풍미
차기 시음 후보감 버팔로 트레이스

81° (40.5%)

향 다가가기 쉽고 아주 섬세하다. 메이플 시럽 느낌이 도는 달콤한 향, 구운 과일 향, 호밀의 알싸함이 주는 약간의 화한 느낌.
맛 온화하다. 증류소 특유의 무게감이 여전히 살아 있어 중간 맛 쯤에서 다가온다. 레몬과 경쾌한 과일 맛.
피니시 온화하다.
총평 와일드 터키치고 라이트한 편이다.

플레이버 캠프 부드러운 옥수수 풍미
차기 시음 후보감 와이저스 디럭스

러셀스 리저브 버번 10년 90°/45%

향 아주 힘 있고 강한 인상에 바닐라, 초콜릿, 캐러멜의 단 향. 구운 복숭아, 과일 시럽의 향에 이어 그리스 소나무꿀의 느낌이 깔린 밤꿀 향이 전해온다. 걸쭉하면서 밀랍에 가까운 느낌. 물을 희석하면 진해지는 호밀 향. 육두구 향.
맛 터키시 딜라이트의 맛과 진한 오크 풍미가 더해지면서 리큐어 특유의 걸쭉한 무게감을 북돋워주고 있다. 아몬드 맛과 달콤한 풍미.
피니시 호밀의 경쾌한 느낌이 도는 동시에 무게감이 밸런스를 잡아준다. 시나몬과 담배 풍미.
총평 복합적 풍미가 겹겹이 층을 이룬다.

플레이버 캠프 풍부함과 오크 풍미
차기 시음 후보감 부커스(Booker's)

레어 브리드 108.2°/54.1%

향 짙은 호박색/구리 같은 번들거림. 러셀스 리저브보다 걸쭉한 느낌이 덜하고 달콤함도 더 깔끔하다. 오렌지와 올스파이스 향에 더해, 이전까지는 느껴지지 않던 가죽 느낌이 함께 다가온다. 향기로우면서도, 와일드 터키 치고는 미묘한 편이다.
맛 확연히 드러나는 스파이시함. 니스와 담배 잎 특유의 느낌에 이어 날카로운 호밀 풍미가 다가온다.
피니시 토피의 달달함과 날카로운 향신료 풍미가 섞여 오래도록 지속된다.
총평 6~12년 숙성된 여러 버번을 섞어 소량만 생산하여 희석하지 않고 병입한 제품이다.

플레이버 캠프 풍부함과 오크 풍미
차기 시음 후보감 패피 반 윙클 패밀리 리저브 20년

러셀스 리저브 라이 6년 90°/45%AV

향 옅은 황금색. 강렬한 호밀 향이 가장 먼저 다가왔다가 아주 달콤한 향이 이어진다. 흙내음이 약한 편이지만 회향풀 씨, 가문비나무, 정원용 노끈 향취가 여전히 두드러진다. 물을 희석하면 장뇌, 사워도우 향에 오크의 달큰한 향이 피어난다.
맛 꿀 같은 맛이 먼저 다가온다. 눈깔사탕 맛에 이어 호밀 특유의 드라이한 맛, 달콤함이 깔끔한 신맛으로 바뀐다.
피니시 셔벗처럼 쏴한 느낌의 향신료 풍미.
총평 아주 온화한 호밀 풍미.

플레이버 캠프 스파이시한 호밀 풍미
차기 시음 후보감 밀스톤 라이 5년(네덜란드)

Heaven Hill

헤븐 힐

루이빌 | www.heaven-hill.com | 헤리티지 센터 바즈타운 | 연중 오픈 월~토요일. 단, 3~12월은 일요일까지 개방

시야에 미치는 모든 곳이 온통 숙성고 천지다. 위스키를 품은, 철제로 덮인 대형 주택 건물들이 완만한 켄터키주 땅을 가로질러 뻗어 있는 그 모습은, 토네이도에 실려 이곳으로 내던져진 공영 주택 단지 같은 느낌도 살짝 든다. 숙성고 시설의 이런 규모는 여러 곳의 헤븐 힐 증류소에서 생산하는 다양한 위스키의 양이 얼마나 많은지를 드러내 주는 증거다. 어쨌든 이곳으로 말하자면 미국 증류 업체 중 위스키 시장에서 가장 많은 브랜드를 거느린 곳이다.

영속성의 분위기가 배어 있는 이곳 헤븐 힐 증류소는 버번의 심장부이기도 하다. 헤븐 힐의 브랜드 2개는 옥수수가 풍부한 이 땅에 증류업을 개척한 전설적 인물인 에반 윌리엄스(Evan Williams)와 일라이저 크레이그(Elijah Craig)의 이름을 따서 붙여진 것이다. 1920년대에 금주법이 발효되기 전까지 영업 중인 증류 업체는 수백 곳에 이르렀으나 금주법 폐지 이후에는 이중 소수만이 중단했던 위스키 생산을 재개했다. 하지만 기회를 알아보고 뛰어든 신생 증류 업체들도 있었다. 샤피라 형제들이 바로 그런 사례였다. 가게를 운영하고 있던 이들 형제는 1930년대에 바즈타운 외곽의 작은 땅을 매입했다가 1935년부터 증류업을 시작했다. 형제는 이 증류소에 헤븐 힐이라는 이름을 붙였다. 많은 이들이 생각하는 것처럼 어떤 낭만적 암시가 담겨 있는 이름은 아니었고, 원래 소유주이던 윌리엄 헤븐힐(William Heavenhill)에서 따온 이름이었다. 형제는 전후에 증류소를 제대로 가동하게 되자 마스터 디스틸러로 빔을 고용했다. 빔은 짐의 조카인 얼 빔이다. 현재 얼의 아들 파커와 손자 크레이그가 이곳의 위스키 제조 군단을 이끌고 있고 여전히 샤피라가가 이 사업체의 소유주다.

현재 헤븐 힐 바즈타운 부지에는 이 회사의 본사, 상까지 수상한 방문객 센터, 숙성고 시설이 자리해 있지만 증류소는 하나도 없다. 여기에는 그럴 만한 이유가 있다. 1995년에 숙성고에 번개가 내리쳐 불에 붙은 증류주가 곧장 증류소로 흘러 들어가는 바람에 증류소가 폭발해 버렸다.

현재 헤븐 힐의 전 브랜드가 생산되는 곳은, UDV(현재의 디아지오)의 소유였고 이 공룡 주류기업이 1999년에 폐업시킨 루이빌의 베른하임 증류소다. 생산 부지를

버번/스카치 위스키의 차이

버번 업계가 스카치위스키 업계와 다른 점 한 가지는, 위스키 스타일의 형성에서 개별성이 강하다는 점이다. 미국의 위스키는 금주법 탓에 다시 새롭게 시작해야 했다. 미국의 증류소들에서 발현되는 스타일은 해당 증류소의 창작물이나 다름없다. 파커는 아버지에게 배운대로 증류를 해왔을 뿐 스코틀랜드의 경우처럼 100년 이상 전해 내려온 방식을 따른 게 아니었다. 스타일과 증류소가 물리적·정서적으로 직접 유대되어 있다. 때로는 그런 유대의 끈이 위치가 아닌 증류소 사람들의 성격이 되기도 한다.

이곳은 바즈타운의 공영 주택 단지가 아니라, 헤븐 힐의 대규모 숙성고 단지의 일부일 뿐이다.

빛깔과 생명을 가득 머금은 이 버번은 이제 삶의 다음 단계로 도약할 준비를 갖춘 채, 또 당신의 잔을 채울 순간을 기다리고 있다.

바꾼다는 건 쉬운 일이 아닌 만큼, 파커 특유의 절제적 화법대로 말해도 "이곳에서 헤븐 힐의 특색을 제대로 얻어낼 수 있기까지는 해결해야 할 몇 가지 결함이 있었"다.

베른하임은 전 공정이 컴퓨터화되어 있었지만 파커와 크레이그는 직접 소매를 걷어붙이고 일하는 방식에 익숙한 이들이었다. 다음은 파커의 말이다. "위스키는 손을 놀려야 하는 일이에요. 직접 나서야 해요. 저희는 전부터 쭉 그런 식으로 일해왔고 제가 아는 한 그 외의 다른 방법은 없어요." 그는 자신이 생산하는 위스키에 나이를 표기하길 좋아한다. 헤븐 힐의 주력상품으로, 버번의 나이치고는 보통에 드는 7년 숙성인 에반 윌리엄스조차 예외가 아니다. 실제로 이들 부자는 미국의 전통 노래에 등장하는 여러 위스키를 수제 생산하고 있다. 에반 윌리엄스와 일라이저 크레이그를 통해 옥수수와 호밀 베이스의 버번을, 올드 피츠제럴드(Old Fitzgerald)로 옥수수와 밀 베이스의 버번을, 리튼하우스(Rittenhouse)와 파이크스빌(Pikesville)로 스트레이트 라이를 만들고 있는가 하면, 가장 최근의 혁신인 스트레이트 휘트 베른하임 휘트(Bernheim Wheat)도 빚어내고 있다.

파커와 크레이그의 조용한 성격은, 파커의 이름을 붙인 제품과 이곳의 잔잔하고 절제되었으나 혁신적인 전체 제품군에도 뚜렷이 담기는 듯하다.

헤븐 힐 시음 노트

베른하임 오리지널 휘트 90°/45%

향 갓 구운 빵에 버터 바른 향, 붉은색 계열 과일과 올스파이스 향이 온화하게 풍긴다. 깔끔하고 뚜렷하다.
맛 막 대패질한 오크 특유의 찌릿함. 녹은 얼음사탕이 연상되는 맛에 토피와 멘톨의 느낌이 약하게 섞여 있다. 맛이 아주 좋다.
피니시 온화하면서도 이국적인 여운이 굉장하다.
총평 온화하고 위험할 정도로 마시기 편하다. 새로운 기회의 세계를 열어젖혔다.

플레이버 캠프 달콤한 밀 풍미
차기 시음 후보감 크라운 로열 Ltd 에디션

올드 피츠제럴드 12년 90°/45%

향 흙 향취에 감초, 시가 연기, 가죽, 호두 케이크 향이 복합적으로 어우러져 있다.
맛 버터스카치 캔디, 바닐라 풍미가 밑으로 깔리면서 꿀과 초콜릿 풍미 사이의 매력적인 상호작용이 펼쳐지며 깊이 있고 신중한 인상을 풍긴다. 오크 풍미가 존재감을 드러내지만 견과류의 느낌으로 나타나 있다.
피니시 오크 풍미가 느껴지면서도 멋진 밸런스를 이룬다.
총평 깊이감과 힘이 있다. 시가가 필요한 위스키다.

플레이버 캠프 풍부함과 오크 풍미
차기 시음 후보감 W L 웰러, 패피 반 윙클

에반 윌리엄스 싱글 배럴 2004 86.6°/43.3%

향 옅은 호박색. 이 브랜드 특유의 달콤한 향신료 향, 훈제 시트러스 향, 직접적으로 다가오는 호밀 특유의 향이 살짝 절제된 숙성 특유의 단 향과 밸런스를 이룬다. 물을 희석하면 노루발풀과 꿀의 향이 약간 피어난다.
맛 오렌지꽃 꿀의 향이 부드럽고 달콤하면서 섬세하다. 뒤로 갈수록 시큼한 맛이 돌면서 향신료 풍미가 풀려나온다. 물을 섞으면 거의 기포가 이는 듯한 느낌이 생긴다.
피니시 상쾌하고 깔끔하다.
총평 원숙함을 띠면서도 오크 풍미가 지나치지 않다. 특출난 시리즈다.

플레이버 캠프 스파이시한 호밀 풍미
차기 시음 후보감 포 로지즈 옐로 라벨

리튼하우스 라이 80°/40%

향 달콤함과 시큼함이 감질나게 섞여 있다. 장뇌, 테레빈유, 니스, 진한 오크의 향. 굉장히 스파이시하다. 물을 희석하면 견과류, 대패질한 목재, 불에 태운 오렌지 껍질 향이 느껴진다.
맛 굉장히 스파이시하다. 견고한 떫은 맛과 입안을 조여올 정도의 타닌 풍미가 놀라울 정도의 단맛을 제압한다. 향긋한 레몬과 말린 장미 꽃잎의 풍미.
피니시 굉징히 쓴맛이 오래오래 이어진다. 라이 위스키답다.
총평 라이 위스키의 세계에 입문하기에 아주 좋다.

플레이버 캠프 스파이시한 호밀 풍미
차기 시음 후보감 와일드 터키, 사제락

일라이저 크레이그 12년 94°/47%

향 달콤하고 농후하다. 살구 잼, 졸인 과일, 검게 태운 오크 향. 커스터드, 삼나무, 약한 담배 잎의 향취.
맛 무난하다. 첫맛은 아주 달콤하고 감초 맛이 나다가 끝에서는 향신료를 뿌린 사과 맛이 다가온다.
피니시 달콤하다. 사탕과 오크의 풍미.
총평 달콤하고 풍부하다. 다가가기 쉬운 옛 스타일 버번.

플레이버 캠프 풍부함과 오크 풍미
차기 시음 후보감 올드 포레스터, 이글 레어(Eagle Rare)

Buffalo Trace

버팔로 트레이스

프랭크퍼트 | www.buffalotrace.com | 연중 오픈 월~토요일 방문 개방. 4~10월에는 일요일까지 개방

켄터키 강의 만곡부인 이곳으로 처음엔 버팔로 무리가 연례 이주 중 강을 건너갈 지점을 찾아 들어왔다. 이후엔 리(Lee) 형제가 들어와 1775년에 교역소인 리스타운(Leestown)을 세웠다. 그리고 현재는 대규모의 증류소가 들어서 있다. 이보다 많은 이름을 얻은 곳이 있을까 싶을 만큼 OFC, 스택(Stagg), 쉔리(Schenley), 에인션트 에이지(Ancient Age), 리스타운(Leestown) 등의 여러 이름을 거쳐 이제는 버팔로 트레이스가 된 증류소다.

이 증류소는 스트레이트 위스키 증류의 대학이나 다름없다. 붉은색 벽돌 건물마저 이런 분위기를 더해준다. 단 하나의 제조법을 따르는 메이커스 마크와는 정반대로, 이곳에서는 가능한 한 다양성을 띠는 것을 목표로 삼아, 휘티드 버번(W L 웰러), 라이 위스키(사제락, 핸디), 옥수수/호밀 버번(버팔로 트레이스), 싱글 배럴(블랜튼스, 이글 레어) 등을 만들고 있다. 패피 반 윙클 제품군도 이곳에서 생산된다.

게다가 해마다 한정판으로 앤티크 컬렉션(Antique Collection)을 출시할 뿐만 아니라 간간이 실험적 버번을 내놓고 있기도 하다. 버팔로 트레이스가 혼자 힘으로 버번 브랜드의 개수를 금주법 이전 시대 수준으로 회복시키려 애쓰고 있는 게 아닐까, 하고 여겨질 정도다.

마스터 디스틸러 할렌 휘틀리(Harlen Wheatley)는 다중적 책무를 맡고 있는 사람치고 아주 느긋해 보인다. "저희는 5가지의 중요한 제조법을 두고 있지만 1번에 하나씩만 활용하고 있어요. 6~8주 동안은 휘티트 버번을 만들다 이어서 라이/버번을, 또 그 뒤에는 3가지의 라이 위스키 제조법 중 하나를 시행하는 식이죠. 저희는 모든 방식을 조금씩 해보는 걸 좋아해요!"

구체적인 부분은 비밀이지만 압력을 가해 익히는 방식의 당화 방식을 쓰면서 백셋을 첨가하지 않는다.(18~19쪽 참조.) 다음은 휘틀리의 말이다. "당분을 모두 발효시키는 것이 더 좋은 방법이에요. 그러면 더 일관성 있는 발효가 이루어지거든요." 단 하나의 효모 품종을 사용하지만 발효조들의 크기가 달라서 다양한 발효 환경이 만들어진다. 하지만 브랜드별로 증류 방식이 완전히 달라 환류의 정도와 증류 도수가 다양하다.

증류 측면만 살펴보고 만다면 절반의 이야기로 그치게 된다. 이곳에서는 다양한 풍미의 복합적인 화이트 도그(18쪽 참조)에 맞춰 복합적인 숙성 조건을 갖추고 있다. 각각의 통이 다 다르고, 각 숙성고 내의 미기후 역시 다 다르다. 그만큼 복합성이 늘어난다는 얘기다.

"전체 숙성고의 층수를 합하면 총 75개예요. 3곳의 부지에 자리 잡은 숙성고 건물은 벽돌 건물, 석조 건물, 난방시설이 된 건물, 다층식 목재 틀을 세운 시렁형 건물 등으로 다양해요. 층의 위치와 숙성고가 다 달라서 통의 위치가 중요합니다."

매시빌과 증류만이 아니라 통의 물리적 배치 역시 차이를 만들어내는 요소다. "웰러는 7년 숙성이라 보통 맨 위나 맨 아래 층에 놓아둡니다. 패피 23년은 아주 세심히 살펴봐야 하는 만큼 2층이나 3층이 좋을 테고요. 또 블랜튼스는 전용 숙성고가 따로 있는데 이곳에서 아주 특별한 효과를 내줍니다."

세상의 그 어떤 증류 업체도 오크 통과 숙성을 이곳만큼 과학적으로 살피는 곳은 없다. 버팔로 트레이스는 새로운 마이크로 디스틸러리(micro-distillery, 규모가 작은 증류소)를 세우고 라이와 휘트 위스키의 통에 담는 도수와 관련된 제조법을 지속적으로 실험해 왔을 뿐만 아니라 나무의 윗부분이나 아랫부분에 따른 영향이 있는지에 대한 실험도 벌여왔다. 나무는 부위별로 다른, 복합적 화학작용을 일으킨다. 리그닌이 더 농축되어 있는 밑동 부분이 바닐린 풍미를 더 부여해 준다면 타닌 함량이 더 높은 위쪽 부분은 구조감을 더 탄탄히 잡아주고 에스테르화를 촉진시켜준다.

그래서 이곳에서는 나무 96그루를 베어내 나무 1그루마다 2개의 통을 만들어봤다. 이렇게 만든 통에 똑같은 매시빌을 원료로 썼으나 통에 담을 때의 도수를 2가지로 달리 한 위스키를 담아 2곳의 별개 숙성고에서 숙성시켰다. 이 글을 쓰는 현재도 이 실험은 계속되고 있다. 더 파격적인 실험의 전개가 숙성고 X에서 이루어지고 있기도 하다. 이 숙성고가 세워진 계기는 토네이도로 한 시렁형

버팔로 트레이스는 다양한 폭의 스타일을 능통하게 다루는 실력에 힘입어 붉은색 벽돌 건물의 버번 대학으로 통한다.

숙성고의 지붕이 뜯겨 나간 이후였다. 지붕이 뜯긴 이곳에 저장된 캐스크들이 수개월 동안 야외 공기와 햇빛에 노출되고 말았는데 그렇게 만들어진 버번은 그 풍미가 확연히 달랐다.

숙성고 X에는 4개의 방과 '지붕과 기둥만 있는 옥외 통로' 1곳에 150개의 배럴이 보관되어 있다. 이 숙성고는 방마다 빛(인공광과 제어되는 자연광)의 양이 다르다. 모든 방은 습도를 제어하고 있고 옥외 통로는 공기가 자연스럽게 통하도록 되어 있다. 작고한 엘머 T. 리(Elmer T. Lee)는 "숙성고도 풍미를 부여해 준다"고 말한 바 있다. 풍미를 얼마나 부여해 주고, 어떻게 부여해 주는지는 앞으로 20년 후면 밝혀질 것이다.

버팔로 트레이스 위스키에 대한 증류소의 인증이 최종 봉인되는 과정.

버팔로 트레이스 시음 노트

화이트 도그, 매시 NO 1

향 달콤하면서 기름지다. 옥수수 가루/폴렌타 향. 얼얼한 백합 향과, 볶은 옥수수/보리 특유의 견과류 향. 물을 희석하면 럼 아그리콜의 식물성 향이 난다.
맛 활기찬 느낌. 강한 향. 제비꽃 풍미가 확 풍기다 씹히는 듯한 질감의 옥수수 맛이 퍼진다.
피니시 부드러운 여운이 오래도록 지속된다. 거친 느낌이 전혀 없다.

버팔로 트레이스 90°/45%

향 호박색. 코코아 버터/코코넛 향에 향긋한 제비꽃/허브 향이 어우러져 있다. 살구와 향신료 향취가 희미하게 풍긴다. 깔끔한 오크 향기. 꿀의 알싸함, 버터스카치 캔디, 귤의 향.
맛 처음엔 스파이시한 맛과 시트러스의 단맛이 느껴지다 바닐라와 유칼립투스 풍미에 이어 페이쇼드 비터 풍미가 전해온다. 기름지면서 감칠맛이 있다. 미디엄 바디. 좀 지나면 이제 막 갈아낸 육두구 특유의 맛이 진하게 느껴진다.
피니시 입안을 가볍게 조여오는 느낌과 호밀의 알싸함.
총평 원숙미와 풍부함을 갖추고 있으면서 밸런스가 잡혀 있다.

플레이버 캠프 부드러운 옥수수 풍미
차기 시음 후보감 블랜튼스 싱글 배럴, 잭 다니엘스 젠틀맨 잭

이글 레어 10년 싱글 배럴 90°/45%

향 호박색. 버팔로 트레이스보다 더 깊이 있고 다크초콜릿과 말린 오렌지 껍질 향도 더 진하면서, 이 증류소의 상징 중 하나인 향긋함도 갖추어져 있다. 당밀과 톡 쏘는 향신료 향에, 체리맛 기침약과 스타아니스 향이 약하게 섞여 있다. 부드러운 오크 향. 물을 섞으면 광낸 목재 바닥 향이 느껴진다.
맛 부드러우면서 아주 걸쭉하다. 타닌 풍미가 더 진하고 오크 풍미가 더 상큼해, 버팔로 트레이스와는 사뭇 느낌이 다르다. 베티베르풀의 풍미.
피니시 드라이하다 신맛이 확 풍긴다.
총평 종합적으로 볼 때 잠재성이 더 강해졌다.

플레이버 캠프 풍부함과 오크 풍미
차기 시음 후보감 와일드 터키, 리지몬트 리저브 1792 8년

W L 웰러 12년 90°/45%

향 깔끔하고 가볍다. 간 육두구, 벨럼 가죽, 볶은 커피빈의 향. 벌집과 장미 꽃잎 향이 나면서 묵직한 꽃향기가 희미하게 감돈다.
맛 깔끔하고 진한 꿀 느낌과 함께 오크에서 우러난 상큼한 향신료 풍미가 돌다 녹은 초콜릿 맛으로 부드러워진다.
피니시 샌달우드.
총평 밀 특유의 온화한 부드러움을 선보이는 휘티드 버번이다.

플레이버 캠프 달콤한 밀 풍미
차기 시음 후보감 메이커스 마크, 크라운 로열 Ltd 에디션

블랜튼스 싱글 배럴 NO 8/H 웨어하우스 93°/46.5%

향 호박색. 익힌 과일과 캐러멜 향이 더 진하다. 바닐라 깍지, 옥수수, 복숭아 코블러의 향. 달콤하고 깔끔하면서 살짝 스파이시하다.
맛 첫맛으로 전분 느낌이 나다 꽃의 경쾌한 느낌이 이어지는데, 화이트 도그의 재스민/백합 풍미와 가까운 느낌이다. 차츰 조밀해지는 오크 풍미가 돌지만 이제는 토피를 연상시킨다. 훈연 풍미에 가까운 숯 풍미.
피니시 심황과 드라이한 오크 풍미.
총평 발톱을 가진 이글에 비하면 무난한 편이다.

플레이버 캠프 부드러운 옥수수 풍미
차기 시음 후보감 에반 윌리엄스 SB

패피 반 윙클 패밀리 리저브 20년 90.1°/45.2%

향 진한 호박색. 농익은 인상에 오크 향이 풍긴다. 달콤한 과일 잼과 묵직한 메이플 시럽 향. 약간의 향신료 향. 물을 섞으면 오크 통 숙성 스피릿 특유의 톡 쏘는 향과 곰팡내가 난다.
맛 오크 풍미와 드라이한 가죽 풍미. 시가와 좀약 느낌이 차례로 이어지다 말린 박하 잎, 말린 체리, 감초 맛이 퍼진다.
피니시 살짝 톡 쏘면서 오크 풍미로 마무리된다.
총평 오랜 숙성으로 우러난 오크 풍미가 인상적이다.

플레이버 캠프 풍부함과 오크 풍미
차기 시음 후보감 와일드 터키 레어 브리드

사제락 라이, 사제락 18년 두 위스키 모두 90°/45%

향 더 어린 사제락 라이는 약한 흙내음, 제비꽃 향이 풍기면서, 사워도우 빵 향기에 오렌지 비터 향과, 일시적으로 확 풍겨오는 레드 체리 향이 어우러진다. 18년 제품 역시 향긋하지만 공격성이 누그러지며 융화되어가는 느낌의 가죽/니스 향이 다가온다. 체리 향은 레드 체리가 아닌 블랙 체리의 느낌이다.
맛 부싯돌을 연상시키면서 강렬한 인상을 준다. 진한 장뇌 풍미. 특유의 새콤함. 18년 제품의 경우엔 오크 풍미가 더 강하고 구운 호밀 빵 맛이 난다. 부싯돌 느낌보다는 오일리한 느낌이 돌지만 여전히 향긋하다.
피니시 올스파이스와 생강 풍미. 18년 제품에서는, 생강 풍미는 그대로 살아 있으나 아니스와 목이 메일 정도의 달콤함이 더 생겨났다.
총평 스코틀랜드의 피트 풍미가 그렇듯, 호밀의 특색이 이제는 모습을 감추며 스피릿 속으로 흡수되었다.

플레이버 캠프 호밀의 스파이시함
차기 시음 후보감 **사제락 라이** 에두(프랑스), 러셀스 리저브 라이 6년. **사제락 18년** 포 로지즈 120주년 에디션 12년, 포 로지즈 메리지 컬렉션 2009, 리튼하우스 라이

Jim Beam

짐 빔

클레몬트 | www.jimbeam.com | 연중 오픈 월~일요일

스코틀랜드의 증류 업체들은 자신들의 위스키 제조 전통에 마땅한 자부심을 품고 있지만 내가 아는 한 스코틀랜드에는 빔(Beam)가 같은 명가가 없다. 빔 가문에서 주장하는 바에 따르면 제이컵 빔(원래의 성은 보엠Boehm이었음)은 1795년에 워싱턴 카운티에서 처음 증류 일을 시작했다고 한다. 1854년에는 그의 손자 데이비드 M 빔이 생산지를 클리어 스프링스의 철로 인근으로 옮겼고, 이후에 바로 이곳에서 데이비드 M 빔의 아들들인 짐과 파크가 증류 일을 배웠다. 여기까지는 아주 평범하게 흐르는 이야기였지만, 금주법 이후부터는 이야기가 비범하게 전개된다.

금주법이 폐지된 1933년에 당시 70세였던 짐은 증류 면허를 신청한 후 클레몬트에 새로운 증류소를 세워, 파크와 그의 아들들과 같이 위스키를 만들었다. 짐은 아들인 제레미아에게 증류소를 물려주었고, 이후엔 그의 손자인 부커 노가 통솔권을 넘겨받았다. 현재는 부커 노의 아들, 프레드가 증류소를 맡고 있다. 헤븐 힐의 파커와 크레이그 빔도 파크의 손자들이었고, 얼리 타임스를 설립한 사람도 빔 가문의 사람이었던 사실을 감안하면 이 주의 이름을 다시 지어야 하는 게 아닐까 하는 생각도 든다.

짐이 70세라는 고령에 가업을 다시 시작했던 이유를 이해하려면 그의 혈통부터 알아야 한다. 버번이 흐르는 핏줄을 타고난 제임스 보르가드 빔으로선 달리 행동할 수가 없었다는 얘기다.

그렇다면 그는 기존 방식에 변화를 주었을까? 그렇기도 하고, 아니기도 하다. 홉을 사용한 달달한 효모를 가내 제조하는 방식은 원래의 방식을 재현한 것이었으나, 증류는 20세기의 발전 기술을 활용할 수 있었다. 내가 퓨젤유 풍미 가득했던 다른 업체의 금주법 이전 시대 버번에 대해 말했을 때 부커 노가 깔깔 웃던 일이 지금도 생생히 기억난다. 그때 부커 노는 이렇게 말했다. "제가 순종 버번을 좋아하긴 해도, 사실 변화가 좀 필요하긴 해요."

짐 빔의 금주법 이후 이야기는, 끊임없이 변하는 시장에서 대형 브랜드로서 직면하는 상업적 필요성과 부커의 신념 사이에서 밸런스를 잡아가는 과정이나 다름없다. 짐 빔은 이런 차이에서 비롯된 창조적 긴장에 힘입어, 결과적으로 세계에서 가장 많이 팔리는 버번 브랜드를 만들어냈을 뿐만 아니라 1988년에 '통에서 그대로 병에 담는(straight from the barrel)' 방식의 비타협적 브랜드 부커스(Booker's)를 출범한 데 이어 4년 뒤에는 소량 생산의 스몰 배치 컬렉션(Small Batch Collection)을 내놓기도 했다.

메이저 브랜드가 되면 애호가들로부터 전체 제품을 모조리 무시당하기 쉬운 불리함을 떠안게 되지만, 짐 빔의 클레몬트와 보스턴 소재 증류소 2곳에서는 그 어떤 증류소 못지않은 창의성이 발휘되고 있다. 그렇다고 해서 비밀 매시빌을 풍미의 주된 원동력으로 크게 내세우고 있지는 않다. 브랜드 홍보대사 버니 러버스(Bernie Lubbers)의 말을 들어보자. "확실히 풍미에서 효모가 중요하긴 하죠. 게다가 저희가 활용하는 제조법이 하나만이 아니라 해도, 어떤 버번을 만들든 간에 가장 먼저 답해야 할 문제는 이겁니다. 증류기에서 몇 도의 도수로 뽑아내 몇 도의 도수로 통에 담을 것인가, 그리고 그 통을 어디에 보관할 것인가예요. 스카치위스키를 보세요. 보리로만 만드는데도 수백 가지의 다양한 풍미가 나오잖아요. 풍미는 단순히 제조법만의 문제가 아니에요!"

짐 빔의 제품들은 알코올 함량과 보관 위치의 풍미 부여 잠재성을 최대한 활용한다. 화이트 라벨과 블랙 라벨의 경우, 135프루프(알코올 함량 67.5%)로 뽑아내 125프루프(알코올 함량 62.5%)로 통에 담아 그 통들을 맨 위층과 맨 아래층, 가장자리 자리와 중간 자리 등등 숙성고의 여러 위치에 분산해 놓는다. 올드

빔 가문이 처음 증류를 시작한 이후로 클레몬트는 확실히 변화했다.

짐 빔 시음 노트

화이트 라벨 80°/40%

향 상쾌하고 새콤하다. 가벼운 호밀 향, 레몬의 알싸함에 이어 생강과 차 향이 다가온다. 향긋하고 활기차다.
맛 그렇게 생기 넘치는 향에 이어, 첫맛으로 아주 부드러운 질감과 함께 진짜 멘톨 같은 맛이 느껴진다. 시원한 박하 담배와 버터 토피의 풍미, 상큼함도 있다.
피니시 달콤하다.
총평 밸런스가 있으면서 활기 넘친다.

플레이버 캠프 **부드러운 옥수수 풍미**
차기 시음 후보감 잭 다니엘스

블랙 라벨 8년 80°/40%

향 부드러운 느낌과 함께, 약한 당밀 향, 알싸한 오렌지 향, 화이트 라벨과 비슷한 상쾌한 알싸함이 전해온다. 카카오와 시가 재 향취.
맛 오크 풍미가 이어지며 삼나무와 숯의 풍미가 힘찬 스피릿의 기운으로 밸런스 잡혀진다. 화이트 라벨에 비해 알싸한 맛이 더 노골적으로 드러나 있다.
피니시 당밀 풍미.
총평 오크 풍미와 활기가 인상적이다.

플레이버 캠프 **부드러운 옥수수 풍미**
차기 시음 후보감 잭 다니엘스 싱글 배럴, 버팔로 트레이스, 잭 다니엘스 젠틀맨 잭

놉 크릭 9년 100°/50%

향 호박색. 풍부하고 달콤하다. 순수한 과일 향. 캐러멜화된 과당, 아가베 시럽 향. 가벼운 코코넛, 살구의 향. 시가 잎.
맛 힘이 있으면서 달콤하고 감미롭다. 풀바디에 시나몬, 블랙베리, 솜사탕 맛이 진하게 난다.
피니시 오크와 버터의 풍미.
총평 풍부하면서도 짐 빔 특유의 활기가 살아 있다.

플레이버 캠프 **풍부함과 오크 풍미**
차기 시음 후보감 와일드 터키 레어 브리드

부커스 126.8°/63.4%

향 아주 힘이 있고 부드럽다. 구운 과일 향과 당밀/블랙스트랩 당밀 향이 어우러져 있다. 열대 과일과 검게 변한 바나나의 향. 깊이감과 힘이 느껴진다.
맛 달콤하면서 리큐어와 흡사한 맛이 난다. 스피릿이 오크 풍미의 공격을 잘 감당해 내고 있다. 블랙베리 잼과 탄 설탕의 맛. 오렌지꽃 꿀 맛.
피니시 오크 풍미와 얼얼함으로 마무리된다.
총평 무제한적 풍미를 느껴보는 대단한 기회를 선사한다.

플레이버 캠프 **풍부함과 오크 풍미**
차기 시음 후보감 러셀스 리저브 10년

그랜대드(Old Grandad)는 호밀 함량이 높은 제조법을 쓰지만 그 외에는 화이트 라벨이나 블랙 라벨과 똑같다. 더 낮은 127프루프(알코올 함량 63.5%)에서 뽑아내 125프루프(알코올 함량 62.5%)로 통에 담는다.

스몰 배치 제품에서는 훨씬 더 다양한 변화를 준다. 우선 놉 크릭(Knob Creek)의 경우엔 130프루프(알코올 함량 65%)로 증류해 125프루프(알코올 함량 62.5%)로 통입한다. "놉 크릭은 9년 제품이라 숙성고의 측면 자리나 맨 위층에는 놔두지 않아요." 베이질 헤이든(Basil Hayden)은 호밀 함량이 높지만 증류 시와 통입 도수가 모두 120프루프(알코올 함량 60%)이고 숙성고의 가운데 자리에서 숙성시킨다. 베이커스(Baker's)는 125프루프(알코올 함량 62.5%)로 증류·통입하지만 맨 위층에서 7년 동안 숙성시키며, "그렇게 강렬한 풍미를 띠는 이유가 그 때문"이다. 한편 부커스는 125프루프(알코올 함량 62.5%)로 증류·통입해 5층과 6층에서 숙성시킨다.

"말이 나와서 말인데 부커는 틈만 나면 그 층까지 올라가서는 그냥 그 자리에 서서 무슨 일이 일어나는지 살펴보곤 해요." 꿈을 꾸고 노력하여 그 꿈을 이루어내는, 인간미가 느껴진다.

Four Roses

포 로지즈

로렌스버그 | www.fourrosesbourbon.com | 연중 오픈 월~일요일

1930년대 말, 타임스스퀘어에 불을 밝힌 첫 네온사인 중 하나는 포 로지즈 광고였다. 이렇게 금주법도 견뎌내고 살아남은 포 로지즈가 이후에 어떻게 미국에서 잘 보이지 않게 되었을까? 북쪽으로 시선을 돌려보자. 1943년에 포 로지즈는 캐나다 기업 시그램이 켄터키주에 소유한 증류소 5곳 중 하나가 되었다. 이 새로운 모기업은 이후 특별한 전략에 착수했다. 포 로지즈를 수출 주도형으로 만들되 미국 내에서는 판매를 제한시키기로 했다. 시그램의 CEO 에드거 브론프먼 주니어가 미국 시장에 자신의 캐나다 위스키를 팔고 싶어 해서 취했던 전략인 듯하다.

1960년에 이르자 포 로지즈는 겉보기엔 똑같았으나 확실히 맛은 같지 않은 블렌디드 위스키로 변형되었다. 아니나 다를까 결국 포 로지즈의 명성은 추락해 버렸고 이후 시그램의 난파 잔해로 전락되었다가 일본의 양조/증류 기업 기린에게 차출되었다. 포 로지즈를 구해준 것은 한 버번 맨이었다. 지미 러셀, 부커 노, 엘머 T처럼 짐 러틀리지(Jim Rutledge) 역시 자신이 만드는 버번의 가치를 믿었고 그 버번을 잘 보살피고 지켜낸 끝에, 이제는 세상에 선보일 수 있게 되었다.

시그램이 남겨준 긍정적 유산 하나는, 효모에 대한 집착이었다. 시그램은 캐나다 본사에 300개 품종의 효모를 보유하고 있었고 켄터키 소재의 산하 증류소 모두 저마다 독자적 품종을 썼는데, 다른 증류소들이 다 폐업했을 때 이 모든 품종이 포 로지즈에 보관되었다. 어떤 면에서 보면 러틀리지는 1개가 아닌 10개의 증류소를 운영하고 있는 것이나 다름없다. 이곳에서는 2가지 매시빌을 쓴다. OE(옥수수 75%, 호밀 20%, 보리 몰트 5%)와, 호밀이 최대 35%로 러틀리지의 주장으로는 스트레이트 버번을 통틀어 호밀 함량이 가장 높은 OB다. 두 매시빌 모두 5종의 효모를 써서 발효시킨다. 스파이시함을 위한 K, 대범한 과일 풍미를 위한 O, 꽃과 과일 느낌을 얻기 위한 Q, 허브 풍미를 위한 F, 가볍고 섬세한 과일 풍미를 위한 V다. 이 2가지 매시빌과 5종의 효모로 만들어진 총 10가지의 증류액은 이후에 별도로 숙성되면서, 러틀리지가 블렌디드 위스키를 만들 때 활용할 아주 다양한 폭의 풍미 가능성을 제공해 준다.

각각의 통은 저마다 개성이 있다. 심지어 단층 숙성고조차 맨 아래 단과 6단 사이에 차이가 난다. 덕분에 러틀리지는 다양한 변형 제품뿐만 아니라 복합적이고도 일관적인 제품을 만들어내기에도 유리한 유연성을 누리고 있다.

제품별로 다양한 블렌딩이 가능하기도 하다. 싱글 배럴(OBSV)과 완전히 다른 옐로우 라벨(10종의 변형 증류액을 모두 섞은 제품)을 만들어낼 수 있는가 하면, OBSK, OESK, OESO, OBSO의 다양한 숙성연수 증류액을 블렌딩한 스몰 배치 제품도 생산 가능하다.

모든 제품에서 매력적인 부분은 호밀 풍미의 발현 방식이다. 보통 버번을 맛보면 매혹적이도록 부드러운 옥수수와 오크 풍미로 시작했다가 피니시에 가서 호밀의 스파이시함이 공격을 가하는 양상의 큰 변화가 일어난다. 포 로지즈에는 이런 느낌이 없다. 호밀 풍미가 풍부하지만 달콤함에서 스파이시함으로의 전환이 아주 매끄럽게 이어져, 스파이시함의 펀치가 어루만지는 손길처럼 변장해서 다가온다. 러틀리지는 마침내 유리한 고지를 점하게 되었다.

포 로지즈 시음 노트

배럴 스트렝스 15년 싱글 배럴 104.2°/52.1%

향 솜사탕 같은 달달함, 풋 플럼, 유칼립투스, 오크 향.
맛 향기롭고 부드럽고 달콤하면서 경쾌한 향신료 풍미가 난다. 풍성한 과즙의 질감에 향신료와 토피 애플 풍미가 더해져 밸런스가 맞춰진다.
피니시 조밀하고 스파이시하다.
총평 밸런스가 좋고 뼈대가 가는 인상을 준다.

플레이버 캠프 스파이시함과 호밀 풍미
차기 시음 후보감 사제락 18년

옐로 라벨 80°/40%

향 온화하고 살짝 달큰하면서, 특유의 꽃 향이 전해온다. 복숭아 향이 희미하게 감돌다 은은하고 달콤한 향신료 향이 이어진다.
맛 약간의 바닐라 깍지 풍미와 함께 부드러운 특색이 이어지다, 살짝 톡 쏘는 올스파이스와 정향 풍미와 레몬 껍질의 느낌이 다가온다. 베리류의 맛에 이어 톡 쏘는 사과 맛이 난다.
피니시 호밀 풍미가 잠깐동안만 확 밀려왔다 가라앉으며 다시 느긋함을 띤다.
총평 절제미와 개성을 갖추고 있다.

플레이버 캠프 부드러운 옥수수 풍미
차기 시음 후보감 메이커스 마크, 157

브랜드 12 싱글 배럴 109.4°/54.7%

향 멘톨/유칼립투스, 향신료 가루 향이 물씬하다. 호밀 특색이 두드러지다 마지팬과 코코넛 향이 이어진다. 강렬하면서 기품이 있다.
맛 다시 한번 강한 멘톨 풍미가 다가와 향기로우면서 열얼하다. 떫은 맛을 띠는 오크 풍미가 구조감을 잡아준다. 오렌지 껍질과 다크초콜릿의 쌉싸름한 느낌이 있지만 단맛이 충분해 밸런스가 맞추어진다.
피니시 달콤하지만 대담하다.
총평 풍미를 힘 있게 전달해 준다.

플레이버 캠프 스파이시한 호밀 풍미
차기 시음 후보감 로트 40

브랜드 3 스몰 배치 111.4°/55.7%

향 호밀의 스파이시함이 진하다. 올스파이스, 중국 오향분 향에 강렬한 장뇌 향, 멍든 붉은 과일 향이 어우러지면서 그 뒤로 달콤한 오크 향이 이어진다. 강렬하고 매혹적이다.
맛 첫맛으로 페퍼민트 맛과 함께 체리맛 목캔디 맛이 다가온다. 진짜로 머리를 맑게 해주는 특색이 있다. 중간쯤에서 기분 좋은 가벼운 흙먼지 내음이 돌기 시작하는가 싶다가 강한 시트러스 맛과 익힌 과일 맛이 몰려온다.
피니시 향신료 뿌린 사과와 오크 풍미.
총평 밸런스가 잡혀 있다. 대담하면서도 섬세하다.

플레이버 캠프 스파이시한 호밀 풍미
차기 시음 후보감 와이저스 레드 레터

Barton 1792

바튼 1792

바즈타운 | www.1792bourbon.com | 연중 오픈 월~토요일

좁고 험한 산골짜기에 숨겨져 잘 보이지 않는 위치는 대다수 증류 업자들에겐 괴로운 문제가 되었을 테지만 운영을 하는 동안 여러 가지 이름으로 불렸던 한 증류소의 사람들에게는 잘 맞았다. 다른 증류소들이 증류 기술자들에게 더 혁신적인 새 제품의 개발에 힘쓰도록 격려하는 쪽으로 잘했다면 바즈타운 외곽에 자리 잡은 이 골짜기의 사람들은 그저 눈에 띄지 않게 조용히 일하며 아주 뛰어난 버번을 만들어내 공정한 가격에 판매하는 일을 꾸준히 이어갔다. 이들에겐 찾아오는 이들이 없어도 상관없었다. 그렇다고 해서 이들이 어떤 식으로든 불친절했던 것은 아니다. 다만 마케팅 게임을 벌어야 할 필요성을 느끼지 않았을 뿐이다. 이런 점에서 보면, 이 켄터키주 소재 증류소 역시 뒤로 물러나 할 일을 하는 다수의 스페이사이드 증류소와 다르지 않다.

바튼 1792의 전 모기업이 한때 로크 로몬드와 글렌 스코시아도 소유하고 있었으니 이 증류소에도 '이전'이라고 부를 만한 내력은 있다고 할 수 있다. 이곳은 매팅리 앤드 무어(Mattingly & Moore)의 1876년 부지였다가 1899년에는 톰 무어(Tom Moore)가 설립되기도 했다. 금주법 이후의 생은, 1944년에 오스카 게츠(Oscar Getz)의 바튼 브랜즈(Barton Brands)에게 인수되면서부터 시작되었다. (이 오스카 게츠는 바즈타운의 멋진 버번 박물관에 자신의 이름을 붙인 게츠와 동일 인물이다.)

1940년대풍의 붉은색 벽돌 건물인 바튼 증류소는 여러 가지 매시빌을 쓰고(구체적 사항은 비밀이다) 자체적 효모를 사용해서, 머리 부분이 구리로 되어 있는 비어 칼럼에서 환류를 일으켜 증류를 연장시키는 1차 증류 후 더블러로 2차 증류에 들어간다. 이곳은 1999년에 컨스텔레이션(Constellation)에 팔린 후 이름이 올드 톰 무어로 바뀌었다가 다시 사제락에게 넘어갔고, 사제락은 인수 직후 이곳의 이름을 다시 바튼으로 변경하며 별칭으로 '1792'를 덧붙였다.(1792년은 켄터키주가 연방에 가입한 해이다.) 이보다 더 주목할 만한 행보로써, 방문객 센터를 열기도 했다.

톰 무어의 버번 제품에서 베이스로 쓰이는 이 최상급 옥수수는 호밀과 오크가 공연을 펼칠 수 있도록 넓은 무대를 깔아준다.

바튼 1792 시음 노트

화이트 도그, 리지몬트 공급용

향 달콤하고 기름지고 깔끔하다 뒤로 가며 조밀해진다. 옥수수유 향과 가벼운 흙먼지 내음.

맛 처음부터 강렬한 스파이시함이 전해온다. 보통의 경우와는 거의 반대로 강한 타격을 주었다가 서서히 부드러워진다. 강렬하다.

피니시 조밀하다. 오크 통에서의 시간이 필요할 듯하다.

톰 무어 4년 80°/40%

향 상쾌하고 어리며 오크 향이 주도적이다. 포스트 오크(post oak) 향. 목재 저장소 내음. 점차 제라늄 잎과 삼나무 향에 막 파뒤집은 흙내음이 다가온다.

맛 향기로움과 함께 전해오는 로즈우드 풍미와 은은한 단맛. 가벼운 팝콘 맛

피니시 토피 풍미.

총평 어리고 활기 있다. 섞어 마시기에 잘 어울린다.

플레이버 캠프 스파이시한 호밀 풍미
차기 시음 후보감 짐 빔 화이트 라벨, 우드포드 리저브 디스틸러스 셀렉트

베리 올드 바튼 6년 86°/43%

향 차 같은 향. 광낸 오크, 문질러 바른 향신료의 향취. 증류소 고유의 스타일인 활기찬 상쾌함과 드라이함.

맛 입안에 머금는 순간 다가오는 달콤하고 부드러운 풍미. 육두구 버터, 장미, 자몽, 커피 맛.

피니시 시가 상자.

총평 상큼하고 깔끔하다.

플레이버 캠프 스파이시한 호밀 풍미
차기 시음 후보감 에반 윌리엄스 블랙 라벨, 짐 빔 블랙 라벨, 사제락 라이

리지몬트 리저브 1792 8년 93.7°/46.8%

향 화이트 도그의 깊이 있고 살짝 오일리한 향이 여전히 살아 있지만 이제는 오크로 광이 입혀져 근사한 윤기를 띠고 있다.

맛 약간의 싱그러운 시트러스 풍미, 연한 바닐라 풍미, 어린 스피릿에서 느껴졌던 차 맛. 더 묵직해졌다.

피니시 시가 풍미.

총평 스카치위스키 애주가들을 훅 넘어오게 할 만한 버번이다.

플레이버 캠프 풍부함과 오크 풍미
차기 시음 후보감 이글 레어 10년 싱글 배럴

Tennessee

테네시

어떤 면에서 보면 테네시주의 위스키 이야기는 켄터키주와 비슷해, 호황, 금주법, 더딘 회복으로 요약된다. 다만, 차이점이라면 켄터키에서는 대다수의 대형 증류 업체들이 금주법 이후인 1930년대에 재기한 반면 테네시에서는 1910년 이후부터 금주법이 시행되었고 그 금주법 시대조차도 소규모로나마 증류업이 운영되어왔다는 점이다. 금주법 폐지 직후 설립된 증류소는 단 1곳, 잭 다니엘스뿐이었다. 그 뒤로 25년이 흘러서야 테네시의 2번째 합법 증류소인 조지 디켈(George Dickel)이 문을 열었다.

'합법'이라는 말은 할 얘기가 있어 일부러 붙인 것이다. 테네시는 미국과 술의 관계를 잘 보여주는 축소판이다. 테네시의 언덕과 우묵한 분지들은 지금도 여전히 수많은 밀주 증류주 제조장들을 잘 안 보이게 숨겨주고 있으며, 이중 다수가 술의 해악을 설교하는 근본주의 교회들과 가까이에 있다. 음악적 유산이 풍부한 곳이기도 한 이 주의 음악에서는, 위스키 음주를 칭송하는 동시에 신랄하게 비난하기도 한다. 밀주를 마시는 즐거움을 이야기하는 노래들도 많지만, 술을 소멸과 절망, 자기연민의 도피처의 상징으로 그리거나 실연에 빠진 한심한 자를 꼬집는 상징으로 삼는 노래는 더 많다. 한 예로 술에 관해서라면 경험이 좀 많은 조지 존스(George Jones)는 이렇게 노래했다. "탁자에 술병을 올려놓으면 술병은 그 자리를 떠날 줄 모르네. 어딜 가나 그대의 얼굴이 어른거리지 않을 때까지 (중략) 한 잔만, 딱 한 잔만 더 (중략) 그리고 또 한 잔 더."

특히 린치버그에 가보면 이런 양면가치가 확실히 피부에 와닿는다. 세계에서 가장 유명한 소도시일지도 모를 린치버그는 세계에서 가장 많이 팔리는 미국산 위스키의 고향이지만 이 도시를 어슬렁어슬렁 돌아다니다 바에 들어가 위스키를 주문할 수 있길 바라는 기대는 고이 접어 두길. 린치버그는 술의 판매가 금지되어 있다. 증류소의 탐방에서도 시음조차 못 한다.

다시 말해, 테네시는 조금 별난 구석이 있고 이런 별스러움이 위스키에까지 연장되어 있다. 예를 들어, 매시빌의 호밀 비율이 아주 낮은 점이 그렇다.(18~19쪽 참조.) 또한 스트레이트 버번과 같은 법적 틀을 따르고 있어서, 테네시 위스키로 인정받으려면 화이트 도그(뉴메이크)가 링컨 카운티 프로세스를 거쳐야 한다. 즉, 사탕단풍나무의 숯이 깔린 여과층에서 여과시킨 후에 통에 담아야 한다. 이 과정을 거치고 나면 더 부드럽고 그을음 느낌이 살짝 더 나는 스피릿이 된다.

이런 여과 과정은 전적으로 테네시에서 착안한 방법이었을까? 증거상으로 보면 켄터키에서 여과 과정을 활용했던 시기가 1815년으로 거슬러 가지만 얼마 지나지 않아 이런 공정이 중단되었던 것으로 여겨진다. 잭 다니엘스의 마스터 디스틸러 제프 아넷(Jeff Arnett)이 지적한 것처럼 이 공정은 비용이 많이 든다.

게다가 링컨 카운티 프로세스라는 이름으로 알려진 사실을 보더라도, 이 공정이 테네시의 특별한 방식일 뿐만 아니라 특정 지역(잭 다니엘스 증류소가 현재 자리한 곳인 케이브스프링스)에서 확립된 것으로 미루어 짐작된다. 증류계의 귀재인 이 증류소가 이곳에 들어서기 이전에, 알프레드 이튼이라는 사람이 케이브스프링스의 석회암 물을 써서 위스키를 만들면서 1825년부터 쭉 숯 여과 방법을 활용하고 있었다. 이튼이 이 방법을 착안한 사람이 아니었다 해도 그가 이 여과법을 최대한 활용했던 것만큼은 확실하다.

유래지가 어디인지는 지금까지도 확실히 밝혀지지 않았다. 보드카가 그 무렵에 숯 여과 처리되고 있긴 했으나 이 지역에 러시아에서 망명 온 증류 기술자가 있었던 게 아니라면 이 여과법이 러시아에서 직접 전해졌을 가능성은 낮다. 어쨌든 여전히 수수께끼로 남아 있는 이 의문도 테네시가 품은 수많은 비밀 중 하나일 뿐이다.

왼쪽 숯 여과는 테네시의 위스키와 버번을 차별화시켜주는 핵심 요소다.

오른쪽 잭 다니엘스는 예나 지금이나 이곳 고유의 옛날식 매력을 자랑스럽게 여긴다.

JACK DANIEL DISTILLERY
LEM MOTLOW, PROP. INC
TAX-PAID BOTTLING HOUSE
NO. 1
KEEP OUT

태우기 위한 비용 잭 다니엘스는 숯 제작에 매년 100만 달러 이상을 쓰고 있다

Jack Daniel's

잭 다니엘스

린치버그 | www.jackdaniels.com | 연중 오픈 월~일요일

주류계에서는 상징이라는 말이 너무 남발되는 경향이 있지만 종종 적절한 수식어인 경우도 있다. 잭 다니엘스는 지나간 옛 시대의 상징이다. 수많은 록스타의 손에 움켜쥐어졌던 네모진 모양에 검은색 바탕의 흰 글씨 라벨이 붙은 그 병은 어느새 쾌락주의적 반항심과 미국 남부 소도시의 가치를 두루두루 상징하는 표상으로 자리 잡았다. 브랜드 구축의 기본을 알려면 잭 다니엘스부터 봐야 한다.

잭 다니엘스의 설립 이야기에는 민간 설화의 특징이 모두 담겨 있다. 1846년경에 태어난 젊은 테네시주 주민 잭 다니엘은 못된 계모와 사이가 틀어지자 참다 못해 가출을 해서 '삼촌'과 같이 살게 되었다. 그러다 14살 무렵에 상점 운영자이자 평신도 설교사였고 라우즈크릭에서 증류소도 운영하고 있던 댄 콜이라는 사람의 일을 거들게 되었다. 댄이 남북전쟁 참전으로 떠나있는 동안 잭은 나이 많은 노예 니어리스트 그린에게 위스키 제조 기술을 배웠고, 1865년에 라우즈크릭에서 떠날 때는 그린의 아들들인 조지와 엘리도 그를 따라나섰다.

이렇게 거점을 옮긴 잭은 린치버그 외곽의 케이브스프링스에 자리한 오래된 이튼(Eaton) 증류소의 임대 계약을 얻어냈다. 부드러움을 더해주는 링컨 카운티 프로세스가 유래된 곳으로 널리 인정받는 바로 그곳에 자리 잡은 것이었다.

다음은 잭 다니엘스의 마스터 디스틸러 제프 아넷의 말이다. "저희의 독자성은 물에서부터 시작됩니다. 1년 내내 13℃(56°F)를 유지하고 물속에 함유된 미네랄 성분과 양분이 저희 증류소의 특색을 이루어주고 있어요. 물이 달랐다면 특색도 달라졌을 겁니다." 소리가 울리는 서늘한 동굴에서 끌어오는 이 물을 호밀 함량이 8%로 낮은 매시빌에 섞어 넣어, 최종 스피릿에서의 후추 풍미를 줄인다. 사워매시는 증류소에서 직접 배양한 효모로 발효시킨다. 구리 증류기와 더블러로 140프루프(알코올 함량 70%)로 증류한 화이트 도그는, 잭 다니엘스를 테네시 위스키로 만들어주는 공정, 즉 차콜 멜로잉(charcoal mellowing, 숯 여과 과정)으로 넘어가 3m 길이의 사탕단풍나무 숯을 통과하게 된다.

테네시 위스키들이 애초에 차콜 멜로잉을 했던 이유는 뭘까? 아넷의 말로 들어보자. "제 생각엔, 그 당시엔 잭이 통제할 수 없었던 문제가 몇 가지 있었는데

숲속에 숨겨진 이 건물은 잭 다니엘스의 여러 숙성고 중 하나에 불과하다.

여과가 그 문제를 제거해 주었을 거라고 봅니다. 그 방법으로 문제를 안정시키면서 성장 속도가 빠른 인근의 사탕단풍나무를 활용할 수 있었죠. 잭은 많은 일들을 순전히 실용적 이유에서 실행했어요.

증류기에서 나온 화이트 도그를 맛보면 떫은데 차콜 멜로잉을 거치고 나면 마우스필이 달라요. 깔끔하고 가볍죠. 엄밀히 말해서 지금은 당시에 잭이 직면했던 문제들은 없지만, 그렇다고 해서 차콜 멜로잉을 하지 않으면 저희의 특색이 달라져 버립니다." 그런데 차콜 멜로잉이 그렇게 이로운 역할을 해준다면 왜 더 멀리까지 퍼지지 않았을까? "비용이 많이 드니까요! 저희는 여과조가 총 72개이고 모든 여과조에서 6개월마다 숯을 바꿔줍니다. 그렇게 하려면 연 100만 달러나 들어가죠."

잭 다니엘스를 깊이 들여다보면 볼수록 더 확실히 느끼게 되지만 이곳에서는 나무에 사활을 걸고 있다. 숯이건 오크 통이건 목재에 신경을 많이 쓴다. "저희는 통을 자체 제작합니다. 목재 구매자가 따로 있고 목재 건조와 내부 굽기도 직접 하고 있어요. 이 모든 작업이 복합적 특색을 끌어내서, 토스트 풍미가 확실히 느껴지는 잭 다니엘스 특유의 그 달콤함을 내주는 겁니다."

잭 다니엘스가 그 유명한 파티광 면모는 한 번도 부각시키지 않은 채 오랫동안 벌여온 광고 캠페인의 영향으로 사람들은 이곳이 슬리피 할로우의 소규모 업체인 줄로 여기기 쉽지만, 전혀 그렇지 않다. 이 업체는 규모가 막대하고 넓은 시설에서 한 제품만 만들고 있다. 하지만 한 제품이라고는 해도 3가지 익스프레션으로 출시하고 있다.

최근 몇 년 사이에 변화가 좀 생겨, 아넷이 만드는 비숙성 테네시 라이 위스키로 풍미를 끌어올린 테네시 허니(Tennessee Honey)와 테네시 파이어(Tennessee Fire)가 출시되기도 한다. 그리고 잭 다니엘스 애주가 중 가장 유명한 인물에 대한 오마주인 시나트라 셀렉트(Sinatra Select)도 있는데, 화이트 도그와의 접촉 표면적을 최대화하기 위해 널빤지에 깊은 홈을 파서 만든 통에서 숙성시키는 제품이다. 1억 300만 달러를 투자한 생산능력 확장이 진행 중인 가운데, 차기 제품은 니어리스트 그린에 대한 뒤늦은 인정이 될 가능성도 있다.

비어 스틸(beer still)의 구리가 화이트 도그를 가볍게 해준다.

잭 다니엘스 시음 노트

블랙 라벨, 올드 No.7 80°/40%

향 황금빛 도는 호박색. 그을음 향에 캐러멜 시럽과 펠트 내음이 풍기다 붓꽃 향기가 이어진다. 유칼립투스 바베큐 장작 향. 달콤한 향.
맛 가벼운 단맛이 있고, 바닐라와 마멀레이드 스펀지 케이크 맛이 깔끔하게 다가오지만 어린 특색이 느껴지고 견고한 구조감이 깔려있다.
피니시 향신료 풍미와 밸런스 잡힌 쌉쌀함이 희미하게 남는다.
총평 부담 없는 달콤함을 갖추고 있으며 섞어 마시기에 좋다.

플레이버 캠프 **부드러운 옥수수 풍미**
차기 시음 후보감 짐 빔 화이트 라벨

젠틀맨 잭 80°/40%

향 표준적 잭 다니엘스보다 그을음과 오크 향이 약하고 크림같이 부드러운 바닐라 향은 더 진하다. 숲속에서의 모닥불이 연상된다. 커스터드, 잘 익은 바나나의 향기가 더 진하다.
맛 아주 매끄럽고 부드럽다. 씹히는 듯한 질감의 과즙 풍부한 과일 풍미에, 표준적인 잭 다니엘스의 견고함이 깔려 있다.
피니시 스파이시하다.
총평 비교적 부드럽고 온화한 편이다.

플레이버 캠프 **부드러운 옥수수 풍미**
차기 시음 후보감 짐 빔 블랙 라벨

싱글 배럴 90°/45%

향 짙은 호박색. 바나나 향이 더 진하다. 더 힘이 있고 에스테르 향도 더 있다. 오크 향. 소나무가 생각나는 향. 물을 섞으면 피어오르는 숯 향.
맛 표준적인 잭 다니엘스의 활력과 젠틀맨의 달콤함에 더해, 스파이시한 풍미가 덮쳐온다. 밸런스가 좋다.
피니시 깔끔하면서 살짝 스파이시하다.
총평 두 스타일의 최고 장점을 두루두루 갖추고 있다.

플레이버 캠프 **부드러운 옥수수 풍미**
차기 시음 후보감 짐 빔 블랙 라벨

George Dickel

조지 디켈

캐스케이드 할로우(Cascade Hollow), 내슈빌과 채터누가 사이의 지역 | www.dickel.com | 연중 오픈 월~토요일

캐스케이드 할로우의 이 증류소 역시 여러 브랜드와 얽히고설킨 이야기와 속설들이 누비이불처럼 기워져 있다. 미국 위스키는 격랑의 역사를 걸어왔다. 다수의 브랜드들이 수차례나 주인이 바뀌고 증류소들이 사라졌다가 다른 부지에서 새로운 이름으로 다시 나타나기도 했을뿐더러, 금주법으로 인해 업계가 입은 치명상에 대해서는 굳이 말할 것도 없다. 그렇다 보니 이 업체의 사료들도 갈가리 찢긴 채 이리저리 누벼져 왔다. 더군다나 테네시에서 19세기에는 정상적이던 행동들이 21세기에는 그다지 존경받지 못할 행동으로 비칠 수도 있다. 이렇게 기워진 이야기들과 변화된 관점이 진실을 이불처럼 뒤덮어 가리고 있다.

조지 디켈에 대한 이야기도 마찬가지다. 불온한 부분을 빼고 건전하게 다듬은 공식 버전의 이야기에 따르면, 1867년에 그와 그의 아내 오거스타가 경마차를 타고 나갔다가 털러호마에 이르게 되었고, 그때 그곳에 증류소를 세우기로 결심했다고 한다. 그런데 사실을 말하자면, 조지 디켈은 이 캐스케이드 증류소를 소유한 적이 없다. 심지어 위스키를 만든 적도 없다.

독일인 이민자였던 디켈은 1853년에 내슈빌에 들어와 구두 소매상 일부터 시작해서 식료품점과 위스키 도매업까지 진출했다. 이후 남북전쟁 기간 중, 위스키 업계에서 금주법 시기와는 또 다른 유형의 밀주 판매가 일어났다. 디켈과 그의 처남 빅터 슈왑, 그리고 메이어 샐즈코터가 합세해 슈왑스 클라이맥스 살롱이라는 술집을 통해 위스키 판매업에 진출해 쏠쏠한 돈벌이를 했다. 내슈빌 최고의 불법 소굴 중 1곳에 아주 잘 맞는 상호였다. 빅터 슈왑은 1888년에는 (1877년에 설립된) 캐스케이드 증류소의 지분 3분의 2를 개인적으로 인수해 디켈에게 그곳의 위스키에 대한 병입 및 유통의 독점권을 주었다.

10년 후, 슈왑은 증류소를 완전히 인수했고 이곳에서 진정한 그리고 유일한 증류 기술자였던 맥린 데이비스(MacLin Davis)가 운영을 맡게 되었다. 이후 슈왑 가족과 디켈의 미망인은 캐스케이드 위스키의 생산과 함께 차콜 멜로잉까지 루이빌 소재의 스티첼(Stitzel) 증류소로 옮겨갔다. 이때가 1911년이었고 이듬해에 테네시에 금주법이 시행되었다.

이 증류소는 1937년에 조지 슈왑이 쉔리 인더스트리스(Schenley Industries)에 매각했고, 쉔리 인더스트리스는 1958년에 랄프 덥스(Ralph Dupps)를 테네시에 보내 원래의 캐스케이드 증류소와 가까운 곳에 위치한 새로운 증류소에서 조지 디켈의 생산을 시작했다. 여기까지가 실제의 이야기다. 조지 디켈이 원래는 성공한 도매업자였다는 사실 자체를 문제 삼는 것은 아니다. 다만, 위스키계에서 가장 유명한 이름 중 일부가 이런 식으로 와전된 것은 사실이다.

현재 조지 디켈 증류소는 컴벌랜드고원 산악 변두리 쪽의 나무들로 가려진 좁은 계곡에 자리해 있고, 인근에는 노르망디 호수가 있다. 이곳 증류소에서는 곡물과 옥수수에 압력을 가해 익혀 직접 배양한 효모로 3~4일 동안 발효시킨다. 테네시 위스키인만큼 통에 담기 전에 차콜 멜로잉을 거치지만 이곳에서 쓰는 방법은 남서쪽으로 29km 떨어진 잭 다니엘스와는 다르다.

조지 디켈에서는 화이트 도그를 냉각 여과시켜 기름진 신맛을 제거한 후 차콜 멜로잉에 들어간다. 차콜 멜로잉 여과조에는 위쪽과 바닥 쪽에 모직 담요를 덮는데, 위쪽 담요는 화이트 도그가 퍼져 여과조를 채우게 해주고(이곳에서는 조금씩 흘러드는 점적點滴 투입 방식을 쓰지 않는다) 바닥 쪽 담요는 숯이 당겨 올라오지 못하게 막아준다. 그 후 10일이 지나면 통에 담은 후 언덕 꼭대기의 단층 숙성고에서 숙성시킨다.

조지 디켈은 스타일이 잭 다니엘스와 완전히 달라, 풍부한 과일 풍미와 달콤함이 핵심이다. 2012년에 첫 출시한 라이 위스키도 매시빌의 95%가 곡물이고 숙성 기간이 4년으로 비교적 짧음에도 온화한 과일 특색이 두드러진다.

이 증류소는 1999년부터 2003년까지 문을 닫았으나 현재는 전면 가동되고 있다. 소유주인 디아지오가 회계 장부를 들춰보다 자신들이 수년에 걸쳐 세계 최정상급 위스키를 보유하고 있었음을 드디어 깨닫게 된 덕분이었다. 이제 필요한 일은 역사를 바로잡는 것뿐이다. 슈왑과 맥린 데이비스에겐 그런 대접을 받을 자격이 있다.

캐스케이드 증류소는 빅터 슈왑이 소유하고 있던 시절 이후로 다소 바뀌었다.

이 사탕단풍나무 장작 더미가 곧 태워져 숯으로 만들어지면…

… 이 증류기에서 나오는 화이트 도그의 여과에 쓰이게 된다.

조지 디켈 시음 노트

슈페리어 No.12 90°/45%

향 호박색. 아주 달콤하고 살짝 밀랍 향이 난다. 애플 파이와 레몬 향. 가벼운 정향 향과 설탕 시럽 향.
맛 아주 매끄럽고 살짝 허브 느낌이 풍긴다. 타임과 말린 오레가노 맛이 나다 생강, 라임 꽃, 꿀 풍미가 이어진다.
피니시 구운 사과 풍미로 깔끔하고 부드럽다가 마지막에 시나몬 풍미가 반전을 준다.
총평 온화하고 매끄럽지만 개성이 살아 있다.

플레이버 캠프 **부드러운 옥수수 풍미**
차기 시음 후보감 얼리 타임즈, 허드슨 베이비 버번

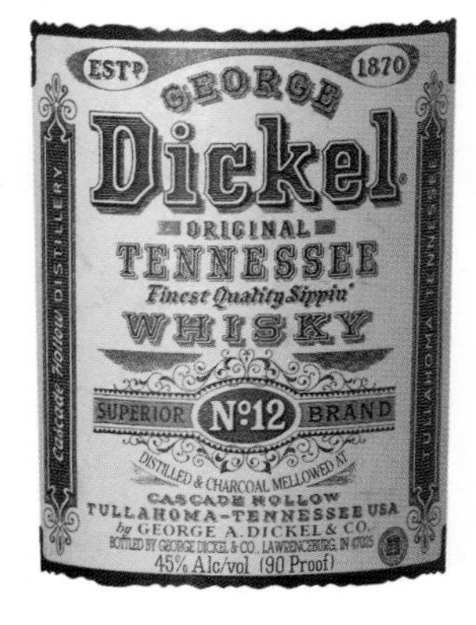

8년 80°/40%

향 정말 달콤하면서 과일 향이 난다. 풍만한 살구 코블러 향에 으깬 바나나와 복숭아 향이 약간 섞여 있다. 풍부한 과일 시럽 향이 미묘한 인상을 일으킨다. 점차 오크 향이 진해진다. 물을 희석하면 귤, 약간의 핑크 자몽 향과 더불어 달콤한 향신료 향이 느껴진다.
맛 깔끔하고 과일 맛이 두드러진다. 가벼운 오크 풍미. 희미하게 숯 느낌이 돌지만 오크 느낌은 절제되어 있다. 밸런스가 잡혀 있고 과즙 풍미가 있다.
피니시 단순하고 짧다.
총평 감미로우면서 풍미가 오래 이어진다.

플레이버 캠프 **부드러운 옥수수 풍미**
차기 시음 후보감 제임슨 골드

12년 90°/45%

향 원숙한 느낌이다. 과일 향이 뒤로 물러나 이제는 오크 향이 약간 드러난다. 약간 더 드라이해지면서 우롱차와 설탕에 졸인 승도복숭아 향으로 진전되었다.
맛 싱싱한 체리의 맛이 물씬 풍미면서 풍미가 아주 명확히 드러난다. 오크에서 우러난 중간 정도의 떫은 맛이, 코코넛과 조지 디켈 특유의 온화하고 달콤한 과일 풍미와 밸런스를 잘 이루고 있다.
피니시 기름 없이 볶은 향신료 풍미.
총평 원숙미와 우아함을 갖추었다.

플레이버 캠프 **과일 풍미와 스파이시함**
차기 시음 후보감 더 벤리악 16년

배럴 셀렉트 80°/40%

향 바닐라가 전면으로 나서면서 귤, 등나무, 주스 느낌의 과일 향이 함께 어우러진다. 8년 숙성 제품의 과즙 느낌이 살아 있으면서도 크림 향이 더해졌고 버터에 볶은 시나몬과 육두구의 향도 희미하게 감돈다.
맛 살짝 톡 쏘는 과일 껍질 맛, 가벼운 레몬의 새콤함, 약간의 후추 풍미.
피니시 부드러워진다.
총평 공손함과 매력을 겸비했다.

플레이버 캠프 **부드러운 옥수수 풍미**
차기 시음 후보감 포티 크릭 코퍼 팟 리저브

라이 90°/45%

향 더없이 느긋한 느낌을 주는, 인정 많은 아저씨 같은 인상. 온화함과 조지 디켈 특유의 달콤한 특색을 보여준다. 감, 복숭아 씨 향이 나다가 연고와 딸기 향으로 가벼워진다. 물을 섞으면 정향 향이 다가온다.
맛 온화한 향신료 맛. 사람을 질겁시키기보다는 구애하는 듯한 느낌의 라이 위스키다. 물을 섞으면 향신료 향이 더 진해진다.
피니시 향기롭다.
총평 아침 식사에 곁들여 마시기에 무난한 라이 위스키가 아닐까 싶다.

플레이버 캠프 **스파이시한 호밀 풍미**
차기 시음 후보감 크라운 로열 리저브

Craft Distillers

수제 증류소

D
A
Lake Superior
WISCONSIN
Lake Michigan
Lake Huron
MICHIGAN
Lake Ontario
Lake Erie
St. Lawrence
MAINE
NEW YORK
VT
NH
MA
CT
R.I.
PENNSYLVANIA
IOWA
ILLINOIS
INDIANA
OHIO
W. VIRGINIA
VIRGINIA
MD
DE
NJ
KENTUCKY
MISSOURI
TENNESSEE
ARKANSAS
NORTH CAROLINA
SOUTH CAROLINA
GEORGIA
ALABAMA
MISSISSIPPI
LOUISIANA
FLORIDA
Appalachian Mountains
Mississippi
Ohio
Arkansas
ATLANTIC OCEAN
Gulf of Mexico
45th Parallel, New Richmond
Great Lakes, Milwaukee
Madison
Aeppeltreow, Burlington
Northshore, Lake Bluff
FEW, Evanston
Quincy Street, Riverside
Koval, Chicago
Cedar Ridge, Swisher
Des Moines
Mississippi River, Le Claire
Indianapolis
McCormick, Weston
Kansas City
Pinkney Bend, New Haven
Square One, St Louis
Mad Buffalo, Shawneetown Spur
Rock Town, Little Rock
Witherspoon,
Cathead, Madison
Jackson
Robertson,
New Orleans
Pinehurst
Houston
Memphis
Civilized Spirits, Grand Traverse, Traverse City
New Holland, Holland
Red Cedar, East Lansing
Detroit
Big Cedar, Sturgis
Journeyman, Three Oaks
Flat Rock, Fairbairn
Ernest Scarano, Gibsonsburg
Middle West, Watershed Columbus
Dancing Tree, Shade
Woodstone Creek, Cincinnati
Angostura, Lawrenceburg
Barrel House, Lexington
Alltech
John McCulloch, Martinsville
Isaiah Morgan, Summersville
W. Virginia Distilling, Morgantown
Pittsburgh Distilling
Pinchgut Hollow, Fairmount
Corsair, Bowling Green
Nashville
Prichard's Distillery Inc., Kelso
Atlanta
Blue Ridge, Bostic
Dark Corner, Greenville
Ivy Mountain, Mt.Airy
Georgia Distilling Milledgeville
Thirteenth Colony, Americus
Smooth Ambler, Maxwelton
Virginia Distillery, Eades Hollow
Piedmont, Madison
Reservoir, Richmond
Belmont Farms, Stillhouse, Culpeper
Mount Vernon, Smith Bowman, Fredericksburg
Copper Fox, Sperryville
Washington, D.C.
Catoctin Creek, Purcellville
Philadelphia
Cooper River, Camden
Mountain Laurel Bristol
New York
Tirado, Bronx
Breukelen Distilling, King's County, Noble Experiment, Brooklyn
Nahnias & Fils, Yonkers
Tuthilltown, Gardiner
Catskill, Bethel
Delaware Phoenix, Walton
Finger Lakes, Berdett
Saratoga Galway
Hillrock Estate Ancram
Green Mountain, Stowe
Nashoba Bolton
Berkshire Mountain, Great Barrington
Long Island, Baiting Hollow
Sons of Liberty, South Kingstown
Triple Eight, Nantucket Is.
Damnation Alley, Belmont
Bully Boy, Nashoba, Boston
Ryan & Wood, Gloucester
Sea Hagg, North Hampton
New England, Portland
Sweetgrass, Union
Augusta
Penobscot Bay, Winterport
Tampa
Miami

새롭게 움튼 미국의 수제 증류 현장을 글로 다루려 할 때는 최신 업데이트 정보를 다 따라잡기가 무리라는 점부터 받아들여야 한다. 끊임없이 변화를 거듭하며 갈수록 팽창 중인 그 증류소 지도는 변화 속도가 너무 숨 가쁘다. 내가 이 글을 쓰는 지금도 또 다른 2개의 증류소가 문을 열었을 수도 있다. 어쨌든 그저 최신 상황을 탐색하는 것보다는 증류소 개업 동기 이면의 생각을 이해하는 것이 더 의미 있는 일이다.

이런 신흥 증류 업체들의 철학을 알게 되면, 이런 현상이 단순히 21세기의 개척적 접근법으로 가능성을 발견해 가는 과정만이 아니라 불균형을 바로잡아 미국 위스키를 새롭게 써가는 과정이기도 하다고 여길 만하다. 말하자면 수제 증류 물결은 잃어버린 과거를 재발견해, 금주법과 대공황과 전쟁이 없었을 경우 미국 위스키가 어떤 가능성을 보여줬을지에 대해 써나가는 과정이기도 하다.

미국이라는 브랜드를 개선시켜 낸 이 나라는, 이제는 소규모 혁명이 일어나 증류 업체들이 농부들과 새로운 연계를 맺고 있다. 또한 이 농부들 자신도 농공업 시스템의 테두리를 넘어서서 유서 깊은 전통 곡물과 땅과의 전체론적 관계를 지켜가고 있다. 수제 증류는 미국이 스스로 던지는 자문이다. 자칫 세피아 톤의 복고적 렌즈로 과거를 들여다보는 향수(鄕愁)쯤으로 치부될 소지도 있지만 가능성에 대한 깊이 있는 고찰이 된다.

그러한 고찰로써, 이미 숙성 과정 없이 바로 병입하는 화이트 위스키가 등장했고(물론 나는 위스키란 자고로 숙성시켜야 한다고 말하는 편에 속하지만) 라이, 버번, 싱글몰트위스키에 대한 새로운 해석이 선보여지기도 했다. 혼합 매시, 새로운 곡물 · 훈연 기술 · 오크 통 크기가 시도되기도 했다. 양조술의 조정, 다양한 종류의 효모 사용, 고도의 영향 고려, 솔레라 숙성 방식 도입 등도 빼놓을 수 없다.

이런 수제 증류는 수제 양조와 비슷하면서도 1가지 중요한 측면에서 차이가 있다. 뉴 홀랜드(New Holland)의 리치 블레어(Rich Blair)는 그 차이를 이렇게 설명한다. "수제 양조는 풍미가 없는 맥주에 대한 반발로 일어났어요. 하지만 증류의 경우엔 질 낮은 제품에 대한 반발이 아닙니다."

수제 증류는 그 규모만이 아니라 철학적 입장 역시 똑같이 무시당하고 있다. 발콘즈의 칩 테이트(Chip Tate)는 여기에 대해 목소리를 냈다. "증류에서 수제 장인이 되려면 자신만의 기술을 터득해야 합니다. 다시 말해 앞서서 행해진 기술들을 배우고 난 뒤에 그 기술을 그냥 따라만 하기보다는 뭔가를 더 보태야 합니다. 나름의 책임을 짊어져야 해요. 견습생으로 시작해 스승 밑에서 배운 다음 숙련 기술자로 일해야 해요. 그런 과정을 거친 이후에야 수제 장인이 될 수 있어요. 수련이 필요해요."

하지만 필연적으로 이 수제라는 명칭이 안이하게 심지어는 불성실하게 가져다 붙여지는 표현이 될 여지도 있다. 실제로 대기업 증류 업체들은 이런 소규모 업체들의 제조 방식에 주목하며 일부 제조법을 조정해서 자체적인 디퓨전 라인(유명 디자이너의 저렴한 보급판 컬렉션을 의미하는 패션용어—옮긴이)을 만들어내고 있다. 수제 양조에서 그래왔듯, 수제 증류계에서도 일부 업체들은 잡아채듯 인수당할 것이다. 대기업들만이 아니라 소규모 주자들 사이에서도 남용의 사례가 없지 않아, 병입자에 불과하면서도 증류 업체라고 주장하는 경우도 여전히 끊이지 않을 것이다. 다시 말해, 수제와 수제가 아닌 것을 구분하는 경계에서의 혼란이 계속될 것이다.

이런 와중에서 성공을 거두려면 위스키에 대한 단순한 기본 원리를 이해해야 한다. 위스키는 수제 제조의 문제일 수도 있지만 사업의 문제이기도 하다. 하이 웨스트(High West)의 데이비드 퍼킨스(David Perkins)의 말처럼 급여를 줘야 한다. 게다가 위스키는 시간이 필요한 상품이기도 하다.

유통이라는 또 하나의 장애물도 넘어야 한다. 앵커의 데이비드 킹(David King)은 이렇게 말한다. "사람들은 미국의 유통 체계가 얼마나 복잡한지 잘 몰라요. 이를테면 콜로라도주 같은 곳에서 위스키를 만들면 전국적으로 유통시킬 수가 없어요. 주류업은 현금 집약적이에요. 품질 때문이 아니라 사업적 이유로 포기하는 사람들이 많기 마련인 업종이죠."

수제 증류는 반항성을 띤다. 정통성에 도전하며, 마땅히 그래야 한다. 그리고 그 결과로써 이미 세계 최정상급 위스키를 생산해 내고 있다. 그러면 지금부터 현재 미국 전역에서 일어나는 일들의 단면들을 보여주는 좋은 사례들을 살펴보자. 이들은 모두 위스키 가족의 폭을 더 넓혀준 아주 반가운 새 식구들이며, 뛰어난 증류 업체들이 모두 그렇듯 저마다 다른 질문을 던지고 있다.

정통성에 대한 도전은 수제 증류 기술자가 누리는 특권이다.

Tuthilltown

투틸타운

가디너(Gardiner) | www.tuthilltown.com | 연중 오픈, 개방일 및 자세한 사항은 웹사이트 참조

허드슨의 손바닥 크기의 작은 병이 전 세계인들에게 친근해진 것은, 2010년에 윌리엄 그랜트 앤드 선즈(현재 이 브랜드의 소유주이자 배급업자)와 이 위스키의 생산자 투틸타운 사이의 파트너십 체결에 힘입은 결과였다. 이제 이런 식의 합병이 더는 일어나지 않아도 될 만큼 수제 생산자의 주된 문제점 중 하나인 유통 문제가 해결될 가능성은 여전히 희박하다.

랠프 에렌조(Ralph Erenzo)는 2003년에 증류소 면허를 취득하며 금주법 이후의 뉴욕주 최초 합법 증류소를 세우게 되었다. 따라서 다음의 질문을 처음 던졌던 장본인도 그였다. '내 스타일로는 뭐가 좋을까?'

랠프의 아들로, 투틸타운의 증류 기술자이자 브랜드 홍보대사를 맡고 있는 게이블(Gable)은 이렇게 말한다. "아빠와 브라이언 리에게 그런 질문에 어떤 답을 내놓았냐고 물어보면, 이렇게 말했을 거예요. 뭘 어떻게 할지 잘 모르겠어서 새로운 방식을 만들어냈다고요." 두 사람이 예나 지금이나 변함없이 취하는 접근법 중 하나는 주변 지역에 충실하는 태도다. "저희는 전부터 쭉 인근 농부들과 협력하며 토착종 품종의 옥수수를 재배해 왔어요. 그 옥수수가 지금도 여전히 풍미 프로필에서 아주 큰 부분을 차지하고 있죠."

미국 위스키 생산의 규범을 깬 파격은 또 있었다. 작은 캐스크의 사용이었다. 이곳에선 원래는 2~5갤런 용량의 캐스크를 사용했으나 생산량이 늘어나면서 통의 크기도 커졌다. 에렌조의 말로 들어보자. "현재는 주로 15~26갤런의 캐스크를 쓰고 있어요. 53갤런 캐스크도 비축해 두고 있고요. 53갤런 용량이 더 넓은 폭의 풍미를 내주긴 하지만 그렇게 큰 용량의 캐스크만 쓸 경우엔 허드슨의 풍미 프로필에 잘 맞을 거란 보장이 없어서 일관성을 끌어내기 위해 다양한 크기의 통들에 담은 원액들을 블렌딩하고 있어요."

혁신은 계속 이어지고 있다. 현지의 메이플 시럽 생산자와 연계를 맺고 있는가 하면, 화이트 위스키로 출시되는 훈연 풍미의 라이 위스키를 생산하고 있고, 재난이 될 만한 상황조차 기회로 전환시켜 왔다. "2012년에 증류소에 화재가 났을 때 막 통을 채운 시기였는데 그때 화재를 무사히 버텨낸 통들의 원액을 더블 차드 위스키(double-charred whisky)로 출시할 예정입니다." 에렌조가 껄껄 웃으며 말했다. 그는 현재 미국 증류협회에서 증류소 안전을 주제로 강연을 맡고 있기도 하다.

그는 윌리엄 그랜트 앤드 선즈와의 파트너십으로 인해 투틸타운이 이제 더는 수제 증류소가 아니라는 식의 생각에 반발하며 이렇게 답했다. "저희가 여기에서 허드슨을 생산하는 한 저희는 여전한 수제 증류소일 것입니다. 생산량을 늘리긴 했지만 저희는 앞으로도 6만 갤런까지만 만들 생각입니다.('수제 증류'의 한도는 연간 생산량 10만 갤런으로 정해져 있다.) 윌리엄 그랜트 앤드 선즈와의 협력으로 저희의 생활이 개선된 이유는 저희가 노하우, 유통망, 100년이 넘는 증류 경험을 두루두루 활용할 수 있게 된 덕분입니다." 신생 증류 업체에게 해줄 조언이 없느냐는 질문에는 이렇게 말했다. "현지의 환경과 협력하세요. 차세대 메이커의 마크나 전국의 위스키 시장을 주름잡는 대단한 브랜드가 되려고 안달하지 마세요." 다시 말해, 작은 것에 만족하라는 얘기다.

투틸타운 시음 노트

허드슨 베이비 버번 92°/46%

향 드라이하면서 살짝 가루 느낌이 돌다 옥수수 껍질과 달콤한 팝콘 향이 차례로 이어진다.
맛 첫맛으로 달콤하고 농익은 풍미가 다가오면서 견고한 과수 풍미가 입안을 가득 채운다. 오크 기운을 받아 중간 맛에 약간의 구조감이 생겨났다.
피니시 다시 가루 느낌이 살짝 일어난다.
총평 베이비치고는 놀라울 정도로 진지하다.

플레이버 캠프 부드러운 옥수수 풍미
차기 시음 후보감 캐나디안 미스트

허드슨 뉴욕 콘 92°/46%

향 깔끔하다.(콘 위스키는 숙성이 필요없다.) 옥수수에서 우러난 팝콘과 들꽃 향이 달콤함을 선사한다. 묵직한 장미/백합 향기에 이어 베리류 과일 향기가 풍긴다.
맛 매시 풍미가 돌지만 톡 쏘는 맛과 활력도 함께 어우러져 있다. 옥수수에서 발현된 특유의 기름진 맛이 돌면서 그 사이로 파릇파릇한 옥수수 잎의 풍미가 파고든다.
피니시 견과류 풍미와 가루 느낌.
총평 상쾌하면서 개성 가득하다.

플레이버 캠프 부드러운 옥수수 풍미
차기 시음 후보감 헤븐 힐 멜로 콘

허드슨 싱글 몰트 92°/46%

향 곡물의 달콤함, 그리스트 향과 상쾌한 오크 향. 통밀빵에 약간의 건과일 향이 섞여 있다. 가벼운 시트러스 향과 함께 희미한 효모 느낌이 돈다. 물을 섞으면 매시툰과 부대용의 올 굵은 삼베가 연상되는 향이 더 피어난다.
맛 오크가 모습을 드러내고 있다. 흙먼지 느낌과 몰트 창고가 연상되는 풍미. 뒤로 가면서 약간의 달달함이 다가온다.
피니시 짧고 상큼하다.
총평 싱글 몰트에 대한 미국식의 신선한 해석이 돋보인다.

플레이버 캠프 몰트 풍미와 드라이함
차기 시음 후보감 오켄토션 12년

허드슨 포 그레인 버번 92°/46%

향 베이비 버번보다 살짝 더 달콤하고 은은한 풀내음도 난다. 블랙버터(버터를 프라이팬에 녹여서 식초, 레몬 따위로 풍미를 낸 소스—옮긴이) 향, 옥수수의 달콤함, 설탕 졸임 과일 향.
맛 대담히 모습을 드러낸 오크 풍미가 거의 리큐르 같은 느낌의 농후함과 밸런스를 이루면서 달콤하다.
피니시 가벼운 흙먼지 내음.
총평 상쾌하고 달콤한 버번이다.

플레이버 캠프 부드러운 옥수수 풍미
차기 시음 후보감 제임슨 블랙 배럴

허드슨 맨해튼 라이 92°/46%

향 주목 나무 향. 소나무 숲의 향기와 동시에 숲속의 딸기가 연상되는 향이 풍긴다. 달콤함과 가벼운 허브 향이 함께 느껴지다 까맣게 익은 포도의 향과 은은한 쌉쌀함이 이어진다.
맛 살짝 오일리한 질감. 힘 있고 농익은 풍미가 느껴지면서, 혀 양끝으로 밸런스 잡힌 쌉쌀함이 내려앉는다.
피니시 시큼하다.
총평 독특한 개성을 내뿜는다.

플레이버 캠프 스파이시한 호밀 풍미
차기 시음 후보감 밀스톤 5년

Kings County

킹스 카운티

뉴욕시 브루클린 | www.kingscountydistillery.com | 토요일에만 견학 방문 오픈

몇 년 전에 브루클린에서 시음을 하던 중에 작은 병 하나를 받았다. 그 안의 맑은 액체가 뉴욕시 최초의 증류소에서 생산한 것이라는 사실을 알고 나자, 흥미로우면서도 다소 낯설게 느껴졌다. 사실, '수제'라는 말에서는 개념적으로 오지를 연상시키는 면이 있다. 작업자들의 차림과 턱수염이 더더욱 그런 연상을 부추긴다. 그래서 수제라는 말은 브루클린과는 잘 연결이 안 되는 낯선 개념으로 다가오기 마련이다.

하지만 나에게 그 병을 건네주었던 여성인 니콜 오스틴(Nicole Austin)에게 전해 들은 바로는, 현재 뉴욕시에 그런 증류소의 수가 18개쯤 될 거라고 한다. 그녀가 블렌더를 맡고 있는 킹스 카운티는 이제 더는 '별난 곳'이 아니라 하나의 트렌드다.

화학 공학을 전공한 그녀는 위스키업을 직업 선택지로 떠올려본 적도 없다가 바에서 위스키 제조 과정에 대한 설명을 듣고 나서 선택지로 고려해 볼 만하다는 깨달음이 들었다. 이런 각성이 일어났을 무렵은 마침 우연히도 킹스 카운티가 가동을 시작한 2010년이었다.

오스틴은 작은 크기의 캐스크에 열렬히 옹호하는 입장을 가져왔다. 작은 캐스크가 재정적 의미에서 합리적인 선택일 뿐만 아니라 제 효과를 내준다고 여기고 있다. "53갤런 배럴을 쓰지 않으려고 했을 때 주위에서 그러면 안 된다고 말렸어요. 53갤런의 용량이 원숙미 있는 위스키를 만들기 위한 유일한 방법이라면서요. 그래도 저희는 쭉 5갤런 용량의 캐스크를 써왔어요. 그 용량으로도 뛰어난 품질의 위스키가 만들어지거든요."

하지만 킹스 카운티의 규모는 시행착오의 여유가 더 좁다는 의미이기도 하다. "대규모의 생산자라면 원하는 대로 배럴을 선택할 여유가 있어요. 저희는 그럴 수가 없어요. 그래서 저는 언제나 저희에게 있는 배럴들 내에서 활용하고 있어요." 그렇게 작은 규모에서 작업하면 집념이 강해져, 저마다의 개별적 차이가 부각되기도 한다. 이런 깊이 있는 집중은 숙성의 본질에 대한 통찰이 더 깊어지게 해줄 뿐만 아니라 킹스 카운티의 스타일을 결정하는 데도 유용하다.

"저희에겐 뭘 어떻게 해야 할지 가르쳐줄 수 있는 사람이 없었어요. 그래서 저희가 할 수 있는 대로 해내야 했어요. 최고의 접점을 찾기까지 시간이 좀 걸렸지만, 어떤 비전이 세워지든 간에 엄연한 시장의 현실 속에서 일해야 합니다."

간과하기 쉬운 사실이지만, "시간이 좀 걸렸다"는 오스틴의 말에서의 시간은 4년을 의미하며 위스키의 역사를 쌓는 측면에서 보면 이 4년은 아주 짧은 순간이다. "처음엔 과잉 추출을 하는 걸 수도 있다는 얘기들이 나와 조마조마했어요. 그런데 생각해 보면 필요 이상의 걱정을 했었던 것 같아요. 그런 과정을 거쳐야 저희 자신의 판단을 신뢰할 만한 확신을 키워가게 되니까요. 제가 바라는 건 단지 저희의 위스키가 고품질 위스키로 자리매김하는 것뿐이에요.

스코틀랜드 로시스의 구리제품 제작 업체 포사이스에 제작 의뢰한 새로운 증류기 2대를 추가로 설치하며 설비를 확대한 사실로 볼 때 이 증류소는 제대로 잘 가고 있는 것이다. 이곳은 버번 제품군에 현지의 곡물을 원료로 써서 새로운 것에 눈뜨게 해주는 각성적 특색을 띠는 라이 위스키를 새롭게 추가했고, 이제는 더 큰 크기의 캐스크들도 활용하고 있다.

이제 킹스 카운티는 자신감을 갖춰가고 있으며 그 속도가 사뭇 빠르다.

킹스 카운티 시음 노트

버번 캐스크 샘플 90°/45%

향 효모 향이 가볍게 돌면서 풍부한 즙의 과일 향, 약간의 시트러스(귤) 향이 함께 느껴진다. 점차 박하/장뇌 초콜릿, 가벼운 삼나무, 광을 낸 목재, 후추 뿌린 옥수수의 향이 다가온다. 물을 섞으면 경쾌하고 매끄러운 느낌의 향이 퍼진다.

맛 부드러운 첫맛에 이어, 바삭한 질감의 호밀 풍미가 치고 나와 활력과 시큼한 맛을 더해주며 특유의 달콤함을 상쇄시켜 준다. 찐득한 질감이 오래 이어지면서 연한 라임 껍질 풍미가 함께 느껴진다.

피니시 향기로운 쌉쌀함.

총평 어리지만 장래성이 아주 유망하다.

급속도로 팽창 중인 이 킹스 카운티 증류소는 브루클린에 증류를 다시 되살려냈다.

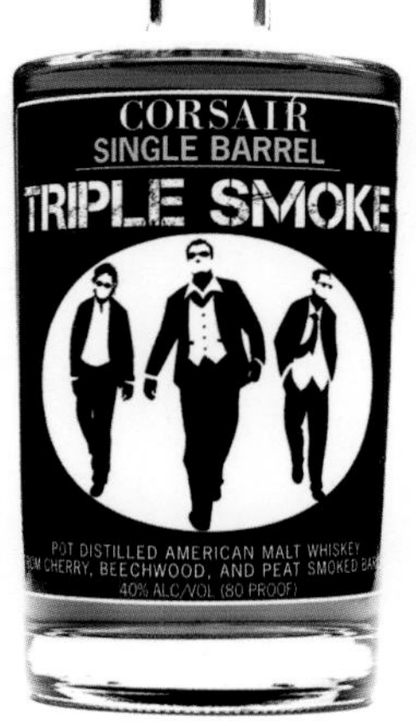

Corsair

코세어

테네시주 내슈빌, 켄터키주 볼링그린 | www.corsairartisan.com
연중 오픈, 개방일 및 자세한 사항은 웹사이트 참조

생각하면 좀 별스럽기도 하지만, 위스키계에서 가장 혁신적이고 탐구적인 증류소, 코세어는 증류 기술자 데릭 벨(Darek Bell)이 차고에서 친구 앤드루 웨버(Andrew Webber)와 바이오디젤을 만들다 창업된 곳이다. "땀을 뻘뻘 흘려가며 바이오디젤을 만들고 있는데 앤드루가 만들고 있는 게 위스키라면 얼마나 좋겠냐는 말을 내뱉었어요. 얼마 지나지 않아 저희는 진짜로 증류소와 증류 기술에 대해 조사했고, 증류기를 설계해서 스피릿을 만들기 시작했어요." 그 직후 코세어 디스틸러리가 설립되었고 현재는 켄터키주와 테네시주에 증류소를 두고 있다.

혁신이란 남들과 다른 것을 의미할 수도 있고 '~라면 어떨까?'에 대한 과학적 탐구일 수도 있다. 적어도 위스키 제조의 관점에서는, 그런 탐구를 데릭 벨만큼 멀리까지 밀어붙인 인물도 없다.

첫 탐구 대상은 곡물이었다. 보리에서부터 퀴노아, 메밀에서부터 아마란스, 호밀부터 테프에 이르기까지 온갖 곡물을 시험해 봤다. 그다음엔 다양한 방식의 굽기와 비어 증류에 이어 몰팅과 훈연 처리까지 탐구 영역을 넓혀갔다.

다음은 벨의 말이다. "훈연 처리한 위스키의 가능성을 확장하기 위해서는 자체적 몰팅 시설을 세우는 것 외에는 다른 선택의 여지가 없었어요. 그렇게 해서 지금까지 80종의 훈연 처리 위스키를 만들었어요. 구할 수 있는 한 온갖 원료를 활용해 오리나무와 화이트 오크를 비롯해 온갖 종의 목재를 다 써봤죠."

그다음의 탐구는 대체로 미국 위스키와는 잘 연관 지어지지 않는 분야, 즉 블렌딩이었다. "어떤 타입의 훈연은 향이 아주 좋고, 또 어떤 타입은 맛이 좋은가 하면, 좋은 피니시를 내주는 타입도 있지만 그 세 영역 모두가 뛰어난 경우는 드물어요. 화이트 오크 훈연 몰트위스키는 기막힌 훈연 풍미를 깔아줘서 입안에 강한 한방을 먹여주죠. 또 과일나무 훈연은 근사한 향과 기분 좋은 달콤함을 전면으로 부각해 주고, 단풍나무는 끝내주는 피니시를 내줘요. 이 3가지 타입을 블렌딩하면 깊이감과 다차원적 풍미를 갖춘 위스키가 탄생됩니다.

아마란스 위스키를 히코리 나무로 훈연 처리한 몰트위스키와 블렌딩에 특출한 훈연 풍미의 위스키를 만들어낼 수도 있어요. 이제는 그런 축적된 정보를 통해 더 빠른 속도로 새로운 블렌딩을 시도해 볼 수 있어요. 덕분에 창의성의 여지도 넓어지고 특정 풍미에 맞춰 이렇게 저렇게 개선할 수도 있어요. 여기에서 만들어지는 위스키 하나하나가 모두 새로운 색과 붓이고, 블렌딩은 캔버스인 셈이에요."

가끔은 코세어가 연구소인지 증류소인지 헛갈린다.

벨은 이렇게 털어놓았다. "저희는 주의력 결핍 장애가 좀 심각한 편이에요. 1년에 약 100종의 새로운 위스키를 만들고 있는데도 새로운 스타일의 위스키를 만들어내고 싶어요. 지금까지 그 어떤 위스키도 다다른 적 없는 영역으로 과감히 뛰어들고 싶어요! 저희는 문을 연 첫날부터 전통은 존중하되 결코 전통적이지 않은 위스키를 만들기로 다짐했어요."

그것은 균형을 맞추기 까다로운 일이다.

"저는 차라리 새로운 유형을 만들어내 다른 식의 비판을 받고 싶어요. 저희와 경쟁을 벌일 퀴노아 위스키가 얼마나 되겠어요? 없어요."

코세어 시음 노트

파이어호크 (오크/미우라/단풍나무)
캐스크 샘플 100°/50%

향 달콤함과 살짝 가죽 느낌 도는 훈연 향에, 식물성/푸른잎 특색이 약하게 섞여 있다. 그 뒤로 가벼운 꿀과 시트러스 향이 이어진다. 블랙베리와 향료 향취. 물을 희석하면 타다 남은 장작의 향이 더 생겨난다.

맛 힘 있고 드라이하며, 훈제소가 연상되는 풍미로 시작했다가 무두질한 가죽 풍미가 이어진다. 달콤함과 분출하듯 뿜어져나오는 스모키함 사이의 밸런스가 좋아 풍미가 기분 좋게 퍼진다.

피니시 여운의 지속이 중간 정도다.

총평 밸런스와 매력을 겸비하고 있다.

나가 (매자나무/정향) 캐스크 샘플 100°/50%

향 자주색 과일 특유의 뿌리 내음이 돌면서 감초와 흙내음 나는 짙은색 과일이 넌지시 연상되는 향기로움. 사그라드는 모닥불 같은 재 내음에 가까운 향기와 함께, 잎이 서서히 타면서 피어나는 연기 향도 좀 있다. 드라이한 뿌리 내음과 향신료 향.

맛 아주 드라이하다. 재 느낌의 훈연 풍미가 흰붓꽃 뿌리의 풍미를 드러내준다. 가벼운 떫은 맛.

피니시 드라이하다.

총평 같은 위스키인데도 다른 훈연 처리로 완전히 다른 스피릿으로 거듭났다.

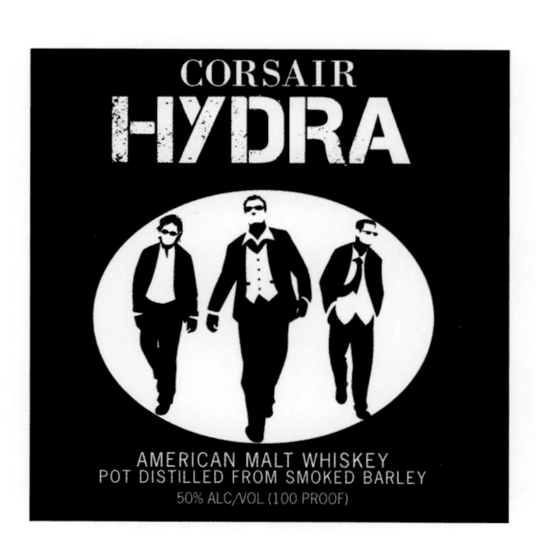

블랙 월넛 캐스크 샘플 100°/50%

향 오디 잼 향이 돌며 경쾌한 느낌을 준다. 풍부한 훈연 향과 은은한 과일 향. 희미한 시가 재 내음. 힘 있고 강렬하다.

맛 대담하면서도 정통적인 면이 조금 더 있는 편이다. 처음엔 달콤하고 중간 맛에서는 부드러워진다.

피니시 여운이 좀 짧고 스모키하다.

총평 풍부하고 깊이 있으면서 어두운 느낌의 대담함을 띠고 있다.

히드라 (여러 훈연 처리 위스키의 블렌딩)
캐스크 샘플 100°/50%

향 달콤함과 리큐어와 비슷한 향. 진한 꿀 향과 약간의 당밀 향. 절제된 훈연 향. 물씬한 과일 향이 담뱃잎 향취와 함께 어우러진다. 물을 섞으면 드라이하다.

맛 드라이한 요소와 달콤한 요소 사이의 상호작용이 펼쳐진다. 라놀린 느낌이 희미하게 감돌고 중간 맛에서는 깊고 풍부한 풍미가 약간 피어난다. 향긋한 장작 연기 풍미는 늦게서야 다가온다.

피니시 스모키하면서 살짝 드라이하다.

총평 매혹적인 실험의 결과물이다.

Balcones

발콘즈

텍사스주 웨이코 | www.balconesdistilling.com | 사전 예약을 통한 견학 가능

몇 년 전, 턱수염을 덥수룩하게 기른 칩 테이트(Chip Tate)가 이런 말을 했다. "저희는 텍사스주에서 위스키를 만드는 게 아니라 텍사스의 위스키를 만들고 있어요." 전 세계 곳곳의 사려 깊은 증류 기술자들 모두가 이런 입장을 내세운다. 말하자면 현지의 원료를 활용하고, 그곳만의 특화 요소를 헤아리며, 주변 환경으로부터 영감을 얻으려는 자세를 갖고 있다.

첫 번째 증류소를 직접 설계하고 세웠던 테이트는, 이 글을 쓰고 있는 현재 새로운 증류소를 짓고 있는 중이다. "엔지니어들에게 기준을 제시해 주기 위해 종이에 제 구상을 적어 보는 경험은 처음이라 흥미로웠어요. 사실, 2개의 신축 증류소를 짓고 있어요. 이 기회에 1호 증류소도 다시 지을 셈이거든요. 증류기가 제 역할을 못 해주는 것에 지쳤었는데 이제는 현재의 요구조건을 충족시켜서 제가 해보고 싶었던 일들을 할 수 있게 되었어요. 구 증류소에서는 방종을 부리는 일이 되었을 그런 일들을 이젠 할 수 있어요. 그때는 흥미로운 모닥불 풍미를 내고 싶어도 번번이 산불의 느낌이 나와 애먹었거든요."

그의 위스키들은(발콘즈는 미국에서 위스키의 스펠링을 'whisky'로 쓰는 몇 안 되는 증류 업체다) 복합적 풍미로 대담하게 흥미를 돋우지만 미묘한 층을 이루고 있기도 한다. 또한 예외 없이 테이트가 자리 잡고 있는 곳의 특색을 확실히 담아내고 있다. 호피족의 아톨 옥수숫가루를 원료서 쓴 발콘즈 블루 콘(Balcones Blue Corn)에서는 볶은 나초 향, 스크럽 오크에서 우려진 유황 향이 송진을 연상시키고, 착 감기는 모닥불 연기도 피어난다. 한마디로 병 속에 담긴 텍사스다.

"텍사스의 연구는 순조롭게 진전되고 있어요. 저희는 비전통적 토착종 옥수수를 원료로 쓰고 있는데 처음엔 농부들이 농작물 보험 가입을 못 해서 문제가 좀 있었지만 이제는 환경 법규를 잘 아는 변호사이기도 한 농부가 1명 있어요.

아톨이나 텍사스의 스크럽 오크의 사용도 옳은 시도였던 것 같아요. 주변의 풍미와 냄새에 마음을 열어야 해요. 텍사스의 그 큰 라이브 오크를 활용하지 못하란 법도 없잖아요? 켄터키와는 다른 텍사스의 기후를 활용해 그런 기후가 숙성에 어떤 영향을 미칠지 알아볼 수도 있고요. 물론 과학도 활용합니다. 실험을 벌여 전통적인 안전지대를 벗어나 보되 돼지 목에 진주 목걸이를 거는 무지를 범해서도 안 되니까요."

테이트와 시간을 함께하며 이야기를 나누다 보면 어느새 철학적으로 깊은 생각에 빠져들게 된다. 그것도 기술, 수제, 장인정신에 대해서는 물론이고 견습생으로 수련을 거쳐야 할 필요성에 대한 그의 확고한 신념에 대해서까지.

"이론을 배울 수는 있지만 그렇게 배운 이론도 그 근원과 맞닿아야만 제 기능을 해요. 그래야 직관성과 예술성을 갖추게 돼요. 모두 시간이 필요한 일이죠. 수제 증류에서 진전을 보려면 이 모든 걸 이해해야만 해요."

발콘즈 시음 노트

베이브 블루 92°/46%

향 부드럽고 희미한 오크 향과 함께 꿀/설탕 시럽 향이 풍기며 매혹적이도록 달콤하다. 옥수수 껍질/옥수숫가루 느낌이 내내 사라지지 않고 물을 섞으면 드라이해지면서 더 밸런스가 잡힌다.
맛 폭넓고 대담하지만 또 한편으론 달콤함과 상쾌함도 있어, 잡기 까다로운 밸런스를 이루어냈다. 옥수수의 풍미가 더 퍼져나와 입안을 가득 채운다.
피니시 섬세한 과일 풍미.
총평 발콘즈에 입문하기에 비교적 온화한 스타일이다.

플레이버 캠프 **부드러운 옥수수 풍미**
차기 시음 후보감 와이저스 18년

스트레이트 몰트 V 115°/57.5%

향 오크의 기운이 감각적으로 발현되어 있다. 아주 농익은 산딸기 향과 약한 샌달우드 향에 넌지시 잼 느낌도 풍겨온다. 막 대패질한 목재, 미국 삼나무 목재, 뿌리덮개의 향취. 오디 향과 함께 아르마냑 같은 깊이감도 살짝 느껴진다.
맛 무난하고 풍부한 풍미가 실크처럼 부드럽게 다가온다. 농후하고 힘이 있지만 그런 성질을 누그러뜨리고 가려주는 온화함도 함께 갖추고 있다. 물을 섞으면 가벼운 숯 향이 피어나고 곡물 향도 좀 더 생겨나 향기롭다.
피니시 오래 이어지는 여운 속의 과일 풍미.
총평 강한 성질을 띤, 새로운 스타일의 텍사스 몰트위스키다.

플레이버 캠프 **풍부함과 무난함**
차기 시음 후보감 레드브레스트 12년, 캐나디안 클럽 30년

스트레이트 버번 II 131.4°/65.7%

향 체리 브랜디 향이 먼저 다가온다. 우람한 인상이면서도 무난한 편이고 높은 도수임에도 공격적이지 않다. 붉은색과 검은색 계열의 과일 향이 물씬하다. 메마른 나무껍질 향이 연하게 돌아 쌉쌀한 카카오 향과 더불어, 드라이한 느낌을 더해준다. 물을 희석하면 향긋한 나무 향이 더 풍부해진다.
맛 아주 강한 과일 향이 덮쳐온다. 발콘즈는 힘이 있긴 해도 나가떨어질만큼 세게 훅 때리지는 않는다. 풍미가 층을 이루며 복합적으로 전해온다.
피니시 과일 풍미가 오래 지속된다.
총평 버번이 맞지만 지금껏 접해보지 못한 스타일이다.

플레이버 캠프 **풍부함과 오크 풍미**
차기 시음 후보감 다크 호스

브림스톤 리저렉션 V 121°/60.5%

향 강하고 스모키하지만 그 뒤로 발콘즈 특유의 어두운 색 과일 향이 물씬 다가온다. 타르 느낌과 송진 향. 역청 내음. 화끈거리는 오크 향이 뻗어내듯 뿜어져나온다. 착 들러붙는 듯한 느낌이 있으면서 오일리하고 기름지다. 훈제 고기와 치즈의 향.
맛 바로 화한 맛부터 다가오지만 이어서 묵직함과 달콤함이 그 화끈거림을 떠받쳐준다.
피니시 용담 풍미와 가벼운 떫은 맛.
총평 대담하고 용맹하다.

플레이버 캠프 **스모키함과 피트 풍미**
차기 시음 후보감 카루이자와, 에디션 샌티스

New Holland

뉴 홀랜드

미시간주 홀랜드 | www.newhollandbrew.com | 연중 오픈, 견학은 토요일에만 가능

1996년에 미시간주 홀랜드에서 수제 양조장으로 문을 열었다가 2005년에 증류소로 발전하게 된 곳이다. 소유주인 브렛 밴더캠프(Brett VanderKamp)가 갑자기 서핑에 푹 빠졌다가 미국에서 '진짜' 럼을 만들 수도 있지 않을까 하는 의문을 품게 된 것이 그 계기였다. 그 꿈을 현실로 바꾸기 위해서는 과일 외에는 증류를 금지한 미시간의 법을 개정하기 위해 주 의회부터 설득해야 했다.

뉴 홀랜드는 현재도 여전히 럼을 만들고 있지만 증류 부문은 위스키 위주로 가동 중이다. 증류팀이 럼에 열정을 쏟았지만 아직은 소비자들이 그런 열정에 별 공감을 보내주지 않고 있다는 점을 깨닫고 난 후의 전환이었는데, 새로운 증류 기술자들은 다행히 위스키도 좋아했다. 뉴 홀랜드의 국내 부문 경리 부장인 리치 블레어(Rich Blair)의 말을 들어보자. "증류를 하는 양조장들이 그냥 재미로 그 일을 하는 줄로 생각하는 사람들이 있지만, 이런 식의 양조장 운영은 재정적으로 정말 유리해요. 수익을 내야 하는 압박에 시달리는 게 아니라 원하는 비용에 맞춰 일을 할 수 있으니까요."

양조 경험은 몰트위스키의 가능성에 대한 본질적 이해의 바탕이 되어주기도 한다. "저희는 직접 배양한 에일 효모를 써서 온도가 조절되는 밀폐 발효조에서 장시간 발효를 시킵니다. 또 섬세한 스타일의 증류액을 뽑아냅니다. 그래서 캐스크에 담는 목적도 풍미를 더하기 위해서이지, 공격적 요소를 부드럽게 완화시키기 위한 것이 아니에요. 다시 말해 3년은 지나야 원하는 효과가 나타나게 된다는 겁니다."

그동안 라이와 버번 브랜드용 원액 중 일부를 인디애나주 로렌스버그의 MGP에서 들여왔으나, 점차 자급자족 증류소로 전환되면서 이제는 100% 몰트 보리 베이스의 제플린 벤드(Zeppelin Bend)나 빌즈 미시간 휘트(Bill's Michigan Wheat) 같은 자체 브랜드도 생산하고 있다. 제플린 벤드는 10~14일간 블레어의 말처럼 사려 깊은 발효의 시간을 보내며, 빌즈 미시간 휘트는 현지의 농부가 재배하고 플로어 몰팅한 곡물을 원료로 쓴다.

증류 부문을 지속적으로 확장해 2011년에는 애플잭(사과로 만든 증류주—옮긴이) 증류기를 추가로 설치하기도 했다. 이 증류기는 벤더캠프가 1930년대 이후 뉴저지주의 헛간에 방치되어 있던 낡은 증류기를 사들여 켄터키주 루이빌의 벤돔 코퍼와 브래스 웍스(Brass Works)에게 복구 작업을 맡긴 것이었다.

다음은 블레어의 말이다. "증류에서는 혁신이 중요한 요소이고 그런 면에서는 수제 양조와 비슷하지만, 단지 혁신을 위한 혁신은 바람직하지 않기도 해요. 저희는 손님들로 북적이는 펍을 두고 있어서 테스트 시장으로 활용할 수 있는데 이따금 혁신의 결과가 신통치 않은 반응을 얻으면 그 제품은 그냥 접어 버립니다."

이런 맥주/증류의 접점에 대한 끊임없는 연구가 앞으로는 어떤 제품으로 출시되어 나올지 기대된다.

"저희는 몰트위스키를 대량으로 만들고 있어요. 미국 몰트위스키 시장은 아직 미개척 상태라 저희는 잘 숙성된 몰트위스키가 차기 유행으로 떠오르게 될 거라고 믿고 있어요." 블레어는 여기에서 유의해야 할 점도 덧붙여 말했다. "수제 증류는 시간이 필요하다는 점도 고려해야 합니다." 정말로 사려 깊은 태도다.

럼 증류소로 시작했다가 새로운 위스키 전문가로 거듭납니다.

뉴 홀랜드 시음 노트

제플린 벤드 스트레이트 몰트 90°/45%

향 발효 사과술 특유의 향에, 제재소, 전나무 재목, 온화한 토피, 백후추 향이 깔끔하게 어우러져 있다. 진하게 졸인 아쌈 향. 물을 섞으면 드러나는 깔끔한 곡물, 심황, 바닐라의 향.

맛 달콤하면서 럼을 연상시키는 풍미가 뚜렷하다. 어두운 색 과일, 당밀, 화끈거릴 정도의 시트러스, 블랙베리의 풍미.

피니시 조밀한 느낌의 오크 풍미가 미미하게 돌면서도 밸런스가 잘 잡혀 있다.

총평 인상적으로 다가오는, 새로운 스타일의 몰트위스키다.

플레이버 캠프 **과일 풍미와 스파이시함**
차기 시음 후보감 브렌

빌즈 미시간 휘트 90°/45%

향 산뜻한 오렌지 향. 말린 라벤더와 장미 꽃잎 향기로 아주 향기롭다. 육두구 향이 주도적으로 두드러져 아주 스파이시하다가 다크초콜릿 향이 퍼지며 무게감을 높여준다.

맛 어린 느낌이다. 상쾌한 곡물 풍미가 두드러진다. 아세톤 특색이 돌면서 조밀하다. 뒤로 가면서 감미로운 오크 풍미가 떠오른다. 물을 섞으면 풍미의 일관성이 더 생긴다.

피니시 얼얼하다.

총평 캐스크에 담겨 있던 기간이 불과 14개월밖에 안 된 점을 감안해야 한다. 잘 만들어졌으나 복합미를 갖추기 위한 시간이 더 필요하다.

플레이버 캠프 **향기로움과 꽃 풍미**
차기 시음 후보감 슈람을 WOAZ

비어 배럴 버번 80°/40%

향 아주 온화하고 느긋한 느낌의 향이 부드러운 오크, 오래된 바나나, 솜사탕, 시럽, 어두운 색 과일 향과 어우러져 있다. 물을 섞으면 초콜릿 브라우니에 더 가까운 향이 피어난다.

맛 힘이 있고 부드러우며, 좀 어린 티가 나면서도 견뎌내는 배짱도 두둑한 스피릿이다.

피니시 아주 스파이시한 동시에 회향풀 풍미가 살짝 있다.

총평 스타우트를 담았던 배럴에서 3개월 동안 추가 숙성했고, 그 숙성이 좋은 효과를 내주었다.

플레이버 캠프 **풍부함과 무난함**
차기 시음 후보감 에디션 샌티스, 스피릿 오브 브로드사이드

High West

하이 웨스트

유타주 파크 시티 | www.highwest.com | 연중 오픈 월~일요일

유타주의 고지대는 위스키 역사의 보고로는 잘 연상되지 않을 만한 곳이지만, 이곳 유타주 하이 웨스트 증류소에서는 소유주 겸 증류 기술자인 데이비드 퍼킨스(David Perkins)가 역사의 기록을 바로잡으려는 의지를 불태우고 있다. "서부의 위스키라고 해서 카우보이들이 마시던 싸구려 위스키가 다였을까요? 이곳엔 모르몬 교도들이 위스키를 만들었던 역사가 있어요. 리처드 버턴 경이 쓴 글에도 그런 내용이 나와요." 독자들도 감 잡았을 테지만, 이런 역사에는 책 1권으로 따로 다룰 만큼 흥미진진한 이야기들이 얽혀 있다.

퍼킨스는 사업의 장기적 본질을 잘 이해하는 위스키 맨이기도 하다. "'그렇게 배럴에 매달려 있다시피 하려면 아예 증류소를 하나 차리는 게 어때요?' 저에게 이런 말을 해준 사람이 바로 포 로지즈의 짐 러틀리지였어요. 그는 인디애나주의 MGP에 다녀와 보라는 조언도 해주었어요. 거기가 세계 최고의 라이 위스키를 만드는 곳이라면서요. 그렇게 해서 요즘엔 뉴메이크도 살 수 없는 가격으로 그곳의 라이 위스키를 들여오게 되었어요. 그때 전부 다 사들이지 못한 게 아쉬울 정도라니까요!" 그 뒤로 하이 웨스트에서는 블렌딩으로 라이(랑데부Rendezvous), 버번(아메리칸 프레리American Prairie), 피트 처리 스카치(캠프파이어Campfire)를 만들기 시작하는 동시에 자체 생산 위스키를 숙성시키기도 했다.

브랜드들이 자리를 잡아가는 사이에도 퍼킨스는 자체적인 증류 원액을 개선시키기 위한 노력을 이어가며 먼저 효모부터 탐색했다. "저희가 워낙 효모에 열성적이라 그런지, 저는 스코틀랜드에서 효모가 풍미의 중요한 요소로 여겨지지도 않는다는 게 믿기지가 않아요. 저희는 지금까지 총 20가지의 효모를 탐구해 왔어요." 그중 3가지는 1840년 제조법을 활용하고 있는 라이 위스키에 쓰인다. 이 라이 위스키는 100% 곡물 워시를 증류해 OMG(Old Monongahela)라는 이름으로 출시되고 있다. 현재는 솔레라 방식의 라이 위스키에 대한 실험이 진행 중에 있고 밸리 탠(Valley Tan)과 웨스턴 오트(Western Oat)라는 이름으로 오트 위스키도 출시하고 있는가 하면, 싱글 몰트위스키의 개발에도 나서 있다.

"저희는 몰트위스키에 아주 진지하게 임해 현재 3가지 제조법을 시도해 보고 있어요." 이곳에서는 다른 위스키들과 마찬가지로 몰트위스키 역시 여과 처리를 하지 않은 워시를 쓸 생각이라고 한다. "젊은 신생 회사의 성공 비결은 차별화예요. 그래서 라이 위스키를 선택했던 겁니다. 제가 애착을 갖고 있는 몰트위스키에도 혁신의 여지가 많아요."

궁극적으로 따지면 유타주도 차별화에 한 역할을 해주고 있다. "저희는 해발 2,134m에 위치해 있어 증류기가 끓어오르는 온도가 비교적 낮고 그런 고도와 건조한 기후의 영향으로 숙성 조건도 다른 곳들과는 달라요." 과거는 결코 멀어지지 않는다. "1890년에 미국에는 1만 4,000개에 이르는 증류소가 있었어요. 지금 저희는 그때로 다시 돌아가는 중입니다."

하이 웨스트 시음 노트

실버 웨스턴 오트 80°/40%

향 아주 향기롭고 살짝 약 같은 향도 도는 비숙성 오트 위스키다. 연고 향과 더불어 꺾은 꽃, 휘핑 크림 향이 풍긴다. 톡 쏘는 회향풀 향.
맛 아주 가볍고 달콤하다. 당과류 특유의 에스테르 풍미와 크리미한 귀리 풍미.
피니시 핑크페퍼콘 풍미로 마무리되는 여운이 좀 짧은 편이다.
총평 매력적이다.

플레이버 캠프 **향기로움과 꽃 풍미**
차기 시음 후복감 화이트 아울

밸리 탠(오트 위스키) 92°/46%

향 물씬한 에스테르 향과 아주 은은한 오크 향. 막 물기가 다 마른 바위 내음 사이로 바닐라, 바나나 껍질, 가벼운 솔잎, 익힌 파인애플의 향이 퍼져나온다.
맛 달콤하고 향기로우면서 주스 같은 느낌이 있다. 살짝 얼얼하지만 꽃 풍미가 잔잔히 밀려온다. 귀리가 주도하는 크리미한 풍미가 물을 섞으면 바나나 스필릿 맛으로 진전된다.
피니시 살짝 드라이하다.
총평 밸런스가 잘 잡혀 있고 아주 흥미롭다.

플레이버 캠프 **향기로움과 꽃 풍미**
차기 시음 후보감 툴리바딘 소버린, 리블 코일모어 아메리칸 오크

OMG 퓨어 라이 98.6°/49.3%

향 갓 구운 호밀 사워도우 빵 내음이 풍기며, 그 말랑말랑한 속, 따끈함, 빵 껍질의 알싸함이 느껴지는 것만 같다. 향기롭다. 말린 꽃, 장미 꽃잎, 검게 익은 포도 껍질의 향.
맛 처음부터 드라이하다. 아주 드라이하다 호밀 가루 풍미가 확 피어오른 후, 이어서 묵직한 알싸함과 오일리함의 느낌으로 가라앉는다. 밸런스가 잘 잡혀 있다.
피니시 향기롭다.
총평 순수하고 깔끔한 인상이다.

플레이버 캠프 **스파이시한 호밀 풍미**
차기 시음 후보감 스타우닝 영 라이

랑데부 라이 92°/46%

향 달콤하고 우아하다. 무난하고 밸런스가 있으며, 장미 꽃잎, 가시금작화, 향기 나는 페이스 파우더의 향으로 향긋함이 돋보인다.
맛 향의 온화한 느낌이 입안에서는 으스대는 듯한 느낌으로 바뀌며 호밀의 알싸함이 한껏 표출된다. 소두구 풍미가 드러나면서 오향과 향긋한 비터의 향도 함께 느껴진다.
피니시 풋사과 풍미와 호밀의 약한 흙먼지 내음.
총평 한 폭의 완전한 그림을 감상하는 기분이다.

플레이버 캠프 **스파이시한 호밀 풍미**
차기 시음 후보감 로트 40

Westland

웨스트랜드

워싱턴주 시애틀 | www.westlanddistillery.com | 연중 오픈 수~토요일

에머슨 램(Emerson Lamb)이 아직 십 대도 되지 않은 나이부터 그의 아버지는 아들을 앞에 앉혀놓고 사업 얘기를 들려주었다. 그의 가문은 5대째 태평양 연안 북서부에 살며 목재 사업을 성공적으로 일궈냈으나 이제는 상황이 변하고 있었다. "아버지에게 앞으론 사람들이 2×4인치 종이를 사지 않을 거라는 얘길 듣고 자라면서 저는 가족들이 예전부터 해왔던 방식대로는 회사를 지탱시킬 수 없겠다는 생각을 했어요. 뭔가 다른 일을 해야 한다고요."

램에게는 고등학교 친구 사이인 매트 호프만(Matt Hofmann)이 있었다. 호프만은 당시에 스코틀랜드의 헤리엇와트 대학교에서 증류를 공부 중이었고 취업을 위해 스코틀랜드에 계속 남아 있을 계획이었다. "저는 이곳 워싱턴주는 세계 최정상급의 보리 재배지가 2곳이나 있고 물이 풍부하며 북미에서도 독특한 기후를 갖춘 곳이라고 생각했어요. 정말로 이곳은 저희가 원하는 위스키 스타일을 만들어낼 수 있는 모든 여건이 갖추어져 있어요."

두 사람은 8개월 동안 세계를 돌며 130개의 증류소를 찾아가 스코틀랜드의 전통, 미국식 숙성, 일본의 위스키 제조 철학을 융합시킬 만한 구상을 가다듬었다. "스코틀랜드 사람들은 저희에게 보리가 지나친 오크 숙성에도 잘 견딜 만큼의 바디와 복합성을 띠지 않아서 해봐야 잘 안될 거라고 했어요." 그래서 이들이 찾은 해결책은, 스코틀랜드식으로 재사용 캐스크를 쓰기보다는 여러 방식으로 구운 몰트를 써서 새 오크의 왕성한 기운을 감당할 수 있도록 스피릿을 보강시키는 것이었다. 현재는 매시빌에 페일 · 뮤닉(Munich) · 엑스트라 스페셜 · 로스티드 · 페일 초콜릿 · 브라운 몰트를 다양하게 쓰고 있다. 최근엔 피트 처리된 몰트도 추가되었다.

리필 캐스크도 사용하고 있다. 장기적인 이상이 아니라면 이상은 무의미하기 때문이라고 한다. "위스키는 4년이나 5년이 지나면 고비를 넘기고 기분 좋은 풍미를 띠지만 그렇다고 해서 여기의 위스키 모두를 다 그렇게 어린 나이로 출시할 생각은 없습니다. 40년 동안 숙성시키기도 할 거예요."

시애틀의 시내에 자리 잡고 있는 웨스트랜드는 작은 규모의 업체가 아니다. "저희 목표는 지도상에서 워싱턴주를 싱글몰트의 주된 생산지로 올려놓는 거예요. 저희 증류소는 스코틀랜드의 기준에서는 중간 규모일지 몰라도 미국 기준에서는 꽤 큰 규모입니다. 이런 규모를 잘 운영하려면 연 2만 상자를 생산해야 해요."

가문 대대로 나무가 자라는 모습을 주시해온 배경이 그에겐 큰 도움이 되고 있다. "이 정도 규모로 증류소 사업을 하려면 비용이 많이 들어가고 시간도 필요하지만 저희는 시간에 관한 한은 워낙에 내공이 쌓여있어요. 이 일에서는 끈기를 가져야 합니다."

이 가문은 나무를 키우고 위스키를 키우며 사업을 키워왔다. 혹시 또 모를 일이다. 하나의 카테고리까지 키워낼지도. 그 씨앗은 이미 뿌려졌다.

웨스트랜드 시음 노트

디컨 시트 92°/46%

향 향기롭다. 용담과 초콜릿 향에 달큰한 향, 광을 낸 오크, 가벼운 소나무, 체리 향이 섞여 있다. 좀 지나면 볶은 코코넛과 블랙 체리 향기가 피어난다. 물을 섞으면 향의 층이 한 층 더 생겨난다. 거의 자메이카 럼이 연상되는 당밀 향.

맛 풍미가 기분 좋게 다가오고 시트러스 특유의 경쾌함이 있어 깔끔하다. 물을 희석하면 꽃 풍미가 더 진전되고 딸기 느낌이 더해진다. 강건한 인상이다.

피니시 여운이 오래도록 풍부하게 지속된다.

총평 나이가 27개월밖에 안 되었는데도 벌써부터 원숙함을 드러내고 있다.

플레이버 캠프 과일 풍미와 스파이시함
차기 시음 후보감 치치부 온 더 웨이

플래그십 92°/46%

향 가벼운 무게감에 살구 꽃 향기, 약간의 달큰한 곡물 향, 으깬 라즈베리 향이 어우러져 있다. 절제된 오크 향이 포용적인 인상을 준다.

맛 농축된 과일 맛. 달콤한 맛이 나고 미묘한 구운 몰트 풍미가 그 뒤를 받쳐준다. 오래된 바나나 향과 희미한 담배 향.

피니시 가벼운 소나무 풍미.

총평 여러 요소가 조화를 이루고 있다.

플레이버 캠프 과일 풍미와 스파이시함
차기 시음 후보감 로크 로몬드 싱글 블렌드

캐스크 29 55%

향 프랑스풍 제과점과 달달한 향. 같은 제품군 가운데 가장 스파이시하고, 약간의 라피아 야자 향, 에스테르 느낌, 약한 니스 향에 더해 레몬 향도 좀 난다.

맛 입안을 가득 채우는 질감과 함께 약한 숯 풍미와 구운 맛 특유의 풍미가 느껴진다. 살짝 크리미하다. 시트러스와 향신료 맛이 부드러운 질감과 조화를 이룬다. 물을 섞으면 와인검의 풍부한 과즙 느낌이 다가온다.

피니시 새콤함으로 마무리되며 여운이 길게 남는다.

총평 더 경쾌한 느낌의 익스프레션으로 그 잠재성이 기대된다.

플레이버 캠프 과일 풍미와 스파이시함
차기 시음 후보감 글렌모렌지 15년

퍼스트 피티드 92°/46%

향 숲속에서의 모닥불 향에 이어 증류소 특유의 구운 몰트 향과 시트러스 향이 전해온다. 연한 귀리 비스킷 향과 함께 약물의 페놀 향이 미미하게 감돈다. 살짝 오일리하다.

맛 박하의 시원함과 함께 서서히 발산되는 훈연 풍미. 기분이 좋고 밸런스가 잡혀 있다. 드라이한 듯하다 달콤해진다.

피니시 귀리 비스킷과 훈연 풍미.

총평 증류소의 개성이 이미 자리를 잡은 듯하다.

플레이버 캠프 스모키함과 피트 풍미
차기 시음 후보감 부나하벤 토흐아흐

Anchor, St George, Other US Craft

앵커, 세인트 조지, 그 외

앵커 브루잉 | 캘리포니아주 샌프란시스코 | www.anchorbrewing.com | **세인트 조지** | 캘리포니아주 앨러미다 | www.stgeorgespirits.com | 연중 오픈 수~일요일
클리어 크릭 디스틸러리(Clear Creek Distillery) | 오리건주 포틀랜드 | www.clearcreekdistillery.com | 연중 오픈 월~토요일 시음장 개방
스트라나한스(Stranahan's) | 콜로라도주 덴버 | www.stranahans.com | 연중 오픈, 사전 예약 권고

오리건주 클리어 크릭의 스티브 맥카시(Steve McCarthy)나 워싱턴주 스포캔의 드라이 플라이(Dry Fly) 같은 개척자들을 따르는 증류 업체들이 새로운 물결을 일으킴에 따라 미국의 서해안 연안에서는 수제 증류가 여전히 붐을 이루고 있다. 현재는 세계가 색다른 아이디어를 가진 가장 최근의 신참 주자들을 너무 열띤 마음으로 기대하는 바람에 피치 못하게 개척자들과 초창기 선발 주자들이 간과되는 면이 있다. 이제는 이들 같은 증류 기술자들이 이루어낸 업적을 재평가해야 할 때다. 각각 캘리포니아주 샌프란시스코 소재의 앵커와 앨러미다 소재의 세인트 조지를 활동 무대로 삼고 있는 증류 기술자 프리츠 메이태그(Fritz Maytag)와 앨러미다 소재 세인트 조지의 랜스 윈터스(Lance Winters)도 바로 그런 인물에 든다.

다음은 앵커 증류소의 사장 데이비드 킹의 말이다.
"프리츠는 어떤 한 논점을 입증하려고 애썼어요. 다시 말해, 위스키를 역사가의 논점에서 바라보며 직접 재배한 곡물을 원료로 쓰던 조지 워싱턴 시대의 위스키는 어땠을지에 심취했죠. 그때는 아마도 100% 몰트 호밀을 써서 만든 위스키를 아주 높은 도수로 팔았을 겁니다. 사람들이 물을 시장으로 실어 나르고 싶어 하진 않았을 테니까요. 캐스크는 단지 용기에 불과했을 테고 묵직한 숯 향보다는 토스트 향을 띠었을 겁니다. 프리츠의 그런 논점은 현대판 고전을 만들어내는 것과는 아무 상관이 없었어요. 단지 순수주의자로서의 입장이었어요."

1996년에 첫 출시된 올드 포트레로(Old Potrero)가 바로 그 결과물이었다. 올드 포트레로가 1년간 숙성시켜 127.5프루프(알코올 함량 63.75%)로 병입하는 '18세기 스타일'의 싱글몰트위스키라면, 오일리하고 스파이시한 스트레이트 라이(Straight Rye)는 그가 19세기 위스키에 바치는 오마주로서 배럴에서 3년간 숙성시킨다. 두 위스키 모두 비타협적인 제품이었던 만큼, 결국엔 문제가 생겨났다.
"맨해튼에서는 원래의 올드 포트레로로 그대로 판매하는 것이 사실상 불가능해서 밸런스를 맞춘 제품을 개발해, 102프루프(알코올 함량 51%)로 도수를 낮춘 더 '사용자 친화적' 제품으로 출시했죠."

낭만적이기보다 실용적이지만 확장의 여지가 넓은, 캘리포니아의 세인트 조지 증류소.

현재는 두 제품 모두 내부를 까맣게 태운 오크 통에서 숙성시키고 있지만 여전히 대담함을 간직하고 있다. 킹의 표현을 그대로 옮기자면 18세기 스타일의 제품은 "루벤 샌드위치(호밀 빵에 콘비프 · 스위스치즈 · 사워크라우트를 얹어서 구운 빵—옮긴이) 같은" 풍미를 띠는 반면 현재 90프루프(알코올 함량 45%)인 스트레이트 라이는 더 달콤하고 오크의 기운을 받은 특색이 드러난다. 해마다 그해의 배럴 한 통을 따로 보관해 두었다가 20년이 지나면 '호테일링스(Hotalings)'라는 제품으로 병입하기도 한다.

"제 생각에 프리츠는 성공보다는 개척자가 되는 것에 더 몰입했던 것 같아요. 그는 처음부터 이곳에서 비어를 다루었지만 언제나 대박 브랜드를 만들어내는 것보다는 8만 번째 배럴에 도달하는 꿈에 부풀어 있었어요. 품질과 역사에 관심이 많았어요. 최초의 드라이 홉 IPA, 최초의 런던 드라이 진, 최초의 100% 몰트 라이 같은 것에 끌려 했죠."

프리츠 메이태그는 2010년에 은퇴했고 앵커 디스틸링 컴퍼니는 현재 앵커, 프레이스 임포츠(Preiss Imports), 베리 브라더스 앤드 러드와 합자 관계에 있다. 더 규모를 키운 증류소를 세워 증류기를 늘리고 스피릿의 범위를 넓히려고 계획 중이기도 하다. "그렇게 규모를 키우면 제품군을 넓히는 동시에 그 외의 스피릿들과 더불어 위스키란 과연 무엇이고 앞으로의 나아갈 방향은 무엇인지에 대한 답을 내놓을 수도 있을 겁니다."

이런 의문은 세인트 조지의 랜스 윈터스의 머릿속에서도 떠난 적이 없는 문제다. 세인트 조지는 1982년에 조그 루프(Jorg Rupf)가 오드비와 브랜디를 생산하는 부지로 설립한 곳이었다. 그러다 1996년에 랜스가 집에서 만든 위스키 1병을 팔 안쪽에 끼고 찾아와서는 자신이 일할 만한 자리가 없는지 물었다.

그로부터 1년 후, 세인트 조지의 첫 번째 위스키가 배럴에 담기게 되었다. 현재 혁신으로 격찬받는 제조 공정들인 다양한 방식으로 구운 보리의 사용, 너도밤나무와 오리나무 목재를 사용한 훈연 처리, 리필 버번 · 프랑스산 오크 · 포트 · 셰리 배럴에서의 숙성이 모두 동원된 위스키였다.

이 위스키는 대중의 의식에서는 여전히 세인트 조지에서 증류되고 있는 행거 1(Hangar One) 보드카에 밀려나 있지만 여전히 보리 베이스의 싱글몰트위스키에 대한 미국식 해석에 입문하기에 좋은, 흥미로운 제품이다. 홀스타인 스틸을 거치며 섬세함과 꽃향기가 입혀지고, 다양한 방식으로 구운 보리로 달콤함과 커피 풍미가 더해지는 데다, 점점 더 다양한 숙성의 특색이 입혀져 매 숙성마다 더 풍부한 층의 복합미를 띠게 된다.

나는 윈터스가 캘리포니아에서 위스키를 만들어온 건지, 아니면 캘리포니아 위스키를 만들어온 건지 궁금했다. 여기에 대해 그는 이렇게 답했다. "캘리포니아식 싱글몰트를 만든다는 것은 말 그대로 전 과정을 새롭게 착안하겠다는 철학을 가져야 하는 일이에요. '이봐, 진짜 캘리포니아다운 싱글몰트를 만들어보는 게 어때?' 저는 이런 식의 내적 대화를 가진 적도 없고요. 장담컨대 저희가 다른 곳에서 위스키의 증류를 시작했더라도 여기에서 지난 17년간 만들어왔던 것과 똑같은 위스키가 나왔을 거라고 생각해요.

캘리포니아를 무대로 삼고 있다는 건 더 혁신적인 위스키를 좀 더 기꺼이 받아들여 줄 만한 대중을 상대한다는 이점이 있긴 하지만, 그런 면이 저희가 만들고 싶어 하는 스타일에 영향을 미치진 않았던 것 같아요."

어쨌든 이곳은 서부 해안 스타일을 띠고 있고, 그 스타일은 이곳에서부터 시작되었다.

세인트 조지 시음 노트

세인트 조지 캘리포니아 싱글몰트 86°/43%

향 활기찬 느낌과 강렬한 과일 향. 망고와 살구의 순수한 향. 달콤하고 깔끔한 향이 분출하듯 뿜어져 나오고 아련한 훈연 향이 감추어져 있다.
맛 농익고 질감 풍부한 강렬한 향기가 이제는 더 곡물 주도적이고 드라이해진 풍미로 떠받쳐지다가 중간 맛에서는 미국 소다수의 풍미로 부드러워진다.
피니시 견고하지만 주스 같은 느낌도 있다.
총평 잠재성을 갖추고 있는, 괄목할 만한 싱글몰트위스키다.

플레이버 캠프 과일 풍미와 스파이시함
차기 시음 후보감 글렌모렌지, 임페리얼

로트 13 86°/43%

향 세인트 조지 고유의 경쾌함과 향기로움이 퍼지며, 열린 열대과일 향에 아주 미묘한 꽃향기가 섞여 있다. 모스카토 포도, 꽃가루, 잘라낸 꽃, 멜론, 덜 익은 바나나 향이 은은하게 감돈다.
맛 부드러운 꿀맛과 함께 기분 좋은 깊이감이 있다. 약간의 미국 소다 풍미. 굳이 물을 섞지 않아도 충분하다. 봄꽃 느낌이 돌면서도 중심을 잡아주는 맛의 깊이가 있다. 밀맥주의 특색도 느껴진다.
피니시 가벼운 초콜릿 풍미.
총평 밸런스가 잡혀 있고 우아하다.

플레이버 캠프 향기로움과 꽃 풍미
차기 시음 후보감 컴파스 박스 어사일러

앵커 시음 노트

올드 포트레로 라이 97°/48.5%

향 깊은 과일 향이 풍기는 라이 위스키다. 후끈한 열기가 도는 빵집이 연상되는 향과 견고한 오크 향. 달콤함과 향신료의 알싸함이 어우러져 있고 거의 연기내 느낌의 훈연 향도 있다. 호밀 가루, 캐러멜, 노루발풀, 오크의 향취.
맛 매끄럽고 순수한 느낌에 이어 중간쯤에서 호밀 풍미가 불꽃놀이에서의 자욱한 먼지와 달콤쌉싸름한 향신료를 연상시킨다. 걸쭉하지만 선명하다.
피니시 풀바디에 스파이시하다.
총평 단호할 정도로 옛스러운, 그러나 그래서 오히려 역설적이게도 새로운 스타일.

플레이버 캠프 스파이시한 호밀 풍미
차기 시음 후보감 밀스톤 100°

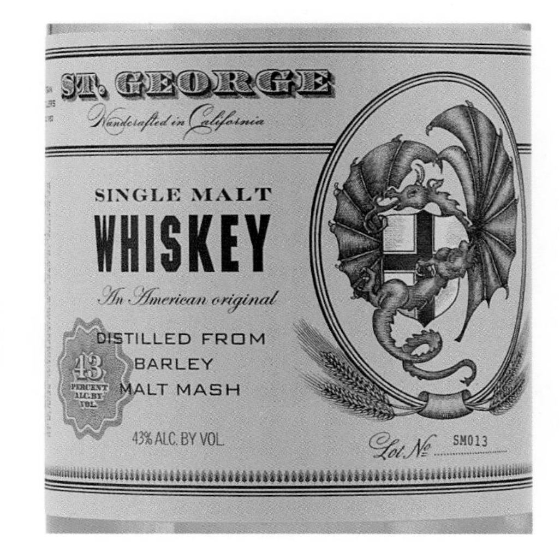

그 외의 미국 수제 증류소들

클리어 크릭, 맥카시스 오리건 싱글몰트 배치 W09/01 85°/42.5%

향 가장 먼저 풀과 훈연 향이 다가온다. 숲속의 모닥불 향기와 함께, 히코리와 자작나무 훈연 향이 희미하게 느껴진다. 그 뒤로 온화하고 달콤한 향이 이어진다. 어리고 싱그러운 인상을 풍기면서 아주 경쾌하다.
맛 입안에 머금자마자 다시 훈연 향이 풍기지만 경쾌한 느낌의 향이 다시 살아나 스카치위스키와는 차별화된 인상을 준다. 랩송 수총 향.
피니시 훈제 캐슈너트 풍미.
총평 인습 타파주의적이다.

플레이버 캠프 스모키함과 피트 풍미
차기 시음 후보감 치치부 뉴본, 킬호만

스트라나한스 콜로라도 스트레이트 몰트위스키 배치 52 94°/47%

향 처음엔 구운 향이 풍기며 상큼하고 드라이하다. 아주 절제된 향에 이어 오렌지 향, 풍부한 몰트 향, 시나몬 향, 향긋한 흙먼지 내음이 전해온다. 아주 경쾌한 느낌이 다시 다가온다. 물을 희석하면 제라늄, 토피, 구운 커피콩 향이 퍼진다.
맛 까맣게 태운 오크의 기운을 받아 살짝 숯 느낌이 돈다. 토피 특색을 띤 과일 맛과 진하고 달콤한 향신료 맛. 점차 카시스/오디 풍미를 띠지만 내내 견고한 오크 풍미가 스며 있다.
피니시 새콤하다.
총평 밸런스가 좋고 깔끔하다. 위스키에 대해 또 하나의 새롭고도 반가운 개념을 제시했다.

플레이버 캠프 과일 풍미와 스파이시함
차기 시음 후보감 애런 10년

Canada

캐나다

캐나다는 위스키계의 잠자는 거인이다. 생산량 기준으로 스코틀랜드에 버금가지만 어찌 된 일인지 여전히 과소평가 되고 있다. 그렇게 대단한 생산량을 과시하고, 유산과 재능을 갖춘 데다 성공까지 거두고도 어떻게 뒷전으로 밀려 무시 당하게 되었을까?

캐나다인이 세계에서 가장 점잖은 국민이라 그런 게 아닐까? 캐나다인은 소리를 지르거나 소란 피우는 걸 싫어한다. 사람들이 공손하고 재미있고 온화한 편인데… 캐나다의 위스키 역시 그렇다. 풍미로 공격하는 것이 긍정적인 자질로 잘못 인식되고 있는 세계에서, 그런 점잖은 기질은 무시당하는 결과를 낳기 쉽다.

생각해 보면 이런 공손함이 캐나다 위스키에 대한 오해도 불러온 것 같다. 가령 캐나다 위스키가 호밀로만 만든다느니, 전부 다 다른 원액을 블렌딩한다느니, 다른 식의 매시빌을 쓴다느니 하는 생각들이 퍼져 있는데, 모두 사실이 아니다.

대다수 증류 업체에서 따르는, 캐나다 증류소의 전형적인 표본은 단일 증류소의 원액만을 증류하는 방식이다. 또 베이스 위스키(대체로 옥수수를 원료로 쓰지만 전부 다 그런 것은 아님)를 플레이버링 위스키(flavoring whisky, 대체로 호밀이 원료지만, 밀이나 옥수수나 보리도 씀)와 함께 만들어서 대체로 두 원액을 따로 숙성시킨 뒤에 블렌딩한다.

따라서 증류소마다 독자적 개성이 있고, 바로 여기에 캐나다 위스키의 묘미가 깃들어 있다. 증류 기술자들과 블렌더들이 복합적인 위스키를 만들기 위해 그런 기준을 넓히는 방식이 관건이 된다. 캐나다 위스키의 다양성과 품질은 세계 어느 곳에도 뒤지지 않는다.

지금은 모든 위스키에 기회가 열려 있는 시기이기에 캐나다로선 계속해서 열외로 취급받고 있을 여유가 없다. 그런 대우를 받지 않으려면 사람들의 사고방식을 변화시켜야 한다. 다시 말해, 고급 제품군을 충분히 개발해야 한다. 캐나다 위스키는 너무 오랫동안 너무 낮은 가격으로 팔려 왔다. 최고가의 신제품조차 사실상 헐값이나 다름없다. 그동안 증류 업체들이 집요할 만큼의 상품화에 치중하느라 사람들이 자사의 제품을 제대로 알아봐 줄지 확신을 갖지 못했던 것일 수도 있지만, 가격 대비 가치와 너무 싸게 팔아 소비자가 품질에 별 기대를 걸지 않는 것은 서로 별개의 문제다.

하지만 긍정적 신호들이 감지되고 있다. 포티 크릭(Forty Creek)의 존 K. 홀(John K. Hall)의 말을 들어보자. "가장 희망적인 변화는 캐나다의 국내 위스키 시장이 좋은 쪽으로 바뀌고 있다는 점입니다. 이제는 캐나다인이 더 높은 품질의 위스키를 찾아내 마실 수 있게 되었어요. 신제품이 더 많이 나와 선택지가 많아지고 있고, 또 이런 현상이 다양성에서의 혁신이 일어나는 원동력으로 작용하고 있어요. 젊은 소비층이 성숙해져 플레이버드 보드카에 길들여진 입맛을 바꾸면서 위스키 르네상스가 일어나길 바라왔는데 지금 그 희망대로 되어가고 있어요."

하지만 캐나다의 준(準) 금주론주의적인 주류 관리 위원회들이 규정을 풀어준다고 해도 캐나다 내에서 자국산 위스키를 전부 다 소비하진 못한다. 캐나다는 예나 지금이나 생산량의 대부분을 이웃 나라에 의존하고 있지만, 나로서는 그런 식의 수출로는 미국 공급망을 그저 그런 제품들로만 가득 채우게 될 뿐이라는 생각에 대해 업계에서 별 관심을 기울이지 않고 있다는 느낌을 떨칠 수가 없다. 세계에는 미국 말고도 위스키에 목말라하는 곳이 얼마든지 있다.

하지만 초점에 변화가 생기고 있다는 신호들도 뚜렷하다. 대표적인 증류소 8곳 모두가 최고급 제품을 개발 중인가 하면, 블렌딩과 증류의 부문에서 주목할 만한 혁신이 일어나고 있다. 전반적으로 오크에 대해서는 다양한 탐색이 펼쳐지지 않고 있지만, 이런 탐색도 이제는 시간문제일 뿐이다. 수제 증류 운동 역시 차츰 탄력이 붙고 있다.

캐나다의 위스키 작가이자 평론가인 다빈 드 커고모(Davin de Kergommeaux)는 자신의 나라 캐나다의 위스키에 대해 내가 더 깊이 있게 이해하도록 힘써주며 아주 큰 도움이 되었다.(이 장의 배경 정보 일부에서도 그의 도움을 받았다.) 그는 미래 전망에 대해서는 다음과 같은 견해를 밝혀주었다. "더 힘 있고 대담한 풍미가 수출 시장으로까지 계속 영역을 넓혀나가 명품 위스키의 제품군이 더 광범위해질 거예요. 또 소비자들이 점점 더 캐나다의 고품질 위스키를 알아봐 주면서 비로소

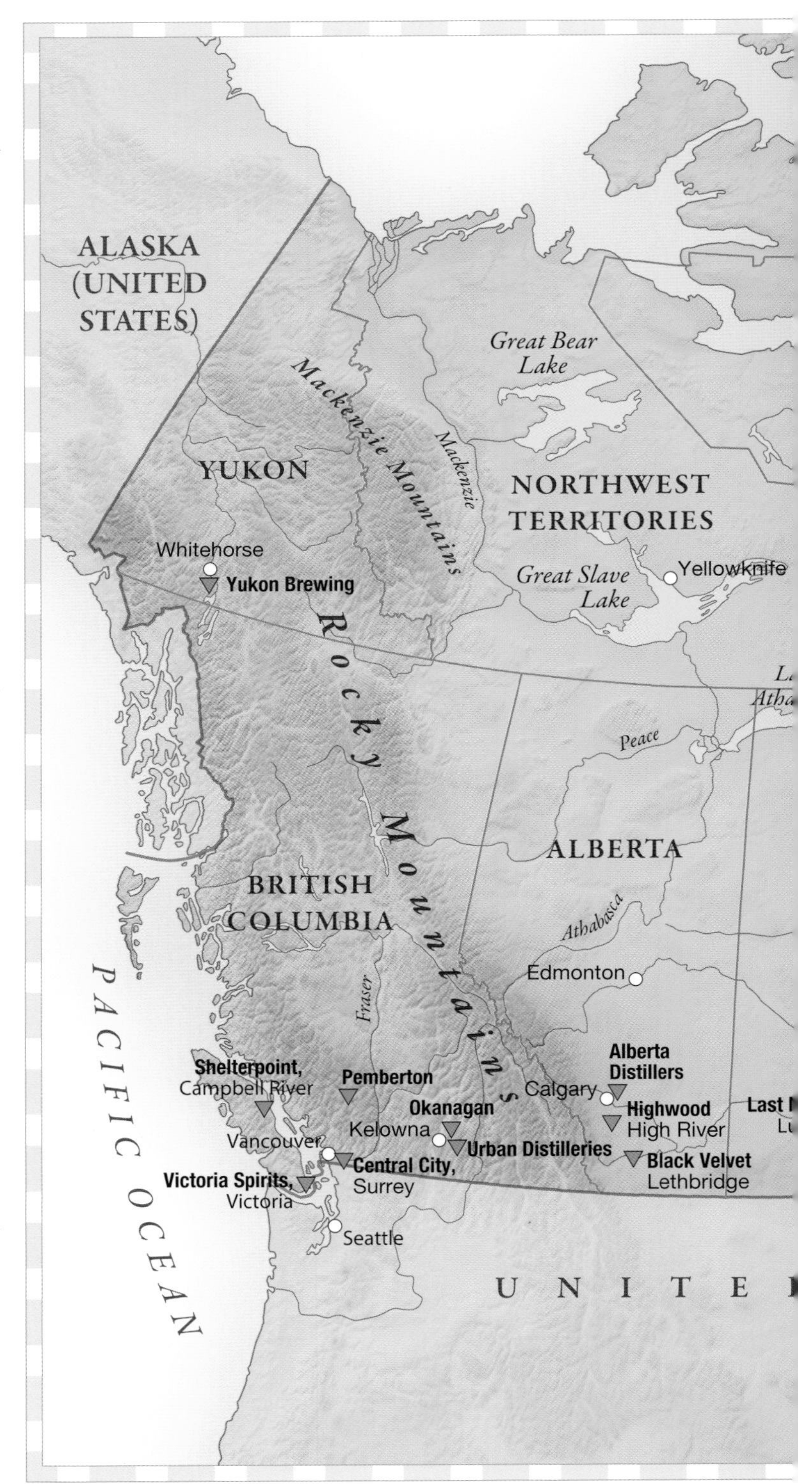

앞쪽 사진 매니토바주의 밀밭.

재능 있는 위스키 생산자들이 오크 통 관리, 대체 곡물, 플레이버드 위스키에 대한 탐색을 벌이게 될 겁니다. 혁신의 축으로 떠오를 새로운 브랜드들과 1회 한정판 제품들도 나올 테니 기대해 보세요."

캐나다의 위스키 제조자들은 다른 지역의 제조자들과 마찬가지로, 증류소 스타일을 결정하면서 캐나다식 위스키가 뭘까에 대한 질문을 던진다. 이 질문에 더 깊이 파고들수록 답도 더 다양해지기 마련이다. 그러니 캐나다를 무시하지 마라. 캐나다에도 세계 최정상급의 위스키들이 있다.

한번 찾아보자.

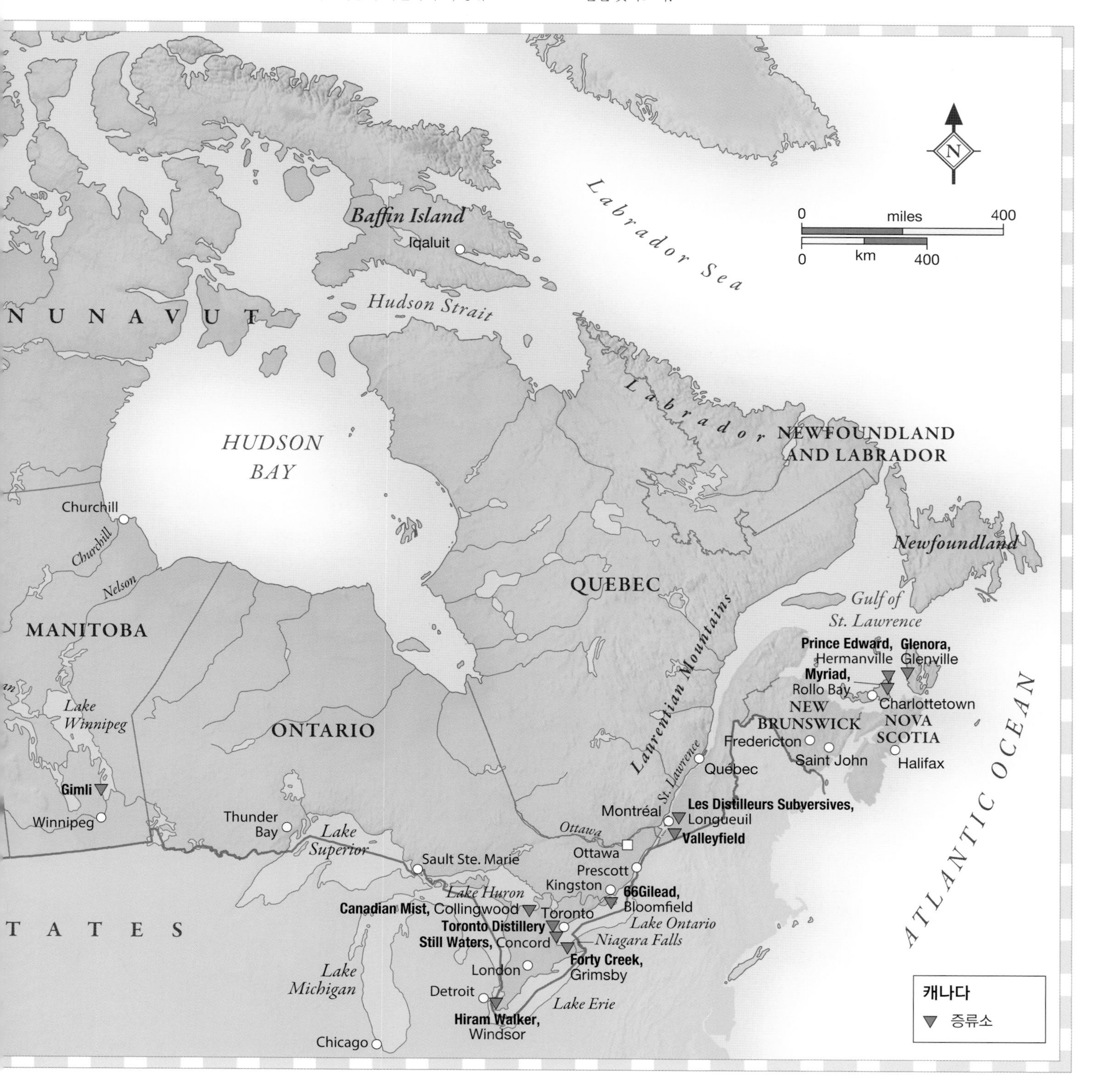

Alberta Distillers

앨버타 디스틸러스

캘거리

애초에 앨버타 디스틸러스 리미티드(ADL)가 라이 위스키에 집중하기로 결정했던 것은 전적으로 실용적인 차원이었다. 이 증류소는 1946년에 침체된 농촌 지역의 경제개발 프로젝트의 일환으로 캘거리 인근에 세워졌고 당시에 이 지역의 주된 작물이 바로 호밀이었다. 이제는 인접 환경이 논밭에서 주택단지로 바뀌었으나 ADL의 원칙은 여전히 변함이 없다. 현재는 세계 최대의 라이 위스키 전문업체로 부상해, 미국의 스트레이트 라이 위스키 총생산량보다 3배나 많은 라이 위스키를 생산하고 있다.

그런데 캐나다 위스키는 대체로 옥수수 베이스인데 왜 '라이' 위스키라고 부르는 걸까? 매시빌보다 블렌딩에서 라이 위스키 비율을 적게 쓰는데 그런데도 호밀이 생각보다 큰 영향을 미치기 때문이다. 호밀이 풍미를 주도하지만 100% 호밀은 아니라는 것이 바로 캐나다의 상징적 특징이다.

호밀을 다루는 증류 기술자라면 누구나 호밀이 얼마나 종잡을 수 없고 다루기 힘든지 잘 안다. 몰트를 만들기가 힘들고, 매시툰에 들러붙고, 발효조에서 미친 듯이 거품을 뿜어낸다. 총괄 책임자 롭 튜어(Rob Tuer)는 천연 효소를 분리 해 내 거품과 끈적거림을 줄이는 식으로 이 문제를 해결했다. 여기에서 만드는 위스키는 대부분이 100% 라이 위스키지만, ADL은 플레이버링 위스키뿐만 아니라 베이스 위스키의 원료로 옥수수, 밀, 보리, 라이 밀도 대량으로 사들인다.

증류는 캐나다의 표준 체계에 따라, 증발탑을 거쳐 추출탑(extractive column)으로 이어지고 이때 불용성의 그리고 원하지 않는 퓨젤유를 바람직한 성분과 분리하기 위해 알코올에 물을 섞어 넣는다. 이렇게 정제된 혼합액은 그다음엔 정류탑에서 알코올 함량 93.5%의 베이스 스피릿으로 모인다. 플레이버링 위스키는 단식 증류기에서 증류되어 알코올 함량 77%로 모인다.

라이 위스키, 그중에서도 특히 장기 숙성 라이 위스키는 오래전부터 ADL의 블렌디드 위스키에서 핵심 요소였으나 이 비밀 원료의 특색은 2007년에야 완전히 공개되었고, 그 뒤인 2011년에는 100% 라이 위스키 마스터슨스(Masterson's)와 앨버타 프리미엄(Alberta Premium)이 25년과 30년 제품으로 출시되었다. 복합적이고 스파이시하며 응집된 풍미를 띠는 두 제품은, 미국의 수많은 라이 위스키에서 연상되는 흙먼지 느낌이 전혀 없이 순수하고 원숙한 라이 위스키의 특색을 선보여주었다.

라이 위스키는 라이 베이스 위스키와 플레이버링 위스키에 장기 숙성 콘 위스키를 약간 혼합한 제품이다.

다음은 생산 책임자 릭 머피(Rick Murphy)의 말이다. "라이 위스키는 저희에게 혁신의 능력을 갖추게 해줍니다. 라이 위스키에는 다른 증류소들과는 다른 길을 갈만한 여러 선택지가 놓여 있어요."

앨버타 디스틸러스 시음 노트

앨버타 스프링스 10년 40%

향 파이어 오렌지색. 오크 향, 드라이한 곡물 향, 제빵용 향신료와 삼나무 향에 얼얼한 겨자 향이 미미하게 섞여 있다.

맛 풍부하고 크리미하다. 금세 얼얼해진다. 상쾌하고도 씁쌀한 레몬 맛이 토피 풍미를 억누르고, 막 톱으로 잘라낸 나무와 비몰트 호밀의 풍미가 후추 맛과 밸런스를 이룬다.

피니시 화한 페퍼민트 풍미에 오크와 시트러스 특유의 새콤함이 은은하게 어우러진다.

총평 앨버타 프리미엄 25년이 세간의 주목을 끌고 있다면 이 제품은 이 증류소 사람들의 입맛을 끌고 있다.

플레이버 캠프 스파이시한 호밀 풍미
차기 시음 후보감 키틀링 리지, 캐나디안 마운틴 록

다크 호스 40%

향 블랙 체리/키르슈, 베르무트 향에 약간의 토피 향이 함께 다가온다. 물을 희석하면 풋베기 호밀(풋상태로 베어낸 사료용 호밀—옮긴이)/쥐똥나무 꽃의 느낌이 번진다.

맛 강하고 대담하면서 살짝 캐러멜 풍미가 있다. 오크 통에서 배어나온 페놀이 희미하게 느껴진다. 물을 섞으면 주스 같아지면서 모렐로 체리의 맛이 미미하게 감돈다.

피니시 과일 향에, 살짝 오크의 떫은 맛이 있다.

총평 아주 힘 있고 대담한 라이 위스키다.

플레이버 캠프 스파이시한 호밀 풍미
차기 시음 후보감 밀스톤 100°

앨버타 프리미엄 25년 40%

향 마멀레이드와 구운 바닐라 향. 호밀의 싱싱함이 느껴지는 동시에 숙성의 우아함도 있다. 붉은색과 검은색 계열 과일과 달콤한 향신료 향이 약간 있고, 가벼운 캐러멜 토피 향이 난다. 여전히 싱싱하다.

맛 부드러운 질감에 우아한 느낌. 풍미가 길게 이어지면서 잼에 가까운 주스 느낌이 난다. 중간 맛이 풍부하다.

피니시 호밀의 스파이시함.

총평 원숙미와 우아함을 겸비했다.

플레이버 캠프 스파이시한 호밀 풍미
차기 시음 후보감 제임슨 디스틸러스 리저브

앨버타 프리미엄 30년 40%

향 샌달우드와 오크 향이 더 생겼다. 더 스파이시해지기도 하면서 더 노골적으로 공격해 온다. 가벼운 오일리함으로 약간 묵직하다.

맛 온화하고 달콤하면서 올스파이스 풍미가 진하다. 뒤로 가면서 약간 연약해진 느낌과 오크 풍미가 감돈다.

피니시 상큼하고 드라이하다.

총평 아주 살짝 노쇠한 기운이 있다.

플레이버 캠프 풍부함과 오크 풍미
차기 시음 후보감 사제락 라이

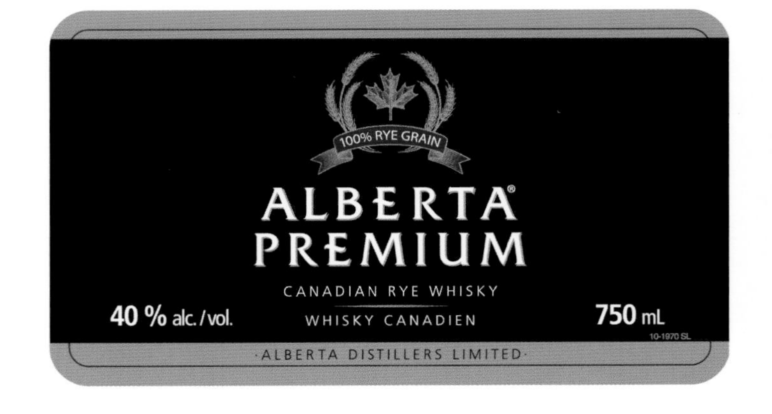

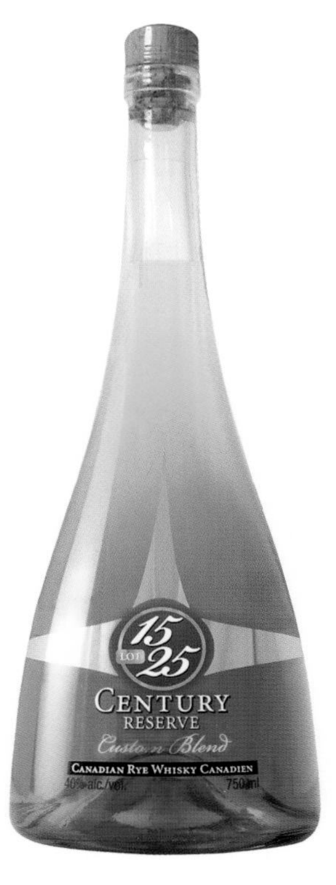

Highwood

하이우드

하이 리버 | www.highwood-distillers.com

차를 몰고 앨버타주의 이 소도시 하이 리버를 달리다 보면 하이우드 증류소를 못 보고 지나치기 쉽지만 그럴 경우 캐나다의 대표적 위스키 생산자 가운데 가장 이색적인 곳을 그냥 지나쳐가는 셈이 된다. 하이우드는 규모에서는 하이람 워커에 상대가 안 될 테지만 시장의 틈새를 알아보고 바로 그 틈을 메우는 것을 주특기로 삼고 있다. 이곳에서는 350가지의 제품이 출시되고 있으나 그중 '폰 스타 불렛츠(Porn Star Bullets)'에 대해서는 비밀로 덮어두는 편이 좋을지도 모르겠다. 어쨌든 이 책은 위스키 지도지 다른 책은 아니니까.

하이우드는 캐나다의 모든 증류 업체가 위스키 제조에서 저마다 독자적인 방법으로 접근하고 있다는 점을 잘 보여주는 또 하나의 사례다. 휘트 위스키를 전문으로 생산하며 베이스 위스키와 플레이버링 위스키의 원료로 밀만 쓰고 있다. 이런 식의 원료의 사용은 현지 농산물뿐만 아니라 캐나다 위스키의 근원도 함께 활용하고 있는 셈이다. 19세기에 캐나다의 증류 업체들이 처음으로 원료로 쓴 곡물이 밀이었기 때문이다. 이곳에서는 밀의 전분이 풀려나오게 만드는 방법이 좀 별난데, 압력 하에서 익힌 후 금속판에 쏟아부으면 이 판이 통곡물 입자를 산산이 조각내주는 식이다. 그다음엔 60시간 동안의 발효를 거친 후 비어 칼럼과 구리 단식 증류기에서 증류시킨다. "저희가 쓰는 건 구식 증류기예요. 구식 주철 스킬렛과 같은 원리로 작동해서 바로 저희가 원하는 풍미와 특색을 내주죠." 증류 기술자 마이클 니칙(Michael Nychyk)의 말이다.

다른 제품 라인들도 있지만 위스키가 점점 주력 생산품이 되어가고 있고, 그중 탄소 여과를 거친 크리미한 화이트 아울(White Owl)이 가장 많이 팔리는 상품이다. 그 외는 블렌디드 위스키들인데 ADL(272쪽 참조)에서 구입해 오는 라이 위스키, 하이우드에서 2004년에 인수한 포터(Potter)의 재고품에서 선별한 콘 위스키를 섞는다.(포터는 영국 컬럼비아 소재의 병입자로 콘 위스키를 구입해 숙성시켰던 업체다.)

하지만 위스키에 집중하려면 장기 계획이 필요하다. 그리고 오크 통도. 여기에서는 대다수 캐나다 위스키가 그렇듯 버번을 담았던 배럴에 위스키를 담아 이곳 증류소 숙성고에 두는데, 이 숙성고 안에는 알코올 기운으로 가득해 숨을 들이쉬면 몸이 비틀거릴 정도다.

그 안에 들어서면 포터에서 가져온 33년 숙성 콘 위스키의 깊이 있는 설탕 졸임 복숭아, 마멀레이드, 샌달우드 풍미 같은 인상적인 발견을 체험하게 된다. 인상적이기로는 꽃, 코코넛, 바닐라 풍미가 한데 섞인 20년 숙성 휘트 위스키 역시 마찬가지다.

"저희는 존 K. 홀(279쪽 참조)과는 달라도 아주 많이 달라요. 캐나다는 프리미엄 상품에 주력해야 해요. 지금껏 캐나다 위스키가 저평가되었던 점을 생각하면 그런 노력이 꼭 필요해요." 판매 책임자 셸던 히라(Sheldon Hyra)의 말이다.

하이우드 시음 노트

화이트 아울 40%

향 아주 온화하고 달콤하며, 부드러운 과일 향이 크림 향과 함께 후려치듯 다가온다.
맛 가볍지만 질감이 살아 있어 섬세한 과일 맛을 혀에 붙잡아 준다. 실크처럼 아주 부드럽다.
피니시 가벼우면서 아주 짧다.
총평 이 5년 숙성 화이트 위스키는 하이우드 최고의 효자 상품이다.

플레이버 캠프 달콤한 밀 풍미
차기 시음 후보감 슈람 WOAZ

센테니얼 10년 40%

향 옅은 호박색. 이색적이다. 정향 향, 희미한 부싯돌 내음, 드라이한 곡물 향, 아주 농익은 검은색 과일류 향, 익힌 녹색 채소 향.
맛 묵직하다. 토피, 후추, 톱밥, 제빵용 향신료 맛에 이어 톡 쏘는 맛이 미묘하게 섞인 달콤한 레모네이드 풍미가 전해진다.
피니시 길지만 제압되어 있는 인상이다. 토피, 달콤한 향신료, 후추 풍미가 점점 희미해지면서 마무리된다.
총평 휘트 위스키의 부드러운 특색을 띠면서도 톡 쏘는 풍미도 있다.

플레이버 캠프 달콤한 밀 풍미
차기 시음 후보감 메이커스 마크, 브룩라디 버번 캐스크, 리틀밀

나인티, 20년 45%

향 온화하면서도 꿀/시럽, 붉은색 과일, 풋사과 향이 진하다. 삼나무 향과 그린페퍼콘 향이 희미하게 퍼진다.
맛 부드러운 풍미. 살짝 떫은 맛이 있는 달큰한 오크 풍미에 블랙 버터, 박하의 잔가지, 딸기, 복숭아 맛이 어우러져 있다.
피니시 호밀의 알싸함, 올스파이스와 생강 풍미가 진하다.
총평 호밀 풍미가 묵직한 블렌디드 위스키다.

플레이버 캠프 스파이시한 호밀 풍미
차기 시음 후보감 포 로지즈 싱글 배럴

센추리 리저브 21년 40%

향 구운 오크 향으로 시작해, 부드럽고 달콤한 옥수수, 건초 향기가 열리고 그와 더불어 기름 없이 볶은 향신료 향이 희미하게 풍긴다. 애플민트 향기가 아련히 감돌다 블러드 오렌지와 캐러멜 향이 이어진다.
맛 입안에 머금는 순간 바로 무난한 크림 풍미가 다가와 매력적이다. 토피 시럽 맛에 이어 레몬 특색을 띠는 시트러스 풍미가 터져나온다. 농익은 풍미로 가득하다. 혀로 시트러스의 풍미가 더 진하게 와닿는다.
피니시 살짝 후추 향이 돌고, 약간의 오크 풍미가 볶은 카카오의 느낌을 더해준다.
총평 옥수수로만 만든 위스키다. 여운과 깊이감을 두루 갖추었다.

플레이버 캠프 부드러운 옥수수 풍미
차기 시음 후보감 거번 그레인

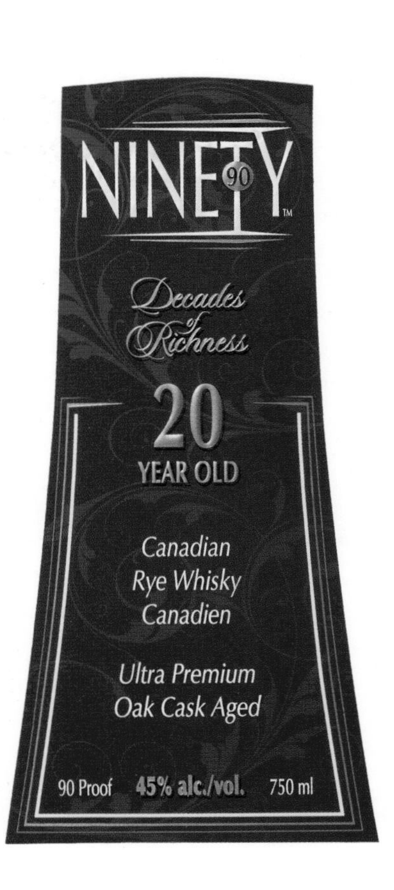

Black Velvet

블랙 벨벳

레스브리지 | www.blackvelvetwhisky.com

앨버타주에 터를 잡은 증류소 3곳은 모두 다른 곡물에 주력하고 있는데 블랙 벨벳이 그중 가장 부드러운 곡물인 옥수수에 주력하고 있다는 점은 어쩐지 이름과 딱 어울린다. 옥수수가 대다수 캐나다 위스키의 베이스이니 당연한 얘기 아닌가 싶겠지만, 이곳은 앨버타 소재의 증류소며 앨버타는 소립종 곡물이 재배되는 지역이다.

1970년대 미국에서는 캐나다 위스키 붐이 일어났다. 당시 블랙 벨벳 브랜드의 소유자이던 영국 업체 IDV는 토론토에 있는 길비스 증류소에서 블랙 벨벳과 스미노프(Smirnoff)를 생산하고 있었다. 따라서 서부 지방에 위스키, 진, 보드카를 공급하기 위해 앨버타주의 레스브리지에 증류소를 세우는 것은 타당한 선택이었다.

1980년대에 매출이 급락했을 때 레스비르지 증류소는 문을 닫을 것으로 추산되었으나 시장까지 억지로 끌어들여 런던 IDV의 이사회에 직접 애원한 덕분에 토론토의 증류소가 문을 닫는 와중에도 이곳은 계속 영업을 이어갔다.

증류소 책임자인 제임스 음반도(James Mmbando)와 증류소를 한 바퀴 둘러보면 그곳은 그야말로 역동성이 펼쳐지는 현장이다. 고압, 진공, 효소 주입, 전분의 폭발, 옥수수 현탁액에 백셋 주입, 당화가 완료된 상태에서도 왕성하게 일어나는 발효 등등의 다채로운 공정들이 펼쳐진다. 증류는 연속 증류기 설비로 알코올 함량 96%의 옥수수 베이스 위스키를 뽑아내고, 비어 칼럼에서 옥수수와 호밀 플레이버링 위스키들을 각각 알코올 함량 67%와 56%로 만들어낸다.

이런 공정을 거치면 깔끔하고 달콤한 베이스 위스키, 시트러스 풍미와 호밀빵 껍질의 특색을 띤 강렬한 라이 위스키, 박력 있고 담백하고 멘톨 풍미가 두드러지는 콘 위스키가 나온다.

블렌딩은 비키 밀러(Vicky Miller)의 감독하에 복잡하게 진행된다. 우선 플레이버링 위스키를 2~6년간 따로 숙성시켜, 라이 위스키에는 버터 향이 나는 향신료 풍미를, 콘 위스키에는 꽃과 코코넛이 어우러진 풍미를 입혀준다. 그다음엔 비숙성 베이스 위스키와 블렌딩 후 최소 3년간 숙성시킨다. 플레이버링 스피릿과 베이스 스피릿의 비율에 변화를 주어 다양한 풍미를 만들어내기도 한다.

이런 블렌딩의 진수가 OFC, 골든 웨딩(278쪽 참조) 같은 예전 셴리 소유의 브랜드들뿐만 아니라 다수의 제삼자 업체의 여러 블렌디드 위스키들로도 출시되고 있지만, 블랙 벨벳 브랜드 자체도 무시할 만한 위스키가 아니다. 이 블랙 벨벳은 부드러운 질감을 가진 캐나다의 전형적 블렌디드 위스키로, 진저에일과 섞어 마실 때 최고의 진가를 발휘한다.

이곳 역시 댄필즈(Danfield's)라는 브랜드로 프리미엄 제품군에 발을 들여놓는 새로운 시도를 벌이고 있다. 댄필즈는 복합적 풍미와 활기를 선보이면서, 이곳 콘 위스키의 전초지의 위스키 생산 역량을 입증하고 있다.

2개의 호퍼가 실린 곡물 트럭이 앨버타주 레스브리지의 블랙 벨벳 증류소로 옥수수를 날라다 주고 있다.

블랙 벨벳 시음 노트

블랙 벨벳 40%

향 부드러운 옥수수 향에 더해, 설탕에 졸인 사과, 라임, 라즈베리, 캐러멜 토피, 일시적으로 튀지 않는 호밀 향이 퍼져온다.
맛 온화하고 아주 달콤하다. 흙먼지 느낌이 아련히 돌고 끝으로 가면서 약간 조밀해진다.
피니시 가볍고 부드럽다.
총평 성질이 아주 느긋하며 섞어 마시기에 제격이다.

플레이버 캠프 부드러운 옥수수 풍미
차기 시음 후보감 카메론 브릭

댄필즈 10년 40%

향 원숙미와 복합미에 더해 깊이감도 좋다. 가벼운 오크 향과 페놀 느낌에 가까운 날카로운 향. 하지만 풍부한 부드러움. 가벼운 시트러스 향과 구운 과일, 버터 바른 옥수수 향.
맛 부드럽고 깔끔하면서 아주 가벼운 향신료 풍미가 중심을 잡아준다. 바닐라 깍지 풍미. 복합적이지만 절제미가 있다.
피니시 흙먼지 덮인 향신료의 느낌으로 진전되면서 마무리된다.
총평 밸런스가 잡혀 있고 아주 격조 있다.

플레이버 캠프 부드러운 옥수수 풍미
차기 시음 후보감 조니 워커 골드 리저브

댄필즈 21년 40%

향 복합적이지만 특유의 튀지 않는 특색을 보인다. 10년 숙성보다 오크 향이 풍부해져 마카다미아, 버터 향, 설탕에 졸인 과일, 박하, 헤이즐넛, 코코아/핫초코 향이 풍긴다.
맛 첫맛으로 시트러스 풍미가 다가온다. 크림 캐러멜 맛과 드라이한 오크 풍미가 걸쭉하고 달콤한 느낌으로 전해온다.
피니시 기름 없이 볶은 향신료 풍미. 깔끔하다.
총평 복합적이고 우아하다.

플레이버 캠프 부드러운 옥수수 풍미
차기 시음 후보감 글렌모렌지 18년

Gimli

김리

매니토바주 | www.crownroyal.com

증류소들은 서로 밀집되어 있는 경우가 많은데, 서로 돕기 위해서라기보다는 시장 인접지이거나 유통망 이용의 용이성에 따른 결과다. 그런 이유로 캐나다의 증류소들도 상당수가 대도시에 몰려 있다. 단, 김리는 여기에서 예외다. 김리는 같은 동종 업체들과는 아주 외떨어진 곳인 매니토바주에 자리해, 캘거리에서 1,500km, 윈저에서 2,000km 떨어져 있다. 증류소를 세울 때 따지는 또 다른 이유는 단 하나, 원료의 이용 용이성이다. 김리가 바로 이런 경우로, 지금도 여전히 인근 지역에서 재배한 옥수수와 호밀을 원료로 쓰고 있다.

김리가 이곳에 존재하게 된 배경에는 공급이 수요를 따라잡지 못했던 1960년대의 호황 상황과도 얽혀 있다. 김리의 소유주인 시그램은 당시에 캐나다에 이미 4개의 증류소를 운영 중이었다. 시그램 가문은 1878년에 온타리오주의 워털루에서 처음 증류업에 뛰어들었다. 1928년에는 몬트리올 기반의 브론프먼 가문과 사업을 합병했다. 브론프먼 가문은 증류업자이자 아주 잘나가는 유통업자였고, 당시에 유통업은 위스키에 목말라하는 미국인들의 갈증을 채워주기 위해 국경을 넘기 위한 간단한 방법이었다.

노회한 사업가였던 샘 브론프먼은 존경받을 만한 사회적 지위에 목말라했다. 실제로 그가 생산하는 위스키들의 이름에도 그런 열망이 고스란히 담겨 있다. 시바스 리갈(시바스 가문의 제왕이란 뜻임—옮긴이), 로열 설루트(Royal Salute), 그리고 1939년에 왕족의 방문을 기념하기 위해 그가 군주에게 바치는 첫 번째 헌정품으로 내놓은 크라운 로열(Crown Royal) 등이 그런 예다.

1980년대의 쇠퇴기 이후 시그램은 소유 재산을 대거 잃었고 1990년대 무렵엔 김리만 남게 되었다. 현재는 시그램마저 손을 떼고 떠나며 이 증류소는 디아지오의 소유하에 있다. 김리는 단일 브랜드 증류소이며, 그 브랜드가 바로 캐나다 위스키 중 최고의 베스트셀러인 크라운 로열이다.

김리는 캐나다에서 단일 증류소의 원액만 블렌딩하는 현상을 연구하기에 딱 제격인 사례다. 김리의 원칙은 한 부지에서 가능한 한 다양한 풍미를 만들어내는 것이다. 크라운 로열은 옥수수를 베이스로 만드는 2개의 베이스 위스키를 쓴다.

그중 하나는 비어 스틸에서 응축된 스피릿을 단식 증류기(주전자형 증류기)에서 재증류해 그 증기가 정류탑으로 바로 넘어가게 하는 식으로 만든다. 버번과 라이 위스키는 비어 칼럼을 통해 1회 증류해서 만들며, 그 범상치 않은 코페이 라이(Coffey Rye)는 코페이 증류기에서 뽑아낸다.

이렇게 만들어낸 증류액의 숙성에는 풍미를 입히기 위한 용도의 새 오크 통을 비롯해, 리필 캐스크, 코냑 캐스크까지 다양하게 활용된다. 효모, 곡물, 증류 방식, 다양한 오크 통, 그리고 시간이 한데 어우러지는 이곳은 그야말로 블렌더의 천국이다. 풍미의 선택지가 극대화되어 있어, 굉장히 부드러우면서 꿀 풍미가 도는 크라운 로열의 시그니처에 다양한 변주를 만들어낼 수 있다.

김리 시음 노트

크라운 로열 40%

향 아주 힘 있고 달콤하다. 크렘 브륄레 향, 도취적이면서 잼 느낌이 나는 붉은색과 검은색 계열의 과일 향이 나지만 뒤이어 새 오크 통의 향, 향신료 향, 오렌지의 새콤함이 다가온다.
맛 부드러운 질감과 꿀 같은 달콤함에 더해, 상쾌한 딸기 향과 희미한 호밀의 알싸함이 감돈다.
피니시 호밀과 오크 풍미가 모습을 드러내면서 가볍게 톡 쏜다.
총평 부드럽고 온화한 데다 유순하기 그지없다. 좋아하지 않을 수가 없다.

플레이버 캠프 **부드러운 옥수수 풍미**
차기 시음 후보감 글렌모렌지 10년, 닛카 코페이 그레인

크라운 로열 리저브 40%

향 오크 통의 기운과 숙성의 느낌이 전해진다. 크렘 브륄레, 연한 셰리, 계피, 블랙베리 향에 박하의 잔가지 향이 더해진 첫 향.
맛 기름지면서 과숙성된 망고 맛. 꿀 같은 달콤함이 풍기다. 호밀 풍미와 구운 오크 풍미가 신맛과 떫은 맛을 내준다.
피니시 가벼운 호밀 특색으로 마무리된다.
총평 달콤하고 실크처럼 부드러운 질감의 하우스 스타일을 띠는 동시에 떫은 맛도 더해졌다.

플레이버 캠프 **부드러운 옥수수 풍미**
차기 시음 후보감 털러모어 D.E.W. 12년, 조지 디켈 라이

크라운 로열 리미티드 에디션 40%

향 호박색. 향이 서서히 열리며 육두구, 시나몬, 토피 향이 풍기고 여기에 사과 주스와 바닐라 향이 희미하게 감돈다. 근엄한 인상이다.
맛 보리 사탕, 호밀의 알싸함, 후추의 얼얼함, 자몽의 새콤함이 복합적으로 어우러져 있다. 기분 좋은 무게감. 크림 같은 질감의 과일 맛. 알싸함과 더불어 순간적으로 풍기는 페퍼민트 맛.
피니시 미디움 바디의 크리미함이 점점 가라앉으며 후추와 오크 향으로 이어진 후 시트러스 풍미로 마무리된다.
총평 크라운 로열 라인 중에서도 최상급이다.

플레이버 캠프 **스파이시한 호밀 풍미**
차기 시음 후보감 크라운 로열 블랙 라벨

Hiram Walker

하이람 워커

헤리티지 센터, 윈저 | www.canadianclubwhisky.com | 연중 오픈, 개방일 및 자세한 사항은 웹사이트 참조

디트로이트강 연안에 늘어선 33개의 사일로(큰 탑 모양의 곡식 저장고—옮긴이)만 봐도 하이람 워커 증류소가 얼마나 대규모인지를 엿볼 수 있다. 아마 캐나다를 넘어 북미 최대의 규모일 것이다. 연간 생산량이 무려 5,500만 L(1,200만 갤런)에 달하는데, 이는 캐나다 위스키의 70%를 차지하는 양이다. 캐나디안 클럽(Canadian Club)과 깁슨스 파이니스트(Gibson's Finest)의 증류액이 여기에서 만들어지고 있으나 자체 브랜드인 와이저스(Wiser's), 로트(Lot) 40, 파이크 크릭(Pike Creek) 등에 이 증류소의 진정한 비밀이 깃들어 있다.

이 증류소는 규모가 거대한데도 공장 같은 느낌이 없다. 지휘 일원으로서 블렌더를 맡고 있는 블렌더 돈 리버모어(Don Livermore) 박사는 이곳에서 탐구열을 펼치며 캐나다 위스키에 일어나고 있는 세대 교체에서 한 역할을 맡고 있다. 캐나다의 새로운 증류 기술자와 블렌더 들은 과거에 마음을 열고 있으면서도, 또 한편으론 사람들이 흥미를 느끼며 주목하도록 만들기 위해 자신들이 뭘 할 수 있을지에 대한 탐색도 벌이고 있다.

이 증류소에서는 아주 다양한 증류액을 만들어내며 원료로 옥수수만이 아니라, 호밀, 호밀 몰트, 보리, 보리 몰트, 밀도 대량으로 사들인다. 발효는 엄청나게 큰 발효실에서 이루어지고, 이때 발효조에 질소를 첨가하는 기술을 활용해 워시의 알코올 함량을 콘 위스키는 15%, 라이 위스키는 8%까지 높인다. 콘 베이스 위스키는 3탑식 연속 증류기에서 증류해 내고, 플레이버링 위스키들은 '스타'나 '스타 스페셜'로 등급이 분류된다. '스타'급은 72개 판의 비어 스틸로 증류하고, '스타 스페셜' 등급은 단식 증류기에서 재증류를 거친다.

리버모어의 말대로 표현하자면 "포트 스틸 라이 위스키는 옥수수 이삭에 후추를 뿌린 듯한" 풍미를 띤다. 한편 각각의 소립종 곡물마다 2가지 스피릿을 뽑아내고 있어 블렌딩을 위한 잠재적 성분의 깊이가 굉장하다.

리버모어가 다른 어떤 말보다도 많이 꺼내는 말이 있다면 그것은 '혁신'이다. 그는 위스키 생산의 모든 측면을 속속들이 살펴본다. 1930년대까지 거슬러가는 효모 품종을 연구할 수도 있지만, 현재는 붉은겨울밀(red winter wheat)에서 얻어낼 수 있는 풍미 프로필의 다양성을 비롯해 소립종 곡물과 관련된 연구를 진행 중에 있다. 그가 나무 관련 박사학위 소지자인 점을 감안하면 별로 놀라울 것도 없는 사실이지만, 이곳은 캐나다에서 오크 통 관리 프로그램이 진행 중인 증류소 중의 하나다. 그는 이렇게 말한다. "대형 증류소에서도 수제 스타일로 작업할 수 있는 것, 그것이 바로 유연성이죠." 그와 함께 시음실에서 하루를 보내보면 그 말의 진정성을 느끼게 된다. 대기업도 개척자가 될 수 있다.

하이람 워커 시음 노트

와이저스 디럭스 40%

향 호밀 향이 주도하지만 그 뒤로 꿀 느낌의 온화한 향도 깔려 있다. 가벼운 샌달우드, 블론드 토바코, 회향풀 향.

맛 메이플 시럽으로 첫맛이 열렸다가 메이스, 붉은 사과 향이 나면서 그 뒤로 미묘한 오크 풍미가 느껴진다.

피니시 달콤한 건과일 풍미.

총평 부담 없고 편안하다.

플레이버 캠프 부드러운 옥수수 풍미
차기 시음 후보감 와일드 터키 81°

와이저스 레거시 40%

향 와이저스의 특유 스타일대로 부드러운 토피/바닐라의 틀 안에 호밀 향기가 감싸여 있다. 좀 지나면 꽃가루, 정향, 필발 향이 나다 라즈베리 잼과 가벼운 오크 향으로 이어진다.

맛 호밀 특유의 톡 쏘는 맛으로 시작되지만 이어서 복숭아, 말린 살구, 가벼운 멘톨 맛에 시트러스의 날카로운 풍미가 다가온다.

피니시 깔끔하고 스파이시한 호밀 풍미.

총평 더 힘이 생기고 오크가 더 주도성을 띠고 있지만, 여전히 와이저스다.

플레이버 캠프 스파이시한 호밀 풍미
차기 시음 후보감 그린 스폿

와이저스 18년 40%

향 오렌지빛 도는 황금색. 막 톱질한 목재의 향과 호밀의 알싸함. 사워도우 빵 향기. 드라이한 곡물 향. 시가 상자와 딱풀 향.

맛 복합적이고 풍부한 풍미. 태운 설탕, 목재 저장소, 백후추, 흙먼지 덮인 호밀, 어두운색 과일, 제빵용 향신료, 오크에서 배어난 잡아당기는 듯한 느낌의 타닌.

피니시 후추 향, 과일의 달콤함이 길게 이어지다, 오크의 타닌과 입안을 깔끔하게 씻어주는 듯한 레몬의 쌉싸름함에 자리를 내준다.

총평 삼나무 목재 상자에 달콤하고 스파이시한 별미들이 가득 채워진 듯한 느낌이다.

플레이버 캠프 풍부함과 오크 풍미
차기 시음 후보감 깁슨스 파이니스트 18년, 앨버타 프리미엄 25년

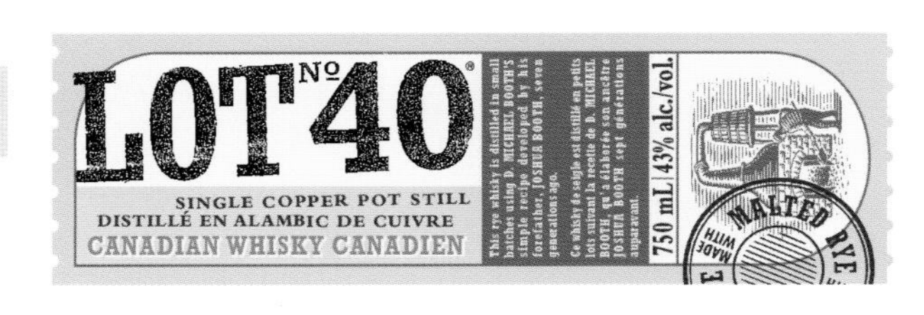

파이크 크릭, 10년 40%

향 붉은색 과일, 마지팬, 라즈베리 쿨리(coulis, 붉은 과일소스) 향에 약간의 잼 같은 향이 함께 느껴진다. 달콤한 시나몬과 육두구 향도 연하게 피어난다.

맛 더 달콤하고 바닐라 풍미도 드러나 있다. 더 쌉싸름해지고 시트러스의 특색을 띠면서, 특히 고수 씨 맛이 두드러진다.

피니시 온화하다 톡 쏘는 레몬 맛이 느껴지고 이어서 붉은 과일 향이 약하게 다시 떠오른다.

총평 이 위스키가 캐나다 내수용으로 나오고 있는 제품이며, 수출 제품보다 더 오래 숙성되고 포트 캐스크에서 추가 숙성을 거치고 있다는 사실에 주목할 만하다.

플레이버 캠프 부드러운 옥수수 풍미
차기 시음 후보감 치치부 포트 파이프

로트 40 43%

향 호밀이 가차없이 공격해 온다. 나뭇잎 향이 살짝 돌다 호밀가루, 갓 구운 사워도우 향이 이어진다. 달콤함이 해변의 바위, 딸기, 풋사과/회향풀 씨의 느낌으로 진전되었다. 향이 풍부하다.

맛 그린 올리브 씨, 올스파이스, 고수, 가벼운 정향 풍미. 스파이시하다. 물을 섞으면 달콤한 오크 향이 차츰 앞으로 나온다.

피니시 파삭한 질감과 정향 비슷한 풍미.

총평 호밀의 비율이 10%라는 점이 인상적이다.

플레이버 캠프 스파이시한 호밀 풍미
차기 시음 후보감 JH 스페셜 누가, 포티 크릭 배럴 셀렉트

Canadian Club

캐나디안 클럽

원저 | www.canadianclubwhisky.com | 연중 오픈, 개방일 및 자세한 사항은 웹사이트 참조

21세기에 들어와 캐나다 위스키 업계에 잇따른 통합, 합병, 인수가 일어남에 따라 캐나다 위스키의 여러 브랜드에 얽힌 이야기들이 미로처럼 복잡하게 꼬여버렸다. 캐나디안 클럽의 사례만 해도 그렇다. 이곳은 2006년에 소유주인 얼라이드 디스틸러스가 해체되면서 브랜드는 빔, 증류소는 페르노리카에의 소유가 되었다. 캐나디안 클럽 설립자, 하이람 워커의 남은 유산은 19세기에 그가 직접 지은 사무실뿐인데, 그야말로 비범한 이 사무실이 이제는 이 브랜드의 유산에서 중심을 차지하고 있다.

하이람 워커는 위스키 업계의 찰스 포스터 케인(Charles Foster Kane, 언론재벌의 일대기를 담은 영화 〈시민 케인〉의 주인공—옮긴이)이었다. 그에 관해 말하자면 이런 식이었다. 피렌체의 판돌피니 궁에 홀딱 반했다면? 그 모양을 본떠 사무실로 지으면 된다. 디트로이트의 집으로 가야 하는데 페리호를 기다리고 있지 못하겠다면? 직접 터미널을 지어 전용으로 이용하면 된다. 강 상류 쪽으로 72km 거리에 별장을 가지고 있다면? 그곳까지 이어지는 철로를 깔면 된다. 자동차 제조업으로 사업을 시작하려는 헨리 포드라는 친구가 있다면? 사업 지분의 30%를 받는 대가로 공장을 지어준다.

워커는 디트로이트에 들어와 모피 장사 일을 했으나 1854년부터 인근의 여러 증류소를 돌며 스피릿을 여과하고 블렌딩하고 병입하는 일을 하게 되었다. 1858년에는 디트로이트강 건너편으로 옮겨가 직접 증류소를 세워놓고 그곳에서 만든 캐나다산 위스키를 다시 동포들에게 가져다 팔기 시작했다. 그렇게 19세기 말에 이르자 그의 브랜드들은 상류층 신사 모임에서 버번보다 많이 팔리고 있었다. 1882년에는 캐나디안 클럽이 탄생했다.

하이람 워커는 디트로이트와의 인접성 덕분에 금주법 기간 동안 요지로 부상했다. 1926년에 증류소가 해리 해치(Harry Hatch)에게 인수되었는데 당시에 토론토 증류소 구더햄 앤드 워츠(Gooderham & Worts)의 소유주이자 장차 코비 디스틸러스(Corby Distillers)도 소유하게 되는 이 사람은 일명 '해치스 네이비(Hatch's Navy, 해치의 함대)'의 지휘자였다. 이 함대는 5대호를 대담무쌍하게 넘나들며 목말라하는 미국인들에게 스카치위스키, 럼, 캐나다 위스키를 가져다 대주었다. 이중 상당량의 술이 '수녀복' 속에 가려져 배로 감쪽같이 강을 건넜는데, 이때 하이람의 오래된 터널이 이용되었을 것으로 추정된다.

하지만 현재 하이람 워커의 블렌디드 위스키는 그런 전통과는 거리가 멀다. 너무도 예의 바르고 캐나다다우며 으스대는 면이 없으면서도, 특히 최상급의 블렌디드 위스키에서 좋은 품질의 비법을 알고 있다는 듯한 여유로운 미소가 배어 있어 하이람 워커의 비전이 허상이 아님을 보여준다.

캐나디안 클럽 시음 노트

캐나디안 클럽 1858 40%

향 부드럽고 시트러스 계열의 특색을 띤다. 오렌지 껍질, 오렌지꽃 꿀, 달큰한 보리 사탕, 살구 잼의 향. 온화한 옥수수 향과, 순간적으로 피어오르는 가벼운 호밀 향이 느껴진다.
맛 미디엄 바디. 부드러운 옥수수 맛으로 시작되어 코코아 버터와 화이트초콜릿 맛으로 이어진다. 주스 같은 느낌의 과일 맛.
피니시 가벼운 호밀 풍미로 마무리. 좋은 밸런스.
총평 프리미엄이라는 이름으로도 통하고 있으며, 입문용으로 아주 적절한 제품이다.

플레이버 캠프 **부드러운 옥수수 풍미**
차기 시음 후보감 조지 디켈

캐나디안 클럽 리저브 10년 40%

향 호밀 향이 더 드러나 있고 여기에 고수와 필발 향기가 어우러져 있다. 그 뒤로 은은한 달콤함이 이어져 가벼운 토피 향과 약간의 달큰한 곡물 향이 느껴진다. 물을 희석하면 이국적 과일 향이 나타난다.
맛 온화한 느낌으로 시작해서 진한 버터 토피 느낌이 다가온 후 호밀 특유의 강한 회향풀 씨 풍미가 나타난다. 물을 섞으면 배, 익힌 사과, 시나몬 풍미가 서로 좋은 밸런스를 이루며 풍겨온다.
피니시 숨었다 나왔다 하던 달콤쌉싸름한 풍미가 전면으로 모습을 드러낸다.
총평 호밀 풍미가 두드러지면서 은근한 대담함을 내보인다.

플레이버 캠프 **스파이시함 호밀 풍미**
차기 시음 후보감 털러모어 D.E.W.

캐나디안 클럽 20년 40%

향 복합적이고 농익은 향이 오래 이어지고 여기에 풍부한 질감을 띠는 과일 향이 어우러져 있다. 사과 시럽, 막 톱질한 목재의 향. 호밀 특색이 두드러지는 가벼운 향신료 향이 숙성의 깊이감에 약간의 활력을 부여해 준다.
맛 첫맛의 오크 풍미에 이어 잘 익은 베리류의 맛이 풍기는 동시에 호밀에서 우러난 레몬과 올스파이스의 톡 쏘는 맛이 느껴진다. 물을 섞으면 향신료 풍미가 풀려나오고 통조림 프룬 맛이 난다.
피니시 쌉싸름함과 정향, 코코넛 매트의 느낌이 난다.
총평 원숙미와 복합미를 두루 갖추었다.

플레이버 캠프 **풍부함과 오크 풍미**
차기 시음 후보감 파워스 존스 레인

캐나디안 클럽 30년 40%

향 기름지고 이국적인 향. 오크 향, 호밀에서 우러난 향신료 향과 더불어 어김없는 그 산화 특유의 향이 난다. 향신료 라스 엘 하누트/가람 마살라의 향취가 가죽, 시가용 궐련지, 검은색 과일류의 향 사이로 파고든다. 거의 아르마냑에 가까운 깊이감이 있다.
맛 부드러운 느낌과 과일 맛이 배어나오고, 오크 풍미는 내내 멀찍이 거리를 유지한다. 토피 맛과 농익은 풍미에 이어 특유의 복합적 향신료 풍미가 터진다.
피니시 오렌지와 그린페퍼콘 풍미가 약간 감돈다.
총평 우아하고 풍부하다.

플레이버 캠프 **풍부함과 오크 풍미**
차기 시음 후보감 레드브레스트 15년

Valleyfield, Canadian Mist

밸리필드, 캐나디안 미스트

밸리필드 | 몬트리올
캐나디안 미스트 | 콜링우드 | www.canadianmist.com

살라베리 드 밸리타운(Salaberry-de-Valleyfield)이라는 도시는 이름 자체가 프랑스어를 쓰는 퀘벡인과 영어를 사용하는 캐나다인 사이의 멋진 앙탕트 코르디알(entente cordiale, 우애 협약)을 증명해 주는 듯한 인상을 풍긴다. 이곳의 위스키들이 프랑스계 캐나다인의 태도를 담아냈던 적이 있는지는 단정 짓기 힘든 편이지만, 미국인의 태도를 담아낸 적은 있었다. 밸리필드 증류소는 1945년에 쉔리 그룹의 계열사로 세워졌고 한동안 올드 크로우(Old Crow)와 에인션트 에이지 버번(Ancient Age Bourbon)뿐만 아니라 깁슨스, 골든 웨딩, OFC(Old Fine/Fire Copper의 2가지 명칭이 모두 쓰임) 같은 내수 브랜드들을 생산했다. 요즘에는 디아지오에 편입되어 시그램스 83(Seagram's 83)과 시그램스 VO의 고향이 되었다. 참고로, 시그램스 VO는 1913년에 토마스 시그램의 결혼식을 위해 온타리오주 워털루에서 처음 생산되었던 제품이다. 크라운 로열의 베이스 위스키 중 일부도 이곳을 고향으로 두고 있다.

밸리필드는 현재 2가지 스타일의 베이스 위스키를 만들고 있으며, 둘 다 옥수수를 원료로 쓴다. 그중 더 가벼운 스타일은 표준적인 다탑식 연속 증류기를 통해 뽑고, 풍부함과 옥수수유 향이 더 두드러지는 스타일은 주전자형 증류기와 정류탑 시스템(275쪽 참조)을 통해 증류한다. 플레이버링 위스키는 디아지오의 김리 소재 증류소에서 공급받고 있다.

온타리오주 콜링우드의 캐나디안 미스트는 비교적 현대적인 증류소로, 바튼 브랜즈에서 1967년에 미국 시장에 공급할 위스키의 생산기지로 세운 곳이다. 현재는 브라운 포맨(잭 다니엘스의 소유주)의 소유로 넘어가 있다. 이 증류소의 생산 체계는 얼핏 보면 아주 간단해 보인다. 우선 옥수수 원료의 베이스 위스키와 호밀 함량이 높은 매시빌 원료의 플레이버링 위스키를 만든다. 플레이버링 위스키는 증류소에서 직접 배양한 효모를 써서 에스테르 향을 최대한 생성시키기 위해 장시간의 발효를 거친다. 증류는 베이스 위스키와 플레이버링 위스키 모두 연속 증류기를 이용하며, 떠도는 소문과는 달리 이 연속 증류기들은 헌신적인 구리들로 빽빽이 채워져 있다.

캐나디안 미스트 브랜드는 말도 안 될 만큼 유순한 류의 캐나다 위스키에 든다. 특히 롱 드링크로 마시기에 정말 편안한 특색이 '진중한' 애주가들에게 무시를 당하는 이유 중 하나가 아닐까, 하는 생각도 든다. 그것이 바로 대중성에 따르는 위험이다. 브라운 포맨은 콜링우드를 출범시켜 이 문제를 다루기 위해 애써왔다. 콜링우드는 캐나디안 미스트와는 다른 방식으로 블렌딩한 후 안쪽에 구운 단풍나무 널빤지를 대놓은 오크 통에 담아 일정 기간 매링시키는 제품이다.

캐나디안 미스트 시음 노트

캐나디안 미스트 40%

향 가볍고 상쾌한 향을 가벼운 흙먼지 내음이 에워싸고 있다. 덜 익은 바나나, 블론드 토바코의 향. 섬세한 느낌과 함께 캐나다 특유의 달콤함이 전해온다.
맛 팝콘 맛. 시럽과 풋과일의 가벼운 맛에 이어 약간의 레몬과 채소 향이 돌면서 생강 맛이 희미하게 퍼진다.
피니시 가벼운 후추 풍미.
총평 아주 섬세하다. 섞어 마시기에 아주 제격이다.

플레이버 캠프 부드러운 옥수수 풍미
차기 시음 후보감 블랙 벨벳, 캐나디안 클럽 1858

시그램 VO 40%

향 에스테르 계열의 가벼운 과일 향이 약간 나고, 으깬 바나나와 견고한 호밀 향도 좀 있다.
맛 첫맛이 아주 견고한 느낌이지만 물을 섞으면 부드러운 풍미가 앞으로 끌려 나온다.
피니시 가볍고 스파이시하다.
총평 섞어 마시는 용으로 잘 어울린다.

플레이버 캠프 스파이시한 호밀 풍미
차기 시음 후보감 JH 라이

콜링우드 40%

향 에스테르 향과 경쾌한 느낌의 향. 회향풀 씨, 중국 녹차, 클로로필 향과 더불어 섬세한 꽃향기도 좀 난다. 상쾌하다.
맛 단맛을 낸 녹차 맛이 입안 가득 퍼진다. 재스민, 대황, 말린 살구의 가벼운 맛. 섬세한 꿀 풍미.
피니시 꽃 풍미. 점점 드라이해진다. 생강 설탕 절임의 풍미.
총평 중국인의 기호에 잘 맞을 만하다.

플레이버 캠프 향기로움과 꽃 풍미
차기 시음 후보감 듀어스 12년

콜링우드 21년 40%

향 원숙함이 느껴진다. 바로 부드러운 호밀 향이 다가오고, 굵게 빻은 후추와 소두구 향이 물씬 풍겨와 경쾌한 느낌을 준다. 야생 허브와 스타아니스 향에 이어 오렌지 리큐어, 인삼, 초콜릿, 망고 향으로 달콤해진다.
맛 풍부한 과즙의 질감에 치자나무 꽃과 장미꽃 느낌의 꽃 풍미가 강하고, 터키시 딜라이트 맛이 은은히 풍긴다. 살짝 가루 같은 질감이 느껴지다 걸쭉한 달콤함이 다시 돌아온다.
피니시 가벼운 시나몬의 흙먼지 풍미.
총평 정말 독보적이다. 제발 이런 위스키가 더 많이 나오길!

플레이버 캠프 스파이시한 호밀 풍미
차기 시음 후보감 파워스 존스 레인

COLLINGWOOD
AGED IN WHITE OAK BARRELS & FINISHED WITH TOASTED MAPLEWOOD MELLOWING.
SOME CALL COLLINGWOOD THE SMOOTHEST WHISKY EVER MADE.
WE INVITE YOU TO JUDGE FOR YOURSELF • WWW.COLLINGWOODWHISKY.COM
40% alc./vol. DISTILLED BY DISTILLÉ PAR CANADIAN MIST DISTILLERS, COLLINGWOOD, ONTARIO, CANADA 750 mL

Forty Creek

포티 크릭

그림즈비(Grimsby) | 온타리오 | www.fortycreekwhisky.com
연중 오픈. 개방일 및 자세한 사항은 웹사이트 참조

'존 K. 홀의 발라드(Ballad of John K. Hall)'. 어쩐지 흥미롭게 들리는 말이다. 정말로 이런 시가 쓰인다면 첫 시구는 1993년에 나이아가라 인근에 있는 와이너리를 매입한 남자의 이야기가 될 것이다. 그는 15개의 증류기가 침묵 속에 잠기게 되었을 때 위스키를 만들기로 결심했고, 다른 곳들은 점점 덩치를 키우는 동안에도 여전히 작은 규모를 유지했다. 용감한 존 K. 홀은 어려움을 무릅쓰고 나아가 기어코 세계적인 호평을 끌어냈고, 캐나다의 수제 증류 창시자로 인정받고 있으며, '~라면 어떨까?'라는 의문을 품고 탐색을 펼쳤다. 이 발라드는 2014년에 캄파리에 1억 8,500 캐나다 달러에 매각되는 해피엔딩으로 마무리된다.

그는 어떤 것이 캐나다 위스키일지 탐색하며 캐나다 위스키가 펼쳐 보일 수 있는 가능성을 열어놓기도 했다. 다음은 홀의 말이다. "제가 처음 시작했을 때 캐나다 위스키는 전통, 혁신, 흥미로움으로 가득했던 이전과는 달리 고리타분해지고 있었어요." 그는 이에 대한 대응으로 와인 제조 원칙(효모 선별, 곡물을 품종으로 다루기, 여러 종의 오크 통을 사용하고 검게 태우거나 그을리는 등 방식을 달리해 가며 풍미 발현하기)을 위스키에 적용했다.

이곳에서는 3가지 스타일의 증류액을 만든다. 연속 증류기로 뽑아 대체로 강하게 태운 오크 통에서 숙성시키는 콘 위스키, 정류판이 장착된 2대의 단식 증류기에서 1회 증류로 뽑아 중간 정도로 구운 오크 통에서 숙성시키는 발리(barley) 위스키, 같은 단식 증류기에서 뽑아 가볍게 그을린 오크 통에서 숙성시키는 라이 위스키다. 이 3가지를 따로 숙성시킨 후 블렌딩하여 매링시킨다.

홀이 신참내기라 어쩔 수 없이 새로운 분야를 개척해야 했던 건 아닐까?

"혁신은 규모가 아니라 열정에 따라 일어납니다. 제조기술, 고객, 함께 일하는 동료들에 대한 열정 말입니다. 혁신에는 끈기도 동반되어야 하죠. 끈기 없이는 혁신을 제대로 누리지 못해요." 그는 점점 늘어나는 포티 크릭의 제품군에 대한 자신의 접근법이 음악과 유사하다고 본다.

"작사작곡가의 창작 과정은 숙성 중인 위스키가 담긴 통이 오랫동안 그러는 것처럼, 대부분 고립되어 있는 상태에서 이루어집니다. 노래에서는 듣는 이들의 마음을 끌기 위해 흥미로운 도입부도 필요해요. 혼, 리듬, 엇박 리듬이 있어야 하고 마지막 부분도 만족스럽게 마무리되어야 해요. 훌륭한 위스키도 그와 똑같아요. 그것이 제가 성취하려는 지향점입니다."

포티 크릭 위스키는 이런 접근법이 어떻게 새로운 풍미를 만들어낼 수 있는지를 꾸준히 증명해 보이고 있다. 그것도 '캐나다의 위스키는 이렇게밖에 될 수 없어'라는 식의 사고방식을 깨버리는 풍미를 선보여준다. 캐나다 위스키업계가 현재 혁신 중이라면 여기에는 '안 될 거 없잖아?'라는 식의 태도도 가진 이 사람, 존 K. 홀의 역할도 결코 적지 않다.

포티 크릭 시음 노트

배럴 셀렉트 40%

향 온화하고 과일 향이 풍부해, 오븐에서 구운 복숭아, 살구의 향이 느껴진다. 호밀의 단 향. 전개가 더디다. 물을 섞으면 마누카 꿀과 향신료 향이 좀 나타난다.

맛 미디엄 바디의 온화한 풍미. 매끄럽고 걸쭉한 옥수수 풍미. 밸런스가 잘 잡혀 있다. 토피와 캐러멜 맛에 구운 바나나 맛이 어우러져 있다.

피니시 파삭파삭한 느낌이 높아지면서, 육두구와 조밀한 느낌의 호밀 풍미가 난다.

총평 밸런스가 좋고 느긋하다.

플레이버 캠프 부드러운 옥수수 풍미
차기 시음 후보감 치타 싱글 그레인

코퍼 포트 리저브 40%

향 검은색 과일 향이 진해졌고, 캐러멜화된 과당, 초콜릿이 덮인 마카다미아, 약간의 메이플 시럽 향이 난다. 걸쭉하고 대담하며 달콤하다. 물을 섞으면 붉은색 과일 향이 드러난다.

맛 배럴 셀렉트의 더 찐득찐득한 버전이라 할만하고, 캐러멜과 달콤한 견과류 맛에 더해 달달한 향신료의 아린 맛이 난다.

피니시 오래 이어지는 여운 속의 달콤함.

총평 대담하고 호탕한 기세로 입안을 가득 채운다.

플레이버 캠프 부드러운 옥수수 풍미
차기 시음 후보감 조지 디켈 배럴 리저브

컨페더레이션 리저브 40%

향 풋사과와 깔끔한 오크 향이 가볍게 풍긴다. 니스와 오일 향이 연하게 돌면서 달콤쌉싸름하다. 여전히 증류소 특유의 느긋하고 달콤한 스타일이 살아 있으나 이제는 아세톤과 약간의 시큼한 붉은색 과일 향이 더 있다.

맛 걸쭉한 옥수수 맛이 더딘 속도로 풍미를 주도한다. 향에서 유추되는 것보다 씹히는 듯한 질감이 더 있다. 새콤한 맛.

피니시 풋사과.

총평 곡물 풍미가 더 발현되어, 살짝 더 가벼운 익스프레션이다.

플레이버 캠프 스파이시한 호밀 풍미
차기 시음 후보감 그린 스폿

더블 배럴 리저브 40%

향 오크가 향을 담당하고 있다. 은은한 오크 수액, 톱질한 목재 향과 함께 꿀과 견과류 향이 난다. 향이 열리는 데 시간이 좀 필요하다. 붉은색과 검은색 과일, 카시스 향.

맛 익힌 시트러스 맛이 풍기다 싱싱한 과일 껍질, 딱딱한 캔디, 오크, 꿀 맛이 차례차례 복합적으로 이어진다. 구조감이 잡혀 있다.

피니시 회향풀 씨 풍미. 파삭파삭한 느낌.

총평 오크 풍미와 달콤함이 층을 이루어 다가온다.

플레이버 캠프 풍부함과 오크 풍미
차기 시음 후보감 더 발베니 더블 우드 17년

Canadian Craft Distilleries

캐나다의 수제 증류소

스틸 워터스(Still Waters) | 온타리오주 콩코드 | www.stillwatersdistillery.com | 연중 오픈, 견학은 예약 필수
펨버턴 디스틸러리(Pemberton Distillery) | 브리티시컬럼비아주 펨버턴 | www.pembertondistillery.ca | 연중 오픈, 견학은 토요일만 가능
라스트 마운틴 디스틸러리(Last Mountain Distillery) | 서스캐처원주 럼스던 | www.lastmountaindistillery.com

미국의 수제 증류 기술자들이 국경 너머 북쪽을 바라보다 그쪽 지역에서 자신들의 선례를 따르는 이들이 상대적으로 드문 이유를 궁금해한다면, 캐나다 증류 기술자들의 작업 환경을 더 유심히 들여다봐야 한다. 캐나다의 위스키 작가이자 평론가인 다빈 드 커고모(Davin de Kergommeaux)의 말을 들어보자. "주류의 생산과 판매에 대한 정부의 제한적 규제들이 증류 기술자를 꿈꾸는 이들을 좌절시키고 있어요. 캐나다에는 캐나다 전체에 적용되는 단일 법규가 없어요. 숙성의 문제도 있어요. 캐나다에서 곡물 스피릿은 3년은 숙성시켜야 위스키라고 부를 수 있어요. 그런데 소규모 생산업체들은 스피릿의 판매 시점이 아니라 증류 시점 때 세금을 부과받죠.

현재(2014년) 영업 중인 30개 남짓의 수제 증류소들 가운데 8곳이 위스키를 만들고 있는데 자체적으로 증류한 위스키를 정기적으로 병입해 출시하는 곳은 그중 3곳에 불과해요. 하지만 지금은 초창기일 뿐이에요. 캐나다의 수제 증류 운동은 겨우 5년밖에 안 되었으니까요."

화이트 스피릿의 세계를 잘 헤쳐오고 있는 곳 중 한곳으로는 콩코드의 스틸 워터스가 있다. 2009년 3월에 첫 증류를 시작한 스틸 워터스는 온타리오주 최초의 수제 증류소였던 만큼, 어쩔 수 없이 주류위원회에게 수제 증류를 제대로 이해시키기 위한 활동에 앞장서야만 했다. "이 일은 단지 위스키를 만드는 것만이 아니라 정치도 얽혀 있더군요." 증류 기술자 배리 번스타인(Barry Bernstein)이 쓴웃음을 지으며 한 말이다.

이 정갈한 증류소에서는 현재 라이 · 싱글몰트 · 콘 위스키를 만들고 있으며, 그중 라이 위스키가 가장 어려운 작업이다. 번스타인에게 직접 들어보자. "발효조에서 거품이 말도 못 하게 끓어올라요. 하루는 그 안에 들어가 봤더니 바닥으로 흘러넘쳐 발목 높이까지 차올라 있더라고요. 그 통에 난장판이 되어 버렸지만 확실히 냄새 하나는 기가 막히더군요!" 이제는 상황이 한결 더 통제되고 있고, 이동 가능한 정류판이 장착된 크리스티안 칼(Christian Carl) 증류기 덕분에 다양한 특색과 무게감을 띠는 스피릿을 만들 수 있다.

이곳의 라이 위스키는 거의 진과 비슷할 정도로 향기가 아주 뛰어나 순간적으로 노루발풀 향이 확 피어나며, 스토크 앤드 배럴(Stalk and Barrel)이라는 이름으로 출시되는 싱글몰트위스키는 제라늄 향과 약간의 버터 특색을 띤다. 번스타인은 이렇게 말한다. "이제 저희가 해결해야 할 도전과제는 어떻게 돈을 버느냐예요!"

브리티시컬럼비아주의 펨버턴에서는 타일러 슈람(Tyler Schramm)이 위스키 제조에 보다 더 전형적인 접근법을 취하고 있다. 그는 에든버러의 헤리엇와트 대학으로 유학을 떠나며 돌아오면 포테이토 보드카를 만들려는 목표를 세우고 있었지만 막상 공부를 하면서 구상에 변화가 생겼단다. "첫 주가 채 지나기도 전에 목표를 더 크게 잡아 위스키도 포함시키게 되었죠. 스카치 싱글몰트위스키에 배어 있는 열정과 전통에 푹 빠져버렸어요."

인증받은 유기농 증류소 펨버턴 디스틸러리는 태도가 아주 전통적이다. "저는 스스로를 전통주의자로 자처하고 있고 스코틀랜드 고유의 전통적 방식에 따라 스피릿을 만들려고 애쓰고 있어요. 다시 말해, 해마다 제조법을 살짝 변경해 보는 거죠. 저는 저희 증류소의 위치, 증류기, 물, 인근에서 재배되는 보리가 한데 어우러져 저희만의 독특한 위스키가 만들어진다고 생각해요."

한편 서스캐처원(Saskatchewan)주의 라스트 마운틴 역시 지역적 관점을 취하고

스틸 워터스는 캐나다의 수제 증류를 개척해낸 곳 중 한 곳이다.

있다. 평원 지대에 자리해 있다면 원료로 밀을 쓰기로 선택하는 일은 머리를 쓸 필요도 없는 간단한 결정이다. 다음은 증류 기술자 콜린 슈미트(Colin Schmidt)의 말이다. "서스캐처원은 세계 최상급의 밀을 생산하고 있고, 그래서 현재는 그런 장점에 초점을 맞추고 있어요."

그는 자신이 만든 위스키가 숙성되어 가는 동안 따로 휘트 위스키를 구입해 숙성 · 블렌딩시키고 있기도 하다. "저희는 블렌딩이 진짜 예술이라는 사실을 터득해 가고 있어요. 이제 저희는 3년 숙성된 위스키를 가져와서 6개월 이내에 그 풍미 프로필을 철저히 변화시킬 수도 있어요. 이런 기술을 저희가 직접 생산한 증류액에 적용해, 10갤런 용량의 새 캐스크를 이용해 숙성한 후 버번을 담았던 통에서 블렌딩시키고 있어요. 보잘것없는 애송이가 새로운 위스키를 만들기 위해서는 창의적인 방법을 찾아야 해요. 버번을 담았던 통의 공급이 고갈되고 있는 상황에서는 특히 더 창의성이 요구되죠."

이런 현상이 새로운 캐나다 위스키의 시작일까? 슈미트는 그렇다고 확신한다. "존 홀(279쪽 참조)이 그 시작을 주도하고 있어요. 복합적이면서도 여전히 진정한 캐나다 위스키의 특성을 띠는 위스키를 만들기 위해 매진하면서요." 타일러 슈람은 또 다른 입장을 밝혔다. "이곳에서는, 특히 서부 연안 지역을 중심으로 마이크로 디스틸러리들이 늘어나면서 그에 따라 다양한 곡물이 원료로 쓰이고 있어요. 저는 이를 계기로 캐나다 위스키에 대한 사람들의 생각을 변화시킬 수 있을 거라고 믿어요. 많은 사람들이 캐나다 위스키라고 하면 무조건 호밀을 원료로 쓰는 것으로 넘겨짚지만 사실은 그렇지 않아요."

수제 증류의 아버지 같은 존재인 존 K. 홀에 대한 생각은 어떨까? 다음은 슈미트의 말이다. "위스키 업계에 아주 좋은 영향을 미쳤다고 생각해요. 저는 이 일을 하면서 수제 와이너리와 수제 양조장이 생겨나는 것을 지켜봤어요. 제가 보기엔 증류 업계에서도 나름대로 합리적 개선이 이루어지고 있어요. 이제는 여러 위스키 브랜드가 나오고 있는가 하면, 플레이버드 위스키 제품들이 새롭게 출시되고 신생 수제 증류소들이 문을 열면서 관심과 흥미로움을 유발시키고 있지요."

이처럼 캐나다에서는 현재 다채로운 색의 태피스트리가 짜이고 있다. 거인이 이제 잠에서 깨어나고 있다.

오카나간 증류소의 우아한 증류기들은 새로 열린 캐나다 위스키의 세계가 얼마나 다양해졌는지를 보여준다.

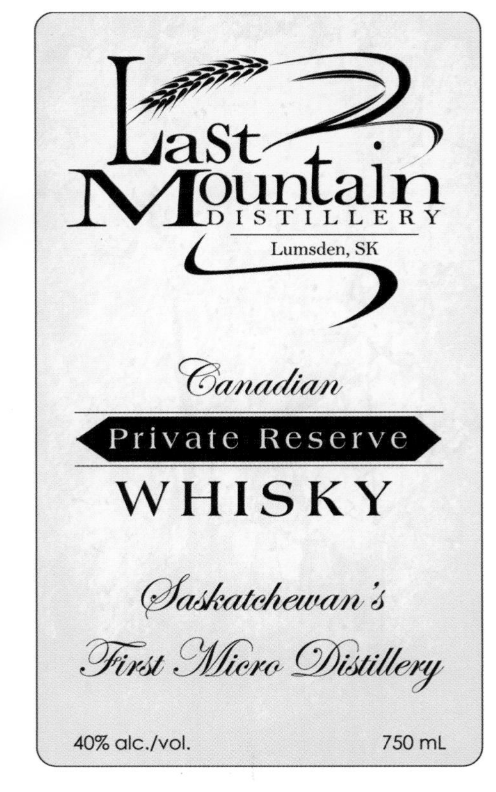

캐나다 수제 증류소 시음 노트

라스트 마운틴 캐스크 샘플 40%

향 셀러리와 풀내음이 약간 풍겨 살짝 풋내가 돈다. 그 뒤로 따뜻한 느낌의 달콤한 매시 향이 이어진다. 물을 섞으면 꽃향기와 함께 라임 향이 좀 난다. 풋풋하고 깔끔하다.
맛 달콤하고 온화하며 꿀 맛, 바질, 시럽, 아몬드 맛이 살짝 풍긴다.
피니시 온화하고 짧다.
총평 깔끔하고 밸런스가 잡혀 있다.

라스트 마운틴 프라이빗 리저브 45%

향 더 짙어지고 리큐어의 특색도 더 생겨났다. 꽃잎과 농축된 과일의 향. 은은한 쐐기풀 향. 물을 섞으면 풋풋함이 드러나지만 뒤이어 깊이감도 느껴진다.
맛 향기로운 꽃 풍미(히비스커스, 초원지대의 꽃). 가볍고 드라이하며 끝에서 약하게 밀가루 느낌이 난다.
피니시 깔끔하고 짧다.
총평 아주 근사하게 진전되어 가는 중이다.

플레이버 캠프 **달콤한 밀 풍미**
차기 시음 후보감 라스트 마운틴 45%

스틸 워터스 스토크 앤드 배럴, 캐스크 #2 61.3%

향 갓 구운 빵 내음에 마지팬, 크랜베리, 쿠키 반죽, 은은한 재스민 향이 어우러져 있다. 물을 섞으면 상쾌한 무화과 향과 오크에서 우러진 가벼운 크림 향이 피어난다.
맛 오크 통의 상쾌한 풍미가 좀 느껴지면서 깔끔하다. 살짝 떫은 맛이 나고 건초와 진전 중인 에스테르의 풍미도 풍긴다.
피니시 깔끔하면서 살짝 조밀한 감이 있지만, 여운이 길게 지속되다 갑자기 스파이시한 작별을 고한다.
총평 밸런스가 잘 잡혀 있고, 아직은 어리지만 장기 숙성의 잠재성이 대단하다.

플레이버 캠프 **향기로움과 꽃 풍미**
차기 시음 후보감 스피릿 오브 흐벤

Rest of the World

기타 생산국

전통적 위스키 생산지 내에서만 혁신이 일어나고 있는 것은 아니다. 그외의 지역에도, 위스키 무대에 비약적 변화가 일어나 신흥 증류 업체들이 위스키란 무엇인가에 대해 깊이 있게 답하고 있다. 이 생산국들은 마땅히 위스키 애호가들의 주목을 받을 만하다.

앞 페이지 이제는 피레네 산맥에서부터 다뉴브 강, 안달루시아, 스칸디나비아에 이르기까지 유럽 전역에 걸쳐 위스키가 만들어지고 있다.

특히 흥미진진한 대목은 이 생산국들이 아주 다양한 기반을 바탕으로 움트고 있다는 점이다. 중유럽의 위스키 대다수는 과실 증류주 생산에서 대대로 쌓아온 노하우를 바탕으로 한다. 보리, 혹은 원료로 쓰이는 그 외의 곡물 역시 또 하나의 선택안으로 삼고 있다. 이곳의 스피릿들은 때때로 중간 맛의 무게감이 부족한 경우도 더러 있지만 그럼에도 보리(혹은 귀리, 호밀, 스펠트밀)의 정체성을 새롭게 감상할 수 있는 문을 열어주고 있다.

네덜란드에서는 패트릭 자위담(Patrick Zuidam)이 진의 유산을 바탕으로 옛 방면으로나 초현대적 방면 양방향으로 위스키에 도전하고 있다. 그 과정에서 호밀을 처음 증류했던 이들을 기리는 호밀 위스키를 되살려내기도 했다. 한편 수 세기 동안 요리에 훈연이 사용되어온 배경을 바탕으로 유럽 전역에서 훈연의 사용도 시도되고 있다. 덴마크의 쐐기풀, 독일과 알프스산맥의 밤나무, 스웨덴의 노간주나무, 아이슬란드의 자작나무와 염소 똥 등이 훈연 처리에 연료로 쓰이고 있다. 이런 변화가 의미 있는 이유는 단지 당신과 나 같은 위스키광들의 흥미를 자극하기 때문만이 아니다. 그 변화가 정통성에 대한 도전이기 때문이기도 하다.

그런 의미에서 오스트리아의 야스민 하이더(Jasmin Haider)의 말이 마음에 더욱 와닿는다. "언제 어느 때든 자신만의 길을 가는 것이 중요해요. 위스키는 사람들의 기호만큼이나 다양해요. 또한 혁신도 중요해요. 새로운 아이디어를 추진시키고 싶다면 용기와 지구력도 필요해요. 좀 미치더라도 해될 건 없기도 하고요!"

혁신이 필요한 이유는 이 지역 위스키들이 스카치위스키와 경쟁을 벌일 수 없기 때문이다. 스카치위스키와 경쟁을 벌여서도 안 된다. 사실, 이 지역 위스키들을 맛보는 즐거움은 위스키에 대한 새로운 접근법과, 새로운 것을 향한 두려움 없는 시도를 진정성 있게 보여주고 있다는 점에 있다. 따라서 스카치위스키를 경쟁 상대로 상대할 게 아니라, 스카치위스키가 주도하는 위스키의 세계에 다른 선택안들도 갖추어져야 한다는 관점을 취해야 한다.

또 한편으로 보면 이 지역의 새로운 위스키들은 팔아야 하는 상품이기도 하다. 품질뿐만 아니라 일관성도 중요하다는 얘기다. 물론 초반 출시 상품에 대해서는 우리 모두 조금쯤은 너그럽게 봐줄 필요가 있지만, 아무리 그렇다 해도 증류 업자로서 제품에 대한 가격의 정당성을 입증해야 할 책임이 있다. 위스키 제조자는 소비자가 3번째 구매를 하느냐 마느냐로 평가받는다.

다시 말해 스피릿은 그저 '흥미'를 유발하는 것에서 그치지 않고 끌리는 매력도 있어야 한다. 이웃 생산 지역과는 다른 이야기를 담아내야 한다. 억지로 꾸며낸 이야기여선 안 되며, 정직하고 개방적이며 진중해야 한다. 위스키 제조의 유산이 없다는 점에서 의존할 기반이 없기에, 이는 상대적으로 더 어려운 일이다. 신흥 증류 업체들은 개척자들이며 따라서 누구도 예외 없이 위험에 노출되어 있다.

새로운 증류 업체는 위스키 1통을 만들 때마다 배움을 얻는다. 이는 잘못되었을 경우 그 실수를 어정쩡한 혁신이라는 때 묻은 깃발로 덮고 슬쩍 넘어가기보다는 다시 시작하는 것이 최선임을 받아들인다는 얘기이기도 하다. 언제나 노력의 초점을 일관성, 개성, 더 높은 가격에 대한 정당성 확보에 맞추어야 한다.

반갑게도 바로 그런 품질을 이루어낸 최고 수준급의 위스키들이 나오고 있다. 지금부터 소개할 이 위스키들은 스카치위스키도 버번위스키도 아이리시 위스키도 아니다. 비교가 무의미한 새로운 위스키들이다. 정말 흥미진진하다. 그리고 좀 미친 경우도 더러 있다. 부디 한 번 맛보길 권한다.

브레콘비코슨의 장엄한 경치에 아늑하게 에워싸인, 웨일스의 유일한 위스키 증류소 펜데린.

Europe
유럽
유럽
증류소
N
0 miles 400
0 km 400
Faeroe Islands
Shetland Islands
Norwegian Sea
North Sea
ATLANTIC OCEAN
Bay of Biscay
Mediterranean Sea
SWEDEN
NORWAY
Oslo
Vänern
Vättern
DENMARK
Copenhagen
Baltic
IRELAND
Dublin
UNITED KINGDOM
Lakes
Penderyn
St George's
see inset
Cotswolds
Adnams
London Distillery, East London Liquor Co.
Hicks & Healey's
Claeyssens
Northmaen
Warenghem
Glann ar Mor
Menhirs
Kaerilis
NETH.
Amsterdam
Hamburg
Elbe
Berlin
Brussels
BELGIUM
Rhine
GERMANY
Luxembourg
Frankfurt
Prague
CZECH REPUBLIC
Paris
Loire
Pays d'Othe
Grallet Dupic
Hepp, Bertrand
Elsasser
Meyer
Holl
FRANCE
Revermont
Bern
SWITZ.
LIECH.
Vienna
AUSTRIA
Budapest
Balthazar
Brunet
Michard
Rouget de Lisle
Bordeaux
Garonne
ALPS
Ljubljana
SLOV.
Zagreb
CROATIA
Castan
Toulouse
Rhône
Domaine des Hautes Glaces
Ebro
Pyrenees
Douro
Destilerias Y Crianzas Del Whisky
Segovia
ANDORRA
PORTUGAL
Lisbon
Madrid
SPAIN
Barcelona
MONACO
Corsica
Mavela
SAN MARINO
ITALY
BOS. & HERZ.
Sarajevo
MONTENEGRO
Podgorica
KOSOVO
Rome
Guadalquivir
Granada
Liber
Balearic Islands
Sardinia
Sicily
MALTA

North Sea
Groningen
Leeuwarden
Den Helder
Us Heit
NETHERLANDS
Amsterdam
The Hague
Vallei, Leusden
Gorter, Schiedam
Utrecht
Rhine
Kampen, Bruinisse
Rotterdam
GERMANY
Eindhoven
Antwerp
Zuidam, Baarle-Nassau
Filliers, Deinze
Gent
Het Anker, Mechelen
Brussels
Rademacher, Raeren
Owl, Grace-Hollogne
Liège
Lille
BELGIUM
FRANCE
LUXEMBOURG
Diedenacher, Niederdonven
Luxembourg
0 miles 100
0 km 100
Lake Onega
Lake Ladoga
RUSSIAN FEDERATION
Moscow
Minsk
BELARUS
Kiev
Dnieper
UKRAINE
Volgograd
KAZAKHSTAN
MOLDOVA
Chisinau
Rostov-on-Don
Praskoveyskoye
Krasnodar
Caspian Sea
Bucharest
Danube
Black Sea
GEORGIA
AZERBAIJAN
ARMENIA
BULGARIA
Istanbul
Ankara
TURKEY
IRAN
Nicosia
CYPRUS
Crete
SYRIA
Baghdad
IRAQ
Beirut
Damascus
Milk & Honey
Amman
Jerusalem
ISRAEL
JORDAN

England

영국

세인트조지스 디스틸러리(St George's Distillery) | 노퍽주 이스트 할링 | www.englishwhisky.co.uk | 연중 오픈 월~일요일
애드남스 코퍼 하우스 디스틸러리(Adnams Copper House Distillery) | 사우스월드 | www.adnams.co.uk | 방문 개방일 및 자세한 사항은 웹사이트 참조
더 런던 디스틸러리 컴퍼니(The London Distillery Co.) | 런던 SW11 | www.londondistillery.com
더 레이크스 디스틸러리(The Lakes Distillery) | 컴브리아주 바슨스웨이트 레이크 | www.lakesdistillery.com

이스트 앵글리아(영국 동부 지역)의 비옥한 평지에 증류소 2곳이 자리 잡고 있다는 점은 그리 놀랄 만한 일은 아니다. 오히려 그 2곳 모두 신생 증류소라는 사실이 더 인상적이다. 사실, 영국은 위스키 증류에 열성적으로 뛰어든 적이 없다. 19세기에 런던, 리버풀, 브리스틀에 대규모 증류소들이 가동되긴 했으나 영국의 국민 스피릿은 진이었다.

19세기의 이런 증류소 가동 상황이 2006년부터 재현되기 시작했다. 농경에 종사하던 존과 앤드루 넬스트롭(John and Andrew Nelstrop) 부자가 노퍽에 세인트조지스 디스틸러리를 열면서부터였다. 이후로 2007년부터 증류 기술자 데이비드 피트(David Fitt)는 어떤 것이 영국 위스키일까에 대한 답을 찾아왔다.

이 증류소는 비교적 작은 공간 안에 1톤 용량의 매시툰 1대, 워시백 3대, 포사이스 증류기 2대가 촘촘히 들어차 있다. 발효는 장시간 저온으로 이루어져 에스테르를 증강시키고, 라인 암이 아래로 꺾인 증류기에서는 달콤하면서 은은한 과일 느낌과 함께 멋진 층을 이루는 풍미의 뉴메이크를 1방울씩 똑똑 흘려 내준다. 여기까지는 모든 것이 정통적인 제조 방식과 같다. 하지만 피트가 숙성고 문을 열고 샘플 위스키를 뽑아내 맛보여 주는 순간 그가 양조 기술자로서 닦아온 노하우가 발휘되고 있음을 느끼게 된다. 실제로 이곳에서 생산되는 위스키는 몰팅 보리, 크리스털 몰트, 초콜릿 몰트, 귀리, 밀, 호밀을 원료로 쓰고 버진 오크 통에서 숙성시키는 그레인위스키, 3차 증류를 거치고 피트 처리를 하는 몰트위스키, 마데이라 캐스크와 럼 캐스크에서 숙성시키는 위스키다. "저희는 스코틀랜드와 다른 식으로 할 수 있어요. 여기에선 제약이 없어요."

동쪽으로 72km 떨어진 사우스월드에서도 양조업체 애드남스가 잉글랜드의 위스키 리그에 뛰어들어 비슷한 태도를 펼치고 있다. 이 업체에서도 위스키 제조에 양조 기술을 적용하고 있다. 자체 배양 효모를 쓰고, 맑은 워트를 만들어 온도 조절이 되는 통에서 3일 동안 알코올 함량 52%로 발효시킨다. 2가지 매시빌(100% 몰팅 보리, 보리/밀)이 증발탑을 거친 후 고정판이 설치된 단식 증류기로 들어간다. 최근엔 뉴메이크의 알코올 함량을 85%로 낮추었는데 증류 기술자 존 매카시(John McCarthy)는 이렇게 말한다. "88%에서는 위스키가 너무 깔끔했어요. 알코올 강도를 그만큼 낮추면 착향 성분을 더 얻게 돼요."

이곳엔 '안 될 거 없잖아?' 식의 태도도 배어 있다. 오크 통 생산업체 라두(Radoux)에서 미국산과 프랑스산 오크로 만든 와인 캐스크를 2가지 매시빌의 숙성에 활용하고, 비어를 증류해 스피릿 오브 브로드사이드(Spirit of Broadside)로 출시하고 있는 동시에, 라이 위스키는 현재 숙성 중이다. 영국에서 라이 위스키를? "못할 거 없죠! 저희는 원하면 뭐든 할 수 있어요!"

늦깎이로 꽃피운 영국의 위스키 산업은 동쪽에만 국한되어 있지 않다. 이제 런던은 2014년 1월 기준으로 100년이 넘는 세월을 건너뛰어, 템스강둑 부둣가 개발지의 틈새 공간을 기점 삼아 다시 위스키 증류소를 보유하게 되었다. 런던 디스틸러리 컴퍼니의 CEO 겸 증류 기술자 대런 룩(Darren Rook)의 말을 들어보자. "저희에겐 포부가 있어요. 1903년으로 되돌아가 런던이 스피릿을 만들었던 시대에 싱글몰트 스피릿이 어떠했을지를 살펴보는 겁니다."

이곳은 위치상 중요한 의미가 깃들어 있기도 하다. "이 지역은 풍부한 유산을 간직한 곳이에요. 1390년대에 초서가 '증류된 워트'에 대해 언급하는 글을 쓰기도 했던 곳인데, 사람들은 여전히 위스키가 스코틀랜드에서 들어왔다고 믿고 있어요. 한때 이곳에서는 여러 증류소가 자리해 있으면서 온갖 스피릿을 만들고 있었어요. 저희는 그런 옛 전통을 되살리려고 해요."

다시 이스트 앵글리아로 초점을 돌려서 얘길 이어가 보자. 사실 세인트조지스 디스틸러리는 개업 무렵 넬스트롭 부자가 레이크 디스트릭트에 증류소가 지어지고 있다는 소문을 듣고 나서 창문도 없이 증류소를 열었다. 결국 소문으로 돌던 그 레이크 디스트릭트의 증류소의 설립 계획은 흐지부지되었지만 이 글을 쓰고 있는 현재 컴브리아주에 새로운 꿈이 실현될 순간이 목전에 와있다. 더 레이크스 디스틸러리에서 컨설턴트인 앨런 루더포드의 조언을 따라, 철제와 구리 응축기를 번갈아 써서 다양한 특색을 만들어낼 수 있는 '로자일' 스타일을 시도하고 있기 때문이다. "그래도 너무 과도한 실험은 원하지 않아요. 사람들에게 괜한 혼란을 일으킬 소지가 있으니까요. 해마다 미친 3월(Mad March)을 보내며 저희가 뭘 할 수 있을지 알아보게 될지도 모르겠지만요."

이런 태도는 영국의 공통적 맥락이다. 핏의 말처럼 "영국 위스키는 누구든 원하는 대로 하는 것입니다. 제가 원하는 건 영국 위스키의 독자적 정체성이 아니라 모든 증류소의 독자적 정체성입니다." 그 외에도 웨스트컨트리 소재 증류 업체 힉스 앤드 힐리(Hicks & Healey)에서 묵묵히 코니시 위스키(아래의 H&H 참조)를 숙성시키고 있는 등, 마침내 영국이 위스키의 나라가 되어가고 있는 듯하다.

잉글랜드 시음 노트

H&H 05/11 캐스크 샘플 59.11%

향 구운 오크 향이 가볍게 풍기면서, 달콤한 칼바도스의 느낌이 감도는 견과류 향이 깔려 있다. 상쾌하면서도 깊이감이 있고, 꿀 향이 알싸하게 올라오기도 한다.
맛 부드러운 꿀맛에 더해, 설탕과 향신료를 넣어 데운 과일차, 베리, 사과의 맛이 퍼진다. 밸런스가 좋다. 거의 베네딕틴 느낌이 드는 허브의 풍미가 있어서 리큐어 특색이 강하다.
피니시 배와 향신료의 여운.
총평 풍미가 빠르게 휙 전개된다.

EWC 멀티 그레인 캐스크 샘플(알코올 강도는 불명)

향 약간의 동유 향에 크리미한 토피와 가벼운 초콜릿 향이 어우러져 달콤하고 풍부하다.
맛 초콜릿 특색이 주도하다 이어서 샌달우드, 크리미한 오트, 가문비나무 싹, 가벼운 오일의 풍미가 다가온다.
피니시 길고 온화하다.
총평 귀리, 밀, 호밀이 다양하게 어우러진 위스키. 확실히 스카치위스키와는 다르다.

애드남스, 스피릿 오브 브로드사이드 43%

향 어두운색 과일, 건포도, 졸인 플럼의 향취가 향기롭다. 한데 어우러져 다가오는 볶음차와 레몬의 향. 몰트 향.
맛 체리맛 목캔디, 플럼, 블랙커런트 맛으로 과일 느낌이 강하게 몰려온다. 묵직하면서 중간쯤에 기름진 맛이 약간 드러난다.
피니시 가벼운 오크 풍미와 함께 달콤하게 마무리된다.
총평 무게감이 있다. 잠재성을 띠고 있다.

플레이버 캠프 과일 풍미와 스파이시함
차기 시음 후보감 아모릭 더블 머추레이션, 올드 베어

Wales

웨일스

펜더린(Penderyn) | www.welsh-whisky.co.uk | 연중 오픈 월~일요일

신설 증류 업체에게 자신의 스타일을 찾는 일은 언제나 흥미로운 철학적 모험이다. 무엇을 참고로 삼는 게 좋을까? 기존의 방식을 따를 것인가, 아니면 인근 증류소들의 방식을 거부하고 독자적 길을 걸을 것인가? 길잡이로 삼을 표준이 있는 경우엔 자신만의 스타일을 찾기가 힘들지만, 독자적 길을 걷는다 하면 어떤 일이 벌어질지 불안하다. 웰시 위스키 컴퍼니(Welsh Whisky Company, WWC)도 10년 전 브레콘비코슨 국립공원에 펜더린 증류소를 세울 당시에 바로 철학적 모험에 직면했다. 그런데 비교할 만한 웨일스 위스키가 전혀 없었다는 사실이 그로선 겁나는 도전인 동시에 제약으로부터의 자유였을 것이다. 자신들이 정하는 것이 곧 웨일스 위스키가 되는 것이었다.

한 예로, WWC측으로선 자신들의 주문 조건에 맞춰 워시를 대줄 수 있는 브레인스(Brains) 양조장이 가까이에 있는 마당에 분쇄, 당화, 발효 작업을 직접 해야 할 필요가 없다고 봤다. WWC의 주장에 따르면, 양조장들은 효모에 도가 터 있는 데다 브레인스의 효모가 비어에 자신들 특유의 과일 주도 풍미를 더해주고 있다는 점에서도 이런 방법이 유리하다.

WWC에서는 스코틀랜드식 단식 증류기를 설치할 필요도 없었다. 그런 방식 대신, 데이비드 패러데이(David Faraday) 박사의 도움을 받아 단식 증류기가 정류탑으로 연결되는 방식으로 설계해, 1회 증류만으로 스피릿을 뽑아낼 수 있게 했다. 2단으로 분리된 이 정류탑은 원래 설계에서는 높이가 더 높아서 건축 법규를 위반하게 될 만한 높이로 증류실을 지어야 했을 정도였다고 한다.

첫 번째 정류탑은 안에 설치된 판이 6개이고, 두 번째 정류탑은 18개인데 스피릿은 7번째 판에서 분리된다. 더 높이 올라간 증기는 환류되어 첫 번째 정류탑과 단식 증류기로 되돌아간다. 어떤 면에서는 1회 증류 방식이고 또 어떤 면에서는 다회 증류가 일어나는 셈이다. 워시 2,500L(550갤런)으로 200L의 시프레(샌달우드에서 채취한 두발용 향유—옮긴이) 향 두드러지는 꽃 풍미 특색의 뉴메이크가 알코올 함량 92~86%에서 모아진다.

2013년에는 패러데이 증류기의 복제판 1대가 새로운 단식 증류기 2대와 함께 설치됨으로써 생산 용량의 증대와 더불어 스피릿의 다양화 확산도 꾀하고 있다. 매시툰을 설치하려는 계획이 진행 중이기도 하다. 생산은 로라 데이비스(Laura Davies)와 아이스타 유크네비츄테(Aista Jukneviciute)가 감독하고 있고 숙성은 WWC의 컨설턴드 짐 스완(Jim Swan) 박사의 지도하에 이루어진다. 이곳에서도 전통은 찬밥 대우를 받고 있다. 펜더린의 표준 제품은 버번을 담았던 통에서 숙성된 후 마데이라를 담았던 통에서 추가 숙성을 거친다.(이 브랜드의 제품은 전부 숙성 연수를 표기하지 않으며 여기에 대해서는 아무도 불평한 적이 없다.) 70%는 버번 캐스크, 30%는 셰리 캐스크에서 숙성시키는 셰리우드(Sherrywood), 그 외에 우연한 계기로 탄생된 피트 처리 제품도 있다.

원래는 위스키에 훈연 향이 침범하지 않게 하려는 의도로, 스코틀랜드에서 수입해 오는 리필 캐스크의 주문 사양에 이전에 피트 처리된 몰트위스키를 담은 적이 없는 통이어야 한다는 조건이 붙어 있었다. 그런데 조건에 어긋난 통 일부가 어쩌다 끼어들어 왔고 이 통들에 담겼던 위스키를 1회 한정판으로 출시했다가 매진이 되어, 이제는 정식 제품군에 들게 되었다.

이 글을 쓰고 있는 현재, 펜더린은 여전히 웨일스의 유일한 증류소지만 이곳 웨일스에서도 위스키 제조 열기가 불붙는 것은 이제 시간문제일 뿐이다.

웨일스 시음 노트

펜더린, 뉴메이크

향 강렬하고 달콤하다. 시프레(베르가모트와 상쾌한 시트러스 향). 향수 냄새 같은 첫 향과 더불어 풍겨오는 박하와 전나무의 향취.

맛 스트레이트로 맛보면 입이 화하도록 얼얼하고 팽팽한 느낌이지만 물을 타면 꽃 느낌이 나면서 장미, 상쾌한 시트러스, 풋과일의 풍미가 전해오다 곡물의 파삭한 질감이 살포시 감돈다.

피니시 질감이 풍부하면서도 깔끔한 느낌이다.

펜더린, 마데이라 46%

향 깔끔하고 달콤한 오크 향. 소나무와 바닐라의 향. 봄철의 잎사귀/녹색 나무껍질 내음. 그 뒤로 배경처럼 깔려 있는 가벼운 플럼 향취.

맛 살구 과즙 풍미와 오크의 스파이시함이 진하게 풍기며 깔끔한 과즙미가 돌다가 레이디 그레이 차의 느긋한 느낌으로 이어진다.

피니시 박하 풍미의 깔끔한 여운.

총평 뉴메이크의 풋풋함이 밸런스 잡힌 오크 풍미와 함께 부드러운 특색으로 잘 진척되었다.

플레이버 캠프 **향기로움과 꽃 풍미**
차기 시음 후보감 글렌모렌지 디 오리지널 10년

펜더린, 셰리우드 46%

향 황금빛. 표준 제품과 확연한 차별성을 띠어, 왕겨 향취와 더불어 시트러스 껍질, 가벼운 견과류, 달콤한 건과일(대추야자/무화과)의 향이 어우러져 있다. 물을 희석하면 포도나무 꽃의 향기가 살짝 피어난다.

맛 뉴메이크의 꽃 느낌을 띠면서도 더 깊이감을 갖추고 있다. 과즙 풍미도 있지만 졸인 과일의 특색을 더 많이 띠고 있다.

피니시 무화과 느낌의 달콤함으로 마무리된다.

총평 가벼운 스타일의 스피릿이지만 오크가 주도하는 가운데 다양한 복합적 풍미가 밸런스를 이루며 어우러져 있다. 뉴메이크와는 또 다른 느낌의 색다른 특색이 인상적이다.

플레이버 캠프 **풍부함과 무난함**
차기 시음 후보감 더 싱글톤 오브 글렌둘란 12년

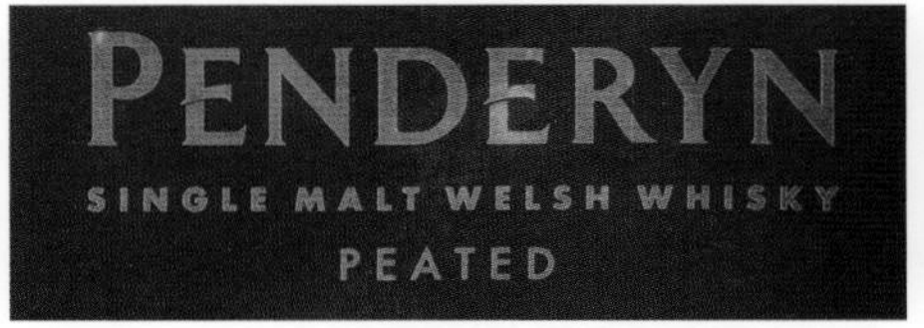

PENDERYN
SINGLE MALT WELSH WHISKY
MADEIRA

PENDERYN
SINGLE MALT WELSH WHISKY
SHERRYWOOD

France

프랑스

글랑 아르 모르(Glann ar Mor) | 라모르-플뢰비앙 | www.glannarmor.com
와렝헴(Warenghem) | 라니옹 | www.distilleriewarenghem.com | **디스틸러리 데 메니르**(Distillerie des Menhirs) | 플로멜랑 | www.distillerie.fr/en
디스틸러리 메이에(Distillerie Meyer) | 오와르트 | www.distilleriemeyer.fr | **엘사스**(Elsass) | 오베르네 | www.distillerielehmann.com
도멘 데 오트 글라세(Domaine des Hautes Glaces) | 론알프 | www.hautesglaces.com | **브렌**(Brenne) | 코냑 | www.drinkbrenne.com

현재 22개소에 이르는 프랑스의 새로운 세대 위스키 증류 업체와 이야기를 나누다 보면 어느 시점에든 프랑스의 증류 유산에 대한 얘기가 나오기 마련이다. 그만큼 프랑스는 포도 스피릿(코냑, 아르마냑), 과일 스피릿(칼바도스, 과일 오드비), 고대의 치료 약에서 유래된 허브 증류(샤르트뢰즈, 압생트), 직장인들의 갈증을 풀어주는 스피릿(파스티스), 식사를 마무리 지어주는 주류에 이르기까지 여러 방면에서 뛰어난 기술을 쌓아왔다.

이곳 프랑스가 생산품과 장소 사이의 철학적 연계 개념인 테루아를 다른 어떤 곳보다도 깊이 있게 탐구하는 곳이라고 해서, 프랑스 위스키에 어느 정도 통일된 스타일이 있으려니 넘겨짚어선 곤란하다. "그런 식으로 말하는 건 '프랑스 와인'이라는 것이 있다고 말하는 것과 같아요. 사실상 프랑스 와인이 아니라, 보르도, 부르고뉴, 론, 알자스 와인, 샴페인이 있는 건데 말이죠." 글랑 아르 모르의 장 도네이(Jean Donnay)의 말이다. 공통된 접근법은 없더라도, 가령 브르타뉴 위스키를 알자스의 위스키와 구분 지어줄 만한 지역적 스타일은 있지 않을까? "아니, 없습니다. 브르타뉴에서는 4곳의 생산업체에서 아주 다른 4가지 스타일의 위스키를 만들고 있어요."

도네이의 증류소는 플뢰비앙의 해안에서 120m 떨어진, 브르타뉴 북쪽 연안에 자리한 곳으로, 신흥 증류소이긴 해도 현대식 숙성 방식과 더불어 옛 위스키 생산 기술도 함께 활용하고 있다. 직접 가열 방식, 웜텁을 이용한 저속 증류로 뉴메이크에 질감과 무게감을 부여하는 한편 퍼스트 필 버번 캐스크와 소테른 캐스크에 숙성시키고 있다.(소테른 캐스크의 활용 분야에서 도네이는 세계를 선도한 개척자였다.)

그가 만드는 위스키 2종인, 비 피트 처리의 글랑 아르 모르와 스모키한 코르노그(Kornog)는 모두 풍부한 마우스필에 새콤상큼함과 특유의 짠 기가 조화를 이루고 있다.

도네이의 목표는 켈트 위스키를 만들어내는 것으로, 현재 스코틀랜드, 아일랜드, 웨일스, 그리고 콘월을 묶는 체인에서 글랑 아르 모르가 하나의 연결고리 역할을 하고 있다.(이 대목에서는 이 증류소의 위치에도 주목할 만하다.) 한편 아일레이에 가트브렉 증류소를 세움으로써 개인적 구상을 더욱 보강하는 중이기도 하다.

도네이의 증류소에서 가장 가까운 이웃 증류소는 라니옹 소재의 와렝헴이다. 이곳은 브르타뉴에서 가장 오래된 증류소로, 1987년에 블렌디드 위스키 WB('Whisky Breton')를 처음 출시한 데 이어 12개월 뒤에는 프랑스 최초의 싱글몰트위스키 아모릭(Amorik)을 내놓았다. 최근 몇 년 사이엔 오크 통에 투자해 여러 브랜드 제품에 변화를 줌으로써 품질 수준이 몰라보게 향상되었다.

두 증류소가 스코틀랜드를 표본으로 따르고 있다면, 수학 교사 출신인 기 르 라트(Guy le Lat)는 플로멜랑에 디스틸리 데 메니르를 열며 브르타뉴의 토착 곡물을 깊이 파고들었다. 그렇게 해서 선택된 곡물이(아니, 엄밀히 말해서 곡물이 아닌 풀이지만) 블레 누아(blé noir, 메밀)였다. 브르타뉴의 국민 음식인 그 맛 좋은 팬케이크, 갈레트(galettes)로 가장 많이 만들어 먹는 이 재료를 다룬 지 얼마 지나지 않아 르 라트가 알게 되었다시피, 사실 호밀도 메밀에 비하면 다루기 쉬운 원료다. 메밀은 매시툰에서 콘크리트처럼 굳어지기 쉽다. 하지만 그는 여기에 굴하지 않았고 그 노력의 결과로 스파이시함과 상쾌함을 갖춘 복합적 풍미의 에뒤(Eddu)를 빚어냈다. 한편 브르타뉴 남부의 섬 벨릴르(Belle-Île)에는 카에리스(Kaerlis)가 가동되고 있어 브르타뉴 4인방을 이루고 있다.

알자스 소재의 5개 증류소에서는 켈트를 의식하지 않은 스타일의 위스키를 만들고 있다. 알자스는 과일 스피릿 증류에서 오랜 전통을 간직한 지역이다. 그에 따라 알자스 동부 내륙지방의 위스키들은 약한 과일 풍미가 도는 가벼운 스타일에 절제미가 있는 편이다. 이 지역에서는 곡물의 풍미에 주력하고 있어 오크는 배경 역할에 머물고 있다.

오와르트에는 최대 규모의 생산자 메이에 증류소가 2007년부터 쭉 위스키를 만들어오면서 현재는 블렌디드 위스키와 몰트위스키를 내놓고 있다. 또 19세기 중반부터 과일 스피릿을 증류해 온 오베르네의 레만(Lehmann) 가문이 설립한 엘사스 브랜드도 2008년부터 꾸준히 위스키를 만들고 있다. 레만 가문의 이

증류소는 현재 위스키에 대한 접근의 폭을 넓히며 숙성 시에 프랑스의 화이트와인 캐스크(보르도, 소테른, 코토 뒤 레이옹의 캐스크)만을 쓰고 있다. 프랑스 화이트와인 캐스크의 영향을 느껴보고 싶다면 위베라크의 엡(Hepp)에서 증류한 원주를 드니 앙스(Dennis Hans)에서 AWA라는 브랜드로 병입한 제품을 찾아보길 권한다.

프랑스의 위스키를 개괄적으로 둘러보면 아주 다양한 접근법과 풍미를 아우르고 있음을 느끼게 된다. 한 예로 코르시카섬에서는 피에트라(Pietra) 양조장과 와인 메이커 겸 증류주 제조업체인 도멘 마벨라(Domaine Mavela)가 서로 합세해, 그 느낌이 보리 베이스의 샤르트뢰즈(증류주에 여러 가지 약초를 첨가한 프랑스 술—옮긴이)에 더 가까워 세계에서 가장 비범한 향기의 위스키 여러 종을 생산하고 있다. 먼저 맘지(Malmsey, 화이트와인)를 담았던 통과 파트리모니오 프티 그랭 드 모스카텔(Patrimonio Petit Grains de Moscatel)를 담았던 통을 섞어 숙성시킨 후에 오드비를 담았던 통에서 매링하는 방식이 그 비법이다.

미샤르(Michard)에서도 돋보이는 향기를 빚어내고 있는데, 이런 향기는 주로 단일종의 양조용 효모를 사용하는 덕분이다. 그리 놀랄 일도 아닐 테지만 숙성에서는 이 증류소 주변의 리무쟁 숲에서 벌목해 만드는 오크 통을 사용한다.

론알프의 고도 900m에 자리 잡은 도멘 데 오트 글라세를 운영하는 프레드 레볼(Fred Revol)과 제레미 브리카(Jeremy Bricka)의 머릿속에서는 테루아가 가장 중요한 위상을 점하고 있다. 2009년에 설립된 이곳에선 현지에서 재배한 유기농 곡물을 원료로 쓰고, 숙성에 프랑스산 오크를 사용하며, 훈연 처리에 밤나무 목재를 태우는 지역 전통 방식을 활용한다. "몰팅, 발효, 증류, 통제조에 대해 프랑스 고유의 방식에 따라 이해한 다음 그것을 위스키에 재해석해 내는 것이 저희의 접근법입니다. 하나부터 열까지 뭐든 다 이곳 토양과 이어주려고 해요. 만약 바닷가 지대에서 똑같은 방식으로 작업한다면 지금과는 다른 위스키를 만들게 될 겁니다."

보리를 과일로 보는 이론을 조심스레 꺼내자 열띤 공감을 드러내기도 했다. "저희는 곡물을 말린 과일이라고 여겨요. 저희가 만든 스피릿에서는 꽃과 과일 특색이 진한 것도 그런 이유 때문이죠." 이런 특색은 생산량에 너무 연연하지 않는 태도로 얻어내는 것이기도 하다. "워시에 알코올이 부족하면 그만큼 에스테르가 더 많아져서 그 곡물 특유의 특색을 발현시켜 줍니다." 이런 식의 접근법이 가장 강하게 드러나 있는 제품은, 콩드리유(Condrieu) 캐스크에 숙성시키는 범상치 않은 라이 위스키다.

프랑스의 증류주들 사이에 연결고리가 있다면 와인 양조에서처럼 오크를 조심스럽게 사용한다는 점이다. 말하자면 오크를 풍미에 압도적으로 기여하는 역할이 아니라 구조감을 받쳐주는 역할로 활용한다. "모든 것의 기반을 토양에 두는 경우라면, 바닐라 풍미를 우려내려 할 이유가 없죠." 레볼의 말이다.

코냑 지방에서 위스키를 만든다고 하면 마치 이단 행위처럼 여겨질지도 모르겠지만 어쨌든 브뤼네(Brunet) 가문은 2005년부터 코냑을 생산하지 않는 기간 동안 곡물을 증류해 지인들과 가족에게 대접해 왔다. 위스키로 전향한 개종자로서 그녀 자신의 말마따나 "비전통적 생산국의 위스키에 점점 큰 관심이 생기고 있다"는 뉴욕의 앨리슨 패텔(Allison Patel)이 아니었다면 이 코냑의 위스키는 지금도 여전히 세상의 주목을 받지 못한 채 묻혀 있었을 것이다.

켈트의 영혼의 형제들 브르타뉴의 해안지대를 터전으로 삼아 문을 여는 증류소들이 점점 더 늘고 있다.

패텔의 회사에서 브뤼네 가문의 위스키를 미국으로 수입하기 시작한 지 얼마 지나지 않아 페텔은 이 위스키에 대한 얘기를 듣게 되었다. 패텔은 당시를 이렇게 회상한다. "정말 놀라웠어요. 그곳 특유의 증류기(브뤼네 가문에서는 옛날 방식인 샤랑트 증류기를 쓴다)와 효모(와인용 효모) 덕분에 과일 풍미가 더 잘 진전되는 그런 위스키예요." 그녀는 숙성에서 1가지 변화를 유도하기도 했다. "예전엔 오로지 리무쟁 숲의 버진 오크 통에만 숙성을 시켰는데 저는 정말로 오래된 캐스크에서 추가 숙성을 거치면 어떻게 될지 궁금해지더라고요."(이것은 코냑의 표준적인 숙성 방식이다.) 현재 브렌(Brenne) 브랜드에서 실제로 이 숙성 방식으로 위스키를 생산하고 있다. "프랑스 스타일은 절충성인 것 같아요. 전통이 없기 때문에 그런 절충성이 발휘되는 건지도 모르죠." 프레드 레볼의 말이다.

프랑스 시음 노트

브렌 40%

향 달콤한 과일 향에, 고급 사과식초와 요리용 플럼/플럼 설탕 절임 향과 희미한 프랑스풍 제과점의 향취가 가볍게 어우러져 있다. 코냑 스타일의 경쾌한 꽃과 과일 향에 잘 익은 배, 포도 껍질 향이 한데 섞여 풍겨오고, 물을 섞으면 셀러리 향이 피어난다.
맛 입안에 머금자마자 다가오는 코코넛, 녹인 화이트 초콜릿의 맛. 달콤하다가 바나나 스플릿 맛이 이어진다. 점차 더 달콤해진다. 물을 희석하면 달콤한 과일과 감초의 풍미가 뚫고나온다.
피니시 온화하고 달콤하다.
총평 새 오크 통에 머문 영향으로 오크의 존재감이 느껴지지만 확실히 위스키에 대한 코냑식 해석을 보여준다.

플레이버 캠프 과일 풍미와 스파이시함
차기 시음 후보감 조만간 출시될 힉스 앤드 힐리

메이에스 블렌디드 40%

향 아주 향기롭다. 포도 향이 진하게 풍기면서 뮈스카 드 봄 드 브니즈(Muscat de Beaumes de Venise)가 연상된다. 꿀 향. 진한 향기에서 과일 특색이 강하게 느껴진다.
맛 아주 향기로운 바닐라 풍미. 뒤로 가면서 살짝 드라이해진다. 맛의 지속감이 적절하다.
피니시 아주 짧게 사라지는 여운.
총평 달콤하지만 맛보는 재미도 있다.

플레이버 캠프 과일 풍미와 스파이시함

메이에스 퓌르 몰트 40%

향 가벼운 스타일에 곡물이 주도하는 향. 몰트 창고 내음과, 라이터와 유사한 스모키하지 않은 페놀 느낌. 물을 섞으면 번져오는 정원용 노끈 향취.
맛 달콤하면서도 절제미가 있고, 지속감과 놀라울 정도의 깊이감을 두루 갖추고 있다. 끝맛에서 곡물 풍미가 뚫고 나와 톡 쏘는 듯한 자극이 살짝 느껴진다.
피니시 구운 곡물의 풍미.
총평 곡물의 특색이 공기처럼 가벼워, 중부유럽 스타일에 더 가깝다.

플레이버 캠프 몰트 풍미와 드라이함
차기 시음 후보감 JH 싱글몰트

레만 알사스, 싱글몰트 40%

향 약간의 곡물 향이 풍기면서 깔끔하다. 절제미가 있고 가벼우면서, 자전거 타이어 안쪽의 냄새가 감돌다 꿀 향이 다가온다. 단 향과 과일 향이 있지만 곡물 향이 주도적이다.
맛 입안에서도 달콤함이 이어지면서 시럽과 노란색 과일류 맛이 난다. 오크 풍미가 아주 가볍게 돌아 깔끔하다.
피니시 사철쑥과 마지팬의 풍미.
총평 이런 스타일의 가벼운 풍미에서는 중간 맛에서 무게감이 있어야 하고 오크는 보조 역할에 머물어야 한다.

플레이버 캠프 몰트 풍미와 드라이함
차기 시음 후보감 리블 코일모어 아메리칸 오크

레만 알사스, 싱글몰트 50%

향 힘이 있고 풀바디. 말린 과일, 블랙 체리 향이 풍긴다. 오크 향과 깊이감이 더해져 더 드라이하기도 하다. 깔끔한 구조감은 여전하다.
맛 살짝 향수 느낌이 나고, 그리요틴 체리(브랜디에 담근 체리), 마지팬의 맛도 연하게 감돌며 경쾌함이 느껴진다. 어린 느낌이다. 물을 섞으면 초콜릿 맛이 더 생겨난다.
피니시 과일 풍미.
총평 달콤함이 더 드러나 있지만, 한 스타일과 한 위스키로서 여전히 숙성되어가는 과정에 있다.

플레이버 캠프 과일 풍미와 스파이시함
차기 시음 후보감 아벨라워 12년, 테렌펠리 카스키

도멘 데 오트 글라세 S11 #01 46%

향 진한 꽃향기와 섬세한 과일 향. 흰색 과일 향과 살짝 풀 먹인 리넨의 파삭한 느낌. 점차 건초와 초원의 꽃 향취가 전해온다.
맛 윌리엄 배와 사과의 부드러운 풍미. 집중력이 있으나 여전히 어린 느낌의 빳빳한 구조를 드러내다가 꽃과 달콤한 풀의 풍미로 이어진다. 미네랄 특색이 가볍게 돈다.
피니시 깔끔하고 달콤하면서, 아니스와 이국적 향신료 풍미가 가볍게 감돈다
총평 존재감이 있다. 조만간 중심이 꽉 채워질 것으로 보이며 잠재력이 뛰어나다.

플레이버 캠프 향기로움과 꽃 풍미
차기 시음 후보감 키닌비 뉴메이크, 테슬링톤 VI 5년

도멘 데 오트 글라세 L10 #03 46%

향 풀 향과 건초 같은 향. 절제미와 차분함을 갖추고 있다. S11에 비해 곡물, 바위, 흙 특색이 강해 더 순수한 인상을 풍긴다.
맛 역시 꽃 특색이 풍기면서 가볍고 섬세한 풍미를 이룬다. 쑥과 안젤리카 풍미가 미미한 라벤더 풍미와 밸런스를 이룬다.
피니시 조밀하다.
총평 어리지만 잠재성을 품고 있다.

플레이버 캠프 향기로움과 꽃 풍미
차기 시음 후보감 마크미라 브룩스브히쉬

도멘 데 오트 글라세 세칼레, 콩드리유 캐스크 숙성 라이 56%

향 이국적이면서 향수 같은 느낌이 나며, 비오니에 와인 캐스크에서 입혀진 풍부한 질감과 호밀의 알싸함이 있다. 구운 마르멜로 향. 약간의 페놀 느낌이 감도는 섬세한 향.
맛 달콤하면서 정원 같은 인상을 일으키지만 타르와 후추 풍미가 희미하게 돌아 스파이시한 면도 좀 있다. 부드러운 질감이 길게 이어지고 회향풀 풍미가 연하게 풍기는 가운데 와인 캐스크에서 배어나온 농후한 풍미가 뚫고 나온다.
피니시 과일 풍미의 여운이 길게 지속된다.
총평 이미 밸런스를 갖추었다.

플레이버 캠프 스파이시한 호밀 풍미
차기 시음 후보감 옐로우 스폿

와렝헴 아모릭 더블 머추레이션 46%

향 여러 가지의 익힌 과일 향이 풍부하게 다가온다. 가벼운 페놀 향에 에스프레소 커피, 플럼, 곡물의 향이 어우러져 있다.
맛 풍미의 흐름이 좋고 깊이감도 뛰어나다. 플럼과 익힌 사과 맛에 오크와 융합된 풍미로 확실한 자기주장을 펼친다.
피니시 중간 정도의 지속감으로 과일 풍미의 여운이 이어진다.
총평 가볍고 보리 특색이 두드러지는 표준 제품보다 더 풍부하다. 질감도 더 풍부한 편이며, 무게감이 더해지면서 풍미에서 괄목할 만한 진전을 이루고 있기도 하다.

플레이버 캠프 풍부함과 무난함
차기 시음 후보감 부나하벤 12년

글랑 아르 모르 타올 에사 2 그웨치 2013 46%

향 온화하면서 어리고 깔끔하다. 효모와 에스테르 향. 풍부한 싱그러움.
맛 풍부하면서 아주 걸쭉하다. 웜텁과 직접 가열 방식의 영향이 엿보이는 기름진 풍미. 과일 맛. 가벼운 짭짤함.
피니시 산뜻하고 온화하다.
총평 비 피트 처리로 변화를 준 제품으로, 어리지만 인상적이다.

플레이버 캠프 향기로움과 꽃 풍미
차기 시음 후보감 벤로막

코르노그, 토라치 48.5%

향 아주 온화한 훈연 향과 뚜렷하게 다가오는 해안가 공기 내음. 설탕 뿌린 아몬드, 사과, 윌리엄 배의 향.
맛 소금기와 함께 허브 처빌, 사철쑥의 풍미가 느껴지면서, 향기로운 훈연 향도 올라온다. 오일리하면서 무게감이 중심을 잘 받쳐주는 가운데 다가오는 시나몬과 달콤한 비스킷의 맛.
피니시 튀지 않고 조심스러운 훈연 향.
총평 싱글 버번 캐스크 제품. 토라치는 브르타뉴 말로 피트를 뜻하는 단어다.

플레이버 캠프 스모키함과 피트 풍미
차기 시음 후보감 킬호만 마키어 베이, 인치고어

코르노그, 생 아이비 58.6%

향 더 힘 있고 대담한 특색을 띠면서, 더 강한 동유 향과 신선하고 상쾌한 느낌 사이로 포도 향이 배어나온다. 멀리에서 풍겨오는 히스 타는 냄새 같은 훈연 향과 더불어 정말로 달콤한 향과 아주 옅은 타르 향이 섞여 있다.
맛 아주 기운차고 박력 있게 다가오는 매시 풍미. 입안을 가득 채우는 시트러스 풍미. 오일리함.
피니시 오래 지속되는 여운 속에서 조심스레 피어나는 훈연 향.
총평 싱글 캐스크 제품.

플레이버 캠프 스모키함과 피트 풍미
차기 시음 후보감 치치부 더 피티드

Netherlands

네덜란드

자위담(Zuidam) | 바를러나사우 | www.zuidam.eu | 예약을 통한 단체 방문 가능

네덜란드 위스키는 어떻게 보느냐에 따라 신생 영역이기도 하고, 수백 년의 역사를 이어온 영역이기도 하다. 위스키는 어떤 술일까? 곡물 베이스의 나무통 숙성 증류주다. 그렇다면 게네베르(genever, 네덜란드 진)는 기본적으로 어떤 술일까? 몰팅 보리, 옥수수, 호밀의 매시를 발효시킨 발효액, 마우트베인(moutwijn)을 단식 증류기에 증류한 후에 식물 성분과 섞어 재증류한 다음, 블렌딩해서 숙성시키는 술이다. 옛 스타일의 게네베르와 위스키의 원조인 아일랜드, 스코틀랜드의 플레이버드 우스게바하는 서로 한 가족이었다.

현재 네덜란드에는 위스키 증류소 3곳이 보금자리를 틀고 있다. 뢰스던의 작은 증류소 팔레이(Vallei), 프리슬란트의 양조장 겸 증류소 위스 헤이트(Us Heit), 그리고 세계적으로 이름이 가장 많이 알려진 밀스톤(Millstone)이다. 이중 게네베르와 가장 밀접히 연관된 곳은 밀스톤이다. 밀스톤은 2002년에 게네베르 증류 기술자 프레트 판 자위담(Fred van Zuidam)이 세웠다. 현재는 그의 아들 패트릭(Patrick)이 운영을 맡고 있으면서 지난 5년 사이에 생산 능력을 2배로 키워냈다.

게네베르, 진, 보드카, 과일 리큐어까지 만들 줄 아는 비범한 재능의 증류 기술자 자위담이 위스키에 접근하는 방식은 풍차를 이용해 곡물을 걸쭉한 죽처럼 분쇄하는 것으로 시작한다. 그런 후엔 이 분쇄 곡물을 온도 조절이 되는 발효조에 펌핑해 넣은 다음 여러 종의 효모로 장시간 발효시킨다. 증류는 뱅마리에(끓는 물 속에 음식이 담긴 그릇을 넣고 그 음식을 익히거나 데우는 중탕기)식 가열 방식에 구리와의 많은 접촉이 가능한 홀스타인 스틸을 활용해서 더딘 속도로 진행한다.

그가 만들어내는 제품군은 갈수록 확대되고 있다. 현재 싱글몰트위스키(그 자신은 개인적으로 훈연 향을 싫어함에도 피트 처리를 한 제품)를 출시하고 있긴 하지만 그가 처음 정성을 쏟아부었던 대상은 관능적인 복합미와 스파이시함을 띠는 라이 위스키였다. 하지만 그의 애정을 놓고 경쟁을 벌이는 라이벌('rye'-val)이 있다. 곡물 5종(밀, 옥수수, 호밀, 몰팅 보리, 스펠트밀) 매시를 10일 동안 발효시켜 새 오크통에 숙성시키는 위스키다. "스펠트밀은 베이비 오일 느낌을, 밀은 견과류 풍미를, 옥수수는 달콤함을, 호밀은 알싸함을 부여해주죠. 이 모두를 한데 섞어 3년쯤 두면 절묘한 조화에 이르러요." 이곳에서는 이 정도의 어린 숙성은 드물다. 그가 만드는 위스키들은 보통 새 오크 통에서 숙성을 거친 다음 느긋한 산화를 위해 재사용 통으로 옮겨지며, 스피릿의 전반적 풍미가 풍부해 장기 숙성이 필요한 편이지만 그런 풍미 하나하나마다 그 진가가 잘 살려진다.

밀스톤 증류소에서 풍차로 분쇄한 곡물이 담긴 자루들.

"저희에겐 실험을 펼칠 자유가 있고 그럴 의지도 있어요. 스코틀랜드에서는 1톤당 410L(90갤런)의 알코올을 생산하지 않으려 했다간 혼쭐날 각오를 해야 해요. 제 경우엔 알코올 생산량을 낮춰서 스피릿의 품질이 좋아진다면 개의치 않고 할 수 있어요. 결국 가장 중요한 문제는 뛰어난 위스키를 만들어낼 자유에 있어요."

네덜란드 시음 노트

밀스톤 10년 아메리칸 오크 40%

향 여러 향신료 믹스의 향이 물씬 풍기면서 말린 오렌지 껍질, 안젤리카, 소나무 송진, 약꽃의 향기가 다가온다. 산화된 견과류와 크리스마스 향신료의 향.

맛 걸쭉하고 씹히는 듯한 질감이 느껴지다 오렌지 껍질 탄내가 나고, 뒤이어 순수한 과일 풍미가 피어난다.

피니시 살짝 씁싸름하면서 복합미를 더해주는 여운.

총평 절제력과 향기의 투명성에서 거의 일본의 특색이 느껴진다.

플레이버 캠프 **과일 풍미와 스파이시함**
차기 시음 후보감 야마자키 18년, 히비키 12년

밀스톤 1999, 페드로 히메네스 캐스크 46%

향 이 위스키에서도 말린 시트러스류 껍질 향이 은근히 배어나온다. 여기에 건포도, 영국의 옛 방식의 마멀레이드, 베르가모트/얼그레이 차의 향이 섞여 있다. 그 뒤로 들장미 향 비슷한 과일 향이 이어져 은은한 달콤함이 느껴진다.

맛 걸쭉한 질감의 풍미가 층을 이루면서 숲속의 과일 향, 건포도 향, 옅은 블랙커런트와 체리 향으로 이어지며 점점 깊이감을 더해간다.

피니시 담배 풍미.

총평 아주 농후하면서 절제미가 있다.

플레이버 캠프 **풍부함과 무난함**
차기 시음 후보감 앨버타 프리미엄 25년, 크라겐모어 디스틸러스 에디션

밀스톤 라이 100 50%

향 호밀의 혈기왕성함 위로 화려한 레드 벨벳이 깔린다. 특히 올스파이스 향이 진하고, 여기에 쿠베브(자바·보르네오산 후추 열매―옮긴이)와 장미 꽃잎의 향이 함께 아련히 풍기다 갈매나무 향과 걸쭉한 잼의 향으로 이어지면서 그 사이로 멘톨 향이 배어 나온다.

맛 처음엔 찌르는 듯 따끔하면서, 사제락의 느낌. 가벼운 마라스키노 체리 맛과 오크 풍미에 이어, 부드럽고 달콤한 과일 맛이 돌다가 말린 허브와 붉은색 과일 풍미가 배어나온다.

피니시 알싸하면서 달콤하게 마무리된다.

총평 독보적 세계 최상급은 아니라해도, 세계 최상급 중 하나로 꼽힐 만한 라이 위스키다.

플레이버 캠프 **스파이시한 호밀 풍미**
차기 시음 후보감 올드 포트레로, 다크 호스

Belgium

벨기에

디 아울 디스틸러리(The Owl Distillery) | 구덴 카롤루스 프리펠(Gouden Carolus Tripel) | 그라솔로뉴 | www.belgianwhisky.com
라데마허(Radermacher) | 레렌 | www.distillerie.biz

아주 다양한 명품 맥주의 고향이자 수많은 양조 지식의 보고(寶庫)인 벨기에라면 위스키 패밀리의 일원으로 끼어들 만도 하지 않을까? 실제로 몇 안 되는 증류소 가운데 1곳인 헤트 앙커(Het Anker)는 몇 년 전에 이런 타당한 행보를 감행해, 맥주 구덴 카롤루스 트리펠(Gouden Carolus Tripel)을 비슷한 이름의 위스키로 증류해 4년 동안 숙성시켰다. 현재는 앤트워프 인근의 블라스펠트에 위스키 제조를 위해 특별히 지은 증류소로 생산지를 옮겼다.

동쪽의 레렌에 자리한 라데마허는 이와는 다른 접근법을 취해왔다. 175년에 걸쳐 게네베르를 비롯한 여러 증류주를 만들어온 이 증류소는 10년 전부터 위스키를 만들기 시작했고, 가장 오래된 익스프레션은 10년 숙성 그레인위스키다.

하지만 가장 규모가 큰 생산자는 디 아울이다. 이 책의 이전 판 출간 이후, 증류 기술자 에티엔 부용(Etienne Bouillon)은 증류소의 위치를 그라솔로뉴의 중심부에서 이 마을 외곽지대의 대규모 농장으로 옮겼다.

위치와 설비의 변화가 생겼다고 해서 부용의 접근법에 변화가 생긴 것은 아니다. 오히려 그의 위스키 제조 철학의 중심인 '현지의 테루아'에 점점 더 가까워지도록 조율할 수 있게 되었다. "땅에는 발효 중의 풍미와 아로마의 생성에 어느 정도 기여하는 일면이 있어요. 곡물과 미네랄 성분을 통해 색다르고 독특한 풍미를 부여해 줍니다. 저는 알코올과 함께, 땅의 풍미도 뽑아내고 있어요." 그는 현재 이 증류소 주위에서 재배되는 보리만을 원료로 쓰고 있다.

하지만 증류기들은 크기와 모양이 원래의 증류기와 크게 다르다. "이런 변화가 큰 영향을 미칠 수 있다는 건 잘 알고 있지만 증류기 다음으로 증류 기술자의 역할도 중요해요. 저는 언제나 온도와 시간보다는 제 코와 입의 감각에 따라 컷을 해요. 2주가 걸려서야 적절한 컷의 기준을 찾았지만 이제는 큰 차이가 없는 스피릿을 뽑아내고 있어요. 보리 특색이 아주 살짝 더해지긴 하는데 여전히 과일과 꽃의 풍미는 지켜지고 있어요."

퍼스트 필 미국산 오크를 활용하는 숙성에서는, 이런 테루아 특유의 맛을 지킬 필요성을 인정해 세차게 몰아치는 기세의 바닐린의 풍미에 눌려 그 맛이 가려지지 않는 방향을 취한다. 그동안 부용이 해결 못 했던 문제점은 딱 하나, 충분히 장기간 숙성을 시킬 만한 재고의 확보였다. "이 벨지안 아울(Belgian Owl)을 벨기에 사람들에게 맛보여 주기 위해 만들긴 했지만, 계속 재고가 바닥나는 바람에 더 장기간 숙성시켜 볼 기회가 없었던 점이 아쉬웠어요. 이제는 생산 능력이 확충되어 수요를 충족시키기에 충분해졌어요."

이 언덕지대가 점차 증류의 중심 무대가 되어가고 있다.

벨기에 시음 노트

캐퍼도닉 증류소 뉴메이크

향 엄청난 과일 향과 경쾌한 느낌. 묵직한 꽃향기. 복숭아와 오래 우려낸 대황의 향. 깔끔하면서도 묵직하다. 곡물 오일의 향이 부드럽다.
맛 밸런스 잡힌 달콤함이 느껴지는 기분 좋은 첫 느낌. 원숙함, 지속감, 충만감, 풍부한 질감을 두루 갖추었다.
피니시 온화하다.

더 벨지안 아울, 비숙성 스피릿 46%

향 달콤하면서 살짝 꿀 향이 감돌고 여기에 복숭아 씨, 풋살구, 복숭아꽃, 보리의 향까지 더해져 있다.
맛 깔끔하고 가벼운 풍미 사이로 꿀의 특색이 뚫고 올라온다. 이제는 복숭아의 껍질 맛이 드러난다.
피니시 여러 가지 꽃향기와 곡물의 풍미.
총평 이미 부드러움과 뛰어난 밸런스를 갖추고 있다.

더 벨지안 아울 46%

향 건초 보관장 내음이 스폰지 케이크, 바닐라 크림, 들꽃이 한데 섞인 듯한 향을 떠받쳐주면서 가볍고 상쾌한 인상으로 다가온다. 물을 희석하면 살구 향이 확 풍겨온다. 원숙함이 느껴진다.
맛 아주 부드럽고 실크 같은 질감. 약간 화한 얼얼함과 페퍼민트의 싸한 맛이 느껴지다 곡물의 단맛과 절제된 오크 풍미로 이어진다.
피니시 온화하면서 겹겹이 층을 이루는 여운.
총평 복합미가 있으면서 부드럽다.

플레이버 캠프 과일 풍미와 스파이시함
차기 시음 후보감 글렌 키스 17년

더 벨지안 아울, 싱글 캐스크 #4275922 73.7%

향 첫향으로 강한 토피, 캐러멜, 초콜릿 퍼지 향이 풍긴다. 증류소 특유의 개성인 원숙함으로 화한 얼얼함이 누그러진 덕분에 배어나오는 과수원 과일의 향. 빅토리아 플럼 잼 향. 물을 섞으면 은은한 히비스커스 향이 피어난다.
맛 힘 있고 달콤한 인상. 아주 화한 얼얼함과 함께 약간의 알싸함. 농익은 과일의 단맛이 부드럽고 진하다.
피니시 희미한 곡물 풍미.
총평 밸런스가 잡혀 있으면서 은근히 자기주장이 강하다.

플레이버 캠프 과일 풍미와 스파이시함
차기 시음 후보감 글렌 엘긴 14년

라데마허, 람베르투스 10년 그레인 40%

향 바닥 광택제, 바나나 향. 견고한 구조감 속에서, 에스테르 향과 옅은 마시멜로 향이 조화를 이룬다.
맛 아주 달콤하고 향기롭다. 과일 코디얼 맛. 딸기와 바나나의 맛.
피니시 달콤하다.
총평 소박한 매력을 발산하는 그레인 위스키다.

플레이버 캠프 향기로움과 꽃 풍미
차기 시음 후보감 엘사스

Spain

스페인

리베르(Liber) | 그라나다 | www.destileriasliber.com | 연중 오픈 월~금요일

한때 스페인은 수년에 걸쳐 스카치위스키의 황금시장으로 자리 잡으며 젊은 층이 위스키를 즐길지에 회의적이던 이들에게 그 가치를 증명해 주었다. J&B, 밸런타인, 커티 삭 같은 브랜드들이 얼음 채운 잔에 듬뿍 채워지고 그 위에 콜라를 가득 부어 제공되던 당시에는 스카치위스키를 얘기하고 맛보는 새로운 방식을 제시해 주는 듯했다. 스페인은 스카치위스키를 벽면이 책으로 가득한 서재에서 해방시켰고 블렌디드 위스키가 다시 한번 실제적 가치를 띠게 해주었다. 당시에 스페인의 수요 폭발을 이끌었던 요인은 다양하고 복합적이며, 단순한 유행의 차원을 넘어선다. 심지어 풍미의 차원마저 넘어서서, 독재자 프랑코의 사망 이후 새로운 물결이 일던 스페인에게 블렌디드 스카치위스키는 하나의 상징이었다. '우리는 민주주의 국가이고 유럽인이며 옛 체제를 거부한다'는 상징의 술이었다.

프랑코 정권 시대의 보호무역주의에서는 수입 위스키의 가격이 비싸 스페인의 일반 서민들은 사 먹을 엄두도 내지 못했다.(일설에 따르면 프랑코 자신은 조니 워커를 굉장히 좋아했다고 한다.) 니코메데스 가르시아 고메스(Nicomedes García Gómez)는 그때 이런 생각을 했다. 서민들이 스카치위스키를 사 먹지 못하면 여기에서 우리가 위스키를 만들면 되지 않을까? 1958~1959년에 이미 아니제트(아니스 리큐어) 사업을 운영하고 있던 가르시아는 이 비전을 실행에 옮겨 세고비아의 팔라수엘로스 데 에레스마에 몰트 제조소, 그레인위스키 증류장, 증류기 6대가 설치된 몰트위스키 증류장 시설을 아우르는 대규모의 다기능 증류소를 세웠다. 1963년에는 데스틸레리아스 이 크리안사(Destilerias y Crianza, DYC)가 출범했다.

수요가 아주 높아지자 1973년에 이 업체는 원액을 대기 위해 스코틀랜드 몬트로즈의 로크사이드(Lochside) 증류소를 인수했으나 1992년에 이 스코틀랜드 증류소가 문을 닫으면서 이 모험적 시도도 막을 내렸다.

DYC(현재 빔 글로벌 소속사)는 줄곧 스페인 위스키와 '유럽'(즉, 스코틀랜드) 위스키로 다국적 블렌딩을 해왔으나 지난해에는 자사의 단식 증류기들에서 첫 번째 스피릿이 흘러나온 지 50년 만에 마침내, 100% 스페인산 싱글몰트위스키를 출시했다.

하지만 이 위스키가 스페인 최초의 싱글몰트위스키는 아니었다. 그 영예의 주인공은 그라나다 인근인 파둘의 데스틸레리아스 리베르(Destilerias Liber)에서 증류하고 있는 엠브루호(Embrujo)다. 이 위스키는 시에라네바다 산맥의 눈 녹은 물을 사용해 바닥이 평평한 특이한 모양의 구리 증류기 2대에서 증류한 후, 미국산 오크의 셰리 캐스크에 담아 숙성시킨다. 프란 페레그리노(Fran Peregrino)의 독창적 구상으로 탄생된 위스키로, 스코틀랜드의 증류 기술과 스페인의 영향력을 융합시킨 결과물이다.

스페인의 블렌디드 스카치위스키 시장은 현재 신세대들이 럼으로 입맛이 옮겨가면서 추락하는 추세에 있지만 싱글몰트위스키 판매는 부상하고 있다. 그에 맞춰 스페인의 증류 업체들이 다시 한번 등장한 것이 아닐까 싶다.

스페인의 가장 신생 증류소, 리베르의 뒤로 펼쳐진 시에라네바다 산맥.

스페인 시음 노트

리베르, 엠브루호 40%

향 젊은 기운과 풀과 흡사한 느낌의 싱그러움에, 견과류 특색의 풍부한 셰리 향이 더해져 조화를 이룬다. 아몬티야도 셰리 스타일이다. 생호두, 마드로노 향에 이어 곡물 향이 난다. 물을 섞으면 맥아유와 토피 향이 연하게 느껴진다.

맛 오크에서 입혀진 건과일과 견과류 특색에 구운 몰트 향이 더해져, 여러 요소가 조화를 이루면서 더욱 흥미롭게 다가온다. 깔끔한 인상의 스피릿이다.

피니시 가벼운 여운이 이어지다, 마지막에 건포도 즙을 짜낸 듯한 풍미로 마무리된다.

총평 아직 어리지만 배짱이 느껴진다.

플레이버 캠프 풍부함과 무난함
차기 시음 후보감 맥캘란 10년 셰리

Central Europe

중유럽

위스키를 만든다는 것은 곡물과 곡물의 증류만이 이야기의 전부가 아니다. 위스키를 제대로 잘 만들려면 어떤 위스키를 만들 것인지에 대한 의식적 결정이 필요하다. 영향력, 경험, 바라는 바와 더불어 이 3가지 못지않게 중요한 것, 즉 바라지 않는 바까지 결정의 바탕으로 삼아 접근해야 한다. 이런 접근법은 그대로 본뜰 수는 없지만, 영감을 얻고 이후에 자신도 누군가에게 영감을 주길 바랄 수는 있다.

어느 나라든 이런 접근법은 술에 얽힌 배경 이야기에 따라 영향을 받기 마련이다. 그리고 이런 영향이 가장 분명히 두드러지는 부문이라면 현재 부상 중인 독일, 오스트리아, 스위스, 리히텐슈타인, 이탈리아의 위스키들이 아닐까 싶다. 이 지역들은 한때는 신기하고 특이한 호기심 거리로 가볍게 보이기 십상이었지만 오늘날엔 증류 업체가 150개에 이루는 지역으로 성장했다.

그렇다면 이 지역 위스키들의 뿌리는 어디에 있을까? 가장 확실한 근원은 과일 스피릿 증류의 영향이다. 이곳은 증류소 대다수가 이 지역에서 수 대째 연륜을 쌓아온 가족 경영 업체들이다. 사용하는 증류기는 걸쭉한 과일 매시가 타지 않도록 뱅마리에식으로 뭉근히 가열하며, 때때로 목 부분에 정류판을 장착해 가볍고 맑은 증류액을 뽑아내기도 한다.

이런 뿌리의 배경은 스타일상의 철학을 형성해 주기도 했다. 이 지역에서는 곡물로 필요한 알코올을 얻어낼 뿐만 아니라 과일도 원료로 쓰고 있다. 따라서 이런 경우의 증류에서는, 그 목표가 원료로 쓰는 과일의 진수를 포착해내는 데 있다. 이런 식의 철학은 증류 기술자가 시야를 넓혀 보리만이 아니라 밀, 엠머밀, 호밀, 귀리, 옥수수, 스펠트밀 등에 이르기까지 아주 다양한 출발점을 고려해 볼 수 있게도 해준다.

특히 독일 위스키에서 더 두드러지는 면이지만, 이 지역의 양조 문화 역시 한몫하고 있다. 양조가들은 다양한 건조 기술, 효모의 중요성, 온도 조절 발효의 영향에 대해 잘 안다. 또한 현지에서 와인이 양조되고 있는 덕분에 최상급 오크통을 공급받으며 현지의 여러 품종 포도를 풍미의 원천으로 삼아오기도 했다. 훈연 재료는 피트보다는, 주로 목재(오크, 딱총나무, 너도밤나무, 자작나무)를 쓰고 있다. 이 지역은 완전히 다른 환경을 갖추고 있고, 그에 따라 위스키 역시 다른 특색을 띠는 것도 그리 놀랄 일은 아니다.

오스트리아의 야스민 하이더(Jasmin Haider)는 이런 독자적 다양성을 생각의 중심점으로 삼고 있다. "20년도 채 지나지 않아 위스키 현장이 이렇게까지 활기차게 발전하다니, 저희가 1995년에 일을 시작했을 당시엔 상상도 못 할 일이었어요. 이런 발전의 핵심은 다양성에 있어요. 꾸준히 자신만의 길을 가야 해요. 위스키는 사람들의 입맛만큼이나 다양해요."

이 말은 증류 업체들뿐만 아니라 애주가들에게도 해당되는 말이다. 스타일이 구축되기까지는 시간이 걸린다. 국가적 스타일의 경우엔, 훨씬 더 오랜 시간이 걸린다. 이곳은 아직 출발점에 서 있지만 벌써 흥미진진하다.

독일 자를란트의 호밀밭과 보리밭.

Germany

독일

슈람을(Schraml) | 에르벤도르프 | www.brennerei-schraml.de | 사전 예약제 견학 | **블라우에 마우스(Blaue Maus)** | 에골스하임 www.fleischmann-whisky.de | 연중 오픈 | **슬뤼르스(Slyrs)** | 슐리르제 | www.slyrs.de | 연중 오픈 월~일요일 방문 개방
핀히(Finch) | 넬링겐 | www.finch-whisky.de | **리블(Liebl)** | 바트 쾨츠팅 | www.brennerei-liebl.de | 연중 오픈, 구체적 사항은 웹사이트 참조
텔저(Telser) | 리히텐슈타인공국, 트리젠 | www.brennerei-telser.com

사람들의 생각과는 달리, 독일의 위스키 역사는 최근에 들어와서 시작된 것이 아니다. 슈람을 가문이 1818년부터 바이에른주의 에르벤도르프라는 도시에서 오크 숙성 그레인 증류주를 만들어왔고, 그 당시엔 여러 가지의 곡물 매시를 증류 후 숙성시켜 '브랜디'로 팔았다.(당시로선 갈색 스피릿이면 뭐든 다 '브랜디'라는 말을 붙이는 것이 흔한 일이었다.) 다음은 6대째 증류 가업을 이어온 그레고어 슈람을의 말이다. "이런 '갈색 옥수수' 스피릿이 생겨난 계기는 비상시 상황에 따른 것이었을 가능성이 있어요. 그때는 밀 같은 곡물이 언제나 손쉽게 구할 수 있는 게 아니었으니 비상 상황에서 그런 옥수수 증류액을 공백 메꾸기 용도로 저장했을 만해요. 나무통이 그런 증류액에 부여해 준 변신 효과는 사실상 의도된 게 아니었을 겁니다."

그의 아버지 알로이스는 1950년대에 수차례에 걸쳐 이 '갈색 브랜디'를 슈타인발트 위스키(Steinwald Whisky, 슈타인발트는 독일 남부의 산맥—옮긴이)로 홍보했으나 번번이 실패했다. "(중략) 너무 지역적인 컨셉이었던 데다 독일 위스키에 대한 흥미가 시들했기 때문이었을 가능성"이 있다. 이 스피릿은 이후로도 계속 증류되었으나 '파머스 스피릿(Farmer's Spirit)'으로 판매되었다. 그러다 2004년에 그레고어가 가업에 합류하며 위스키 프로젝트가 새롭게 시작되어, 스톤우드 1818 바바리안 싱글 그레인위스키(Stonewood 1818 Bavarian Single Grain Whisky)가 착수되었다. 지난 과거에 대한 인정으로써, 오래된 리무쟁 오크 브랜디 캐스크에서 10년 동안 숙성시키는 위스키다.

바이에른에는 양조장이 300개가 넘고 그만큼 양조에 관한 한 아주 훤하다. 그래서 한 세관원이 로베르트 플라이슈만(Robert Fleischmann)에게 비어 매시(beer mash)를 증류해 보면 어떻겠냐는 제안을 했을 때도 그 말이 더없이 타당하게 받아들여졌다. 1983년부터 운영된 플라이슈만의 블라우에 마우스 증류소는 여러 가지의 다양한 몰트를 활용해 페이턴트 스틸 원조 모델로 증류를 해오다 2013년 이후로는 새로운 단식 증류기 증류장에서 작업을 하고 있다.

슈테터(Stetter) 가문은 란텐하머(Lantenhammer) 증류소에서 1928년부터 과일 스피릿을 만들어왔으나 플로리안 슈테터는 1995년에 사업을 넘겨받자 돌연 스코틀랜드로 탐방을 떠났다. 그 이유는 이 증류소의 마케팅 책임자 안야 주메르스(Anja Summers)가 들려주었다. "스코틀랜드와 바이에른 사이에서 여러 가지의 유사점을 발견해서였어요. 풍경, 지방 사투리, 독립심 같은 것에서요. 그뒤로 자신이 고향 땅에서 뛰어난 위스키를 만들어내겠으니 두고 보라며 친구들과 내기를 했지요."

슬뤼르스가 개업한 같은 해에, 농부였던 한스 게르하르트 핑크(Hans-Gerhard Fink)가 슈바벤의 넬링겐에 핀히 증류소를 열었다. 자신이 직접 재배한 곡물(몰팅 보리, 밀, 스펠트밀, 옥수수, 고대의 밀 품종인 엠머밀)만을 원료로 쓰는 덕분에 전체 생산과정을 직접 통제할 수 있다고 한다. 그의 제품 중 클라시크(Classic)는 스펠트밀로 원료로 써서 레드와인 캐스크에 숙성시키는 위스키다. 그 외에 화이트 와인 캐스크에서 6년간 숙성시키는 휘트 위스키 디스틸러스 에디션(Distiller's Edition)과, 클라시크처럼 스펠트밀로 만드는 또 하나의 위스키 딩켈 포르트(Dinkel Port)도 있다.

블라우에 마우스 증류소의 홀스타인 스틸.

체코 공화국의 국경과 인접지인 바트 쾨츠팅에서도 게르하르트 리블(Gerhard Liebl)이 과일 스피릿 증류업자로 시작했다가 아들이 2006년에 위스키 제조로 사업 영역을 확장했다. 이곳은 얼핏 보면 그냥 싱글몰트위스키를 만들고 있겠거니 넘겨짚을 만도 하지만, 통곡물을 쓴다는 점에서나 뱅마리에 가열 방식인 과일 증류기를 쓰고 있다는 점에서 역시 바이에른 위스키답다. "저희만의 차별화된 특색 중 하나가 그런 증류 설비에서 얻어지는 겁니다. 저희가 이런 방법을 활용하는 목적은 고도의 정화 효과로 상쾌한 곡물 증류주를 만들어내는 데 있어요."

리히텐슈타인 공국

리히텐슈타인의 증류업자 마르첼 텔저(Marcel Telser)가 1888년부터 이어온 가업인 과일 스피릿 생산자에서 위스키 맨으로 변신한 계기는 스코틀랜드에 대한 열광이었다. 하지만 위스키를 증류할 수 있기까지는 8년을 기다려야 했다. 1999년까지 리히텐슈타인이 곡물 증류주의 생산을 금지시켰던 탓이었다.
그가 본격적으로 위스키를 생산하기 시작한 것은 2006년부터였다. 아무리 스코틀랜드에 푹 빠져 있다 해도 그의 위스키는 고국의 뿌리를 확연히 담고 있다. "상업적 측면에서 따지자면, 스카치위스키를 그대로 본떠서 만드는 편이 부담이 덜하겠지만 위스키는 지역이나 그 지역의 특색과 뗄 수 없는 관계에 있어요." 텔저의 말이다. 다시 말해 3가지의 몰팅 보리를 원료로 쓰고(이 3가지를 따로따로 증류한 다음 블렌딩 후 숙성시킨다), 통곡물을 발효시키고, 목재를 연료로 태워 과일 스피릿 증류기에서 증류하는 방식으로 위스키를 만들고 있다는 얘기다. 이런 방식을 쓰는 목적은 깔끔한 증류주의 생산이다. "저는 두어 잔 마시고 두통이 오는 위스키는 싫어요." 그가 소리내어 웃었다 말을 마저 이었다. "저는 신중한 접근법을 취하면서 건강에 좋은 위스키를 만들고 있어요!"
지역과의 연계성을 추구하는 동기는 숙성에까지도 작용해, 스위스 오크뿐만 아니라 현지에서 공급받는 피노 누아 캐스크도 쓰고 있다. "그 캐스크가 오크에서 잃어버린 고리 하나를 이어주고 있어요. 테루아가 캐스크에 특이한 풍미를 부여해 주기 때문이죠. 미네랄 특색이 있고 거의 짭짤함에 가까운 미묘한 그런 풍미예요." 이 말을 할 때 그의 어조에서는 열의가 느껴졌다.
리히텐슈타인은 넓이가 160㎢에 불과해 세계에서 가장 작은 위스키 생산국일지 모르지만, 현재 헌신의 노력을 쏟으며 연간 최대 10만 L(21,997갤런)에 달하는 위스키를 생산해 내고 있는 증류소와 함께 원대한 포부를 펼치고 있다.

독일
증류소
0 miles 100
0 km 100
SWEDEN
DENMARK
North Frisian Islands
East Frisian Islands
Hamburg
E26
Müritz
Elbe
Bremen
Preussische Whisky
Schönermark
POLAND
Ems
Weser
Aller
Oder
BERLIN
Mittelland Canal
Hannover
NETHERLANDS
E51
Bielefeld
Spreewalder,
Schlepzig
Hammerschmiede,
Eisbach
Rhine
Elbe
Gelsenkirchen
Essen
Dortmund
E45
Duisburg
Markische, Hagen
Leipzig
Düsseldorf
Sonnenschein
Wuppertal
Augustus Rex,
Dresden
Uerige
Saale
Cologne
Ziegler,
Freudenberg
E40
Birkenhof,
Nistertal
E41
GERMANY
E51
Ore Mountains
BELGIUM
Anton Bischof,
Wartmannsroth
E44
Höhler
Frankfurt
Faber
Wiesbaden
Main
Schraml,
Erbendorf
CZECH REPUBLIC
Obsthof am Berg
Mößlein
Moselle
Bachgau,
Schaafheim-Radheim
E45
LUXEMBOURG
Blaue Maus
Avadis,
Wincheringen
Nordpfalzer
Mannheim
Bohemian Forest
Altstadthof,
Nürnberg
Neckar
E50
Drexler
Liebl
Kammer Kirsch,
Karlsruhe
E35
Rieger & Hoffmeister
Roder,
Aalen-Wasseralfingen
E56
Stuttgart
Danube
Krabbe-Nescht
Hohenheim
FRANCE
Doinich Daal
Sigel
Theurer
Finch Whisky
Rhine
Obst-Korn Zeiser
Augsburg
E52
E52
Fitzke,
Herbolzheim
Bellerhof,
Bosch Edelbrand,
Gruel,
Owen-Teck
Badischer Whisky,
Biberach
Munich
Sloupitsl
Black Forest
N
Lanten-hammer
Slyrs
AUSTRIA
Steinhauser,
Kressbronn
Lake Constance
SWITZERLAND
LIECHTENSTEIN

독일 시음 노트

블라우에 마우스, 뉴메이크

향 산뜻함과 살짝 단 향. 곡물과 건초의 드라이한 향. 희미한 흑연 향취와 약한 탄내. 묵직한 몰트 향.
맛 얼얼하면서 약간의 퍼티 느낌이 있다.
피니시 토스트 풍미가 풍기면서 얼얼하다.

블라우에 마우스 그뤼너 훈트, 싱글 캐스크 40%

향 누가 향과 광낸 목재 향. 연한 송진 향과 목재 야적장 특유의 냄새를 허브와 시나몬 향이 떠받쳐준다. 가루 같은 질감이 있고, 물을 섞으면 효모 향과 부풀어오른 빵반죽 내음이 느껴진다. 물을 넣으면 젖은 개 냄새와 가죽 냄새도 감돈다.
맛 파릇파릇하면서 살짝 싱싱한 인상에, 덜 익은 견과류 믹스와 밤 가루 향에 더해 가벼운 향신료 향이 섞여 있다. 그중에서도 시나몬과 올스파이 향이 가장 두드러진다.
피니시 날카로우면서 깔끔하게 마무리된다.
총평 싱싱함과 깔끔함을 갖추었다.

플레이버 캠프 **몰트 풍미와 드라이함**
차기 시음 후보감 허드슨 싱글 몰트, 밀스톤 5년

블라우에 마우스 슈피나커, 20년 40%

향 아주 달콤하고 버번을 연상시킨다. 목재의 단향과 캐러멜 향. 토피 애플과 육두구 향. 여전히 파릇파릇함이 살아 있고 콩 꼬투리 같은 느낌의 견과류 향도 있다.
맛 가벼운 무게감 사이로 곡물 특색이 두드러진다. 곡물 풍미와 오크의 타닌이 한데 어우러져 드라이하면서 견고하다.
피니시 살짝 스파이시한 여운.
총평 깔끔하고 가볍다.

플레이버 캠프 **몰트 풍미와 드라이함**
차기 시음 후보감 맥더프

슬뤼르스, 2010 43%

향 마르멜로, 노란색 플럼, 배의 과일 향이 아주 향기롭다. 뜨거운 톱밥 냄새와 더불어 점차 꽃향기도 피어난다.
맛 첫맛은 살짝 드라이하면서 약간의 화한 느낌과 옅은 캐스크 기운이 풍긴다. 노란색과 초록색 과일 풍미가 맛에서도 계속 이어진다.
피니시 산뜻하고 새콤하다.
총평 가볍고 발랄하며, 풍미가 진전 중이다.

플레이버 캠프 **향기로움과 꽃 풍미**
차기 시음 후보감 텔저, 엘사세 싱글몰트

핀히, 엠머(밀), 뉴메이크

향 달콤하고 향기로운 향 사이로 베이비 오일 느낌이 살짝 난다. 순수한 인상의 가벼운 곡물 향에서 살짝 묻어나는 깊이감.
맛 무난하다. 섬세함과 활기찬 마우스필이 잘 조화되어 있다.
피니시 살짝 부드러워지는 여운.

핀히, 딩켈 포르트 2013 41%

향 캐스크의 기운이 강타하면서 패랭이꽃과 과일 향이 함께 느껴진다. 라즈베리 향과 가볍고 달콤한 체리 향. 스펠트밀 특유의 향기로움이 드러난다.
맛 달콤하다. 상쾌한 과일 맛이 물씬 풍기면서 야생 자두 맛이 은은하게 감돈다. 온화하다.
피니시 부드럽고 온화하다.
총평 포트 캐스크에서 숙성시킨 위스키의 특색이 살아 있다.

플레이버 캠프 **과일 풍미와 스파이시함**
차기 시음 후보감 치치부 포트 파이프

핀히, 클라시크 40%

향 진한 설탕 절임 향. 솜사탕, 젤리 베이비(아기 모양의 젤리과자), 라임 젤리 향이 한데 풍겨와 축제장의 느낌이 난다. 가벼운 오일 향. 물을 희석하면 구미베어 향으로 진전된다.
맛 특유의 부드러운 질감이 나타난다. 물을 섞으면 곡물 풍미가 좀 더 살아난다.
피니시 가벼운 먼지 느낌, 농축된 과일 풍미.
총평 향기롭고 강렬하다.

플레이버 캠프 **과일 풍미와 스파이시함**
차기 시음 후보감 JH 카라멜

슈람을, WOAZ 43%

향 원료로 쓰인 밀 특유의 순수함과 달콤함에 더해 설탕 절임의 느낌과 케이크 당의의 향이 옅게 풍긴다. 뒤이어 다가오는 아주 가벼운 시트러스 향과 그 아래로 깔리는 드라이한 곡물 향.
맛 달콤하면서 살짝 크리미하다. 활기찬 느낌 속에서 옅은 오렌지 맛과 섬세한 오크 풍미가 명확하게 다가온다.
피니시 크리미하고 무난하다.
총평 곡물 풍미의 뚜렷한 구조감과 밀의 섬세한 달콤함.

플레이버 캠프 **달콤한 밀 풍미**
차기 시음 후보감 하이우드 화이트 아울

슈람을, 드라 50%

향 세련된 인상과 허브 향. 오크 통에서 풍미를 더해가는 중의 어린 스피릿의 느낌이 확실히 느껴진다. 달콤한 사과 향과 옅은 풀 향. 물을 섞으면 자신을 좀 드러내지만, 깔끔한 스피릿이다.
맛 토스트 풍미와 구운 맛 특유의 맛. 이곳 위스키 대다수에서 공통적으로 느껴지는 견고한 뼈대의 곡물 풍미가 이 위스키에서도 살아 있다. 물을 섞으면 살포시 드러나는 붉은색 과일의 풍미에서 앞으로의 잠재성이 엿보인다.
피니시 가벼운 후추 향.
총평 오크에서 15개월을 보내고 나온 위스키.

플레이버 캠프 **과일 풍미와 스파이시함**
차기 시음 후보감 파뤼 로산(출시 예정)

리블, 코일모어, 아메리칸 오크 43%

향 상큼함 속에 곡물 향이 두드러진다. 뮤즐리, 콘플레이크 향. 보리의 단 향이 가볍고 기분 좋게 다가온다. 물을 섞으면 피어나는 건초더미/왕겨 향. 은은한 달콤함.
맛 크리미한 감촉. 초콜릿을 뿌린 오트 포리지가 연상되는 맛. 가벼운 중간 맛. 생도라지 풍미.
피니시 조밀한 느낌.
총평 풍미가 아주 명확한 스타일이다.

플레이버 캠프 **몰트 풍미와 드라이함**
차기 시음 후보감 하이 웨스트 밸리 탠

리블, 코일모어, 포트 캐스크 46%

향 옅은 핑크빛. 모과맛 젤리, 라즈베리가 연상되는 과일 향. 물을 희석하면 회향풀 꽃가루와 허브의 향이 살짝 피어난다. 점차 향기로워진다. 엘더베리 향.
맛 터키시 딜라이트 맛으로 달콤하다. 약간 얼얼한 알코올 기운. 물을 희석하면 중간 맛에서 풍미에 살집이 살짝 더 붙으며 약한 야생 과일 풍미가 더해진다.
피니시 깔끔한 느낌 속에 먼지 내음이 살짝 퍼진다.
총평 잠재된 특색을 매혹적으로 드러내 보이고 있다.

플레이버 캠프 **과일 풍미와 스파이시함**
차기 시음 후보감 핀히 딩켈 포르트

리히텐슈타인 시음 노트

텔저, 텔징톤 VI, 5년 싱글몰트 43.5%

향 크리미한 몰트 향이 풍기고, 캐스크의 기운이 가볍게 돌면서 부드럽다. 버터향이 진하게 돌지만 그 속에서도 특유의 강렬함을 여전히 간직하고 있다. 말린 사과, 달콤한 복숭아, 덜 익은 바나나의 향도 있다.
맛 미네랄의 특색이 혀를 덮어온다. 군침이 돌게 할 정도의 강렬한 풍미와 얼얼함. 기분 좋은 향신료 풍미와 옅게 퍼지는 부드럽고 달콤한 과일의 맛.
피니시 가벼운 허브 느낌으로 마무리된다.
총평 균형감과 절제미를 갖추고 있다.

플레이버 캠프 **과일 풍미와 스파이시함**
차기 시음 후보감 스피릿 오브 흐벤

텔저, 텔징톤 블랙 에디션, 5년 43.5%

향 핵과일 향과 거의 짭짤한 느낌의 향이 풍기면서 부드럽고 달콤하다. 살짝 먼지 내음이 도는 곡물 향과 은은한 훈연 향. 미네랄의 특색과 야생과일의 향.
맛 향신료, 커리 잎, 심황 맛이 퍼지면서 입안이 얼얼하다. 특유의 미네랄 풍미가 뚫고 나오며 견고하고 대담한 인상을 준다.
피니시 조밀함과 산뜻함이 느껴진다.
총평 포트 캐스크와 프랑스산 오크의 기운을 받아 과일과 향신료 특색이 더해졌다.

플레이버 캠프 **과일 풍미와 스파이시함**
차기 시음 후보감 그린 스폿, 도멘 데 오트 글라세

텔저 라이, 싱글 캐스크, 2년 42%

향 강렬하고 경쾌한 느낌 속에서 미네랄 향이 옅게 풍긴다. 호밀의 달콤하고 알싸한 특색을 많이 살려낸 아주 순수한 라이 위스키. 살짝 박하 향도 느껴진다.
맛 무난한 편이며 부드러운 무게감을 선사한다. 방향이 잘 잡혀 있다. 장뇌, 올스파이스, 파우더의 풍미.
피니시 깔끔하고 조밀하다.
총평 조화로움을 갖추었다.

플레이버 캠프 **스파이시한 호밀 풍미**
차기 시음 후보감 랑데부 라이

Austria, Switzerland, Italy

오스트리아, 스위스, 이탈리아

하이더(Haider) | 오스트리아 로겐라이트 | www.roggenhof.at | 연중 오픈, 구체적 사항은 웹사이트 참조
젠티스(Säntis) | 스위스 아펜첼 | www.saentismalt.com | **랑가툰**(Lanatun) | 스위스 랑엔탈 | www.langatun.ch
푸니 데스틸레리에(Puni Destillerie) | 이탈리아 글루른스 | www.puni.com

오스트리아의 위스키 제조 접근법은 라이제트바우어(Reisetbauer)의 에바 호프만(Eva Hoffman)의 행보에 압축적으로 잘 담겨 있다. 1995년에 문을 연 라이제트바우어는 1995년에 "로컬 보리와 색다르게 해보고 싶은 열망에 영감을 자극받아" 시작되었다고 하며, 이 증류소의 경우엔 그 색다른 시도가 샤르도네와 트로켄베렌아우스레제 같은 현지의 와인 캐스크 사용이었다.

이곳 외에도 빈 남쪽의 옛 세관 건물에서 라벤브라우 브루어리(Rabenbrau Brewery)가 3차 증류 몰트위스키 2종인 올드 라벤(Old Raven)과 올드 라벤 스모키(Old Raven Smoky)를 판매하고 있는가 하면 자인트 니콜라이 임 자우젤에 자리한 보이츠(Weutz)에서는 매시에 호박씨를 쓰는 그린 팬서(Green Panther)를 비롯해 아주 다양한 제품을 내놓고 있다. 또 라포텐슈타인의 로크너(Rogner)에서는 밀, 호밀, 다양한 방식으로 로스팅한 보리를 원료로 쓰고 있고, 발트피르텔 북동부 지역의 그라니트(Granit)는 훈연처리한 호밀, 스펠트밀, 보리를 쓴다.

이 모든 실험을 이끈 개척자는 요한 하이더(Johann Haider)였다. 요한은 1991년에 로겐라이트에 증류소를 열어 1999년에 라이 위스키인 'J.H.' 위스키로 세상에 첫선을 보였다. 현재 이 증류소의 위스키 월드(Whisky World)는 연 8만 명의 방문객을 끌어모으는 명소로 떠올랐다. 2011년에 증류소를 넘겨받은 요한의 딸 야스민은 이렇게 말한다. "저희 증류소는 오스트리아 최초의 위스키 증류소였어요. 국내에서는 비교해 볼 상대도 없는 상태에서 아버지는 직접 부딪히면서 증류 기술을 터득했죠."

라이 위스키는 여전히 이 증류소의 주력 제품으로, 가벼운 로스팅 처리와 진한 로스팅 처리 호밀에, 심지어 때때로 피트 처리한 호밀까지 모두 원료로 쓰고 있다. 호밀과 보리를 섞어 쓰는 위스키도 만들고 있고, 서로 다른 로스팅 방식을 활용하는 2종의 싱글몰트 제품도 있다. 하이더 증류소는 그다음 행보로써 숙성을 더 주의 깊게 살펴, 내부를 숯처럼 강하게 태운 현지의 세실 오크 캐스크를 주로 쓰고 있다. 그야말로 끊임없이 혁신을 펼치는 곳이라는 인상을 주는 곳이다.

라이제트바우어의 에바 오프만은 '발랄함'을 오스트리아 스타일을 이루는 한 특색으로 삼았다. 이런 발랄함은 급속도로 성장 중인 이 매혹적인 위스키 무대 전역에 걸쳐 널리 적용해도 될만한 특색이다. 오스트리아의 위스키는 스타일만이 아니라 사고방식 역시 발랄하다.

스위스에서는 1999년까지 곡물의 증류가 금지되어 있었고 그런 탓에 증류소들이 비교적 신생 업체들이다. 가장 유명한 브랜드는 젠티스(Säntis)로, 아펜첼 소재 로허 브루어리(Locher Brewery)의 증류 부문 계열사다. 스위스의 다른

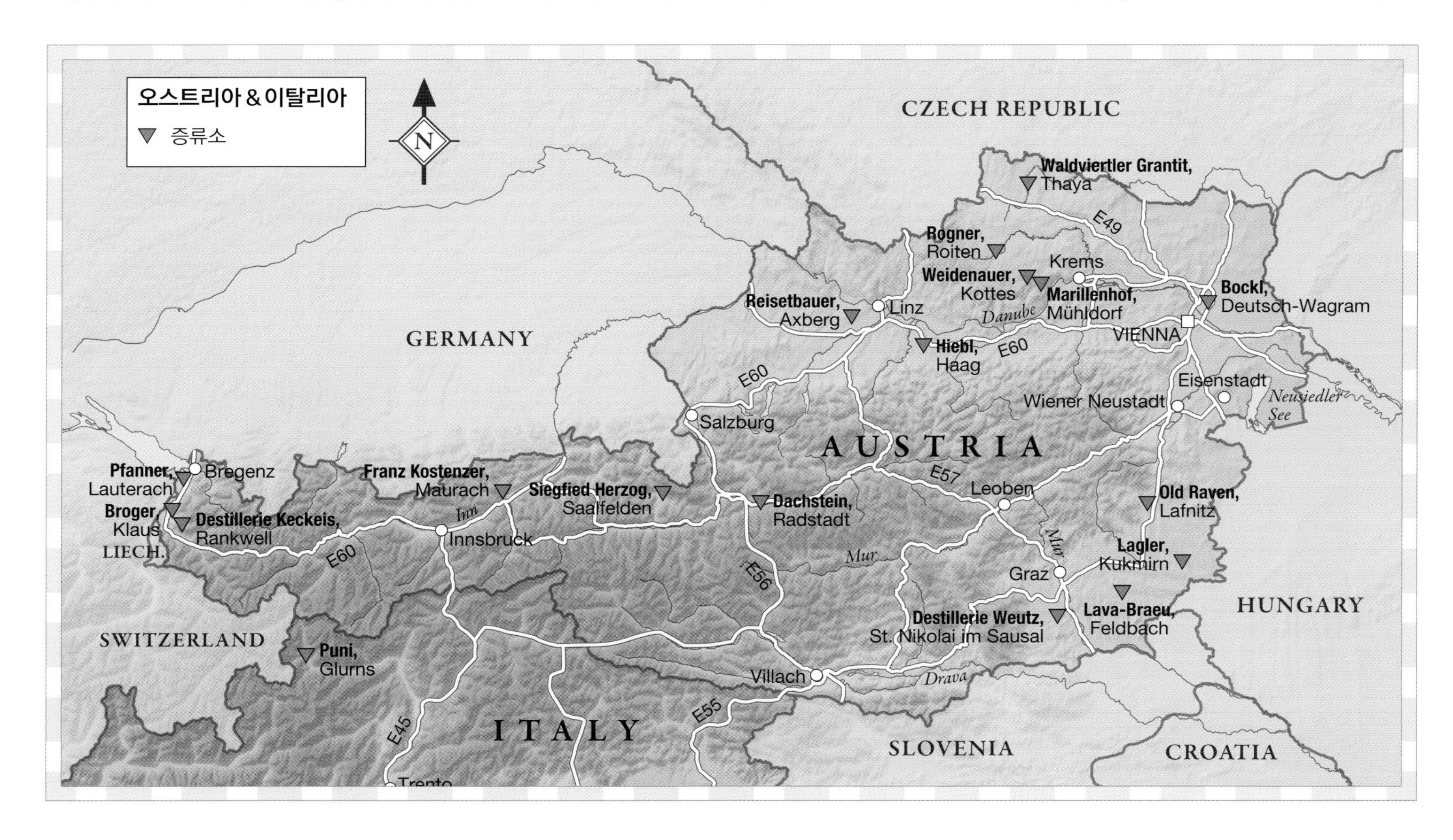

푸니의 이 인상적인 큐브형 건물은 유럽에서 가장 주목할 만한 증류소다.

증류 업체들과 마찬가지로 이곳 역시 숙성 기술에 중점을 두고 있다.

젠티스의 독보성은 현지의 곡물과 피트 사용 외에, 60~120년 된 비어 캐스크의 사용에서도 드러난다. 이 캐스크들은 처음 쓸 때부터 내부를 피치(원유, 타르 등의 증류 후에 남는 검은색 점성 물질—옮긴이)로 발라 밀봉시키는데, 이 피치가 갈라지면 맥주가 널빤지 속으로 스며들게 되고, 이렇게 갈라진 캐스크는 이후에 다시 밀봉 처리된다. 그리고 이렇게 쓰이던 캐스크는 증류소가 찬찬히 살펴보며 숙성 통으로 쓸 수 있겠다고 결정하는 순간 드디어 피치가 벗겨져 수십 년간 서서히 스며든 맥주로 풍미를 흠뻑 머금은 자태를 드러내게 된다. 에플링겐(Eflingen)의 위스키 캐슬(Whisky Castle)은 2002년에 문을 연 이후, 지역 고유의 유산(오크 훈연)과 양조 기술(에스테르 향을 더욱더 생성시키기 위한 뚜껑을 닫지 않은 상태에서의 발효 기술)을 활용하는 한편 밤나무, 헝가리 오크, 스위스 오크, 다양한 와인 캐스크 등의 다양한 목재를 사용해 왔다.

양조와의 연관성을 갖고 있기로는 랑가툰도 마찬가지다. 랑가툰은 2005년에 한스 바움베르거(Hans Baumberger)가 마이크로 브루어링(맥주의 소규모 생산 판매)을 시작해 보기 위해 뮌헨에서 일하다 고향인 랑겐탈로 돌아와 설립한 곳이다. 이곳 역시 증류에 못지않게 캐스크도 특색의 근간으로 삼고 있어, 올드 디어(Old Deer)는 샤르도네와 셰리 캐스크에, 가볍게 훈연 처리하는 올드 베어(Old Bear)는 샤토뇌프 뒤 파프 캐스크에 숙성시키고 있다.

스카치위스키 사랑이 아주 각별한 나라인 점을 감안하면 놀랄 만한 사실이지만, 이탈리아는 2010년이 되어서야 최초의 위스키 전용 증류소가 생겼다. 현재 남 티롤의 글로렌차 소재의 적갈색 큐브형 건물에 들어서 있는 푸니 증류소는, 처음엔 취미로 시작했던 일이 얼마 지나지 않아 에벤스페르제르 일가의 가내 증류 차원을 넘어설 만큼 성장하면서 세워진 곳이다. 인근인 빈스크가우

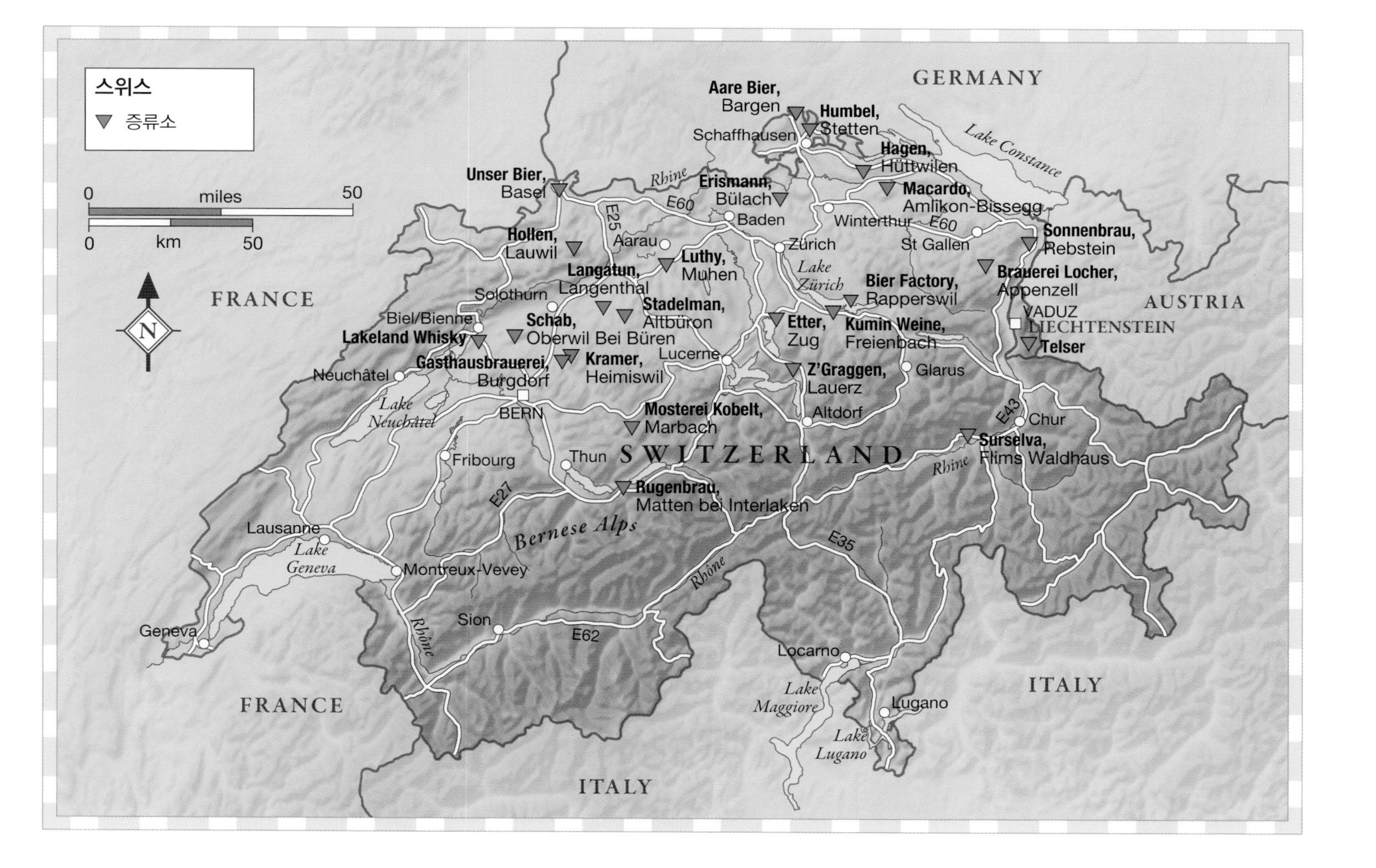

밸리가 호밀이 재배되는 지역이라 처음엔 호밀을 원료로 써봤지만, 그 위스키는 가볍고 과일 특색을 띠는 스타일을 선호하는 이탈리아인의 입맛에는 풍미가 너무 과했다.

그 결과 3년 동안 130회의 생산을 거듭하며 곡물, 매싱 온도, 발효 시간, 증류 작업에 대해 이리저리 검토한 끝에 매시빌로 몰팅 밀, 호밀, 보리를 섞기로 결정하는 한편 2차 세계대전 당시에 쓰다 방치되어 있던 벙커들을 숙성고로 활용하게 되었다. 에벤스페르제르 일가는 과학수사처럼 촘촘한 관찰로 그 무엇 하나도 놓치지 않고 살펴왔다. 증류 작업에서는 코일에 증기가 아닌 뜨거운 물을 채우는 식으로 가열한다. "저희의 증류 방식은 온도에 따라 생성되는 풍미의 차이를 면밀히 살핀 끝에 만들어졌어요." 증류 책임자 요나스 에벤스페르제르의 말이다.

"일정 시간 동안 특정 온도로 가동하고 싶으면 그렇게 할 수도 있어요. 저희는 속도가 더디면서, 더 정확한 증류를 하고 있어요. '수비드식 증류'인 셈이죠!"

오스트리아 시음 노트

하이더, J.H. 싱글몰트 40%

향 깔끔한 느낌 사이로 달콤한 건초 보관장 내음이 가볍게 감돈다. 먼지 내음이 살포시 일고 가벼운 과일 향과 미묘한 향기로움이 느껴진다.
맛 달콤하면서, 시나몬과 육두구 맛에 연한 정향 맛이 어우러진 알싸함이 짜릿하다. 혀 측면에서 느껴지는 드라이함. 가벼운 중간 맛. 깔끔한 느낌의 가벼운 과일 풍미.
피니시 생강 풍미와 함께 톡 쏘는 자극이 여운으로 남는다.
총평 섬세하고 산뜻하다.

플레이버 캠프 과일 풍미와 스파이시함
차기 시음 후보감 메이에스 퓌르 몰트, 헬리어스 로드

하이더, J.H. 싱글몰트, 카라멜 41%

향 후추 향과 허브 향. 봄이 느껴지는 향. 축축히 젖은 땅과 푸릇푸릇한 새싹의 향취. 두드러지는 곡물 향. 물씬하게 풍기는 부드러운 과일 향.
맛 초원지대의 꽃향기와 프리지어 향이 더 진하지만 향신료 풍미도 함께 느껴져 경쾌하면서 향기롭다. 입맛을 '업'시켜주는 매력이 있다. 중간 맛에서 하리보 젤리 특유의 단맛이 은은히 풍긴다. 살짝 견과류 풍미도 있다.
피니시 새콤함과 함께 볶은 향신료 풍미가 옅게 남는다.
총평 주된 특색인 드라이한 보리 풍미와 향기로운 과일 풍미 사이의 조화가 좋다.

플레이버 캠프 과일 풍미와 스파이시함
차기 시음 후보감 핀히 클라시크

하이더, J.H. 스페셜 라이 누가 41%

향 가벼우면서 아주 크리미하다. 달콤한 향. 조금은 아련한 느낌의 요리용 향신료와 회향풀 씨의 향. 풋사과 향과 제과점 냄새가 기분 좋게 다가온다.
맛 알싸함이 확 퍼지고 쌉쌀함이 느껴져 달콤하면서 무난하다. 밸런스가 좋다. 물을 희석하면 아니스 풍미가 피어난다.
피니시 알싸하고 깔끔하게 마무리된다.
총평 어리지만 확신과 자신감을 가진 라이 위스키다.

플레이버 캠프 스파이시한 호밀 풍미
차기 시음 후보감 로트 40

하이더, J.H. 피티드 라이 몰트 40%

향 페놀 향과 진한 들풀 내음이 퍼져, 알팔파, 초원의 건초, 희미한 꽃가루, 가벼운 그을음 연기와 크레오소트, 옛날 약의 느낌이 난다. 물을 섞으면 고무 냄새가 옅게 난다.
맛 드라이하면서, 호밀의 알싸함과 피트 풍미가 밸런스를 이루고 있다. 지속감이 좋고 깔끔하며, 단맛이 중심을 잘 잡아준다.
피니시 알싸함과 함께 페놀 향이 여운으로 이어진다.
총평 시중에는 피트 처리된 라이 위스키가 많지 않은데, 이 위스키를 맛보면 왜 그런지 의문을 가질만 하다.

플레이버 캠프 스파이시한 호밀 풍미/스모키함과 피트 풍미
차기 시음 후보감 발콘즈 브림스톤

스위스 시음 노트

젠티스, 에디티온 젠티스 40%

향 광낸 오크 향, 깊은 몰트 향, 익힌 과일의 향으로 향기롭게 풍기다 점차 야생 자두와 제비꽃 향으로 이어지고, 뒤이어 제라늄과 바닐라 향이 희미하게 다가온다.
맛 입안에서도 향기로움이 느껴져, 제비꽃과 기분 좋은 먼지 내음이 살짝 감돌다 라벤더 향으로 바뀐다. 커리 잎의 풍미가 가볍게 풍긴다.
피니시 향신료 풍미와 함께 깔끔하게 마무리된다.
총평 오래된 비어 캐스크에서 숙성되어 깊이감이 원지를 제대로 선보여준다.

플레이버 캠프 과일 풍미와 스파이시함
차기 시음 후보감 오버림 포트 캐스크, 스피릿 오브 브로드사이드

젠티스, 알프슈타인 Ⅶ 48%

향 알싸하면서 타마린드 우린 물과 소두구 향기가 진하고, 그 사이로 이 위스키 특유의 깊이 있는 과일 향이 배어나오면서 연한 대추야자와 무화과 향이 더해진다. 밸런스가 좋다.
맛 부드러운 질감의 플럼 풍미에 더해 오디 잼의 특색이 느껴지고, 이국적인 향이 여전히 입안에 머문다. 타닌의 텁텁함이 살짝 있다.
피니시 발랄하고 깔끔하다.
총평 비어 캐스크 5년 숙성 원액과 셰리 캐스크 11년 숙성 원액을 블렌딩한 위스키로, 이 제품군 가운데 가장 우아하다.

플레이버 캠프 풍부함과 무난함
차기 시음 후보감 발콘즈 스트레이트 몰트

랑가툰, 올드 디어 40%

향 자몽 알갱이의 향과 아주 달콤새콤한 향이 여러 가지 열대 과일을 연상시키는, 가볍고 산뜻하고 새콤한 스타일이다. 메이스와 통조림 배의 과즙 향이 희미하게 있다.
맛 살짝 꿀맛이 난다. 산뜻하고 발랄한 신맛과 덜 익은 싱싱한 와인(피노 블랑)의 특색이 입맛을 업시켜준다. 가벼운 중간 맛.
피니시 산뜻하고 활기찬 여운.
총평 오크 풍미의 밸런스가 좋다. 젊음과 싱그러움, 톡 쏘는 날카로움을 두루 갖추고 있다.

플레이버 캠프 과일 풍미와 스파이시함
차기 시음 후보감 텔저

랑가툰, 올드 베어 40%

향 흙내음과 함께 익힌 플럼과 잘 익은 과수원 과일 향이 풍긴다. 올드 디어보다 더 드라이하다.
맛 장작 연기와 훈제 치즈가 섞인 느낌의 훈연 풍미가 희미하게 배어나온다. 아주 견고하고 젊은 인상이다. 레드 체리 맛이 나지만 중간 맛에서는 여전히 가벼운 산뜻함이 살아 있다.
피니시 살짝 드라이하다.
총평 더 깊이감이 있고 꽤 괜찮은 밸런스를 보여준다.

플레이버 캠프 과일 풍미와 스파이시함
차기 시음 후보감 스피릿 오브 브로드사이드

이탈리아 시음 노트

푸니, 퓨어 43%

향 희미한 아티초크 향과 연한 주키니 꽃 향의 채소 계열 향취. 온실과 토마토 덩굴의 향. 과일의 단 향. 거의 시럽 느낌의 향에 이어 다가오는 산뜻한 곡물 향.
맛 아주 드라이하고 분필 느낌이 돌다가 꽃향기가 피어난다. 산뜻한 과일 맛이 가볍고 시원한 인상을 준다.
피니시 점점 드라이해진다.
총평 향기가 좋고 이미 밸런스까지 갖추었다.

푸니, 알바 43%

향 아몬드 향, 점점 진해지다 나중엔 지배적으로 부각되는 장미수 향, 밤꽃 스토크와 재스민 향이 한데 어우러져 공기처럼 가볍게 풍겨오고, 그 사이로 시나몬 향이 흩뿌려져 있다.
맛 미묘함, 달콤함, 경쾌함, 향기로움이 동시에 느껴진다. 아주 깔끔하고 달콤한 풍미.
피니시 육두구, 로즈힙 시럽의 풍미.
총평 어리지만 이미 완성을 이룬 느낌을 준다.

플레이버 캠프 향기로움과 꽃 풍미
차기 시음 후보감 콜링우드, 랑데부 라이

Scandinavia

북유럽

스웨덴과 노르웨이 사람들의 각별한 스카치위스키 사랑은 급기야 글래스고의 위스키 펍을 자주 찾아오는 정도까지 치달았다. 여행 비용까지 더해도 고국에서보다 더 싸게 마실 수 있기 때문이다. 스코틀랜드의 증류소 직영 매장들도 매년 북유럽 방문객들을 환호하고 있다.

따라서 북유럽 지역이 부상 중인 위스키 증류 업계에 뛰어드는 것은 시간 문제였다. 어쨌든 이 지역은 세계 최대 규모 행사(스톡홀름의 대규모 연례 비어 앤드 위스키 페스티벌)가 열리는 곳이자 위스키 클럽과 축제가 세계에서 가장 많이 몰려 있는 곳이다. 스웨덴, 노르웨이, 핀란드에서 스피릿 생산에 대한 정부 규제가 해제된 이후로 위스키 증류소가 출현하는 것은 필연적 수순이었다. 이 글을 쓰고 있는 시점을 기준으로, 증류소의 수는 스웨덴이 12개, 덴마크에 7개, 노르웨이와 핀란드가 각각 3개에 이르며, 아이슬란드에도 1개의 증류소가 영업 중이고 1곳이 더 문을 열 예정이다.

스웨덴과 노르웨이에서는 18세기 말부터 일명 '스칸디나비아의 포도'로 통하던 감자를 주원료로 써서 곡물 베이스의 스피릿이 비교적 드물었고 통 숙성은 훨씬 더 드물었다. 독점 생산 체제에서 스타일이 고정되어 변형된 특색의 제품이 별로 없었다. 하지만 그렇다고 위스키 증류의 시도가 아예 없었던 것은 아니다.

1920년대 말에 화학 공학자 벵트 토르비에른손(Bengt Thorbjørnson)이 스웨덴에서 위스키 증류가 가능한지를 알아내는 임무를 부여받고, 다케츠루 마사타카처럼(212쪽 참조) 스코틀랜드로 파견되었다. 그는 가능성에 대한 분석 자료와 잠재적 비용에 대한 자료를 갖추어 귀국했으나 그의 보고서는 검토가 보류되었던 듯하다. 그러다 1950년대 들어와 마침내 스웨덴에서 위스키가 증류되며 1961년에 셰펫스(Skepets) 블렌디드 위스키가 출시되었으나 그나마도 1966년에 생산이 중단되었다.

따라서 이 지역에서는 위스키가 신생 산업에 든다. 아니, '산업'이라는 말을 붙이기조차 아직 부적절할지 모른다. 현재 북유럽의 증류 업체들은 실험, 발견, 창의력 발휘, 깊이 있는 탐구를 통해 특색을 만들어나가고 있는 중이다.

하지만 흥미진진한 대목은 공통적인 신념에 있다. 이곳 증류소들의 대다수는 설립자가 스카치위스키 마니아들임에도 자신들의 북유럽 위스키 제조에서는 그 뿌리를 인접 환경에 두려는 의지를 불태우고 있다.

이 증류 업체들 대다수는 현지를 깊이 이해하는 태도에서 비롯되는 이점을 살펴보고 있다. 이 이점은 곡물일 수도 있고, 피트나 그 외의 여러 가지 전통적 훈연 방법일 수도 있다. 아니면 기후, 그 고장의 오크 나무, 주변에서 자라는 베리류, 그동안 생산되어온 스피릿과 와인들에 대한 이해가 될 수도 있다.

특히 사람들이 레스토랑 '노마(Noma)'의 셰프 르네 레드제피(Rene Redzepi)가 내세우는 철학인 "자연의 연중 변화를 따라가며 (중략) 세상을 느끼는" 신념에 주의를 기울이기 시작하면서 '지역성'이 거의 신비주의적 반향을 띤다. 실제로 새로운 북유럽 위스키에는 이런 신념과 같은 태도가 깃들어 있기도 하다. "앞으로 몇 년 후면 북유럽 스타일이 뭘까에 대한 답이 나오게 될 겁니다. 그리고 그 답은 가지가 여러 갈래로 뻗어가는 답이 될 거예요." 마크미라의 마스터 블렌더 안젤라 도라지오(Angela d'Orazio)의 말이다.

이곳 업계 내에는 하나의 격언이 있다. 그대로 본뜨지 말 것. 다음은 노르웨이의 아르쿠스(Arcus)에서 일하고 있는 증류 기술자 이반 아브라함센(Ivan Abrahamsen)의 말이다. "사람들은 스카치위스키가 수백 년 동안 해온 방식을 따라해 왔어요. 그렇게 똑같이 할 이유가 있을까요? 저희는 스카치위스키를 경쟁상대로 생각해선 안 돼요. 따라서 몇년 후면 북유럽 스타일이 뭔지를 제대로 보시게 될 겁니다. 위스키에는 이야기가 담겨야 해요. 어떤 이야기가 펼쳐지게 되든 흥미로울 겁니다."

스웨덴의 비옥한 남쪽 평야는 급성장중인 위스키 업계에 원료를 대주는 곳이다.(사진은 말뫼 인근의 평야.)

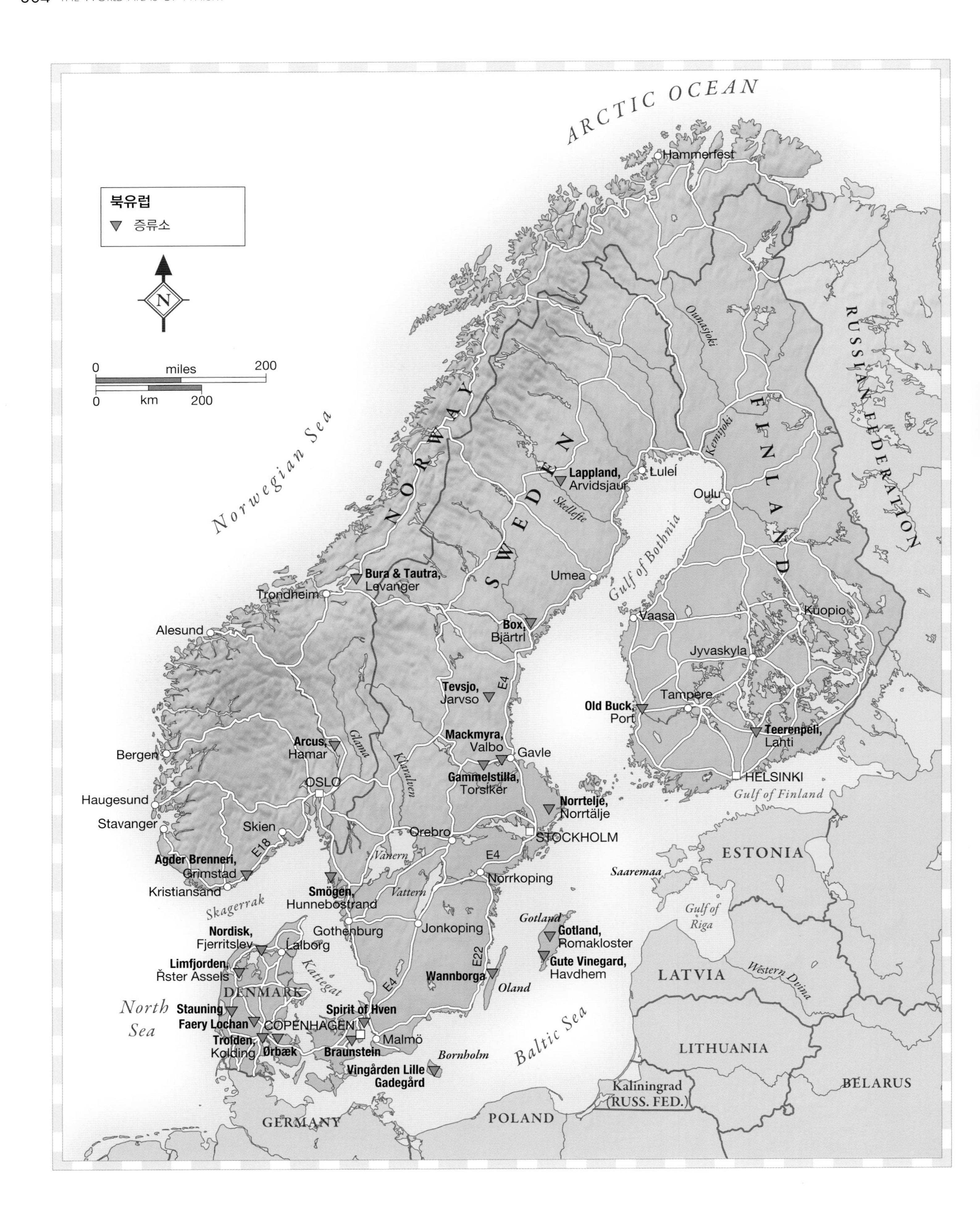

북유럽
증류소
N
0 miles 200
0 km 200
ARCTIC OCEAN
Norwegian Sea
North Sea
NORWAY
SWEDEN
FINLAND
RUSSIAN FEDERATION
DENMARK
ESTONIA
LATVIA
LITHUANIA
BELARUS
POLAND
GERMANY
Kaliningrad (RUSS. FED.)
Hammerfest
Lappland, Arvidsjaur
Luleå
Oulu
Bura & Tautra, Levanger
Trondheim
Umea
Alesund
Box, Bjärtrl
Vaasa
Kuopio
Jyvaskyla
Tevsjo, Jarvso
Old Buck, Port
Tampere
Teerenpeli, Lahti
Arcus, Hamar
Bergen
Mackmyra, Valbo
Gavle
Gammelstilla, Torsiker
HELSINKI
Gulf of Finland
OSLO
Haugesund
Norrtelje, Norrtälje
Stavanger
Skien
Orebro
STOCKHOLM
Agder Brenneri, Grimstad
Kristiansand
Smögen, Hunnebostrand
Norrkoping
Saaremaa
Skagerrak
Gothenburg
Jonkoping
Gotland
Gotland, Romakloster
Gulf of Riga
Nordisk, Fjerritslev
Aalborg
Gute Vinegard, Havdhem
Limfjorden, Řster Assels
Kattegat
Wannborga
Oland
Western Dvina
Stauning
Spirit of Hven
Faery Lochan
COPENHAGEN
Trolden, Kolding
Ørbæk
Braunstein
Malmö
Bornholm
Baltic Sea
Vingården Lille Gadegård
Gulf of Bothnia
Ounasjoki
Kemijoki
Skellefte
Glama
Klaralven
Vanern
Vattern
E4
E18
E22

Sweden

스웨덴

복스(Box) | 비에트로 | www.boxwhisky.se | **스뫼겐**(Smögen) | 훈네보스트란드 | www.smogenwhisky.se | 위스키 스쿨 및 견학 정보는 웹사이트 참조
스피릿 오브 흐벤(Spirit of Hven) | 흐벤 | www.hven.com | 견학 관련 구체적 사항은 웹사이트 참조

스웨덴은 위스키 소비국에서 위스키 생산국으로의 놀라운 변신을 일으키면서 그 추세가 확산 중이다. 현시점에서 최북단의 증류소는 비에트로라는 도시에 위치한 복스인데, 이곳은 두 형제가 아트 갤러리를 열었던 것이 계기가 되어 다소 에두른 길을 돌아 문을 연 사례에 든다. 다음은 복스의 홍보대사 얀 그로트(Jan Groth)의 말이다. "두 사람도 곧 깨달았지만 스웨덴 북부 지역에서는 현대 미술에 대한 수요가 그리 높지 않았어요." 어쩌다 위스키 증류를 다음 길로 선택했는지는 잘 모르겠으나 형제는 2010년에 양조 기술자 출신 로게르 멜란데르(Roger Melander)를 증류 기술자로 영입해 위스키를 만들기 시작했다.

멜란데르는 서쪽의 스코틀랜드만이 아니라 동쪽의 일본까지도 주목해서 살펴봤다. "저는 처음부터 복스 위스키의 이상으로 아주 만족할 만한 그림을 그려놓았어요. 뉴메이크에 대한 제 선택이 적절했는지는 한 15년쯤 지나야 답할 수 있겠지만 저희가 제대로 가고 있다고 확신해요." 그는 이런 말도 덧붙였다. "세계 최고의 위스키를 만들기 위한 길에는 지름길 같은 건 없어요. 가장 좋은 원료를 고르고 최고의 설비를 갖추고 그 설비를 정성스레 다루면서 이해하는 과정이 중요해요. 저희는 캐스크를 채우기 전에 하나하나 일일이 냄새를 맡는데 이제는 냄새만 맡고도 결함이 있는 캐스크를 골라낼 수 있어요. 캐스크는 대부분 1번만 씁니다."

위치도 영향을 미치는 요소다. "냉각수가 저희만큼 차가운 곳은 또 없을 겁니다. 그런 냉각수가 스피릿에 깔끔하고 순수한 풍미를 부여해 줍니다. 이곳 숙성고의 온도는 하루하루, 또 계절에 따라 많은 변화가 일어나 스피릿이 오크로 침투해 들어가 기막힌 풍미를 진전시키게 해주기도 하죠." 이렇게 만들어진 위스키는 초반엔 집중력 있고 세련된 과일 풍미의 특색을 띠게 된다.

예테보리 북쪽의 발트해 연안에 자리한 아담한 스뫼겐 증류소의 페르 칼덴뷔(Pär Caldenby)는 스코틀랜드의 전통 방식에 더 가까운 접근법을 택했다. "스뫼겐의 특색은 스코틀랜드의 섬들과 서부 연안 지역에서 영감을 얻은 것입니다. 스피릿의 국적을 결정하는 것은 그 스피릿이 만들어지고 숙성되는 장소입니다. 저희가 스코틀랜드의 몰트를 쓰고 있다고 해서 저희 위스키가 스카치위스키가 되는 건 아닙니다."

그는 '스코틀랜드식' 방식을 아주 굳게 신봉해 비전통적 단식 증류기에서 만들어진 스피릿은 위스키라고 불러서도 안 된다고 생각하는 사람이지만 다음과 같은 생각을 갖고 있기도 하다. "그 기본적 기준을 따른다고 해서 모방을 하는 건 아닙니다. 재치와 역량을 충분히 발휘한다면 변형을 가할 여지는 여전히 있으니까요." 그가 만들어낸 위스키들은 이미 경쾌한 과일과 가벼운 훈연 · 초콜릿의 풍미에 공기처럼 가볍고 깔끔한 인상이 엿보이고 있어, 다양한 북유럽 스타일과 느슨한 연관성을 갖고 있는 듯한 느낌이다.

이곳은 단 1곳도 취미처럼 가볍게 증류 일에 임하는 경우가 없다. 칼덴뷔의 말을 들어보자. "뛰어난 위스키가 되려면 밸런스가 있어야 하지만 개성도 갖추어야 한다는 게 제 철학이에요. 개성이 없으면 좋은 위스키도, 흥미로운 위스키도 못 돼요. 팔린다 해도 그건 그저 마케팅 효과의 덕일 겁니다. 저는 '음, 그 위스키… 괜찮았어.'라는 말보다 '난 그 위스키 싫던데. 너무 독해!'라는 평을 듣는 게 좋아요. 적어도 견해를 갖게 하는 위스키잖아요."

스웨덴과 덴마크 사이의 외레순 해협에 위치한 흐벤 섬에 자리 잡은 헨리크 몰린(Henric Molin)의 증류소는 이 책의 초판이 인쇄될 무렵 막 문을 연 곳이다. 그 당시에 몰린이 밝혔던 포부는 "초원, 꽃, 보리밭과 바다/해안, 핵과일 자라는 정원, 유채꽃의 시트러스 향이 한데 어우러진" 증류액을 뽑아내는 것이었다.

그렇다면 지금은 어떨까? 현재 그의 실험실은 다른 증류 기술자들이 사용 중이며 그는 전 세계를 돌며 컨설팅을 해주고 있다. 화학 전공자인 그가 위스키에 지역성을 시적으로 구현해 담고 싶다던 그 구상을 바꾼 것일까? "저는 제 화학 지식을 생산된 재고분을 최대한 활용하는 방면으로나, 새로운 길을 찾고 새로운 방법을 탐색하는 방면으로 활용하고 싶었어요. 그런 경지에 이르려면 한계를 실험해 봐야 하죠." 잠재성을 찾기 위한 그 오랜 실험 끝에 빚어진 위스키가 바로 스피릿 오브 흐벤이다. 에스테르 향이 경쾌하면서 산뜻하고, 가벼운 질감에 과일 풍미와 향긋한 꽃내음, 해초 느낌을 띠는 위스키다.

"스웨덴에서는 누구나 위스키를 만들 수 있어요. 스웨덴 위스키가 되려면 그

복스 증류소의 건물은 원래 목재를 태우는 화력 증기 발전소로 운영되다 1960년대에 방치되었던 시설이다.

원산지의 영향이 확실히 드러나야 해요. 아무리 사소한 것일지라도 보리, 물, 효모 등 모든 것이 최종 위스키에 영향을 미치기 마련입니다. 스웨덴 위스키는 스웨덴산 원료를 써야 합니다.(여기가 페르 칼덴뷔와 견해가 갈리는 지점이다.) 숙성 또한 장소에 따라 영향을 받아요. 저희는 제조 철학을 중시하긴 하지만, 숙성 장소에 따른 영향이 있다는 점도 확실히 느끼고 있어요."

그렇다면 현재 스웨덴의 스타일이 생겨나는 중인 걸까? 글쎄, 아직 답하기엔 이르다.

이쯤에서 로게르 멜란데르의 말을 들어보자. "저는 스웨덴의 모든 증류소에서 완벽한 위스키를 만들길 진심으로 바라고 있어요. 스웨덴 위스키가 세계 시장에서의 한 개념으로 부상하려면 그래야 해요. 그래서 저희는 서로서로 돕고 있어요. 복스의 다른 증류소들 직원들을 가르쳐주기도 하면서요. 저희는 동료이지 경쟁자가 아닙니다."

이런 우호적인 분위기는 스웨덴의 위스키 발전에 힘이 되어줄 것이다. 이곳의 증류소들은 채택하는 기술과 철학은 서로 다를지라도 스웨덴스러움과 지역성을 모두 갖춘 위스키를 만들어내야 한다는 통찰력 있는 신념에서는 모두가 한마음이다.

스웨덴 비에트로 소재, 복스 증류소의 구리 증류기.

스웨덴 시음 노트

스뫼겐, 뉴메이크 70.6%

향 경쾌한 과일 향에 무게감과 곡물, 바나나, 과일 껍질, 훈연 등의 느낌이 섞여 있다. 물을 섞으면 퍼티 향취가 드러난다.
맛 기분 좋은 강렬함과 얼얼함. 옅은 귀리 비스킷과 겨의 맛. 물로 희석하면 디저트용 사과의 달콤함이 전해온다.
피니시 드라이하고 깔끔하게 마무리된다.

스뫼겐, 프리뫼르 63.7%

향 깔끔하면서 살짝 견과류 향이 감돈다. 브라질너트 향과 함께 느껴지는 희미한 허브 느낌과 이국적인 향신료 향. 은은하게 퍼지는 에나멜 페인트 내음과 가벼운 훈연 향. 건초 타는 냄새와 향기로운 풀내음.
맛 오크 첨가제 풍미가 풍기고 코코넛 밀크와 기름 없이 볶은 향신료 맛이 어우러져 있는데 니겔라의 느낌이 두드러진다. 달콤함과 드라이함이 밸런스를 잘 이루고 초콜릿 맛이 난다.
피니시 상큼하면서도 여전히 조밀함이 이어져 진전된 곡물 풍미가 느껴진다.
총평 잠재력을 갖춘, 기분 좋고 깔끔한 스피릿이다.

플레이버 캠프 스모키함과 피트 풍미
차기 시음 후보감 라프로익 쿼터 캐스크

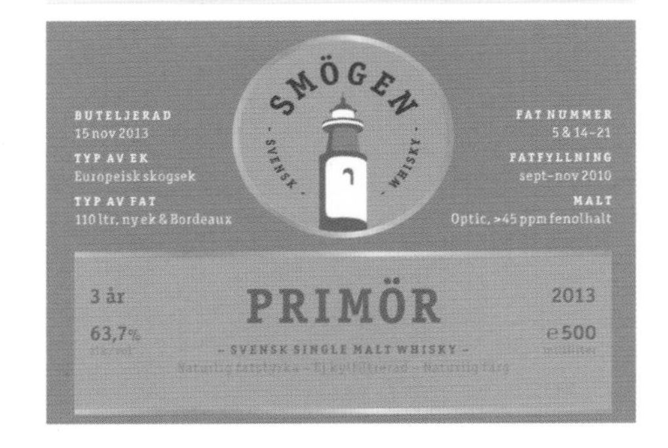

스피릿 오브 흐벤, No.1, 둡헤 45%

향 럼 같은 에스테르 향에 연한 파인애플 향과 입안이 탁 트이는 상쾌함이 느껴진다. 아주 가벼운 오크, 사이프러스, 가문비나무 싹의 향취. 미미한 레드우드 껍질 향. 상쾌하다가 캐틀 케이크, 다크 그레인, 몰트 추출물의 느낌이 다가온다. 브래드 앤드 버터 푸딩과 설타나 향이 퍼져오기도 한다.
맛 깔끔하고 달콤하면서 얼얼한 알코올 기운이 퍼지는 첫맛. 강렬한 오크 풍미와 붉은색 과일 풍미.
피니시 젊고 싱그러운 느낌의 여운.
총평 복합적 풍미가 한데 섞인 가운데서도 여전히 상쾌함이 살아 있는, 강한 개성파 위스키다.

플레이버 캠프 향기로움과 꽃 풍미
차기 시음 후보감 웨스트랜드 디컨 시트

스피릿 오브 흐벤, No.2, 메라크 45%

향 발랄한 과일 향과 벚꽃 향기. 새콤한 향에 더해, 바닷가의 신선한 공기와 미네랄 특색이 가볍게 감돈다. 희미한 양송이 내음. 이끼와 해초 향. 물을 섞으면 오일과 꿀 향이 가볍게 느껴진다.
맛 약간 신중한 첫인상과 함께 다가오는 멜론과 배의 맛. 풍선껌과 밸런스 좋은 오크의 풍미. 입맛을 아주 '업'시키는 맛. 물을 섞으면 꿀맛이 돌며 깊이감이 더해진다.
피니시 살짝 신맛이 난다.
총평 상쾌하고 달콤함 속에서 과즙미가 더해져간다.

플레이버 캠프 향기로움과 꽃 풍미
차기 시음 후보감 치치부 치비다루

복스 언피티드 캐스크 샘플

향 와인검과 에스테르 향이 팽팽하고 집중력 있으면서 세련된 느낌을 준다. 섬세한 효모 향과 갓 구운 바게트 향.
맛 깔끔하고 아주 강렬하지만 중간 맛에서 멜론, 사과, 파인애플 풍미로 부드러워진다.
피니시 깔끔하고 짧다.
총평 어리지만 잠재력으로 충만하다.

복스 헝가리안 오크 캐스크 샘플

향 옅은 메스키트 나무 타는 냄새가 스모키하게 풍기면서 갈색 겨자 씨의 향이 불쑥 다가오고 에스테르 계열의 과일 향도 가볍게 감돈다.
맛 스모키함과 광낸 오크의 특색과 더불어 과일 풍미가 퍼지면서 아주 깔끔하고 달콤하다.
피니시 길고 상쾌한 여운.
총평 고조감이 있고 강렬하다. 관심을 갖고 지켜볼 만한 위스키다.

Mackmyra

마크미라

스웨덴 예블레 | www.mackmyra.com | 예약 필수

벵트 토르비에른손은 마크미라를 어떻게 생각할지, 문득 궁금해진다. 그의 목표는 스코틀랜드의 원칙을 취해 스웨덴에 적용하는 것이었다. 1999년에 다른 사람들은 꿈만 꾸던 일을 실행에 옮겼던, 마크미라의 설립자들은 지금까지 줄곧 이와는 다른 생각을 품어왔다. 물론, 스카치위스키의 열렬한 지지자들이긴 했으나 마크미라를 출범시킬 때부터 스페이사이드만큼이나 스웨덴에서도 큰 영감을 얻었다.

북유럽 스타일에 대해 논의를 하려면 가장 먼저 독자적 정체성을 얘기해야 하며, 마크미라는 지금까지 이런 정체성은 잘 지켜왔다. 그렇다면 그 정체성은 어디에서 비롯되는 걸까? 마크미라는 위스키 제조의 철학에 대해서 크게 신경을 쓰고 있다.

마크미라의 위스키는 첫 제품이 170가지의 제조법이 시도된 끝에야 출시되었지만 스카치위스키에 길들여진 사람들에게 놀라움을 선사했다. 가볍고 경쾌하고 순수하면서도 연약하지 않았다. 그런 특색은 지금도 여전하며, 예나 지금이나 냉철한 절제력을 띠면서도 엄숙함이 없기도 하다.

다음은 마스터 블렌더 앙엘라 도라시오(Angela d'Orazio)의 말이다. "저희는 스카치위스키를 비교 대상으로 삼아 위스키를 만든 적이 없어요. 그래서 저희 위스키가 첫출시되었을 때 사람들이 처음 보인 반응은 '이건 위스키가 아니야!' 였구요." 그녀는 당시를 떠올리며 소리 내 웃었다. 빠르게 발전하는 오늘날의 위스키 세계에서는 새로운 풍미와 기술이 열렬한 환영을 받고 있어 사람들이 쉽게 잊는 사실이지만, 전환기에만 해도 스카치위스키가 주도하는 풍미에 도전장을 내밀었다간 회의적 반응이 돌아오기 일쑤였다.

"물론 스카치위스키는 중요한 존재예요. 스카치위스키가 저희의 근원인 건 맞지만 저희 위스키는 초창기 때부터 확실한 마크미라 스타일을 띠었어요." 그녀는 마크미라의 스타을 생생함이라고 표현하는데 이는 마크미라가 전해주는 차분한 강렬함을 정확히 포착한 말이다. 마크미라에서는 오크가 차분하게 가라앉혀 주는 역할을 한다. 허브 계열의 오일리한 특색이 강한 스웨덴산 오크를 활용하는데 단독으로 쓰기도 하지만 대개는 미국산 오크와 섞어서 만든 캐스크를 쓴다.

2011년에 규모를 키워 새롭게 문을 연 신축 증류소를 통해 현재는 '전통' 스타일 3종, '엘리건트(Elegant)', 피트와 노간주나무로 스모키함의 변형을 준 2종을 생산하고 있다. 이 모두는 컷 포인트에서 차이가 있을 뿐 본질적으로 같은 스피릿이다. 도라시오는 뿌리에 연관된 실험에 점점 깊이를 더해가면서 스코그, 호페, 글뢰드 지역의 베리 와인 캐스크를 사용해 보는가 하면, 자작자무 목재를 쓰기도 하고, 개척적인 노르웨이 수제 양조업체 에기르(Ægir)와 함께 캐스크 스왑(cask-swap) 프로젝트를 벌이고 있기도 하다.

"전통적 위스키와 현대적 위스키를 모두 만든다는 건 끝내주는 일이에요. 꼭 어느 한쪽만 만들어야 할 필요는 없잖아요."

마크미라 시음 노트

마크미라 비툰드, 뉴메이크 41.4%

향 에스테르에 가까운 향이 가볍게 돌면서 연한 스위트피 꽃 향이 난다. 심지어 스위트피 새싹의 느낌도 있다. 와인(소비뇽 블랑) 특유의 향과 함께, 쐐기풀과 섬세한 배의 향기가 느껴진다. 셔벗 같은 꿀 향.
맛 단맛과 시트러스 풍미. 톡 쏘는 청량감과 경쾌함에 꽃향기가 더해진다. 과일 풍미.
피니시 섬세하고 달콤한 여운.

마크미라 브룩스브히쉬 41.4%

향 확실한 진전을 드러내 보인다. 신중하고 침착하며 절제되어 있으면서도, 물을 섞으면 피어나는 아주 가벼운 풍미가 더해져 있다. 사람을 취하게 하는 꽃향기에서 계곡에 핀 백합이 연상된다.
맛 입안에 머금으면 코에서 느껴지는 정도보다 더 깊이감이 있다. 가벼운 꿀맛에 이어 뒤에서 섬세한 향신료 향이 받쳐주는 풍미가 이어진다. 아주 여리여리한 느낌이다.
피니시 온화하고 부드럽게 마무리된다.
총평 그 이름값에 부합하는 '우아한' 스타일이다.

플레이버 캠프 향기로움과 꽃 풍미
차기 시음 후보감 더 글렌리벳 12년

마크미라 미드빈테르 41.3%

향 아주 알싸한 향. 우려낸 베리류의 향. 과일(블랙베리) 향과 함께 박하와 커런트 잎의 향이 진하다. 여전히 신중함을 간직한 가운데 야생 과일 향을 물씬하게 드러낸다.
맛 달콤한 첫맛에 이어 베리류 맛이 뚫고 나오면서 걸쭉해지는 느낌이 미묘하게 난다.
피니시 살짝 잼 같은 느낌과, 생울타리가 연상되는 여운.
총평 달콤함과 과일 풍미에 맛보는 재미까지 선사해 주는 위스키다.

플레이버 캠프 과일 풍미와 스파이시함
차기 시음 후보감 브룩라디 블랙 아트

마크미라 스벤스크 뢰크 46.1%

향 가벼운 자주색 과일 향과 그 뒤를 받쳐주는 섬세한 훈연 향. 월귤 향. 물을 섞으면 더 향기로운 훈연 향이 생겨난다.
맛 농익은 맛과 풍부하면서 미묘한 질감과 함께, 뜨거운 잔불 느낌의 훈연 향이 코 뒤쪽을 타고 풍겨온다.
피니시 향기롭고도 미묘한 훈연 향.
총평 훈연 풍미가 폭탄처럼 터지지 않으면서, 신중하고도 차분하다.

플레이버 캠프 스모키함과 피트 풍미
차기 시음 후보감 피티드 마스(출시 예정)

스웨덴의 선구적 증류소 마크미라의 위스키는 현재 전세계적으로 판매되고 있다.

Denmark, Norway

덴마크, 노르웨이

파뤼 로샨(Fary Lochan) | 덴마크 기베 | www.farylochan.dk | **스타우닝**(Stauning) | 덴마크 스키에른 | www.stauningwhisky.dk
예약을 통한 견학 가능, 자세한 사항은 웹사이트 참조 | **브라운스타인** | 덴마크 코펜하겐 | www.braunstein.dk | 웹사이트 참조
아르쿠스 | 노르웨이 하간 | www.arcus.no | 예약을 통한 견학 가능, 자세한 사항은 웹사이트 참조

덴마크에서는 1950년대 초에 잠깐 위스키를 만든 적이 있으나 2000년 이후에 들어서야 위스키 제조국으로 부상하게 되었다. 현재는 7개의 증류소가 들어서 있고 앞으로 몇 곳이 더 개업할 예정이다.

위스키 제조의 첫 물결이 일어난 곳은 유틀란트 서쪽 도시 스타우닝이었다. 2006년에 이곳에서 스카치위스키를 사랑하는 9명의 친구들이 직접 위스키를 만들 수 있을지 알아보자며 서로 의기투합한 것이 그 계기였다. 결국 이들은 2009년 무렵 농장을 증류소로 개조했다. 그 이후로 전통적 위스키 제조 원칙으로의 회귀를 표방하며 플로어 몰팅, 피트 건조, 직접 가열 방식의 증류를 채택해 왔다. 소유주인 알렉스 히외루프 문크(Alex Hjørup Munch)는 그 외에 현지 원료의 사용도 중요한 핵심 요소로 삼고 있으며, 이 스타우닝 증류소의 경우엔 피트, 보리, 호밀이 그런 원료에 해당된다.

피트 훈연의 사용은 타당한 선택이다. 뷜리 쇠 지역과 유틀란트 중부의 습지는 신석기 시대부터 땅이 파헤쳐진 곳이다. 석기 시대에 희생 제물로 바쳐진 것으로 추정되는 그 유명한 톨룬드 맨(Tollund Man) 미라가 바로 이 피트 지대에 묻혀 있다가 발견되었으니 말이다. 현재는 클로스테르룬의 피트 박물관이 스타우닝의 피트 훈연 사용의 타당성을 충족시켜 주고 있다.

"다들 덴마크에서 위스키를 만드는 게 가능하기나 하냐며 의문스러워했죠. 당연히 가능합니다. 이제는 덴마크와 다른 나라 사람들이 이곳에서 일하는 별종들은 물론이고, 이곳의 플로어 몰팅이나 독특한 매시툰을 보고 싶어 너도나도 찾아와요. 저희는 그렇게 많은 위스키 애호가가 저희를 찾아온다는 게 너무 뿌듯해요."

이 증류소에서는 3가지 스타일의 위스키를 만든다. 훈연 처리 위스키, 비 훈연 처리 싱글몰트위스키, 그리고 비덴마크인에게 가장 의외의 스타일로 여겨질 만한 몰티드 라이 위스키다. 라이 위스키라고 하면 북미 지역을 연상하기 쉽지만 유틀란트는 곡물을 재배하기에 비옥한 땅이며, 어쨌든 바로 인접지의 원료를 쓰는 것은 차별성을 띠기 위한 한 방법이다.

하지만 호밀의 플로어 몰팅 건조는 흔치 않다. "대개 호밀은 엄청나게 다루기 힘든 곡물이지만 저희는 수제 위스키를 만들고 있는 만큼 호밀에 맞는 매시툰을 특별히 개발했어요. 덕분에 이제는 다른 스타일 위스키만큼 작업하기가 수월해요." 스타우닝의 영 라이(Young Rye)는 오크 통에서 18개월이 채 못 되는 기간을 보낸 후에도 후끈한 알싸함을 띠어 거의 럼과 비슷한 느낌을 주는 한편, 달콤쌉싸름함을 남기며 적절히 퇴장한다.

위스키를 사랑하다 위스키를 만들게 된 덴마크인의 사례는 옌스 에리크 외르겐센(Jens-Erik Jørgensen)이 2009년 12월에 설립한 파뤼 로샨에서도 이어진다.(이 증류소의 이름은 마술사와 요정 등이 나오는 아일랜드 민담 같은 신비로운 어떤 것에 영감을 얻은 것이 아니라, 증류기가 설치되어 있는, 유틀란트 마을의 원래 이름에서 따온 것이다.) "제가 이 일을 시작하게 된 계기는 위스키 사랑과 힘든 일이면 뭐든 해보고 싶어지는 병 때문입니다. 진정한 위스키 역사가 없는 이곳에서 위스키는 만만치 않은 일이었죠."

브라운스타인 증류소는 코펜하겐의 코이에 항구에 자리한, 마이크로 브루어리 겸 위스키 증류소다.

그는 스카치위스키에서 영감을 얻었을지 몰라도 증류기의 목을 짧게 해 오일리하고 스파이시한 뉴메이크를 만들어냄으로써 덴마크식 반전을 부여하기도 했다. 놀라운 반전은 또 있다. 훈연 처리에 쐐기풀을 쓴다는 점이다. "퓐(덴마크 중부에 위치한 섬)에서는 쐐기풀로 치즈를 훈연하는 것이 전통이에요. 모든 걸 스코틀랜드와 똑같이 하면 모방품에 불과할까 싶었어요. 모방품을 어느 누가 좋아하겠어요. 그래서 쐐기풀을 쓰기로 했죠!"

초기에 출시한 제품에서는 쿼터 캐스크를 썼으나 현재 재고분은 대부분 표준 크기의 캐스크에서 숙성 중이다. 말하자면 장기적 구상을 하고 있다는 얘기다.

코펜하겐 부둣가에 위치한 브라운스타인 증류소는 2005~2006년에 포울센(Poulsen) 형제의 마이크로 브루어리에서 자회사로 첫발을 내딛었다. 이곳에선 홀스타인 스틸로 2가지 증류액을 뽑아낸다. 각각 풍부한 스타일과 스모키한 스타일이며, 숙성 통으로는 셰리 캐스크를 선호하고 있다. 다음은 미샤엘 포울센의 말이다. "저는 다양성을 아주 좋아하는 사람이라 모두가 자신의 식대로 해야 한다고 생각해요. 저희 증류소는 소규모의 전통적 수제 방식으로 운영되고 있고 이제는 사람들이 저희의 진가를 알아봐 주고 있어요." 초기의 제품들을 근거로 볼 때, 덴마크의 위스키는 주목할 만한 위스키다.

노르웨이에서의 스피릿 생산은 곡물에서 감자로의 변경, 민간 증류의 열풍이 불어닥친 이후 19세기의 합병 바람, 1919~1927년의 금주법, 1928~2005년의 국가의 생산(주로 감자 베이스의 플레이버드 스피릿인 아쿠아비트aquavit) 판매 · 수입 통제 등 파란만장한 역사를 거쳐왔다. 지금도 주류 판매는 국가의 통제하에 있으나 수입 독점은 1996년에 해제되었다. 다만, 자영 증류는 2005년이 되어서야 가능해졌고 그 이후 2009년에 아그데르(Agder)가 설립되는 등 위스키 증류소가 속속 생겨났다. 국영 증류 업체 아르쿠스는 민영화되었고 2009년에 보드카와 아쿠아비트에서부터 위스키에 이르기까지 주종이 다양화되었다. 증류 기술자 이반 아브라함센은 이렇게 말한다. "연구 개발의 관점에서, 잘 만들어낼 수 있을지 확인해 보려는 차원이었어요. 저희가 스피릿에 훤하긴 해도 위스키는 만든 적이 없어서 1년 동안 탈착 가능한 판이 설치된 소형의 단식 증류기로 다양한 몰트와 효모를 시험해 봤죠.

현재 이곳에선 독일산 몰트 3종을 쓰고 있다. 페일 발리(pale barley), 페일 휘트(pale wheat), 너도밤나무 훈연 처리 발리다. "처음 시작했을 때는 스카치위스키를 따를지, 버번위스키를 따를지 고민도 했어요. 하지만 여기는 노르웨이의 증류소이니 우리 식대로 하는 게 맞다고 봅니다." 이런 태도는 다양한 몰트의 사용뿐만 아니라, 아쿠아비트를 담았던 마데이라 캐스크 등 다양한 캐스크의 활용을 통해 잘 반영되고 있다.

"저희는 이 일을 즐기고 있어요. 놀이처럼 즐기지 않으면 창의성이 막힐 수밖에 없어요." 어쩌면 바로 이것이 북유럽인의 좌우명일지도 모르겠다.

덴마크 시음 노트

파뤼 로샨, 캐스크 11/2012 63%

향 가볍고 깔끔하다. 가벼운 풀내음이 풍기며 베티베르풀 향이 느껴지다 오래된 책방의 향으로 진전되고, 분필류의 미네랄 특색이 산뜻함을 더해준다. 물을 섞으면 허브 향이 두드러진다.
맛 젊고 싱그러운 인상 속에, 마구간, 깔끔한 목재, 젖은 석고, 섬세한 과일의 느낌이 섞여 있다.
피니시 깔끔하면서 약간 조밀한 느낌.
총평 쐐기풀로 훈연 처리되어 허브의 특색을 띠기도 한다. 모든 요소가 바람직하게 발현되어 서로 조화를 잘 이루고 있다.

파뤼 로샨, 배치 1 48%

향 반들반들 광낸 목재 향이 돌다 어느 틈에 밀납 향이 나고, 뒤이어 정말 달콤한 향이 피어난다. 이 위스키에서도 건초와 허브 향이 느껴진다. 물을 섞으면 민들레, 우엉, 진저비어 플랜트의 향이 희미하게 감돈다. 활기찬 동유 내음.
맛 입안을 가득 채우는 미묘한 오크 풍미. 여기에 밸런스를 잡아주는 연한 아니스 풍미.
피니시 다시 허브 향이 풍기면서 마무리된다.
총평 조숙해서 앞으로의 시장성이 좋은 위스키다.

스타우닝, 영 라이 51.2%

향 밸런스가 좋으면서 호밀 향이 뚜렷하다. 구이 특유의 향, 꿀에 가까운 향이 살짝 부드러우면서 달콤하게 퍼진다. 연한 캐러웨이 향으로 향신료 특색이 깔끔하게 느껴지다 풀내음이 이어진다. 여기에 적절히 젊음의 활기까지 갖추어져, 복합적이면서 무난하다
맛 부드러운 첫맛. 향신료를 첨가해 만든 빵에 버터를 바른 풍미에 이어 육두구, 후추, 풋사과의 맛이 다가온다. 물을 희석하면 더 달콤해진다.
피니시 살짝 알싸함이 돌며 길게 지속되는 여운.
총평 세계 정상급 라이 위스키로 진전될 가능성이 엿보인다.

플레이버 캠프 **스파이시한 호밀 풍미**
차기 시음 후보감 밀스톤 100°

스타우닝, 트래디셔널 올로로소 52.8%

향 따뜻한 다이제스티브 비스킷 향. 달콤하면서 살짝 설탕 느낌이 나고, 여기에 희미한 감초 뿌리 내음과 더불어 붉은색과 검은색 과일의 달달한 향이 더해진다.
맛 온화하면서 살짝 드라이하다. 깔끔한 스피릿과 기분 좋은 오크 풍미가 조화를 이루어 밸런스가 좋다. 가벼운 시나몬의 기운.
피니시 짧지만 과일 풍미가 있다.
총평 이 위스키 역시 뛰어나면서도 빠른 숙성을 보이고 있다.

플레이버 캠프 **과일 풍미와 스파이시함**
차기 시음 후보감 더 맥캘란 앰버

스타우닝, 피티드 올로로소 49.4%

향 온화한 훈연 향. 가벼운 타르, 콜타르 느낌과 피트 가마의 향에서 아드벡이 연상된다. 풀 향과 기분 좋은 크림 향이 희미하게 감돌면서 달콤함이 더해진다. 미묘한 건과일 향. 아주 농후한 향.
맛 잘 익은 과일, 까맣게 익은 포도, 건포도의 맛에 모닥불 향이 어우러져 있다.
피니시 리큐어 느낌과 훈연 향.
총평 밸런스가 뛰어나고 훈연 향이 풍부하게 살아 있다.

플레이버 캠프 **스모키함과 피트 풍미**
차기 시음 후보감 아드벡 10년

브라운스타인 E:1 싱글 셰리 캐스크 62.1%

향 조밀한 인상의 첫 느낌. 달콤하고 부드러운 향. 향기로운 향취. 밤가루와 블루베리 향. 익힌 과일 향.
맛 잼처럼 진한 과일 맛의 농축된 풍미. 뒤이어 다가오는 먼지 느낌 도는 곡물과 건과일 풍미. 토피 맛. 기분 좋은 새콤함. 좋은 밸런스. 광낸 오크의 느낌.
피니시 알싸하고 향기로운 여운. 이국적 느낌.
총평 싱글 캐스크 숙성을 거치면서 강렬한 박하 풍미와 함께 입맛을 돋우는 흥미로운 쑥 내음이 더해졌다.

플레이버 캠프 **과일 풍미와 스파이시함**
차기 시음 후보감 벤로막 스타일

노르웨이 시음 노트

아르쿠스, 욜레이드, 엑스버번 캐스크 3.5년 73.5%

향 순수하고 달콤한 향이 일으키는 가볍고 상쾌하고 깔끔한 느낌. 가볍고 미미한 당과류 특유의 느낌. 집중력과 밸런스가 느껴지는 시트러스 향. 옅은 미국 소다수 향과 물을 섞으면 피어나는 약한 셔벗 향.
맛 가벼운 느낌의 레몬 맛. 높은 알코올 강도를 잘 지키고 있으면서 벌써부터 융합의 신호가 감지된다. 봄이 연상되는 과일 풍미가 미묘하면서 깔끔하다.
피니시 깔끔하고 날카로운 여운.
총평 조숙하다. 주목해서 지켜볼 만한 위스키다.

플레이버 캠프 **과일 풍미와 스파이시함**
차기 시음 후보감 그레이트 킹 스트리트, 더 벨지안 아울

아르쿠스, 욜레이드, 셰리 캐스크 3.5년 73.5%

향 장작 연기와 생강 향과 더불어, 따끈따끈한 비스킷의 향이 옅게 감돈다. 꿀을 넣은 핫 토디, 시나몬, 커피의 향취. 물을 섞으면 꿀 향과 싱싱한 버섯 향이 한데 어우러져 다가온다. 배경처럼 떠받쳐주는 보리의 향.
맛 달콤하고 무난한 풍미 속에서 차츰 묵직함을 띠어간다. 어리지만 깔끔하다. 밸런스 좋고 온화한 오크 풍미.
피니시 초콜릿 풍미.
총평 다른 캐스크를 통해 스피릿의 또 다른 일면들이 끄집어내졌다.

플레이버 캠프 **과일 풍미와 스파이시함**
차기 시음 후보감 부나브하벤(출시 예정)

Finland, Iceland

핀란드, 아이슬란드

테렌펠리(Teerenpeli) | 핀란드 위흐티외트 오위 | www.teerenpeli.com
에임베르크 디스틸러리(Eimwerk Distillery, **플로키**Flóki) | 아이슬란드 레이캬비크 | www.flokiwhisky.is

북유럽 위스키가 걸어온 연대기를 보면 정부 통제가 두드러진다. 예를 들어, 핀란드의 경우엔 1904년까지 스카치위스키의 수입을 금지하기까지 했다. 위스키 과학을 다루는 블로그(www.whiskyscience.blogspot.co.uk)에서 찾아낸 한 편지에는 당시에 어떤 기자가 열광적 어조로 다음과 같은 글을 쓰기도 했다. "드디어 변화가 찾아왔다. 이제 우리에게도 위스키 문명의 문이 열렸다!"

이런 열광은 오래 이어지지 못했다. 정부에서 1919년부터 1932년까지 금주법을 발령했고, 금주법 폐지 후에는 노르웨이처럼 생산을 국가에서 통제했다. 1930년대에 벵트 토르비외른손이 위스키 증류의 가능성에 대한 문의를 받고 불가능하다는 결론을 내리기도 했다. 핀란드 곡물의 품질이 뛰어나다는 점을 생각하면 정말 이상한 결론이었다.

마침내 핀란드 위스키가 등장하게 된 것은 1950년대에 이르러서였다. 당시에 국영 증류 업체 알코(Alko)에서 위스키를 증류해 태흐캐비나(Tähkäviina)라는 스파이시 스타일의 브랜드나, 리온(Lion)이라는 핀란드/스코틀랜드 다국적산 비숙성 블렌디드 위스키로 블렌딩했다. 이후 1980년대에 이르러서야 알코의 100% 핀란드산 위스키가 처음으로 출시되었다. 그러다 1995년에 증류가 중단되면서 남은 재고분을 비스키(Viski) 88/더블 에이트(Double Eight) 88 같은 더 많은 핀란드 스코틀랜드 블렌디드 위스키 제품용으로 조금씩 아껴 쓰며 2000년까지 그럭저럭 버텨냈다.

이후 불과 2년 전에야 올드 부크(Old Buck)에서 핀란드 위스키의 구조 작업에 나섰다. 이제는 포리의 비어 헌터스(Beer Hunter's, 직역하면 '맥주 사냥꾼') 증류소에서 홀스타인 스틸로 위스키를 증류하면서 숙성에는 셰리와 포르투갈산 캐스크를 섞어 쓰고 있다. 같은 해에 탐페레의 테렌펠리(Teerenpeli) 맥주 전문점에서도 증류업을 시작해 현재 세계적으로 가장 유명한 핀란드 브랜드로 자리 잡았다. 테렌펠리는 다수의 신생 증류 업체들과는 달리 자체 양조장과 레스토랑 체인을 보유하고 있는 덕분에 높은 창업 비용을 벌충하고 있다.

이쯤에서 테렌펠리의 CEO 안시 퓌싱(Anssi Pyssing)의 말을 들어보자. "핀란드에는 왜 위스키 증류소가 하나도 없을까, 하는 생각이 머릿속을 떠나지 않았어요. 저희 증류소가 위치한 라흐티가 양조와 몰트 제조로 유명한 지역이라는 점에서 특히 더 의아했죠. 1995년에 양조업을 시작한 이후부터 그다음의 행보는 논리적으로 필연적인 수순이었어요." 핀란드식 접근법이 담긴 위스키를 어떻게 만들어낼 것인가가 다른 무엇보다 중요한 문제였다. "이 나라에서는 누구든 위스키를 만들어 팔 수 있어요. 하지만 핀란드 위스키를 만들 경우엔 품질이나 브랜드 이미지나 자부심 면에서 주위의 기대치가 높기 마련이에요. 그 앞에 '핀란드'를 붙이는 것에 대한 의무감도 높고요."

자체적 단식 증류기의 설계는 위스키 생산에 착수하며 취한 방법이었으나, 퓌싱과 얘기를 나누다 보면 확실히 느껴지듯 이 증류소의 생산 원칙에서는 라흐티라는 장소가 핵심이었다. 살파우셀캐 에스커(에스커는 빙하 밑을 흐르는 융빙수의 퇴적작용으로 생긴 둑 모양의 지형을 말함—옮긴이)에서 끌어온 물을 활용하고, 증류소 주변 반경 150km 이내의 지역에서 몰팅 보리를 공급받고, 현지의 피트를 사용하는 것뿐만 아니라 기후 역시도 지역성을 담아내는 요소였다.

"보리는 키가 작게 자라지만 핀란드는 여름철의 강렬한 햇빛과 긴 낮이 특색이고, 계절별 온도와 습도 변화로 스코틀랜드 위스키와는 다른 숙성 환경을 만들어주기도 합니다." 위스키 숙성의 변수들을 살펴보면 핀란드는 모든 것이 다르다. 핀란드적인 특색이 있다. 이제 핀란드에도 마침내 위스키 문명이 도래했다.

북유럽 위스키를 놓고 얘기를 나눌 때면 머릿속 한켠에 드는 의문은 북유럽인들이 지역성을 강화하기 위해 어디까지 갈 수 있느냐가 아니라, 물리적 측면에서 북쪽으로 어디까지 갈 수 있을까이다. 노르웨이의 클로스테르고든은 북위 63도에 위치해 있으나, 이 글을 쓰고 있는 시점을 기준으로 북위 64도에 위치한 아이슬란드의 가르다바이르라는 도시에 자리한 에임베르크(Eimverk)가 근소한 차이로 클로스테르고든을 누르고 세계 최북단의 위스키 증류소로 등극해 있다. 다만, 노르웨이 북쪽 연안의 뛰켄섬에 베스트피오렌 협만의 담수화된 바닷물을 활용하려는 구상에 따라 증류소 설립 계획이 세워져 있기도 하다.

이것은 단순히 뻐길만한 자랑거리 차원의 문제가 아니다. 이론상으로는 북극에서도 증류가 가능하지만 '지역성'을 활용하는 트렌드를 따르고 싶다면 기후상의 한계를 인정해야 한다. 보리 재배 한계선에 위치한 아이슬란드가 위스키 제조의 최북단이라는 얘기다.

1915년부터 1989년까지 양조가 금지되었으나 이상하게도 증류는 허용되었던 나라에서 위스키를 만들지 않고 그 대신 감자 베이스의 브렌니빈(brennivin)에 주력했던 이유의 하나도 기후 때문이다. 그러다 에임베르크와 이 증류소의 브랜드 플로키가 등장하게 되었다.

이런 배경에 대해선 에임베르크의 할리 소르켈손(Halli Thorkelsson)의 말로 들어보자. "바이킹들은 500년에 걸쳐 보리를 키워 양조했어요. 그러다 13세기 경에 이 지역이 더 추운 기후의 시기에 들어서며 그 상태가 20세기까지 이어져 보리 재배가 불가능했고, 그 타격으로 상당한 경제적 어려움을 겪었죠. 하지만 20년 전부터는 작물을 안정적으로 수확하고 있어요."

적절한 환경이 갖추어지면서 위스키가 등장했다는 얘기다. "저희가 플로키를 만들기 시작하게 된 계기는 스피릿과 전통을 향한 애착이었어요. 확실히 그 둘이 저희가 벌이는 탐색에서 큰 비중을 차지하고 있죠. 오래된 낙농 설비의 폐품 중에 이용할 수 있는 것을 찾아 자체적인 설비를 갖춰 실험을 벌이는 데 5년을 할애했어요. 플로키는 그런 실험의 결과물이며 제조법 번호 164번을 따르고 있어요."

이곳은 친환경 증류소다. 증류기는 지열로 데운 물로 가열하고 보리의 재배에도 살충제를 쓰지 않는다. "최초의 '친환경' 위스키를 만들겠다고 작정해서 시작한 일은 아니었어요. 가까이에서 이용할 수 있는 자원을 쓰다 보니 어쩌다 아주 자연스럽게 일어난 일이죠. 저희는 내한성이 있고 생장 속도가 더딘 품종을 써야 하는 만큼 현재의 대다수 생산지에 비해 원료의 전분/당분 함량이 낮은 편이라 병당 들어가는 보리의 양이 더 많아요! 그에 따라 오일의 함량이 더 높아져 맛과 질감에도 영향이 미치고 있죠."

이곳에서 활용하는 훈연에도 아이슬란드의 기후와 전통이 스며 있다. 이 지역엔 피트가 없기 때문에 예로부터 양의 똥을 활용해 하웅기케트(hangikjöt, 훈제 양고기) 같은 별미를 만들었다. "저희는 기후와 환경만으로 독특한 스타일을 만들어내는 방면에서 유리한 출발을 끊었어요. 플로키가 출발점이 되어 아이슬란드에 진정한 위스키 산업과 전통이 발전하는 초석이 다져지길 바라는 마음으로, 지금도 북유럽만의 독특한 전통과 맛을 기반으로 삼는 접근법을 취하고 있고요."

이제는 북유럽 스타일이 형성되고 있는 중일지도 모르겠다.

핀란드 시음 노트

테렌펠리 아에스 43%

향 산뜻하고 풋풋한 인상과 함께, 사과 향과 꽃향기 사이로 밀고 들어오는 몰트의 달콤함이 느껴진다. 아주 향기롭고 깔끔한 향. 가벼운 휘핑크림과 애플파이 향을 가르고 나오는 재스민 향기. 물을 섞으면 경쾌함이 퍼진다.
맛 가벼운 보리 풍미가 가장 먼저 다가오지만 앙상하고 드라이한 느낌이 아니라 푸근하고 달콤한 느낌에 더 가깝고, 경쾌한 꽃향기가 함께 어우러져 있다.
피니시 아니스가 느껴지는 여운.
총평 곡물의 달콤한 면이 부각되어 있다.

플레이버 캠프 **향기로움과 꽃 풍미**
차기 시음 후보감 더 글렌리벳 12년

테렌펠리 8년 43%

향 아에스에 비해 더 풀바디에 살짝 더 드라이하며 구조감이 더 갖추어져 있다. 가볍게 풍겨오는 보리 사탕, 밀크초콜릿, 견과류의 향. 밸런스가 좋다.
맛 구이 특유의 풍미와 몰트의 토스트 풍미. 옅은 밤 맛과 함께 느껴지는 익힌 요리의 특색과 놋쇠 느낌. 부드럽고 깔끔한 맛.
피니시 살짝 조밀한 여운.
총평 캐스크에서 우려진 풍미로 진전되어가는 중이다.

플레이버 캠프 **몰트 풍미와 드라이함**
차기 시음 후보감 오켄토션 12년

테렌펠리 카스키 43%

향 촉촉하고 쫀득한 맥아빵 냄새에 커런트, 익힌 플럼, 블랙 체리의 향이 옅게 섞여 있다. 물을 섞으면 동유 냄새가 살짝 번져온다.
맛 매끄럽고 부드러운 질감. 허니콤 슈거 맛으로 달콤하면서 여기에 드라이한 오크/몰트 풍미가 어우러져 밸런스를 잡아준다.
피니시 활기찬 기운과 함께 코코아 풍미로 마무리된다.
총평 지금까지의 테렌펠리 3총사 중 구조감과 진전감이 가장 높다.

플레이버 캠프 **과일풍미와 스파이시함**
차기 시음 후보감 맥더프

테렌펠리, 6년 43%

향 황금빛 자태. 왕겨 내음. 구이 특유의 느낌과 견과류 향. 뒤이어 깔끔하고 가벼운 오일리함이 느껴지다 점차 드라이한 풀내음과 얇게 썬 아몬드 향으로 변한다.
맛 진한 견과류 풍미 속의 헤이즐넛 맛. 젊고 혈기왕성한 기운과 함께 느껴지는 옅은 히아신스 향.
피니시 밀 엿기름의 풍미.
총평 깔끔하고 산뜻하다. 밸런스가 잡혀 있고 견과류 풍미가 인상적이다.

플레이버 캠프 **몰트 풍미와 드라이함**
차기 시음 후보감 오크로이스크 스타일

아이슬란드 시음 노트

플로키, 5개월, 엑스 버번 68.5%

향 가볍고 달큰한 곡물 향과 연한 야생 허브/젖은 풀 향이 함께 풍겨와, 달콤하고 조밀하면서 산뜻한 인상을 준다. 분필 냄새가 도는 강렬한 향. 물을 섞으면 기분 좋은 농가 마당 내음이 살짝 일어났다가 호로파와 채소의 느낌으로 바뀌어간다.
맛 달콤하면서 뾰족한 날카로움이 있다. 깔끔한 인상. 산뜻하고 새콤한 맛. 물을 희석하면 젊음 특유의 거친 면이 살짝 드러난다.
피니시 깔끔하고 조밀하다.
총평 잘 만들어진, 공기처럼 가볍고 산뜻한 위스키다. 관심 있게 지켜볼 만하다.

플로키의 싱글몰트위스키는 자부심이 깃들어 있는 수제 위스키로, 증류소에서 직접 만든 단식 증류기에서 증류되고 있다.

South Africa

남아프리카공화국

제임스 세지윅(James Sedgwick) | 웰링턴 | www.distell.co.za
드레이먼스(Drayman's) | 프리토리아 | www.draymans.com

남아프리카공화국은 브랜디 생산국으로 가장 유명하고 위스키는 19세기 말 이후로 띄엄띄엄 만들어졌으나, 대다수 업체가 실패하게 된 원인은 자국 고유의 산업을 보호하는 법규에서 기인했다. 20세기의 어느 시기엔 국내산 곡물로 만든 증류주(즉, 위스키)에 부과되는 세금이 브랜디보다 200% 더 높았을 정도다.

하지만 위스키는 내내 소비되었다. 남아프리카공화국(이후 '남아공'으로 표기)은 19세기 이후부터 스카치위스키의 중요한 수출국이었으나 제대로 붐이 일어난 것은 아파르트헤이트(남아공의 인종 차별정책) 폐지 이후 위스키가 '블랙 다이아몬드(남아공의 흑인 중산층)'들의 성공을 상징하는 술이 되면서부터였다.

남아공의 두 증류소 중 더 역사 깊은, 웰링턴 소재의 제임스 세지윅은 1886년에 브랜디 증류소로 문을 열었다. 그 뒤로 100년이 좀 더 지나, 스텔렌보스의 소규모 연구개발 증류소에 있던 증류 설비가 이곳으로 옮겨지게 되었다.

제임스 세지윅의 브랜드인 쓰리 쉽스(Three Ships)는 처음엔 스카치위스키와 세지윅 위스키를 블렌딩한 제품을 출시했다.(5년 숙성의 이 블렌디드 위스키 셀렉트Select와 프리미엄Premium은 아직도 생산되고 있다.) 하지만 점차 100% 남아공산 위스키를 원액으로 쓰는 사례를 늘리며 퍼스트 필 캐스크에서 6개월간의 매링을 거치는 버번 캐스크 피니시(Bourbon Cask Finish) 블렌디드 위스키와 드문드문 출시되는 10년 숙성 싱글몰트위스키를 만들고 있다.

제임스 세지윅이 국내외적으로 이름을 떨치게 된 위스키는 베인스 케이프 마운틴(Bain's Cape Mountain)이다. 새로운 위스키 시장 공략을 특별히 염두에 두고 만들어진 부드러운 질감의 싱글그레인 위스키다. "과거만 해도 남아공에서는 위스키를, 아니면 적어도 좋은 위스키를 만들어낼 수 없다는 인식 때문에 애를 먹었어요. 다행히, 사람들의 식견이 점점 높아지면서 그런 인식이 서서히 바뀌고 있어요." 증류 기술자 앤디 왓츠(Andy Watts)의 말이다.

말이 나와서 말이지만 인식의 변화는 모리츠 칼메이어(Moritz Kallmeyer)가 1990년대에 프리토리아 최초의 브루펍(brewpub, 매장에서 직접 맥주를 제조해 판매하는 형태의 펍—옮긴이)을 개업한 이후부터 자신의 표어처럼 입에 달고 살아온 말이다. 그는 지금도 여전히 맥주를 양조하고 있지만 이제 주된 초점은 드레이먼스의 하이 벨트(High Veldt) 위스키다. 남아공의 케일던에서 재배하는 보리와 수입산 피트 처리 몰트를 원료로 쓰고 그 자신의 독자적인 에일 효모와 증류용 효모를 섞어서 3일 동안 알코올 함량 7%로 발효시키는 방식을 쓰고 있다. 그런 뒤에 에스테르 풍미와 마우스필이 생성되게 2일 동안 그대로 놔두기도 한다.

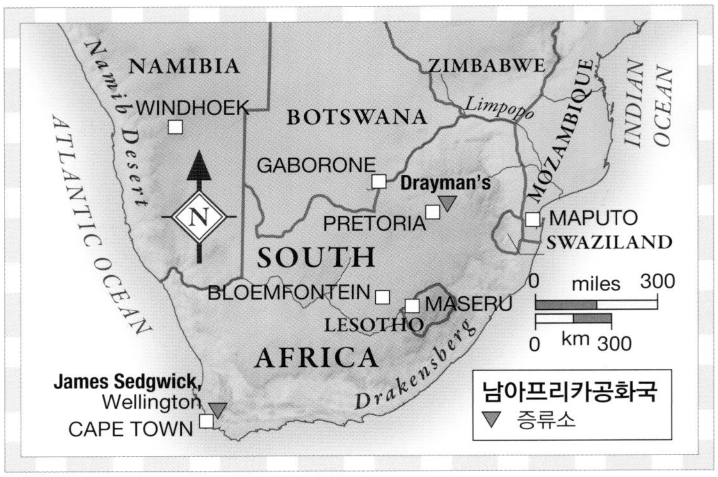

250L(55갤런) 용량에 레드와인을 담았던 미국산 오크 통을 내부를 다시 태워서 쓰면서, 그 외의 통은 쓰지 않는다. 드레이먼스의 원액 60%에 병입되어 수입된 스카치위스키를 섞는 드레이먼스 블렌디드 위스키에는 솔레라 방식을 활용하고 있기도 하다.

"100% 남아공 위스키를 만들고 싶지만 직접 만든 위스키만을 원료로 써서는 적절한 가격대로 맞출 수가 없어요. 그래도 연속 증류기를 설치해 그레인 위스키를 만들고 싶은 바람을 갖고 있긴 해요." 하이벨트의 폐품 수집상들이 이 말을 들으면 들뜬 기대감에 두 손을 비비지 않을까?

남아프리카공화국 시음 노트

베인스 케이프 마운틴 그레인 46%

향 짙은 황금빛. 아주 달콤하면서 끝에 가벼운 풀내음이 남는다. 퍼지, 으깬 바나나, 버터 스카치 캔디의 향이 풍기고, 여기에 소나무의 느낌이 더해진다.
맛 가볍지만 질감이 풍부한 단맛. 씹히는 듯한 질감. 중간 맛에서 아이스크림과 부드러운 과일 맛이 도는가 싶다가 뒤이어 시트러스 풍미가 덮쳐온다.
피니시 시나몬 풍미.
총평 밸런스가 잘 잡힌 개성파 위스키다. 위스키 입문자이건 오랜 애호가이건 흥미를 가질 만하다.

플레이버 캠프 과일 풍미와 스파이시함
차기 시음 후보감 닛카 코페이 그레인

쓰리 쉽스 10년 싱글몰트 43%

향 부드럽고 달콤하다. 코코넛 향, 옅은 밀크초콜릿 향에서 시트러스류(금귤/온주귤)의 새콤함으로 이어지고, 그 다음에는 달콤한 향신료(육두구, 시나몬) 가루의 느낌이 약하게 풍겨온다. 물을 섞으면 뒤이어 깊이 있는 건과일 향이 나기도 한다.
맛 아주 부드러운 느낌의 첫맛에서 풍기는 말린 복숭아, 라즈베리, 멜론의 과일 풍미. 가벼운 오크 풍미.
피니시 과일 풍미가 여전히 남아 있고 밸런스가 잘 잡혀 있다.
총평 침착함과 좋은 밸런스를 갖추었다. 더 자주 출시되어도 될만한 위스키다.

플레이버 캠프 과일 풍미와 스파이시함
차기 시음 후보감 더 벤리악 12년

데이먼스 2007, 캐스크 No 4 캐스크 샘플

향 스파이시하면서 깔끔하다. 소두구, 고수, 밀짚의 향이 희미하게 퍼지는 동시에 농축된 감 젤리 향이 그 뒤에서 배경처럼 받쳐준다.
맛 아주 향기롭고 경쾌하다. 장미 꽃잎 풍미가 느껴지다 가벼운 곡물 맛이 뚫고 나온다.
피니시 깔끔하고 향긋하다.
총평 풍미가 매혹적이고 다양하다. 앞으로 주목해서 지켜볼 만하다.

South America

남미

유니언 디스틸러리 몰트위스키 두 브라질(Union Distillery Maltwhisky do Brasil) | 브라질 베라노폴리스 | www.maltwhisky.com.br
라 알라사나(La Alazana) | 아르헨티나 파타고니아의 라스 골론 드리나스 | www.javoodesigns.wix.com/laalazanain#!about-us
부즈넬루(Busnello) | 브라질 벤투 곤칼베스 | www.destilariabusnello.com.br

오래전부터 스카치위스키의 주요 수출 지역으로 자리 잡으며 특히 제임스 뷰캐넌을 위시해 대형 블렌디드 위스키 업체들 대다수가 20세기 초에 교두보를 확보해 둔 지역인 남미가 이제는 차츰 세계 위스키 붐의 대열에 합류하고 있다.

사실, 남미 대륙에 있는 증류소 3곳 중 2곳은 위스키를 만들어온 역사가 수십 년에 이른다. 1963년에 루이지 페세투(Luigi Pessetto), 안토니우 피트(Antônio Pitt), 주앙 부즈넬루(João Busnello)가 벤투 곤살베스의 계곡 지대에 지은 성안에 부즈넬루 디스틸러리가 있었다. 그리고 히우그란지두술의 베라노폴리스에서는 유니언 디스틸러리가 1948년에 와인 생산업체로 문을 열었다가 1972년에 증류업으로 업종을 바꾸었다. 모기업인 보르사투 이 시아(Borsato e Cia. Ltda)에서 그 지역이 포도 재배에 적합하다면 위스키 제조에도 잘 맞을 것이라 판단해 결정한 일이었다. 이 증류소는 1987년부터 1991년까지 모리슨 보모어와 기술 제휴를 맺었고 이후 5년 동안엔 단테 칼라타유드(Dante Calatayud) 박사를 컨설턴트로 두기도 했다.

이곳에서는 현지의 비 피트 처리 몰트와 수입산의 강한 피트 처리 몰트를 쓰고 있다. 증류는 라인 암이 윔텁으로 경사져 내려가는 구리 단식 증류기를 사용해 묵직한 과일 풍미가 더해진 증류액을 뽑아낸 후 2차 증류기에서 알코올 함량 65%로 재증류한다.

처음엔 혼합 원액용의 뉴 스피릿과 숙성 위스키로 벌크 판매했으나 2008년에 회사의 창립 60주년을 기념하는 상품으로 유니언 클럽(Union Club) 싱글몰트를 처음으로 출시했다. 브라질 법에 따르면 2년의 숙성 의무를 지켜야 위스키로 인정받고 알코올 함량 40% 이하에서 병입할 수 있다. 이 위스키에 대해 세르지 발렌틴은 과일과 약간의 견과류 풍미에서 중도파 스페이사이더가 연상된다고 평했다.

2011년에는 아르헨티나의 첫 싱글몰트위스키 증류소가 문을 열며 이 브라질 증류소 2인방 외에 증류소가 1곳 더 늘었다. 파타고니아 지역인 라스 골론 드리나스에 위치한 이 증류소는 필트리키트론 산이 가까이 있어 눈 녹은 물을 냉각수로 끌어다 쓰고 있다. 다수의 신생 증류 업체들처럼 파블로 토그네티(Pablo Tognetti)와 그의 사위 네스토르 세레네이(Nestor Serenelli)도 처음엔 가내 양조업을 적극 벌이다 위스키의 세계로 진로를 벗어나 증류소 설비를 직접 설계하고 제작하기에 이르렀다. 그 결과로 지금은 팜파스(아르헨티나의 대초원)에서 재배되는 보리를 쓰고 있으며, 증류 찌꺼기를 자신들의 농장 내 재활 승마 센터 마구간에서 키우는 말들에게 사료로 먹이며 아르헨티나식 멋진 반전을 보여주고 있다. 현재 550L 용량 증류기 1대로 2종의 증류액을 뽑아내고 있는데 1대를 더 증설할 계획 중이다. 현지인의 입맛에 맞는 가벼운 스타일을 만들어내는 것을 공식 목표로 내세우고 있으나, 숙성을 통해 아르헨티나식 반전을 노리고 있기도 하다. 인근 지역의 품질 좋은 와인 캐스크를 쓸 수 있는 상황에서 뉴메이크의 일부를 말벡을 담았던 캐스크에 담아 숙성시키지 않는다면 그거야말로 무책임한 일이 되지 않을까? 아르헨티나에 증류소 설립 프로젝트 2건이 검토 중이라는 점을 감안하면 파타고니아가 차세대 위스키 생산지로 부상하게 될지도 모를 일이다.

라 알라사나의 아름다운 경치에 둘러싸인, 아르헨티나 최초의 싱글몰트위스키 증류소.

India, The far east

인도 및 극동 지역

인도는 위스키의 최대 소비국에 들지만 위스키를 거의 마시지 않는다. 이게 무슨 소리인지 어리둥절할 것이다. 사실, 세계무역기구(WTO)의 규칙에 따르면 위스키는 곡물로만 만들 수 있으나 인도에서는 당밀로 만든 갈색 스피릿, 즉 럼도 '위스키'로 부를 수 있다. 인도의 '위스키' 스타일에는 그 외에도 비숙성의 유색 중성 곡물 스피릿, 당밀과 곡물/몰트 스피릿의 블렌딩, 당밀 스피릿과 스카치위스키의 블렌딩 등등 여러 가지다. 그러니 수십 년 전부터 무역 협회의 변호사들이 아주 혼란스러워하는 것도 당연하다.

세계에서 당밀 베이스의 스피릿을 위스키로 인정해 주지 않자, 인도 정부는 위스키 등 수입 스피릿에 대한 고관세 부과 방침을 더욱 완고하게 고수했다. 최근에 세율이 대폭 낮아지긴 했으나 인도 내의 모든 주가 독자적인 세금 인상 권한을 갖고 있어 또 다른 명목으로 관세를 징수하고 있다.

이런 상황에 특히 애를 태운 곳은, 인도를 잠재적인 최대 수출 시장으로 바라보고 있는 스카치위스키 업계다. 하지만 여전히 협상의 진전은 더디다.

아시아에서는 상황이 덜 걱정스럽다. 그중 중요한 싱글몰트위스키 시장으로 떠오르고 있는 대만은 자체적으로 주목할 만한 증류소 카발란(Kavalan)을 보유하고 있으며, 이곳에서는 아열대 기후에서의 숙성을 통해 생성되는 복합적 풍미에 대한 과학적 조사도 펼치고 있다. 싱가포르는 여전히 진입 시장이자

위쪽 암룻은 먼저 수출로 명성을 얻은 후에 국내 시장에 제품을 출시했다.

아래쪽 인도의 가장 유명한 싱글몰트위스키 암룻의 고향인 방갈로르 주변의 언덕들.

급성장 중인 시장이며, 한국, 베트남, 태국은 스카치위스키의 안정된 시장으로 자리 잡았다.

인도 다음으로 아주 매력적인 시장은 바로 중국이다. 생산자들로선 이렇게 큰 잠재력을 가진 시장에 대한 진입 필요성이 있긴 하지만 그 진입 방식을 재고하기도 해야 한다. 중국은 여전히 위스키만이 아니라 여러 수입산 스피릿을 좋아하는 신흥 시장이다. 소비자들이 위스키에서 보드카나 코냑이나 테킬라로 단번에 선뜻 갈아타는 경우가 실제로도 흔하다. 게다가 진입 비용도 높고 땅덩어리도 광대하다. 뿐만 아니라 최근에 너무 고가의 선물을 하지 못하게 억제하는 강권 정책이 시행되고 있어 고급 위스키 시장이 위축되어 있다. 이런 문제들을 제쳐놓고 보면 중국은 어쨌든 무시할 수 없는 시장이다.

하지만 생산의 측면에 관한 한, 인도가 주도적 위치에 있다.

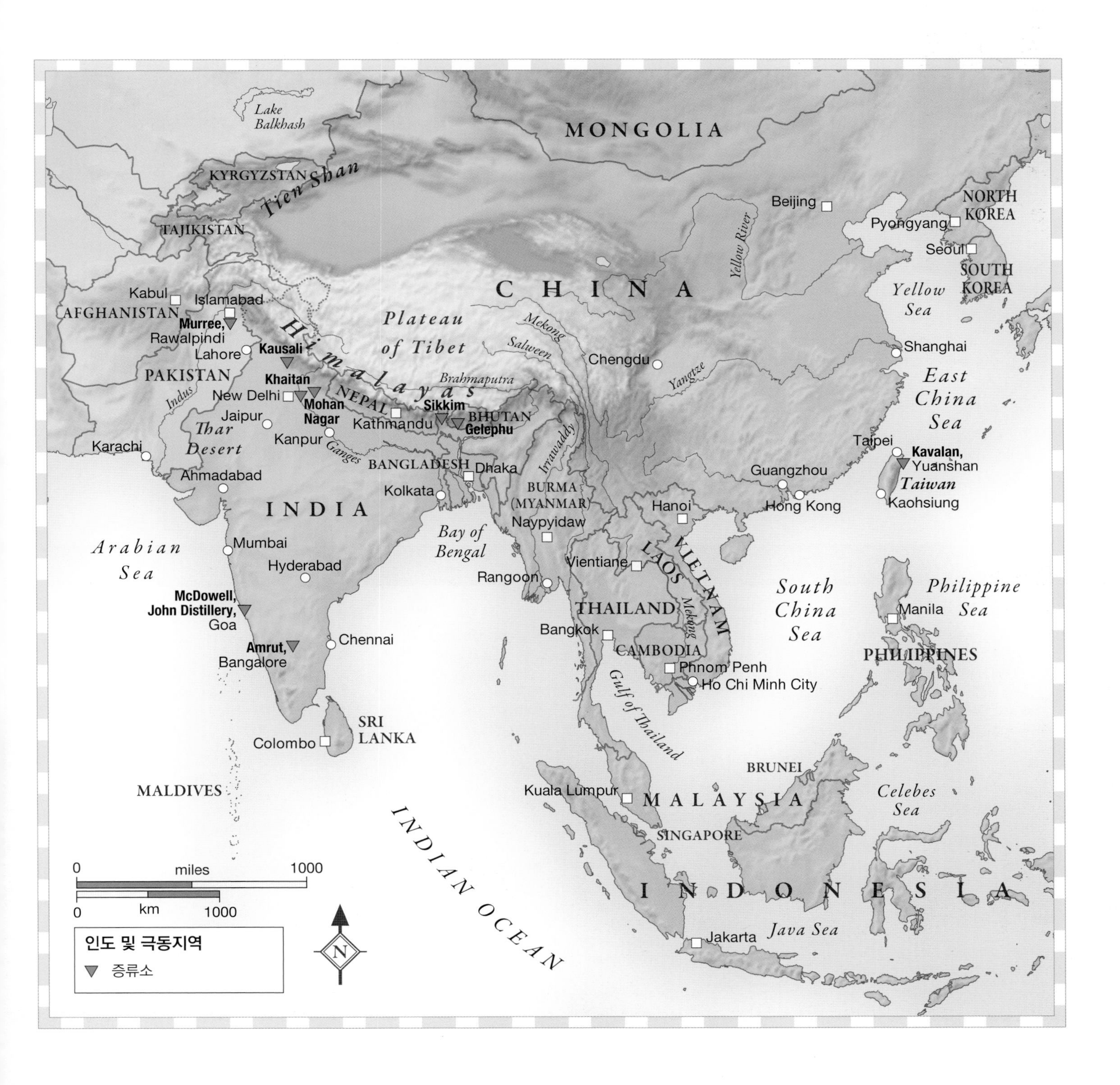

India

인도

암룻(Amrut) | 방갈로르 | www.amrutdistilleries.com | **존 디스틸러리스(John Distilleries)** | 고아 | www.pauljohnwhisky.com

인도 아대륙에는 수백 곳에 이르는 증류소가 있지만 그중 중성이 아닌 곡물 베이스의 통 숙성 스피릿을 만드는 곳이 몇 곳인지 파악하기는 거의 불가능에 가깝다. 파키스탄의 무리(Murree) 증류소는 이슬람 국가에서 유일한 증류소라는 주장이 있는데, 확실히 그런 것 같다. 부탄은 군 복지 프로젝트의 일환으로 설립된 겔레푸의 증류소가 위스키 증류소일 수도 있지만 부탄의 위스키는 대부분이 스카치위스키에 현지의 중성 주정을 혼합한 것이다.

국제적 정의에 따라 위스키 증류소에 해당되는 그 외의 증류소로는 히말라야산맥 기슭의 구릉 지대에 위치한 모한 메킨(Mohan Meakin)의 카사울리(Kasauli) 증류소, 같은 회사의 우타르프라데시 소재 나가르(Nagar) 증류소, 역시 우타르프라데시 소재 라디코 카이탄(Radico Khaitan)의 람푸르(Rampur) 증류소가 있다. 모두 당밀과 곡물로 스피릿을 만들고 있다.

인도의 최대 생산자는 유나이티드 스피리츠(United Spirits)로, 다양한 제품을 생산하면서 고아 소재 맥도웰 증류소의 싱글몰트위스키 맥도웰즈(McDowell's)를 비롯한 온갖 종류의 위스키도 만든다. 고아는 존 디스틸러리스의 터전이기도 하다. 2012년에는 첫 보리 베이스 싱글 몰트위스키 폴 존(Paul John)을 전 세계적으로 출시했다. 이곳에서는 스코틀랜드식 제조 방식을 따른다. 보리는 인도산이지만 피트는 스코틀랜드에서 수입해 쓴다. 증류는 단식 증류기를 쓰며 숙성 통으로는 버번을 담았던 통만 쓴다. 숙성에서는 고아의 기후가 큰 영향을 미쳐 증발률이 높고 급속한 숙성이 이루어진다.

싱글몰트위스키는 원래 수출용으로만 만든 것이었다. 해외에서 평판을 쌓은 후에 내국 시장에 고가의 위스키로 출시하려는 것이 목표였고, 방갈로르의 암룻이 이미 2004년 이후부터 이런 전략을 시도해 왔다. 현재 암룻은 본국에서는 사실상 무명 업체나 다름없지만 전 세계의 전문가들 사이에서는 높은 평판을 얻고 있다. 암룻은 인도 북서부 라자스탄산의 비 피트 처리 보리를 쓰면서(피트 처리된 원료는 모두 스코틀랜드산) 표준 방식으로 증류를 하고 있지만 미국산 오크의 새 캐스크와 퍼스트 필 캐스크를 섞어 위스키를 담는 순간 암룻 위스키만의 차별성이 생성된다.

방갈로르는 고도 914m의 지대에 있고 기온이 여름엔 20~35℃, 겨울엔 17~7℃대에 들며 우기도 있는데 이 모두가 위스키의 증발에 영향을 미친다. 방갈로르에서는 위스키가 통에서 증발해 하늘로 사라지는 양이 해마다 최대 16%에 이른다. 암룻 위스키는 대부분 4년의 숙성 후에 병입된다.

회계사들은 빨리 만들어낼 수 있는 위스키를 좋아하겠지만 증류 기술자들은 단기간에 만들어내더라도 그저 오크 농축액이 아닌 캐스크와 스피릿 사이의 복합적 상호작용을 드러내 주는 위스키가 최종 상품으로 나오도록 신경 써야 한다. 이곳의 증류 기술자도 꾸준히 기후의 영향을 살피고 있는데 어쩐지 그 과정을 즐기는 듯 보인다. 암룻의 제품 중 퓨전(Fusion)은 피트 처리된 스코틀랜드 위스키 원액이 25% 섞인 몰트위스키다. 투 콘티넨츠(Two Continents) 위스키는 스코틀랜드로 옮겨져 추가 숙성을 거치며, 인터미디엇(Intermediate)은 버번 캐스크에서 숙성시킨 후 셰리 캐스크로 옮겨 추가 숙성을 시킨 다음, 버번 캐스크에 다시 옮겨 담는 방식으로 만든다.

이 두 증류소의 성공 근원은 논란분분한 이들 사이에 인도의 100% 몰트위스키의 장래성을 납득해 보인 데 있지 않을까 싶다.

인도 시음 노트

암룻, 뉴메이크

향 매시의 달달한 향, 아마인유와 사프란 향, 가벼운 흙내음에 스위트콘과 분필 가루 느낌이 어우러져 있다.
맛 오일리하고 걸쭉한 질감에 붉은색 과일의 맛이 약간 나고, 후추의 단맛과 은은한 히솝 풀과 제비꽃 풍미도 풍겨온다. 날카로운 인상도 있다.
피니시 조밀한 여운.

암룻, 그리디 앤젤스 50%

향 살짝 후끈한 열감, 달콤함과 함께 감과 마지팬의 향, 통조림 파인애플 향, 강렬하고 경쾌한 느낌의 향수 내음이 한데 섞여 풍겨온다.
맛 풍부하고 밸런스 잡힌 풍미. 약간 화한 느낌이 돌지만 물을 섞으면 이런 열감이 가라앉으면서 곡물과 과일의 복합적 풍미가 살아나 중심을 잡아준다. 농익은 풍미와 복숭아 맛.
피니시 핵과일 풍미와 달콤함.
총평 무게감과 복합미를 두루 갖추고 있다.

플레이버 캠프 과일 풍미와 스파이시함
차기 시음 후보감 조지 디켈

암룻, 퓨전 50%

향 아주 가벼운 훈연 향. 옅은 치즈 외피 향에 이어 풍겨오는 곡물의 단 향과 특유의 달콤한 비스킷 향. 물을 섞으면 가마가 연상되는 내음이 돌고, 산뜻한 느낌 속에서 젖은 풀 향이 나다가 부드러운 과일 향으로 이어진다.
맛 장작 연기 느낌이 라떼 향으로 변하며 풍미가 더 깊어지다 향신료를 뿌린 시트러스의 맛으로 진전된다.
피니시 길고 알싸한 여운.
총평 밸런스와 우아함을 겸비하고 있다.

플레이버 캠프 과일 풍미와 스파이시함
차기 시음 후보감 토마틴 쿠보칸

암룻, 인터미디엇 캐스크 57.1%

향 오벌틴과 맥아유의 향. 달콤한 비스킷 향. 토피 향. 물을 섞으면 더욱 더 살아나는 풍부함과 깊이감.
맛 건포도와 플럼 맛, 잘 익은 핵과일 풍미가 그야말로 암룻답다.
피니시 설타나, 와인에 담근 건포도 풍미, 바닐라.
총평 묵직하고 농후하다.

플레이버 캠프 풍부함과 무난함
차기 시음 후보감 더 글렌리벳 15년

폴 존 클래식 셀렉트 캐스크 55.2%

향 아주 달콤한 향. 보리 사탕, 레몬 절임, 마카다미아, 시트러스, 잘 익은 멜론, 망고의 향.
맛 입안에서도 달콤함과 열대 과일의 느낌이 이어지다 보리의 파삭한 질감과 가벼운 오크 풍미가 다가온다.
피니시 즙 많은 과일과 박하의 풍미.
총평 부드럽고 기분 좋다.

플레이버 캠프 과일 풍미와 스파이시함
차기 시음 후보감 글렌모렌지 10년, 카발란 클래식

폴 존 피티드 셀렉트 캐스크 55.5%

향 히스 태운 연기 향이 가장 먼저 풍긴다. 피트 처리를 하지 않은 제품보다 더 드라이하다. 차츰 타르 냄새와 곡물 향으로 이어진다. 빗자루 태우는 냄새도 난다.
맛 과일 맛과 함께 피트 태운 연기의 향이 물씬 퍼진다. 물을 섞으면 옅은 몰트 풍미가 생긴다.
피니시 잔불이 연상되는 여운.
총평 풀바디에 풍부한 훈연 향이 특색을 이룬다.

플레이버 캠프 스모키함과 피트 풍미
차기 시음 후보감 더 벤리악 큐리오시타스

Taiwan

대만

킹 카 카발란 위스키 디스틸러리(King Car Kavalan Whisky Distillery) | 이란현 위안산 | www.kavalanwhisky.com | 견학 개방

사람들이 아열대 지역인 대만에서 위스키를 만들고 있다는 사실에 놀라워하던 시대는 빠르게 옛 얘기가 되어가고 있다. 한편으론 현재 대만이 스카치위스키 판매에서 6번째로 큰 시장이라는 점과, 새로운 세대의 애주가들이 싱글몰트 스카치위스키를 택하며 지난 10년 사이에 이 시장에 큰 변화가 일어났다는 점을 감안할 때 이곳에 대만 최초의 위스키 전용 증류소인 카발란이 들어선 것도 아주 타당한 일이다.

이 증류소는 식음료 부문 재벌기업인 킹 카 소유이며, 2005년 4월에 첫 삽을 뜨며 로시스의 포사이스에게 설비 제작을 의뢰하여 2006년 3월 11일에 본격적으로 운영을 개시했다. 이 증류소는 현재 높이 평가받는 생산자이자 '열대 기후 숙성의 영향'이라는 새로운 위스키 과학 분야의 연구 기지로 자리 잡았다. 이곳에서는 숙성 중의 연간 평균 손실률이 15%에 이른다. 직접 와서 보면 캐스크에서의 위스키 증발이 거의 눈으로도 느껴질 수 있을 정도이다.

"그곳이 부지로 선택된 데는 2가지 이유가 있었어요. 이 증류소 아래쪽에, 설산 산맥에서 내려오는 천연 호숫물이 있다는 점과, 이란현 땅의 약 75%가 산악지대라 공기가 청정해 스피릿의 숙성에 이상적이라는 점 때문이었죠."

창은 처음부터 확실한 풍미의 방향을 염두에 두었고, 그런 풍미를 생성시키기 위해 발효조에 여러 효모를 섞어 넣는다. "상업적 효모에, 증류소 주변에서 자라는 야생 효모에서 채취한 저희의 자체적 효모를 섞어서 쓰고 있는데 그러면 망고, 풋사과, 체리 같은 과일의 특색이 잘 생성됩니다. 그런 과일 특색이 바로 카발란 뉴메이크의 시그니처예요."

이 과일 특색의 뉴메이크는 2차 증류 후에 숙성에 들어가는데, 이때는 창이 멘토로 받드는 짐 스완(Jim Swan) 박사가 선별한 여러 종류의 캐스크를 쓴다. 미국산 오크를 주축으로 하되, 셰리, 포트, 와인 캐스크도 사용하는 방식이다. 이런 방식을 활용해 숙성을 가속화시키는 동시에 복합미를 살리는 것이 창과 스완이 의도하는 핵심이다. 카발란의 스피릿은 숙성 중에 오크 추출 성분에 완전히 덮히지 않고 그 흔적이 계속 남아 있어야 하는 스타일이다.

카발란은 마이크로 디스틸러리가 아니다. 현재도 연간 생산능력이 130만 L인데 여기에서 시설을 더 확충시킬 계획 중이기도 하다. 교육적으로 유익한 활동도 펼치고 있어, 증류소를 둘러보는 연간 100만 명의 방문객들을 위해 시음실을 운영해 왔을 뿐만 아니라 이제는 전 세계의 여러 위스키 관련 행사에도 자주 모습을 보인다. 카발란의 존재감은 이제 현지의 별종만으로 그치는 게 아니라 세계적인 선도자 대열까지 올라섰다.

르웨탄 호수의 물은 고요히 흐르고 있으나 카발란 위스키는 이미 세계에 파란을 일으키는 중이다.

카발란은 그저 대만산 위스키가 아니라 대만'의' 위스키다.

카발란 시음 노트

카발란 클래식 40%

향 달콤한 향과 함께 구아바, 망고, 감 같은 열대 과일 향이 풍부하게 풍기고 여기에 난초, 푸루메리아 꽃, 바닐라, 코코넛의 향이 조화를 이룬다.

맛 과즙 같은 질감에 과일 맛이 돌면서, 달콤함, 생강 맛, 오크의 섬세한 토스트 풍미가 중심을 잡아준다.

피니시 깔끔한 인상과 더불어 향신료를 살짝 뿌린 사과 주스의 여운이 남는다.

총평 카발란 패밀리에 입문하기에 딱 제격이다. 다재다능한 위스키이기도 하다.

플레이버 캠프 과일 풍미와 스파이시함
차기 시음 후보감 글렌모렌지 오리지널

카발란 피노 캐스크 58%

향 확실히 셰리 향이 나지만 그렇게 달콤하지는 않다. 캐러멜, 다크 초콜릿, 에스프레소, 꿀 향이 가볍게 풍기다 뒤이어 이 증류소 특유의 말린 열대과일 향이 다가온다.

맛 우아하고 세련된 인상을 풍기면서, 타닌의 떫은 맛보다는 달콤함과 송진 풍미가 입안을 채운다.

피니시 살짝 드라이한 여운.

총평 밸런스가 좋고 이 증류소 최고의 위스키로 추앙받기에 손색이 없다.

플레이버 캠프 풍부함과 무난함
차기 시음 후보감 글렌모렌지 라 산타, 맥캘란 앰버

솔리스트 싱글 캐스크 엑스 버번 58.8%

향 밝은 황금빛. 설탕 시럽 향과 망고, 멜론, 구아바 같은 부드러운 과일 향이 달콤하고 순수한 느낌으로 다가오고, 그 사이로 생강과 금귤 향이 퍼져나온다. 땅콩과 샌달우드의 희미한 향. 톱밥의 단 향이 확 풍겨와 젊은 기운을 드러내기도 한다.

맛 스피릿의 달콤함과 과일 맛에, 미국산 오크 특유의 풍미인 아이스크림, 크렘 브륄레, 향신료 풍미가 더해져 좋은 밸런스를 이룬다.

피니시 커스터드가 생각나는 특색과 통조림 파인애플 풍미.

총평 달콤하면서 생기 넘친다. 몰트위스키의 '새로운' 화신이 등장했다.

플레이버 캠프 과일 풍미와 스파이시함
차기 시음 후보감 글렌 모레이 스타일

Australia

호주

베어커리 힐(Bakery Hill) | 빅토리아주 노스 베이스워터 | www.bakeryhilldistillery.com.au | 예약제 견학
그레이트 서던 디스틸링 컴퍼니(Great Southern Distilling Company) | 웨스턴오스트레일리아주올버니 | www.distillery.com.au | 연중 오픈
라크 디스틸러리(Lark Distillery) | 태즈메이니아주 호바트 | www.larkdistillery.com.au | 연중 오픈, 견학은 예약제 | 셀러 도어 및 위스키 바 운영
낭트(Nant Distilling Company) | 태즈메이니아주 보스웰 | www.nantdistillery.com.au | 연중 오픈, 견학은 예약제
설리반스 코브(Sullivans Cove) | 태즈메이니아주 캠브리지 | www.sullivanscovewhisky.com
헬리어스 로드 디스틸러리(Hellyers Road Distillery) | 태즈메이니아주 버니 | www.hellyersroaddistillery.com.au
연중 오픈, 견학, 위스키 로드 프로그램, 방문객 센터 운영

증류소들이 광대한 땅 전역에 흩어져 있는 호주의 새로운 위스키 산업에는 일종의 국가적 스타일이라는 것을 부여하기가 어렵다. 호주의 증류 기술자들이 취하는 아주 다양한 접근법을 감안하면 도저히 불가능하다.

호주에서는, 보리는 현지의 양조용 품종을 쓰는 것이 보통이지만(그리고 대개 양조장의 몰트제조소에서 원료를 공급받기도 하지만) 예외에 드는 경우들도 있다. 증류 업체에 따라 현지의 피트를 써서 호주 특유 식물이 띠는 인상을 담아내는가 하면, 피트 처리를 하지 않는 곳들도 있다. 여러 가지 다양한 효모 품종을 탐색하며, 끊임없이 풍미를 새롭게 만들고 더 강화하고 차별화시키는 한편, 증류기의 종류도 스코틀랜드 스타일의 단식 증류기에서부터 존 도어(John Dore) 설계식 단식 증류기, 예전의 브랜디 증류기, 호주 옛 스타일의 증류기에 이르기까지 다양하다. 그리고 이 모두가 위스키의 특색에 영향을 미치고 있다.

활용하는 캐스크의 종류 역시 다양해 와인이나 호주 주정강화 와인을 담았던 캐스크를 활용하는 분별력 있는 증류 기술자들도 많다. 게다가 이 정도는 단지 싱글몰트위스키와 관련된 사례일 뿐이다. 이제는 라이 위스키를 시도하는 이들뿐만 아니라 버번에 대한 호주식 해석에 도전하는 이들도 나오고 있다. 이 모든 사례에서 엿보이듯 이곳의 위스키 업계는 각자가 어떤 공통성을 따르기보다 독자적 입지를 구축하려 애쓰고 있다.

1980년대에 들어와 마침내 저비용 대량생산의 옛 풍조가 막을 내리면서 이제 호주 위스키 업계의 추세는 호주의 이전 위스키 산업과 근본적으로 달라지기도 했다. 지칠 줄 모르는 열정으로 새로움을 추구하고 있어 호주가 제2차 세계대전 발발 이전까지 스카치위스키의 최대 수출 시장이었고, 18세기 말부터 위스키를 만든 나라라는 사실을 종종 망각하게 된다.

올버니의 모래사장은 조만간 라임버너스의 비치 바비큐 파티 무대가 될 수도 있다.

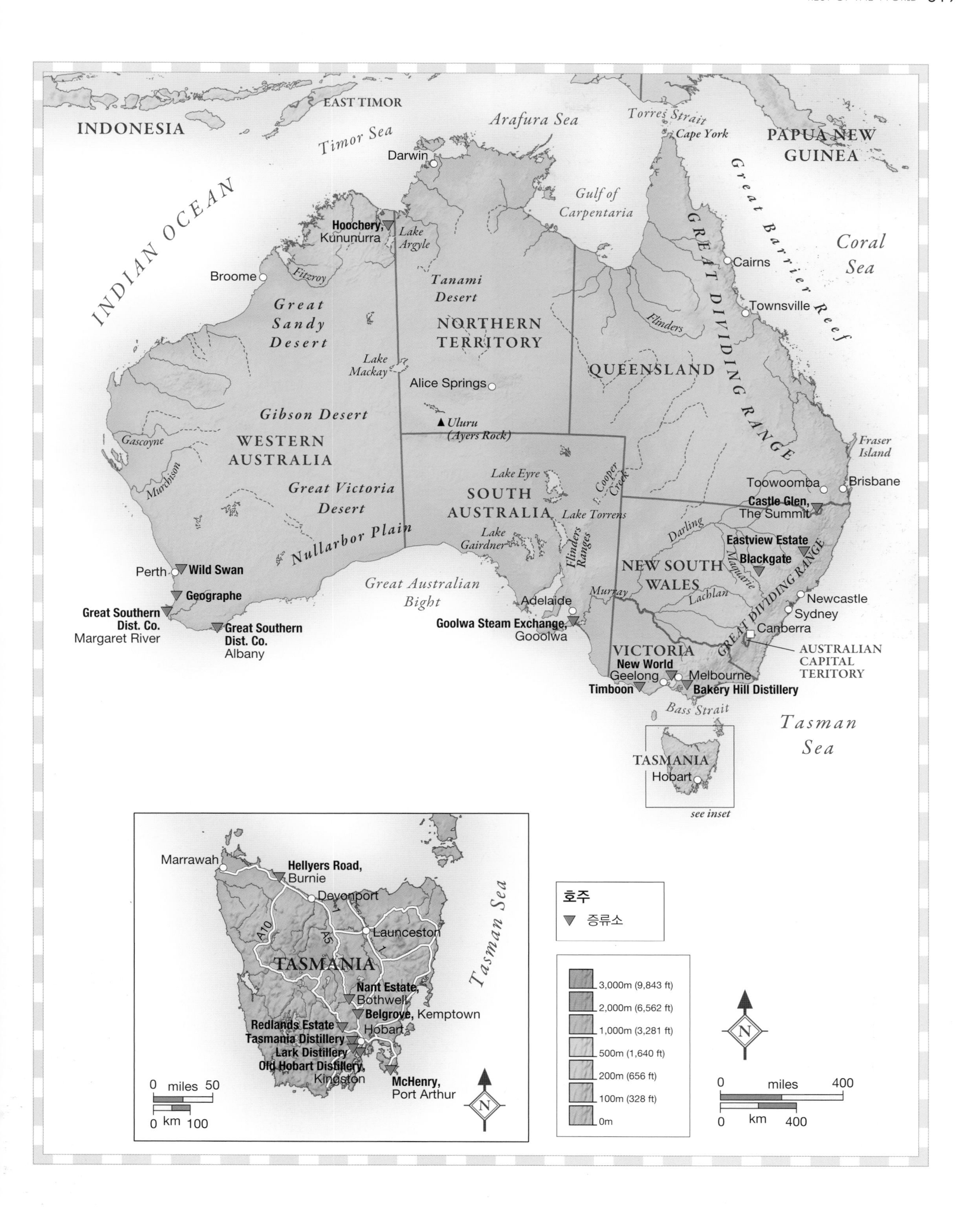
INDONESIA
EAST TIMOR
Arafura Sea
Torres Strait
Cape York
PAPUA NEW GUINEA
Timor Sea
Darwin
INDIAN OCEAN
Gulf of Carpentaria
Hoochery, Kununurra
Lake Argyle
Great Barrier Reef
Coral Sea
Cairns
Broome
Fitzroy
Tanami Desert
Great Sandy Desert
Townsville
NORTHERN TERRITORY
Flinders
GREAT DIVIDING RANGE
QUEENSLAND
Lake Mackay
Alice Springs
Gibson Desert
Uluru (Ayers Rock)
Gascoyne
WESTERN AUSTRALIA
Fraser Island
Murchison
Lake Eyre
Cooper Creek
Great Victoria Desert
SOUTH AUSTRALIA
Toowoomba
Brisbane
Castle Glen, The Summit
Lake Torrens
Darling
Nullarbor Plain
Lake Gairdner
Eastview Estate
Blackgate
Macquarie
Flinders Ranges
Perth
Wild Swan
NEW SOUTH WALES
Great Australian Bight
Murray
Lachlan
Geographe
Adelaide
Newcastle
Great Southern Dist. Co. Margaret River
Great Southern Dist. Co. Albany
Goolwa Steam Exchange, Gooolwa
Sydney
Canberra
AUSTRALIAN CAPITAL TERITORY
VICTORIA
New World
Geelong
Melbourne
Timboon
Bakery Hill Distillery
Bass Strait
Tasman Sea
TASMANIA
Hobart
see inset
Marrawah
Hellyers Road, Burnie
Devonport
A10
A5
Launceston
TASMANIA
Tasman Sea
Nant Estate, Bothwell
Belgrove, Kemptown
Redlands Estate
Hobart
Tasmania Distillery
Lark Distillery
Old Hobart Distillery, Kingston
McHenry, Port Arthur
0 miles 50
0 km 100
N
호주
증류소
3,000m (9,843 ft)
2,000m (6,562 ft)
1,000m (3,281 ft)
500m (1,640 ft)
200m (656 ft)
100m (328 ft)
0m
0 miles 400
0 km 400

급성장을 달리는 호주의 증류 현장은 규모와 스타일에서 아주 다양한 폭을 이루고 있다.

컨설턴트이자, 잊혀 있던 이 위스키 생산국의 역사에 대해 해박하게 꿰고 있는 크리스 미들턴(Chris Middleton)이 지적해 주고 있듯, 호주의 첫 그레인 스피릿은 1791년에 시드니에서 만들어졌다. 19세기에는 사우스오스트레일리아주와 태즈메이니아주에서도 증류업이 운영되고 있었으나 빅토리아주가 주된 생산지로 자리 잡게 되었다. 아이리시 계열의 위스키를 생산했던 던스 디스틸러리(Dunn's Distillery)는 1863년에 빅토리아주 밸러랫에 설립된 이후 1930년에 폐업하기 전까지도 여전히 호주 2위의 생산자였다. 주요 와인 생산지, 야라 밸리에는 19세기에 6개의 증류소가 있었으나 그중 빅토리아주의 위스키 생산을 지배한 곳은 포트멜버른 소재의 페더럴 디스틸러리스(Federal Distilleries)였다. 이 증류소는 1888년에 여러 대의 단식 증류기와 연속 증류기로 연간 총 400만 L에 달하는 생산 능력을 과시했다.

20세기에 들어와서부터는 코리오(Corio)가 지배자로 등극했다. 코리오는 1920년대에 스코틀랜드의 디스틸러스 컴퍼니 리미티드(Distillers Company Limited, DCL)가 밸러랫에 세운 곳으로, 이후 1924년에 빅토리아주의 다른 증류소 4곳과 합병되었다. 그리고 이 합병 증류소에서 1934년에 블렌디드 위스키 코리오가 출시되었다. 런던에 본사를 둔 길비스는 2차 세계 대전 이후 위스키 블렌딩 부문을 분사시키며 애들레이드의 밀른(Milne) 증류소를 인수하며 멜버른의 무라빈(Moorabbin) 외에 계열 증류소를 더 늘렸다. 영국 소유의 이 증류소 2곳 모두 호주 위스키와 스카치위스키 브랜드 사이의 가격 차별성을 지키기 위해 호주 위스키의 가격을 저렴한 수준으로 맞추는 전략을 이어갔다. 스카치위스키는 당시에 보호주의 법령으로 인해 가격이 40% 더 비쌌다. 그러다 1960년대에 관세가 해제되면서 스카치위스키의 가격이 떨어지자 호주 내의 생산 위스키에 고품질 프리미엄 위스키 부문이 구비되어 있지 않았던 영향으로 판매가 폭락해 결국 1980년대 말에 호주의 이 증류소 2곳은 문을 닫았다.

저비용 대량생산의 이런 유산은 증류업의 걸림돌이었다. 현대 호주 위스키의 아버지인 빌 라크(Bill Lark)는 1990년대 초에 증류업을 시작하려 했다가 1901년의 면허법에 따라 증류기의 최소 의무 용량이 2,700L라는 사실을 알게 되었다. 2,700L는 라크가 바라던 용량의 2배에 가까웠고, 수제 증류가 거의 불가능할 만한 크기이기도 했다. 라크는 여기에 굴하지 않고 위스키 애주가인 농림부 장관에게 로비를 벌여 법을 개정시키며 새로운 장을 열어, 결국엔 자신의 고향인 태즈메이니아주를 호주 위스키의 새로운 중심지로 자리 잡게 했다.

현재 태즈메이니아에는 9개의 증류소가 있고, 이중 윌리엄 매켄리 앤드 선즈(William McHenry & Sons), 맥케이즈(Mackey's), 셴(Shene, '아이리시 스타일'의 3차 증류 방식 채택 증류소), 피터 빅넬(Peter Bignell)은 가장 최근에 세워진 곳들이며 특히 피터 빅넬은 직접 재배한 호밀을 원료로 써서 새로운 호주 스타일의 위스키를 만들어내고 있다. 이런 신흥 주자들이 입지를 구축하기 시작하는 동안 태즈메이니아주의 고참 주자들은 수출이 점차 중요한 요소가 되어가는 추세에 발맞추어 세계로 진출해 나가고 있다.

라크는 여전히 프랭클린 품종의 보리를 원료로 비 피트 처리 스타일과 훈연 처리 스타일을 만들고 있으며, 훈연 처리 스타일의 경우엔 태즈메이니아산 피트를 사용해 스피릿에 주니퍼, 이끼, 유칼립투스 오일의 강렬하고 향기로운 아로마를 더하고 있다. 발효에서는 증류용 효모와 노팅엄 에일 효모를 섞어 넣는다. 비 피트 처리 뉴메이크에서는 오일리하고 꽃의 특색을 띠고 여기에 훈연 처리가 더해지면 향기로운 특색을 띠게 되는 스피릿도 만들고 있는데, 빌 라크가 직접 설계한 단식 증류기에서 2차 증류를 거친 다음 100L 용량의 캐스크에서 숙성시키는 방식이다.

라크는 오래전(1819년)에 조성된 역사 깊은 보리 재배 단지에 레드랜즈 에스테이트 증류소를 세우고 플로어 몰팅 시설을 만들어 현재는 이곳에서 몰트를 공급받게 되면서 이제껏 가장 큰 폭의 변화를 맞기도 했다.

라크와 기질이 비슷한 인물로는 패트릭 매과이어(Patrick Maguire)도 있다. 매과이어는 2003년에 캠브리지의 태즈메이니아 디스틸러리를 인수했는데, 이곳은 이전까지 이런저런 기복을 겪으며 설리반스 코브(Sullivan's Cove)라는 브랜드를 생산해 온 곳이었다.

이 증류소는 여전히 태즈메이니아의 캐스케이드 브루어리(Cascade Brewery)에서 워시를 구입해 브랜디를 증류하던 증류기 1대로 과일과 꽃 풍미가 있는 스피릿을 뽑아내고 있다. 숙성은 버번을 담았던 통과 호주 '포트' 와인을 담았던 프랑스산 오크 캐스크에 담아 마크미라, 푸니와 비슷하게 폐기된 철도 터널에 보관해 둔다. 최근엔 현지의 수제 양조장 무 브루(Moo Brew)와 파트너십을 맺어, 워시의 새로운 공급처를 확보하고 더 다양한 방식으로 효모를 활용하게 되면서 장래성을 다채롭게 넓힐 수 있게 되었다.

매과이어는 세계적으로 늘어난 수요에 균형을 맞추려 애쓰는 중이다. 이제 설리반스 코브는 유럽, 일본, 캐나다, 중국에서도 구입할 수 있는 제품이 되었고 다른 지역으로까지 점차 시장이 확대되고 있다.

매과이어는 지금까지의 여정이 쭉 배움의 과정이었다고 털어놓는다. 그는 애런과 쿨리에서 증류 기술자로 일했고 현재는 세상을 떠나 너무도 그리운 고든 미첼에게 컨설팅을 받으며 이상적인 밸런스를 찾기 위해 계속해서 제조 방식을 조금씩 변경해 나갔다. 설리반스 코브가 2014년에 세계적 품평회에서 세계 최고의 싱글몰트 상을 받았다는 사실은 그간의 집념이 헛되지 않았음을 증명해 준다.

재고의 균형을 적절히 맞추기 위해 증류소의 문을

닫아야 했던 일은 이제 옛이야기가 되었다. 오히려 확장을 계획하고 있다.

태즈메이니아에는 호주 최대의 싱글몰트위스키 생산업체인 헬리어스 로드가 자리해 있기도 하다. 이곳 역시 현지의 보리와 스코틀랜드산 피트를 쓰며 숙성에는 미국산 오크를 사용한다. "헬리어스 로드 위스키의 풍미 특색에는 호주만의 독특함이 담겨 있어 저희 지역을 아주 많이 반영해 줍니다. 간결하고 독특한 맛이 있고 상큼함과 순수함을 잘 보여주죠." 이곳은 표준적 숙성 방식에서 갈라져 나와 태즈메이니아의 피노 캐스크를 쓰는 방식으로 특히 좋은 결과를 끌어내고 있을 뿐만 아니라, 와인 세계를 거울로 삼아 셀러 도어(시음 공간을 마련해 놓은 저장고—옮긴이) 시설과 방문객 센터를 운영하는 한편 수출 전략을 적극적으로 펴고 있는 태즈메이니아 내의 여러 증류소 중 1곳에 든다.

올드 호바트 디스틸러리(Old Hobart Distillery)는 소유자인 캐시 오버림(Casey Overeem)이 집안의 성으로 브랜드명을 붙여 2007년에 문을 연 곳이다. 오버림은 라크 전용의 발효조와 직접 배양한 효모를 사용하고 있고 숙성에서는 라크의 접근법을 따라 호주 '포트'와 '셰리'를 담았던 100L 용량의 소형 프랑스산 오크 캐스크를 쓴다. 대담한 향기와 과일 풍미가 특색인 위스키를 매년 8,000병만 만들고 있다. 한편 낭트는 참신한 방식으로 브랜드를 구축하려는 곳으로, 세계적 전략을 취하기 위한 구상에 따라 위스키 바 체인을 수립하고 있다.

호주 본토에서는 사우스오스트레일리아주의 서던 코스트 디스틸러스(Southern Coast Distillers)와 더 스팀 익스체인지(The Steam Exchange), 빅토리아주의 팀분 레일웨이 셰드(Timboon Railway Shed)와 뉴 월드 위스키(New World Whisky), 뉴사우스웨일스주의 조아자(Joadja)와 블랙 게이트 디스틸러리(Black Gate Distillery)가 빅토리아주의 베이커리 힐 같은 노련한 고참 증류소들과 뜻을 같이하면서 지속적인 발전이 이어지고 있다. 이 베이커리 힐의 소유주 데이비드 베이커가 베이스워터의 한 산업 단지에서 자신의 증류기에 처음 불을 붙였던 때는 1999년으로 그는 당시를 다음과 같이 회고했다.

"기막힌 품질의 몰트위스키를 만들어보자고 처음 결심했을 때부터 '너도 나도 따라 하는' 방식의 유사품 만들기가 아니라 차별화를 원동력으로 삼아왔어요. 시작할 때부터 선입관을 갖지 않고, 현지인의 입맛을 끌 만한 지역적인 상품을 만들자는 생각 하나뿐이었어요."

그런 원동력에 따른 첫 시도로 40종 내지 50종의 효모를 시험 삼아 써보는가 하면, 그다음엔 19세기에 아니아스 코페이의 사업을 인수한 업체, 존 도어와 협력해 달콤함과 함께 과일과 꽃의 풍미를 내줄 만한 증류기를 만들기도 했다. 피트 처리 제품은 첫 번째 버전 당시엔 지금과 달랐다. "처음 만든 것은 너무 깔끔했어요. 그런지 스타일(낡아서 해지고 너저분한 의상으로 편안함과 자유분방함을 표현하는 패션 스타일—옮긴이)의 느낌이 조금 있었으면 했어요. 그래서 가죽과 담배 풍미, 나무 타는 냄새가 나타나게 컷 포인트를 더 늦췄죠."

마지막으로 버번 캐스크, 프랑스산 오크의 와인 캐스크, 소형 통을 섞어 쓰며 현지 기후환경이 숙성에 미치는 영향도 이해하게 되었다고 한다. 그 결과, 점점 우아해지는 싱글몰트위스키가 탄생되었고 이 위스키는 호주 국내 시장에서 호응을 얻어가고 있다. "초반엔 사람들이 거들떠 보지도 않았는데 이젠 바에서의 반응이 엄청나요."

그는 국내 시장에 집중하며 '특히 여성층'의 신세대 애주가들에게 초점을 맞추고 있다. "오래전부터 스카치위스키에 입맛을 들여온 골수팬들의 마음을 열기는 힘들지만 젊은 애주가들의 경우엔 다른 여러 스타일에 대해서도 궁금해 하며 선뜻 맛을 보려는 면이 있어서 바텐더가 '호주산 몰트위스키가 있는데 한번 맛 좀 봐보시겠어요?'라고 물으면 '안 될 거 없죠?'라고 대꾸할 만한 고객층이에요."

헬리어스 로드는 태즈메이니아주 북서쪽의 주요 낙농업 지역에 위치해 있다.

그가 말을 이어갔다. "호주의 위스키는 비약적 성장을 해왔어요. 특히 멜버른에서 그런 경향이 두드러져요. 하지만 아직 해야 할 일이 남아 있어요. 사람들이 위스키는 스코틀랜드가 아니면 만들 수 없다는 식의 얘기들을 들어오다 보니 저희의 호주산 위스키가 여전히 뒤로 떠밀려나고 있으니까요. 하지만 우리나라는 최고 수준의 와인과 맥주를 만들고 있는 나라예요. 위스키도 그런 와인이나 맥주와 다르지 않아요. 현지의 환경을 잘 이해해야 한다는 점에서 같아요. 바로 그 지점이 저의 출발점이었어요. 저는 생산능력을 늘리고 시설을 재편하고 싶어요. 이제는 산업 부문에만 치중할 게 아니라 활동 폭을 넓혀 셀러 도어 판매 시설을 갖춘 증류소를 세울 때가 되었다고 봐요. 사람들이 증류소를 둘러보며 위스키에 대해 이해하게 해주고 싶어요."

웨스턴오스트레일리아주에서는 그레이트 서던 디스틸링 컴퍼니가 라임버너스 브랜드뿐만 아니라 그 외의 다양한 스피릿들로 제품군을 늘려왔다. 웨스턴오스트레일리아주 올버니의 서늘한 해양성 기후를 토대로 삼아, 이제는 마거릿 리버의 와인 생산지에 2호 증류소와 셀러 도어까지 열어서 향기로운 꽃 특색의 라임버너스를 만들고 있는 이곳은 양조용 몰트, 포롱구룹 산맥 인근에서 채취한 현지의 피트를 쓰고 있으며 아주 장시간의 발효 방식을 활용한다. 소형 증류기에서 느린 속도로 증류한 뒤에는 버번 캐스크, 호주산 주정강화 와인 캐스크, 그레이트 서던의 브랜디를 담았던 와인 캐스크를 섞어서 숙성시킨다.

호주 위스키에 대한 관심이 늘어나면서 통합적 조직도 생겨났다. 태즈메이니아주 위스키 생산자협회(Tasmanian Whisky Producers Association)는 현재 독립 병입 업자 2곳을 포함해 10곳의 업체가 가입해 있다. "이제는 중간에서 정부와 이어줄 수 있는 단체가 생겼다는 얘기입니다." 패트릭 매과이어의 설명이다. 이 협회는 마케팅 프로그램 개발에 6만 호주달러의 지원금을 받아 위스키 관측 프로그램과 웹사이트를 구축했을 뿐만 아니라, 태즈메이니아 위스키의 법적 정의를 세우기 위한 협상이 진행 중이기도 하다. "태즈메이니아주가 현재 식음료 분야에서 굉장한 평판을 얻고 있는 상황인데 주에서도 저희 위스키 업계가 태즈메이니아 관광사업의 한 일원이 되길 바라며 전적으로 지지해 주고 있어요."

빌 라크가 수제 증류에 호주의 미래가 있다고 설득하려 그렇게 애썼던 상대인 바로 그 관료들이 이제는 이렇게까지 지지해 주고 있다니, 정말 인상적인 변화다.

그렇다면 호주의 위스키는 어디쯤 와 있을까? 컨설턴트인 크리스 미들턴의 말을 들어보자. "저는 위스키계의 현 추세를 호주 와인에 비교해서 말하고 싶어요. 호주 와인계에서는 유럽 품종을 채택해 와인을 만들며 시간이 지나면서 서서히 테루아를 찾아내 새로운 환경에서의 최대 강점을 증명해 보이고 있어요. 더운 기후에서의 현대적 와인 제조술을 발전시켜 과일 풍미를 부각시키게 되었죠. 세계가 호주의 방식을 본뜨면서 이런 풍미 프로필이 상업화되고 있다고 말해도 무방할 정도가 되었어요.

그런데 증류의 경우엔 국가별 차이가 보다 두드러진다고 볼 만해요. 실제로 호주의 브랜디 산업은 반세기가 넘도록 하락세를 면치 못하고 있지만 그럼에도

호주 시음 노트

올드 호바트, 오버림 포트 캐스크 머츄어드 43%

향 상쾌하고 과일 향이 진하다. 케이크 믹스, 젖은 캔버스, 딸기 향과 함께 풍겨오는 가볍고 잼 같은 과일 향.
맛 아주 향기롭다. 바닐라 느낌에 향제비꽃 향과 약한 라벤더 향이 어우러져 있다. 시나몬, 부드러운 레드 커런트, 당과류의 특색.
피니시 살짝 스파이시하고 희미한 곡물 풍미가 느껴진다.
총평 달콤한 향과 선명한 풍미를 선보여준다.

플레이버 캠프 과일 풍미와 스파이시함
차기 시음 후보감 에디티오 젠티스, 톨리바딘 버건디 피니시

올드 호바트, 오버림 셰리 캐스크 머츄어드 43%

향 약한 산화 특유의 향. 앞의 위스키와 비슷한 젖은 석고/캔버스 향이 풍기지만, 시트러스, 토피, 부드러운 과일(익힌 승도복숭아) 향이 더해져 있다.
맛 아몬티야도 셰리, 가벼운 아몬드 맛. 붉은색과 검은색 과일의 농후한 풍미와 은은한 대추야자 맛. 물을 섞으면 로즈메리와 라벤더 느낌이 옅게 퍼진다.
피니시 구운 곡물과 쌉싸름한 초콜릿의 풍미.
총평 살짝 더 드라이하고 구조감이 더 잡혀 있다.

플레이버 캠프 풍부함과 무난함
차기 시음 후보감 더 맥캘란 앰버

베이커리 힐, 싱글몰트 46%

향 섬세한 오크 향과 꽃향기에 빵 부스러기, 보리수 꽃, 가벼운 사과나무 꽃의 향이 조화를 이루는 상쾌하고 깔끔한 스피릿.
맛 밸런스 잡힌 오크 풍미와 함께 부드럽게 다가오는 첫맛. 깔끔한 신맛. 약간의 꿀 풍미.
피니시 우유 탄 커피의 느낌.
총평 섬세함과 세련미를 갖추었다.

플레이버 캠프 향기로움과 꽃 풍미
차기 시음 후보감 하쿠슈 12년

베이커리 힐, 더블 우드 46%

향 주도적으로 드러나는 과일 향. 처음엔 딸기와 라즈베리 향이 풍기다 향기롭고 깊이감 있는 블루베리 향으로 이어진다. 물을 섞으면 풍부함이 생긴다.
맛 크리미한 포리지와 곡물 맛에 더불어, 중간 맛의 플럼 크럼블 맛 사이로 어두운색 베리류의 느낌이 솔솔 스며나와 복합적 풍미를 선사한다.
피니시 가벼운 건초 향.
총평 잘 만들어진 걸작이다.

플레이버 캠프 과일 풍미와 스파이시함
차기 시음 후보감 털러모어 D.E.W. 싱글몰트

베이커리 힐, 피티드 몰트 46%

향 가벼운 훈연향. 허니너트 콘플레이크와 나무 태우는 향. 가벼운 오렌지 껍질. 물을 섞으면 강한 피트 향이 난다.
맛 달콤하고 살짝 견과류 맛. 밸런스가 잡혀 있는데 가벼운 과일 맛이 훈연 맛에 묻히지 않는다.
피니시 길고 젠틀하다.
총평 밸런스가 잘 잡혀 있다.

플레이버 캠프 스모키함과 피트 풍미

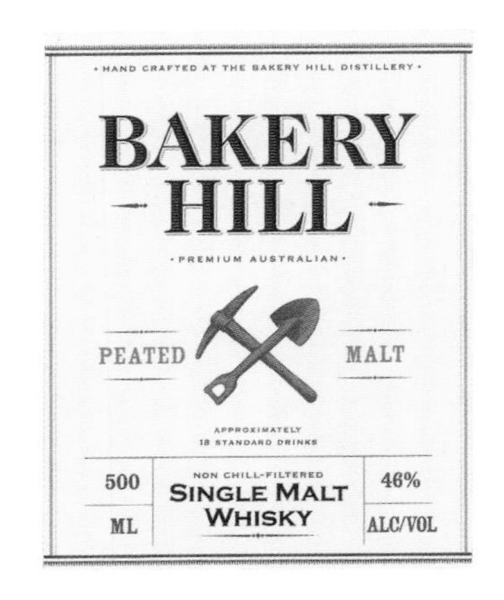

태즈메이니아주 특유의 꽃 풍미는, 독특한 향기로움을 띠는 피트의 영향이다. (사진 속에서 빌 라크가 바로 그 피트를 채취 중이다.)

여전히 그 감각적 프로필에서 호주만의 차별성을 살짝 띠고 있어요. 그게 다 포도 품종, 기후, 효모 품종 같은 요소 덕분이죠."

그렇다면 호주 위스키의 경우도 이와 똑같을까? 그 답은 시간이 지나야만 확실해질 것이다. 매과이어, 라크, 베이커 모두가 지적하고 있듯 사업의 기반을 잡고 자신의 스타일이 정해지기까지는 10년이 넘게 걸린다.

"사람이 최고의 출발 지점이죠." 미들턴은 이렇게 운을 뗀 후 말을 이었다. "호주에는 증류와 관련된 배경을 가져온 사람이 없어요. 수제 증류 창업에 일조한 이들 중에 이전의 위스키 제조 시대에 증류에 몸담았던 사람은 1명도 없어요. 이런 점은 오히려 자산으로 작용할 수도 있어요. 전통이나 관습도 없고, 따라야 할 제한적인 업계 표준도 없이 때 묻지 않은 바닥에서부터 시작할 수 있으니까요. 실제로 수제 증류 창업자들은 편견 없이 색다른 통찰력과 접근법을 도입하며 비약적 속도로 위스키에 눈을 떠가게 되었죠. 기업체 방식보다 통합생산 방식을 취해 원료부터 병입까지 모든 과정을 배워나갔어요."

다시 말해 이 사람들 사이에는 공통적인 배경이 없었다는 얘기다. 즉, 변호사, 측량기사, 교사, 화학자 등 서로 다른 배경의 사람들이 위스키를 사랑하고 위스키를 만들고 싶다는 생각으로 이 일에 뛰어든 것이었다. 호주의 와인 생산지들이 기반을 잡은 과정을 들여다보면 거기에서도 똑같은 원칙이 포착된다. 의사, 화학자, 지질학자 들이 뭔가 새롭게 해보고 싶다는 마음으로 뛰어들어 개척해 낸 것이었다.

이런 역동성은 전 세계의 다른 신흥 증류 업체들에서도 똑같이 펼쳐지고 있다. 말하자면 이것은 세계적으로 일어나는 운동이며, 호주만의 현상이 아니다. 다만, 보통은 그 접근법이 저마다 다르며, 또 달라야만 한다. 미들턴의 말마따나 "좁은 시야로 스코틀랜드만 바라보길 그만둬야" 한다. 아니면 시도라도 해봐야 한다.

패트릭 매과이어는 이렇게 말한다. "호주는 선두 주자가 아니라 후발주자예요. 그래서 인정받기 위해 노력 중이죠. 여기에서는 스카치위스키라고 하면 종이 곽에 담아 내놓아도 인정을 받아 잘 팔릴 거예요. 주목을 받기 위해서는 좀 더 열심히 노력해야 한다는 얘기지만, 세상은 변하고 있어요. 호주에서는 한창 음식 혁신이 펼쳐지는 중이고 좋은 품질의 음식과 좋은 품질의 음료는 서로 떼려야 뗄 수 없는 관계입니다. 물론 저희도 시간이 걸리는 일이라는 걸 알았지만 사람들에게 다가가기 위해 나름 큰 노력을 기울였어요."

데이비드 베이커도 여기에 공감한다. "지금은 아직 위스키 업계의 초반기일 뿐입니다." 그가 여기까지 말하다 소리 내 웃더니 뒷말을 이었다. "그동안 전 악몽 같은 시간을 보냈지만 이제는 차츰 극복해 내고 있어요. 예전엔 주변에서 어림없는 일을 벌인다며 저를 비웃었어요. 하지만 열정을 불사르며 여기까지 왔어요. 저는 이 일을 사랑해요."

그것이 바로 스피릿이다.

설리반스 코브, 프렌치 오크 캐스크 머츄어드 47.5%

향 설탕 절임 레몬과 오렌지 껍질 향에 더불어 풍기는 메이스와 육두구 향. 그뒤로 이어지는 약한 구운 보리 향. 무게감이 있다.
맛 오렌지맛 초콜릿 맛이 가장 먼저 다가오는 부드러운 첫맛. 시트러스와 풍부한 질감의 과일 맛, 살며시 풍겨오는 묵직한 꽃의 느낌이 어우러진 달콤한 중간 맛.
피니시 프랄린, 연한 헤이즐넛 풍미와 가벼운 숯 향.
총평 밸런스와 복합미를 겸비하고 있다.

플레이버 캠프 과일 풍미와 스파이시함
차기 시음 후보감 카듀 18년, 더 글렌리벳 21년

헬리어스 로드, 오리지널 10년 40%

향 빵 같은 향기가 살짝 돌면서, 스펠트 통밀가루, 약한 견과 곡물 향에 이어 달콤한 죽순, 헤이즐넛, 현미 향이 전해온다.
맛 귤 마멀레이드 마른 통밀빵의 풍미. 가벼운 밀크초콜릿 맛. 토스트 풍미와 함께 살짝 크리미한 질감과 밸런스가 느껴진다.
피니시 부드럽고 공기처럼 가벼운 질감 속에서 느껴지는 오크와 곡물 풍미.
총평 가벼움과 깔끔함, 견과류 풍미가 특색을 이룬다.

플레이버 캠프 몰트 풍미와 드라이함
차기 시음 후보감 애런 10년, 오켄토션 클래식

헬리어스 로드, 피노 누아 피니시 46.2%

향 체리, 레드커런트, 라즈베리 등의 붉은색 과일 향에 더해 블랙커런트 잎과 시트러스 향이 약하게 섞여 있다. 현미 향. 깔끔한 인상.
맛 토스트 맛과 약한 견과류 맛. 증류소의 특색이 확실하게 살아 있지만 향신료 풍미가 보통 수준보다 꽤 강하게 발현되어 있다. 오크 통에 추가 숙성을 거치는 사이에 가벼운 정향 풍미가 생기고 살짝 더 드라이해졌다.
피니시 과일과 견과류의 풍미.
총평 부드럽지만 와인의 기운이 과하지 않다.

플레이버 캠프 과일 풍미와 스파이시함
차기 시음 후보감 툴리바딘 버건디 피니시, 리블 코일모어 포트

헬리어스 로드, 피티드 46.2%

향 드라이한 첫향. 모닥불에 구운 사과의 향. 구운 헤이즐넛 향. 점차 향기로워지는 훈연 향.
맛 연한 유칼립투스 풍미와 함께 바로 다가오는 훈연 향. 훈연 향과 곡물 풍미가 더해지면서 아주 드라이한 맛이 난다. 중간쯤에서 빵 같은 느낌이 가벼운 바닐라 맛과 함께 돌아오면서 살짝 부드러워진다.
피니시 섬세한 약품 느낌.
총평 다른 제품군과 마찬가지로 정중한 성질을 띠고 있다.

플레이버 캠프 스모키함과 피트 풍미
차기 시음 후보감 토마틴 쿠보칸

Flavour camp lists

플레이버 캠프 리스트

이 책의 시음 위스키는 각자의 기호에 따라 위스키를 찾아보기 용이하도록 플레이버 캠프로 분류되어 있다. 이 플레이버 캠프를 종합적으로 정리한 다음의 목록을 훑어보면 같은 증류소의 위스키가 오크와 시간의 영향에 따라 플레이버 캠프가 어떻게 바뀌는지도 이해할 수 있다. 같은 플레이버 캠프 내에서도 확실히 차이는 있지만 해당 위스키들 사이에는 주된 풍미에서 공통점을 띤다. 이에 관해서는 26~27쪽의 자세한 내용과 28~29쪽의 플레이버 맵을 참고하면 좋다.

과일 풍미와 스파이시함

여기에서 말하는 과일은 복숭아, 살구 같은 잘 익은 과수원 과일이며, 경우에 따라 망고 같은 비교적 이국적인 과일을 가리킬 수도 있다. 여기에 속하는 위스키는 으레 미국산 오크 특유의 바닐라, 코코넛 향, 커스터드 느낌의 향을 띠기도 한다. 피니시에서는 시나몬이나 육두구 같은 향신료 풍미가 느껴지고 달콤한 편이다.

스코틀랜드 *싱글몰트 위스키*
애버펠디 12년
애버펠디 21년
아벨라워 12년 냉각 여과 비 처리
아벨라워 16년 더블 캐스크
아빈 자랙
애런 10년
애런 12년 캐스크 스트렝스
오켄토션 21년
발블레어 1990
발블레어 1975
발메낙 1993
발메낙 1979
더 발베니 12년 더블 우드
더 발베니 14년 캐리비언 캐스크
더 발베니 21년 포트우드
더 발베니 30년
벤 네비스 10년
더 벤리악 12년
더 벤리악 16년
더 벤리악 20년
더 벤리악 21년
벤로막 10년
벤로막 25년
벤로막 30년
보모어 46년, 디스틸드 1964
카듀 앰버 락
카듀 18년
크레이겔라키 14년
크레이겔라키 1994 고든 앤드 맥페일 병입 제품
클라이넬리시 14년
클라이넬리시 1997, 매니저스 초이스
달모어 12년
달위니 15년
달위니 디스틸러스 에디션
달위니 1992, 매니저스 초이스
달위니 1986, 20년 스페셜 릴리즈
딘스톤 12년
글렌카담 15년
더 싱글톤 오브 글렌둘란 12년
글렌 엘긴 12년
글렌피딕 21년
글렌 기리 12년
글렌글라사 에볼루션
글렌글라사 리바이벌
글렌고인 10년
글렌고인 15년
글렌킨치 디스틸러스 에디션
더 글렌리벳 15년
더 글렌리벳 아카이브 21년
글렌모렌지 디 오리지널 10년
글렌모렌지 18년
글렌모렌지 25년
글렌모레이 클래식 NAS
글렌 모레이 12년
글렌 모레이 16년
글렌 모레이 30년
더 글렌로시스 익스트로더너리 캐스크 1969
더 글렌로시스 엘더스 리저브
더 글렌로시스 셀렉트 리저브 NAS
헤이즐번 12년
인치고어 14년
인치머린 12년
킬커란 워크 인 프로그레스 No.4
키닌비 배치 넘버 1, 23년
로크 로몬드 인치머린 12년
로크 로몬드 1966 스틸즈
롱몬 16년
롱몬 1977
롱몬 33년
맥캘란 골드
맥캘란 앰버
맥캘란 15년 파인 오크
마녹모어 18년, 스페셜 릴리즈
오번 14년
올드 풀트니 12년
올드 풀트니 17년
올드 풀트니 30년
올드 풀트니 40년
로열 브라클라 25년
로열 로크나가 12년
스캐퍼 16년
스캐퍼 1979
스트라스아일라 18년
토마틴 18년
토마틴 30년
토민톨 33년
토모어 12년
툴리바딘 버건디 피니시

스코틀랜드 *블렌디드 위스키*
앤티쿼리 12년
뷰캐넌 12년
듀어스 화이트 라벨
더 페이머스 그라우스
그랜츠 패밀리 리저브
그레이트 킹 스트리트

스코틀랜드 *그레인 위스키*
카메론 브릭
헤이그 클럽

아일랜드 *몰트 위스키*
털러모어 D.E.W. 싱글몰트 10년

아일랜드 *블렌디드 위스키*
쿨리, 킬베간
그린 스폿
제임슨 12년
파워스 12년
털러모어 D.E.W. 12년 스페셜 리저브

아일랜드 *싱글포트 스틸 위스키*
그린 스폿
미들턴 배리 크로켓 레거시
파워스 존 레인스

일본 *몰트 위스키*
치치부 포트 파이프 2009
치치부 치비다루 2009
코마가타케 싱글몰트
미야기쿄 15년
미야기쿄 1990 18년
야마자키 12년

일본 *그레인 위스키*
미야기쿄 닛카 싱글 캐스크 코페이 몰트

일본 *블렌디드 위스키*
히비키 12년
히비키 17년
닛카, 프롬 더 배럴

기타 국가 *몰트 위스키*
애드남스, 스피릿 오브 브로드사이드 *영국*
암룻, 퓨전 *인도*
암룻, 그리디 앤젤스 *인도*
아르쿠스 욜레이드, 엑스버번 캐스크 3.5년 *노르웨이*
아르쿠스 욜레이드, 셰리 캐스크 3.5년 *노르웨이*
베이커리 힐 더블 우드 *호주*
벨지안 아울 *벨기에*
벨지안 아울, 싱글 캐스크 #4275922 *벨기에*
브라운스타인 E:1 싱글 셰리 캐스크 *덴마크*
브렌 *프랑스*
핀히, 딩켈, 포트 2013 *독일*
핀히, 클라시크 *독일*
조지 디켈 12년 *미국*
하이더, J.H. 싱글몰트 *오스트리아*
하이더, J.H. 싱글몰트, 카라멜, *오스트리아*
헬리어스 로드, 피노 누아 피니시 *호주*
카발란 클래식 *대만*
카발란 솔리스트 싱글 캐스크 엑스 버번 *대만*
랑가툰, 올드 디어 *스위스*
랑가툰, 올드 베어 *스위스*
레만 알사스 싱글몰트(50%) *프랑스*
리블, 코일모어, 포트 캐스크 *독일*
마크미라 미드빈테르 *스웨덴*
메이에스 (블렌디드) *프랑스*
밀스톤 10년 아메리칸 오크 *네덜란드*
뉴 홀랜드 제플린 벤드 스트레이트 몰트 *미국*
올드 호바트 오버림 포트 캐스크 머츄어드 *호주*
폴 존 클래식 셀렉트 캐스크 *인도*
젠티스, 에디티온 젠티스 *스위스*
슈람을, 드라 *독일*
스타우닝, 트래디셔널 올로로소 *덴마크*
세인트 조지 캘리포니아 싱글몰트 *미국*
스트라나한스 콜로라도 스트레이트 몰트 위스키 *미국*
설리반스 코브, 프렌치 오크 캐스크 머츄어드 *호주*
테렌펠리 카스키 *핀란드*
텔저, 텔징톤 VI, 5년 싱글몰트 *리히텐슈타인*
텔저, 텔징톤 블랙 에디션, 5년 *리히텐슈타인*
쓰리 쉽스 10년 *남아프리카공화국*
웨스트랜드 디컨 시트 *미국*
웨스트랜드 플래그십 *미국*
웨스트랜드 캐스크 29 *미국*

기타 국가 *그레인 위스키*
베인스 케이프 마운틴 *남아프리카공화국*

향기로움과 꽃 풍미

여기에 해당되는 위스키는 향에서 막 잘라낸 꽃, 과일 꽃, 자른 풀, 가벼운 풋과일이 연상된다. 입안에 머금으면 살짝 달콤하고 가벼우면서, 대체로 상쾌한 신맛이 느껴진다.

스코틀랜드 *싱글몰트 위스키*
알타바인 1991
아녹 16년
아드모어 1977, 30년, 올드 몰트 캐스크 병입
애런 14년
애런, 로버트 번스
블라드녹 8년
블라드녹 17년
브래발 8년
브룩라디 시음노트 아일레이 발리 5년
브룩라디 더 라디 10년
카듀 12년
글렌버기 12년
글렌버기 15년
글렌카담 10년
글렌둘란 12년
글렌피딕 12년
글렌 그랜트 10년
글렌 그랜트 메이저스 리저브
글렌 그랜트 파이브 데케이즈
글렌 키스 17년
글렌킨치 12년
글렌킨치 1992, 매니저스 초이스, 싱글 캐스크
더 글렌리벳 12년
글렌로시 1999, 매니저스 초이스
글렌 스코시아 10년
글렌토커스 1991 고든 앤드 맥페일 병입
더 글렌터렛 10년
링크우드 12년
로크 로몬드 로스듀
로크 로몬드 12년, 오가닉 싱글 블렌드
로크 로몬드 29년, WM 카덴헤드 병입
마녹모어 12년
밀튼더프 18년
밀튼더프 1976
스페이번 10년
스페이사이드 15년
스트라스아일라 12년
스트라스밀 12년
티니닉 10년 플로라 앤드 파우나
토마틴 12년
토민톨 14년
토모어 1996
툴리바딘 소버린

스코틀랜드 *블렌디드 위스키*
밸런타인 파이니스트
시바스 리갈 12년
커티 삭

스코틀랜드 *그레인 위스키*
거번 '오버 25년'
스트래스클라이드 12년

아일랜드 *몰트 위스키*
부시밀스 10년

아일랜드 *블렌디드 위스키*
부시밀스 오리지널
제임슨 오리지널
털러모어 D.E.W.

일본 몰트 *위스키*
이치로즈 몰트, 치치부 온 더 웨이
후지 고텐바 후지 산로쿠 18년
후지 고텐바 18년
하쿠슈 12년
하쿠슈 18년
화이트 오크 5년
야마자키 10년

일본 블렌디드 *위스키*
에이가시마, 화이트 오크 5년
닛카 슈퍼

기타 국가 *몰트 위스키*
베이커리 힐, 싱글몰트 호주
콜링우드, 캐나디안 미스트 *캐나다*
도멘 데 오트 글라세 S11 #01 *프랑스*
도멘 데 오트 글라세 L10 #03 *프랑스*
글랑 아르 모르 타올 에사 2 그웨치 2013 France
하이 웨스트 실버 웨스턴 오트 *미국*
하이 웨스트 밸리 탠 오트 *미국*
마크미라 브룩스브히쉬 *스웨덴*
뉴 홀랜드 빌즈 미시간 휘트 *미국*
펜더린 마데이라 *웨일스*
푸니, 알바 *이탈리아*
라데마허, 람베르투스 10년 *벨기에*
세인트 조지 로트 13 *미국*
슬뤼르스 2010 *독일*
스피릿 오브 흐벤 No.1, 둡헤 *스웨덴*
스피릿 오브 흐벤, No.2, 메라크 *스웨덴*
스틸 워터스 스토크 앤 배럴, 캐스크 #2 *캐나다*
테렌펠리, 아에스 *핀란드*

풍부함과 무난함

이 풍미 프로필에 드는 위스키에서도 과일 풍미가 느껴지지만 건포도, 무화과, 대추야자, 설타나 등의 건과일 계열로, 유럽산 오크 셰리 캐스크에 담겨 숙성되었음을 엿보여주는 특색이다. 오크에서 우러진 타닌의 영향으로 살짝 더 섬세함이 느껴질 수도 있다. 깊이감을 띠면서 경우에 따라 달콤함과 고기 풍미를 선사하기도 한다.

스코틀랜드 *싱글몰트 위스키*
아벨라워 10년
아벨라워 아브나흐, 배치 45번
아벨라워 18년
올트모어 16년, 듀어 라트레이
더 발베니 17년 더블 우드
벤 네비스 25년
벤리네스 15년 플로라 앤드 파우나
벤리네스 23년
벤로막 1981 빈티지
블레어 아톨 12년 플로라 앤드 파우나
브룩라디 블랙 아트 4, 23년
부나하벤 12년
부나하벤 18년
부나하벤 25년
크라겐모어 디스틸러스 에디션
크라겐모어 12년
달모어 15년
달모어 1981 마투살렘
달루안 16년
더 싱글톤 오브 더프타운 12년
더 싱글톤 오브 더프타운 15년
에드라두어 1997
에드라두어 1996 올로로소 피니시
페터카렌 16년
페터카렌 30년
글렌알라키 18년
글렌카담 1978
더 글렌드로낙 12년
더 글렌드로낙 18년 앨러다이스
더 글렌드로낙 21년 팔러먼트
글렌파클라스 10년
글렌파클라스 15년
글렌파클라스 30년
글렌피딕 15년
글렌피딕 18년
글렌피딕 30년
글렌피딕 40년
글렌글라사 30년
글렌고인 21년
더 글렌리벳 18년
더 싱글톤 오브 글렌 오드 12년
하이랜드 파크 18년
하이랜드 파크 25년
주라 16년
맥캘란 루비
맥캘란 시에나
맥캘란 18년 셰리 오크
맥캘란 25년 셰리 오크
몰트락 레어 올드
몰트락 25년
로열 로크나가 셀렉티드 리저브
스페이번 21년
스트라스아일라 25년
탐듀 10년
탐듀 18년
토버모리 15년
토버모리 32년

스코틀랜드 *블렌디드 위스키*
조니 워커 블랙 라벨
올드 파 12년

아일랜드 *몰트/포트 스틸 위스키*
부시밀스 16년
부시밀스 21년 캐스크 피니시
레드브레스트 12년
레드브레스트 15년

아일랜드 *블렌디드 위스키*
블랙 부시
제임슨 18년
털러모어 D.E.W. 피닉스 셰리 피니시

일본 *몰트 위스키*
하쿠슈 25년
카루이자와 1985
카루이자와 1995 노 시리즈
야마자키 18년

기타 국가
암룻, 인터미디엇 캐스크 *인도*
발콘즈 스트레이트 몰트 *미국*
카발란 피노 캐스크 *대만*
리베르, 엠브루호 *스페인*
밀스톤 1999, 페드로 히메네스 캐스크 *네덜란드*
뉴 홀랜드 비어 배럴 버번 *미국*
올드 호바트, 오버림 셰리 캐스크 머츄어드 *호주*
펜더린 셰리우드 *웨일스*
젠티스 알프슈타인 VII *스위스*
와렝헴 아모릭 더블 머추레이션 *프랑스*

스모키함과 피트 풍미

여기에 속하는 위스키들은 그을음 냄새에서부터 랩생 수총, 타르, 훈제 청어, 훈제 베이컨 향, 장작 연기와 히더 타는 냄새에 이르기까지 다양한 아로마를 풍긴다. 대체로 살짝 오일리한 질감을 띠며, 피트 풍미가 있는 위스키는 꼭 달콤함과 밸런스를 이루어야 한다.

스코틀랜드 *싱글몰트 위스키*
아드벡 10년
아드벡 코리브레칸
아드벡 우가달
아드모어 트레디셔널 캐스크 NAS
아드모어 25년
더 벤리악 큐리오시타스 10년
더 벤리악 셉텐데심 17년
더 벤리악 아우텐티쿠스 25년
보모어 데블스 캐스크 10년
보모어 12년
보모어 15년 다키스트
브룩라디 옥토모어, '코뮤스' 4.2 2007 5년
브룩라디 포트 샬롯 PC8
브룩라디 포트 샬롯 스코티시 발리
부나하벤 토흐아흐
쿨일라 12년
쿨일라 18년

하이랜드 파크 12년
하이랜드 파크 40년
킬호만 마키어 베이
킬호만 2007
라가불린 12년
라가불린 16년
라가불린 21년
라가불린 디스틸러스 에디션
라프로익 10년
라프로익 18년
라프로익 25년
롱로우 14년
롱로우 18년
스프링뱅크 10년
스프링뱅크 15년
탈리스커 스톰
탈리스커 10년
탈리스커 18년
탈리스커 25년
토마틴 쿠보칸

아일랜드 *몰트 위스키*
쿨리, 코네마라 12년

일본 *몰트 위스키*
더 캐스크 오브 하쿠슈
요이치 10년
요이치 12년
요이치 15년
요이치 20년
요이치 1986 22년

기타 국가 *몰트 위스키*
발콘즈 브림스톤 리저렉션 V *미국*
베이커리 힐, 피티드 몰트 *호주*
클리어 크릭, 맥카시스 오리건 싱글몰트 *미국*
헬리어스 로드, 피티드 *호주*
코르노그, 생 아이비 *프랑스*
코르노그, 토라치 *프랑스*
마크미라 스벤스크 뢰크 *스웨덴*
폴 존 피티드 셀렉트 캐스크 *인도*
스뫼겐, 프리뫼르 *스웨덴*
스타우닝, 피티드 올로로소 *덴마크*
웨스트랜드 퍼스트 피티드 *미국*

몰트 풍미와 드라이함

이 계열의 위스키는 향이 상대적으로 더 드라이한 편이다. 상큼함과 비스킷 느낌이 다가오며 때때로 밀가루, 콘플레이크, 견과류를 연상시키는 먼지 내음도 느껴진다. 맛 역시 드라이하지만 오크의 달콤함과 밸런스를 이루는 것이 보통이다.

스코틀랜드 *싱글몰트 위스키*
오켄토션 클래식 NAS
오켄토션 12년
오크로이스크 10년
글렌 기리 파운더스 리저브 NAS
글렌 스코시아 12년
글렌 스페이 12년
노칸두 12년
로크 로몬드 싱글몰트 NAS
맥더프 베리 브라더스 앤드 러드 병입
스페이사이드 12년
탐나불린 12년
토민톨 10년
툴리바딘 20년

일본 *몰트 위스키*
치치부 더 플로어 몰티드 3년

기타 국가 *몰트 위스키*
블라우에 마우스 그뤼너 훈트, 싱글 캐스크 *독일*
블라우에 마우스 슈피나커 20년 *독일*
헬리어스 로드, 오리지널 10년 *호주*
허드슨 싱글 몰트, 투틸타운 *미국*
레만 알사스 싱글몰트 (40%) *프랑스*
리블, 코일모어, 아메리칸 오크 *독일*
메이에스 퓌르 몰트 *프랑스*
테렌펠리 6년 *핀란드*
테렌펠리 8년 *핀란드*

호밀·밀·옥수수 베이스 위스키

북미 위스키(혹은 북미 스타일 위스키)는 생산 과정과 곡물의 차이에 따라 다양한 플레이버 캠프의 스타일이 만들어져왔다. 지금부터의 표기에서는 잭 다니엘스 블랙 라벨(Jack Daniel's Black Label) 같이 위스키가 증류소 가문의 소유일 경우엔 증류소명이 먼저 표기되고, 블랜튼스 싱글 배럴(Blanton's Single Barrel) 같이 위스키가 특정 증류소에서 생산될 경우엔 증류소명이 위스키명 뒤에 온다.

부드러운 옥수수 풍미

옥수수는 버번과 캐나다의 위스키에서 쓰는 주요 곡물로, 달콤한 향을 부여해 줄 뿐만 아니라 입안에서 기름진 질감과 함께 버터, 과즙의 특색이 느껴지게 해준다.

발콘즈 베이비 블루 *미국*
블랙 벨벳 *캐나다*
블랜튼스 싱글 배럴, 버팔로 트레이스 *미국*
캐나디안 클럽 1858 *캐나다*
캐나디안 미스트 *캐나다*
댄필즈 10년, 블랙 벨벳 *캐나다*
댄필즈 21년, 블랙 벨벳 *캐나다*
얼리 타임즈 *미국*
포티 크릭 배럴 셀렉트 *캐나다*
포티 크릭 코퍼 팟 리저브 *캐나다*
포 로지즈 옐로 라벨 *미국*
조지 디켈 슈페리어 No.12 *미국*
조지 디켈 8년 *미국*
조지 디켈 배럴 셀렉트 *미국*
크라운 로열, 김리 *캐나다*
크라운 로열 리저브, 김리 *캐나다*
하이우드 센츄리 리저브 21년 *캐나다*
허드슨 베이비 버번, 투틸타운 *미국*
허드슨 포 그레인 버번, 투틸타운 *미국*
허드슨 뉴욕 콘, 투틸타운 *미국*
잭 다니엘스 블랙 라벨, 올드 No.7 *미국*
잭 다니엘스 젠틀맨 잭 *미국*
잭 다니엘스 싱글 배럴 *미국*
짐 빔 블랙 라벨 8년 *미국*
짐 빔 화이트 라벨 *미국*
파이크 크릭 10년, 하이람 워커 *캐나다*
와일드 터키 81° *미국*
와일드 터키 101° *미국*
와이저스 디럭스, 하이람 워커 *캐나다*

달콤한 밀 풍미

밀은 버번 증류 기술자들이 종종 호밀 대신 사용하는 원료로, 버번에 온화하고 부드러운 달콤함을 더해준다.

베른하임 오리지널 휘트, 헤븐 힐 *미국*
하이우드, 센테니얼 10년 *캐나다*
하이우드 화이트 아울 *캐나다*
라스트 마운틴 프라이빗 리저브 *캐나다*
메이커스 마크 *미국*
슈람을 WOAZ *독일*
W L 웰러 12년, 버팔로 트레이스 *미국*

풍부함과 오크 풍미

위스키는 통속에서 시간을 보내는 사이에 코코넛, 소나무, 체리, 달콤한 향신료 풍미와 더불어 바닐라 특색이 두드러지는 풍부한 아로마를 얻게 된다. 버번이 오크 통에 담겨 있는 시간이 길수록 이런 풍부한 풍미가 더 강하게 배어나와, 담배와 가죽 같은 풍미를 띠게 된다.

앨버타 프리미엄 30년 *캐나다*
발콘즈 스트레이트 버번 II *미국*
부커스, 짐 빔 *미국*
캐나디안 클럽 20년 *캐나다*
캐나디안 클럽 30년 *캐나다*
이글 레어 10년 싱글 배럴, 버팔로 트레이스 *미국*
일라이저 크레이그 12년, 헤븐 힐 *미국*
포트 크릭 더블 배럴 리저브 *캐나다*
놉 크릭 9년, 짐 빔 *미국*
메이커스 46 *미국*
올드 피츠제럴드 12년, 헤븐 힐 *미국*
패피 반 윙클 패밀리 리저브 20년, 버팔로 트레이스 *미국*
리지몬트 리저브1792 8년, 바튼 1792 *미국*
러셀스 리저브 버번 10년, 와일드 터키 *미국*
레어 브리드, 와일드 터키 *미국*
와이저스 18년, 하이람 워커 *캐나다*

스파이시한 호밀 풍미

호밀은 대체로 짙은 향을 띠면서 살짝 향기롭고, 때로는 살포시 먼지 내음이 돌기도 한다. 갓 구운 호밀빵 비슷한 향도 난다. 이런 호밀 풍미는 입안에서 기름진 옥수수 맛이 돌고 난 이후 나중에야 드러나면서 미각을 깨워주는 시고 알싸한 새콤함을 함께 더해준다.

앨버타 프리미엄, 25년 *캐나다*
앨버타 스프링스 10년 *캐나다*
캐나디안 클럽 리버브 10년 *캐나다*
콜링우드 21년, 캐나디안 미스트 *캐나다*
크라운 로열 리미티드 에디션, 김리 *캐나다*
다크 호스, 앨버타 *캐나다*
도멘 데 오트 글라세 세칼레 *프랑스*
에반 윌리엄스 싱글 배럴 2004, 헤븐 힐 *미국*
포트 크릭 컨페더레이션 리저브 *캐나다*
포 로지즈 배럴 스트렝스 15년 *미국*
포 로지즈 브랜드 12 싱글 배럴 *미국*
포 로지즈 브랜드 3 스몰 배치 *미국*
하이더, J.H. 스페셜 라이 '누가' *오스트리아*
하이더, J.H. 피티드 라이 몰트 *오스트리아*
하이 웨스트 OMG 퓨어 라이 *미국*
하이 웨스트 랑데부 라이 *미국*
하이우드 나인티, 20년 *캐나다*
허드슨 맨해튼 라이, 투틸타운 *미국*
조지 디켈 라이 *미국*
로트 40, 하이람 워커 *캐나다*
밀스톤 라이 100 *네덜란드*
올드 포트레로 라이, 앵커 *미국*
리튼하우스 라이, 헤븐 힐 *미국*
러셀스 리저브 라이 6년, 와일드 터키 *미국*
사제락 라이, 버팔로 트레이스 *미국*
사제락 18년, 버팔로 트레이스 *미국*
시그램 VO, 캐나디안 미스트 *캐나다*
스타우닝 영 라이 *덴마트*
텔저 라이 싱글 캐스크 2년 *리히텐슈타인공국*
톰 무어 4년 *미국*
베리 올드 바튼 6년, 바튼 1792 *미국*
와이저스 레거시, 하이람 워커 *캐나다*
우드포드 리저브 디스틸러스 셀렉트 *미국*

Glossary

용어 풀이

A

숙성 연수 표기(age statement) 라벨에 표기된 연수는 들어간 원액 중 가장 어린 원액의 숙성 연수를 가리킨다. 여기에서는 숙성 연수가 반드시 품질을 좌우하는 요소가 아니라는 사실을 명심할 필요가 있다.

알코올 함량(ABV, alcohol by volume) 위스키의 전체 내용물 중 알코올 함량을 %로 표시한 것. 법에 따라 스카치위스키는 알코올 함량이 40% 이상이어야 한다. 프루프 항목도 참조.

천사의 몫(angel's share) 숙성 중에는 캐스크가 숨을 쉬어, 알코올 중 일부가 증발하게 된다. 이런 증발분을 일명 '천사의 몫'이라고 부른다. 스코틀랜드에서는 이렇게 잃는 양이 캐스크당 연간 2%에 이른다.

B

백셋(backset) 사워매싱 항목 참조.

보리(barley) 보리는 몰팅되고 나면 자연 생성된 효소를 함유하게 되어 전분을 발효 가능한 당분으로 더 잘 전환시키게 된다. 따라서 거의 모든 타입의 위스키의 생산에서 곡물의 매시에 어느 정도의 몰팅 보리를 섞어 넣는다. 단, 싱글몰트 위스키는 100% 몰팅 보리만을 쓴다.

배럴(barrel) 200L(44갤런) 용량의 미국산 오크 캐스크를 가리키는 용어.

비어(beer, 미국) 증류할 알코올액. '워시'라고도 함.

비어 스틸(beer still, 미국) 1차 증류기.(보통 연속 증류기.)

블렌디드 위스키(blended whisky) 그레인 위스키를 몰트 위스키(스코틀랜드)나 버번/라이 위스키(미국)와 섞은 것. 전 세계에서 판매되는 스카치위스키 중 93%가 블렌디드 위스키다.

버번(Bourbon) 미국의 위스키 스타일로, 다음의 규칙을 따라야 한다. 매시의 옥수수 함량이 최소 51%여야 하고, 증류의 최대 알코올 함량 80%(160푸르프)를 지켜야 하며, 알코올 함량 62.5%(125프루프) 이하에서 내부를 까맣게 숯처럼 태운 새 오크 배럴에 담아 최소 2년간 숙성시켜야 한다.

버트(butt) 셰리를 담았던 500L(110갤런) 용량의 캐스크로 스카치위스키의 숙성에 사용된다.

C

캐러멜(caramel) 대다수 위스키에서 사용이 허가되는 첨가제로(단, 버번의 생산에서는 사용이 금지되어 있음) 작업 배치별로 색의 일관성을 맞추기 위해 넣는다. 과도하게 사용하면 향이 둔화되고 피니시에서 쓴맛이 생긴다.

캐스크(cask) 위스키의 숙성에 사용되는 다양한 종류의 오크통을 아우르는 통칭.

차콜 멜로잉(charcoal mellowing) 테네시 위스키를 특징짓는 제조기술로, 갓 증류된 스피릿을 숙성시키기 전에 숯이 담긴 통에 담아 여과시키는 방법이다.

숯처럼 태우기(Charring) 미국산 배럴은 예외없이 내부를 숯처럼 까맣게 태운 후에 사용한다. 이렇게 형성된 숯층이 필터 역할을 하도록 해서, 거친 향이나 미숙한 향을 더 잘 제거시키기 위한 것이다.

응축(condensing) 증류의 마지막 단계로, 알코올 증기를 다시 액체로 변환시키는 과정.

콘 위스키(corn whiskey) 미국의 위스키 스타일. 법에 따라 콘 위스키는 원료의 최소 80%를 옥수수로 써야 한다. 최소 의무 숙성기간은 정해져 있지 않다.

D

다크 그레인(dark grain) 팟에일(1차 증류를 마친 후에 남은 고단백질의 잔류물)과 드래프를 섞은 것으로, 영양분 풍부한 동물 사료로 팔린다.

증류(distillation) 스피릿을 와인이나 비어와 구별지어주는 과정. 알코올은 물보다 끓는점이 낮기 때문에 알코올액(비어/워시)을 증류기에 넣고 가열하면 알코올 증기가 물보다 먼저 분리되어 나오면서 알코올 강도가 높아지고 워시 안에 함유된 풍미가 농축된다.

더블러(doubler, 미국) 1차 증류된 알코올(주정)을 재증류해 최종 스피릿을 만들어내는 단순한 형태의 단식 증류기.

드래프(draff) 매시툰에서 당화액(워트)을 모두 추출한 뒤에 남는 곡물 찌꺼기. 동물의 사료로 팔린다.

드램(dram) 위스키 한 모금이라는 뜻으로 주종을 막론한 모든 스피릿의 적은 양을 가리킨다.

드럼 몰팅(drum malting) 가장 통상적인 보리 몰팅 방법. 이 방식의 대규모 몰트 제조소에서는 대형의 수평 드럼통에서 그린 몰트가 발아된다.

E

에스테르(ester) 발효 중에 생성되는 화합물. 대체로 꽃과 강렬한 과일의 향을 띤다.

F

후류(feint) 2차 증류의 마지막에 나오는 알코올.(별칭으로 'tail', 'after-shot'이라고 부르기도 함.)

발효(fermentation) 효모가 첨가되면서, 당분이 풍부한 워트가 알코올로 변환되는 과정. 풍미의 형성에서도 매우 중요한 단계다.

퍼스트 필(first-fill) 캐스크와 관련된 스코틀랜드/아일랜드/일본 용어로 약간 혼동을 일으키는 면이 있다. 증류 기술자가 어떤 통에 대해 '퍼스트 필'이라고 말하면, 그 통에 스카치(혹은 아이리시나 일본) 위스키가 처음 담기는 것이라는 뜻이다. 하지만 이 업계에서는 대체로 재사용 캐스크를 쓰기 때문에 엄밀히 말해 위스키가 처음 담기는 것은 아니다. 리필 항목도 참조.

플로어 몰팅(floor malting) 전통적인 보리 몰팅 방식. 축축한 곡물을 바닥에 펼쳐놓고 발아시키면서 중간중간 삽이나 쟁기로 뒤집어주는 방식이다. 현재는 대부분 플로어 몰팅 대신 드럼 몰팅 방식을 쓰고 있다. 살라딘 박스 항목도 참조.

초류(foreshot) 최종 증류에서 가장 먼저 나오는 스피릿. 알코올 강도가 높고 휘발성 성분을 함유하고 있는 이 초류는 후류와 함께, 다음번 증류 작업의 로우 와인에 섞어넣어져 재증류된다.(별칭으로 'head'라고 부르기도 함.)

G

발아(germination) 몰팅 중에 보리의 성장을 촉진시키는 과정.

그레인위스키(grain whisky) 적은 비율의 몰팅 보리에 옥수수나 밀을 섞은 원료를 써서, 연속 증류기에서 알코올 함량 94.8% 이하로 증류해 만드는 위스키. 그레인위스키에는 원료로 쓴 곡물의 특색이 꼭 담겨야 한다.

H

하이와인(high wine, 미국) 더블러로 2차 증류해서 뽑아낸 최종 스피릿.

혹스헤드(hogshead) 캐스크의 한 종류. 대체로 미국산 오크로 만드는 250L(55갤런) 용량의 통.

I

인도 위스키(Indian whisky) 인도의 위스키 업계가 곡물 베이스의 스피릿만을 위스키로 인정하는 세계적 기준을 따르지 않고 당밀을 '위스키'의 원료로 허용하고 있어서 다소 혼동을 주는 용어다.

아이리시 위스키 : 아일랜드에는 현재 운영 중인 증류소가 3곳에 불과하지만 이 3곳 모두가 저마다 다른 방식으로 위스키를 만들고 있다. 쿨리는 2차 증류 방식과 피트를 활용하고, 부시밀스는 비피트처리 몰팅 보리를 3차 증류하고 있다. IDL에서는 포트 스틸 아이리시 위스키를 만드는데, 피트처리 없이 3차 증류를 하지만 매시빌에는 비몰트 보리와 몰팅 보리를 섞어 쓴다.

L

링컨 카운티 프로세스(Lincoln County Process) 테네시 위스키를 버번과 구별지어주는 제조방법. 갓 증류되어 나온 스피릿을 숯이 깔린 여과층에 걸러 거친 성분들을 제거하는 과정이다. 리칭(leacning)이나 멜로잉이라고도 한다.

리큐어(liquor, 미국) 매싱에 사용되는 온수.

로몬드 증류기(Lomond still) 목 부분에 조절 가능한 판이 설치된 단식 증류기로, 환류를 늘려 최종 스피릿에 오일리함과 과일의 특색을 부여해준다.

라인 암(lyne arm)/**라이 파이프**(lie pipe) 백조의 목(swan neck)이라는 별칭으로도 불리는 단식 증류기의 맨 위쪽 부분으로, 증류기 동체를 응축기로 이어준다. 라인 암의 각도에 따라 스피릿에 다른 영향이 미친다. 대체로 위쪽으로 꺾이면 환류를 촉진해 가벼운 스피릿이 나오고 아래쪽으로 꺾이면 묵직한 스피릿이 나오게 된다.

M

몰팅(malting, 몰트 제조) 전분을 증류 기술자에게 유용한 당분으로 변환시켜주는 과정. 휴면 중인 보리를 물에 담가 발아시켜 성장을 촉발시켜놓은 다음, 가마로 건조시켜 보리의 성장을 정지시키는 식으로 진행된다. 플로어 몰팅이나 드럼 몰팅이나 살라딘 몰팅 전문 제조소에 의뢰하기도 한다.

매싱(mashing, 당화) 곡물의 전분이 발효 가능한 당분으로 변환되는 과정.

매시빌(mshbill) 위스키 제조에 원료로 들어가는 여러 곡물의 혼합물 및 곡물의 혼합 비율을 가리키는 용어.

숙성(maturation) 캐스크 안에서 일어나는, 위스키 제조의 마지막 과정. 이 과정 중 위스키에 부여해주는 최종 풍미 성분이 최대 70%에 이른다.

N

NAS 라벨에 '숙성 연수가 표기되어 있지 않은(No Age Statement)' 위스키를 가리키는 약칭.

뉴메이크(new make) 스코틀랜드에서 갓 증류한 스피릿을 가리키는 말. 같은 뜻의 별칭으로 스코틀랜드의 클리어릭과 미국의 화이트 도그도 있다.

O

오크(oak) 법적으로 모든 스카치위스키, 미국 위스키, 캐나다 위스키, 아이리시 위스키는 오크 배럴에서 숙성시켜야 한다. 숙성을 거치는 동안 위스키는 오크의 향기 추출물과 상호작용을 나누게 되며, 스피릿과 오크 사이의 이런 상호작용은 위스키의 복합성을 더해준다.

P

피트(peat) 피트는 수많은 위스키의 아로마에서 중요한 역할을 해주는 성분이다. 수천 년 동안 축축한 산성의 습지대 땅에 퇴적되어 있던 반탄화 식물인 이 피트는 채취 후에 건조시킨 다음, 최종 스피릿에 훈연 향을 입히기 위해 가마로 건조시킬 때 연료로 태운다.

페놀 피트를 태울 때 발산되는 향기 성분을 가리키는 화학 용어. 피트는 페놀 성분이 전체의 100만분의 몇을 차지하는지 나타내는 단위(ppm)로 측정하며 ppm이 높을수록 그 위스키의 훈연 향이 강해진다. ppm 수치는 뉴메이크 스피릿이 아니라 몰팅 보리와 관련된 용어다. 페놀 성분은 증류 과정에서 최대 50%까지 손실된다.

프루프(proof) 알코올 강도의 측정 단위로, 현재 미국의 증류 업체들 사이에서만 (라벨에) 사용하고 있다. 미국의 프루프는 알코올 함량(ABV)의 딱 2배의 수치다. 즉, 알코올 함량 40%는 미국의 프루프 80°에 해당된다.

단식 증류기(pot still) 배치식 증류에 사용되는 주전자 스타일의 구리 증류기.

Q

쿼터 캐스크(quarter cask) 45L(10갤런) 용량의 통. 최근에 들어와 어린 위스키에 싱싱한 오크 풍미를 듬뿍 우려내주기 위한 방법으로 사용하고 있다.

퀘르쿠스(Quercus) 라틴어로 오크를 뜻하는 용어. 위스키에서 가장 많이 사용하는 오크 품종은 퀘르쿠스 알바(Quercus alba, 미국산 화이트 오크), 퀘르쿠스 로부르(Quercus robur, 유럽산 오크), 퀘르쿠스 페트라에아 혹은 세실(Quercus petraea 혹은 sessile, 프랑스산 오크) 퀘르쿠스 몽골리카 혹은 미주나라(Quercus mongolica 혹은 mizunara, 일본산 오크)이며, 각 품종마다 고유의 아로마·풍미·구조적 특색을 띤다.

R

랑시오(rancio) 아주 오래된 위스키에서 이국적 느낌의 가죽/머스크/곰팡이 향이 느껴질 때 쓰는 시음 용어.

리필(refill) 이미 스카치위스키를 담았던 적이 있는 캐스크를 뜻하는 용어.

환류(reflux) 증류기 안의 알코올 증기(즉, 응축 장치에 도달하기 전의 알코올 증기)의 응축과 관련된 용어로, 이 증기가 증류액으로 되돌아가 재증류되는 것을 뜻한다. 환류는 스피릿을 더 가볍게 만들고 원치 않는 무거운 성분을 제거하는 한 방법이며, 증류의 속도뿐만 아니라 증류기 모양을 통해서도 이런 환류를 촉진시킬 수 있다.

릭(rick) 숙성 중에 위스키 배럴을 눕혀 놓는 목재 지지대를 가리키는 미국의 용어. 전통적으로, 높이가 높고 측면에 철제를 대놓은 랙하우스를 릭 형태 숙성고(ricked warehouse)로 부르기도 한다. 릭은 테네시 위스키를 여과시키기 위한 숯층을 만들기 위해 태울 사탕단풍나무 더미를 뜻하는 말로도 쓰인다.

호밀(rye, 미국) 라이 위스키, 버번, 캐나다 위스키의 원료로 쓰이는 곡물. 호밀은 신맛, 입안에 침이 고이게 하는 효과, 사워도우·시트러스의 향, 강렬한 알싸함을 부여해 준다.

라이 위스키(rye whiskey, 미국) (미국의) 스트레이트 위스키를 통제하는 규칙에 따라, 법적으로 라이 위스키는 매시빌에 호밀이 최소한 51% 들어가야 한다.

S

스카치위스키(Scotch whisky) 반드시 스코틀랜드의 증류소에서 몰팅 보리를 원료로 써서, 매싱으로 보리 자체의 효소를 통해 발효 가능한 상태로 변환시키고, 효모를 섞어 발효시켜, 알코올 함량 94.8% 이하로 증류한 후, 700L(154갤런)를 초과하지 않는 크기의 오크 캐스크에 담아 스코틀랜드에서 최소 3년간 숙성시켜 알코올 함량 40% 이하로 병입해야 한다.

살라딘 박스(saladin box) 몰팅의 한 방법으로, 전통적인 플로어 몰팅과 현대적인 드럼 몰팅 사이의 중간쯤 된다. 발아 중인 보리를 뚜껑을 덮지 않은 대형 상자 안에 넣고 스크류 장치로 뒤집어주는 방식이다.

싱글 배럴(single barrel, 미국) 단 하나의 배럴에서 꺼낸 원액만을 병입한 위스키를 가리키지만, 싱글 배럴 위스키의 1회분이 하나 이상의 배럴을 말할 수도 있다.

사워매시 혹은 사워매싱(sourmashing, 미국) 1차 증류가 끝나고 남은 비알코올성 잔류액을 다음번 제조 때 발효조의 매시에 같이 섞어주는 것. 발효조의 전체 내용물 가운데 25%나 그 이상을 차지하는 양까지 넣을 수도 있다. 매시에 이 잔류액을 넣어주면 산성화를 일으켜 발효가 더 원활히 일어난다. 모든 버번/테네시 위스키는 사워매싱을 거친다. 같은 뜻의 별칭으로 백셋, 스펜트 비어(spent beer), 스틸리지(stillage)도 있다.

스트레이트 위스키(straight wiskey, 미국) 옥수수, 호밀, 밀 등 뭐든 1가지 곡물을 원료의 최소 51%로 써서 160프루프(알코올 함량 80%)로 증류한 후, 125프루프(알코올 함량 62.5%)가 넘지 않는 강도에서 최소 2년간 숯처리를 한 새 오크 배럴에서 숙성시켜 최소 80프루프(알코올 함량 40%)로 병입하는 위스키. 캐러멜 첨가는 금지되어 있으나 풍미 증진성분의 첨가는 허용된다.

T

테네시 위스키(Tennessee whiskey) 버번과 같은 규칙으로 통제받고 있지만 테네시의 증류 업체들은 갓 증류되어 나온 스피릿을 단풍나무 숯을 깔아 여과시킨다.(이 방식을 별칭으로 링컨 카운티 프로세스라고도 한다.)

덤퍼(thumper) 더블러의 별칭. 이 덤퍼에는 물이 채워져 있어, 로우 와인이 이 물을 통과하면서 무거운 알코올 성분이 제거된다. 이 과정에서 'thumping(쾅쾅 울리는)' 소리를 낸다고 해서 이런 이름이 붙었다.

오크통 내부 굽기(toasting) 캐스크의 널판을 불에 달궈 더 잘 구부러지게 만드는 과정. 이때의 화기로 오크 특유의 복합적 당분이 캐러멜화되기도 한다. 스피릿과 상호작용해 복합적이고 원숙한 위스키를 빚어주는 것이 바로 이 당분이다. 증류 기술자들은 이 굽는 정도를 다양하게 맞추어 아주 다양한 효과를 끌어내기도 한다.

U

우스케바/우스게바하(Uisce beatha/Usquebaugh) 스코틀랜드/아일랜드 게일어로 위스키를 가리키는 말로, '생명의 물'이라는 뜻이며 오래전부터 증류주를 칭하는 말로 쓰여왔다. 'uisce'가 'whisky'의 어원이라는 것이 보편적 통념이다.

V

배티드 몰트(vatted malt) 여러 종류의 싱글몰트 원액을 섞어 만든 위스키를 뜻하는, 옛 용어. 블렌디드 위스키 참조.

벤돔 증류기(vendome still) 목 부분에 정류탑이 설치된 유형의 단식 증류기.

비시머트리(viscimetry) 물을 섞어 넣을 때 위스키에 소용돌이가 퍼지는 모습.

워시 발효액.(별칭으로 비어라고도 함.) 이 발효액을 증류하면 위스키가 된다.

W

워시 스틸(wash still) 배치식 증류에서의 1차 증류기로, 발효된 워시를 증류한다.

휘티드 버번(wheated bourbon) 매시빌에 호밀이 아닌 밀이 들어간 버번. 대체로 더 달콤한 특색을 띠게 된다.

위스키(whiskey/whisky) 법에 따라 스카치위스키, 캐나다 위스키, 일본 위스키는 위스키의 스펠링에 'e'를 빼지만, 아이리시 위스키와 미국 위스키에서는 'e'를 넣는다. 다만, 모든 미국 위스키가 이 스펠링을 따르는 건 아니다.

화이드 도그(white dog) 뉴메이크를 뜻하는 미국의 용어.

웜텁(worm tub) 전통적인 스피릿 응축 방식. 차가운 물이 담긴 큰 통에, 구리 파이프가 똬리를 튼 '벌레(worm)'같은 모양으로 잠겨 있는 형태다. 이 방식은 구리와의 상호작용이 덜 일어나기 때문에 위스키가 비교적 묵직한 특색을 갖게 된다.

워트(wort, 당화액) 매시툰에서 뽑아낸 달콤한 액체.

Y

효모(yeast) 당분을 알코올로 변환시켜주는 미생물.(탄산가스와 열을 발생시키기도 한다.) 효모 품종에 따라 풍미 생성에 다른 영향이 미친다.

Index

인덱스

인덱스 사용법

굵은 글씨로 표시된 페이지 번호는 각 증류소의 주요 상품을 나타낸다. 증류소 설명 페이지 뒤에는 그곳에서 제조되거나 혼합된 위스키의 이름(굵은 글씨)과 위치한 페이지를 적어 두었다. 주요 브랜드에는 괄호 안에 각 증류소를 적어 두었다.

ㄱ

ㄴ

ㄷ

ㄹ

ㅁ

ㅈ

지은이 데이브 브룸

수상 경력을 자랑하는 작가이자 위스키 전문가 데이브 브룸은 25년에 걸쳐 저널리스트 겸 작가로서 위스키 관련 글을 써왔다. 지금까지 8권의 책을 출간했으며 그중 『드링크!(Drink)』와 『럼(Rum)』은 글렌피딕 어워드 올해의 주류 도서를 수상했다. 글렌피딕 어워드 올해의 주류 부문 작가로 2번이나 선정되었고 2013년에는 명망 높은 IWSC 올해의 커뮤니케이터상을 수상했다.

현재는 〈위스키 매거진〉 일본판의 편집장, 〈위스키 매거진(영국판, 미국판, 프랑스판, 스페인판)〉의 컨설턴트 에디터, 〈위스키 애드버킷〉의 선임 칼럼니스트를 맡고 있다. 〈스카치위스키 리뷰〉의 편집자이자 〈더 스펙테이터(The Spectator)〉, 〈믹솔로지(Mixology)〉, 〈임바이브(Imbibe)〉 등 다수의 잡지에 글을 기고한다. TV와 라디오의 단골 게스트이기도 하다.

이 분야에서 20년이 넘는 경력을 이어오며 프랑스, 네덜란드, 독일, 미국, 일본 등 세계 각지를 답사하면서 상당한 내공을 쌓았고 업계 현황뿐만 아니라 소비 특성에도 꾸준히 관심을 기울여왔다. 위스키 교육에도 적극 뛰어들어 전문가와 일반인의 지도뿐만 아니라 굵직한 증류업체 여러 곳에 시음 기술 컨설팅도 해주고 있다. 디아지오 고유의 위스키 시음 툴인 플레이버 맵™의 공동 개발자이다.

옮긴이 정미나

출판사 편집부에서 오랫동안 근무했으며, 이 경험을 토대로 현재 번역 에이전시 엔터스코리아에서 출판 기획 및 전문 번역가로 활동하고 있다. 옮긴 책으로는 『와인 바이블-와인을 위한 단 하나의 책』,『와인 테이스팅 코스: 직접 마시며 이해하는 와인 입문서』,『스피릿: 유니크하고 매혹적인 세계의 증류주』,『위스키 캐비닛: 품격 있는 애호가들을 위한 위스키 리스트 100』,『술 잡학사전 : 알고 마시면 더 맛있는 술에 대한 모든 것』 등이 있다.

월드 아틀라스 오브 위스키

초판 1쇄 인쇄일 2023년 3월 10일
초판 1쇄 발행일 2023년 3월 25일

지은이 데이브 브룸 **옮긴이** 정미나

발행인 윤호권 **사업총괄** 정유한

편집 인스튜디오 **디자인** 서윤하 **마케팅** 윤주환
발행처 ㈜시공사 **주소** 서울시 성동구 상원1길 22, 6-8층(우편번호 04779)
대표전화 02-3486-6877 **팩스(주문)** 02-585-1755
홈페이지 www.sigongsa.com / www.sigongjunior.com

ISBN 979-11-6925-633-9 (13590)

*시공사는 시공간을 넘는 무한한 콘텐츠 세상을 만듭니다.
*시공사는 더 나은 내일을 함께 만들 여러분의 소중한 의견을 기다립니다.
*미호는 아름답고 기분좋은 책을 만드는 ㈜시공사의 라이프스타일 브랜드입니다.
*잘못 만들어진 책은 구입하신 곳에서 바꾸어 드립니다.